药用植物生理学

主编 王晓琴 张传领

编委（按姓氏汉语拼音排序）

曹 阳 内蒙古医科大学
谷 仙 河北中医药大学
贾 鑫 内蒙古医科大学
孙平平 内蒙古农业大学
王晓琴 内蒙古医科大学
王艳红 浙江农林大学
薛 焱 内蒙古医科大学
于 娟 内蒙古医科大学
岳 鑫 内蒙古医科大学
张 强 南京林业大学
张 英 内蒙古医科大学
张传领 内蒙古医科大学
郑延海 中国科学院植物研究所

科 学 出 版 社
北 京

内 容 简 介

本教材旨在全面、系统地介绍药用植物的生理特性、生长发育规律及其调控机制，为药用植物资源的开发与利用提供科学依据。教材共14章，内容包含药用植物的水分与矿质生理、光合作用与呼吸作用、物质与能量代谢、生长与发育、逆境生理及次生代谢等多个方面，层次清晰，逻辑严密，既注重基础理论的阐述，又结合实际案例进行分析，具有较好的学术价值和实用价值。

本教材主要供中药资源与开发、中药学、中草药栽培与鉴定等专业学生使用，也可作为中药学相关专业研究人员的参考用书。

图书在版编目（CIP）数据

药用植物生理学/王晓琴，张传领主编. —北京：科学出版社，2024.3
ISBN 978-7-03-076522-2

Ⅰ. ①药…　Ⅱ. ①王…　②张…　Ⅲ. ①药用植物学–植物生理学–高等学校–教材　Ⅳ. ① Q949.95

中国国家版本馆CIP数据核字（2023）第188827号

责任编辑：周　园/责任校对：宁辉彩
责任印制：赵　博/封面设计：陈　敬

科学出版社 出版
北京东黄城根北街16号
邮政编码：100717
http://www.sciencep.com

北京华宇信诺印刷有限公司印刷
科学出版社发行　各地新华书店经销

*

2024年3月第　一　版　开本：787×1092　1/16
2024年8月第二次印刷　印张：22
字数：556 000

定价：98.00元

（如有印装质量问题，我社负责调换）

前　言

植物生理学是研究植物生命活动及调节机制的学科，是植物科学的一个重要分支，也是高等院校植物生产类专业的重要专业基础课。但是随着医药背景类高校在中药资源学、中药学等相关专业相继开设植物生理学课程，在教学过程中，我们发现通用的植物生理学教材多以农林植物生理为主，极少涉及药用植物生理。因此，编者在数十年教学实践的基础上，参考国内外植物生理学和相关学科论著，以及最新的文献研究进展，编写了本教材。

本教材共十四章。主要对植物生理学中经典的理论、方法与技能进行系统的论述，在此基础上重点关注了药用植物的生理效应。本书体例新颖，集科学性、系统性、先进性和实用性于一体，设有学习目标、案例导入和解析、本章小结、目标检测、知识拓展等模块，能够起到反馈学习效果、强化学习内容的作用。

本教材为中药资源与开发专业核心课程药用植物生理学的配套教材，由专业负责人王晓琴教授和课程主讲教师张传领副教授主持编写工作，通审教材全稿。具体编写分工如下：张传领负责绪论、第九至十二章的编写；曹阳负责第一章的编写；薛焱负责第二章的编写；谷仙负责第三章的编写；王艳红负责第四章的编写；孙平平负责第五章的编写；张英、王晓琴负责第六章的编写；张强负责第七章的编写；岳鑫、于娟负责第八章的编写；贾鑫、曹阳负责第十三章的编写；郑延海负责第十四章的编写。教材中用到的图片由于娟修改或重绘。

由于编者知识水平有限，书中难免存在疏漏和不妥之处，敬请广大读者在使用过程中提出宝贵的批评意见和建议，以便今后进一步修订完善。

编　者

2023年12月3日

目　录

绪　论

学习目标

1. 掌握：植物生理学和药用植物生理学研究内容和任务的区别。
2. 熟悉：植物生理学的发展历史；药用植物生理学的基本概念。
3. 了解：药用植物生理学的学习方法。

第一节　植物生理学的概念与发展

一、植物生理学的研究内容和任务

在开始学习药用植物生理学之前为什么要先讲植物生理学呢？从学科名称其实也能看出来，植物生理学应该是包含药用植物生理学的，所以在学科内涵与外延上它们之间是紧密联系的，植物生理学包含药用植物生理学的共性，但药用植物生理学也有其个性。

植物生理学（plant physiology）是研究植物生命活动规律及其调节机制的学科，其主要任务是研究和阐明植物体及其组成部分所进行的各种生命活动及其规律、调节机制，同时研究环境变化对这些生命活动的影响及植物对环境变化的生理响应，其研究也涉及植物的结构、生理与功能等方面。植物生理学是植物学的一个分支学科。

植物生命活动的过程是十分复杂的，但均围绕着物质、能量和信息三个范畴。根据植物生理学的研究历史，可人为地将其划分为三个部分，即物质与能量代谢、生长发育与形态建成、信息传递和信号转导。

植物形态结构发生变化的背后是物质和能量转化的过程，而物质转化和能量转化的关系密切并构成统一的整体，称为代谢（metabolism）。也可以认为代谢是维持生物机体生命活动所必需的各种化学过程的总称。植物的物质与能量代谢包括光合作用、呼吸作用、水分代谢、矿质营养、有机物的转化、有机物的运输与分配等。其中，光合作用最能体现植物的物质和能量代谢。

光合作用是植物利用光能将水和二氧化碳转化为稳定的化学能和有机物的过程，这也是绿色植物区别于其他生物的较大特点之一，是植物最重要的涉及物质和能量转化的生理过程，因此植物的光合作用是植物生理学研究的核心内容之一。1771 年，英国化学家约瑟夫·普里斯特利（Joseph Priestley）发现光合作用以来，许多国家在相关研究中均取得了丰硕的成果，共荣获 10 余项诺贝尔奖。1988 年，光合作用被诺贝尔委员会称为“地球上最重要的化学反应”。2005 年，光合作用又被《新科学家》（*New Scientist*）特邀的全球科学家评为“生命十大顶级创造”（life’s top 10 greatest inventions）之一。对光合作用机制的阐明有利于人类采取措施有效促进光合作用，也为利用常规育种技术和基因工程技术提高植物光合作用的效率提供了理论依据；同时，还有助于人工模拟光合作用来开发新的能源。自然界中，玉米等农作物中淀粉的合成与积累涉及 60 余步生化反应和复杂的生理调控，但是，理论上能量转化效率仅为 2% 左右。2019 年，美国加利福尼亚大学伯克利分校的华裔科学家杨培东团队潜心钻研人工光合作用，成功在实验室中将二氧化碳不定向转化为多种简单糖类化合物。2021 年，马延和等从头设计出 11 步反应的非自然二氧化碳固定与人工合成淀粉新途径，在实验室中首次实现从二氧化碳到淀粉分子的全合成。因此，光合作用是植物生理领域里的重大基本问题。

植物生理学家在代谢过程研究中所面临的问题是非常复杂的，不仅需要阐明植物各个代谢的过程及其调节规律，而且需要阐明各个代谢活动之间复杂的相互作用及其调节机制。

植物的生长发育和形态建成是植物生命活动的表象。该生理现象是建立在物质与能量代谢基础上的，植物通过细胞分裂和分化、组织和器官的发生及形成，个体由小变大，从营养生长转向生殖生长，从而完成生活史。具体来讲，发育过程包括种子的萌发，根、茎、叶的生长和运动，开花、受精、结实、成熟、衰老、脱落和休眠等在时空上有序进行的过程。这种进程不仅受控于遗传信息，还受环境因子的影响，如表现在植物需光种子的萌发、向光性反应、向重力性、春化作用、光周期现象、光形态建成等。在这个领域，植物生理学研究的任务是揭示植物发育的规律及其与代谢和环境因子的关系。但是，植物如何“感知”和传递环境信号并影响遗传信息表达呢？植物内源和外源的物理、化学等信号通过在植物整体水平和细胞水平上的传递来调节植物的代谢和发育，前者通常称为信息传递，而后者则称为信号转导。植物所具有的信息传递系统不仅使植物体不同部分的代谢和发育相互联系和协调，而且也与环境条件的变化相一致。揭示植物信息传递的机制，探索出调节或改变植物代谢或发育的物理、化学或生物的方法和技术，将会极大地提高植物生产效率，拓展植物的应用领域，造福于人类。

植物生活的环境是时刻变化的，经常会受到不利于生存和生长的环境因子（即逆境）的影响。在逆境条件下，植物的生理活动有别于适宜环境下的规律，揭示其规律将有助于建立在逆境条件下的植物栽培体系和改善植物抗逆性的育种途径，因此植物逆境生理也是植物生理学研究的一个重要领域。物质和能量代谢是生长发育和形态建成的基础，信息传递是形态建成的开关，形态建成是物质和能量代谢以及信息传递的结果。从它们之间的相互关系可以看出，植物生理学是从分子、细胞、组织、器官、个体和群体不同水平来研究植物生命活动的规律及其与外界环境条件的关系。

二、植物生理学的产生与发展

（一）植物生理学的诞生

植物生理学是从植物学中分化而来，并且在生产实践中孕育产生。传统的植物科学从描述植物的外部形态开始，形成了以形态为基础的分类学，显微镜的介入，使植物学又从外部形态发展到内部结构的研究，形成了植物解剖学。随着人们对植物认识的加深，描述也从静态拓展到动态，如植物形态的发生、植物胚胎的发育等，那么产生这些现象的原因是什么，就是描述性科学所不能解答的，只能依靠周密的实验设计和基于实验结果的科学判断。

人类对植物生命活动的研究开始于对植物营养来源的探究。古希腊学者亚里士多德认为植物从土壤的腐烂物质中获得营养，即腐殖质学说。有记载的第一个设计实验定量研究植物生长的人是比利时科学家范·海耳蒙特（van Helmont，1579—1644），他将一个重 2.27kg 的柳树枝条栽植在一个盛有 90.8kg 干燥土壤的陶钵中，此后只浇雨水或蒸馏水，而且防止灰尘进入土壤中。5 年后，柳树重达 76.8kg，土壤只减少约 56.7g，由此，他认为植物是靠水来构成躯体的。但由于当时的化学知识尚处在比较原始的阶段，不知道水是由什么构成的，因此，海耳蒙特不能从他的实验结果中得出正确的结论，但是指出了植物与水分的关系。

英国人斯蒂芬·黑尔斯（Stephen Hales，1677—1761）提出植物能够吸收和释放气体，空气在植物生长中具有重要作用。1771年，英国化学家约瑟夫·普里斯特利发现了光合作用。1804年，瑞士人德·索热尔（de Saussure）在其著作中指出“植物从空气中吸收碳素，以无机盐的形式从土壤中吸收氮素”。

德国化学家尤斯图斯·冯·李比希（Justus von Liebig，1803—1873）1840年出版的《化学在农学和生理学上的应用》（*Die Organische Chemie in ihrer Anwendung auf Agricultur und Physiologie*）一书中提出了“植物的矿质营养学说”，指出植物只需以无机物为养分来源便可维持正常的生活，除碳素营养来自空气外，所有的矿质元素都是从土壤中获得的。植物光合作用和矿质营养理论的建立标志着植物生理学作为一门学科的诞生。

近代植物生理学离不开德国学者尤利乌斯·冯·萨克斯（Julius von Sachs，1832—1897）和威廉·普费弗（Wilhelm Pfeffer，1845—1920）的奠基作用。萨克斯受黑格尔和康德的自然哲学的影响，确立了植物学的实验性质，让植物生理进入了“实验生理”阶段。他在1857年发表了《植物溶液培养法（或水培法）》的研究论文。在1865年出版了《实验植物生理学手册》（*Handbuch der Experimental-Physiologie der Pflanzen*），1882年出版《植物生理学讲义》（*Vorlesungen Über Pflanzenphysiologie*），并在大学开设植物生理学课程。普费弗在1897～1904年出版了多卷本《植物生理学》（*Pflanzen-Physiologie*）巨著，总结了19世纪植物生理学的研究成果，这标志着植物生理学已达成熟阶段。至此，植物生理学脱离植物学和农学，成为一门独立学科。

从上可知，植物生理学从产生起就带有实验性质，是一门实验性科学。

（二）近代植物生理学的发展

20世纪是植物生理学迅速发展的阶段。1920年，加纳（Garner）和阿拉德（Allard）发现了植物的光周期现象。1928年，荷兰学者温特（Went，1903—1990）发现并命名了植物中存在促进生长的物质，即生长素。随后植物激素研究得到了深入发展，相继确定了生长素、赤霉素、细胞分裂素、乙烯和脱落酸等植物激素。这些研究成果促进了植物发育及其调节机制研究。在20世纪40年代后期和50年代初期，梅尔文·埃利斯·卡尔文（Melvin Ellis Calvin，1911—1997）利用^{14}C示踪技术和层析技术，在光合作用领域破解了二氧化碳（CO_2）固定还原的生化途径之谜，即卡尔文循环，并在1961年获得诺贝尔化学奖。

彼得·米切尔（Peter Mitchell，1920—1992）经过研究认为细胞内的能量转换是通过膜进行的。他提出了“化学渗透假说”，认为由酶、辅酶等组成的膜具有传递电子、质子的功能。由于膜两边的电位差和质子浓度差，使电子和质子可以渗透过膜，推动了ATP的生成。化学渗透假说解释了氧化和光合过程如何形成ATP的问题，米切尔因此获得1978年度诺贝尔化学奖。

约翰·戴森霍费尔（Johann Deisenhofer）、罗伯特·胡贝尔（Robert Huber）、哈特穆特·米歇尔（Hartmut Michel）三位科学家测定出了光合作用反应中心膜蛋白-色素的三维空间结构，揭示电子和能量的传递作用，这一成就在光合作用的研究中迈出了关键一步。因此，他们共同获得了1988年度诺贝尔化学奖。

保罗·博耶（Paul Boyer，1918—2018）发现了ATP合酶的结构，约翰·E. 沃克（John E. Walker）对形成ATP的酶催化过程做出解释，斯科（Skou，1918—2018）发现了离子转运酶——Na^+/K^+-ATPase。三人对ATP合酶的研究解决了米切尔化学渗透假说中质子浓度差是如何实现ATP合成的问题。因此，他们共同获得1997年度诺贝尔化学奖。

罗伯特·埃默森（Robert Emerson，1903—1959）等发现的“红降现象”和“双光增益效应”，提出了两个光反应和两个光系统概念。光系统Ⅰ、光系统Ⅱ和其他光合电子传递体的成功分离，使人们能够描绘出光能所驱动的电子在类囊体膜上的传递路径，并揭示了光合磷酸化的机制，从而将光合作用的研究推向一个新的发展阶段。另外，其他领域的诺贝尔奖成果在植物生理方面的应用也极大地推动了植物生理相关领域的发展。

1902 年，德国植物学家戈特利布·哈伯兰特（Gottlieb Haberlandt，1854—1945）在细胞学说的基础上提出“细胞全能性学说”。他认为，高等植物的组织、器官可以不断分割，直到单个细胞。如果每个细胞都有与植物个体一样的性质和能力，那么可以通过植物细胞培养使单个细胞发育成为一个新个体。植物细胞和组织培养的研究进展不仅在植物发育机制研究、农业生产和次生代谢物生产等领域发挥了重要作用，也为后来的植物基因工程发展铺平了道路。植物的组织培养技术也取得了飞速进展。

（三）现代植物生理学的发展

进入 21 世纪后，随着现代研究手段的飞速发展，以及分子生物学的介入，植物生理学显现出新的面貌。对植物生理现象的解释进入更深的层次。2000 年，第一个模式植物拟南芥（*Arabidopsis thaliana*）基因组被国际植物遗传学家联盟公布，植物生理学开启了组学时代。近些年来，植物生理学领域对植物所有内部活动在规模和时间等多个尺度上都进行了研究，最小尺度上是光合作用中的分子互作及水、矿质元素和养分的内部运输，最大的规模是植物休眠、发育、生殖控制及其季节相关性等。诸如开花生理的一些关键基因的发现与研究，一些生理现象的信号通路的研究成果也层出不穷。到目前为止，对植物生命活动规律进行的研究，主要以分子生物学方法、思路及技术进行。很多与植物生命活动过程相关的基因都可以使用基因克隆技术来完成。通过将特定基因移植到植物细胞中，并转化这些细胞以产生转基因植物，为基因表达的精细调控提供了有效的分析手段。同时可以深入了解特定基因产物如何影响植物的生理过程。目前植物生理学与其他学科在内容上出现扩展及交叉渗透趋势，几乎所有的植物生长发育规律的研究开始在分子和细胞水平上进行。很多重要的分子，如钙调素、核酮糖-1,5-双磷酸羧化酶及光敏色素蛋白等，其结构功能的合成，都是植物生理领域中的杰出成就。不仅如此，生命活动控制调节方面的研究也在不断深入，如同化物分配和植物激素与植物生长关系的研究，以及光调节等内容，植物基因表达调控方面的研究也在兴起。

三、我国对植物生理学的贡献

我国古代对植物生理的认识多来自实践，并且远早于西方，内容也更为丰富，但是主要为经验的积累，没有形成系统的理论体系。我国古代四大农书——《氾胜之书》《齐民要术》《农书》《农政全书》对植物生理的内容都有所记载。

《氾胜之书》是西汉晚期一部农学著作，一般认为是中国现存最早的一部农书。在种子处理方面有许多实践，有些到目前还在使用中。如书中记载用各种汁液（溲种法）和粪便（粪种法）来处理种子，以达到催芽、防虫、壮苗、抗寒和耐旱的效果。到了北魏时期，晒种、浸种、机械摩擦种子已经普遍应用。《齐民要术》中记载了用机械摩擦的方法处理种子的经验。如对胡荽的种子就采用湿土细砂拌和用脚来回踩、砖瓦来回搓的方法，擦破种皮，加快种子的萌发。在种子活力测定方面，西方在 1876 年提出了用染色法鉴定种子的活力。而《齐民要术》中就记载着快速鉴定种子活力的方法：“凡种麻，用白麻子。白麻子为雄麻，颜色虽白，啮破枯燥无膏润者，秕子也，亦不中种。市籴者，口含少时，颜色如旧者，佳；如变黑者，衰。”用牙齿咬破种子，看断面上是否枯燥无油，口含种子，看种子是否变色。还有关于韭菜种子活力的快速鉴定方法：“若市上买韭子，宜试之：以铜铛盛水，于火上微煮韭子，须臾芽生者，好；芽不生者，是浥郁矣。”用以区别种子的新鲜程度，进而推测其活力。

春化对植物的开花具有重要的作用。《氾胜之书》中记载的“催青法”应该是最早记录春化作用的，“雪汁者，五谷之精也，使稼耐旱。常以冬藏雪汁，器盛，埋于地中。治种如此，则收常倍”。到了北魏时期，在瓜、葵、栗等植物上广泛应用。西方研究和运用低温处理作物种子是从19世纪才开始的。我国明末清初的宋应星最早提出“植物生活需要空气”的观点。另外，在植物呼吸生理、植物生长发育的相关性、休眠和逆境生理等方面均有丰富的记录，几乎涵盖了植物生理学的各个方面。我国著名农业历史学家周肇基教授在其著作《中国植物生理学史》中有更加详细的介绍。我国古代文献中还有许多关于植物生理的记载，主要是对生产实践的描述和经验的总结，不是来自有意识实验的结果，也没有形成系统理论。

20世纪20年代我国才开始建立和发展植物生理学。我国植物生理学的创始人钱崇澍（1883—1965）1917年在*Botanical Gazette*杂志发表了中国应用近代科学方法研究植物生理学的第一篇论文《钡、锶、铈对水绵属的特殊作用》（Peculiar Effects of Barium，Strontium，and Cerium on Spirogyra）。1929年翻译了《细胞的渗透性质》《自养植物的光合作用》等植物生理方面的论文。同期还有李继侗（1897—1961）在极其简陋的实验室条件下，经过反复实验，证明了“光照改变对光合作用速率的瞬间效应”研究论文“The immediate effect of change of light on the rate of photosynthesis”于1929年在*Annals of Botany*上发表。罗宗洛（1898—1978）在1925年发表了第一篇植物生理相关的研究论文——《不同浓度的氢离子对植物细胞质的影响》，提出细胞质等电点的多点论。汤佩松（1903—2001）在植物生理学中的研究颇丰，是第一个在植物中发现呼吸酶（细胞色素氧化酶）的人；他证明了水稻中呼吸代谢途径和电子传递系统的多样性。以上四位科学家是我国植物生理学的奠基人，为我国植物生理学的发展做出了重要贡献。

第二节　药用植物生理学

药用植物生理学目前尚没有专门的定义，主要是因为国内外研究人员和研究对象多集中在农作物和经济作物上，药用植物生理的研究是最近一二十年方才逐渐增多，陆续出现了较多的研究成果。几乎所有的研究都是借鉴植物生理学的思路和方法进行的。因此，我们认为药用植物生理学（medicinal plant physiology）是一门借鉴植物生理学的基础理论、研究方法和思路，研究和阐明药用植物生命过程中各种生理变化的学科，主要为药用植物的栽培与育种等生产提供理论指导。药用植物主要是医学上用于防病、治病的植物，因此在生产上就和作物和经济类植物有区别，药用植物生产在保证产量的情况下，更注重药材的品质。因此，在药用植物生理的研究上，与农林植物生理研究的方向和侧重点是有区别的。

药用植物生理学的研究并不是和植物生理学一样从理论进行单独的研究，而是根据实际药用植物生产的需要，多从生理生态学角度进行研究，解决药用植物野生抚育、引种栽培、人工驯化、资源保育、生态恢复等方面面临的一些实际问题。所以基于问题导向，人们从生理生态学角度进行研究，关注的是生态因子引起药用植物产生某种生理过程，揭示生态因子对药用植物造成某种影响的机制。大约从20世纪80年代开始，随着农作物、经济林木、牧草和资源植物等成为植物个体生态的研究对象，药学工作者们就开始从生态学和生物学两方面来着手药用植物研究，如山茱萸、人参、天麻等的引种驯化栽培研究。

一、药用植物生理学的研究任务与内容

越来越多的研究人员运用植物生理的原理和方法研究药用植物的生理过程。药用植物生理的成果也越来越多。植物生理学的发展多是以模式植物拟南芥和作物为基础的。那么其研究的成果或者规律是否也适合药用植物生理学呢？

随着大量的药用植物生理学研究的进行，药用植物生理学从植物生理学中作为一个分支逐渐独立出来，其研究的任务和内容也形成了自己的特色。

（一）研究药用植物生长发育生理

以药用植物为对象，利用植物生理学的理论和方法，研究药用植物生长发育生理过程以及环境因素影响下药用植物的代谢作用和能量转换，包括药用植物的光合作用、呼吸作用、水分代谢、矿质营养等植物的基本生理过程，以及环境对这些生理过程的影响和这些生理过程的作用。药用植物的生长发育从种子发芽、营养生长、生殖生长，到最后衰老、死亡，每个阶段都是一个复杂的过程，都是植物按照固有的遗传模式和顺序，在环境的影响下，利用外界的物质和能量生长、分化的结果，具有重要的生理意义。药用植物生长发育的生理研究是药用植物栽培的理论基础。

（二）研究药用植物药效成分次生代谢物累积生理

药用植物次生代谢生理研究是药用植物生理学研究的核心内容，研究次生代谢物合成和积累的规律及特点是认识和提高药用植物质量的重要途径。一直以来次生代谢物均属于植物化学研究的主要范畴，近半个世纪以来，人们开始关注植物次生代谢物内在的生理功能，对于植物生理学家来说，药用植物的工作开辟了广泛的研究可能性，植物生理学研究将在药用植物生理这个新兴领域发挥重要作用。许多普遍使用的药用植物目前尚未获得像粮食作物或模式植物系统所获得的广泛植物生理特征。虽然药用植物的活性物质可能已经确定，但总的来说，特定药物化合物生物合成的诸多途径，以及调节这些化合物产生的生物和非生物因素仍然不清楚。目前，使用植物药物的一个主要问题是如何保证植物药物质量的一致性。

药用植物的药效物质基础通常都是药用植物的次生代谢物，关联着药用植物的临床疗效。但是，次生代谢途径具有多样性和极其复杂的机制，并不是简单的光合产物的积累过程，与初生代谢物相比，植物的次生代谢物的产生和变化与环境有着更强的相关性和对应性，具有更加明显的生态效应。药用植物的次生代谢物对于植物本身和周围环境同样具有重要的生理作用，如植物激素直接参与植物的生理活动，植物体产生的生物碱等次生代谢物对其他动植物产生的化感作用，表现在药用植物栽培上的连作障碍等。药用植物次生代谢的生理研究包括次生代谢物在植物不同生长发育期、不同器官中的分布和含量的变化规律，药用植物特定次生代谢物生物合成的生理生化代谢途径，以及有利于药用植物次生代谢物的生物合成。

（三）阐明药用植物对环境的适应机制及其抗逆机制

植物的抗逆性是植物在外界环境的长期作用下形成的，是对植物周围生态环境的长期

适应的结果。植物逆境生理是植物生理学的重要内容，植物耐盐、抗旱等分子机制的研究充实了植物生理学的内容。药用植物次生代谢与生长环境和药材质量有双重关系，药用植物的抗逆具有特殊性，外界环境不仅影响药用植物的生长，更直接关系到它的次生代谢。在道地药材形成机制的研究过程中，阐明药用植物对环境的适应机制是道地药材“道地性”研究的重要内容。同时，药用植物对环境的适应机制及其抗逆机制也是药用植物栽培的重要理论基础。

（四）建立药用模式植物进行生理研究

模式生物（model organism）是研究生命现象过程中长期和反复作为实验模型的物种，是现代生命科学研究领域的重要组成部分。我们目前所知晓的有关生命过程和机制的研究大都借助模式生物材料完成。例如，拟南芥、水稻（*Oryza sativa*）等模式植物在植物分子遗传学和发育生物学等多个生物学分支广泛应用，特别是拟南芥在引领重要科学发现和先进研究技术方面扮演着十分重要的角色，同时也为植物生理学的发展做出了贡献。同时针对不同的科学问题，一些新的模式植物也纷纷产生，如为了研究 C_4 光合途径，属于 C_3 植物的拟南芥和水稻就不适合作为这个问题的模式植物，而 C_4 植物谷子（*Setaria italica*）及其近缘种狗尾草（*Setaria viridis*）应作为该研究目标的模式植物。盐芥（*Thellungiella salsuginea*）是拟南芥的近缘种，由于具有耐盐性，能在盐渍化土壤中正常完成其生活史，成为研究耐盐机制的理想模式植物。其他如豌豆（*Pisum sativum*）、胡萝卜（*Daucus carota* var.*sativa*）、燕麦（*Avena sativa*）、金鱼草（*Antirrhinum majus*）等在不同的研究中也可作为模式植物。但是在药用植物研究方面，到目前为止尚没有确立模式植物，现在有学者提出丹参（*Salvia miltiorrhiza*）具有成为药用模式植物的潜质。缺少药用模式植物是造成药用植物生理学研究发展迟滞的重要原因，因此，确立药用模式植物也是药用植物生理学需要关注的问题。

二、药用植物生理学的研究方法

现代植物生理学的研究由于学科之间的交叉渗透、相互借鉴，其研究方法也越来越丰富。数学、物理、化学、计算机等科学的发展，使得实验技术越来越细致，实验设备越来越精密和智能化。在药用植物生理现象的描述方面主要运用量化分析法，对药用植物在不同生长状态、不同生命活动或不同处理下的响应情况进行直接观察、测量、计数，经过一定的统计分析得出适宜的结论。例如，光合测定仪、叶面积仪等对药用植物生理现象的描述也由大量的量化参数来表示。量化分析法在药用植物生长发育、春化作用、光周期诱导和植物激素的生物测试等研究中也广为应用。

在细胞水平的生理研究上，细胞形态结构的观察方法包括光学显微术、荧光显微术和电子显微术；细胞化学方法包括各种生物制片技术、细胞内各种结构和组分的细胞化学显示、蛋白质和核酸等生物大分子的特异染色、细胞器染色方法和定性定量细胞化学分析技术方法；细胞生物工程技术，包括细胞工程和染色体工程技术，如药用植物细胞培养生产次生代谢物、药用植物染色体加倍育种技术等。

在次生代谢物的生理研究上，层析、电泳、分级离心、分光光度计、气相色谱仪、高效液相色谱仪、质谱仪、飞行时间质谱仪等仪器和方法的广泛应用，在药学、中药学、中药资源与开发等专业的相关课程中也多有涉及。

在药用植物生理现象的基因水平研究上，分子生物学方法几乎无缝应用。目的基因定位、克隆、表达、分离纯化、遗传转化等，基因测序基础上的比较基因组学、转录组学、蛋白质组学、代谢组学及全基因组关联分析等新技术也在不断涌入药用植物生理学的研究进程中。涉及的基本技术如核酸分离、纯化，限制性内切酶使用，载体构建、核酸体外连接与探针标记、核酸凝胶电泳，DNA 序列分析等。分子生物学技术的应用使药用植物生理学的研究内容更深更广。

其他如应用于农业领域的基于无人机的各种光谱遥感技术、基于大数据的各种算法等也逐渐应用到植物生理学的研究中，研究手段的现代化大大促进了药用植物生理学的发展。

三、药用植物生理学的地位

药用植物生理学是中药资源相关专业的专业基础课，在整个专业的培养体系中起承上启下的作用。药用植物学、无机化学、有机化学、分析化学、生物化学、分子生物学是药学、中药学、中药资源学等相关专业的最基础的课程，在此基础上学习药用植物的有效物质知识。在识药、认药到用药的体系中，药用植物生理学是其中的枢纽，它的研究内容需要以上学科知识的支撑，同时它也是下游课程如药用植物栽培学的理论基础。

四、药用植物生理学学习方法

（一）掌握专业术语

各门课程都会有其专业术语，一般情况下，同一事物同一现象，不同的人就会做出不同的描述，要表达具有同样复杂程度的含义，使用专业术语会使描述更加简洁，也便于知识的保存和传播。精确且严谨的专业术语本身就是一种思考工具。每一个专业术语的背后，都蕴含着丰富的知识逻辑。深刻理解药用植物生理学的相关术语，可较好把握各种植物生理活动规律。

（二）理论联系实际学习

药用植物生理学是一门实验学科，其理论来源于生产实践，主要研究方法是观察和实验。所以在学习药用植物生理学时应注意仔细观察药用植物的生长发育变化，获得感性认识，还要学会运用植物生理学知识分析解释所观察到的现象及尝试解决实际问题。同时还要特别注重对药用植物生理学实验方法、技术和原理的学习，这不仅有利于对理论知识的掌握，还可为研究植物生理学和在生产实践中应用植物生理学知识打下坚实的基础。

（三）用发展和批判的眼光学习

从植物生理学的发展历史中，我们能够感受到一个生理现象的科学解释往往不是一锤定音的，而是无数的科研人员经年累月成果的汇集，如光合作用的研究跨越了百年依然未停止，所以对植物生理知识点的理解及生理现象机制的理解也要用发展的眼光来看待。同时，我们在学习的过程中要具备批判性眼光，不盲从既定的结论与观点，而应在对其性质进行理性、辩证的判断和分析基础上提出个人的想法，进而准确、全面和深刻地认识事物。药用植物生理学本质上是一门实验性的学科，那么实验设计总有不完美的地方，其结论总有适用的范围，如药用植物生理学相关的新研究所汇集成的植物生理的规律和机制很多尚需要时间的检验，很多结论也不具备普适性。我们在学习的过程中要能够找出其优缺点，这样就能加深我们对植物生理学知识的理解，同时也为我们以后的创新打下思维上的基础。

（四）从表象到本质的学习

在整个生长发育过程中，植物的很多生理过程都有外在的表现，如叶片萎蔫、生长缓慢、过早开花等，我们在学习过程中看到这些表象，要去思考这些表象后面的本质，也就是表象后面的原因或者机制是什么。这样才能加深我们对植物生理的深层次理解，而不是浮于表面。同时我们也要看到，本质或者机制也是分层次的，要辨别是细胞层次的还是基因层次的机制。

（五）适当阅读与植物生理学相关的学术期刊

植物生理学同其他学科一样，处于不断发展中，而教科书总是滞后于科学研究，不能及时反映最新的研究成果，再加上课堂教学时数有限，许多内容需要自学。这就要求学习者具有较强的自学能力，能够自己查阅国内外科技文献和利用网络上的学习资源。在本科阶段适当阅读与植物生理学相关的专业学术期刊，有利于对基本知识的深入理解，适当掌握最新学科发展，开阔视野，可为将来的创新研究打下基础。国内重要的期刊有《植物生理学报》《植物生理与分子生物学学报》等；国外相关学术期刊有 *Plant Physiology*、*Plant Physiology and Biochemistry*、*Journal of Experimental Botany*、*New Phytologist* 等。

本章小结

学习内容	学习要点
名词术语	植物生理学、生长发育、代谢、信息传递
植物生理学的发展史	关键节点的人物、事件
药用植物生理学的基础知识	生长发育生理、次生代谢生理、逆境生理

目标检测

一、单项选择题

1. 植物光合作用和（　　）理论的建立标志着植物生理学作为一门学科的诞生。
   A. 矿质营养　　B. 呼吸作用　　C. 逆境生理　　D. 生长发育
2. 2000 年，第一个模式植物（　　）基因组被国际植物遗传学家联盟公布，从此，植物生理学开启了组学时代。
   A. 拟南芥　　B. 小麦　　C. 水稻　　D. 丹参

二、多项选择题

1. 根据植物生理学的研究历史，可人为地将其划分为（　　）部分。
   A. 物质与能量代谢　　B. 生长发育与形态建成
   C. 信息传递和信号转导　　D. 逆境与生态适应
   E. 水分和矿质营养
2. 我国古代对植物生理的认识多来自实践，并且远早于西方，内容也更为丰富，下列古籍中哪些对植物生理现象有所描述（　　）。
   A.《汜胜之书》　　B.《齐民要术》　　C.《农书》　　D.《农政全书》
   E.《神农本草经》

3. 在学习药用植物生理学过程中，下列哪些学术期刊可供参考（　　）。

A.《植物生理学报》

B.《植物生理与分子生物学学报》

C. *Plant Physiology*

D. *Plant Physiology and Biochemistry*

E. *New Phytologist*

三、名词解释

代谢；药用植物生理学

四、简答题

1. 简述药用植物生理学和植物生理学研究内容、任务的异同点。
2. 简述我国古代对植物生理学相关知识的认知情况。

（内蒙古医科大学　张传领）

第一章　药用植物水分生理

学习目标

1. 掌握：药用植物细胞和根系对水分的吸收机制。
2. 熟悉：药用植物的水势。
3. 了解：药用植物蒸腾作用的调控、气孔运动及其调控机制。

案例 1-1 导入

水分在药用植物的生长中起着重要的作用。美国红杉是世界上最高的树，最高可达115m。

问题：1. 水分在药用植物生长中起着什么样的作用？
2. 土壤中的水分是如何被吸收的？
3. 水分在药用植物体内是如何运输的？

第一节　水分在药用植物生命活动中的作用

水是生命的源泉。药用植物体的物质组成中水占主要部分，原生质体平均含水量在80%～90%，如线粒体、叶绿体等富含脂质的细胞器也含有50%左右的水。药用植物组织的含水量随木质化程度增加而减少，如果实的肉质部分含水量可超过90%，幼嫩的茎叶含水量在80%～90%，树根的含水量为70%～95%，树干的平均含水量为50%，成熟种子的含水量一般仅为10%～14%（图1-1）。药用植物的一切生命活动都需要在水环境中才能正常进行，否则药用植物的生长发育就会受到阻碍，严重时甚至死亡。一方面药用植物不断从环境中吸收水分，参与体内各项生理代谢活动；另一方面，植物吸收的水分有90%以上以蒸腾作用等形式散失到大气中，在药用植物体内形成水分自下而上地流动。这一过程在药用植物生理活动中有着重要的作用，如促进药用植物对土壤矿质元素的吸收和运输，促进药用植物体内有机物的运输等。在药用植物栽培中，水分往往是影响产、质量的主要限制因素，药用植物正常的生命活动就是建立在对水分不断吸收、运输、利用和散失的过程。药用植物对水分的吸收、运输、利用和散失的过程，称为药用植物的水分代谢（water metabolism）。

水对于药用植物来说，不仅是完成正常生理活动的必要条件，对药用植物品质的形成同样至关重要。不同药用植物对水分的需求规律不同，形成了适应能力和适应方式各不相同的水分生态类型。

一、水的理化性质

水分子是由一个氧原子和两个氢原子以共价键（covalent bond）的形式结合而成，两个O—H键之间的夹角为105°。由于氧原子具有强电负性及其在空间结构上的非对称性，导致水分子具有很强的极性，水分子之间可以通过微弱的氢键聚合成水分子聚合体$(H_2O)_n$。这些特征也为水分子带来了独特的理化性质。

（一）水的高比热容

比热容（specific heat capacity）是指单位质量物质的热容量，即单位质量物质改变单位

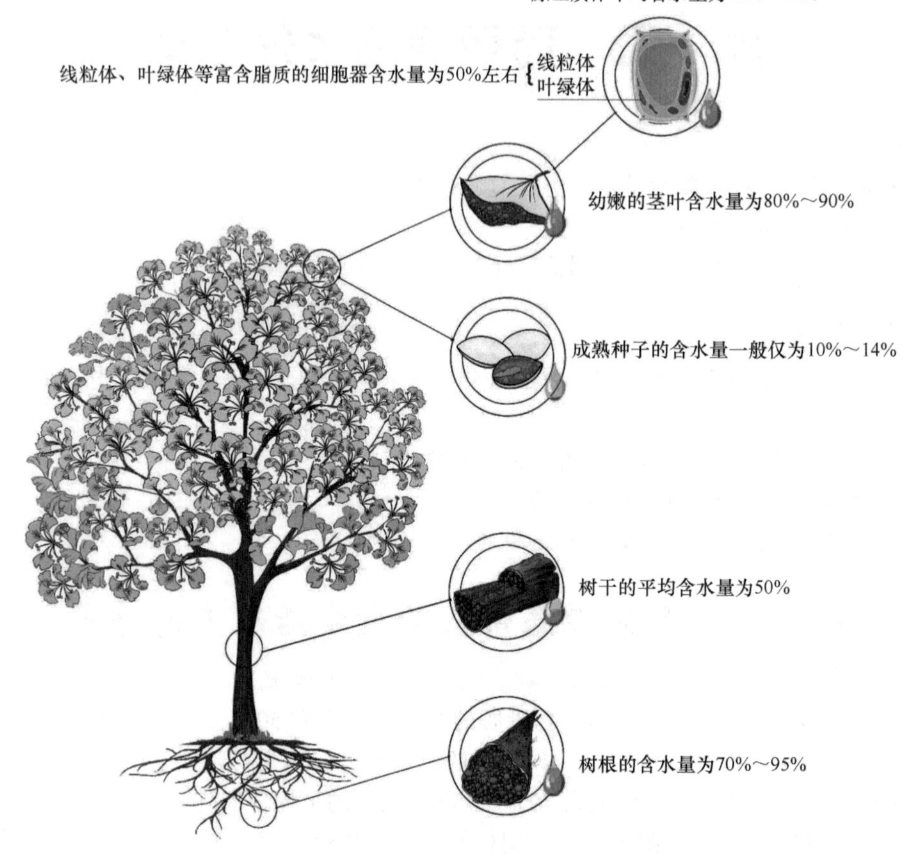

图 1-1　木本药用植物不同部位的含水量

温度时吸收或放出的热量。水在常温下存在大量的水分子聚合体，当受热时需要更多的热量来破坏分子间的氢键。同理，当水的温度降低时，也会释放出较其他液体更多的热量。正是由于水高比热容的特点，使含有大量水分子的药用植物体可以在环境温度变化较大的情况下保持相对稳定的体温。

（二）水的高汽化热

汽化热（heat of vaporization）是指物质由液体转化为气体时需要吸收的能量。水由液态转变为气态时需要额外的能量打破水分子之间的氢键。水的高汽化热可以让药用植物通过蒸腾作用有效地降低体温，减轻或避免高温环境对药用植物体的伤害。

（三）水的大表面张力和强附着力

水具有很大的表面张力（surface tension），使其具有很强的表面积收缩现象。水的强附着力（adhesion）使得水分可以轻易地吸附在纤维素、蛋白质和土壤微粒等地方，轻易地从土壤向药用植物体进行移动。

（四）水的高介电常数

介电常数是反映介质在静电场作用下介电性质或极化性质的主要参数，通常用 ε 来表示。根据物质的介电常数可以判别物质的极性大小。通常，相对介电常数大于 3.6 的物质为极性物质；相对介电常数在 2.8～3.6 的物质为弱极性物质；相对介电常数小于 2.8 为非极性物质。而水分子的介电常数高达 78.5。高介电常数让溶质的正负离子间的静电作用被水分子的正负电荷抵消，离子难以结合在一起，增加了极性物质的溶解度。水是电解质和极性物质的理想溶剂。药用植物体内的核酸、蛋白质及糖类物质均含有—OH、—NH_2 和—COOH 等极性化学基团，水可以与这些化学基团之间形成氢键，水分在这些大分子物质带电基团周围定向排列，形成一个水膜层，减弱了大分子物质之间的相互作用，对维持药用植物体内大分子物质的生物活性具有重要意义。

二、水分对药用植物生命活动的重要作用

水分对药用植物的生理生态作用及水分在其体内的代谢变化均与水的分子结构及理化性质密切相关，植物一切代谢活动都必须以水为介质，土壤中矿质元素、空气中的 O_2 和 CO_2 等都必须先溶于水才能被药用植物吸收、转运和利用。药用植物体内的生化反应必须在水中才能进行，水可以维持细胞组织紧张度（膨压）和固有形态，水有很高的比热容和汽化热，又有良好的导热性，当外界温度剧烈变化时，可有效缓和原生质的温度变化，以保护原生质免受伤害，增强药用植物的抗逆能力。

（一）药用植物含水量

水分是药用植物体重要的组成成分。不同种类的药用植物及同一种药用植物在不同生境中甚至不同的生长发育时期含水量都有很大的差异。水生药用植物的含水量可达 90% 以上，草本药用植物的含水量在 70%～85%，木本药用植物的含水量在 35%～75%。为了更好地进行药用植物生理学研究，通常用相对含水量（relative water content，RWC）来评价药用植物的水分状态：

$$\mathrm{RWC}=\frac{\text{鲜重}-\text{干重}}{\text{饱和含水量时的鲜重}-\text{干重}}\times 100\% \tag{1-1}$$

（二）水在药用植物体内存在的状态

水分在植物细胞内一般存在束缚水和自由水两种状态。凡是被植物细胞的胶体颗粒或渗透物质亲水基团（如—COOH、—OH、—NH_2）吸引，且紧紧束缚在其周围、不能自由移动的水分，被称为束缚水（bound water），在温度升高时束缚水不能挥发，温度降低到冰点以下时也不能结冰。植物体内不被胶体或渗透物质亲水基团所吸引或吸引力很小，可以自由移动的水分，被称为自由水（free water）。自由水在温度升高时可以挥发，在温度降低到冰点以下时会结冰。自由水参与细胞的各种代谢作用，其含量与植物的代谢强度有显著的相关性，如光合速率、呼吸速率、生长速度等，束缚水虽然不直接参与代谢活动，但是在不良的环境条件下，束缚水含量与植物抗旱性、抗寒性有密切关系。两种水的划分是相对的，没有明显的界限，且达到一定的条件时，可以相互转化。

已有实验证明：不同生态类型的植物之间束缚水/自由水的比值存在差异（表 1-1），通常情况下抗旱性越强的植物其束缚水/自由水的比值越高；植物细胞内束缚水/自由水的比值随环境水分减少而增加，在时间序列上随干旱胁迫的持续而增加。细胞内束缚水/自由水的比值高低是评价植物耐旱、耐寒性强弱的重要指标，耐旱、耐寒性强的植物束缚水/自由水的比值也较高。

表 1-1 几种旱生植物的自由水、束缚水含量和比值

植物种类	自由水含量（%）	束缚水含量（%）	束缚水/自由水	测定器官
梭梭（*Haloxylon ammodendron*）	16.1±9.6	56.9±3.4	3.5	同化枝
白梭梭（*Haloxylon persicum*）	18.4±8.8	49.1±2.4	2.7	同化枝
长穗柽柳（*Tamarix elongata*）	19.5±2.6	41.5±5.5	2.1	同化枝
白刺（*Nitraria tangutorum*）	25.2±8.2	51.3±1.7	2.0	叶
骆驼刺（*Alhagi sparsifolia*）	35.0±2.0	34.0±1.9	1.0	叶
驼绒藜（*Krascheninnikovia ceratoides*）	37.5±7.0	34.3±6.4	0.9	叶

细胞内自由水/束缚水的比值高时，植物代谢活跃，生长较快，抗逆性较差；反之代谢活性低，生长缓慢，但抗逆性较强。例如，休眠种子和越冬植物自由水/束缚水比值降低，束缚水的相对量增高导致代谢微弱，生长缓慢，但抗逆性增强；在干旱或盐碱条件下，呈现出相似的规律。

（三）水在药用植物生命活动中的生理作用

水在药用植物生命活动中的生理作用指的是水分直接参与药用植物细胞原生质组成、重要的生理生化代谢和生长发育过程，概括为以下五个方面：

1. 水是细胞原生质的主要组分 细胞原生质含水量高，一般在 80% 以上，大量的水分使原生质保持溶胶状态，保证原生质中各种生理生化过程的正常进行。当含水量减少时，原生质由溶胶状态变成凝胶状态，细胞的生命活动会降低，如果原生质持续处于过多失水状态，会导致原生质胶体遭到破坏，直至细胞死亡。此外，原生质中蛋白质等生物大分子物质表面存在大量的亲水基团，吸附大量的水分子形成水膜，维系膜系统及生物大分子的正常结构和功能。

2. 水直接参与药用植物体内重要的代谢过程 水在药用植物体内直接参与光合作用、呼吸作用、有机物合成与分解等多种重要代谢过程。

3. 水是药用植物体内各种生化反应和物质吸收、运输的介质 药用植物体内绝大多数生化反应都是在水中进行的。光合作用中的碳同化、呼吸作用中底物分解及原生质体中蛋白质、核酸的代谢均在水介质中进行。药用植物吸收、运输无机物质和有机物，光合作用产物运输等均以水为介质乃至动力来源。

4. 水能够使植物保持固有姿态 足够的水分让细胞保持一定的紧张度，使植物枝叶挺立，有利于植物进行光合作用和与外界进行气体交换等。

5. 细胞分裂和延伸生长均需要充足的水 药用植物细胞内水分的膨压促使细胞进行分裂和延伸生长，药用植物的生长需要一定的水膨压，如果膨压不足，会导致植物生长受到抑制，植物矮小。

（四）水在药用植物生命活动中的生态作用

水在药用植物整个生命周期内为其提供有益的生存环境。水对药用植物的生态作用主要有以下两点：

1. 调节药用植物温度 水分子具有很高的比热容，因此在环境温度波动的情况下，药用植物体内大量的水分可以保障其体温相对稳定。在阳光暴晒下，可通过蒸腾作用散失水分降低植物体温，保护药用植物免受高温伤害。

2. 调节药用植物生存微环境　水分可以增加大气湿度、改善药用植物生长环境周边土壤及土壤表面温度等。在作物栽培中，利用水调节作物周边小气候是农业生产中常用的措施。例如，早春或初冬给作物灌水可起到保温抗寒的作用；夏季高温天气给大田喷水可提高作物周边环境湿度，降低大气温度，缓解植物的光合午休现象。

水对药用植物生命活动的生态作用因药用植物组织、器官、生长发育时期和植物的种类而异。水在药用植物生命活动中有重要的生理作用和生态作用，满足药用植物对水分的需求，对药用植物的生长发育、有效成分的形成均具有重要的作用，这也是药用植物人工栽培获得稳产的重要前提。

第二节　药用植物细胞吸收运输水分的原理

水分的移动与其他物质一样，只能沿着体系能量减小的方向移动。水势（water potential）是研究药用植物水分关系领域最重要的概念之一。在一个物理系统中，水分总是由水势高的区域流向水势低的区域，当水分逆水势梯度运动时需要从外部补充能量才能实现。

一、水的自由能与化学势

自由能是衡量一个体系能量变化的重要参数，常以 G 表示。现代热力学原理将系统中物质的总能量分为束缚能（bound energy）和自由能（free energy）。束缚能是不能用于做有用功的能量，自由能是在恒温、恒压条件下能够做最大有用功的能量（非膨胀功）。自由能具有加和性，一个体系的总自由能是其各种自由能的总和。自由能的绝对值无法测定，只能用一个体系变化前后自由能变化量（自由能差）ΔG 进行描述。

$$\Delta G=G_2-G_1 \tag{1-2}$$

若 $\Delta G<0$，说明系统自由能减少，该变化情况可以自发进行；若 $\Delta G>0$，说明系统自由能增加，该变化必须从外界获得能量才能进行；$\Delta G = 0$，说明自由能不增不减，系统处于动态平衡状态。

化学势（chemical potential）常被用来描述体系中各组分发生化学反应并转移的潜在能力，用 μ 表示，在一个多组分混合体系中，通常把组分 j 的化学势（μ_j）定义为组分 j 的偏摩尔自由能，其热力学含义指在等温、等压条件下，1mol 组分 j 的自由能。

组分 j 会自发地向 $\Delta\mu_j<0$ 的方向进行能量转移，即顺着电化学势梯度（gradient of electrochemical potential）由 μ_j 高的区域向 μ_j 低的区域转移。在一个体系内，物质总是从电化学势高的区域自发地向电化学势低的区域转移。在植物生理学中，物质顺着电化学势梯度转移的过程称为被动运输（passive transport），逆电化学势梯度转移的过程称为主动运输（active transport），主动运输需要消耗外部能量。

水作为自然界的一种物质，其运动方向和程度同样遵循热力学第二定律。水的化学势一般用 μ_w 表示，其热力学定义为：在温度、压力等外界条件一定时，体系中 1mol 的水所蕴含的自由能。水的化学势同样用相对值 $\Delta\mu_w$ 表示，即以在一定的条件下纯自由水的化学势作为参比状态，把纯水在相同温度与标准大气压下的化学势定义为零，其他状态的水化学势偏离这一值的差值就是水的化学势。在植物生理学上为突出水化学势的物理意义，通常将水的化学势除以水的偏摩尔体积（$V_{w,m}$），使其具有了压力的意义，即在植物生理学中被广泛应用的概念——水势。水势就是偏摩尔体积的水在一个系统中的化学势与纯水在相同温度、压力下化学势之间的差值，可表示为：

$$\psi_w = \frac{\mu_w - \mu_w^o}{V_{w,m}} = \frac{\Delta\mu_w}{V_{w,m}} \tag{1-3}$$

式中，Ψ_w 表示水势；$\mu_w - \mu_w^o$ 表示化学势差（μ_w），单位为 J/mol，J=N · m；$V_{w,m}$ 表示水的偏摩尔体积，单位为 m^3/mol。

由上述公式可推导出水势的单位为：

$$\psi_w = \frac{\mu_w - \mu_w^o}{V_{w,m}} = \frac{J/mol}{m^3/mol} = \frac{J}{m^3} = \frac{N}{m^2} = Pa \tag{1-4}$$

即水势的单位为帕（pascal，Pa），一般用兆帕（MPa，1MPa=10^6 Pa）表示。过去也用大气压（atm）或巴（bar）作为水势的单位。

1bar = 0.1MPa = 0.987atm，1atm = 1.013×10^5Pa = 1.013bar

偏摩尔体积（$V_{w,m}$）指在恒温、恒压，其他组分浓度不变的情况下，混合体系中 1mol 该物质占据的有效体积。例如，在 1 个标准大气压和 25℃条件下，1mol 纯净水的体积为 18mL，在同样的外部条件下，在 1mol 的水中加入大量的乙醇等物质混合物时，该混合物的体积从 18mL 变为 16.5mL，16.5mL 就是水的偏摩尔体积。在稀的水溶液中，水的偏摩尔体积与纯水的摩尔体积（V_w = 18.00cm^3/mol）相差不大，在实际应用中往往用纯水的摩尔体积代替偏摩尔体积。纯水的水势定义为零，由于溶液中溶质颗粒会导致水的自由能降低，因此任何溶液的水势均为负值。植物叶片的水势一般为 –1.5～–0.3MPa。

二、药用植物细胞的渗透系统

药用植物细胞在生命活动的过程中要不断地进行水分吸收、运输和散失。其吸水的方式主要有两种：一是渗透性吸水，指具有中心液泡的成熟植物细胞，依靠渗透作用，沿着水势梯度进行的吸水过程；二是吸涨吸水，指尚未形成液泡的植物细胞，通过吸涨作用沿着水势梯度进行的吸水过程。药用植物细胞的两种吸水方式均发生了水分的跨膜运输，即渗透现象。

成熟的药用植物细胞有一个中央大液泡，细胞壁主要是由纤维素微纤丝构成的网孔状结构，水和溶质分子均可自由通过；而细胞的质膜和液泡膜，由磷脂双层构成，因此水和亲脂质物质易于透过，而对其他溶质分子或离子具有选择透性，也就是选择透性膜（selective permeable membrane）。一个成熟的药用植物活细胞中，原生质膜（包括质膜、胞基质和液泡膜）可以看作一个选择透性膜。

如果把具有液泡的药用植物活细胞置于水势高于细胞液的溶液时，水分会沿着水势梯度进入细胞，直至细胞内外的水势达到平衡。水分从水势高的系统通过选择透性膜向水势低的系统移动的现象称为渗透作用（osmosis）。具有液泡的成熟活细胞以渗透作用为动力的吸水过程，称为渗透吸水（osmotic absorption of water）。

在正常的生活环境下，植物由于蒸腾作用失水，引起膨压下降，水势下降或通过产生代谢产物提高溶质浓度，导致细胞水势下降，为外界水分进入细胞提供动力。

如果把具有大液泡的植物活细胞置于水势低于细胞液水势的蔗糖溶液中，细胞内的水分就会向外渗透，整个原生质体收缩，最终导致原生质体与细胞壁完全分离，这种现象称为质壁分离（plasmolysis）。把质壁分离状态的植物活细胞放入水势较高的溶液或蒸馏水中，外界的水分便会进入细胞，液泡变大，原生质体随之增大，直至恢复原状，这种现象称为质壁分离复原（deplasmolysis）。

三、药用植物细胞的水势组成

水势是植物水分关系研究领域的重要概念。在一个物理系统当中，水分总是由水势高的区域向水势低的区域流动，反之则需要外部加入能量才能实现。

水势在植物水分相关研究中有以下三方面意义：①水势指示植物体系统内部是否处于平衡状态；②水势是植物体系统内水分流动的驱动力；③在植物生理相关研究中引入水势的概念，可以更好地理解土壤-作物-大气连续体的概念，以及药用植物生理生态现象。

在药用植物生理研究中，我们把植物细胞水势（ψ_w）定义为四个组分的组合，分别是渗透势（osmotic potential，ψ_π）、压力势（pressure potential，ψ_p）、衬质势（matric potential，ψ_m）和重力势（gravity potential，ψ_g），符合以下关系式：

$$\psi_w=\psi_\pi+\psi_p+\psi_m+\psi_g \tag{1-5}$$

1. 渗透势　由于溶质的存在而导致水势降低的值称为渗透势（ψ_π）或溶质势（solute potential，ψ_s）。在标准压力下，溶液的压力势为零，溶液的渗透势等于溶液的水势。溶液中溶质颗粒的总数决定了溶液的渗透势，渗透势还与溶质的解离系数有关。对于多数生物体内细胞溶液来说，可以用较为简单的van't Hoff关系式计算渗透势：

$$\psi_s=-icRT \tag{1-6}$$

式中，c表示溶液浓度（mol/L），T为热力学温度（K），R为摩尔气体常数，i为解离系数。

2. 压力势　当把具有液泡的植物细胞放置在纯水中，外界的水分会进入细胞，液泡内的水分增多，体积会增大，最终使整个原生质体呈膨胀状态。膨胀的原生质体对细胞壁产生一种压力，称为膨压（turgor pressure）。同时细胞壁对原生质体产生一个数值相等、方向相反的压力，这一压力有导致细胞内水分向外移动的趋势，这就相当于提高了细胞的水势。在药用植物生理研究中，由细胞壁压力引起的细胞水势增加值称为压力势，其值为正。当压力势足够大时，就可以阻止外界水分进入细胞液，使细胞水分净转移停止。即细胞内正的压力势与负的渗透势达到平衡状态，此状态下细胞的水势与外界纯水水势相等（即为零），但细胞液本身水势仍为负值。

3. 重力势　相对于参考位置，由重力作用而引起的水势数值，称为重力势。它是由于重力的影响而引起的水势升高值，以正值表示。其在细胞内与蒸腾拉力、根压、膨压等平衡。重力势的大小等于水分距离参照水面的高度、水的密度及重力加速度的乘积。水升高1m，水势就会增加0.01MPa，当研究水分在细胞水平进行转运时，与压力势和渗透势相比，重力势变化很小，可以忽略不计。

4. 衬质势　是植物细胞内的胶体物质亲水性和毛细管对自由水的束缚（吸引）而引起的水势降低值。成熟的已形成中央大液泡的植物细胞，其原生质仅为一薄层，细胞含水量很高，ψ_m趋于0，在计算时一般可以忽略不计。但是对于处于分生区的细胞和风干种子细胞来说，其尚未形成中央大液泡，其水势即衬质势。

衬质势是由液体-固体界面水分毛管力和附着力所决定的，压力势是液态水的正压力，渗透势是溶液浓度引起的（随溶液浓度增加而降低），重力势与水溶液的密度、测点海拔成正比。由于衬质势在实践中难以测定且在量级上影响甚微可以不予考虑，重力势只有对特别高大的植物才适用，对细胞尺度影响可以忽略不计，因此式（1-5）可以改写成：

$$\psi_w=\psi_s+\psi_p \tag{1-7}$$

式中，$\psi_p\geqslant 0$，$\psi_s\leqslant 0$，$\psi_w\leqslant 0$。药用植物主要通过改变自身渗透势或压力势来调节自身细

胞的水势。活细胞必须维持一定的膨压才能保持其生理活性，因此细胞的渗透势是调节细胞水势的唯一方式。药用植物细胞的渗透势与水的摩尔分数和水的活度有关，植物种类、植物体的内外条件等因素都会影响植物细胞的渗透势数值。旱生植物的叶片渗透势可低至–10.0MPa，温带植物大多数植物叶片渗透势在–2.0～–1.0MPa。此外，季节和天气对植物叶片渗透势同样有较大的影响，凡是影响细胞液浓度的外界条件，都能使细胞的渗透势数值发生改变。

药用植物细胞的压力势与其含水量有密切的关系，尤其是草本的药用植物，其细胞压力势随细胞含水量波动较大。一般情况下，在温暖的下午为0.3～0.5MPa，夜晚可达1.5MPa。细胞含水量会引起细胞体积变化，细胞的渗透势和压力势均会受到影响。图1-2描绘出了植物细胞体积变化时，植物细胞水势各组分间的变化趋势。其中平行于纵轴的状态Ⅰ中的虚线与3条曲线的交点数值，表示在常态下细胞的体积和与之相应的ψ_p、ψ_s、ψ_w。当把成熟的植物细胞放到纯水中，细胞吸水，体积增大，ψ_p随之增高，虚线相应地向右移动。与此同时，由于细胞吸水，细胞液的浓度降低，ψ_s升高，ψ_w随着升高，细胞吸水的能力下降。当植物细胞吸水达到紧实状态，细胞体积最大时，$\psi_w=0$，$\psi_p=-\psi_s$，此时达到状态Ⅱ。如果把植物细胞放在水势低于植物细胞溶质的溶液中，细胞会失水，体积缩小，虚线左移，此时ψ_p、ψ_s、ψ_w均会降低，直至达到状态Ⅲ时，出现质壁分离现象，$\psi_p=0$，$\psi_w=\psi_s$，定义此时细胞的相对体积为1.0。若细胞继续失水，则发生质壁分离，此时在细胞壁和原生质体之间会充满外界溶液，其后细胞体积不再变化，原生质体的体积则继续缩小，原生质体内的$\psi_w<\psi_s$，$\psi_p<0$，细胞的相对体积<1，此时的状态为Ⅳ（图1-2）。

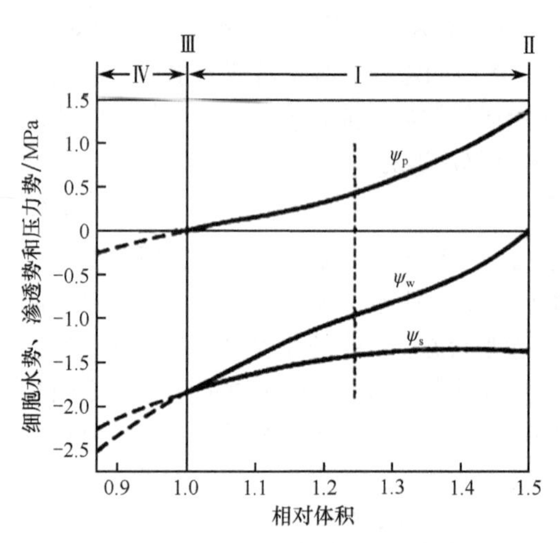

图1-2　植物细胞水势、渗透势、压力势与细胞相对体积的关系

四、药用植物细胞间水分移动

水总是由高水势区域向低水势区域流动。因此，细胞与周围细胞之间水分移动也取决于两者间的水势差。当环境水势高于细胞水势时，细胞从环境中吸水，反之细胞中的水分流向环境中。对于两个相邻的细胞来说，它们之间的水分移动方向同样是由两者的水势差决定。

例如，现有相邻的两个细胞A、B，已知A的渗透势为–1.7MPa，压力势为0.7MPa，B的渗透势是–1.1MPa，压力势是0.6MPa，经计算可知，细胞A的水势为–1.0MPa，细胞B的水势为–0.5MPa，即$\psi_{wA}<\psi_{wB}$，水分就从细胞B向细胞A移动，直至两个细胞的水势达到平衡。水势差不仅决定植物细胞间水分移动的方向，而且与水分移动的速度关系密切。水势差在研究中也称为水势梯度（water potential gradient）。细胞间水势梯度越大，水分移动的速度越快，反之越慢。在药用植物体内，多个细胞连在一起，其水分移动的方向由细胞间水势差决定。

在同一药用植物体内细胞间的水势变化也很大。植物体的不同器官甚至同一器官的不同部位之间水势大小也不相同。一般来说，在同一植株上，地上组织器官的水势要低于地下的组织器官，生殖器官的水势更低。药用植物体内水势差对水分进入药用植物体内和在其体内的运输有着重要的意义。

五、药用植物细胞的吸涨吸水及代谢吸水

干燥的药用植物种子细胞和幼嫩细胞没有形成中央大液泡，无法通过渗透作用从外界吸收水分，这类细胞通过亲水胶体（hydrophilic colloid）从外界吸收水分。细胞壁组分中的纤维素和原生质体成分中的蛋白质大分子都是亲水性物质，在干燥的种子中处于凝胶状态，绝大部分为束缚水，细胞内压力势为零，因此其水势就等于衬质势。干燥的药用植物种子的衬质势非常低，因此其对水分的吸收速度很快。在植物生理研究中，把因吸涨力存在而吸收水分子的过程称为吸涨作用（imbibition）。未形成中央大液泡的药用植物活细胞以吸涨作用作为动力吸收水分的过程称为吸涨吸水（imbibition absorption of water）。

吸涨吸水是一种非典型的渗透性吸水，吸涨力的大小与衬质势来源的物质有关，蛋白质类物质的吸涨力量最大，淀粉类物质次之，纤维素最小。对于大多数的药用植物来说，在活细胞内中央大液泡形成之前，主要靠吸涨作用吸水。干燥种子的衬质势很低，如富含蛋白质类胶体的豆类种子，其衬质势可低于–100MPa，当细胞吸水饱和时，衬质势为0。植物细胞内亲水物质通过吸涨力而结合的水称为吸涨水，它是束缚水的一部分。

药用植物细胞对水分的吸收一般被看作一个通过药用植物根系细胞和土壤间水势差的被动吸收过程。此外，水分还可以消耗细胞呼吸释放的能量，经过质膜进入细胞内部，这个过程称为代谢吸水（metabolic water absorption）。这种吸水过程与细胞呼吸作用的强弱有显著的相关性，在通气良好、细胞呼吸强时，细胞吸水的速度快；相反，减少氧气供给时，细胞呼吸速率和细胞吸水速率降低。

六、水分的跨膜运输

药用植物细胞与外界溶液的水分子交换是时刻进行的。但是生物膜的磷脂双层是非极性的，对水分子的透过能力较弱。一般认为，水分运动的主要方式有分子扩散和集流两种。水分进入药用植物细胞时，会发生跨膜的渗透运动。水分的跨膜移动机制一直模糊不清，直至水通道蛋白的发现，才揭开了水分子快速通过质膜的奥秘。研究发现，水分的跨膜运输与单个水分子经过磷脂双层间隙的扩散作用和大量水分子通过质膜上的水通道（water channel）进入细胞的集流运动有密切的关系。

（一）扩散

扩散（diffusion）是物质分子（包括气体分子、水分子、溶质分子）从一点到另一点的运动，即分子从较高化学势区域向较低化学势区域的随机的、累进的运动，通常导致扩散分子的均匀分布。水的蒸发、叶片的蒸腾作用都是水分子扩散现象。在短距离内，扩散可作为水分运输的有效方式，如细胞间水分转移、水分子通过磷脂双层进入细胞内（图1-3）。在长距离的运输中，扩散速度是远远不够的。因此，扩散不适合于诸如水分从根部运输到叶部的长距离运输。

（二）集流

集流（mass flow）是指在系统内部，有压力差存在时，液体分子集群运动的现象。水管中水的流动、江河中水的流动都是以重力或机械力等产生的压力差为动力产生的。集流是

药用植物体内长距离运输的主要方式。在药用植物体内，常见的木质部导管和韧皮部筛管中溶液的流动都是集流现象。集流的速度与压力成正比，与集流中溶质的浓度关系不大。

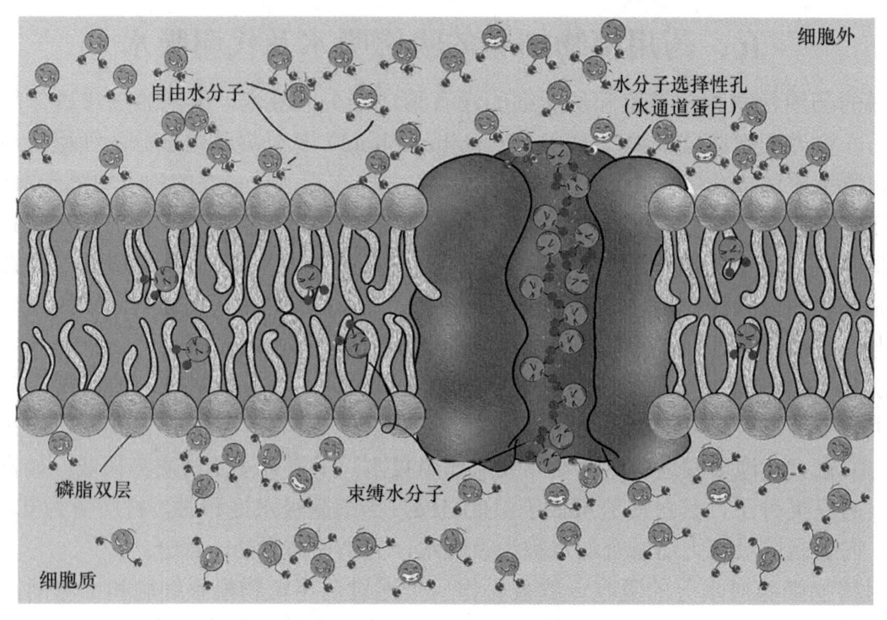

图 1-3　水分子通过质膜扩散和集流运动

在药用植物体内，水通道蛋白分布在各个组织，其生物学功能随部位的不同而有差异。总体而言，水通道蛋白在水分的吸收、运输、渗透调节、细胞生长分化和气孔运动等方面均起着十分重要的作用。在烟草植物细胞中，水通道蛋白优先在维管束薄壁细胞中表达，其主要功能是参与水分的长距离运输；如果水通道蛋白表达在生殖器官内，则表明它参与植物生殖过程；在模式植物拟南芥中，其主要表达在根尖的伸长区和分生区，有利于细胞生长和分化。蓝光、干旱等外界胁迫条件及某些植物激素也可诱导植物体内水通道蛋白的表达。

水通道蛋白像是植物细胞内的一个个进水阀门，其有开放和关闭两个状态，其开关状态受到磷酸化、去磷酸化和合成量调节。实验证明，钙的蛋白激酶可使丝氨酸残基磷酸化，水通道蛋白的水通道加宽，水集流量剧增；如果蛋白磷酸（酯）酶将此磷酸基团除去，则水通道变窄，水集流量减少。菠菜质膜上一种水通道蛋白在其丝氨酸残基磷酸化时，水通道蛋白的水通道打开，在干燥时水通道蛋白脱磷酸化可导致通道关闭，在淹水时一个保守的组氨酸的质子化可导致通道关闭。

七、药用植物组织水势的测定

水势与渗透势的测定方法很多，常见的有液相平衡法（小液流法、质壁分离法）、压力平衡法（压力法、压力探针法）和气相平衡法（热电偶湿度计法、露点水势仪法）。液相平衡法所需的仪器设备简单，但是操作烦琐、效率低，需要人为记录。压力平衡法适于测定枝条或叶片的水势，但是无法对小型样品水势进行测定。气相平衡法可以广泛应用于各种叶片的水势和渗透势的测定，所需的样品量也没有要求，且测定精度高，是目前较好的测定药用植物水势的技术。

（一）露点水势仪法

将叶片密闭在体积很小的样品室内，样品室上连接有热电偶。由于叶片含有水分，有一定的水势，因此水分会从叶片蒸发到样品室中并达到平衡状态。此时气体的蒸气压与样品中的水势相等。空气的蒸气压与露点温度有直接关系。露点水势仪就是通过测定样品室内空气的露点温度间接测定其蒸气压，并转换为样品的水势。

（二）压力法

药用植物在正常蒸腾作用下，导管中汁液的渗透势几乎为零，液流处于张力状态，水势取决于导管的压力势，当剪断枝条或叶柄时，导管中液柱张力消失，液流会从切口处缩进。这时给叶片或枝条增加压力，使导管液流刚好回升到切口处，这时增加的压力刚好补偿了未切开状态时的负压，即可测得药用植物的水势。

第三节　药用植物根系吸水

一、土壤中的水分与水势

根系是药用植物吸收水分的主要器官，根系从土壤中吸收水分，经过体内运输、利用后，大部分又从叶片蒸腾散失到大气中，这一水分的转移过程是由水势差决定的。只有土壤水势高于药用植物根系水势，药用植物根系水势高于茎叶水势，大气水势最低时，土壤水分才可以顺利完成这一运输过程。因此，在讨论根系如何吸收水分的同时，研究土壤中水分的分布与水势对药用植物吸收水分同样至关重要。

（一）土壤水势

根据土壤中水分的水势范围，可分为三种类型。一般来说，低于–3.1MPa 的土壤水分为土壤束缚水，–0.05～–0.03MPa 的水为毛管水，高于–0.01MPa 的水为重力水。大多数的植物在土壤水势低至–1.5MPa 后，将很难从土壤中吸收到水分，把此时土壤的含水量定义为永久萎蔫系数（植物刚刚发生永久萎蔫时，土壤的含水量），水势为–1.5MPa 时的水势点称为永久萎蔫点（permanent wilting point）。

与植物细胞水势相同，土壤水势也由渗透势和压力势两部分组成。通常情况下，土壤的溶液浓度很低，因此渗透势较高，约为–0.01MPa。盐碱地中土壤水分的溶液浓度很高，渗透势可达–0.2MPa，甚至更低。由于土壤水分存在张力作用，土壤水分的压力势一般小于或接近于 0，土壤溶液的静置水压力一般为负值。土壤水分压力势与土壤含水量有密切的相关性。在潮湿的土壤中，土壤水分压力势接近于 0，随着土壤含水量的降低，其土壤水分压力势也会越来越低。干旱的土壤中土壤水分压力势可低至–3MPa。土壤水分压力势为负值，与土壤中水分的毛细管作用有关。当土壤开始干燥时，土壤中的水分会优先从土壤颗粒间大空隙中间退出，其后进入颗粒间的小孔隙。土壤水与土壤空气间形成大的界面被进一步拉伸，形成弯曲半径十分小的凹面，凹面下的水受到拉力，便产生了很大的负压。非盐碱化的土壤水份的主要组成成分就是水分吸附在土壤颗粒表面所产生的衬质势。

在植物生理研究中，除去土壤中重力水后，保留的全部毛细管水和束缚水称为田间持水量。土壤类型对田间持水量和永久萎蔫系数有很大的影响。田间持水量与永久萎蔫系数的差值就是药用植物的有效水（available water）。当土壤达到田间持水量时，土壤水分压力势趋于 0，土壤的水势由渗透势决定。非盐碱土的渗透势约为–0.01MPa。不同性质的土壤达到田间持水量时其土壤含水量差别很大，黏土约为40%，壤土为23%，而细砂仅为13 %，说明黏土的保水能力最强，壤土次之，细砂最弱。

（二）水力提升现象与土壤水分移动

土壤中的水分是不断运动的，除少量水分通过扩散作用运动，大部分的水分是在水势压力梯度的驱动下以集流的方式进行移动的。当植物从土壤中吸收水分时，消耗了根系附近的水分，造成根系周边的水势下降，与邻近区域产生压力梯度。在一般情况下水分便会沿着连续的孔隙，顺水势梯度向根系移动。

由于土壤表面物理蒸发和植物的蒸腾作用常常导致土壤剖面上水分的分布不均衡。大量研究表明，植物根系可以将土壤深层湿润区域的水吸收运输到上面干燥区域的部分，再通过这部分的根系将其中一部分水分释放到根系周边的干燥土壤当中。在研究中以“水力提升”（hydraulic lift）或“根水倒流”（reverse flow）来表述这种水分运动的现象。

水力提升一般是自下而上。研究发现，根系还可将上层湿润土壤中的水分转移到下层干燥的土壤当中。这两种情况均称为水力提升。根系的提水作用在长时间的干旱条件下，对植物个体、群体及植物所在的小生态平衡均有极为重要的意义。

土壤中水分移动的速率取决于压力梯度的大小和土壤导水率（soil hydraulic conductivity）。土壤导水率是用来衡量水分在土壤中移动难易程度的指标，与土壤质地有关。颗粒疏松的细砂，导水率高；颗粒间孔隙小的黏土，导水率最低；壤土的导水率介于两者之间。除此之外，土壤导水率还受土壤水分含量和温度的影响，土壤水分含量降低，则土壤导水率随之下降；温度升高，水分的黏滞度降低，土壤导水率升高。

土壤表层水分的分布对药用植物根系的分布有着重要的影响。当土壤上层相对湿润，可以满足药用植物生长时，根系就倾向于在浅层土壤中横向生长。在土壤上层相对干燥，不能满足药用植物的生长发育时，根系就会倾向于向下生长，从深层的土壤中吸收水分。研究发现，在地中海地区，没有灌溉条件的栽培小麦主要从45～135cm深度的土层吸收水分；而在有灌溉条件的农田，45～90cm是主要的吸水层。

二、植物根系对水分的吸收

（一）根系吸收水分的位置

根系是药用植物吸收水分的主要器官，但不是整个根部都可以吸收水分（图1-4）。根部表皮木质化或木栓化的部分吸水能力很小。根部吸收水分的主要区域是根尖。根尖分为成熟区（或根毛区）、伸长区、分生区和根冠四部分，其中根毛区吸水能力最强。根毛区有很多根毛，极大地增加了吸收面积，同时根毛区细胞的细胞壁有丰富的果胶物质，具有良好的亲水性，有利于根系对水分的吸收。根毛区会随着根系的生长不断地前进，根毛的寿命一般只有几天。在移栽药用植物时，应尽可

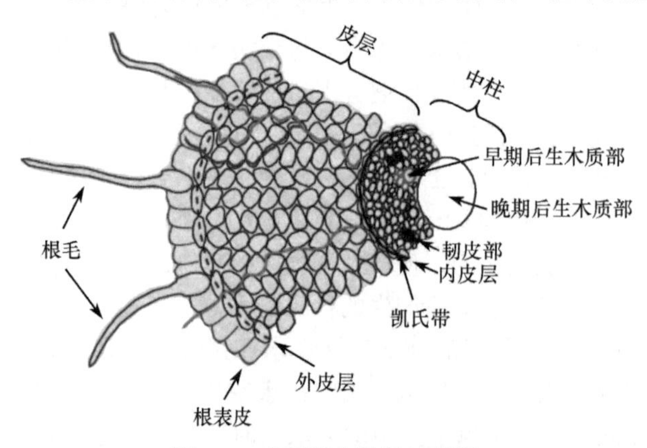

图1-4　根部吸水途径示意图

能避免损伤根尖，提高其成活率。

水分通过根毛、皮层、内皮层，再经过中柱细胞最终进入导管。水分在根系中的径向运输是通过质外体和共质体进行的。质外体（apoplast）是指原生质体以外的结构和空间，包括细胞壁、细胞间隙和木质部的导管等组成的体系。水分子在质外体移动受到的阻力小，移动速度快。由于内皮层中存在凯氏带，把质外体分为内、外两个区域，一个是表皮和皮层的细胞壁和细胞间隙；另一个是中柱部分的细胞壁、细胞间隙及导管。凯氏带是一个高度栓质化的细胞壁，水分很难透过，所以水分和溶质到达内皮层以后只能通过共质体进行运输和移动到达中柱。共质体（symplast）是指原生质体通过胞间连丝相互连接成为一个整体。水分会依次从一个细胞通过胞间连丝进入另一个细胞。这一过程需要通过细胞膜，所以运输阻力较大，速度较慢。

（二）根系吸收水分的方式、途径和动力

根系吸收水分的方式主要有两种：一种是主动吸水，另一种是被动吸水。两种方式均基于细胞的渗透吸水。水分经过根部表皮后，通过三条途径运输：质外体、共质体和跨膜运输。

1. 主动吸水　由于根系本身生理活动引起的吸水过程称为主动吸水（active water absorption）。根系的代谢活动使水分和矿质元素沿木质部导管上升的力称为根压（root pressure）。根压可以为根部吸收的水分运输到地上部提供动力，同时还会促进土壤中的水分不断地进入根系，这就是根系主动吸水的过程。大多数药用植物的根压在0.1～0.2MPa。

吐水和伤流现象可以表明根系可以主动吸水。吐水（guttation）现象（图1-5）是指完整的植物在土壤水分充足、土温较高、空气湿度大的早晨或傍晚，从叶尖或叶边缘排水通道吐出水珠的现象。

图1-5　紫堇叶片的吐水现象

关于植物吐水现象的解释：植物在生长的过程中，通过光合作用合成有机物。光合作用需要的无机盐离子大部分是通过土壤中不断往上输送的水溶液提供的，所以植物体内需要始终存在一股向上的水流，晚上也不停息，其向上的动力来自两股力量，一是根压，另一个是蒸腾。这两股力量把水分从土壤里提上来，经过茎直接送到叶片进行光合作用，白天蒸腾作用很强，把植物利用过的水，以气体的形式用蒸腾的方式从气孔排出体外，所以人们看不出有吐水现象，只有在夜间，没有了阳光的照射，蒸腾作用减弱。这就造成植物体内水分吸入量大于消耗量，过多的水分就从叶尖或叶边排出，形成水珠。禾本科的药用植物常出现吐水现象。吐水的汁液成分较伤流要简单，这是因为吐水产生的液体是经过原生质体后渗出的，无机盐和有机物被沿途的原生质体所截留吸收。药用植物生长健壮、根系活性强，吐水量也就会比较多，吐水现象也可以看作是某些药用植物壮苗的重要生理指标。

有些正常生长的植物在其近地面的基部切开伤口，不久就会有液体从伤口中流出。这种现象称为伤流（bleeding），流出的汁液称为伤流液（bleeding sap）。这种依靠植物自身根系生理活动，使液流上升的压力称为根压，以根压为动力引起的根系吸水过程称为主动吸水。伤流显然与药用植物的地上部无关，是由于根压引起的。不同药用植物的伤流程度不同，葫芦科的药用植物伤流比较多，禾本科的较少。同一种药用植物受根系代谢活动强度、

根系有效吸收面积等因素的影响，伤流程度不同。伤流液的主要成分是水分、无机盐、有机物和植物激素等。其中水分和无机盐是根系从土壤中吸收的，而有机物和植物激素则是药用植物体自身代谢产生的。因此，伤流液的数量和成分也代表着根系活动的强弱。

目前认为根压是由渗透过程产生的。根系周围的土壤溶液中水分能够通过自由扩散进入内皮层以外的质外体。无机盐离子通过根系的主动吸收进入药用植物体内，无机盐离子可以通过共质体在细胞之间运输，当离子进入到中柱后，又被释放到导管中（质外体），使内皮层以外的质外体空间离子浓度相对降低，水势升高，而中柱导管由于离子浓度上升，水势降低，这为水分为质外体的运输提供了动力。实验证明，根系在高水势的溶液中伤流速度快，在水势较低的溶液中伤流速度慢，当外部溶液浓度水势低于根系水势时，在切口处的伤流液甚至会被吸收回植物的茎当中。所以药用植物根系吸收水分的速度与外部环境的溶液水势也有密切关系。主动吸水与根系的呼吸作用密切，呼吸释放的能量会参与到根系主动吸水的过程中。所以当药用植物遇到外界环境温度降低、氧分压下降或呼吸抑制剂存在时，根系的主动吸水、吐水、伤流等生理现象的强度都会降低甚至消失，而适合的土壤水分环境会促进根系的主动吸水，伤流和吐水现象的强度也会提高。

根压对导管中的水有向上驱动的作用。但是植物的根压一般不超过 0.1MPa，这种驱动力对于幼小植物体内水分运转有一定的作用，但是对于高大植物，根压显然不足。只能在早晨树木未吐芽和蒸腾作用很弱时起到维持植物正常生长的作用。研究发现，当外界温度降低、氧分压下降、呼吸作用抑制剂存在时伤流或吐水会出现降低或停顿的现象。因此有研究人员推断根压的产生除与渗透作用有关外，还与呼吸作用有关。

2. 被动吸水（passive water absorption） 是指地上部的蒸腾作用引起的根部吸水现象。药用植物叶片进行蒸腾作用，水分通过叶片气孔和表皮细胞蒸腾到大气中，气孔下腔的叶肉细胞水势降低，并从相邻的细胞吸收水分。同理，相邻细胞又以此从系统内部其他细胞吸收水分，从导管中吸收水分，最终根部从环境中吸收水分。这种因蒸腾作用产生的水分运动力叫作“蒸腾拉力”（transpiration pulling force）。蒸腾拉力可通过药用植物体内的导管传递到根系，从而使根系从土壤中吸收水分。该方式吸水动力来自叶片蒸腾作用，因此将这种吸水方式称为被动吸水。

主动吸水和被动吸水在根系吸收水分的过程中所占的比例与其所处的生长发育周期有关。成熟高大的木本药用植物或蒸腾作用强度大的草本药用植物以被动吸水为主；幼小的药用植物植株或春季叶片尚未完全长开之前以及长时间的阴雨天气使蒸腾作用受到抑制等情况下，主动吸水会起到主导作用。一般情况下，蒸腾拉力都是蒸腾旺盛季节药用植物吸收水分的主要动力。

三、影响根系吸收水分的因素

根系自身条件、土壤条件和大气条件均会影响根系吸水速率。

（一）根系自身条件

根系的密度总表面积及根的表面透性对根系吸收水分的效率有重要的影响。这些参数与根龄密切相关。根系密度（root density）是指单位体内的土壤内根系的长度总和，单位为 cm/cm^3。由其定义可知，根系密度越大，根系所占比例越大，吸收水分的能力越强。

根系表明透性对其吸水效率有显著影响。根的年龄、发育阶段及所处的环境条件对透性有重要的影响。典型的药用植物根系是由新形成的尖端到完全成熟的次生根组成的，次生根的表皮层和皮层被一层栓化组织包围，根系的次生结构对透性影响很大。有研究发现，药用植物遭受严重的土壤干旱时，根系透性会显著下降，并且该状态会在恢复供水后持续一段时间。

（二）土壤条件

大部分情况下，根系直接从土壤中吸收水分，因此土壤的条件和土壤中的水分状况会直接影响根系对水分的吸收。

1. 土壤通气状况　不同类型的土壤，其通气状况有显著性差异，研究发现通气状况好的土壤中，根系吸收水分的效率显著高于通气状况差的土壤。实验研究发现，用 CO_2 处理根系，可降低 14%～15% 的呼吸代谢强度，用空气代替 CO_2 处理根系，吸水量会显著上升。

土壤通气状况不良对根系吸水影响的主要因素有：①根系内缺乏 O_2、CO_2 积累，呼吸作用受到抑制，主动吸水效率降低；②在缺乏 O_2 的环境中，根系会进行无氧呼吸以维持生理代谢，无氧呼吸代谢会产生并积累较多的乙醇，根系会发生中毒反应，进一步降低对水分的吸收效率；③土壤中缺少氧气的情况还会抑制土壤微生物的活动，并会产生有毒物质，这对根系的生理代谢和水分吸收均有不利影响。

上述因素也是中生或旱生的药用植物易在长时间的受涝受淹环境中出现缺水症状的主要原因。土壤水分长时间饱和、土壤板结会造成药用植物根系环境通气不良甚至会引起“黑根”或“烂根”情况。湿生和水生植物有特殊的生理结构和功能以适应长时间的水分饱和土壤环境。土壤中有充足的水分和良好的通气状况是大多数药用植物正常生长发育的必要条件，但是在土壤中水分和空气共同存在是矛盾的。改良土壤结构以及适当地采取农业生产措施可以改善土壤微环境，对药用植物产质量的提高有重要意义。

2. 土壤温度　对药用植物根系的生理生化活动有重要的影响，同时也会对水分的移动性有一定的影响。在一定的温度范围内，随土壤温度升高，根系吸收水分的速度也会增加，反之减少；但是温度过高和过低均会抑制根系对水分的吸收。

温度对药用植物吸收水分的主要影响因素：①低温会导致原生质的黏性增大，对水分的阻力也会增大，导致水分不易透过细胞质，降低水分吸收效率；②低温会导致根系生长受到抑制，对水分的有效吸收面积减少；③低温会降低水分子的运动速率，因此会导致渗透作用降低；④低温会降低植物根系的呼吸作用，影响水分的主动运输，同时会降低离子的吸收效率，进一步降低通过水势差的被动吸水速度；⑤高温会导致药用植物根系细胞内的酶钝化，影响根系活力，同时加速根系的木质化进程，降低根吸收水分的表面积，从而降低水分吸收速率。

药用植物的种类、生长发育时期不同，土壤温度对其根系吸水的影响也不相同。例如，对一些喜温的药用植物来说，当土壤温度降低至 5℃以下时，根系吸收水分的效率会显著下降；而耐寒的药用植物在土壤温度降至 0℃左右时，其根系仍保持一定的生理活性，可继续吸收水分。

3. 土壤中可吸收水分含量　只有永久萎蔫系数以上的土壤中的水分才是有效水。植物有效水的水势范围在–0.3～–0.05MPa。如在各种因素的影响下，土壤含水量达到永久萎蔫系数时，根系就几乎停止吸收水分，这对植物的生长发育不利。因此研究掌握药用植物土壤中水分的供需规律，制订科学的灌溉措施，对人工栽培药用植物的稳产保质有重要的意义。

4. 土壤中溶液的浓度　土壤溶液浓度过高会降低土壤水势。当土壤中水势低于药用植物根系的水势后，植物不但不能从土壤中吸收水分，反而会向土壤中流失水分。在一般情况下，土壤溶液水势较高（≥–0.1MPa）时，药用植物根系才能从土壤中正常吸收水分。在人工栽培药用植物的管理中，如果施肥过多或过于集中，会导致根系周边土壤溶液浓度升高，水势下降，阻碍水分吸收，引起“烧苗”现象。盐碱土地当中，由于土壤溶液浓度过高，水势可能会低于–1.5MPa，低于药用植物根系的水势，就会造成药用植物吸收水分困难，同样会形成药用植物的生理干旱。一般认为土壤溶液含盐量超过 0.2% 就不利于药用植物生长。在农业生产中，可以通过大量的灌水降低土壤表层的溶液浓度或选育栽培耐盐碱的药用植物等措施，提高盐碱土地上药用植物的产量和质量。

（三）大气条件

大气条件对药用植物水分吸收的影响体现在多个方面，包括空气湿度、空气温度、风速、大气组分等。

1. 空气湿度 空气湿度对蒸腾作用有重要的影响，而蒸腾作用是药用植物根部吸收水分的重要动力。当空气湿度较高时，蒸腾作用减弱，植物根部吸水能力下降，这可能导致药用植物无法吸收足够的水分，从而影响其正常生长。如果空气湿度过高，还可能导致叶片表面出现水膜，进一步阻碍根系对水分的吸收。

2. 空气温度 空气温度对药用植物地上部的生理生化活动有重要的影响，随着环境温度的升高，药用植物中与光合作用和蒸腾作用相关的酶活性会增强。这有利于药用植物进行各种代谢活动，从而影响根系吸水。此外空气温度还会改变空气中的蒸汽压，进而影响药用植物的蒸腾速度和气孔开闭情况。在高温环境下，药用植物的角质层蒸腾和气孔蒸腾的比率也会发生变化，一般情况下，温度越高，角质层蒸腾占比越大。

3. 风速 风速是影响水分吸收的重要因素之一。当风速增加时，可以促进药用植物叶片表面的水分蒸发速度，从而加快蒸腾作用，促进药用植物对水分的吸收。

4. 大气组分 大气中的氧气和二氧化碳浓度会直接影响药用植物的呼吸作用和光合作用，进而影响药用植物对水分的吸收和利用。一般认为大气中氧气和二氧化碳含量是相对稳定的，但对于一些具有封垄现象的栽培药用植物和温室大棚中种植的药用植物而言，在生长旺季会出现局部碳氧比例失衡的现象，如能及时补充二氧化碳，有利于药用植物进行光合作用，从而可能增加植物对水分的需求，因为光合作用过程中会产生水分。这可能导致根系吸水速率的增加。

大气中的污染物质，如二氧化硫、氮氧化物等，会影响植物的正常生长和发育，甚至导致植物死亡。这些污染物质会对植物的叶片和根部造成不同程度的伤害，从而影响植物对水分的吸收和利用。

此外，大气中的臭氧也会对药用植物的水分吸收产生一定的影响。有研究表面，低浓度的臭氧可以提高药用植物的光合速率，从而促进药用植物对水分的吸收和利用。过高浓度的臭氧会对药用植物的叶片和根部造成伤害，影响药用植物的正常生长和对水分的吸收。

第四节　蒸 腾 作 用

一、蒸腾作用的概念及意义

陆生药用植物吸收的水分只有 1%～2% 参与体内生理代谢，其余的均散失到植物体外。除了少数状况下的吐水、伤流现象外，大部分水分以气态散失到外界，这种方式就是蒸腾作用。

蒸腾作用（transpiration）是指植物体内水分以气态方式从植物体表面向外界散失的过程。1 株玉米在整个生长发育周期内消耗约 200kg 的水分，但是成熟的玉米植株水分仅为 2kg 左右，参与体内生化反应的水仅约 0.25kg。蒸腾作用散失的水分占吸水量的 99%。蒸腾作用的原理就是一个蒸发过程，但是与物理学中的蒸发过程有所不同，蒸腾过程受到植物气孔开度和气孔结构的影响，是一个生理过程。

蒸腾作用对药用植物生命活动有极为重要的生理意义：蒸腾作用失水造成的水势梯度产生的蒸腾拉力是被动吸水和水分运输的主要动力，尤其是对于高大的药用植物来说，若没有蒸腾作用，植物的尖端很难获取到足够的水分；水的气化比热容很高，在水分蒸腾作用的过程中会吸收大量的热量，可以降低植物体和叶片的温度，使其免遭高温伤害；蒸腾作用的动力可以在茎中形成上升流，这有助于根部从土壤中吸收矿质元素以及根部吸收的矿质元素、合成的有机物运输到植物体的各个部位，以维持植物体正常的生理代谢。

但是蒸腾作用对矿质元素运输和水分运输的生理意义存在一定的争议。研究发现，虽然蒸腾作用在上述过程中起着十分重要的作用，但是某些热带雨林中的植物，处于高空气湿度的环境当中，几乎不发生蒸腾作用，但是其仍旧繁茂。在极端潮湿的环境中，蒸腾作用很低的条件下不会对植物的正常生长造成影响，也不会表现出缺素症。而在干旱地区，植物反而经常因为蒸腾作用导致体内水分亏缺，甚至脱水。因此，蒸腾作用对植物存在有利和不利两方面的影响。有学者猜测蒸腾作用可能是旱生植物为进行光合作用吸收 CO_2 而不得不付出的代价。

二、蒸腾作用的方式和衡量标准

（一）蒸腾作用的方式

药用植物体内各个部位均有蒸腾作用的潜在能力，按照蒸腾部位不同可分为三种类型。①整体蒸腾：一般指植物幼小时，整个植株都能进行蒸腾作用。②皮孔蒸腾：成熟的陆生药用植物的茎枝上的皮孔也可以进行蒸腾作用，对成熟植物来说，皮孔蒸腾仅占全部蒸腾量的 0.1% 左右。③叶片蒸腾：是药用植物蒸腾作用的主要部位，其在多数药用植物生长发育周期的大部分时间内可占蒸腾总量的 99% 以上。

叶片蒸腾又分为两种类型。①角质膜蒸腾：通过叶片的角质层进行的蒸腾作用。②气孔蒸腾：通过叶片的气孔进行的蒸腾作用。角质层的主要作用是保持植物叶片中的水分，其本身是不透水的，只能通过角质层的孔隙进行蒸腾作用。两者在叶片蒸腾中所占比例与药用植物所在生态环境、叶龄均有密切的关系。在潮湿环境中的药用植物角质膜蒸腾一般会高于气孔蒸腾，幼嫩叶子的角质膜蒸腾可占叶片蒸腾的 30%～50%。一般植物成熟叶子的角质膜蒸腾仅占蒸腾总量的 5%～10%。气孔蒸腾是大多数药用植物蒸腾作用的主要形式。

（二）蒸腾作用的衡量标准

蒸腾作用是药用植物整个生命周期中较重要的生理活动之一，对其进行量化对药用植物生理研究有极为重要的意义。

1. 蒸腾速率 指植物在单位时间内，单位叶面积通过蒸腾作用散失的水量，又称蒸腾强度。一般用 $g/(m^2 \cdot h)$ 表示。

2. 蒸腾系数 指植物制造 1g 干物质所消耗的水量（g）。不同类型的植物蒸腾系数不同，一般来说，草本植物的蒸腾系数高于木本植物，C_4 植物的蒸腾系数小于 C_3 植物。一般植物的蒸腾系数在 125～1000 范围内。

3. 蒸腾效率 指植物消耗 1kg 的水分产生的干物质质量（g），其与蒸腾系数互为倒数，一般植物的蒸腾效率在 1～8g/kg 范围内。

测定蒸腾速率的方法有很多。将盆栽植物的茎叶外露，地下部密封，在一段时间后测定花盆、植物的重量变化，就可以得到蒸腾速率，这一方法也称为重量法。通过灵敏的湿度传感器测定蒸腾室内短期空气湿度的变化可以计算出药用植物的蒸腾速率，这一方法称为气重法。水分子对红外线具有很强的吸收能力，因此也可以通过红外线分析仪测定蒸腾室内湿度的变化，计算出蒸腾速率。上述的三种方法只适合于单株药用植物蒸腾速率的测定。

（三）气孔蒸腾

气孔是药用植物叶片与外界进行气体交换的主要通道。通过气孔通道进行交换的气体有 O_2、CO_2 和水蒸气。经气孔进入植物体内的 CO_2 是药用植物进行光合作用的关键参与物质，对于大多数植物来说，要维持正常的光合作用，气孔必须保持张开状态，而气孔张开就不可避免地进行蒸腾作用。气孔可根据周边环境变化调节开度的大小，以在损失较少水分的情况下获取更多的 CO_2。在气孔蒸腾旺盛、叶片发生水分亏缺时，气孔开度会减小直至完全关闭，当供水充足时，气孔会再度张开。

1. 气孔的大小、数目、分布 气孔（stoma）是植物叶表皮组织上由两个保卫细胞围成的小孔，是植物叶片与外界进行气体交换的重要通道。不同植物的气孔大小、数目和分布均不相同。气孔一般长 7～30μm，宽 1～6μm。每平方毫米叶片上的气孔数量在 100～200 个，最高可达 2000 多个。大部分药用植物叶上、下表皮均有气孔，但是不同类型的药用植物叶叶上、下表皮气孔数量不同。大量研究表明，禾本科药用植物叶上、下表皮气孔数目较为接近；双子叶药用植物叶下表皮气孔数量多于上表皮；木本药用植物叶通常只有下表皮存在气孔；有些水生药用植物叶气孔只分布在上表皮。不同药用植物的叶面气孔分布对生长环境具有明显的适应性和差异性。

2. 气孔的边缘效应 蒸腾作用的原理就是水分通过一个多孔的表面蒸发。而气体通过小孔表面的扩散速度不是与其总面积成正比，而是与小孔的总周长成正比。这就是小孔扩散律（law of small opening diffusion）。这一现象是由于气体在向外扩散时，处于孔中央的气体分子容易发生碰撞，扩散速度就会比较慢，而在孔边缘的气体向外扩散时，相互碰撞的机会少，扩散速度就会比较快。因此把一个大的孔分成几个小孔，虽然总面积相同，但是周长却增加很多，扩散速度也会显著提高。此外小孔之间的距离也会影响扩散速度，如果距离太近，从邻近小孔边缘扩散出来的气体分子之间也会出现彼此碰撞的现象，发生干扰，使扩散速度下降。研究发现小孔之间的距离达到小孔直径的 10 倍以上时，小孔彼此间的干扰基本可以忽略，边缘效应才可以充分发挥效果。药用植物叶片上气孔的分布就遵循这一定律。水蒸气通过气孔蒸腾速率要显著高于同等面积自由水的蒸发速率。一般来说，气孔只占叶面总面积的 1% 以下，但蒸腾作用散失的水分相当于自由水 15%～50% 甚至 100% 的水平，这表明气孔扩散是同面积自由水蒸发效率的 15～100 倍。

3. 气孔运动 气孔一般在白天开放，夜晚关闭。保卫细胞运动是引起气孔开关运动的主要原因。气孔运动是由改变保卫细胞形状来实现的。所有的维管植物以及一些更原始的植物如苔藓等均存在保卫细胞。保卫细胞是特殊的小细胞，其细胞壁相较于普通的植物细胞具有独特的结构，保卫细胞的细胞壁不均匀增厚，并有径向排列的微纤丝（microfibril）。根据其形态可分为两类，第一类是肾形，第二类是哑铃形（图 1-6）。双子叶植物的保卫细胞为肾形，其外壁薄、内壁厚，微纤丝一般呈扇形辐射状排列。保卫细胞吸收水分膨胀时，较薄的外壁伸展程度更明显，但是微纤丝难以伸长，就会将拉力传导给内壁，气孔张开。单子叶植物的保卫细胞为哑铃形。哑铃形的保卫细胞两端膨大，中间狭窄。两端的细胞壁更薄，中间的细胞壁较厚。当哑铃形保卫细胞吸水膨胀时，微纤丝会限制两端细胞壁的纵向伸长，而横向膨大，气孔张开。

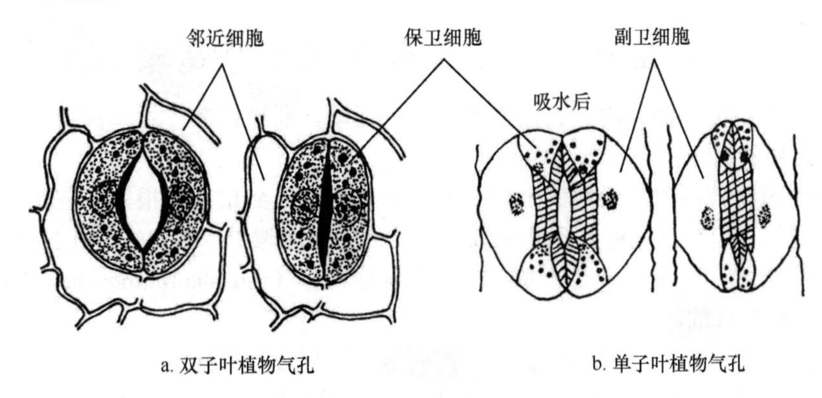

图 1-6　植物的两类气孔

4. 影响气孔运动的环境因素　气孔运动的实质就是两个保卫细胞形态的变化引起气孔大小的改变。大多数植物的气孔是白天张开，夜间关闭，这一现象又称为昼夜节律（circadian rhythm）。研究发现，将植物放置于连续光照或连续黑暗的环境当中，气孔仍会出现昼夜节律的现象，并可在这种环境中持续数天，其机制尚未明确。此外，还有多种环境因素与气孔运动有关。

（1）CO_2 浓度：叶片内部 CO_2 分压会影响气孔的张开和关闭，低浓度的 CO_2 会促进气孔张开，高浓度的 CO_2 会使气孔关闭。叶片内 CO_2 过高会导致保卫细胞内 pH 下降，增加质膜的透性，K^+ 会从其细胞内流出，导致气孔关闭，光照对这一规律没有影响。也有研究人员认为其他外界因素可能是通过改变叶片内 CO_2 浓度间接对气孔的张开和关闭产生影响的。

（2）光：是影响气孔运动的主要因素。在没有水分胁迫的环境中，药用植物叶片气孔主要依靠光进行控制。对于绝大多数药用植物而言，光照可以使气孔张开，黑暗使气孔关闭。但是对于一些景天科的药用植物来说，其气孔白天关闭，夜晚张开。有研究人员发现不同波段的光对气孔张开、关闭的影响程度不同，其中蓝光和红光对气孔运行影响最大。不同药用植物对气孔张开所需的光强不同，一些对光照敏感的药用植物在 2.5% 左右的全日照光强下就会开放，但是大多数药用植物要在接近全日照的情况下才会完全开放气孔。

（3）温度：气孔在一定的温度范围内随温度升高，打开的程度增大。大多数植物在 25℃下气孔开度达到最大，但是在 30～35℃及以上会导致气孔关闭。当气温低于 10℃时，气孔也会逐渐关闭。该现象可能与药用植物的呼吸作用、光合作用等酶促反应的生理过程有关。

（4）水分：叶片水势对气孔的控制是最直接的，因此叶片含水量也是直接影响气孔运动的关键因素。如果蒸腾作用强度过高，根系吸收的水分难以满足蒸腾作用时，就可能导致保卫细胞失水，气孔关闭。这种情况下气孔的关闭与其体内脱落酸（ABA）的积累密切相关。根尖感知到土壤干旱后，会通过次生代谢途径迅速合成 ABA，并通过木质部运输到药用植物的地上部。在保卫细胞中，ABA 的受体点位于保卫细胞的细胞膜外侧，当受体与 ABA 结合后会激活保卫细胞膜上 K^+ 蛋白通道，促进 K^+ 向细胞外流动，保卫细胞膨压下降，气孔开度减小。同时 ABA 还会促进 Ca^{2+} 进入细胞内部，激活 K^+、Cl^- 流出，抑制 K^+ 流入，进一步降低保卫细胞的膨压，促使气孔关闭。目前大量的实验已经证实，ABA 可以显著诱导气孔关闭。

（5）风：风速会影响蒸腾作用的速度，因此高风速会导致气孔关闭，微风在一定程度上可促进蒸腾作用。

第五节　药用植物体内水分运输

水分进入药用植物的体内，会沿着水势梯度运动，通过扩散、木质部疏导等方式进行短距离和长距离的运输。

通常药用植物体内水分运输的途径是从土壤依次进入到根毛、根的表皮层和根的中柱鞘细胞，通过水分运输系统进入到叶肉细胞和叶肉细胞间隙中，并通过气孔扩散到大气中。水分从土壤到大气，形成了一个土壤-作物-大气连续体（soil-plant-atmosphere continuum），其水势也是逐渐降低的。

从运输的方向看，水分在药用植物体内的运输过程分为径向运输和纵向运输。径向运输是指水分在药用植物体内从根部吸收后从根毛运输至木质部导管的过程，以及在叶片内水分由叶的导管向气孔下腔叶肉细胞的运输。这些运输距离往往不足 1mm，因此也被称为短距离运输。纵向运输指水分从地下部导管运输至地上部叶片导管的过程，依据药用植物高度不同，其运输距离从几厘米至上百米不等，因此也被称为长距离运输。

一、水分的径向运输

药用植物体内水分的径向运输一般是通过质外体和共质体运输实现的，可采用扩散和集流的方式进行。在根中，水分经由皮层的薄壁组织进入内皮层，在内皮层受到凯氏带阻挡，只能通过质外体进入维管系统。而叶片的输导系统分布密集，且靠近气孔。在正常生理状态下，水分的运输速度往往低于蒸腾作用的失水速率，因此在强光或高温情况下，药用植物一般会通过萎蔫来降低蒸腾效率，维持体内水分平衡。苔藓和地衣类药用植物由于没有成熟的输导系统，其生长高度也受到了限制。

二、水分的纵向运输

药用植物体内水分从木质部导管到叶片叶脉导管的运输过程称为水分的纵向运输。其运输的主要通道是输导组织中的导管或管胞。导管和管胞都是死亡的药用植物细胞，其两端有孔，有利于水分在其中的运输，导管和管胞对水分运输的阻力较小，适合高大的木本药用植物体内水分运输。管胞是裸子药用植物主要的水分运输途径，导管是被子药用植物主要的水分运输途径。经实验验证，导管中水分的运输速度可达 3～45m/h，管胞中水分运输的速度一般仅为 0.6m/h。对于同一种药用植物来说，太阳直射部位的水分运输速度快于遮阴部位的运输速度，白天的水分运输速度快于夜晚。

三、水分在木质部中上升的动力

水分在导管中运输的主要动力是根压和蒸腾拉力。根压使水分沿导管上升，但是根压一般不超过 0.2MPa，即使在完全没有阻力的情况下，也只能使水分上升 20.4m，但是很多高大的木本药用植物远超这一高度，因此水分上升的主要动力并不是根压，根压只有在药用植物的幼苗期或蒸腾作用较低的时候才会成为水分上升的主要力量。

水分会在植物体内形成蒸腾流，其流速由植物输导系统的结构决定，因此在药用植物体内各部位的最大蒸腾流速是不同的。在药用植物根系对水分的吸收不受阻碍的情况下，木质部的蒸腾流速与蒸腾强度有密切关系。

当药用植物与大气之间的水势梯度很低时，木质部可通过水分利用渗透力进入各个器官。以落叶树为例，在春季叶子尚未完全展开时，贮藏于薄壁组织中的淀粉分解释放到木质部导管中，从而产生水势渗透梯度，植物便以此为动力运输水分。

一般情况下，蒸腾拉力是药用植物体内水分上升的主要动力。蒸腾作用越强，失水越多，药用植物地上部的水势越小，从导管中拉水的力量也就越强。导管中的水分成为连续水柱，蒸腾拉力才能将水分从根部拉升到最高处。实验表明，水分子间的内聚力可达 30MPa 以上，叶片蒸腾失水后，便会从导管中拉水，而水的重力势让水柱有下降的趋势，这样就在导管中的水柱上形成了上下的张力。药用植物木质部水柱的张力一般为 0.5～3.0MPa，远小于水分子的内聚力，同时水分子与导管壁的纤维素之间还有附着力，这就保障了水柱在导管中的连续性。当木质部导管中出现气泡时，会导致水柱中断，这时水分会通过导管的纹孔进入相邻的正常导管中继续完成运输过程。到夜间蒸腾作用减弱时，木质部中的张力也随之降低，气体也会逸出或溶解到木质部的水柱当中，恢复水柱的连续性。

四、药用植物体的水分平衡

水分在土壤-作物-大气连续体中沿着水势梯度运动是一个符合自由能降低的自发运动，不需要输入额外能量。药用植物对水分的吸收、散失是一个相互联系的矛盾统一过程。当失水速度小于吸水速度时，药用植物体内的水分达到饱和状态，易造成药用植物徒长或倒伏，导致药用植物减产甚至绝产。当失水速度大于吸水速度时，药用植物体内水分含量下降，体内正常的生理代谢活动受到影响，生长受到抑制。只有药用植物体内失水和吸水速率相对平衡时，药用植物才能维持正常的生命活动。在大多数情况下，药用植物体内水分平衡是有条件的、暂时的、相对的，而不平衡是经常的、绝对的。因此，在栽培药用植物的过程中，通过农艺措施维持药用植物体内水分的动态平衡对提高药用植物产品质量有重要意义。

药用植物在生长发育的过程中不断地从土壤中吸收水分，同时不断地进行蒸腾作用散失水分，植物个体的水分代谢就是这一矛盾体。药用植物维持体内水分平衡是进行正常生命活动的关键。药用植物个体水分的平衡包括水分吸收、运输和损失。

水分平衡（water balance）指在一定的时间段内，药用植物个体吸收水分的量与蒸腾损失的量之间的差值，是衡量药用植物个体偏离水分平衡点方向和大小的重要参数。当根系吸收的水量小于蒸腾作用损失的水量时，水分平衡为负值，称为负平衡；当根系吸收的水量大于蒸腾作用损失的水量时，水分平衡为正值，称为正平衡。

植物在与环境的长期相互影响中，形成了个体内部调节水分吸收和消耗的平衡能力。如叶片表面的蜡质、角质层等结构可减少叶片表面蒸腾面积。同时通过多种方式控制气孔的张开和关闭，保证药用植物体内水分与大气中水分的平衡。气孔像一个“水阀门”控制着植物体内水分的平衡。

当大气湿度高，蒸腾作用强度低时，根系的吸水量会超过蒸腾量，导致植物体内水分过剩，短时间内叶片可通过吐水的方式将液态水排出体外。当遇到持续阴雨或水泡时，则会导致植物体内水分失衡，引起涝害。当遇到土壤含水量降低时，根系吸收的水量减少，植物蒸腾失水量大于根系吸水量，保卫细胞膨压降低，气孔关闭，呈萎蔫状。如在短时间内蒸腾失水量减少或根系吸水量增加，则植株可以恢复挺立状态，这种萎蔫状态也称为暂时萎蔫（temporary wilting）。如果这种失衡状态持续较长时间，外界环境供水正常后，萎蔫植株仍不能恢复正常状态，这种萎蔫状态被称为永久萎蔫（permanent wilting）。植物开始发生永久萎蔫时的土壤含水量也称为永久萎蔫系数（permanent wilting coefficient）。

永久萎蔫对药用植物的生长发育有极大的危害，不同土壤类型的永久萎蔫系数不同，不同药用植物的萎蔫系数也不同。草本植物永久萎蔫系数一般为–8～–7bar（1bar=0.1kPa），大多数农作物的永久萎蔫系数一般为–20～–10bar。

药用植物水分平衡有明显的日变化和季节变化规律。在土壤供水正常的情况下，白天大部分时间植物体内蒸腾失水量大于根系吸水量，水分平衡为负值，傍晚或夜间则会出现接近平衡或正平衡。当土壤水分不能满足植物的需水量时，夜间也不能达到水分平衡状态，长时间的这种状态会导致植物生长发育受到一定的影响甚至死亡（图 1-7）。

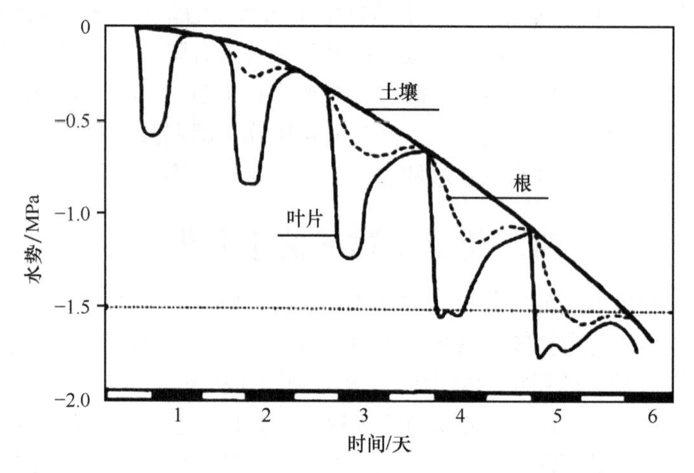

图 1-7　长时间干旱情况下土壤水势和植物水势日变化规律

（横坐标中黑色部分表示夜间水分平衡状况）

不同地区的气候环境与季节对植物体水分平衡有很大的影响。药用植物的吸水量和蒸腾量与温度有直接的关系。在高纬度地区和低温季节，植物的吸水量与蒸腾量都处于较低的水平，植物生长缓慢；在低纬度地区和高温季节，植物的蒸腾量显著升高，耗水量增多，生长也会旺盛。因此，在低纬度地区和高温季节，供应充足的水分才能保证植物对水分的需求，维持植物体内水分平衡。

药用植物体内水势的变化可以反映其体内水分平衡状态。当水分平衡为负值时，组织细胞渗透势下降，促进根系水分的吸收和运输。

第六节　合理灌溉的生理基础

保持药用植物体内水分的动态平衡是药用植物获得高质高产的基础。药用植物处于水分亏缺状态时，在生产中就需要进行灌溉。灌溉是根据药用植物需水规律，保障药用植物的水分动态平衡。

一、药用植物的需水规律

不同药用植物对水分的需求量差异很大，为量化其需求程度，可通过蒸腾系数来评价。

蒸腾系数较小的药用植物可以利用较少的水分制造更多的干物质，在干旱胁迫下受到的影响会较小。一般来说，C_4 药用植物比 C_3 药用植物的蒸腾系数可高 1～2 倍。

同一种药用植物在不同生长发育时期对水分的需求量也不相同。一般来说，药用植物都有一个对水分缺乏的敏感时期，在药用植物生理中称为水分临界期（critical period of water）。在这一时期药用植物最易受到缺水危害，这一时期如果发生缺水问题，对最终的产量和质量有很大的影响。一般认为在水分临界期，药用植物的生长速度较快，水分的利用率也较高，因此找出药用植物的水分临界期，并通过灌溉措施保障这一时期的水分供应，在药用植物栽培上具有重要的实践意义。

二、合理灌溉指标

一般认为药用植物在土壤含水量为田间最大持水量的 60%～80% 范围内生长较好。当土壤含水量低于此值时，则需要进行适当的灌溉。但是在实际生产中，土壤含量一般不作为合理灌溉的指标，常用的有药用植物的形态指标和生理指标。

（一）形态指标

药用植物的形态指标是根据药用植物的长势来判断是否需要灌溉，如幼嫩的茎叶发生凋萎、茎叶颜色转深、植株矮小、生长速度减缓等特征。

（二）生理指标

生理指标可以在形态指标之前反映出药用植物体内的水分状况。常用的生理指标有叶片的相对含水量（叶片的实际含水量占水分饱和时含水量的百分比）、叶片水势、渗透势、气孔开度等。当药用植物缺水时，叶片的相对含水量会下降、叶片的水势和渗透势也会下降，气孔开度也会降低甚至关闭。药用植物水势是反映其水分状况最直接、最敏感的指标，当药用植物缺水时，叶面水势会显著下降。不同药用植物受到干旱胁迫时，水势也会有所差别，因此可以用水势的日变化情况描述药用植物的水分状况。药用植物的水势一般在早晨较高，随后逐步下降，在中午前后最低，其后随着温度下降、光强降低，叶面水势逐渐升高。如果药用植物的叶片水势在第二天清晨仍未恢复，则表明该地块需要进行灌溉。

三、灌溉方式

根据土壤、水质、药用植物种类、地形、地下水状况等因素，主流的灌溉方法有以下几种：

（一）漫灌

漫灌（flooding irrigation）指通过沟渠在药用植物栽培田地的表面形成水层或水流，并缓慢渗入土壤中。也是我国采用的最普遍的灌溉方法，但是该方法对水资源的浪费比较严重。在农业上，有基于该方法的一种改进灌溉方式——“交替灌溉”（alternative irrigation）。这种灌溉方式需要在起高垄的药用植物栽培田地中使用，如第一次在单数垄间灌水，第二次在双数垄间灌水，循环往复。这种灌溉方式会促使缺水一侧的根系接收到干旱信号，产生 ABA 诱导地上部气孔适度关闭，降低蒸腾作用，减少水分的散失。这种方式既促进了药用植物根系的发育，又保障了其基本的水分需求，在提高药用植物产质量的基础上可节约 30% 以上的灌溉用水。

（二）喷灌

喷灌（sprinkling irrigation）是指借助喷灌设备将水喷到空中并形成水滴降落在药用植物和土壤上。这种方式不但可以解除土壤干旱，而且可以在一定程度上缓解大气干旱，保持土壤的微粒结构，对节约水分、防止土壤盐碱化有重要意义。一般在城市草坪和一些发达地区的经济作物栽培中使用。

（三）滴灌

滴灌（drip irrigation）是指通过预埋到地下或铺设在地面上的滴灌管带，缓慢连续地向药用植物根系提供水分甚至可溶性肥料。这种方法可减少田地渗漏和蒸发带来的水分损失。该方法将水分和养分直接供给到药用植物最需要的根系部分，田地中其他位置的地表大部分是干旱的，这也有利于抑制田地中杂草的生长，也是精准农业发展的方向之一。

（四）精准灌溉

精准灌溉（precision irrigation）是指依据药用植物的实际需水量进行灌溉的方式。通过遥感等信息技术手段，建立全自动控制的智能化节水灌溉方式。土壤水分状态和药用植物的水分状况可通过传感器实时监控，并把信息传送至中央控制计算机，中央控制计算机分析其是否需要补充水分以及计算需要补充的水量，再控制开启或关闭灌溉设备。该方式也是未来智慧农业发展的方向，尚待建立各种药用植物在整个生长发育时期对水分的需求量模型以及相关设备的开发应用。

（五）调亏灌溉

调亏灌溉（regulated deficit irrigation）是依据药用植物的生理特性，在药用植物生长旺盛的季节进行适度干旱处理，在药用植物的水分临界期充分供给水分，结合两种方式进行灌溉。这种方式不但可以节约水分，而且可以提高药用植物的产品质量。

灌溉不仅可以满足药用植物的生理需水，还可以满足药用植物的生态需水。合理灌溉可以促进药用植物植株的生长，增加药用植物的叶面积，增强根系的生理活动，促进药用植物对水分和矿质元素的吸收，提高光合作用，同时改善药用植物的光合午休现象。此外，灌溉还可以改善药用植物的栽培环境，如可以调节土壤温度、影响肥料的分解与吸收、改善田间小气候，间接地促进药用植物的生产。

案例 1-1 解析

1. 水是药用植物的主要组成成分，为药用植物体内生理代谢活动提供场所，参与药用植物体内几乎所有重要的生理代谢活动；对维持药用植物有益的生存环境有重要作用。

2. 根系是药用植物吸收水分的主要器官，根系从土壤中吸收水分，经过体内运输、利用后，大部分又从叶片蒸腾散失到大气中，这一水分的转移过程是由水势差决定的。只有土壤水势高于药用植物根系水势，药用植物根系水势高于茎叶水势，大气水势最低时，土壤水分才可以顺利完成这一运输过程。

3. 水分进入药用植物的体内，会沿着水势梯度运动，通过扩散、木质部疏导等方式进行短距离和长距离的运输。通常药用植物体内水分运输的途径是从土壤依次进入到根毛、根的表皮层和根的中柱鞘细胞，通过水分运输系统进入到叶肉细胞和叶肉细胞间隙中，并通过气孔扩散到大气中。水分从土壤到大气，形成了一个土壤-作物-大气连续体，其水势也是逐渐降低的。

本章小结

学习内容	学习要点
名词术语	自由水；束缚水
药用植物水势	药用植物水势的组成；药用植物细胞吸水的方式；水分跨膜运输的方式；药用植物水势的测定方法
药用植物根系吸水	永久萎蔫系数；根系吸水的途径；根系吸水的方式；影响根系吸收水分的因素
药用植物蒸腾作用	蒸腾作用；蒸腾作用的方式

目标检测

一、名词解释

自由水；束缚水；永久萎蔫系数；蒸腾作用

二、简答题

1. 水分子的理化性质与药用植物生理活动有什么关系？
2. 简述药用植物水势、渗透势、压力势的定义。
3. 简述药用植物细胞的吸水方式。
4. 简述 ABA 在调节气孔开度中的作用。

（内蒙古医科大学　曹阳）

第二章　药用植物矿质生理

学习目标

1. 掌握：植物吸收矿质营养的机制；矿质元素在植物体内的运输与分配；影响植物吸收矿质元素的因素；能运用矿质营养的知识来解释生产实践中出现的一些实际问题。

2. 熟悉：植物吸收矿质元素的特点、矿质元素对药用植物品质形成的影响。

3. 了解：植物体内必需元素的种类、生理作用和缺素症状、合理施肥的生理基础。

案例 2-1 导入

“有收无收在于水，收多收少在于肥”，这说明药用植物的生长不仅需要水，还需要矿质元素。

问题： 1. 什么是矿质元素？

2. 土壤中的矿质元素有许多种，这些元素是否都是药用植物细胞生活所必需的？

3. 矿质元素在土壤中以什么形式存在？

4. 土壤中的矿质离子是如何进入药用植物细胞的？

药用植物除了吸收水分外，还需要各种矿质元素以维持正常的生理活动。这些矿质元素，有作为植物体组成成分的，有调节植物生理功能的，也有兼备这两种功能的。因此，矿质元素对植物来说是非常重要的。矿质元素与水分一样，主要存在于土壤中，由根系吸收进入植物体内，运输到需要的部位，加以同化，以满足植物的需要。植物对矿质元素的吸收、转运和同化，称为矿质营养（mineral nutrition）。

由于矿质元素对植物的生命活动影响巨大，而土壤又往往不能完全及时满足作物的需要。因此，施肥就成为提高药用植物产量和改进其品质的主要措施之一。

第一节　药用植物必需的矿质元素及其生理作用

药用植物体中含有许多种化合物，也含有各种离子。无论是化合物还是离子，都是由不同的元素所组成的。药用植物体中有什么元素？哪些元素是其生命活动过程所必需的？它们各自有什么生理功能？

一、药用植物体内的元素

药用植物体内存在哪些元素呢？把新鲜植物材料放在105℃下烘干称重，可测的水分占植物组织的10%～95%，干物质占5%～90%。干物质包括有机化合物和无机化合物，其中有机化合物超过90%，无机化合物不足10%。将干物质在600℃充分燃烧，燃烧时，有机体中的碳、氢、氧、氮、硫等元素以二氧化碳、水、分子态氮、氮和硫的氧化物形式散失到空气中，余下一些不能挥发的残烬称为灰分（ash），其总质量占干物质的5%～10%（图2-1）。矿质元素（mineral element）以氧化物、磷酸盐、硫酸盐和氯化物等形式存在于灰分中，所以，也称为灰分元素（ash element）。氮在燃烧过程中散失而不存在于灰分中，所以氮不是灰分元素。但氮和灰分元素一样，都是植物从土壤中吸收的，而且氮通常是以硝酸盐（NO_3^-）和铵盐（NH_4^+）的形式被吸收，所以将氮归并于矿质元素一起讨论。

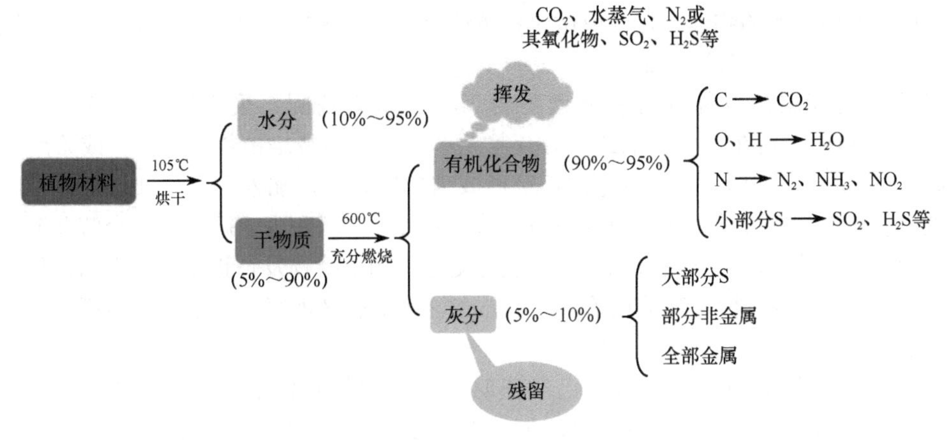

图 2-1 植物体的成分

不同种类药用植物体内的矿质元素含量不同，如水生植物矿质元素含量只占干重的 1% 左右；盐生植物占比最高，甚至达 45% 以上。同一药用植物的不同组织或器官的矿质元素含量差异也很大，如木本植物的树皮为 3%～8%，树叶为 3%～8%，木质部为 0.5%～1%，种子约为 3%；草本植物的茎和根为 4%～5%，叶则为 10%～15%。甚至不同生长环境下的同种植物，或不同年龄的同种植物体内矿质元素的含量也不同。

二、药用植物必需的矿质元素及其分类

通过灰分分析可以了解植物体内矿质元素的种类和含量。现已发现有 70 种以上的元素存在于不同植物中。表 2-1 是分析不同植物所得的比较常见的 35 种化学元素的平均含量。

表 2-1 植物体中部分化学元素含量

元素	占干重/%	元素	占干重/%	元素	占干重/%	元素	占干重/%
氧	60～70	硫	约 0.05	铜	约 0.0002	镍	约 0.00005
氢	8～10	铁	约 0.02	钡	约 0.0001	砷	约 0.00003
碳	15～18	钠	约 0.02	钛	约 0.0001	氟	约 0.00001
钾	0.3～3	钙	约 0.02	锶	约 0.0001	钼	约 0.00001
氮	0.3～1	铝	约 0.02	钒	约 0.0001	铯	约 0.00001
磷	约 0.1	钴	约 0.02	锆	约 0.0001	锂	约 0.00001
锰	约 0.1	铬	约 0.0005	铅	约 0.0001	氯	约 0.00001
硅	约 0.1	铷	约 0.0005	硼	约 0.0001	碘	约 0.00001
镁	约 0.1	锌	约 0.0003	镉	约 0.0001		

已发现的 70 种以上的元素并不都是植物正常生长发育所必需的。某一元素对植物的生长发育是否必需，并不一定取决于该种元素在植物体内的含量。

什么是药用植物必需的矿质元素？1939 年时阿尔农（Arnon）和斯托特（Stout）提出植物必需元素的标准，要求必须同时具备以下三项条件：①该元素在完成植物整个生长周期是不可缺少的，若缺乏，植物不能完成其生活史；②该元素在植物体内的功能是不能被其他元素代替的，若缺少，植物会表现出专一的病症（缺素症），提供该元素，则可消除或预防该病症；③该元素直接参与植物的代谢作用，在植物营养生理中的作用是直接的，而不是因

土壤、培养液或介质的物理、化学或微生物条件所引起的间接结果。到目前为止，上述三条标准还是普遍为人们所接受的。

怎么确定药用植物体内各种元素是否为植物所必需呢？采用溶液培养，也称水培（solution culture），是在含有全部或部分营养元素的溶液中栽培植物的方法。或采用砂基培养（sand culture，砂培），是在洗净的石英砂或玻璃球等中，加入含有全部或部分营养元素的溶液来栽培植物的方法。研究植物必需的矿质元素时，可在人工配成的混合营养液中除去某种元素，观察植物的生长发育和生理性状的变化。如果植物发育正常，就表示这种元素是植物不需要的；如果植物发育不正常，但当补充该元素后又恢复正常状态，即可断定该元素是植物必需的。

借助于溶液培养或砂基培养，已经证明绝大多数植物的必需元素共 19 种：碳（C）、氢（H）、氧（O）、氮（N）、磷（P）、钾（K）、钙（Ca）、镁（Mg）、硫（S）、硅（Si）、铁（Fe）、锰（Mn）、硼（B）、锌（Zn）、铜（Cu）、钼（Mo）、氯（Cl）、钠（Na）和镍（Ni）。药用植物的必需元素可分为大量元素（major element，macroelement）或大量营养物（macronutrient）和微量元素（minor element，microelement）或微量营养素（micronutrient）。其中来自水或 CO_2 的有碳、氧、氢 3 种元素，来自土壤的有氮、磷、钾、钙、镁、硫、硅 7 种元素，药用植物对其需要量较大，含量通常为植物体干重 0.1% 以上，称为大量元素。来自土壤的其余 9 种元素，氯、铁、硼、锰、钠、锌、铜、镍和钼，植物需要量极微，含量通常为植物体干重 0.01% 以下，稍多即发生毒害，称为微量元素。除碳、氢、氧以外，根系从土壤中吸收的元素又称矿质元素。

三、药用植物必需矿质元素的生理作用

概括地讲，药用植物必需矿质元素在体内的生理作用有 4 个方面：①作为细胞结构物质的组成成分，如细胞壁和细胞膜结构中存在的 Ca^{2+} 对稳定这些结构有重要作用；②作为酶、辅酶的成分或激活剂等，参与调节酶的活动，如 K^{+}、Ca^{2+}；③电化学作用，参与离子浓度的平衡、氧化还原、电子传递和电荷中和等，如 K^{+}、Fe^{2+}、Cl^{-}；④作为信号转导的第二信使，如 Ca^{2+}。有些大量元素同时具备上述两三方面的作用，大多数微量元素只具有酶促功能。

四、矿质元素对药用植物的影响

药用植物在生长发育过程中，需要不断地从土壤中吸取大量的矿质元素。药用植物生活中必需的元素包括大量元素氮、磷、钾、硫、镁、钙等和微量元素铁、锰、锌、硼、钴等。此外，还有一些元素仅为某些药用植物所必需，如豆科药用植物必需钴，藜科药用植物必需钠，蕨类药用植物必需铝，硅藻必需硅等。在这些矿质元素中，除了碳主要来自空气，氧和氢来自水以外，其他元素都来自土壤，所以土壤的养分状况直接影响药用植物的根系营养。

各种矿质元素的主要生理作用及其缺乏症简述如下。

（一）大量元素

1. 氮 植物吸收的氮素主要是无机态氮，即铵态氮（NH_4^+）和硝态氮（NO_3^-），也可以吸收利用有机态氮，如尿素等。氮是氨基酸、酰胺、蛋白质、核酸、核苷酸、辅酶等的组成元素，除此以外，叶绿素、某些植物激素、维生素和生物碱等也含有氮。由此可见，氮在植物生命活动中占有首要的地位，故又称为生命元素。

氮可促进细胞生长和分裂，可增加药用植物的光合作用，提高药用植物产量，氮在药

用植物栽培过程中需求量较大。适宜的氮供应对药用植物体内皂苷、生物碱、挥发油和维生素的合成与积累具有促进作用，如叶类药用植物，可适当提高土壤中的氮肥含量以促进叶片生长。但是，氮过量对黄酮类和绿原酸有抑制作用。

土壤中的氮不足时，植株生长矮小，分枝、分蘖很少，叶片小而薄，花果少且易脱落；缺氮还会影响叶绿素的合成，使枝叶变黄，叶片早衰甚至干枯，严重影响中药材的产量和品质。缺氮植物的根系最初相较正常植物表现为色白而细长，但根量少；而后期根停止伸长，呈现褐色。因为植物体内的氮素化合物有高度的移动性，能从老叶转移到幼嫩组织中被重复利用，所以缺氮症状通常先从老叶开始，逐渐扩展到上部幼叶，这是缺氮症状的显著特点。

但是氮素过多时，容易促进植株体内蛋白质和叶绿素的大量形成，致使枝叶徒长，叶面积增大，叶色浓绿，叶片柔软披散。另外，氮素过多时，导致植株体内的含糖量相对不足，使茎秆中机械组织不发达，造成倒伏和被病虫侵害等。

2. 磷　以正磷酸盐（HPO_4^{2-} 或 $H_2PO_4^-$）形式被植物吸收，当磷进入植物体后，大部分成为有机物，有一部分仍保持无机物形式。磷以磷酸根形式存在于糖磷酸、核酸、核苷酸、辅酶、磷脂、植酸等中。磷在 ATP 的反应中起关键作用，磷在糖类、蛋白质和脂肪的代谢和三者相互转变中都起着重要的作用。

磷是细胞质和细胞核的组成成分之一，施磷能促进药用植物细胞分裂、光合作用以及糖类和脂类物质合成等各种代谢正常进行，植株生长发育良好。磷在糖类和脂类物质合成过程中起着重要作用，防止落花落果，对于以果实籽粒作为药材的药用植物（如薏苡、五味子和枸杞等），可适当多施磷肥促进种子饱满度，提高产量。磷还能促进药用植物根系生长，提高药用植物对干旱、病虫害和低温的抗性，对于根状茎药用植物，可适当增施磷肥促进根系生长。

土壤中磷缺乏时会使细胞数量减少、光合作用和呼吸作用减弱，进而影响药用植物根系生长，表现为植株生长延缓、矮小、叶片暗绿。缺磷时，开花期和成熟期都延迟，产量降低，抗性减弱。植物缺磷的症状常首先出现在老叶上，因为磷的再利用程度高，在植物缺磷时老叶中的磷可运往新生叶片中再被利用。缺磷的植株，因为体内碳水化合物代谢受阻，有糖分积累，从而易形成花青素（糖苷）。许多一年生植物的茎常出现典型的紫红色斑。另外，在缺磷的情况下，某些植物还能分泌有机酸，使根系土壤酸化，从而提高土壤磷的有效性，使植物能吸收到更多的磷。

土壤磷过多时，叶片会产生小焦斑（磷酸钙沉积所致），植株地上部与根系生长比例失调，在地上部生长受抑制的同时，根系非常发达，根量极多而粗短。还会诱发锌、锰等元素代谢的紊乱，常常导致植物缺锌症等。

3. 钾　土壤中存在 KCl、K_2SO_4 等盐类，这些盐在水中解离出 K^+，进入根部。钾在植物中几乎都呈离子状态，部分在细胞质中处于吸附状态。钾主要集中在药用植物生命活动最活跃的部位，如生长点、幼叶和形成层等。

钾作为酶的活化剂参与体内重要的代谢，研究显示钾是 60 多种酶的活化剂，可促进气孔的开放，提高光合作用强度。钾还能促进药用植物对氮的吸收，有利于蛋白质合成和核酸代谢。钾还有利于纤维素合成，使药用植物茎秆变粗，增加抗倒伏和抗病虫害的能力。钾能促进药用植物糖类的合成和运输，使光合产物迅速运到块茎、块根或种子，促进块茎、块根膨大，种子饱满，故栽培地黄、山药、牛膝和党参等以根类入药的药用植物或薏苡、枸杞和五味子等以果实籽粒类入药的药用植物，可适当施用钾肥，以改善植物产品品质。

药用植物钾不足时，表现为茎秆细，易倒伏，抗旱性和抗寒性差；根系发育不良；叶片变黄、干枯，逐渐坏死，由于钾也是易移动可被重复利用的元素，故缺钾症状首先出现在较老的组织或器官。

氮、磷和钾在药用植物生长发育过程中的需求量比较高，属于肥料的三大要素，药用植物应根据不同的土壤条件和药用部位来调整三大要素的比例。以全草、花和叶入药的药用植物应以施氮肥和磷肥为主，以果实和种子入药的药用植物应以追施磷、钾肥为主。

4. 钙 药用植物从氯化钙等盐中吸收钙离子。药用植物体内的钙呈离子状态即 Ca^{2+}。钙主要存在于叶子或老的器官和组织中，它是一个比较不易移动的元素。钙在生物膜中可作为磷脂的磷酸根和蛋白质的羧基间联系的桥梁，因而可以维持膜结构的稳定性。钙是药用植物细胞壁和染色体的结构成分，直接影响药用植物的细胞分裂。

有些植物仅能生长在石灰性土壤中，称为喜钙植物；而有些植物却只能生长在缺钙的硅质和沙质土壤中，称为嫌钙植物。石灰性土壤通常较易透水，含有大量的 Ca^{2+} 和 HCO_3^-，土壤呈碱性。石灰性土壤中，氮的矿化速度快，磷、铁、锰和大多数重金属元素的利用性差。而当植物生长在酸性土壤中时，会受到过多的铁、锰和铝离子的毒害。喜钙植物一般都具有耐旱性，并能从石灰性土壤中吸收磷和其他微量元素，如黄连木。嫌钙植物对 Ca^{2+} 和 HCO_3^- 高度敏感，如果 Ca^{2+} 和 HCO_3^- 过高会抑制生长使根系受害，如水藓属植物在 Ca^{2+} 和 HCO_3^- 浓度高的土壤中时，根会产生大量的苹果酸抑制其自身生长，毒害根系。

实际上植物缺钙往往不是土壤供钙不足引起的，主要是由于作物对钙的吸收和转移受阻而出现的生理失调。缺钙初期植株顶芽、幼叶呈淡绿色，继而叶尖出现典型的钩状，随后坏死。

5. 镁 以 Mg^{2+} 形式进入植物体，在药用植物体内一部分形成有机物，一部分以离子形式存在，镁主要存在于幼嫩器官和组织中，药用植物成熟时则集中于种子。镁是药用植物叶绿素的核心元素，参与碳水化合物、脂肪和核酸的合成。镁也是光合作用、呼吸作用、NAD、RNA 合成中一些酶的活化剂。

药用植物缺乏镁，最明显的症状是叶片失绿，其特点是首先从下部叶片开始，往往是叶肉变黄而叶脉仍保持绿色，这是与缺氮病症的主要区别。若缺镁严重，则形成褐斑坏死。

6. 硫 植物从土壤中吸收硫酸根离子（SO_4^{2-}）。SO_4^{2-} 进入植物体后，一部分保持不变，大部分被还原成硫，进一步同化为半胱氨酸、胱氨酸和甲硫氨酸等。硫也是硫辛酸、辅酶 A、硫胺素焦磷酸、谷胱甘肽、生物素、腺苷酰硫酸和腺苷三磷酸等的组成成分。硫是构成药用植物体内蛋白质和酶的不可缺少的成分，具有固氮的作用，还可减轻重金属对药用植物的毒害作用。

药用植物缺硫的症状类似缺氮，包括缺绿、矮化、积累花色素苷等，不同的是缺硫的缺绿是从嫩叶发起，而缺氮则在老叶中先出现，因为硫不易再移动到嫩叶，氮则可以。缺硫情况在作物栽培实践中很少遇到，因为土壤中有足够的硫满足植物需要。

7. 硅 是以硅酸（H_4SiO_4）形式被药用植物体吸收和运输的。硅主要以非结晶水化合物形式（$SiO_2 \cdot nH_2O$）沉积在细胞壁和细胞间隙中，它也可以与多酚类物质形成复合物成为细胞壁加厚的物质，以增加细胞壁的刚性和弹性。施用适量的硅可促进药用植物生长和受精，提高药用植物对病虫害的抗性，增加籽粒产量。缺硅时，蒸腾加快，生长受阻，植物易受真菌感染和易倒伏。

（二）微量元素

微量元素会影响药用植物的生理活动，对次生代谢物的形成和积累尤为显著。由于我国各地的土壤中微量元素的种类和含量差异较大，导致在不同地域生长的同一种药用植物的药用品质差异显著，这是形成药材道地性的一个重要因素。

1. 铁　植物根表面的铁为 Fe^{3+}，被还原为 Fe^{2+} 再进入细胞。在植物体内多与其他物质形成稳定的有机物，不易转移。铁是许多氧化还原酶的组成成分，参与光合作用和呼吸作用，促进叶绿素的合成。药用植物缺乏铁时，叶绿素形成受阻，会出现叶片叶脉间缺绿。

与缺镁症状相反，铁是不易重复利用的元素，缺铁发生于嫩叶，因铁不易从老叶转移出来，缺铁过甚或过久时，叶脉不仅缺绿，全叶也会白化。土壤中含铁较多，一般情况下植物不缺铁。但在碱性土或石灰质土壤中，铁易形成不溶性的化合物而使植物缺铁。

2. 锰　药用植物主要吸收锰离子（Mn^{2+}）。锰是光合放氧复合体的主要成员，缺锰时光合放氧受到抑制。锰为形成叶绿素和维持叶绿素正常结构的必需元素。锰是细胞中脱氢酶、脱羧酶、激酶、氧化酶和过氧化物酶等的活化剂，尤其影响糖酵解和三羧酸循环。锰也是硝酸还原的辅助因素，缺锰时硝酸就不能还原成氨，植物也就不能合成氨基酸和蛋白质。

药用植物缺锰时会影响它对硝酸盐的利用，叶绿体结构破坏和解体，不能形成叶绿素，叶脉间失绿褪色，但叶脉仍保持绿色，此为缺锰与缺铁的主要区别。

3. 硼　药用植物主要吸收 H_3BO_3，也可以吸收极少量的 $B(OH)_4^-$。硼促进糖的运输，促进木质素的合成，有利于木质素的形成和发展。硼对植物生殖过程也有影响，药用植物中的硼含量在花中最高。另外，硼与核酸及蛋白质的合成、激素反应、膜的功能、细胞分裂、根系发育等生理过程有一定关系。

药用植物缺硼时，花药和花丝萎缩，绒毡层组织破坏，花粉发育不良受精受阻，籽粒减少。硼具有抑制有毒酚类化合物形成的作用，若药用植物缺硼时，植株中咖啡酸、绿原酸等酚类化合物含量增高，出现嫩芽和顶芽坏死、丧失顶端优势和分枝多的现象。

4. 锌　以 Zn^{2+} 的形式被吸收。锌是乙醇脱氢酶、谷氨酸脱氢酶和碳酸酶等的组成成分之一。锌通过酶的作用对植物碳、氮代谢产生广泛的影响并参与光合作用，参与生长素的合成，促进生殖器官发育和提高抗逆性。

药用植物锌不足时，植株茎部节间短，莲丛状，叶小且变形，叶缺绿。

5. 铜　是植物体内许多氧化酶的成分，或是某些酶的活化剂，参与许多氧化还原反应，还参与光合作用，影响氮的代谢，促进花器官的发育。

药用植物缺铜时，叶片生长缓慢，呈现蓝绿色，幼叶缺绿，随之出现枯斑，最后死亡脱落。另外，缺铜会导致叶片栅栏组织退化，气孔下面形成空腔，使植株即使在水分供应充足时也会因蒸腾过度而发生萎蔫。

6. 钼　是以钼酸盐（MoO_4^{2-}、$HMoO_4^-$）的形式进入药用植物体内。钼离子（Mo^{2+}～Mo^{6+}）是硝酸还原酶的金属成分，起着电子传递作用。钼也是固氮酶中钼铁蛋白的成分，在固氮过程中起作用。因此，钼的生理功能主要表现在氮代谢方面。钼对花生、大豆等豆科植物的增产作用显著。

缺钼时叶较小，叶脉间失绿，有坏死斑点，且叶边缘焦枯，向内卷曲。十字花科植物缺钼时叶片卷曲畸形，老叶变厚且枯焦。禾谷类作物缺钼则籽粒皱缩或不能形成籽粒。豆科植物对钼更为敏感，缺乏时会导致黄芪类药用植物根瘤小、发育不良，老叶叶脉间缺绿，坏死。

7. 氯　以 Cl^- 的形式被植物吸收。氯在光合作用水裂解过程中起着活化剂的作用，参与植物光合作用，调节气孔的开放和关闭，增强作物对某些病害的抑制能力。根和叶的细胞分裂也需要氯。Cl^- 还与 K^+ 等离子一起参与渗透势的调节，如与 K^+ 和苹果酸一起调节气孔的开放和关闭。

药用植物缺氯时，叶片萎蔫，失绿坏死，最后变为褐色；同时根系生长受阻、变粗，根尖变为棒状。

8. 镍　在植物体内主要以 Ni^+ 的形式存在。镍是脲酶的金属成分，脲酶可催化尿素水解成 CO_2 和 NH_4^+。镍也是氢化酶的成分之一，氢化酶在生物固氮过程中将 H_2 催化成 H_2O，为固氮提供 H^+，对植物氮代谢起重要作用。

药用植物缺镍时，植物体内的尿素积累过多，产生毒害，导致叶尖或叶缘坏死现象，影响植物生长发育。

9. 钠　钠离子（Na^+）在 C_4 和景天酸代谢植物（crassulacean acid metabolism plant，CAM 植物）中催化磷酸烯醇丙酮酸（PEP）的再生。Na^+ 对许多 C_3 植物的生长也是有益的，它可使细胞膨胀从而促进生长。钠还可以部分地代替钾的作用，提高细胞液的渗透势。

药用植物缺钠时，植物呈现黄化和坏死现象，甚至不能开花。

五、植物缺乏矿质元素的诊断

药用植物缺乏矿质元素的常用诊断方法：病症诊断法、化学分析诊断法、加入诊断法等。

（一）病症诊断法

缺少任何一种必需的矿质元素都会引起特有的生理病症（表 2-2）。但是必须注意：每种药用植物缺乏某种元素的病症不完全一致，而缺乏元素的程度不同，表现程度也不同。不同元素之间相互作用，使得病症诊断更为复杂。例如，虽然土壤中有适量的锌存在，但大量施用磷肥时，植株吸收的锌少，呈现缺锌病症；重施钾肥，植株吸收的锰和钙少，呈现缺锰和缺钙病症。此外，植株产生异常现象，还可能是受病虫害和不良环境（如水分过多或过少，温度过高或过低，光线不足，土壤有毒物质等）的影响。因此，应充分调查，深入分析，综合考虑，具体试验，才能得到一个较正确的结论。

表 2-2　植物缺乏矿质元素的病症检索表

病症	缺乏元素
A. 老叶病症	
B. 病症常遍布整株，基部叶片干焦和死亡	
C. 植物浅绿，基部叶片为黄色，干燥时呈褐色，茎短而细	氮
C. 植株深绿，常呈红或紫色，基部叶片为黄色，干燥时暗绿，茎短而细	磷
B. 病症常限于局部，基部叶片不干焦但呈杂色或缺绿，叶缘杯状卷起或卷皱	
C. 叶呈杂色或缺绿，有时呈红色，有坏死斑点，茎细	镁
C. 叶呈杂色或缺绿，在叶脉间或叶尖和叶缘处有坏死小斑点，茎细	钾
C. 坏死斑点大而普遍在叶脉间，最后扩展至叶脉，叶厚，茎短	锌
A. 嫩叶病症	
B. 顶芽死亡，嫩叶变形和坏死	
C. 嫩叶初呈钩状，后从叶尖和叶缘向内死亡	钙
C. 嫩叶基部浅绿，从叶基起枯死，叶捻曲	硼
B. 顶芽仍活但缺绿或萎蔫，无坏死斑点	
C. 嫩叶萎蔫，无失绿，茎尖弱	铜
C. 嫩叶不萎蔫，有失绿	

续表

病症	缺乏元素
D. 坏死斑点小，叶脉仍绿	锰
D. 无坏死斑点	
E. 叶脉仍绿	铁
E. 叶脉失绿	硫

（二）化学分析诊断法

化学分析是营养诊断的另一种根据。比较常用的化学分析对象是叶片。刚成熟的叶片是代谢最活跃的部位，养分供应的变化比较明显。叶片的矿质元素含量最高，比较容易测得，其中元素总量可代表全株的营养水平。此外，叶片取材方便，不影响植株生长和产量。

（三）加入诊断法

根据上述方法初步论断植株所缺乏的元素后，补充加入该元素，经过一定时间，如症状消失，就能确定致病的原因。大量元素可以作肥料施下，固体肥料可施到土壤（注意土壤环境的状态，如pH、通气情况、有无毒物），液态肥料可施到土壤或作根外追肥。微量元素可以根外追肥或用浸渗法。浸渗法是沿主脉剪去病株叶片一部分，把留下的叶片和主脉立即浸入预先准备好的溶液中，让溶液渗到病叶中去。溶液浓度为0.1%～0.5%，浸2h左右，将叶片取出，数天后察看病症是否消失。

六、有益元素和有害元素

有益元素（beneficial element）或有利元素（helpful element）指的是一些植物正常生长发育所必需而非所有植物必需的元素。例如，钠（Na）、硅（Si）、钴（Co）、硒（Se）和稀土元素等，它们可代替某种必需元素的部分生理功能而减缓其缺乏症，或促进某些植物的生长、发育。如Co是豆科植物根瘤菌固氮所必需的，且有利于豆科植物的生长。

有害元素（harmful element），是指含量（浓度）不高甚至极低就会对植物生长产生毒害的元素。它们大部分是重金属元素（镉、铅、汞等）及放射性元素（镭、铀、铋等）。有害、无害与用量有密切关系，有害元素一般在低浓度下就能致害，这是有害元素与必需和有益元素的分水岭。

另外，某些必需元素和有益元素在较高浓度下也会对植物产生毒害。例如，过量的铵态氮和较高浓度的磷都可以对植物产生毒害，但由于他们一般不会使植物受害，所以不将其视为有害元素。相反，低浓度的铝可以促进植物生长，但铝浓度较高时就抑制植物根系生长。

第二节　植物细胞对矿质元素的吸收

矿质离子通常作为重要的溶质存在于环境溶液中。植物体的基本结构单位是细胞，而细胞膜正是植物细胞与环境溶液之间的屏障。所以植物吸收矿质元素的重要机制就是植物细胞对矿质离子的吸收，实质上与这些离子的跨膜运输有关。根据离子跨膜运输是否消耗细胞的代谢能，将植物细胞对矿质元素的吸收主要分为被动吸收（passive absorption）、主动吸收（active absorption）和胞饮作用（pinocytosis）三种类型（图2-2）。其中，被动吸收和主动吸收为主要吸收方式，胞饮作用则不具有普遍性。

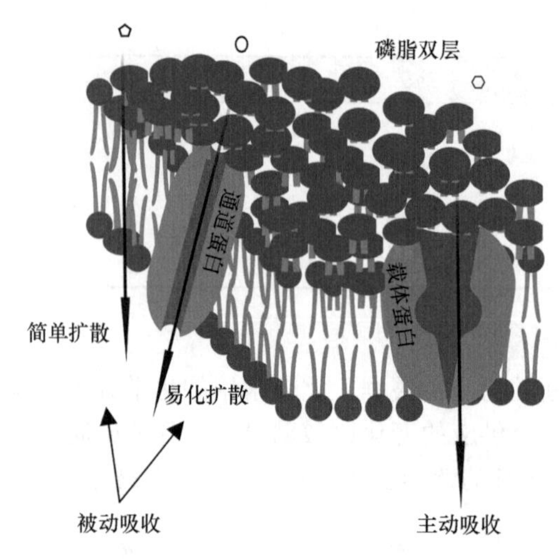

图 2-2　溶质跨膜运输的主要方式

一、被 动 吸 收

被动吸收是细胞对矿质元素的吸收，不需要代谢能量直接参与，离子顺着电化学势梯度转移的过程。被动吸收有两种类型，简单扩散（单纯扩散）和易化扩散（协助扩散）。简单扩散指溶质从浓度较高的区域跨膜移向浓度较低的区域，即细胞内外浓度梯度是简单扩散的主要决定因素。细胞膜中的脂质是扩散途径中的主要障碍，但脂溶性较好的非极性溶质如氧气、二氧化碳、氨气均可通过简单扩散方式较快地通过磷脂双层。易化扩散又称协助扩散，指溶质借助于膜转运蛋白（transport protein）顺着电化学势梯度跨膜转移的方式。转运蛋白有两种：通道蛋白（channel protein）和载体蛋白（carrier protein）。简单扩散和易化扩散都是溶质顺着电化学梯度进行跨膜运输，也都不需要细胞提供能量。不同的是，简单扩散不需要膜转运蛋白协助，而易化扩散需要膜转运蛋白的协助。

二、主 动 吸 收

主动吸收是指细胞利用代谢能量逆着浓度梯度吸收矿质元素的过程。主动吸收需要转运蛋白的参与。其中载体蛋白按被运载物的数量和运载方向分为三种类型：单向转运体（uniporter）、同向转运体（symporter）和反向转运体（antiporter），离子也可以通过离子泵（ion pump）跨膜运输，细胞内离子泵主要有钠钾泵、钙泵和质子泵。参与主动运输的离子泵是细胞膜上消耗 ATP 形成的能量转运离子，能驱使特定离子逆浓度梯度转运的跨膜载体蛋白。

三、胞 饮 作 用

胞饮作用是植物细胞将吸附在质膜上的矿质元素通过膜的内折而将物质转移到细胞内的一种获取物质的吸收方式，简称为胞饮。胞饮作用属于非选择性吸收方式，因此，包括各种盐类、大分子物质甚至病毒在内的多种物质都可能通过胞饮作用而被植物吸收。这就为细胞吸收大分子物质提供了可能。胞饮作用不是植物吸收矿质元素的主要方式，这种吸收方式在植物细胞中并不普遍。

胞饮作用的主要过程：物质吸附于质膜上时，质膜内陷，进而向内折叠，逐渐形成小囊泡，把质膜上的物质包围起来，之后小囊泡向细胞内部移动。其后可发生两种释放方式：囊泡在移动过程中逐渐溶解消失，内含物质分散到细胞质中；或小囊泡在细胞质中没有破解，一直向内移动至液泡膜，随后囊泡膜跟液泡膜融合，最后将物质释放到液泡内（图 2-3）。

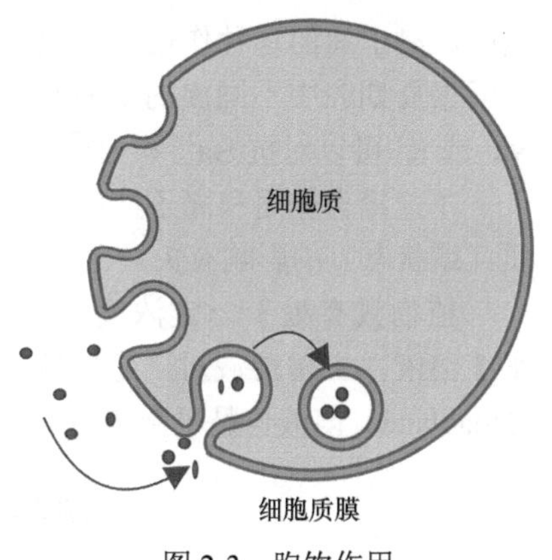

图 2-3　胞饮作用

第三节　植物体对矿质元素的吸收

植物体吸收矿质元素可通过叶片，但主要是通过根系。根系吸收矿质元素的部位是根尖的根毛区，其吸收面积大，更重要的是其内部已分化出输导组织。植物根系对矿质元素的吸收是以细胞吸收为基础的，但也有其自身的特点。

一、植物根系吸收矿质元素的特点

（一）对矿质元素和水分的相对吸收

根系对矿质元素和水分相对吸收，这主要是因为根系对盐分和水分的吸收机制不同，吸收量不成比例，二者之间既相关联，又各自独立。

（二）对矿质元素的吸收有选择性

植物根系吸收离子的数量与溶液中离子的数量不成比例，即对某些离子吸收得多些，而对有些离子吸收少些或根本不吸收，造成该现象的原因在于植物细胞吸收离子的选择性。

植物根系吸收离子的选择性主要表现在两个方面：①根系对同一溶液中的不同离子的吸收量不同；②根系对同一种盐的正负离子的吸收量不同。由此派生出三种类型的盐：如供给 $NaNO_3$，植物对其阴离子（NO_3^-）的吸收量大于阳离子（Na^+）。因为植物细胞内总的正负电荷数必须保持平衡，所以就必须有 OH^- 或 HCO_3^- 排出细胞。植物在选择性吸收 NO_3^- 时，环境中会积累 Na^+，同时也积累了 OH^- 或 HCO_3^-，从而使介质 pH 升高。故称这种盐类为生理碱性盐（physiologically alkaline salt），如多种硝酸盐。同理，如供给 $(NH_4)_2SO_4$，植物对其阳离子（NH_4^+）的吸收量大于阴离子（SO_4^{2-}），根细胞会向外释放 H^+，因此在环境中积累 SO_4^{2-} 的同时，也大量地积累 H^+，使介质 pH 下降，故称这种盐类为生理酸性盐（physiologically acid salt），如多种铵盐。如供给 NH_4NO_3，则会因为根系吸收其阴、阳离子的量很相近，而不改变周围介质的 pH，所以称其为生理中性盐（physiologically neutral salt）。生理酸性盐和生理碱性盐的概念是根据植物的选择吸收引起外界溶液变酸还是变碱而定义的。如果在土壤中长期施用某一种化学肥料，就可能引起土壤酸碱度的改变，从而破坏土壤结构，所以施化肥应注意肥料类型的合理搭配。

（三）单盐毒害作用与离子拮抗作用

植物在单盐溶液中不能正常生长甚至死亡的现象被称为单盐毒害作用（toxicity of single salt）。所谓单盐溶液，是指只含有一种盐分（或一种金属离子）的盐溶液。单盐毒害作用的特点：单盐毒害作用以阳离子的毒害明显，阴离子的毒害不明显；单盐毒害作用与单盐溶液中盐分是否为植物所必需无关。

在单盐溶液中加入少量含其他价数不同的金属离子的盐类，单盐毒害作用就会减弱或消除，离子间的这种作用称为离子拮抗作用（ion antagonism）。离子拮抗作用的特点：一般在元素周期表中不同族的金属元素的离子之间有对抗作用；同价的离子之间不对抗。例如，Na^+ 或 K^+ 可以对抗 Ba^{2+} 和 Ca^{2+}。

单盐毒害作用和离子拮抗作用的实质：可能与不同金属离子对细胞质和质膜亲水胶体性质（或状态）的影响有关。

植物只有处于一定浓度、一定比例的多种盐的混合液中才能正常生长，这种溶液叫平衡溶液。土壤溶液对陆生植物、海水对海藻等均为天然的平衡溶液。人工配制的霍格兰（Hoagland）溶液也是平衡溶液，在施肥中应十分注意。

二、植物体对矿质元素的吸收机制

（一）将离子吸附在根部细胞表面

植物必需的矿质元素主要以离子状态溶于土壤溶液中，吸附在土壤胶体表面或以土壤难溶性盐形式存在。将离子吸附在根部细胞表面主要通过交换吸附（exchange adsorption）进行。所谓交换吸附是指根部细胞表面的正负离子（主要是细胞呼吸形成的 CO_2 和 H_2O 生成 H_2CO_3 后再解离出的 H^+ 和 HCO_3^-）与土壤中的正负离子进行交换，从而将土壤中的离子吸附到根部细胞表面的过程。在根部细胞表面，这种吸附与解吸附的交换过程是不断进行着的。具体又分成三种情形：

1. 土壤中的离子少部分存在于土壤溶液中，可迅速通过交换吸附而被植物根部细胞表面吸附，该过程时间很短且与温度无关。根部细胞表面吸附层形成单分子层吸附即达极限。

2. 土壤中的大部分离子被土壤颗粒所吸附。根部细胞对这部分离子的交换吸附通过两种方式进行：一是通过土壤溶液间接进行。土壤溶液在此充当“媒介”；二是通过直接交换或接触交换（contact exchange）进行。这种方式要求根部与土壤颗粒的距离小于根部及土壤颗粒各自所吸附离子振动空间的直径的总和。在这种情况下，植物根部所吸附的正负离子即可与土壤颗粒所吸附的正负离子进行直接交换。

3. 有些矿质元素为难溶性盐类，植物主要通过根系分泌的有机酸或碳酸将其逐步溶解而达到吸附和吸收的目的。

（二）离子进入根细胞内部

吸附在根细胞表面的离子即可被根细胞吸收后通过共质体运输进入木质部，也可以通过质外体运输扩散进入根的内皮层以外的质外体部分。但由于根内皮层上有凯氏带，必须转入共质体才能继续向内运送至木质部。

1. 通过质外体途径进入根内部 质外体（apoplast）指植物体内由细胞壁、细胞间隙、导管等所构成的允许矿质元素、水分和气体自由扩散的非细胞质开放性连续体系。外界溶液中的离子可顺着电化学势梯度扩散进入根部质外体，故质外体又称自由空间。自由空间的大小无法直接测定，只能由实验值间接估算。这个估算值称为相对自由空间（relative free space，RFS）。估算的方法：将根系放入某一已知浓度、体积的溶液中，待根内外离子达到平衡后，再测定溶液中的离子数和根内进入自由空间的离子数（将根再浸入水中，使自由空间内的离子扩散到水中再行测定）。用下式可计算出相对自由空间：

RFS（%）= 自由空间体积/根组织总体积×100

= 进入组织自由空间的溶质数（μmol）/[外液溶质浓度（μmol/ml）×组织总体积（ml）]×100

离子经质外体运送至内皮层时，由于有凯氏带的存在，离子（和水分）最终必须经共质体运输才能到达根部内部或导管。这使得根系能够通过共质体的主动运输及对离子的选择性吸收控制离子的转运。另外，在内皮层中还有一种通道细胞可作为离子和水分转运的途径之一。

2. 通过共质体途径进入根内部　共质体（symplast）运输是离子由质膜上的载体或离子通道运入细胞内，通过内质网在细胞内移动，并由胞间连丝进入相邻细胞，进入共质体内的离子也可运入液泡内而暂存起来。溶质经共质体的运输以主动运输为主，也可进行扩散性运输，但速度较慢。

根毛区吸收的离子经共质体和质外体到达输导组织的过程，如图 2-4 所示。

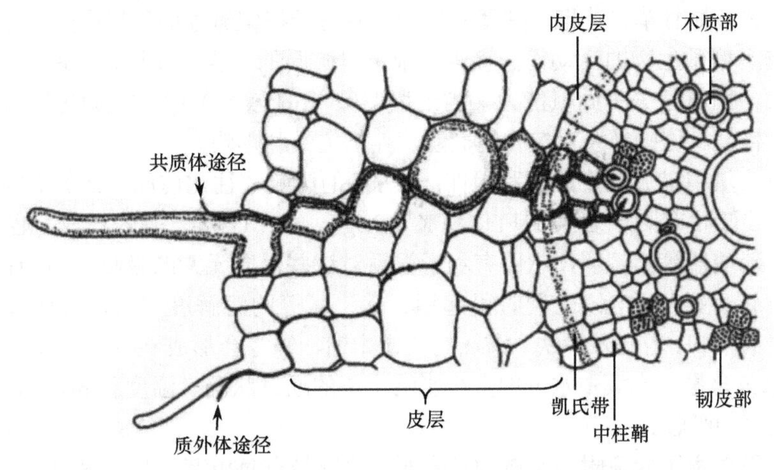

图 2-4　根毛区离子吸收的共质体和质外体运输

3. 离子进入导管或管胞　离子经共质体运输最终从导管周围的薄壁细胞进入导管或管胞。导管和管胞是死细胞，离子是如何从木质部薄壁细胞释放到导管或管胞的呢？有两种完全相反的意见：

（1）被动扩散。将玉米根浸在含有 1mmol/L KCl 和 0.1mmol/L $CaCl_2$ 的溶液中，用离子微电极插入根部不同横切部位，测定不同部位离子的电化学势。结果表明，表皮和皮层细胞的 K^+、Cl^- 等的电化学势很高，说明这两个部位细胞主动吸收离子；而导管的电化学势急剧下降，说明离子是顺着浓度梯度被动地扩散入导管的。

（2）主动运输。同时测定根尖端吸收示踪离子和离子进入导管的情况。用蛋白质合成抑制剂环己酰亚胺处理后，抑制了离子流入导管，但不抑制表皮和皮层细胞吸收离子，由此说明离子进入导管是代谢控制的主动过程。近年来越来越多的证据表明离子向木质部导管的释放受主动运输控制。

三、影响植物根系吸收矿质元素的因素

1. 土壤温度　土壤温度过高或过低，都会使根系吸收矿质元素的速率下降。高温（如超过 40℃），加强根的老化过程，使根的木质化部位几乎到达尖端，吸收面积减少，吸收速率下降；高温使酶钝化，影响根部代谢，也使细胞透性加大而引起矿质元素被动外流。温度过低，代谢减弱，主动吸收慢，细胞质黏性也增大，离子进入困难。同时，土壤中离子扩散速率降低。

2. 土壤通气状况 根部吸收矿质元素与呼吸作用密切有关。土壤通气好，增强呼吸作用和 ATP 的供应，促进根系对矿质元素的吸收。

3. 土壤溶液的浓度 土壤溶液的浓度在一定范围内增大时，根部吸收离子的量也随之增加。但当土壤浓度高出此范围时，根部吸收离子的速率就不再与土壤浓度有密切关系。此乃根细胞膜上的传递蛋白数量有限所致。而且，土壤溶液浓度过高，土壤水势降低，还可能造成根系吸水困难。因此，农业生产上不宜一次施用化肥过多，否则，不仅造成浪费，还会导致“烧苗”发生。

4. 土壤溶液的 pH

（1）直接影响根系的生长：大多数植物的根系在微酸性（pH 5.5～6.5）的环境中生长良好，也有些植物（如甘草、花椒、蒺藜等）的根系适于在偏碱性的环境中生长。

（2）影响土壤微生物的活动而间接影响根系对矿质的吸收：当土壤偏酸（pH 较低）时，根瘤菌会死亡，固氮菌失去固氮能力。当土壤偏碱（pH 较高）时，反硝化细菌等对农业有害的细菌发育良好。这些都会对植物的氮素营养产生不利影响。

（3）影响土壤中矿质元素的可利用性：这方面的影响往往比前面两点的影响更大。土壤溶液中的 pH 较低时有利于岩石的风化和 K^+、Mg^{2+}、Ca^{2+}、Mn^{2+} 等的释放，也有利于碳酸盐、磷酸盐、硫酸盐等的溶解，从而有利于根系对这些矿质元素的吸收。当 pH 较低时，易引起磷、钾、钙、镁等的流失；同时引起铝、铁、锰等的溶解度增大，进而造成毒害。相反，当土壤溶液中 pH 增高时，铁、磷、钙、镁、铜、锌等会形成不溶物，有效性降低。

5. 土壤水分含量 土壤中水分的多少影响土壤的通气状况、温度和 pH 等，从而影响到根系对矿质元素的吸收。

6. 土壤颗粒对离子的吸附 土壤颗粒表面一般都带有负电荷，易吸附阳离子。

7. 土壤微生物菌根的形成 可增强根系对矿质元素和水的吸收。固氮菌、根瘤菌等有固氮能力；而反硝化细菌则引起 NO_3^- 氮损失。

8. 土壤中离子间的相互作用 溶液中某一离子的存在会影响另一离子的吸收。例如，溴的存在会使氯的吸收减少；钾、铷和铯三者之间互相竞争。

第四节 矿质元素在植物体内的运输与分配

根部吸收的矿质元素，有小部分留存在根内，大部分运输到植物体的其他部分。叶片吸收的矿质元素的去向也是如此。广义地说，矿质元素在植物体内的运输，包括矿质元素在植物体内向上、向下的运输，以及在地上部的分布与以后的再次分配等。

一、矿质元素在植物体内的运输

1. 矿质元素运输的形式 根部吸收的无机氮化物，大部分在根内转变为有机氮化物，所以氮的运输形式是以氨基酸（主要是天冬氨酸，还有少量丙氨酸、甲硫氨酸、缬氨酸等）和酰胺（主要是天冬酰胺和谷氨酰胺）等有机物形式向上运输，还有少量是以硝态氮等形式向上运输。磷素大多以正磷酸盐形式运输，少部分在根部转化为有机磷化合物（如甘油磷酰胆碱、已糖磷酸酯等），然后才向上运输。硫素的运输绝大部分以硫酸根形式，少数在根部形成甲硫氨酸及谷胱甘肽等形式向上运输。而金属元素一般以离子形式向上运输。

2. 运输途径 通过木质部-韧皮部隔离法结合放射性同位素示踪技术进行研究，结果显示：根部吸收的矿质元素通过木质部向上运输，也可从木质部横向运至韧皮部。进入韧皮部的矿质元素还可再向下运输，从而参与植物体内的矿质离子循环。叶片吸收的矿质元素通过韧皮部向上或向下运输，也可从韧皮部横向运至木质部并参与植物体内的矿质离子循环。矿质元素在植物体内的运输速度为30～100cm/h。

二、矿质元素在植物体内的分配

矿质元素进入根部导管后，便随着蒸腾流上升到地上部。矿质元素在地上部各处的分布，以离子在植物体内是否参与循环而异。

某些元素（如钾）进入地上部后仍呈离子状态，而有些元素（氮、磷、镁等）形成不稳定的化合物，不断分解，释放出的离子又转移到其他需要的器官去，这些元素便是能够参与矿质离子循环的元素，也叫可再利用元素。另有一些元素（硫、钙、铁、锰、硼等）在细胞中呈难溶解的稳定化合物，特别是钙、铁、锰，它们是一些不能够参与矿质离子循环的元素，也叫不可再利用元素。从同一物质在体内是否被反复利用来看，有些元素在植物体内能被多次利用，有些只利用一次。参与循环的元素都能被再利用，不能参与循环的元素不能被再利用。在可再利用的元素中以磷、氮最典型，在不可再利用的元素中以钙最典型。不可再利用元素被分配至植物所需部位后即被固定。

参与循环的元素在植物体内大多数分布于生长点和嫩叶等代谢较旺盛的部位。同样道理，代谢较旺盛的果实和地下贮藏器官也含有较多的矿质元素。不能参与循环的元素却相反，这些元素被植物地上部吸收后，即被固定住而不能移动，所以器官越老含量越大，如嫩叶的钙少于老叶。植物缺乏某些必需元素，缺素症首先表现在较幼嫩的组织或器官中，原因也在于此。凡是缺乏可再利用元素的生理病症，首先在老叶发生；而缺乏不可再利用元素的生理病症，首先在嫩叶发生。

第五节　矿质元素对药用植物品质形成的影响

药用植物品质对应于药材质量，是药材安全性、可靠性和有效性的基础，对药材资源的可持续利用和医药产业的持续发展至关重要。药用植物的品质包含外在和内在两个品质：外在品质指传统生药标准，如色泽、气味、质地，以及形态、性状等；内在品质指其内含物，如有效成分组成、灰分、酸溶物，以及有毒物质含量等，往往内在品质比较稳定，是品质评价的重要方面。

药用植物在生长发育过程中需要吸收利用各种矿质元素，以维持自己的正常生理活动，完成生命周期，并形成一系列代谢产物。药用植物的品质形成取决于植物体的某种代谢途径，特别是次生代谢途径。因此，矿质元素与药用植物品质关系密切，矿质元素的丰缺与平衡影响着药用植物的生长发育，并对药用植物的生理生化反应强度、途径起着调节作用，进而影响其初生代谢和次生代谢途径，从而影响了植物次生代谢物的组成和含量，进而影响药用植物的品质。

目前，在特定地区，药用植物品种一旦被确定，人们对药用植物生长的环境资源各要素进行优化就成为生产优质药用植物产品的主要手段。影响药用植物品质的能量资源要素主要包括光照和温度，物质资源要素主要包括水、养分、O_2和CO_2等，除设施条件较好的温室外，一般生产体系很难人为地调控药用植物生长环境中的光照、温度、O_2和CO_2等因素。因此，向药用植物生产体系输入矿质营养就成为调控其产量和品质的有效措施之一。

一、大量元素对药用植物品质形成的影响

大量元素会影响药用植物生长发育和其形成的药材品质。在肥料三要素中，氮素有利于蛋白质和生物碱的合成，磷、钾有利于碳水化合物和油脂等物质的合成。

氮素利于促进药用植物体内与品质有关的含氮化合物如蛋白质、必需氨基酸、酰胺和环氮化合物（包括叶绿素 a、维生素 B 和生物碱）等的合成与转化。含挥发油和生物碱类的药用植物需氮量较高，增加氮素供应能提高生物碱类药材的成分含量，而缺乏氮素则严重抑制生物碱的合成。研究显示，在一定氮营养范围内，施氮量增加对甘草生长、生理和产量等指标均有良好的促进作用，提高施氮水平对甘草酸含量有不同程度的促进作用。而施氮量超过一定值时，甘草生长开始受到抑制，各生长指标均有不同程度的下降。适合黄连生长、高有效成分含量的氮浓度范围应该在 1/2 Hoagland 标准氮浓度～Hoagland 标准氮浓度之间，过高、过低的氮浓度都不利于黄连的生长和有效成分的积累。高山红景天株高度、全株生物量、地上部生物量随氮水平的升高而增加，而根生物量、根冠比则随着氮水平的升高而降低。低氮水平和高氮水平均不利于红景天苷的积累。银杏沙培时，当营养液中氮浓度在 0.14～0.28g/L 范围内，施氮可提高银杏叶中黄酮的含量，以 0.2g/L 时银杏叶中黄酮含量最高，0.28g/L 时银杏叶中黄酮产量最高。适当施用氮肥能提高银杏叶中黄酮的含量和总量。氮肥可提高金银花的产量，但其施用量与金银花中绿原酸含量呈显著负相关。施用氮肥可以延缓绞股蓝植株的衰老，增产效果显著。

磷素在光合产物形成和运输及药用植物体内多种物质的合成与代谢中有重要作用。药用植物缺磷时会减少细胞数量，抵制光合作用及光合产物向贮藏器官的转运而减小贮藏器官。但磷素供应过多，易引起块根类药材形成裂口或畸形。研究显示，人参花蕾期至开花前应喷施磷肥，以促进参根的形成和膨大，抑制生殖器官的生长发育和营养物质的损耗，对提高人参产量和质量均有显著作用。施用磷肥可提高植物体黄酮和绿原酸类化合物的含量。施用磷肥能显著提高银杏叶中黄酮的含量和总量，且银杏叶中黄酮的含量与施磷量成正比。磷肥施用量与金银花中绿原酸含量呈明显的正相关。也有观点认为施磷对植物体黄酮类化合物没有影响，如在银杏施肥研究中发现，磷肥对提高银杏叶黄酮含量的效果不明显。

钾素虽不是植物有机化合物的组成部分，但对维持植物生命的几乎所有过程都是必需的。研究显示，钾素可显著提高牛膝单株根产量和促进牛膝根的增粗。半夏对氮、磷、钾的需求量以钾最大，氮次之，磷最小。施钾量和银杏叶中含钾量同银杏叶片中黄酮的含量呈负相关，施钾肥抑制了银杏黄酮的合成代谢，且叶片黄酮与叶片氮/钾值呈正相关，较高的氮/钾值有利于秋后银杏叶片中黄酮类化合物的累积，并提出通过平衡施肥，适当控制施钾、施氮和磷肥以增加生物量，从而提高植株黄酮的单产。也有研究发现，施用钾肥可促进植物体黄酮类化合物的合成代谢。如在银杏研究中发现，施用钾肥能够显著提高银杏叶片中黄酮含量。但在研究金银花施肥时也认为钾肥对金银花中绿原酸含量影响不大。

混合施肥和氮、磷、钾肥的比较研究显示，磷、钾肥对人参有不同的增产效果。单施磷肥较单施钾肥增产多，且特等人参和一等人参增产率高。磷、钾肥混合施用的增产效果明显好于磷、钾肥单独施用。氮、磷、钾的饱和设计——沙培试验的结果也表明：氮在菊花生长过程中的作用是不可替代的，是菊花生长过程中的限制性因子，氮的施量水平显著影响菊花的正常生长发育和生物量；在不施磷情况下菊花的生长受到抑制，生物量较小，但其效应不及缺氮效应；在不施钾情况下菊花生长受到的抑制效应较之氮、磷小。

缺素对药用植物品质的形成有很大影响。研究显示，缺氮或施氮过量都不利于提高银

杏叶中黄酮的含量和产量。缺钾的根类药用植物的新生根很少。例如，黄连缺钾根系发育不良，须根长度及稠密情况都不及正常供给全营养的植株，几乎无新的须根。如果缺氮、钾、铁，可导致西洋参叶片明显失绿黄化；缺氮、钾、钙、镁和硼是导致株高和叶面积下降的主要因素；所有缺素处理西洋参的干物质均显著下降（$P<0.05$），其中缺氮、钾、钙、铁下降最多，全株干物质低于全营养对照的 50% 以上。研究也显示，缺素不仅影响杜仲幼苗时期的生长发育，还使橡胶生物合成受到影响，在杜仲大面积种植中应为杜仲提供必需营养元素，避免缺素导致产胶量的下降。

二、微量元素对药用植物品质形成的影响

微量元素肥料，通常简称为微肥，是指含有微量营养元素的肥料。相对于常量元素而言，植物对微量元素的需要量很少，但其却是植物生长发育必不可少的营养元素，对药用植物作用很大；也是植物体内酶或辅酶的组成成分，能有效促进叶绿素和蛋白质等的合成，可增强植物光合作用；同时，微量元素还是药用植物药效成分的构成因子，能够影响植物化学成分的形成和积累，影响药效成分的含量及药效。目前由于长期施用大量元素肥料，忽视微量元素肥料的施用，导致土壤出现微量元素缺乏的问题，打破了土壤的营养平衡，影响中药材生长。微肥能够提高肥料利用率、调节土壤养分平衡、提高中药材产量和质量。

研究显示，土壤中施用铜能提高当归中的挥发油和多糖含量；两年菊花的微量元素盆栽试验表明，施用铜、锌、硒微量元素能增加菊花中总黄酮、绿原酸含量；药用菊花现蕾前期在叶面喷施适宜浓度钼酸铵有助于改善药用菊花的生长，并能适当提高其药用品质；施用硅肥能促进川芎生长，并提升川芎药材中阿魏酸的含量。另外，应用均匀设计法探索硼、铁、锰三种元素对菊花的生物量及有效成分的影响，发现铁、锰对菊花的生物量有较明显的影响，而硼、锰对菊花的有效成分有较明显的影响，但是该试验结果未能揭示三元素之间的交互作用。微量元素与菊花有效成分累积的功效和生成机制还未明确，今后参考国内已建立的菊花指纹图谱，结合菊花的肥效方程，有望确定各元素的使用量。

由此可见，科学施用肥料对药用植物品质的改善有很重要的作用，但目前微肥对药用植物的研究，只证明了某些营养元素对药用植物产量和药用有效成分存在影响，关于其作用机制和微量元素间的交互作用研究甚少；微肥对中药材的施用量、施用方式、施用时间缺乏因地制宜的针对性研究；施用微肥后土壤的重金属含量及中药材对微量元素的吸收是否超过国家规定的标准含量尚未引起人们的重视。因此，在以后的研究中，应完善这些不足，深入且全面地研究微肥对药用植物的影响。

三、矿质元素施用时的注意事项

无公害的药材生产要求药用植物的硝酸盐含量不能超标，必须有足够数量的有机物返回土壤，以保持或增加土壤肥力及土壤生物活性。

1. 不同药用植物对矿质元素的需要量和比例不同。因此，要结合药用植物的不同生物学特性（生长习性）以及人们的生产目的来选择所施肥料（种类、形态、用量及施用方式和时间）。例如，出苗至 6 月底是柔毛淫羊藿施肥的关键期，适宜的氮、磷、钾施肥量才能促进淫羊藿的生长，提高淫羊藿叶产量和活性成分含量。

2. 同一药用植物在不同生长发育期对矿质元素的吸收情况不同。应注意营养临界期（需肥临界期），这是药用植物对缺乏矿质元素最敏感、最容易受伤害的时期，还应注意植物

营养最大效率期（最高生产效率期，是某种养分能发挥其最大增产效能的时期）。只有充分注意这些方面，才能做到适时适量，用肥少而效率高。

因此，合理施肥首先要针对药用植物的需肥规律进行安排，并结合各种指标的分析确定施肥的具体方案，这是根本途径。但要充分发挥肥效，达到增产效果，还必须重视以下施肥措施：肥水结合；适当深耕；改善光照条件；调控土壤微生物的活动；改进施肥方式；注意平衡施肥。

案例 2-1 解析

1. 矿质元素指除碳、氢、氧以外，主要由根系从土壤中吸收的元素。

2. 土壤中的矿质元素有许多种，有些不是药用植物活细胞所必需的。

3. 植物必需的矿质元素主要以离子状态溶于土壤溶液中，吸附在土壤胶体表面或以土壤难溶性盐形式存在。

4. 土壤中的矿质离子主要通过被动吸收、主动吸收和胞饮作用三种类型进入药用植物细胞。

本章小结

学习内容	学习要点
名词术语	矿质元素；大量元素和微量元素；有益元素和有害元素；单盐毒害作用与离子拮抗作用；被动吸收、主动吸收和胞饮作用
药用植物必需的矿质元素	大量元素：氮、磷、钾、硫、镁、钙等；微量元素：铁、锰、锌、硼、钴
植物细胞对矿质元素的吸收	被动吸收、主动吸收和胞饮作用
根系对矿质元素的吸收	部位、过程、特点；影响根系吸收矿质元素的条件
矿质元素在植物体内的运输和分配	向上、向下的运输；地上部的分布与再次分配
矿质元素对药用植物品质形成的影响	氮素有利于蛋白质和生物碱的合成；磷、钾有利于碳水化合物和油脂等物质的合成

目标检测

一、单项选择题

1. 下列属于矿质元素的是（　　）。

A. 碳　　B. 氢　　C. 氧　　D. 硅

2. 已经证明是绝大多数植物必需元素的共（　　）种。

A. 9　　B. 13　　C. 14　　D. 19

3. 药用植物缺乏铁时，叶绿素形成受阻，表现为叶片（　　）。

A. 全叶缺绿　　B. 全叶不缺绿　　C. 叶脉缺绿　　D. 叶脉不缺绿

4. 药用植物根系吸收矿质元素的部位是根尖的（　　）。

A. 根毛区　　B. 伸长区　　C. 分生区　　D. 根冠

5. 土壤中（　　）间存在竞争作用。

A. Cl^- 和 Br^-　　B. Cl^- 和 NO_3^-　　C. Cl^- 和 Na^+　　D. Cl^- 和 Mg^{2+}

二、多项选择题

1. 药用植物生长必需的大量元素包括（　　）。

A. 氮　　B. 钠　　C. 氯　　D. 磷　　E. 钾

2. 药用植物生长必需的微量元素包括（　　）。

A. 氯　B. 镁　C. 铁　D. 硼　E. 镍

3. 植物以主动吸收方式吸收矿质元素的特点有（　　）。

A. 要消耗代谢能　B. 选择性吸收　C. 顺电化学势梯度　D. 逆浓度梯度吸收

E. 需要蛋白质参与

4. 土壤温度过高对根系吸收矿质元素不利是因为高温会（　　）。

A. 加强根的老化　B. 使酶钝化　C. 细胞透性加大而引起矿质元素被动外流

D. 使呼吸作用增强　E. 使光合作用提高

5. 有些植物的根系适于在较为碱性的环境中生长，如（　　）。

A. 茶　B. 杜鹃　C. 甘草　D. 花椒　E. 蒺藜

三、名词解释

矿质营养；被动吸收；易化扩散；主动吸收；胞饮作用；单盐毒害作用；离子拮抗作用；平衡溶液；植物营养最大效率期

四、简答题

1. 如何确定植物必需的矿质元素？植物必需的矿质元素有哪些生理作用？

2. 试述根系吸收矿质元素的特点、主要过程及其影响因素。

（内蒙古医科大学　薛焱）

第三章　药用植物光合生理

学习目标

1. 掌握：叶绿体的结构和光合作用发生的过程及主要机制。
2. 熟悉：影响药用植物光合作用的主要生态因子。
3. 了解：常见光合参数测定的基本方法。

案例 3-1 导入

枸杞（*Lycium chinense*）是多年生落叶灌木，已有千年的栽培历史，主要分布在西北的宁夏、内蒙古、新疆等干旱、半干旱地区。光合作用是枸杞生长发育及产量形成的基础，光照充足时，枸杞枝条生长健壮，花果多，光照是枸杞产量和品质构成的决定性因素，也是枸杞物质积累最主要的来源途径。

问题：1. 什么是光合作用？

2. 干旱对枸杞的光合作用有哪些影响？

第一节　导　　论

所有形式的生命都需要能量来生长和维持。植物和某些形式的细菌直接从太阳辐射中捕获光能，并将其用于构成生命的基础物质，此外还生产其他细胞生物分子的原料。“光合作用”一词描述了绿色植物利用光从无机原料合成有机化合物的过程。对该过程的基础和应用方面的理解来自广泛的研究，包括农业、林业、药用植物学、分子生物学、组织培养和代谢工程等。

一、光合作用的发现

光合作用（photosynthesis）是光合生物利用光能同化 CO_2 和 H_2O 合成有机物，并释放 O_2 的过程。光合作用是自养生物在细胞中发生的极其重要的代谢过程，是将太阳能转换为有机化合物化学能的过程。光合作用是地球上大多数生物所需的物质和能量的来源。大气中的任何游离氧都是光合作用的结果。包括动物在内的异养生物不能利用阳光作为直接能源，因此它们通过消耗植物来提供能量。光合作用是太阳能进入全球生态系统的手段，它本身就是一个基本的生物过程，通过这个过程，太阳能被转化为地球上所有生命形式的能量代谢形式。

17 世纪初比利时科学家范・海耳蒙特（van Helmont）将一株重 2.27kg 的小柳树（*Salix* sp.）种植在干重 90.8kg 的土壤中，用雨水浇灌，5 年后小树长成 76.8kg 后（没有计算每年的落叶量），土壤重量只比实验开始时减少了 56.7g。他由此断定，植物是从水中取得了生长所需的物质。

1771 年，普里斯特利在密闭容器中燃烧蜡烛，发现其中的小鼠窒息死亡；但若在密闭容器中放入一支薄荷（*Mentha haplocalyx*）绿色枝条，则小鼠不会轻易死亡。于是普氏得出结论，植物能够产生氧气。但是他未注意到，植物产生氧气需要照光，因此他的实验有时成功（照光），有时则失败（不照光）。

1796年，荷兰医生英根豪斯（Ingenhousz）提出植物在光合作用所吸收的CO_2中的碳构成有机物的组成成分。至此，柳树生长之谜才算完全解决，即柳树增加的物质是由H_2O和CO_2通过光合作用而合成的，光合作用的产物保证了柳树的生长。当然，矿质元素吸收也是必不可少的。后来，许多学者观察到，照光的叶绿体中有淀粉的积累，其中主要是由光合作用产生的葡萄糖合成的。

20世纪40年代初，有人供给植物含同位素^{18}O的$H_2{}^{18}O$，结果发现植物光合作用产生的氧气为$^{18}O_2$，即光合作用产生的O_2不是来自CO_2，而是来自H_2O。因此光合作用通式应该更合理地表示为：

$$6CO_2 + 12H_2O \longrightarrow C_6H_{12}O_6 + 6H_2O + 6O_2 \qquad (3\text{-}1)$$

在植物和藻类中，光合作用发生在叶绿体中。每个植物细胞包含10～100个叶绿体。叶绿体是三种质体之一，由其高浓度的叶绿素表示。植物细胞中的质体是高度动态的结构，在繁殖过程中分裂。它们的行为受到环境因素的强烈影响和调节，如光的颜色和强度。它们由两个内外磷脂膜和它们之间的膜间空间组成。膜内有一种名为基质的水流体，其中含有成堆的类囊体（基粒）。一方面，类囊体是扁平的圆盘，由一层膜包围，膜内有内腔或类囊体空间。类囊体膜形成光系统。另一方面，蓝藻有一个类囊体膜的内部系统，其中外膜、质膜和类囊体膜在蓝藻细胞中都有特殊作用。

二、药用植物光合作用的意义

药用植物是一类具有特殊用途的经济植物。药用植物作为人类预防、治疗疾病原料的重要来源，其生长发育及体内物质代谢等生理过程都与光合作用密切相关，不同的药用植物光合作用千差万别（表3-1）。药用植物通过光合作用制造有机物，经过植物体内的运输和转化产生各级代谢产物，因此，光照对药用植物有效成分的形成和积累是必需的。研究药用植物的光合作用，分析光合作用有关生理指标与各生理生态因子的关系，有助于了解它们的生长发育规律，掌握环境因子对其生长发育和有效成分积累的影响，对药用植物的引种、驯化和科学栽培有着重要的指导作用。不同的植物对光照强度有不同的要求，并依此而将植物分为阳生植物、阴生植物和中间类型的耐阴植物。对于阳生植物，充足的光照则能提高其有效成分的含量。生于阳坡的金银花（*Lonicera japonica*）中绿原酸的含量高于生于阴坡者。人参（*Panax ginseng*）为阴生植物，喜光但怕强光直射。在黑暗条件下雷公藤（*Tripterygium wilfordii*）愈伤组织中二萜内酯的含量比100lx光照下高57%。如林药间作的目的是将适宜在林下生长、具有一定耐阴性的药用植物重新引种到林下进行半野生化栽培。这样不仅可以充分利用林地资源节约大量农田，使药用植物野生资源得到恢复，还可增加林业生产的短期收入，以短养长，为林区开展多种经营和林农致富开辟一条新途径，也为我国西部地区退耕还林还草工程的实施提供新的思路。

我国是中草药大国，但随着近20年来生态环境的恶化和人类过度采集，许多药用植物不仅数量急剧减少，有效成分也在降低或者发生变化。因此，加强药用植物对环境因子的响应研究尤为迫切。目前，对药用植物光合作用的研究大多停留在光合特征日变化、季节性变化等表面层次，将光合作用和药用有效成分合成与含量结合起来研究的并不多见；同一品种不同的光合作用表型之间，其基因型有什么样的区别也是一个需要探究的问题。今后的研究工作如能在上述方面开展，必将利于生产者栽培品质更优良的药用植物品种。

表 3-1　药用植物自然条件下光合作用比较

药用植物种类	Max Pn [μmol/(m·s)]	Max Tr [mmol/(m·s)]	Gs [mmol/(m·s)]	Ci [μmol/(m·s)]	LSP [μmol/(m·s)]	LCP [μmol/(m·s)]
半夏 *Pinellia ternate*	10.4	10.2	100～550	250～380	＜2000	19.19
地黄 *Rehmannia glutinosa*	11.17	2.75	12～130	120～600	1500	50
淫羊藿 *Epimedium acuminatum*	2.55	0.98	17～335	160～288.33	—	—
委陵菜 *Potentilla discolor*	14.91	12.6	0.1～180	152～300	527	51.4
甘草 *Glycyrrhiza uralensis*	15～40	7	150～220	200～350	548～1123	69～200
老鸦瓣 *Amana edulis*	6.05	—	—	—	—	＜40
黄芩 *Scutellaria baicalensis*	19.33	7.98	200～390	260～381	1305	93
虎杖 *Polygonum cuspidatum*	15	—	—	—	390～600	64～75
金荞麦 *Fagopyrum cymosum*	14.5	9.2	50～350	220～350	1131.38～12	26.81～37.3
麻花艽 *Gentiana straminea*	17	—	—	150～350	1000～1500	20～60
蒲公英 *Taraxacum mongolicum*	14.63	6.5	50～160	60～460	1438	91.78
三七 *Pananx stipuleanatus*	2.38	1.23	＜34	—	—	—
大黄 *Rheum tanguticum*	20.03	—	—	50～300	＜2000	86
山莨菪 *Anisodus tanguticus*	15.14	—	—	55～350	1000～1500	41.31
桃儿七 *Sinopodophyllum hexandrum*	10.2	2.1	20～57	—	211～452	19.3～104
香茶菜 *Lsodon amethystoides*	9.59	—	—	—	1700	7.65
狭叶瓶尔小草 *Ophioglossum thermale*	3.5	—	—	—	—	—
蕺菜 *Houttuynia cordata*	11.7	4.4	90～280	250～370	—	—
黄背栎 *Quercus pannosa*	7.15	2.4	45～93	230～380	1124～1754	39～76
木荷 *Schima superba*	10.8	2.8	45～333	60～320	—	—
山茶 *Camellia japonica*	6.1	—	10～62	260～410	—	—
喜树 *Camptotheca acuminata*	7.5	6.96	60～429.9	240～340	1250	12
夏蜡梅 *Calycanthus chinensis*	5.26	4.2	90～210	210～390	742	43
银杏 *Ginkgo biloba*	12.8	4.9	—	—	1112.6	34.3
紫荆 *Cercisch inensis*	17	2.6	82～110	48～220	1800	130

注：“—”：表示该项目未测定或未有结果报告；Pn：净光合速率；Tr：蒸腾速率；Gs：气孔导度；Ci：胞间二氧化碳浓度；LSP：光饱和点；LCP：光补偿点。

第二节　叶绿体和光合色素

一、叶绿体的结构

叶片是植物光合作用的主要器官，光合作用的主要过程在叶绿体中进行。叶绿体是植物质体的一种。所有的质体都是由存在于植物胚胎及分生组织细胞中的前质体发育而成，在植物生长发育、功能特化及响应环境变化时，它们在大小、形态、内含物及功能上可发生很大变化。当叶原基从顶端分生组织形成时，细胞中前质体在光下发育为叶绿体（图 3-1）。

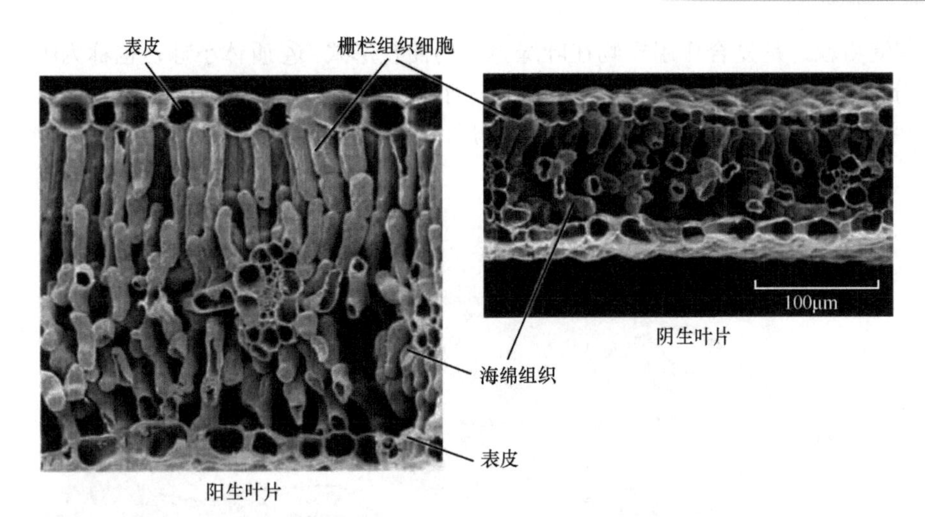

图 3-1　生长在不同光照环境下的山地野决明（*Thermopsis montana*）的叶片解剖结构电镜扫描图

与阴生叶片相比，阳生叶片更厚，其栅栏组织细胞（柱状）更长，海绵组织细胞层位于栅栏组织细胞层下方。

（一）叶绿体的形态

在光学显微镜下，高等植物的叶绿体大多呈扁平的椭圆形，直径为 3～6μm，很少超过 10μm，厚为 2～3μm。在苔藓和藻类中叶绿体的形态变化较大。例如，水绵的叶绿体呈带状，衣藻的为杯状，小球藻的呈钟状。不同细胞含有的叶绿体数目不同，每个叶肉细胞含有 20～200 个叶绿体，主要集中于栅栏组织中。在蓖麻（*Ricinus communis*）叶肉细胞中叶绿体数目为 13～36 个，栅栏组织细胞约为 36 个，海绵组织细胞约为 20 个。拟南芥成熟叶肉细胞中含有约 120 个叶绿体。叶绿体的总表面积远远大于叶片面积，有利于充分吸收光能。

（二）叶绿体的结构

1837 年，德国植物学家冯・莫尔（von Mohl）首次描述了叶绿体。单个叶细胞可能包含 50～200 个叶绿体，每个叶绿体直径为 4～6μm，周围有一层双层膜。叶绿体由片层-基粒片层和基质片层组成。叶绿体的内膜被广泛折叠成囊或小泡，称为类囊体，通常许多类囊体以扁平的柱状相互堆叠，形成颗粒（复数，基粒）。类囊体膜内的空间称为内腔。连接相邻基粒的片层称为基质片层。类囊体膜系统周围有一种称为“基质”的半流体物质。在类囊体膜内，光合色素组织在一个称为“光系统”的网络中，能够捕获光子。光系统就像一个巨大的天线，放大单个色素分子捕捉光线的能力。

在电镜下观察到叶绿体由被膜、类囊体和基质三部分组成的（图 3-2）。叶绿体的被膜是一双层膜，即包括内膜和外膜，外膜与内膜间距约 20nm，两层膜均具有控制物质进出的能力。外膜上具有孔蛋白，允许分子量小于 1500Da 的物质通过。内膜上存在一些负责物质转运的膜蛋白，选择性更强，因此叶绿体的物质进出主要由内膜控制。构成叶绿体的约 2000 种蛋白质绝大部分在细胞质中合成，通过存在于外膜、内膜上的易位因子（protein translocon）输入叶绿体。

叶绿体被膜以内的半透明区域为基质。基质的电子密度较小，主要成分包括：①可溶性蛋白，包括光合作用固定 CO_2 所需要的各种酶，如 RuBP 羧化酶（Rubisco）；② DNA 和核糖体，叶绿体在遗传上具有一定的自主性，可以合成部分叶绿体发育和执行功能所需要的蛋白质；③淀粉粒，是光合作用产物在叶绿体中的储存形式；④质体小球，也称为嗜锇小球，主要成分是脂类物质，它的变化与叶绿体的发育、糖代谢、脂类代谢及抗逆性有关。基质是光合作用中 O_2 的固定与还原，即暗反应的场所，叶绿体的其他各种代谢也在基质中进行。

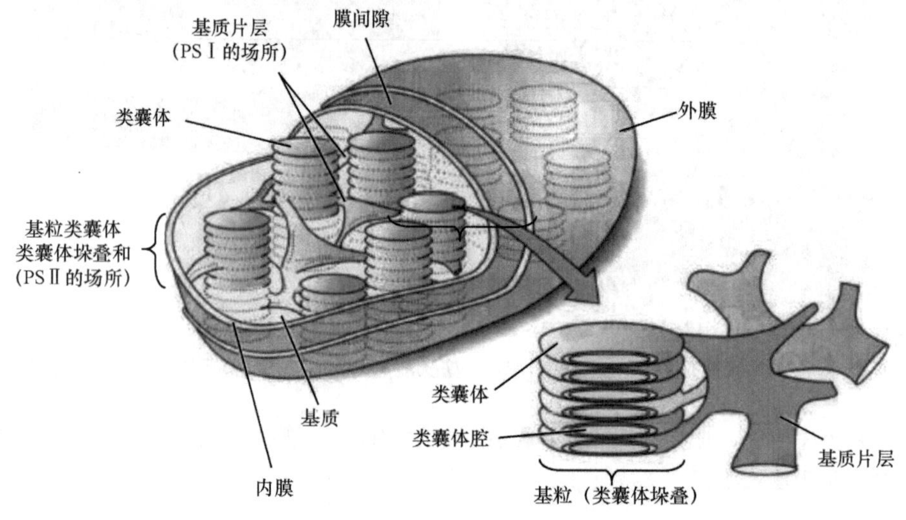

图 3-2　叶绿体膜结构的整体示意图

高等植物的叶绿体由内膜和外膜（被膜）包被。叶绿体内膜以内，围绕类囊体膜的区域称基质。基质含有碳固定和其他生物学合成途径的催化酶。类囊体膜高度折叠，在许多图片中看上去像叠起来的硬币（基粒），但实际上它们形成一个或几个大的相互连通的膜系统，相对于基质有界线明确的内部和外部

叶绿体被膜内还存在一种膜结构——类囊体。类囊体是一个扁平的囊状结构，直径为 0.5～1μm，厚 4～7μm，内有一个空腔。由两个或更多的类囊体相互垛叠在一起而形成的结构称为基粒，或称为基粒片层。基粒通常由 10～100 个类囊体组成，在一个典型的叶绿体中含有 40～60 个基粒。基粒与基粒互相接触的部位称为垛叠区或紧贴区，其他部位则称为非垛叠区或非紧贴区。贯穿于基质中，连接基粒的大类囊体称为基质类囊体或基质片层。类囊体的非垛叠区和基质类囊体都直接与基质相接触，它们的膜蛋白与基粒类囊体的垛叠区有所不同，因此在光反应中的作用也不相同。在类囊体膜中蛋白质和脂类约各占一半。叶绿体色素占类囊体膜脂成分的一半，另一半主要是半乳糖脂和磷脂。膜脂中富含亚麻酸和亚油酸等不饱和脂肪酸，它们使类囊体膜具有很高的流动性。类囊体膜是叶绿体进行光能吸收与转换的场所，因此称为光合膜。

二、光合色素的种类

植物的光合色素有三类：叶绿素、类胡萝卜素和胆色素，排列在叶绿体中的类囊体膜上。

（一）叶绿素

高等植物叶绿体中所含的光合色素包括叶绿素 a（chlorophyll a）、叶绿素 b（chlorophyll b）、胡萝卜素（carotene）和叶黄素（xanthophyll）。胡萝卜素和叶黄素都属于类胡萝卜素。叶绿素由卟啉环和叶醇组成，卟啉环的中央有一个镁原子。叶绿素 a 和叶绿素 b 的分子式分别为 $C_{55}H_{72}O_5N_4Mg$ 和 $C_{55}H_{70}O_6N_4Mg$，它们不溶于水，但能溶于乙醇、丙酮和石油醚等有机溶剂。在颜色上，叶绿素 a 呈蓝绿色，而叶绿素 b 呈黄绿色。叶绿素分子含有一个金属卟啉环的头部和一个叶醇的尾部。镁原子位于卟啉环的中央，偏向于带正电荷，与其匹配结合的

氮原子则偏向于带负电荷，呈极性，因而卟啉环具有亲水性，可与蛋白质结合。叶醇“尾部”是由四个异戊二烯基单位组成的双萜脂肪长链，具有亲脂性，使叶绿素分子能够固定于类囊体膜的磷脂双层中。叶绿素分子的头部和尾部分别具有亲水性和亲脂性的特点，决定了它在类囊体片层中与其他分子之间的排列关系（图 3-3）。

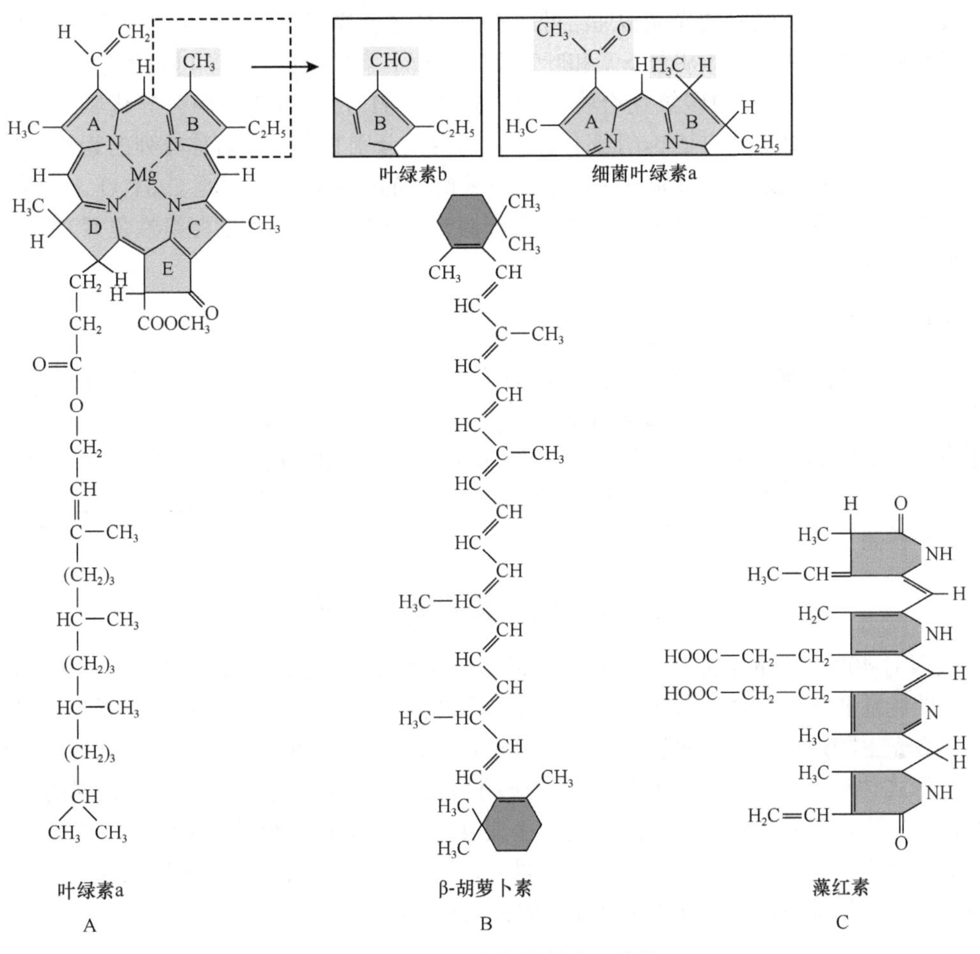

图 3-3　一些光合色素的分子结构

A. 叶绿素有一个卟啉环结构，中心配位镁离子；还有一条长的疏水性碳氢链尾巴，能将叶绿素锚定在光合膜上。卟啉环是叶绿素被激发时电子重排和未配对电子氧化或还原的场所。不同叶绿素的主要区别在于环周围的取代基和双键类型不同。B. 类胡萝卜素是线状多烯，既可作为捕光色素，也可作为光保护剂。C. 藻色素是开链的四吡咯，存在于蓝藻和红藻的藻胆体天线结构中

叶绿素 a 和叶绿素 b 的结构十分相近，不同之处只是卟啉环上的一个基团不同；叶绿素 a 上的一个 CH_3 如果被 CHO 取代，就成了叶绿素 b。叶绿素 b 只存在于高等植物和低等植物的绿藻之中，其他低等植物大多没有叶绿素 b。

（二）类胡萝卜素

类胡萝卜素（carotenoid）是一类重要的天然色素的总称。普遍存在于动物、高等植物、真菌、藻类和细菌中，呈黄色、橙红色或红色，因最早从胡萝卜中提取故而得名。类胡萝卜素具有收集和传递光能的作用，除此之外，还有防护叶绿素免受强光伤害的作用。它们不溶于水，而溶于脂肪和脂肪溶剂，亦称脂色素。自从 19 世纪初分离出胡萝卜素，至今已经发

现近 450 种天然的类胡萝卜素；利用新的分离分析技术如薄层层析、高效液相层析以及质谱分析还不断发现新的类胡萝卜素。

植物的类胡萝卜素存在于各种黄色质体或有色质体内，秋季的黄叶、黄色花卉、黄色和红色的果实、黄色块根等都与类胡萝卜素有关。叶绿体内除含有叶绿素外也含有类胡萝卜素，类胡萝卜素能将吸收的光能传递给叶绿素 a，是光合作用不可缺少的光合色素。叶绿体中的类胡萝卜素有两种，即胡萝卜素和叶黄素。胡萝卜素呈橙黄色，而叶黄素呈黄色。

胡萝卜素是不饱和的碳氢化合物，分子式是 $C_{40}H_{56}$，它有 3 种同分异构物：α-、β-和γ-胡萝卜素。叶片中常见的是 β-胡萝卜素，它的两头分别具有一个对称排列的紫罗兰酮环，中间由一共轭双键相连接。叶黄素是由胡萝卜素衍生的醇类，分子式是 $C_{40}H_{56}O_2$。叶黄素是一种重要的抗氧化剂，为类胡萝卜素家族（一组植物中发现的天然的脂溶性色素）的一员，在自然界中与玉米黄素共同存在。

（三）胆色素

胆色素是藻红素、藻蓝素和别藻蓝素的总称。它们的生色团通常与特定蛋白质以共价键牢固地结合为藻胆蛋白，即藻红蛋白（phycoerythrin）、藻蓝蛋白（phycocyanin）和别藻蓝蛋白（allophycocyanin）均为捕光色素，主要存在于原核生物蓝藻和真核藻类中的红藻等部分门类中。它的结构类似于叶绿素，是由 4 个吡咯环直线排列构成的化合物，但没有叶绿醇长链和镁离子。

三、光合色素的光学特性

人眼对 400～700nm 的窄光谱范围敏感，称为可见光（图 3-4）。波长小于 400nm（紫外线）的能量非常高，对生物分子有害，而波长大于 700nm（红外线）的能量要少得多。对于大多数光生物过程来说，波长在 400～700nm 之间的光是重要的。光和所有其他电磁辐射以波的形式传输，而光的吸收和发射以粒子的形式发生。叶绿素对光波吸收最强的区域有两个：一个是 640～660m 的红光区；另一个是 430～450m 的蓝紫光区；橙光、黄光和绿光区域吸收较少，而绿光的吸收量最少，所以叶绿素溶液呈绿色。早在 19 世纪末，恩格尔曼（Engelmann）用简单的实验证明了叶绿体的吸收光谱。

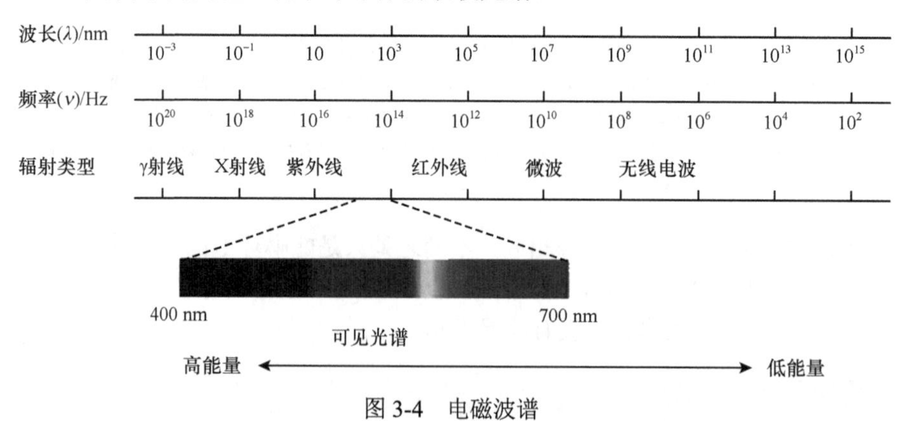

图 3-4　电磁波谱

波长（λ）和频率（ν）呈负相关。人的眼睛只对其中很窄范围的辐射波长敏感，即波长为 400（紫）～700m（红）的可见光区域。短波长（高频率）光具有高能量，长波长（低频率）光具有低能量

叶绿素 a 和叶绿素 b 在分子结构上的差异，导致其吸收光谱略有不同，叶绿素 a 在红光

部分的吸收峰更偏向于长波方面，且吸收峰较高；而在蓝紫光区域的吸收峰更偏向于短波方面，且吸收峰较低。叶绿素 a 对蓝紫光的吸收为对红光吸收的 1.3 倍，叶绿素 b 则为 3 倍，说明叶绿素 b 吸收蓝紫光的能力较叶绿素 a 强。类胡萝卜素的最大吸收峰在 400～500nm 的蓝紫光区域，不吸收红光等长波光（图 3-5）。

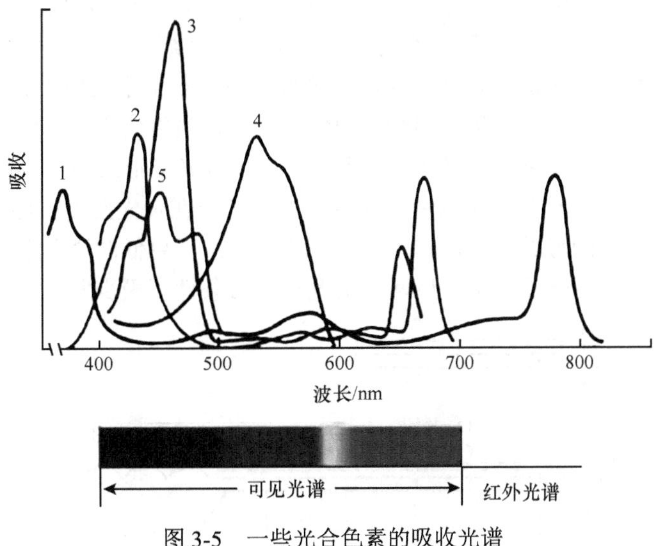

图 3-5 一些光合色素的吸收光谱

包括 β-胡萝卜素、叶绿素 a（Chla）、叶绿素 b（Chlb）、细菌叶绿素 a（Bchla）、叶绿素 d（Chld）和藻红素。除藻红素外，其余色素的吸收光谱是溶于非极性溶剂的纯色素的光谱，藻红素则是利用藻红蛋白水溶液测定的。藻红蛋白来源于蓝藻，包含了一个与肽链共价连接的藻红素发色团。在大多数情况下，体内光合色素的光谱受到它所在环境的影响。

四、光能的吸收

（一）光的性质

光具有波粒二重性。光的粒子称为光子或光量子，光量子的能量与其频率成正比，而与波长成反比。其能量 E 与波长的关系可用下式表示：

$$E = h\nu = hc/\lambda \tag{3-2}$$

式中，h 为普朗克常量（6.626×10^{-34}J・s）；c 为光速（3×10^{8}m/s）；λ 为波长（nm）；ν 为光的频率（s^{-1}）。

（二）光能的吸收

叶绿素溶液在透射光下呈绿色，在反射光下呈棕红色，这种现象称为荧光现象（fluorescence phenomenon）。当撤离光源后，叶绿素提取液在暗处仍能发射出微弱的光辉，这种现象称为磷光现象（phosphorescence phenomenon），所发出的光称为磷光。物质分子吸收具有足够能量的光量子后，引起原子结构中的电子重新排列，使分子处于高能量的不稳定激发态，原来能量低、稳定的状态称为基态。根据爱因斯坦光化学当量定律，每个分子一次只能吸收一个光量子，这个被吸收的光量子只能激发一个电子。

叶绿素分子吸收一定能量的光量子后从基态转变为激发态，但是，波长不同的光量子所引起的激发态的能量水平不同。蓝光量子的能量高，所激发的电子处于较高的能级，称为第二单线态；红光量子能量低，所激发的电子处于较低的能级，称为第一单线态；处于第二单线态的电子不稳定，存在寿命极短（10^{-15}s），只有转至第一单线态时才能用于光化学反应，转变时将多余能量以热的形式释放。

处于第一单线态的叶绿素分子的激发电子可以通过多种方式释放能量，回到稳定的基态：一是激发态分子通过电荷分离，丢失一个电子，并交给一个电子受体，使受体分子还原，这是在光合作用中关键的光化学反应，但这种反应只发生于反应中心色素分子；二是进行能量传递，激发态的分子将能量传递给其他色素分子，最终传递给反应中心色素，这是众多光合色素吸收光能后进行能量释放的主要形式；三是以光能形式释放，产生荧光，荧光的波长总是比激发光的稍微长些，因为激发能量中的一部分在荧光发射前已被转化为热能；四是在非辐射衰减中以热的形式释放，其中可以形成能量水平更低的激发态，即三线态，但这种转变的概率较低。在活体叶片中，后两种情况在正常条件下极少发生（图 3-6）。

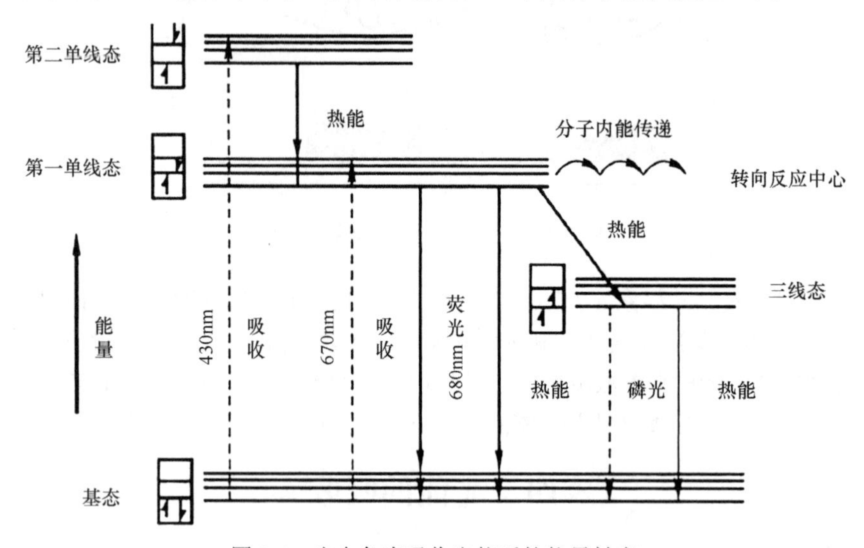

图 3-6　光合色素吸收光能后的能量转变

叶绿素吸收的光能是用于驱动光化学反应，还是以热的形式释放或发射荧光，三者之间存在相互消长的关系，其中任意一种形式的增加都会导致另外两种形式的减少。荧光的寿命为 10^{-9}～10^{-8}s。叶绿素溶液的荧光很强，约占其吸收光能的 10%；而叶片的荧光很弱，只占其吸收光能的 0.1%～1%，肉眼难以观察出来。这是由于活体叶绿素吸收的光能，绝大部分用于光合作用而不再辐射出来。荧光的变化可以反映光合作用的状态以及潜在的光合能力，因此叶绿素荧光被称为光合作用的探针。目前，可用荧光仪检测到活体叶片的叶绿素荧光，已成为研究不同胁迫环境下光合作用中心是否受损及运作状况的一种重要方式，因此荧光分析已经成为植物生理学及生态学研究的重要手段。

第三节　光合作用Ⅰ：光反应

光合作用是植物利用光能，合成有机物并释放氧气（O_2）的过程。人们将光合作用的多个主要化学反应步骤分为两部分：①将光能转化为生物所能直接利用的化学能，即形成还原型烟酰胺腺嘌呤二核苷酸磷酸（reduced nicotinamide adenine dinucleotide phosphate，NADPH）并合成三磷酸腺苷（adenosine triphosphate，ATP）；②将 ATP 和 NADPH 中储存的能量进一步转化，固定二氧化碳（CO_2）以形成单糖与多糖。第一部分反应需要直接的光照提供能量，称为光反应；而第二部分则间接地利用光反应形成的 ATP 和 NADPH 作为能量源泉，反应本身不需要直接光照提供能量，称为暗反应。由光反应产生的比例合适的 ATP/NADPH 分子是暗反应顺利进行的基础。因此，叶绿体还拥有一套复杂系统，在不同环境条件下对 ATP 与 NADPH 的产量进行精密调控。

光合作用是一种氧化还原过程，其中水的氧化（从水中去除电子）与氧气的释放相结合，二氧化碳的还原导致碳水化合物的合成。这是一个两阶段的过程。在被称为光反应的第一阶段，水发生光解：

$$2H_2O \xrightarrow{\text{光}} O_2 + 4[H^+] + 4e^- \tag{3-3}$$

在随后的第二阶段，从水中移出的电子被用来减少二氧化碳，称为二氧化碳同化：

$$4e^- + 4[H^+] + CO_2 \longrightarrow (CH_2O) + H_2O \tag{3-4}$$

因此，光能被转化为化学能，并以碳水化合物的形式保存。第一阶段是光化学反应，而第二阶段是纯化学反应。目前，光合作用的分子机制已经较为清楚。

一、光反应的场所

叶绿体类囊体膜是光反应的发生场所，光系统Ⅱ（PSⅡ）、细胞色素 b6f 复合体（Cyt b6f）、光系统Ⅰ（PSⅠ）和 ATP 合酶等多种蛋白复合物均定位于类囊体膜上。在放氧复合体中通过裂解水分子产生的电子依次经过 PSⅡ、Cyt b6f 和 PSⅠ，最后传递给烟酰胺腺嘌呤二核苷酸磷酸（nicotinamide adenine dinucleotide phosphate，NADP）形成 NADPH。此过程中产生的跨膜质子梯度驱动 ATP 合酶，形成 ATP。这样的电子传递流称为线性电子流（linear electron flow，LEF），与之偶联的 ATP 形成过程则被称为非循环光合磷酸化（noncyclic photophosphorylation，NCPSP）。若电子经 PSⅠ后没有传递给 NADP，而是经 Cyt b6f 或质体醌（plastoquinone，PQ）又回到 PSⅠ，传递过程中仅形成跨膜质子梯度，合成 ATP。这样围绕 PSⅠ进行传递的电子传递方式被称为循环电子传递（cyclic electron flow，CEF），与 CEF 相偶联的 ATP 合成过程则被称为循环光合磷酸化（cyclic photophosphorylation，CPSP）。相比较而言，LEF 途径需 PSⅠ与 PSⅡ均参与其中，电子传递过程同时形成 NADPH 和 ATP 两种高能化合物；而 CEF 过程只有 PSⅠ参与，产生跨膜质子梯度并通过 ATP 酶合成 ATP，电子并不参与形成 NADPH。由此可见，PSⅠ对电子在 LEF 或 CEF 传递途径的选择中起重要作用，也是电子传递过程中形成 CEF 的关键节点。而电子在光合电子传递过程中所经过的途径和受体分子决定了 ATP 与 NADPH 的产量。

二、光　系　统

反应中心色素受光激发导致质荷分离，将光能转变为电能；产生的电子经一系列电子传递体的传递，引起水裂解放氧及 $NADP^+$ 还原，并通过光合磷酸化形成 ATP，将电能转化为活跃的化学能。

20 世纪 40 年代，埃默森（Emerson）以小球藻为材料，研究其不同光波的光合效率（以量子产额表示，即每吸收一个光量子所放出氧分子数，也称量子效率），发现当光波大于 685nm（远红光）时，虽然仍被叶绿素吸收，但光合效率明显下降。这种在远红光下光合作用的量子产额下降的现象，称为红降现象（red drop）。1957 年，他进一步实验发现，用大于 685nm 的远红光照射小球藻的同时，若补充一个波长较短的 650nm 红光，则量子产额大增，比两种波长的光单独照射的量子产额总和还要多，这种现象称为双光增益效应或埃默森增益效应（Emerson enhancement effect）。从红降、双光增益效应及以后的大量研究都证明，在光合作用过程中存在着两个不同的光化学反应，通过两种不同的色素蛋白复合系统串联起来协同完成光合过程。

这两个镶嵌在光合膜上的色素蛋白复合系统，目前已从膜上分离出来，分别称为光系统Ⅰ（吸收 700nm 的远红光）和光系统Ⅱ（吸收 680nm 的红光）（photosystem Ⅰ和Ⅱ，简称 PSⅠ和 PSⅡ）。在 20 世纪 70 年代又分离出一种只含有聚光色素的色素系统，称为捕光复合物（light-harvesting complex，LHC）。LHC 只吸收光能而不参加光化学反应，分别与 PSⅠ、PSⅡ形成复合体，将光能传递给这两个光系统的作用中心，进一步引起光化学反应。

在 PSⅠ中，有 1～2 个叶绿素 a 分子高度特化，称为 P700，是 PSⅠ的反应中心，它的红光区吸收高峰位于 700nm，即略大于一般叶绿素 a 分子。其余的叶绿素分子称为天线叶绿素，因为它们的主要作用是吸收和传递光能。天线叶绿素分子以及类胡萝卜素等辅助色素分子吸收的光能都要汇集到 P700 分子上。PSⅡ也含有叶绿素 a 和 b，但同时含有叶黄素等辅助色素，PSⅡ的反应中心也是少数特化的叶绿素 a 分子，它在红光区的吸收峰位于 680nm 处，故称为 P680。同 PSⅠ一样，PSⅠ的天线叶绿素分子和辅助色素分子吸收的光能也要最终传递 P680 分子上。P680 与 P700 和一般的叶绿素分子并没有什么不同，只是由于它们和类囊体膜上的特定蛋白质结合，定位于类囊体膜上的特定部位，和它们的电子受体接近，因而有了特殊功能。PSⅠ的体积通常小于 PSⅡ。2 个光系统之间由电子传递链相连接。

PSⅠ反应中心复合体由反应中心 P700、电子受体和捕光天线三部分组成。它们都结合在蛋白亚基上。对 PSⅠ膜蛋白的分离，以及基因克隆和序列分析证明，该复合体是由大亚基和许多小亚基组成。图 3-7 为 PSⅠ反应中心复合体亚基构成的示意图，图上标明的 PSⅠ-A 和 PSⅠ-B 两个大亚基，是由叶绿体基因编码的质量为 83kDa 和 82kDa 的两个多肽。反应中心色素 P700，原初电子受体 A_0、A_1 及 Fx，都存在此大亚基中。小亚基 PSⅠ-C 也是由叶绿体基因编码，质量为 9kDa 的多肽，它是铁硫中心 F_A 和 F_B 所在的部位。PSⅠ的电子供体 PC 和电子受体铁氧还蛋白（ferredoxin，Fd）通过特殊蛋白的亚基的静电引力与 PSⅠ反应中心相连接。其中由核基因编码的 PSⅠ-F 小亚基作为 PC 与 PSⅠ的连接物；同样，由核基因编码的 PSⅠ-D 和 PSⅠ-E 两个小亚基是 Fd 与 PSⅠ的连接物。其中，由叶绿体基因编码的 PSⅠ-I 和 PSⅠ-J 两个小亚基的功能尚不清楚。捕光天线是由不同的捕光色素蛋白复合体 LHCI 组成。

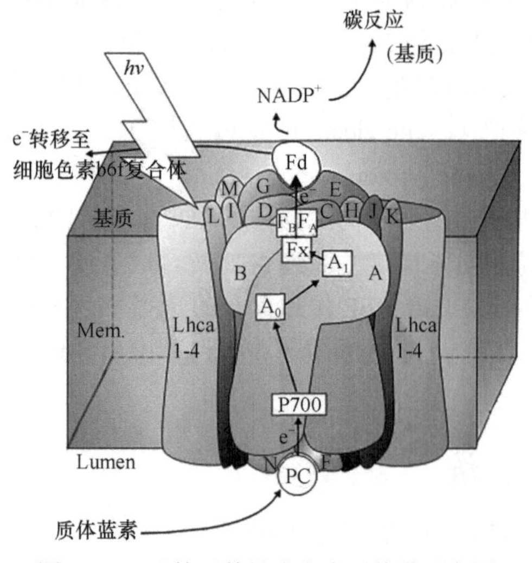

图 3-7　PSⅠ的亚基组成和电子传递示意图

PSⅡ由 20 多个蛋白亚基组成，在光条件下，完成水的裂解、氧气的释放、醌库的还原。图 3-8 为 PSⅡ复合体模型示意图，主要包括三部分结构：①捕光天线系统，主要由围绕 P680 的 CP43 和 CP47 两个色素蛋白复合体组成的近侧天线和主要由 LHCⅡ捕光复合体组成的远侧天线共同构成。②反应中心的电子传递链，由两个 32kDa 多肽组成的 D1-D2 蛋白，其中包括原初电子供体 Y_Z、中心色素 P680、原初电子受体 Pheo、Q_A、Q_B 和铁原子。在高等植物中现已能提纯到仅含D1-D2多肽并具有光化学电荷分离活性的最基本结构组分。③水氧化放氧系统，由33kDa、23kDa、17kDa三种外周多肽及与放氧有关的Mn^{4+}、Cl^-和Ca^{2+}组成。值得注意的是，高等植物PSⅠ反应中心的D1-D2多肽与紫细菌反应中心的L及M多肽相比较，不仅在氨基酸顺序上有很大的同源性，而且分子结构上也很相似。与D1-D2多肽相紧密结合的9kDa（α）和4kDa（β）两个多肽构成细胞色素b559。其功能不甚清楚，推测它们可能参与环绕PSⅡ的电子传递过程。

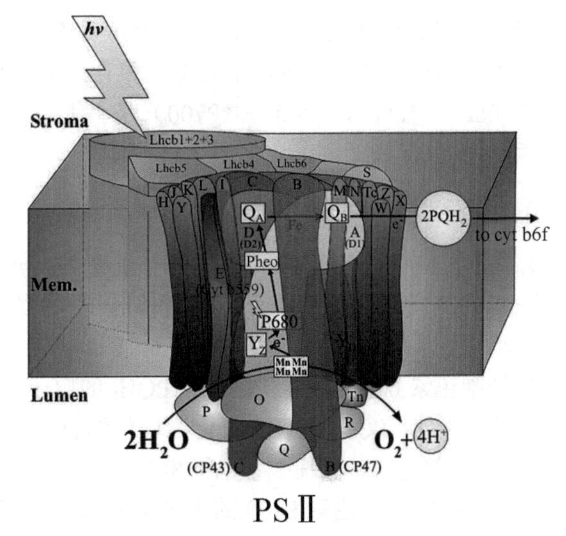

图3-8　PSⅡ核心复合体示意图

三、光合电子传递

根据电子传递的顺序及其氧化还原电位作用，形成光合作用的光合电子传递链，又称Z链（Z scheme），其中的电子传递体按氧化还原电位高低排列，使电子传递链呈侧写的英文字母“Z”形（图3-9）。

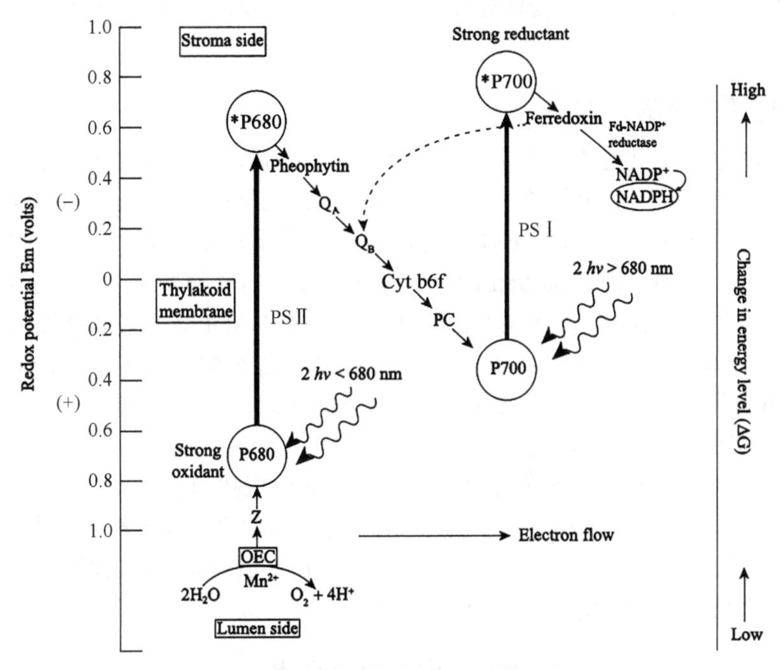

图3-9　光合作用中的电子传递链

“Z”形光合链具有如下特点：① PSⅠ和PSⅡ两个光系统以串联的方式，共同完成电子传递，其最终的电子供体是HO，最终电子受体是$NADP^+$，即电子由H_2O向$NADP^+$进行传递。②两个光系统之间有一系列电子载体连接，如质体醌（PQ）、细胞色素b559（Cyt b559）、细胞色素f（Cytf）、质体蓝素（PC）和Fd等。其中PQ含量最多，可同时传递电子和质子，促使 H 穿越类囊体膜，形成跨膜质浓度梯度。③整个光合电子传递过程偶联着磷酸化作用，形成 ATP。④各电子载体以氧化还原电位高低串联排成“Z”形。但有两处电子传递（P680 → *P680，P700 → *P700）是“上坡”，需要光能推动；其余过程皆为“下坡流动”，可自发进行。

（一）光合电子传递的过程

1. PSⅡ反应中心色素 P680 的电子被光激发，形成强氧化力，在类囊体腔内侧的 OEC 进行水光解放氧反应，释放质子于类囊体腔中；激发态电子经脱镁叶绿素和次级电子受体传递，还原 PQ 为 PQH_2。

2. 细胞色素 b6f 复合体氧化夺取 PQH_2 的电子，经细胞色素、铁硫蛋白传递给 PC，再将电子传递给 PSⅠ。PQH_2 的每次氧化过程伴随有 1 个质子从基质跨膜运输到类囊体腔中，1 个分子 PQH_2 被氧化时，传递 2 个电子和 2 个质子，从而与传递电子偶联累积跨膜质子动力势。

3. PSⅠ反应中心色素 P700 的电子同时被光激发后，被叶绿素 a 和叶醌接受，再经铁硫蛋白传递到 Fd，在叶绿体基质一侧通过 FNR 将 $NADP^+$ 还原为 NADPH。而 P700 接受 PC 传递来的电子被还原。至此，完成整个电子传递过程。

4. 与电子传递偶联的是 ATP 合酶，利用质子从类囊体腔返回基质的过程中所释放出的质子动力势驱动 ATP 的合成（详细过程在光合磷酸化中介绍）。

农业上经常使用的除草剂，如二氯酚二甲基脲（DCMU 敌草隆）和百草枯等就是通过阻断光合电子传递链而发挥作用的。DCMU 在 PSⅡ通过与 PQ 发生竞争性结合而阻断光合电子流，百草枯则从 PSⅠ的电子受体处夺取电子，与氧气反应形成超氧化物，对叶绿体的组分尤其是膜脂产生危害。

（二）光合电子传递的方式

光合作用中的电子传递有多种方式：非循环电子传递、假循环电子传递和循环式电子传递等。一般情况下，由 PSⅡ的放氧复合体（oxygen-evolving complex，OEC）氧化水产生的电子，经细胞色素 b6f 复合体至 PSⅠ，最后经 Fd 还原 $NADP^+$，这样的电子传递被称为非循环电子传递（noncyclic electron transport），是最主要的电子传递途径。在这条电子传递途径中，如果电子经 Fd 交给 O_2，形成 H_2O_2，而不是还原 $NADP^+$，则被称为假循环电子传递（pseudocyclic electron transport）。另外，PSⅠ上还存在通过细胞色素 b 环绕 PSⅠ的电子循环，此循环由质体醌提供电子给细胞色素 b，再通过与 P700 紧密结合的叶绿素 a 传递给 P700，这是没有涉及 PSⅡ的循环电子传递。

采用叶片气体交换和叶绿素荧光测定技术，对高山植物山莨菪（*Anisodus tanguticus*）、唐古特大黄（*Rheum tanguticum*）叶片的光合电子传递和 PSⅡ天线热耗散等进行了估算，加强光呼吸途径的耗能代谢和 PSⅡ天线热耗散份额是山莨菪适应高原强辐射的主要方式，而提高叶片光合能力则是唐古特大黄的一种适应方式。

四、光合磷酸化

在叶绿体类囊体膜上光合电子传递的同时，偶联 ADP 和无机磷酸合成 ATP 的过程，称为光合磷酸化（photophosphorylation）。由于光合磷酸化与光合电子传递相偶联，因此，光合磷酸化也与光合电子传递途径一样，分为 3 种类型：非循环光合磷酸化（noncyclic photophosphorylation）、循环光合磷酸化（cyclic photophosphorylation）和假循环光合磷酸化

(pseudocyclic photophosphorylation)。其中非循环光合磷酸化占主要地位。研究表明，光合磷酸化与电子传递是通过 ATP 合酶偶联在一起的。

ATP 合酶（ATP synthase）是一个多亚基复合物，其功能是利用质子浓度梯度把 ADP 和 Pi 合成为 ATP，故名为 ATP 合酶。它也将 ATP 合成与电子传递和 H^+ 跨膜运输偶联起来，所以也称为偶联因子（coupling factor）。ATP 酶复合体由头部（CF_1）和柄部（CF_0）组成。CF_1 在类囊体表面，CF_0 伸入类囊体内。CF_1 由 α、β、γ、δ 和 ε 5 种多肽组成；CF_0 由 4 种多肽组成（图 3-10）。

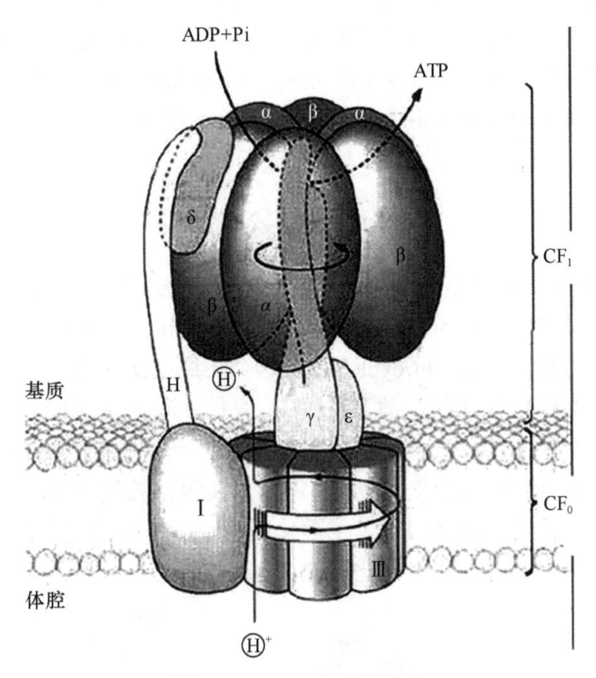

图 3-10　ATP 合酶复合体

彼得·米歇尔（Peter Mitchell）20 世纪 60 年代提出了“化学渗透假说”来解释光合磷酸化（叶绿体）和氧化磷酸化（线粒体）过程中 ATP 的合成。在电子传输过程中，在膜上建立的电化学梯度（或质子动力）是一种潜在的能量来源，可将 ADP 与无机磷酸盐结合，产生 ATP。

在叶绿体基粒中，每个类囊体都是一个封闭的腔室，在光驱动的反应中，来自 PSⅡ 的电子通过一系列电子传递载体，如 Q（主要电子受体）、PQ、b6f 复合物，流向质体蓝素，然后流向 PSⅠ，电子从那里向上移动，被 X 捕获，最后流向 NADP，在基质区域产生 NADPH。质体醌是一种电子载体，从类囊体膜的外部吸收 H^+，并将其释放到类囊体内腔或囊泡的内部。每两个电子在传输系统中移动一次，就有两个质子在“Q 循环”中通过减少的 PQ 在内部传输。水（$2H^+$+½O_2）光解释放的质子进一步导致内部质子的积聚。因此，相对于外部，外部（基质）变为碱性（这一侧带负电，称为 N 侧），而类囊体内部变为酸性（这一侧带正电，称为 P 侧）。类囊体膜和线粒体内膜一样，对 H^+ 不渗透，除了在基粒膜“非贴壁”侧嵌入偶联因子（F_1）或 ATP 合酶的区域外。因此，质子几乎完全通过 ATP 合酶产生的通道返回。这些通道在类囊体膜的“非贴壁”外表面上像旋钮一样突出。当质子通过耦合因子扩散回类囊体外时，ADP 转化为 ATP，并释放到叶绿体内的基质区域，在那里固定 CO_2 的酶被定位。只要类囊体内部的“质子”浓度超过外部的浓度，“质子”就可以通过通道继续流动。理论上，每 $3H^+$ 通过 CF_1，就会合成一个 ATP 分子，而不是两个质子通过线粒体。为了表彰他的开创性工作，英国生物化学家 Peter Mitchell 于 1978 年获得诺贝尔化学奖。

第四节　光合作用Ⅱ：碳同化

通过光合作用的光反应，$NADP^+$ 被还原为 NADPH，与电子传递偶联的光合磷酸化产生 ATP，即将光能转换为活跃的化学能。碳反应则是在叶绿体基质中，利用 ATP 与 NADPH 储存的能量（即同化力），经一系列酶促反应，催化 CO_2 还原为稳定的糖类，这就是 CO_2 同化（CO_2 assimilation）的过程。各种高等植物同化 CO_2 的生化途径有所不同，根据 CO_2 固定的最初产物及碳代谢的特点分为 3 类：C_3 途径（C_3 pathway）、C_4 途径（C_4 pathway）和景天酸代谢（crassulacean acid metabolism，CAM）途径；相应的植物分别称为 C_3 植物、C_4 植物和 CAM 植物。

一、C_3 途径

植物固定 CO_2 的基本途径是 C_3 途径，或称光合碳还原循环，它存在于几乎所有的光合生物中。这个途径是 20 世纪 50 年代由卡尔文（Calvin）和本森（Benson）发现并阐明的，因此被称为卡尔文循环（Calvin cycle）。在这个还原 CO_2 的循环中，所形成的第 1 个稳定产物是三碳化合物 3-磷酸甘油酸，故又称为 C_3 途径。独行菜（*Lepidium apetalum*）、冷蒿（*Artemisia frigida*）、沙葱（*Allium mongolicum*）等重要药用植物都经 C_3 途径固定 CO_2，这些植物称为 C_3 植物。C_3 植物在地球上的分布占全部高等植物的 95% 以上。卡尔文循环分为 3 个阶段：羧化、还原和再生（图 3-11）。①羧化反应，CO_2 必须先羧化固定成羧酸，然后才能被还原；②还原反应，生成一种碳水化合物（磷酸三糖），此过程消耗光化学形成的 ATP

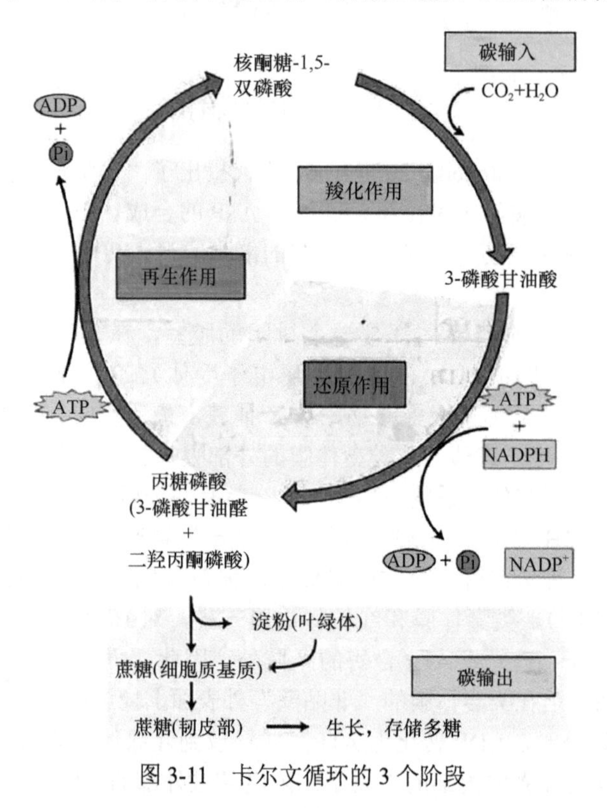

图 3-11　卡尔文循环的 3 个阶段

和 NADPH 还原当量；③再生反应，重新合成 CO_2 受体分子核酮糖-1,5-二磷酸。在稳定状态时，CO 输入量等于磷酸三糖输出量。后者或者作为叶绿体中淀粉生物合成的前体，或者流入细胞质合成蔗糖。蔗糖被装载到韧皮部流体，运到生长需要或者多糖生物合成的植物的其他部分。

在光合作用暗固定过程中，CO_2 首先结合于 RuBP 受体，在 RuBP 羧化酶（Rubisco）的催化下进行羧化，一个 6 碳分子的羧化产物立即分解成两个分子的 3-磷酸甘油酸（PGA）。这些最初固定的有机分子均含有 3 个碳原子，故此过程称为 CO_2 同化的 C_3 途径。

在形态解剖上，C_3 植物的维管束鞘薄壁细胞较小，不含或含有很少叶绿体，没有花环形结构（图 3-12），维管束鞘周围的叶肉细胞排列松散。大部分 C_3 植物仅叶肉细胞含有叶绿体，整个光合作用过程都是在叶肉细胞里进行的。淀粉也只是积累在叶肉细胞中，维管束鞘薄壁细胞不积存淀粉。C_3 植物进行卡尔文循环的 CO_2 固定是在 RuBP 羧化酶的作用下实现的。一般 RuBP 羧化酶的 K_m（米氏常数）为 450μmol（而 C_4 植物是 7μmol）。因此，C_3 植物的 CO_2 补偿点比较高，为 50～150μmol/mol。C_3 植物的稳定性同位素值大部分变化于–35%～–25%。

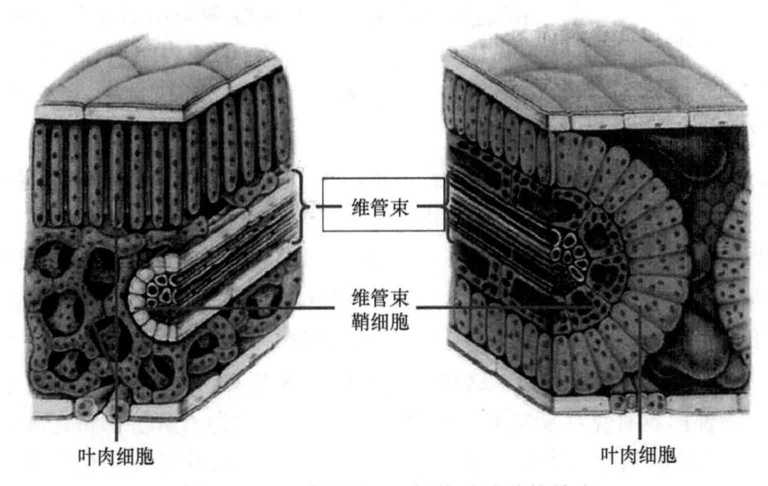

图 3-12　C_3 植物与 C_4 植物叶片结构特点

二、C_4 途径

在光合作用下固定过程中，所固定的最初产物不是三碳分子，而是草酰乙酸，即具有 4 个碳原子的二羧酸，是由磷酸烯醇丙酮酸（PEP）的 β-羧化形成的，故称 C_4 途径。20 世纪 60 年代中期，植物生理学家 Kortschack 和 Hartt 发现，某些植物 CO_2 固定的主要早期产物不是 PGA，而是碳二羧酸。澳大利亚的 Hatch 和 Slack 精心进行的实验推翻了这一假设。他们使用碳-14 同位素产生 $^{14}CO_2$，然后追踪 ^{14}C 是如何被纳入甘蔗植株的分子中的。值得注意的是，他们发现碳固定的第一步实际上是形成一个四碳分子。这种替代途径被称为 C_4 光合作用。

当时，Hatch 和 Slack 的发现的意义在于，现在已知植物中有两条光合途径。Hatch 和 Slack 经过广泛实验，发现这些植物固定的最初产物是苹果酸或天冬氨酸等四碳二羧酸，催化羧化反应的酶是磷酸烯醇丙酮酸羧化酶（PEPC），并提出了循环的生化途径，称为 C_4 途径或 Hatch-Slack 循环（Hatch-Slack cycle）。具有 C_4 光合作用途径的植物称为 C_4 植物。这类植物大多起源于热带或亚热带，具有特殊的叶片解剖结构，即“花环”（Kranz）结构，其

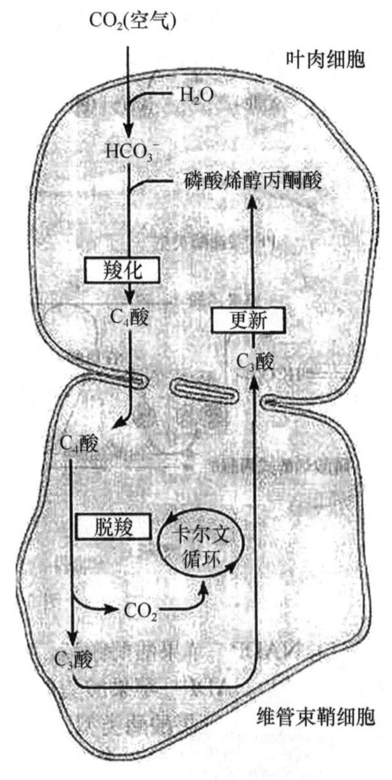

图 3-13　C_4 途径生化过程

中以禾本科为主。反枝苋（*Amaranthus retroflexus*）、灰绿藜（*Chenopodium glaucum*）、猪毛菜（*Salsola collina*）和菟丝子（*Cuscuta chinensis*）等药用植物属于 C_4 植物。

C_4 植物途径主要包括三个阶段，分别是固定、转运和脱羧、更新三个阶段。

（1）固定阶段：在叶肉细胞质中，PEP 在 PEPC 催化下，与 HCO_3^- 结合生成草酰乙酸（OAA）。然后，OAA 在 NADP-苹果酸脱氢酶作用下生成苹果酸（MAL），或者在天冬氨酸转氨酶作用下生成天冬氨酸（ASP）。PEPC 与其底物 HCO_3^- 的亲和力显著高于 Rubisco 对 CO_2 的亲和力。

（2）转运和脱羧阶段：在叶肉细胞中形成的 C_4 酸、MAL 或 ASP 通过胞间连丝进入维管束鞘细胞并脱羧，产生 C_3 酸和释放 CO_2，后者进入叶绿体中参加卡尔文循环。

（3）更新阶段：维管束鞘细胞 C_4 酸脱羧后产生的 C_3 酸返回叶肉细胞，在丙酮酸磷酸双激酶（PPDK）催化下再转变成 PEP，重新作为 CO_2 的受体。进入叶肉细胞的丙氨酸经过转氨作用转变为丙酮酸，再经上述反应形成 PEP。

综上所述，C_4 途径向维管束鞘细胞输送 CO_2，起 CO_2 泵的作用（图 3-13）。

到了 20 世纪 80 年代，C_4 叶的特殊生物化学和改良解剖学的基本原理已为人所知。C_4 循环所需的所有主要酶都已确定，C_4 途径被划分为两种不同细胞类型的要求与克兰茨（Kranz）解剖结构有关。即在维管束周围有一个包含许多叶绿体的大束鞘细胞环，被第二个更稀疏的较小的叶肉细胞环所包围。这种解剖结构后来与 C_4 光合作用有关，包括禾本科在内的大多数 C_4 物种都具有克兰茨型叶片解剖结构。C_4 叶成为了解植物特定细胞的模型，研究人员提出，克兰茨解剖学的发展是由一种可扩散的分子从静脉发出的结果。在 Hatch 和 Slack 取得进展后的几十年里，C_4 光合作用激发了不同领域的其他研究。在农业方面，它解释了某些作物的高光合作用率和低水分损失。关键因素是 PEPC，它在 C_4 光合作用途径的开始阶段起作用。PEPC 比 Rubisco 对碳的结合亲和力更高，Rubisco 在 C_3 光合作用的早期阶段起作用。这意味着，在 C_4 植物中，允许大气中的二氧化碳进入叶片的气孔不需要开得那么宽，因此通过气孔的水分损失会减少。PEPC 比 Rubisco 更容易结合 ^{13}C，由此产生的叶碳同位素特征差异允许在活组织或化石中将物种分类为 C_3 或 C_4 植物。这种方法很快引起了生态学家和进化生物学家的兴趣。

C_4 光合碳循环包括在叶细胞两个不同区室中的 5 个连续步骤（图 3-14）。①在叶肉细胞的边缘（靠外区域），即接近于外界环境处，PEPC 催化 HCO_3^-，和 PEP（一种三碳化合物）发生反应，四碳反应产物草酰乙酸分别被 NADP-苹果酸脱氢酶和草酰乙酸氨基转移酶转变为苹果酸或天冬氨酸（根据不同的物种）。为了能够简单明了，在此仅给出苹果酸的反应。②四碳酸通过渗透屏障进入维管束区域。③脱羧酶（如 NAD-苹果酸酶）作用于四碳酸，使其释放出 CO_2，并生成三碳酸（如丙酮酸）。释放出的 CO_2 被维管束区的叶绿体摄取，在周围建立起一个高浓度 CO_2 环境（相对于 O_2），从而促进 CO_2 在卡尔文循环中同化。④剩余的三碳酸（如丙酮酸）返回和外界大气接触的区域。⑤关闭 C 循环，HCO_3^- 受体（PEP）通过丙酮酸磷酸双激酶再生，进入另一轮循环。每摩尔 CO_2 固定需消耗 2 分子 ATP，促使 C 循环朝着箭头方向进行。这样，将大气 CO_2 泵入卡尔文循环。同化的碳在细胞质中被转变成蔗糖之后，离开叶绿体进入韧皮部，再被运至植物体的其他部位。

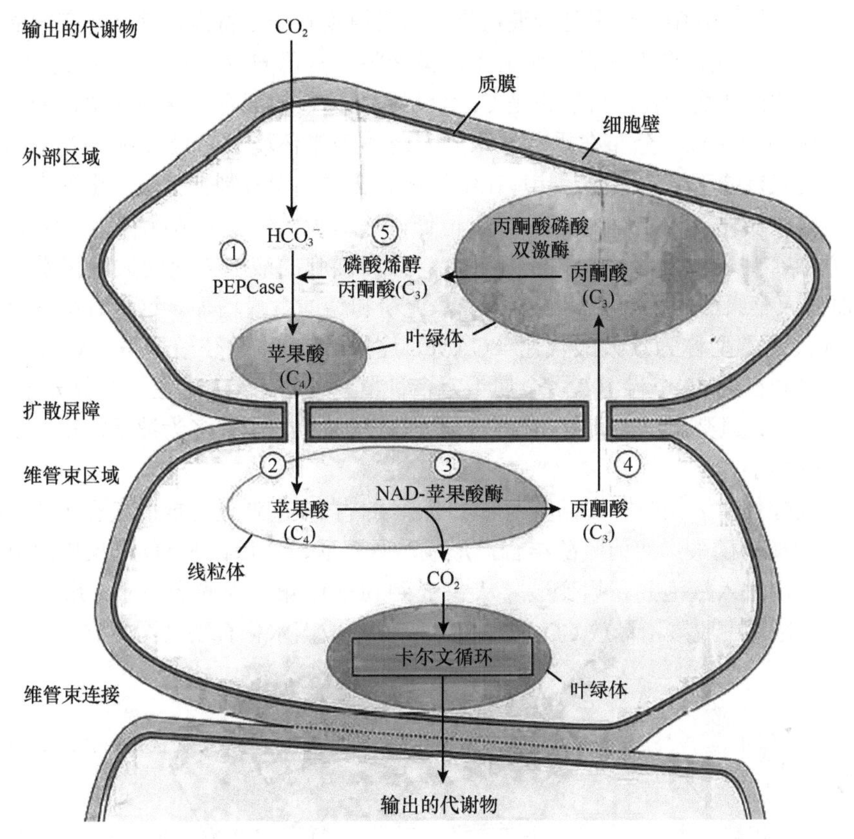

图 3-14　C_4 光合碳循环

C_4 植物多为一年生植物，特别是夏季一年生的种类，可在雨热同期中有效地利用太阳光能。其生活型大部分为地面芽植物，而它们很少在冬季一年生种和地下芽植物中见到。高大灌木和树木还没有明显形成 C_4 植物的综合特征。在分类上，C_4 植物分布比较集中的科有禾本科（Poaceae）、莎草科（Cyperaceae）、马齿苋科（Portulacaceae）、藜科（Chenopodiaceae）和大戟科（Euphorbiaceae）。需要指出的是，在上述提到的几个科中，一些属中只有少数种属于 C_4 植物，如藜科的滨藜属（*Atriplex*）、地肤属（*Kochia*）、菊科的黄花菊属（*Flaveria*）、莎草科的莎草属（*Cyperus*）、禾本科的黍属（*Panicum*）等。一些植物存在 C_3 向 C_4 过渡的中间类型，如毛颖草（*Alloteropsis semialata*）。在过渡类型中，解剖学和生物化学的 C_4 特征还没有很好地形成。例如，在菊科的黄顶菊属中，存在着从墨西哥黄顶菊（拟名）（*Flaveria cronquistii*）（C_3）经过多枝黄顶菊（*Flaveria ramosissiam*）（C_3—C_4）到三脉黄顶菊（*Flaveria trinerva*）（C_4）的逐步过渡。甚至在同一植物的不同发育阶段，也存在 C_3 与 C_4 的过渡。C_3—C_4 中间类型植物，形态解剖结构和生理生化特性介于 C_3 植物和 C_4 植物之间，如禾本科的黍属、粟米草科的粟米草属、苋科的莲子草属、菊科的黄菊属、紫茉莉科的叶子花属等。这些植物也具有维管束鞘细胞，但不如 C_4 植物发达，而叶肉细胞有分化；CO_2 同化以 C_3 途径为主，但也有有限的 C_4 循环。目前一般认为，C_3—C_4 中间型植物是从 C_3 植物到 C_4 植物的中间过渡类型。

三、景天酸代谢途径

许多肉质植物如景天属（*Sedum*）、落地生根属（*Bryothyllum*）、仙人掌属（*Opuntia*）等，它们非常耐旱，其中有许多是沙漠植物。这类植物有一个特点，就是在夜间能固定相当多的 CO_2 形成苹果酸，白天在日光照射下，又能将这些已固定的 CO_2 再还原为糖。这种植物光合作用中的碳转变途径，可以说是 C_3 途径与 C_4 途径的混合。这种代谢途径的形成是肉质植物的一种适应特征。分布在季节性水分充足的干旱环境中的景天科（Crassulaceae）植物等，为了适应极端干旱的环境，叶片在结构和光合碳代谢机制上都表现出独有的特点。首先，叶片通常肉质化，表皮厚，面积/体积值低，液泡大，气孔开放孔径小，频率低。在 C_2 同化机制方面，则表现为叶片气孔夜开昼合，叶肉细胞的液泡在夜间大量积累苹果酸，酸度升高；而白天苹果酸含量减少，酸度下降，淀粉和糖的含量增加。这种有机酸合成昼夜变化的光合碳代谢类型称为景天酸代谢（CAM）途径。CAM 途径最早是在景天科植物中发现的。目前已知在近 30 个科 100 多个属 1 万多种植物中有 CAM 途径，主要分布在景天科、仙人掌科、兰科、凤梨科、大戟科、百合科及石蒜科等植物中，多为被子植物，少数为蕨类植物（有 CAM 特性）。

具有景天酸代谢途径的植物，多为多浆液植物。在夜间通过开放的气孔吸收 CO_2，然后借助 PEP 羧化酶与磷酸烯醇丙酮酸结合，形成草酰乙酸，然后在 NAD 苹果酸脱氢酶作用下还原成苹果酸，进入液泡并积累变酸（从 pH5 到 pH3）；第二天光照后苹果酸从液泡中转运回细胞质和叶绿体中脱羧，释放 CO_2 被 RuBP 吸收形成碳水化合物（图 3-15）。

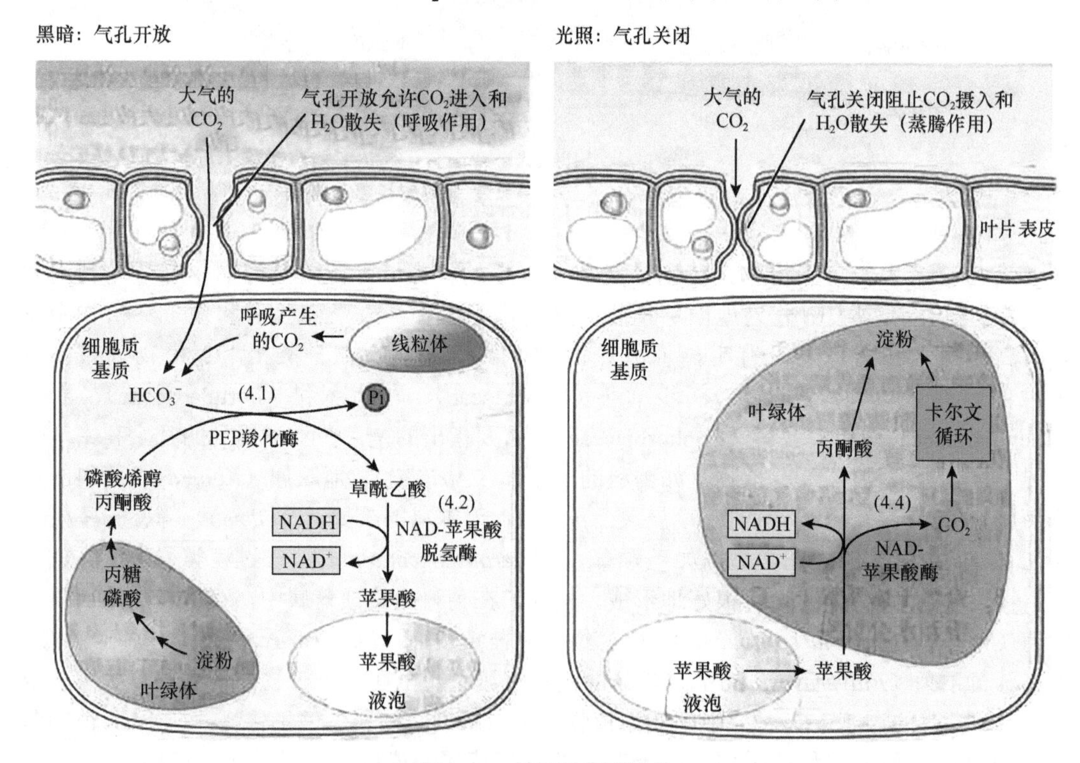

图 3-15　景天酸代谢途径

肉质植物的 CAM 途径是它们对旱生环境的特殊适应方式。因为在沙漠条件下，白天气孔必须关闭以免水分亏缺，但这时仍可进行光合作用，因为前一天夜间由羧化作用所固定的

CO_2 可以重新释放出来。其结果，这种植物的酸含量在夜间高而碳水化合物含量降低。白天则相反，酸减少而糖增多。在景天酸代谢中，摄取 CO_2 和通过卡尔文循环的 CO_2 固定被暂时分开。对大气中 CO_2 摄取发生在夜间，此时气孔是张开的。在这一阶段，细胞质基质中气态 CO_2，增加 HCO_3^- 水平（$CO_2+H_2O \longleftrightarrow HCO_3^-+H^+$）。这部分 CO_2 来自外界大气和线粒体中的呼吸作用。随后，胞质 PEPC 催化 HO 和磷酸烯醇丙酮酸发生反应。磷酸烯醇丙酮酸来自叶绿体淀粉在夜间分解，最终导致四碳酸（草酰乙酸）被还原成苹果酸，苹果酸导致液泡酸化。在白天，夜晚被储存在液泡中的苹果酸返回到细胞质基质中。NAD-苹果酸酶作用于苹果酸，使其释放出 CO_2，CO_2 又通过卡尔文循环被重新固定在碳骨架中。实质上，白天叶绿体中淀粉积累可以看作夜间无机碳的净吸收。白天，气孔关闭不仅阻止运输过程中水分的散失，同时能够阻止内部 CO_2 与外界大气交换。

在黑暗中，肉质植物体内发生两步羧化作用，即核酮糖二磷酸的羧化作用和磷酸烯醇丙酮酸的羧化作用，产生草酰乙酸。草酰乙酸可被 NADPH 还原为苹果酸，这就是这类植物暗中积累有机酸的原因，这时还原草酰乙酸所需要的 NADPH 是来自呼吸作用。在光下，除去发生上述的两步羧化作用外，苹果酸还会脱羧产生 CO_2，CO_2 则参加卡尔文循环。在光下，则苹果酸的氧化，磷酸甘油酸的还原以及卡尔文循环中所需要的 NADPH 和 ATP，均来自光的作用，作物中属于这一类型的可能有凤梨（*Ananas comosus*）、剑麻（*Agave sisalana*）等热带植物。

与 C_4 光合碳代谢途径不同，CAM 途径中 C_4 酸的生成同时具有时间和空间上双重分离的特点。夜间气孔开放，吸收 CO_2，在细胞质 PEPC 的催化下，由糖酵解过程中形成的 PEP 捕获 CO_2 形成 OAA，OAA 在 $NADP^-$ 苹果酸脱氢酶的作用下转化为苹果酸，储存在液泡中。白天气孔关闭，液泡中的苹果酸转运进入细胞质，被 $NADP^-$ 苹果酸酶催化脱羧，或由羧激酶催化 OAA 脱羧，释放的 CO_2 在叶绿体中进入卡尔文循环，完成碳同化。

CAM 植物夜间气孔开放吸收 CO_2 并以苹果酸的形式储存在液泡中，相当于“CO_2 库”；而在白天高温条件下气孔关闭，减少蒸腾作用的同时避免脱羧作用释放出的 CO_2 经气孔向外扩散，起到保持水分和锁住 CO_2 的双重作用。CAM 途径正是通过这种固碳的时空分离特性实现了在高温干旱条件下光合作用的最优化（表 3-2）。

表 3-2　C_3、C_4、CAM 植物的光合和生理生态特性的比较

特性	C_3 植物	C_4 植物	CAM 植物
1. 叶结构	BSC 不发达，内无叶绿体，无“花环”结构	BSC 发达，内有叶绿体，有“花环”结构	BSC 不发达，叶肉细胞液泡大，无“花环”结构
2. CO_2 固定酶	Rubisco	PEPC、Rubisco	PEPC、Rubisco
3. 最初 CO_2 受体	RuBP	PEP	光下 RuBP、暗中 PEP
4. 光合初产物	PGA	OAA	光下 PGA、暗中 OAA
5. 同化力需求理论值（CO_2 : ATP : NADPH）	1 : 3 : 2	1 : 5 : 2	1 : 6.5 : 2
6. 最大光合速率 (CO_2 吸收量) [μmol/(m^2 · s)]	低 (10～25)	高 (25～50)	极低 (1～3)
7. CO_2 补偿点	高 (40～70)	低 (5～10)	暗期 (5)，光下 (0～200)
8. 瓦尔堡（Warburg）效应	明显	不明显	明显
9. 光呼吸	高，易测出	低，难测出	低，难测出

续表

特性	C_3 植物	C_4 植物	CAM 植物
10. 叶绿素 a/b	2.8±0.4	3.9±0.6	2.5～3.0
11. 光饱和点	最大日照的 1/4～1/2	最大日照以上	不定
12. 光合最适温度/℃	低 (13～30)	高 (30～47)	约 35
13. 生长最适温度	低	高	宽
14. 耐旱性	弱	强	极强
15. 光合产物运输速度	小	大	—
16. 最大干物生长率/[g/(m^2 · a)]	低 (19.5±3.9)	高 (30.3±13.8)	—
17. 最大纯生产量/[t/(hm^2 · a)]	少 (22.0+33)	多 (38.6±16.9)	变动大
18. 蒸腾系数	大 (450～950)	小 (250～350)	极小 (50～150)
19. 增施 CO_2 对干物重的促进	大	小	—

四、光合作用的产物

(一) 光合作用的直接产物

光合产物（photosynthetic product）主要是糖类，包括单糖（葡萄糖、果糖等）、双糖（蔗糖）和多糖（淀粉等），其中以蔗糖和淀粉最为普遍。不同植物的主要光合产物不同，大多数高等植物如黑豆（*Glycine max*）、薯蓣（*Dioscorea polystachya*）等的光合产物是淀粉；荞麦（*Fagopyrum esculentum*）和豌豆（*Pisum sativum*）主要积累蔗糖；大蒜（*Allium sativum*）的光合产物是葡萄糖和果糖，不形成淀粉。长期以来，糖被认为是光合作用的唯一产物，而蛋白质、脂肪、有机酸等其他物质是植物利用糖类再度合成的。但利用 CO_2 供给小球藻，发现在未产生糖类之前，就有放射性的氨基酸（如丙氨酸、甘氨酸等）和有机酸（如丙酮酸、苹果酸等），可见，蛋白质、脂肪、有机酸等也有一部分是光合作用的直接产物。

光合产物的种类和数量与植物种类、生长发育期及环境等因子有关。例如，薯蓣中的最初光合产物主要是淀粉，暂存于叶片，夜间降解后运出；蚕豆主要是蔗糖，并以此向外运输。发育完全的叶片主要形成碳水化合物，幼嫩叶片除碳水化合物外还产生较多的蛋白质。环境因子的影响更为明显，如蓝光下合成碳水化合物减少，蛋白质较多；红光下则相反，合成蛋白质少而碳水化合物多；强光和高浓度 CO_2 有利于蔗糖和淀粉的形成，而弱光则有利于谷氨酸、天冬氨酸和蛋白质的形成。

(二) 淀粉的合成

淀粉是在叶绿体中合成的。叶绿体卡尔文循环形成的磷和丙糖磷酸（TP）若留在叶绿体内，经各种酶催化，先后合成果糖-1,6-二磷酸、果糖-6-磷酸、葡糖-1-磷酸、ADP-葡萄糖，最后合成淀粉（图 3-16）。

(三) 蔗糖的合成

蔗糖是在细胞质基质中合成的。叶绿体中形成的 TP，也可以通过丙糖磷酸转运体（triose phosphate translocator，TPT）被运送到细胞质，在各种酶的作用下，TP 先后转化为果糖-1,6-二磷酸、果糖-6-磷酸、葡糖-1-磷酸、UDP-葡萄糖、6-磷酸蔗糖，最后形成蔗糖，并释放 Pi。Pi 再经 TPT 转运到叶绿体。

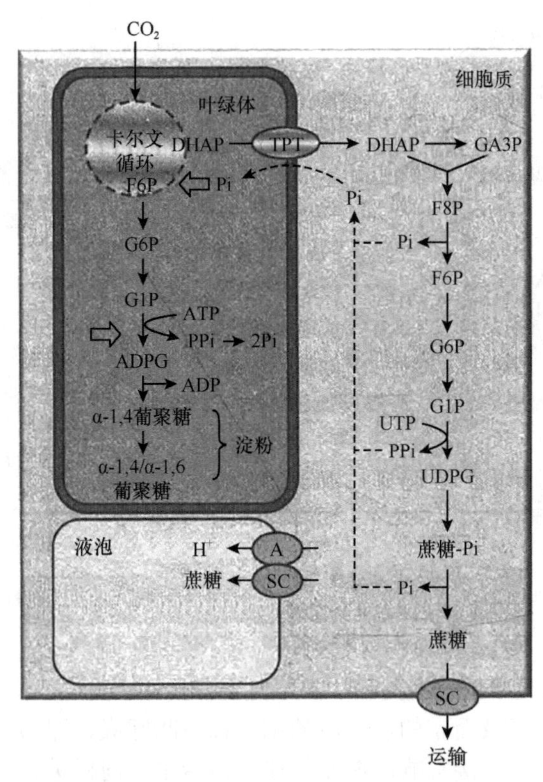

图 3-16　淀粉和蔗糖的合成和运输

第五节　光　呼　吸

一、光呼吸代谢

在光照条件下，绿色细胞不仅进行光合作用，还存在依赖光照的吸收 O_2 和释放 CO_2 的过程，称为光呼吸（photorespiration）。其本质是 Rubisco 具有催化 RuBP 发生羧化或加氧反应的双重活性，当 Rubisco 催化加氧反应而引发一系列反应时，就表现出叶片在光照下消耗 O_2 和释放 CO_2。光呼吸由叶绿体、过氧化物体和线粒体 3 种细胞器协同完成整个过程，因为产生多种 2C 的中间产物，故也称 C_2 光呼吸碳氧化循环（C_2-photorespiration carbon oxidation cycle，PCO 循环），常简称为 C_2 循环（图 3-17）。

二氧化碳的释放途径也不同于线粒体呼吸。该途径被称为光呼吸或 C_2 光呼吸碳氧化循环。Rubisco 具有羧化酶和加氧酶活性，因为 CO_2 和 O_2 都竞争酶的同一催化位点。Rubisco 与其第二种底物 RuBP 反应，生成一种不稳定的中间体，在光和氧气的存在下分解为 2-磷酸乙二醇酯和 3-磷酸甘油酯。1920 年，德国生物化学家 Warburg 在小球藻中观察到氧气抑制了光合作用。在许多其他植物中也进行了类似的观察。

植物的光合作用是一个固定能量与吸收 CO_2 的过程，而呼吸作用则是释放能量与 CO_2 的过程，这种规律是植物长期进化的结果。但我们熟悉的呼吸作用都发生在线粒体之中。进行光合生产的叶绿体有没有呼吸作用？这曾经是长期争论的问题。利用分离的叶绿体所进行的详细实验证明，叶绿体没有呼吸作用，其中没有线粒体中的那一套呼吸酶。但在许多绿藻和某些高等植物的呼吸作用在光下却较强，往往可能增高 2～3 倍，而且用 ^{14}C 的标记试验可以证明，在光下所放出的 CO_2 中的碳，都是新固定 $^{14}CO_2$ 中的 ^{14}C。这些矛盾的现象是在

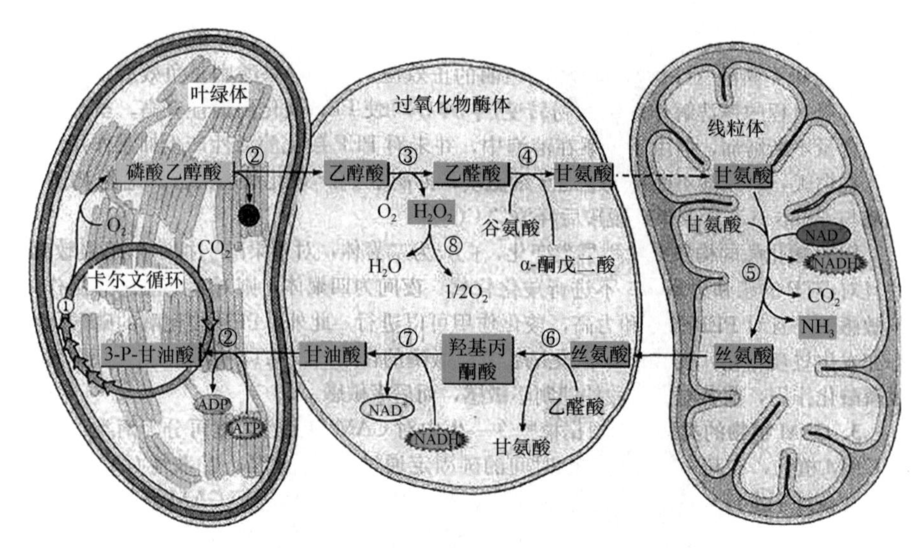

图 3-17　C_2 循环

① RuBP 加氧酶；②磷酸乙醇酸磷酸酶；③乙醇氧化酶；④转氨酶；⑤甘氨酸脱氢酶；⑥丝氨酸羟甲基转氨酶；⑦羟基丙酮酸还原酶；⑧甘油酸激酶

发现并且阐明了植物的光呼吸的本质后，才得到解决的。

光呼吸是相对于暗呼吸而言的，一般的细胞都有暗呼吸，即通常所说的呼吸作用，或线粒体呼吸，它不受光的直接影响，在光下和暗环境中都同样进行。但光呼吸只有在光下才能进行，而且光呼吸是与光合作用密切相关的，只有在光合作用进行时，才能发生光呼吸。高等植物可根据光呼吸的高低而分为两大类，一大类有明显的光呼吸，如薯蓣、决明（*Senna tora*）等，称为高光呼吸植物，另一类植物光呼吸很弱，几乎测不出来，称为低光呼吸植物。低光呼吸植物都是 C_4 植物。高光呼吸植物都是 C_3 植物，它们的净光合速率差别很大，低光呼吸植物的净光合速率几乎为高光呼吸植物的 3 倍甚至更高。低光呼吸植物的生物产量高，生长速度快。这两类植物对温度、光强度、CO_2 浓度的反应都不同。例如，当温度由 20℃上升为 30℃时，鸭跖草（*Commelina communis*）叶片的光合强度直线上升，而小麦的光合强度则下降。低光呼吸植物光合作用的光饱和点为充足阳光光强的一半以上，而高光呼吸植物的光饱和点仅为 1/5 左右。低光呼吸植物多分布在热带区域，好温喜阳。这两类植物对 CO_2 浓度的反应，可由它们的 CO_2 补偿点看出来。测定 CO_2 补偿点时，是把植物放在密闭的叶室中，照以中等强度的光，测定叶室中 CO_2 浓度下降到一定程度就不再下降时的 CO_2 浓度即称为 CO_2 补偿点。CO_2 浓度不再下降的原因是光合作用所同化的 CO_2 与光呼吸及暗呼吸所释放出来的 CO_2 恰好相等，达到动态平衡。

二、光呼吸的功能

由于光呼吸将光合作用刚刚固定的碳素又重新消耗掉，长期以来曾被认为是限制光合效率及作物产量提高的主要因素。因此，在很长一段时间内，通过对光呼吸功能进行不同角度的评价，就其是否真的具有光保护功能一直存在两种截然不同的观点，而目前比较公认的观点是光呼吸消耗了多余能量，是一种重要的光保护机制。

支持光呼吸具有光保护功能的观点认为，光呼吸主要从以下几个方面实现其保护作用。①光呼吸释放一分子 O_2 比光合碳同化固定多消耗 2 倍的化学能，逆境条件下植物光合碳同化能力降低，光呼吸可消耗过剩光能，防止过量光能积累。②光呼吸可阻止 PSⅡ及 PSⅠ间电

子载体 Q_A 的过分还原，维持电子传递系统的氧化还原平衡和围绕PSⅠ的循环电子传递，与假循环电子传递一起，通过维系跨类囊体膜的质子梯度来保证PSⅡ天线热耗散机制的有效运行。③光呼吸可以向光反应提供电子受体 $NADP^+$，通过乙醇酸循环促进无机磷的循环利用，缓解磷不足对光合作用的限制，从而通过将光合能力维持在较高水平，间接保护了光合机构。④在空气中或 CO_2 供应受限制的情况下，Rubisco加氧酶催化形成磷酸甘油酸，磷酸甘油酸通过光呼吸代谢生成 CO_2 重新进入卡尔文循环，驱动卡尔文循环的运转，这在一定程度上起到保护光合作用中心，使其免遭光破坏的作用。⑤光呼吸降低了水-水循环速率，有利于减轻活性氧的潜在危害，对减轻 C_3 植物光抑制的作用比水-水循环更为有效。同时光呼吸过程消耗大量 O_2，降低了叶绿体周围的 O_2/CO_2 比值，有利于提高Rubisco对 CO_2 的亲和力，防止 O_2 对光合碳同化的抑制作用。

相当多的实验证据支持光呼吸具有光保护功能的观点，将 C_3 植物置于无光合、无光呼吸的条件下进行强光照射，发现可导致PSⅡ电子传递受阻和叶绿素77K荧光发射减弱，而这些都可通过将叶片置于 O_2 补偿点下缓解。尽管光呼吸通过与光合碳同化循环连接，将碳损失降低到了最低限度，但其仍通过电子传递来有序耗散激发能并防止光抑制的发生。研究者构建了富含和缺乏光呼吸关键酶——质体谷氨酰胺合成酶（GS2）的转基因烟草植株，发现富含GS2的植株有较高的光呼吸作用并且对光氧化胁迫有更强的抗性，而降低了GS2活性的植株在光呼吸减少的同时，在高光条件下遭到了比野生型更严重的光氧化胁迫，从而认为光呼吸可以保护 C_3 植物免遭光抑制，利用膦丝菌素抑制GS2的实验也证明了光呼吸的光保护作用。有学者研究了几种高山植物的光破坏防御机制，认为光呼吸即使在很低的温度下，也能起到保护作用。但也有许多研究者认为光呼吸在保护光合器官免遭光破坏方面并没有显著作用。另有学者发现，干旱处理叶片及对照在 CO_2 补偿点时，将大气 O_2 浓度由21%降低到2%，都未对PSⅡ最大光化学效率（Fv/Fm）产生影响，因而认为光呼吸耗散掉的激发能只占总激发能的一小部分，而通过PSⅡ天线的热耗散才是过量激发能的主要分配去向。Nogués等在2002年提出，在非光呼吸条件（2%O_2）下，虽然 O_2 同化上升，但并不能说明光呼吸通过提供替代电子汇点而实施了光保护，因为他发现在胁迫条件下RBP羧化能力下降的同时也伴有其加氧能力的降低。尽管关于光呼吸的保护作用一直存在争议，但有一点是双方所共同认可的，即如果光呼吸量在水分或强光胁迫条件下足够大的话，它可以起到耗散过剩光能并保护光合器官的作用。Nogués认为光呼吸不能提供光保护是因为发现其在胁迫条件下活性降低，但也许两种观点的结合点在于一个顺序机制，即在胁迫条件不严重、光呼吸不降低或降低较少的情况下，它可起到光保护作用；而随着胁迫加重，当光呼吸降低过多，无法有效耗散过剩光能的时候，主要的保护机制可能就转向PSⅡ天线热耗散了。

三、光呼吸的生理意义

在 C_3 植物中，光呼吸释放的 CO_2 占其固定量的30%，有时甚至高达50%。大量固定的 CO_2 再次被释放。在光呼吸过程中产生NADH，但也同时形成 NH_3，必须立即用于合成谷氨酸，以免 NH_3 积累。因此，一般认为光呼吸对植物的生长或者产量的形成有很大的影响。但是，近年来利用拟南芥光呼吸缺陷型突变体研究发现，在正常空气中该突变体不能存活，只有在高浓度条件下才能存活。说明光呼吸可能有其特别重要的生理功能。

目前认为光呼吸有以下生理意义：①光呼吸是一种植物自身防护体系，防止高光强对光合器官的破坏。因为它消耗多余光能，避免过剩同化力对光合细胞器的损伤，平衡同化力与碳同化之间需求关系，还可清除乙醇酸毒害。②光呼吸降低叶绿体间质中 O_2 浓度，保持叶

内一定的 CO_2 浓度，有利于 RuBP 羧化酶维持活化状态，促进 C_3 途径运转。③光呼吸是氨基酸合成的补充途径，乙醇酸代谢过程与氮代谢有关，合成甘氨酸、丝氨酸等，为蛋白质合成提供原料。④光呼吸同时也是逆境下信号分子 H_2O_2 产生的主要来源，与逆境响应的启动有关。另外，光呼吸代谢这一 C_2 循环产生的 3PGA 也有助于蔗糖和淀粉的合成。

第六节　非生物胁迫对药用植物光合作用的影响

一、常用光合参数测定

植物光合作用的强弱经常受到外界环境条件和内部因素变化的影响。表示光合作用强弱的指标主要有光合速率和光合生产率。光合速率（photosynthetic rate）是指单位时间、单位叶面积吸收 CO_2 的量或放出 O_2 的量，常用单位有 μmol/(m^2・s) 和 μmol/(dm^2・h)。一般测定光合速率的方法，包括红外 O_2 分析仪法、氧电极法、半叶法等，都没有排除叶片呼吸作用的影响，所测结果实际上是光合作用减去呼吸作用的差值，称为表观光合速率（apparent photosynthesis rate）或净光合速率（net photosynthetic rate）。将表观光合速率与呼吸速率相加，得到总（真正）光合速率。光合生产率（photosynthetic production rate）又称为净同化率（net assimilation rate，NAR），是指植物在较长时间（一昼夜或一周）内，单位叶面积生产的干物质量，常用单位为 g/(m^2・d)。光合生产率比光合速率低，因为在夜间叶片呼吸要消耗部分光合产物。

由于光合反应发生在水相中，葡萄糖迅速转化为其他形式，许多测量技术通过检测气体交换（CO_2 的同化或 O_2 的产生）来测量体内的光合活性。此外，鉴于光能捕获和随后转化为短期化学储存（如 ATP 和 NADPH）的独特性质，存在一系列基于光的生物物理探针（即叶绿素荧光和叶片光谱），也可用于在自然条件下无损监测光反应的特定成分。在 20 世纪 40 年代发展了气流法，即通过测定流入流出叶室（含植物样品）气流的 CO_2 浓度差而计算光合速率，但对 CO_2 变化量的测定用酸碱滴定法，比较费时费力。从 20 世纪 50 年代开始，红外 CO_2 气体分析仪法（或光合作用测定仪法）得到充分发展，但植物叶室（或样品室）与红外分析仪分离，不易携带。这些方法因仪器笨重（体积与重量较大）或辅助器较多或适应范围限制（如受交流电源限制）等因素，不能快速测定大范围内的大量植物。

近年来开发了便携式的光合作用测定系统，则在测定速度、精度、适应范围、数据的自动记录与储存等方面做了革新，成为非常流行的光合作用研究仪器。这些新开发的光合作用测定系统可同时测定：净光合速率（Pn）、蒸腾速率（E）、气孔导度（Gs）、胞间二氧化碳浓度（Ci）、暗呼吸作用（Rd）、水分利用效率（WUE）等，并可以在野外自然状况下测定光合作用-光响应曲线。

植物光合作用速率的改变会大大影响叶绿素荧光的释放。在一定的外界环境温度下，绝大多数叶绿素荧光是在 PSⅡ的转动过程中释放的，健康的叶子经过一段时间的黑暗处理后突然照光，可观察到随时间变化的叶绿素荧光的产生，这一现象称为荧光诱导，这时荧光强度与光照强度成正比。通常情况下，健康植物需 10～30min 来适应黑暗处理。叶绿素荧光可以给出 PSⅡ的状态信息。它可以说明 PSⅡ使用叶绿素吸收能量的程度和它被过量光线破坏的程度。通过 PSⅡ的电子流动在许多条件下很明显是整个光合的速率。在其他方法无法实现的情况下，它提供给我们快速估计植物光合能力的潜在能力。PSⅡ也被认为是光合结构中对光诱导破坏表现最为脆弱的部分。PSⅡ的破坏是植物叶片胁迫的最早表现。

用于测量叶绿素荧光的仪器称为叶绿素荧光仪（chlorophyll fluorescence meter）。植物在光合作用过程中发出的叶绿素荧光可被荧光仪检测到，并得到一系列荧光参数。常见的叶绿素荧光仪分为非调制式和调制式两种（图 3-18）。前者必须在黑暗中测定，后者可在环境光存在的条件下测定，大大扩展了叶绿素荧光仪的应用范围。叶绿素荧光仪主要功能是可测定荧光诱导曲线并进行猝灭分析，可测定光响应曲线和快速光曲线（RLC）。通过叶绿素荧光仪可测定 Ft、Fo、Fm、F、Fo′、Fm′ 及由这些值计算得到的 PSⅡ最大量子产量（Fv/Fm），PSⅡ实际量子产量（yield），光化学猝灭（qP），非光化学猝灭（qN），调节性能量耗散 Y，非调节性能量耗散 Y（NO），PSⅡ相对电子传递速率 rETR 等的叶绿素荧光参数（表 3-3）。

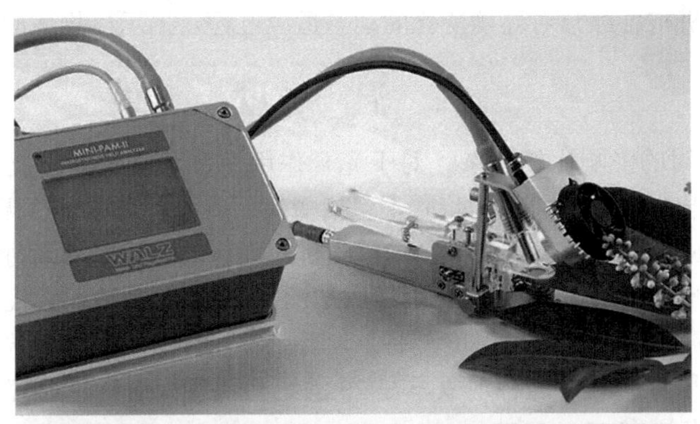

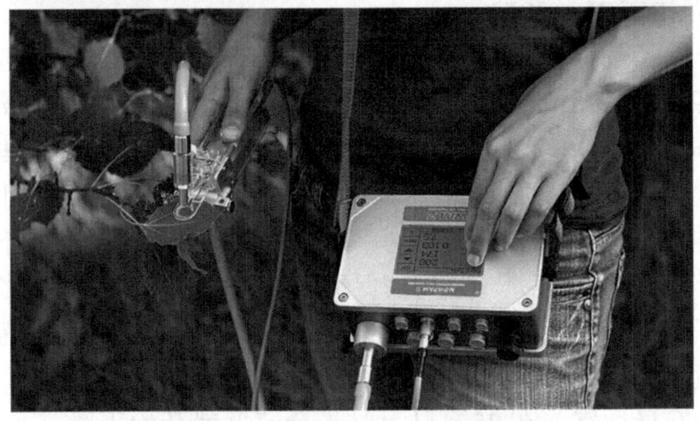

图 3-18　超便携式调制叶绿素荧光仪

表 3-3　叶绿素荧光计算参数及其意义

非光化学猝灭参数	计算公式	生物学意义
非光化学猝灭（qN）	$(Fm^0-Fm')/(Fm-F_0')$	反应热耗散。高光条件下，qN 最高，这可能是一种自我保护机制，目的是避免类囊体膜被过度激发
非光化学猝灭（NPQ）	$(Fm^0-Fm')/Fm'$	非光化学的另一种表现形式，由于数值范围宽（饱和光强下 0.5～3.5 之间），灵敏度更高
快速弛豫的非光化学猝灭（NPQ_F）	$(Fm^0/Fm')-(Fm^0/Fm^r)$	光保护机制
慢速弛豫的非光化学猝灭（NPQ_S）	$(Fm^0-Fm^r)/Fm^r$	光抑制程度

光合作用是地球上较复杂的化学反应之一，其过程由多个相互关联的部分组成。现有的光合作用测量技术都是从一个侧面或某一个步骤入手，来了解光合作用的速率和活性的。例如，光合气体交换测得的 CO_2 同化速率，可反映暗反应的情况；叶绿素荧光的直接反应位

点是光系统Ⅱ；P700测定反映的是光系统Ⅰ的情况。由于光合作用是一个链式反应，各步骤之间密切偶联，因此通过测定某一步骤也可在一定程度上反映整个光合作用的运转情况。但光合作用并不是单一的线性过程，其中包含很多支路、旁路、环路及调控过程。一种测量手段无法全面获知光合作用各部分的作用和相互关系，已无法满足更深入的研究需要，这就要求将两种或更多测量手段结合起来分析，甚至对叶片同一部位进行同步测量。目前应用较多的是光合气体交换与叶绿素荧光两者的同步测量技术，通过同步测量技术可同时获得光合作用中光系统Ⅱ、光系统Ⅰ及暗反应的丰富信息，更全面了解植物光合作用各部分的情况。另外，借助光合仪对光照、温度、湿度、二氧化碳浓度等叶室微环境的人工控制功能，还能帮助我们了解光合机构各部分对环境变化的动态适应过程，揭示植物适应环境的奥秘。

二、温　　度

温度对光合作用的影响比较复杂。对于光合作用而言，它分为光反应和暗反应两个部分。光反应中那些与光有直接关系的步骤不包括酶促反应，所以与温度无关；暗反应则为一系列复杂的酶促反应，与温度关系很大。单就暗反应而言，当温度增高时，酶促反应的速度增强，但同时酶的变性或破坏速度也加快，所以光合作用的暗反应与温度的关系也和任何酶促反应一样，有最高、最低和最适温度，另外，若就净光合作用而言，温度既对光合作用有影响，也对呼吸作用有影响。这种现象早在20世纪初就有人进行过研究，认为适合植物光合生产的最适温度范围在25～30℃。

有研究模拟分析了气候变化对肉苁蓉（*Cistanche deserticola*）、斜茎黄芪（*Astragalus laxmannii*）、密枝喀什菊（*Kaschgaria brachanthemoides*）、四合木（*Tetraena mongolica*）、伊贝母（*Fritillaria pallidiflora*）等濒危药用植物分布范围的影响，发现这些药用植物适宜分布范围在气候变化的影响下缩小，到2081～2100年时段缩小80%以上；且随着平均气温的升高，不同的药用植物，其分布变化趋势不同。因此，增温对药用植物分布的影响应受到人们的足够重视。光合作用的暗反应是一系列酶促反应，其反应速度受温度影响，因此温度也是影响光合速率的重要因素。光合作用有温度三基点，即最低、最适和最高温度。

光合作用的温度三基点因植物种类而异。一般植物可以在10～35℃下正常进行光合作用，其中以25～30℃最适宜，在35℃以上时光合速率就开始下降，40～45℃时则完全停止。高温使光合速率下降的原因：一是光合膜结构和酶蛋白的热变性；二是高温下光呼吸和暗呼吸速率加强，致使光合速率下降。一定温度范围内，随着温度的升高，光合速率增大，温度与光合速率呈正相关，光合作用关键酶——Rubisco的最适活化温度在25～30℃，其活性的高低直接影响光合速率的大小，当叶片温度过高时会影响机体内的一些相关酶的活性，不利于其光合作用的进行，同时高温可能影响了气孔的开放，并使非气孔限制的效果也同时发挥作用。如防风（*Saposhnikovia divaricata*）在不同时期净光合速率呈明显的双峰形曲线，在午间出现低谷，这是由于中午高温、强辐射使气孔叶片蒸腾失水加剧，叶温升高，刺激了气孔，气孔导度降低，避免了过量失水，同时使CO_2吸收量减少，导致光合速率降低。然后随着光照的减弱，气温的回落，蒸腾降低，植物体内的水分消耗和吸收的矛盾得到缓解，光合速率回升，达到第2个高峰，之后减小。

三、光　　照

光是光合作用的决定因素。植物的叶片结构对于光的吸收具有高度专一化特性，其栅栏组织和叶肉细胞的解剖学特性确保叶片对光的吸收。叶绿体随光的运动以及叶片对阳光的跟踪等都有助于光吸收的最大化。光也是叶绿素合成的必要条件，这是进行光合作用的基本保障。植物在暗中不能进行光合作用，只能进行吸收 O_2、释放 CO_2 的呼吸作用。随光照度增加，光合速率逐渐增强，当达到某一光照度时，叶片的光合速率与呼吸速率达到动态平衡，即吸收的 CO_2 与释放的 CO_2 相等，此时测定表观光合速率为零，这时的光照度称为光补偿点（light compensation point）（图 3-19）。生长在不同环境中的植物其光补偿点不同，一般来说，阳生植物光补偿点较高，阴生植物因呼吸速率较低，其光补偿点也低。在光补偿点以上的一定光照度范围内，随着光照度的增加，光合速率迅速上升，在此范围内，光照度是光合作用的主要限制因子。当超过一定光照度范围时，光合速率的增加减慢。达到某一光照度时，光合速率不再增加，这一光照度称为光饱和点（light saturation point）。

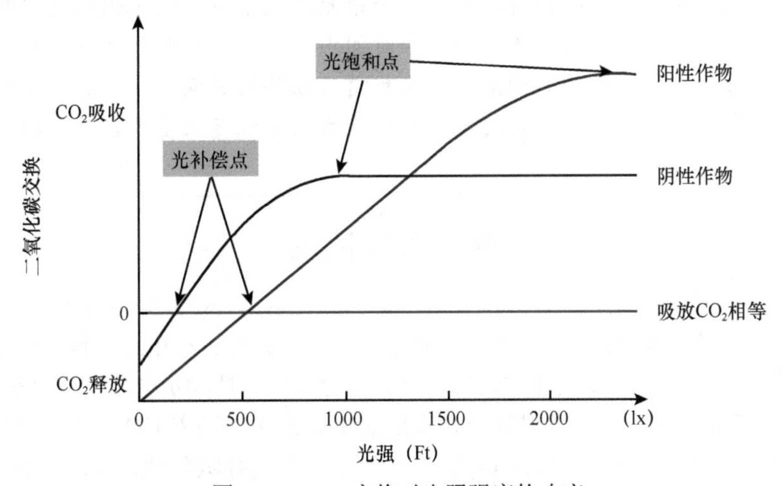

图 3-19　CO_2 交换对光照强度的响应

植物的光补偿点和光饱和点也受其他环境条件的影响。当 CO_2 浓度升高时，光补偿点降低而光饱和点升高；温度升高时，光补偿点升高。植物的光补偿点和光饱和点反映了植物叶片对光的利用能力，在生产上，可考虑如何降低作物的光补偿点而提高作物的光饱和点，以最大限度地利用日光能。但是，并不是光照度越强光合速率就越高，当光能超过植物光合系统的利用能力时，光合速率反而下降，出现光合作用的光抑制（photoinhibition）现象。植物亦具有多种光保护机制来避免过强光的伤害。相较于农作物，药用植物有大量的阴生植物，只能采用林下或者遮阴种植，大大限制了其种植范围，如扁果菊和三角梅生长在光下和阴影下的光响应曲线是不同的（图 3-20）。因此，阴阳生改造方案可以运用到药用植物上，扩大药用植物的种植范围，提高药材品质和中药产业经济效益。

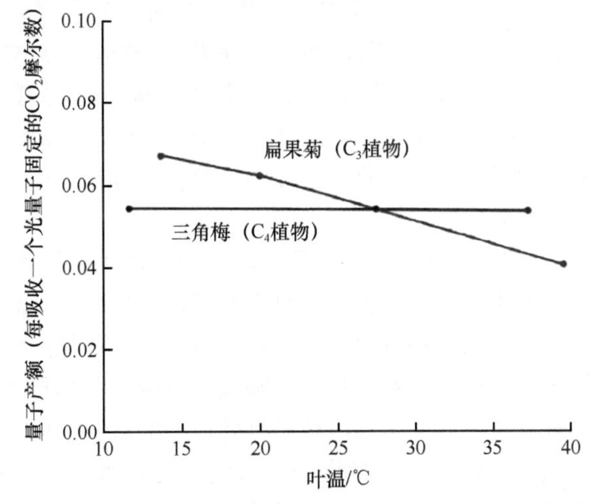

图 3-20　生长在光下或阴影下阳生植物的光合作用光响应曲线

◆ 知识拓展3-1 ◆

林下药用植物对光斑的利用

在散射光照射下，林下药用植物可以进行微弱的光合合成。受光斑照射时，林下植物叶片便会逐渐提高其光合速率，这个过程涉及气孔导度的增大和光合酶的激活，称为光合诱导。光斑过后的短时间内，林下植物往往还能以较高的光合速率进行短时间的光合合成，称为光后合成。光斑过后，林下植物往往可以在相当长一段时间内维持其光合激活状态，此间一旦受光，叶片可以迅速恢复光合作用。光合诱导激活状态的丧失是渐进的、缓慢的。达到最大光合诱导后，丧失全部光合诱导约需 1h 或更长时间。在弱光下，光合诱导激活状态的维持使得植物在下一个光斑到来时，能很快地利用其光能进行光合合成。实际上，在白天相当长的一部分时间内，林下植物都处于一定水平的光合激活状态。如果每次光斑持续的时间短，且光斑前后相隔的时间短，则药用植物对光斑的光能利用效率高。药用植物对光斑的光能利用能力很大程度上受光合诱导的快慢及其激活状态维持的影响。

四、CO_2 浓度

作为光合作用的反应底物，CO_2 浓度直接影响光合速率。CO_2 扩散进入叶片的过程受到叶片表面的水气界面层阻力、气孔阻力、细胞间隙阻力以及进入叶肉细胞和叶绿体的阻力，其最大的阻力来自气孔，所以气孔开闭的调控对光合作用与植物水分平衡十分重要。由于空气中的 CO_2 浓度相对低，常常是限制光合作用的主要因子。随着 CO_2 浓度增加，光合速率明显增加，当植物光合作用吸收的 CO_2 量与呼吸作用和光呼吸释放的 CO_2 量达到动态平衡时，环境中的 CO_2 浓度称为二氧化碳补偿点（CO_2 compensation point）。随 CO_2 浓度进一步提高，植物的光合速率呈线性快速上升，但达到一定 CO_2 浓度时，光合速率不再增加，这时环境中的 CO_2 浓度称为该植物的二氧化碳饱和点（CO_2 saturation point）。一般 C_4 植物的 CO_2 补偿点和 CO_2 饱和点比 C_3 植物低。

光合作用直接受 CO_2 浓度升高的影响，CO_2 浓度增加有助于碳素同化速率的增加，提高植物的光合速率。如 CO_2 浓度倍增可显著提高肋果沙棘（*Hippophae rhamnoides*）幼苗的净光合速率和水分利用效率。随 CO_2 浓度增大，枇杷（*Eriobotrya japonica*）、杜仲（*Eucommia ulmoides*）、厚朴（*Magnolia officinalis*）的光合速率大幅提高。但 CO_2 浓度升高并非对所有药用植物光合能力都有促进作用，CO_2 倍增处理对景天酸代谢植物的光合能力产生抑制效应。

大气中 CO_2 浓度的升高，影响了药用植物的生理代谢过程，势必对药用植物有效成分含量及生物量产生影响。研究发现，CO_2 浓度升高可以提高短葶飞蓬（*Erigeron breviscapus*）地上部生物量和有效成分含量以及产量；但也有研究表明，长期 CO_2 浓度倍增处理降低了枸杞果实多糖、总糖含量及牛磺酸、黄酮、类胡萝卜素等有效成分的含量。由此表明，CO_2 浓度升高对不同种类药用植物有效成分的影响不同。研究发现，枸杞速生期植株地径以及新梢加粗的生长速率会随着 CO_2 浓度升高而加快，但生长量没有显著差异；随着 CO_2 浓度升高，株高和新梢加长的生长则呈前期促进、后期缓慢降低的趋势，但差异不显著。

◆ 知识拓展3-2 ◆

温室效应与 CO_2 浓度

二氧化碳是光合作用的原料，其浓度对光合作用有极大的影响。同时，CO_2 作为最常见的温室气体，主要由含碳物质燃烧和生物新陈代谢产生，是导致温室效应的主要“元凶”，暖冬的产生它“功不可没”。工业革命以来，人类大量使用石油、煤炭等化石燃料，加剧了全球变暖，并给人类带来气候多变、灾害丛生等严重后果。据联合国政府间气候变化专门委员会（IPCC）第 6 次评估报告《气候变化 2021：自然科学基础》，全球 CO_2 浓度从工业革命前的 280ppm（百万分之一）到 2020 年已超过 400ppm，预计 21 世纪末将达到 700ppm 左右。因此，CO_2 浓度升高已成为不争的事实。CO_2 是光合作用的底物，其浓度增加势必会对药用植物生长、光合作用及有效成分积累产生巨大影响。从 1997 年的《京东议定书》到 2009 年的哥本哈根世界气候大会，到 2012 年多哈世界气候大会，再到 2015 年气候变化巴黎大会，越来越多的国家加入到碳减排行动中，纷纷做出减排承诺。全球气候变暖已成为不可改变的事实，目前的一些研究结果为预测药用植物未来的变化趋势提供了许多重要依据。但药用植物种类繁多，且目前的研究还不深入，很多药用植物对气候变暖响应的研究还未涉及。

五、其他影响光合作用的因素

（一）矿质元素

矿质元素在药用植物品质形成过程中扮演着重要角色。如 N、P、S、Mg 等元素是叶绿素及叶绿体的组分；Fe、Mn、Cu、Zn 等是相关酶的辅基或活化剂；Cu、Fe 参与光合电子传递；Mn、Cl 作为放氧复合体的成分参与 H_2O 的光解；缺 P 影响光合同化力及许多中间磷酸化合物的形成；K、Ca 影响气孔开闭而影响 CO_2 的出入；磷酸和 B 促进光合产物的运输等。大量元素中氮素、磷素和钾素在药用植物光合作用过程中影响不尽相同。氮素不仅会影响植物体内在的光合作用，而且还通过影响体内一些重要的酶类控制植物的生理生化代谢，进而对其生长发育和产量产生极大的影响。氮素营养可显著提高药用菊花叶绿素总值，在低氮条件下，高羊茅叶片中叶绿素含量降低。而超氧化物歧化酶（superoxide dismutase，SOD）和过氧化物酶（peroxidase，POD）活性却显著增强。酰胺态氮有利于提高药用菊花净光合速率（Pn），硝态氮有利于促进营养元素钾和钙向花序积累，研究发现随着铵态氮比例的增加，薄荷（*Mentha canadensis*）中可溶性糖含量变化不大而可溶性蛋白质含量显著增加。低钾胁迫下苍术（*Atractylodes lancea*）叶片光合受阻，导致挥发油主要成分 β-桉叶醇、茅苍术醇含量降低。矿质元素是保证药用植物产量和品质的基础，西洋参是应用广泛的补益类中药材，具有养阴润肺、清心安神的功效。20 世纪 80 年代西洋参从北美洲引种到我国，尚未形成规范的栽培技术体系。目前西洋参生产中普遍存在盲目施肥的现象，病害发生严重，产量和质量参差不齐。缺 N、K、Fe 是导致西洋参净光合速率、气孔导度、胞间二氧化碳浓度、蒸腾速率、叶绿素含量下降的主要因子，N、P、B、Zn、Cu 缺乏对皂苷的合成影响最大（表 3-4）。

表 3-4　不同营养元素缺乏下的西洋参光合特性

不同处理	Pn/[μmol CO_2/(m^2·s)]	Gs/[mmol H_2O/(m^2·s)]	Ci/(μmol CO_2/mol)	Tr/[mmol H_2O/(m^2·s)]
CK	2.07±0.09	50.35±4.77	417.01±11.35	0.94±0.05
–N	0.76±0.21*	25.25±4.12*	204.65±10.34*	0.63±0.16*

续表

不同处理	Pn/[μmol CO_2/(m^2 · s)]	Gs/[mmol H_2O/(m^2 · s)]	Ci/(μmol CO_2/mol)	Tr/[mmol H_2O/(m^2 · s)]
–P	1.31±0.07*	34.98±4.69*	309.03±21.06*	0.80±0.09
–K	0.90±0.04*	32.13±5.75*	245.92±30.85*	0.70±0.11*
–Ca	1.37±0.13*	31.86±1.03*	326.50±12.01*	0.74±0.07*
–Mg	1.31±0.19*	30.92±3.19*	303.73±6.84*	0.79±0.11
–Fe	0.94±0.10*	22.15±3.06*	256.93±31.28*	0.73±0.12*
–Mn	1.92±0.19	39.46±3.98*	349.81±17.03*	0.93±0.13
–B	1.35±0.09*	36.29±2.05*	352.76±27.89*	0.84±0.02
–Zn	1.59±0.03*	42.77±1.62*	391.50±24.47	0.93±0.03
–Cu	1.61±0.04*	50.05±7.92	405.90±21.45	1.00±0.12

注：CK：对照组；Pn：净光合速率；Gs：气孔导度；Ci：细胞间隙；Tr：蒸腾速率；* 表示各处理与 CK 差异显著（$P<0.05$）。

微量元素是药用植物生长发育中不可或缺的，土壤中微量元素供给水平将直接影响药材品质形成。适量的铜肥能显著提高关苍术（*Atractylodes japonica*）超氧化物歧化酶活性、筒长、花冠长度、花冠宽度、花粉数量。低浓度（0.5mmol/L）的铝处理能促进山茶属植物叶片叶绿素的合成，高浓度（5mmol/L）的铝处理会抑制山茶属植物叶片叶绿素的合成。高镁胁迫（5.5mmol/L 硫酸镁）虽可提高菊花花序总黄酮含量，但低镁处理有利于菊花木犀草苷和 3,5-O-双咖啡酰基奎宁酸的积累。稀土的主要成分是元素周期表ⅢB 族中钪、钇、镧系 17 种元素，都属于金属元素。稀土对植物的生长发育起着一定的调节或刺激作用，施用稀土可提高紫荆幼苗的可溶性蛋白和叶绿素含量，能有效提高光合效率。重度硅肥处理下能提高多花黄精（*Polygonatum cyrtonema*）抗氧化酶活性、叶绿素含量、光合参数、生长产量，轻度至中度硅肥处理能提高黄精多糖含量。

（二）水分

水分也是光合作用的原料，过高或过低的供水量抑制气孔导度，限制光合和蒸腾作用，进而影响生物量积累。轻度的水分胁迫有利于植物的生长，对植物的株高、地径和叶面积等营养器官的生物量积累有一定的促进作用。缺水时，主要导致气孔关闭而影响 O_2 进入，而使光合速率下降。另外，水分亏缺时，一些水解酶活性提高，不利于糖的合成。缺水还影响细胞伸长生长并抑制蛋白质合成，使叶片光合面积减小，因而植物的总光合作用降低。矿质元素直接或间接影响光合作用。干旱是全球范围内限制植物生产力的主要环境因素。干旱胁迫可以不同程度地降低气体交换参数，从而影响大多数植物的整体光合能力。气孔或非气孔限制通常被认为是水分亏缺条件下光合作用减少现象的一种解释。干旱胁迫导致气孔关闭，蒸腾速率降低，植物组织含水量降低，植物生长受到抑制，光合作用下降。它与脱落酸（ABA）的积累有关，ABA 是主要的应激信号分子，以及其他应激相关化合物，如相容的渗透压物质（山梨醇、甘露醇、脯氨酸）或自由基清除化合物（如抗坏血酸、谷胱甘肽、α-发育酚）。植物也会经历不同层次的组织变化，从叶绿体的超微结构变化开始，从解剖到形态变化。在整个植株水平上，干旱胁迫效应主要表现为生长和光合作用的下降，并与氮和碳代谢的变化有关。植物的反应是复杂的，因为它们反映了压力在时间和空间上的影响，反应分布在植物组织的各个层次。在重度干旱胁迫下，荆芥（*Schizonepeta tenuifolia*）叶表皮腺毛密度、气孔密度均显著增加，腺毛中也分泌出不同比例的物质以增强对缺水环境的适应性。

在野外条件下，一个应力相关的变化可能会被其他应力的叠加所修正、协同或对抗。经多个研究小组证实，中度水分胁迫引起的叶片光合速率下降主要是气孔活动的结果，气孔导度和光合作用是相互调节的。气孔随着干旱进程逐渐关闭，随后净光合作用也随之减少。增加 30% 的供水提高了平车前（*Plantago depressa*）的净光合速率，降低了氮浓度，导致 C/N 比增加，从而增加了平车前中的车前子苷（plantamajoside）浓度。

土壤水分直接调控光合产物在地上和地下的分配以及植株个体形状，生产实践中，通过控水可以达到控制株形和根冠比的作用，用以诱导植株向种植的预期方向生长，以达到获取植株不同部位产量的实际应用需求。

（三）大气污染

随着我国经济持续高速发展和城市化的有序推进，工业废气、汽车尾气、建筑扬尘排放了大量细颗粒物，直接影响人类身心健康，同时有害物质会通过干扰植物新陈代谢过程致使药用植物生长发育不良，进而降低药用植物生长量和药用活性成分的含量。大气细颗粒物成分复杂，包括有机碳、硝酸盐、硫酸盐、铵盐、钠盐等，其中硫酸盐占总量的 21%～32%。作为大气细颗粒物的主要硫酸盐之一，硫酸铵 [$(NH_4)_2SO_4$] 主要由二氧化硫（SO_2）与大气中羟基自由基（·OH）或臭氧（O_3）发生光化学反应生成硫酸（H_2SO_4），再与氨气（NH_3）等发生化学反应生成，是一种有毒有害的大气成分。颗粒物会覆盖在植物叶片表面，致使植物接收的光强降低，从而导致植物光合作用显著下降。硫酸铵可以堵塞香樟叶片气孔，进而影响香樟（*Cinnamomum camphora*）幼苗的净光合速率和蒸腾速率，SO_2 对植物叶绿素具有漂白作用，使叶绿素分子降解为无光合活性的脱镁色素，且它的光谱特性也产生变化而导致叶片枯萎，致使光合作用和生长发育受抑制。随着 SO_2 浓度增加，麦冬（*Ophiopogon japonicus*）、紫萼（*Hosta ventricosa*）、虎耳草（*Saxifraga stolonifera*）叶片受损，叶绿素含量、叶液 pH 以及相对含水量均呈现下降趋势。

大量研究表明，高浓度 O_3 一般会降低植物的光合作用。如高浓度 O_3 处理使银杏（*Ginkgo biloba*）叶片净光合速率下降，银杏叶片中的可溶性蛋白与淀粉含量下降，最终导致生长缓慢。另外，臭氧能提高药用植物抗氧化物质的含量。而这些抗氧化物质如黄酮、多酚恰好是某些药材的中药有效成分，表明臭氧可以用来增加药材的抗氧化物质含量，提高相关药材的品质。因此，臭氧对药用植物的影响需要进一步深入研究，在减缓对药用植物生长发育负效应的同时，发挥其优势。大气氮沉降提高了乌药（*Lindera aggregata*）幼苗的光合能力，可能原因是氮沉降使乌药幼苗叶片氮含量增加，引起 Rubisco 和与光合作用相关的氮组分增加，提高了叶肉细胞 CO_2 固定能力。适量氮沉降可以提高组织叶绿素含量，增加净光合速率，但过量氮沉降则会产生相反的效应。总之，鉴于大气污染不断加重的总体趋势及其对药用植物生长发育的巨大影响，药用植物对大气污染响应的研究应引起更多不同领域科学工作者的共同关注，相关研究应受到更多的重视。

案例 3-1 解析

1. 光合作用是光合生物利用光能同化 CO_2 和 H_2O 合成有机物，并释放 O_2 的过程。

2. 水分也是光合作用的原料，过高或过低的供水量抑制枸杞叶片气孔导度，限制光合和蒸腾作用，进而影响枸杞生物量积累。枸杞虽然耐旱，水分胁迫过强，枸杞的光合作用有不同程度降低。干旱胁迫下，枸杞叶片净光合速率（Pn）随着干旱胁迫的加剧而下降，气孔导度（Gs）也呈现下降趋势；在轻度干旱胁迫下叶片胞间二氧化碳浓度（Ci）

降低，且水分利用效率（WUE）最高，而在中度和重度干旱胁迫下，叶片 Ci 随着干旱加重而不断升高。表明在轻度干旱胁迫下，Pn 降低是由气孔部分关闭引起，从而提高了叶片的水分利用效率。

本 章 小 结

学习内容	学习要点
叶绿体结构	光合色素；光能的吸收；光合电子传递；非循环光合磷酸化
光反应和碳反应	C_3 植物；C_4 植物；景天酸代谢途径生物；光合作用产物
光呼吸	C_2 循环；光呼吸代谢；净光合速率；胞间二氧化碳浓度；气孔导度

目 标 检 测

一、单项选择题

1. 叶片是植物光合作用的主要器官，光合作用的主要过程在（　　）中进行。

A. 线粒体　　B. 叶绿体　　C. 细胞质　　D. 液泡

2. 光合产物的主要产物是糖类，包括单糖（葡萄糖、果糖等）、双糖（蔗糖）和多糖（淀粉等），其中以（　　）和淀粉最为普遍。

A. 蔗糖　　B. 葡萄糖　　C. 果糖　　D. 核糖

3. C_3 植物的维管束鞘薄壁细胞较小，不含或含有很少叶绿体，与 C_4 植物相比，没有（　　）结构，维管束鞘周围的叶肉细胞排列松散。

A. 圆形　　B. 花环形　　C. 双椭圆形　　D. 双心形

二、多项选择题

1. 卡尔文循环分为 3 个阶段，分别是（　　）。

A. 羧化　　B. 脱羧　　C. 还原　　D. 催化

E. 再生

2. 光合作用过程中吸收光能的色素统称为光合色素，分别是叶绿素、（　　）。

A. 胡萝卜素　　B. 类胡萝卜素　　C. 叶黄素　　D. 藻红素

E. 胆色素

3. 光合磷酸化也与光合电子传递途径一样，分为 3 种类型：非循环光合磷酸化、（　　）。

A. 循环光合磷酸化　　B. 半循环光合磷酸化

C. 半开式光合磷酸化　　D. 假循环光合磷酸化

E. 假半循环光合磷酸化

三、名词解释

光反应；C_4 途径；光合速率

四、简答题

1. 简述光呼吸的意义。

2. 查阅相关资料，请列举 3～5 个与光合作用有关并获得诺贝尔奖的科学家或项目。

（河北中医药大学　谷仙）

第四章　药用植物呼吸生理

学习目标

1. 掌握：植物呼吸的途径多样性。
2. 熟悉：末端氧化酶多样性。
3. 了解：抗氰呼吸。

案例 4-1 导入

天南星科臭菘属中的不少植物分布在寒冷地带，如臭菘（*Symplocarpus renifolius*），全株有毒，但其根茎可药用，具有解表止咳、化痰平喘的功效，在我国主要分布于东北黑龙江、松花江和乌苏里江流域。每年2～3月雪尚未消融的时候它的佛焰苞就破雪而出，它周围的雪开始融化，臭菘进入开花阶段，长达14天的花期内，它能使体温持续保持在15～30℃。由于开花时周围环境温度特别低，其肉穗花序产热能为传粉者提供一个很好的庇护所和育雏场所，同时也完成了传粉、受精。

问题：臭菘的肉穗花序产热的生理基础是什么？

在自然界中，植物有机体的一个重要特征就是通过新陈代谢（metabolism）进行物质与能量的转换。新陈代谢包括同化作用（assimilation）与异化作用（dissimilation）两个方面。同化作用指的是物质的合成和能量的储存，异化作用是指物质的分解和能量的释放。光合作用将CO_2和H_2O转变为有机物，把太阳光能转化为可储存在体内的化学能，因此属于同化作用；而呼吸作用将有机物氧化分解为简单物质并释放能量，属于异化作用。植物的呼吸作用集物质代谢和能量代谢于一体，是植物生长发育得以顺利进行的物质、能量和信息的源泉，是有机物代谢的枢纽，与植物栽培及其产品的贮藏保鲜关系密切。因此，研究呼吸作用的物质能量转变与调控过程及呼吸作用的生理功能，对调控药用植物的生长发育，指导其生产具有非常重要的意义。

第一节　呼吸作用的概念及其生理意义

一、呼吸作用的概念

呼吸作用（respiration）是指活细胞内的有机物，在一系列酶的参与下，逐步氧化分解成简单物质，并释放能量的过程。依据呼吸过程中是否有氧参与，可将呼吸作用分为有氧呼吸和无氧呼吸。

（一）有氧呼吸

有氧呼吸（aerobic respiration）是指活细胞利用分子氧（O_2），将某些有机物彻底氧化分解为CO_2并生成H_2O，同时释放能量的过程。通常所说的呼吸作用指的就是有氧呼吸。在呼吸作用中被氧化的有机物称为呼吸底物（respiratory substrate），如葡萄糖、蔗糖、淀粉、有机酸等，甚至在特定情况下，蛋白质都可以作为呼吸底物。不同植物、不同发育时期、不同组织和器官的呼吸底物会有所差异。一般来说，葡萄糖是植物细胞呼吸最常利用的物质，因此，呼吸作用过程简括表示如下：

$$C_6H_{12}O_6 + 6O_2 \longrightarrow 6CO_2 + 6H_2O + 能量 \tag{4-1}$$

$$\Delta G^{0'} = -2870\text{kJ/mol}$$

上述方程式是目前通常使用的，但也有人认为，上述反应式并不能准确地表达呼吸的真正过程。因为在呼吸过程中，氧气并不能直接与葡萄糖作用，需要水分子参与到葡萄糖降解的中间产物里，中间产物的氢原子与空气中的氧结合，还原成水。为更准确表达其生化变化，呼吸作用方程式改为：

$$C_6H_{12}O_6 + 6H_2O+6O_2 \longrightarrow 6CO_2 + 12H_2O + 能量 \tag{4-2}$$

$$\Delta G^{0'} = -2870\text{kJ/mol}$$

$\Delta G^{0'}$表示在 pH7 下标准自由能的变化。呼吸作用释放的能量，少部分以 ATP、NADH 和 NADPH 形式贮藏起来，为植物生命活动所必需，但大部分以热能放出。有氧呼吸是高等植物进行呼吸的主要形式。然而，在缺氧等条件下，植物也被迫进行无氧呼吸。

（二）无氧呼吸

无氧呼吸（anaerobic respiration）指活细胞在无氧条件下，将淀粉、葡萄糖等有机物分解成为不彻底的氧化产物，同时释放出部分能量的过程。这个过程用于高等植物，称为无氧呼吸，如应用于微生物则称为发酵（fermentation）。

高等植物无氧呼吸可产生乙醇，其过程与乙醇发酵相同，反应式如下：

$$C_6H_{12}O_6 \longrightarrow 2C_2H_5OH + 2CO_2 + 能量 \tag{4-3}$$

$$\Delta G^{0'} = -226\text{kJ/mol}$$

在无氧条件下，高等植物细胞主要进行的是乙醇发酵。例如，苹果、香蕉贮藏久了产生的酒味就是乙醇发酵的结果。除了产生乙醇外，高等植物的无氧呼吸还可以产生乳酸，如马铃薯块茎、胡萝卜肉质根和青贮饲料，在缺氧条件下，常产生乳酸，其反应式如下：

$$C_6H_{12}O_6 \longrightarrow 2CH_3CHOHCOOH + 能量 \tag{4-4}$$

$$\Delta G^{0'} = -197\text{kJ/mol}$$

在无氧呼吸中底物氧化降解不彻底，在乙醇、乳酸等发酵产物中仍然含有比较丰富的能量，因而释放能量比有氧呼吸少得多。

从进化的角度看，有氧呼吸是由无氧呼吸进化而来。远古时期，地球大气中没有氧气，微生物体内缺少氧化酶类，只能进行无氧呼吸。随着绿色植物出现，光合作用放出氧气，改变空气成分，出现了好氧生物，其体内含有完善的有氧呼吸酶系统，能够利用分子氧，能量利用效率高，是生物代谢类型上的一个显著进化。尽管现今高等植物的呼吸主要是有氧呼吸，但仍保留无氧呼吸能力，这是植物适应生态环境多样性的表现。例如，缺氧情况下（水淹），高等植物可以进行短期的无氧呼吸，以适应不利环境。又如，在正常不缺氧的环境中，高等植物的某些部分亦进行一些无氧呼吸，如种子萌发时，种皮未破裂前只进行无氧呼吸；一些地下组织器官（如甜菜块根和马铃薯块茎）和果实的内部，也进行无氧呼吸；水稻等沼泽植物则具有强烈的无氧呼吸系统。

二、呼吸作用的生理意义

1. 为植物生命活动提供能量　呼吸作用释放出的能量一部分转化为热能散失，另一部分则以 ATP 等形式储存起来。当 ATP 等在酶作用下分解时，就会将贮藏的能量释放出来用于植物的各项生命活动，如植物对矿质营养的吸收和运输，有机质的合成和运输，细胞的分裂和伸长，植物的生长发育等。未被利用的能量就转变为热能而散失掉。呼吸放热可提高植物体温，有利于植物的幼苗生长、开花授粉及受精等。

2. 为植物体内重要有机物的合成提供原料　呼吸作用过程中产生一系列的中间产物，如α-酮戊二酸、苹果酸、磷酸甘油醛等，可作为合成糖类、脂质、氨基酸、蛋白质、酶、核酸、色素、激素及维生素等各种细胞结构物质、生理活性物质及次生代谢物的原料，这些物质为植物生长发育所必需。因此，呼吸作用是植物体内有机物代谢的中心。

3. 为植物体内代谢活动提供还原力　在呼吸底物降解过程中形成的 NADH、NADPH、$FANH_2$ 等可为脂肪、蛋白质生物合成及硝酸盐还原等过程提供还原力。

4. 提高植物的抗病免疫能力　当植物受到病原菌侵染时，染病组织的呼吸速率急剧升高，通过氧化分解病原菌所分泌的毒素来解除毒素带来的危害；当植物受伤时，也可以通过旺盛的呼吸促进伤口愈合，使伤口迅速木质化或栓质化，以阻止病原菌的侵染。呼吸作用的加强还可促进具有杀菌作用的绿原酸、咖啡酸等的合成。

第二节　植物的呼吸代谢途径

植物的呼吸代谢并非只有一条途径。不同的植物、同一植物的不同器官或组织在不同生长发育时期或不同环境条件下，呼吸底物的氧化降解可经历不同的途径。1965 年，汤佩松提出了呼吸代谢多条路线观点，阐明呼吸代谢与其他生理功能之间控制和被控制的相互制约的关系。基因通过酶控制着代谢，调控植物的形态结构和生理功能；在一定的限度内，代谢类型、生理功能和环境条件也调控着基因的表达（图 4-1）。

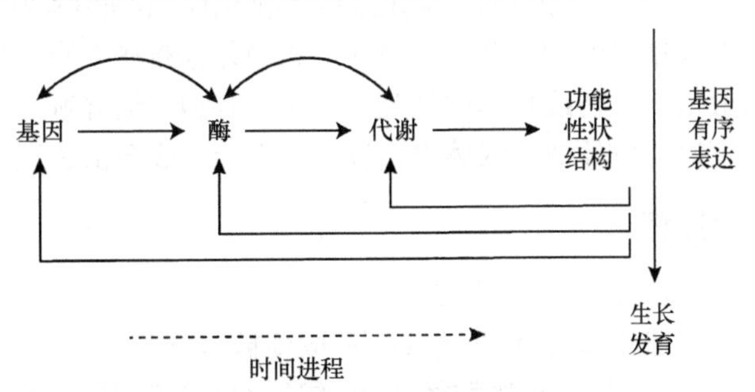

图 4-1　呼吸代谢的控制和被控制的观点示意图

随着生物化学、植物生理学及现代实验技术的发展，发现高等植物呼吸代谢过程和动物、微生物的一些主要途径是一致的。但微生物代谢途径比高等动植物细胞更为复杂，而高等植物则介于微生物和高等动物之间。高等植物呼吸代谢过程中糖的分解途径有：糖酵解、丙酮酸在缺氧条件下进行的乙醇发酵或乳酸发酵；丙酮酸在有氧条件下进行的三羧酸循环、戊糖磷酸途径；还有一条脂肪氧化分解的乙醛酸循环和一条乙醇酸氧化途径（图 4-2）。其中，细胞质是糖酵解和戊糖磷酸途径进行的场所，线粒体是三羧酸循环和生物氧化的场所。可以说，它们在方向上相互连接、在空间上互相交错、在时间上互相交替，既分工又合作，构成不同的代谢类型，执行不同的生理功能，相互调节，相互制约。

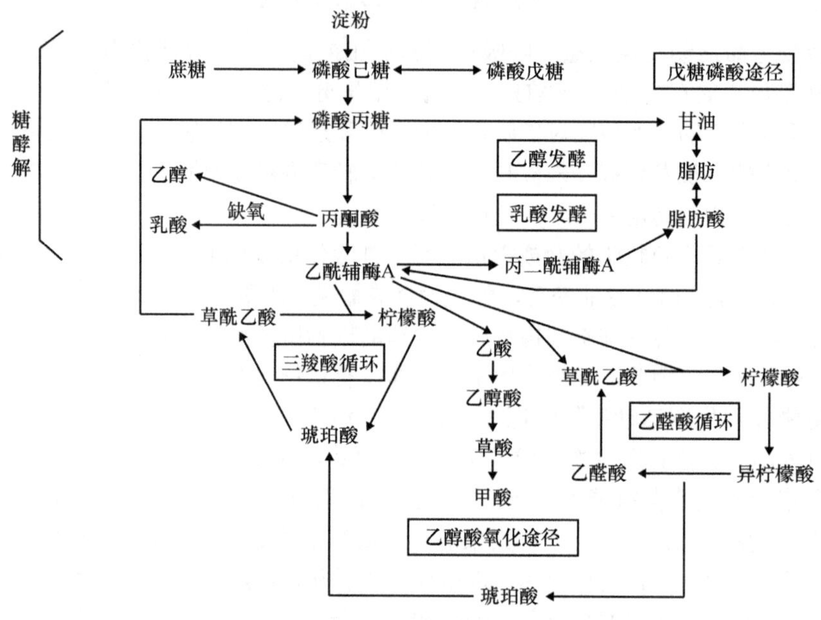

图 4-2　植物体内主要呼吸代谢途径相互关系示意图

一、糖　酵　解

在一系列酶的参与下，葡萄糖被氧化分解成丙酮酸，并释放能量的过程，称为糖酵解（glycolysis），亦称为 EMP 途径（Embden-Meyerhof-Parnas pathway），这是为纪念在研究糖酵解途径方面做出突出贡献的三位德国生物化学家恩布登（Embden）、迈耶霍夫（Meyerhof）和帕纳斯（Parnas）。

糖酵解普遍存在于动物、植物和微生物的所有细胞中，是在细胞质中进行的。近年来，在动物细胞中发现，参与糖酵解的酶并不是呈水溶态均匀分布在细胞质中，而是形成一个超分子的复合物，并松散地结合在线粒体的外膜上，可能有利于糖酵解的高效运行。植物中虽然糖酵解的部分反应可以在质体或叶绿体中进行，但不能完成全部过程。

（一）糖酵解的化学过程

糖酵解的化学反应见图 4-3，可分为 3 个阶段。

（1）己糖的磷酸化：葡萄糖经 ATP 磷酸化形成葡糖-6-磷酸，再经磷酸葡萄糖异构酶催化生成果糖-6-磷酸（F6P），果糖-6-磷酸经 ATP 磷酸化后形成果糖-1,6-二磷酸，为裂解成 2 分子丙糖磷酸做准备。

（2）磷酸己糖的裂解：该阶段包括磷酸己糖裂解为 2 分子丙糖磷酸，即 3-磷酸甘油醛和磷酸二羟丙酮，以及它们二者之间的互相转换。

（3）丙酮酸和 ATP 的生成：该阶段 3-磷酸甘油醛氧化脱氢形成磷酸甘油酸，再经脱水脱磷酸形成丙酮酸，并伴随有 ATP 和 $NADH+H^+$ 的生成。因此，该阶段也称为氧化产能阶段。由于底物的分子磷酸直接转到 ADP 而形成 ATP，所以一般称之为底物水平磷酸化（substrate level phosphorylation）。

糖酵解中糖的氧化分解过程，没有 CO_2 的释放，也没有 O_2 的吸收，所需要的氧是来自组织内的含氧物质，即水分子和被氧化的糖分子，因此糖酵解途径也称为分子内呼吸（intramolecular respiration）。

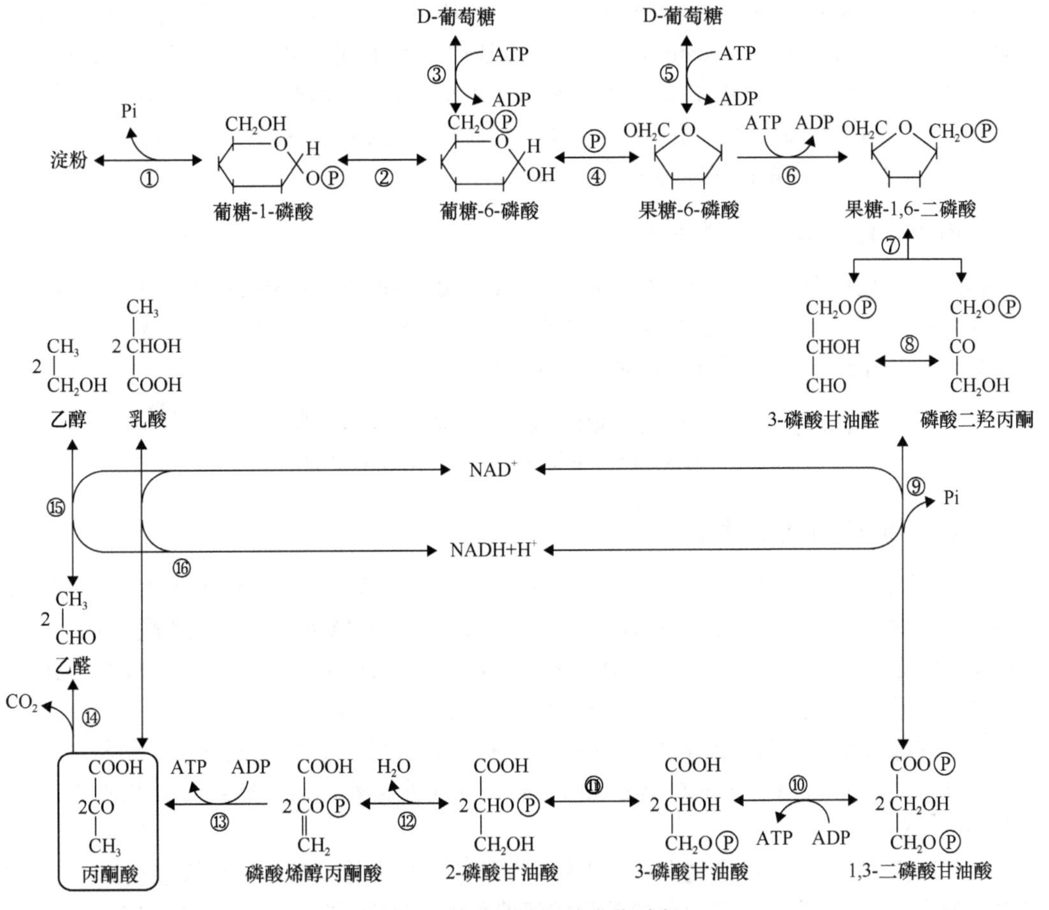

图 4-3　糖酵解途径的生化过程

①淀粉磷酸化酶；②磷酸葡萄糖变位酶；③己糖激酶；④磷酸己糖异构酶；⑤果糖激酶；⑥磷酸果糖激酶；⑦醛缩酶；⑧丙糖磷酸异构酶；⑨ 3-磷酸甘油醛脱氢酶；⑩磷酸甘油酸激酶；⑪ 磷酸甘油酸变位酶；⑫ 烯醇化酶；⑬ 丙酮酸激酶；⑭ 丙酮酸脱羧酶；⑮ 乙醇脱氢酶；⑯ 乳酸脱氢酶

一般情况下，以葡萄糖为呼吸底物，糖酵解的总反应式如下：

$$C_6H_{12}O_6 + 2NAD^+ + 2ADP + 2Pi \longrightarrow 2CH_3COCOOH + 2NADH + 2H^+ + 2ATP + 2H_2O \tag{4-5}$$

（二）糖酵解的生理意义

（1）糖酵解普遍存在于动物、植物和微生物中，是有氧呼吸和无氧呼吸的共同途径。

（2）糖酵解的一些中间产物如 3-磷酸甘油醛等是合成其他有机物的重要原料。而终端产物丙酮酸在生物化学上十分活跃，可通过不同途径，进行不同的生化反应。

（3）糖酵解除了有 3 步反应不可逆外，其余反应是可逆的，这使得糖异生作用成为可能。

（4）糖酵解中生成的 ATP 和 NADH，可使生物体获得生命活动所需要的部分能量和还原力。

二、三羧酸循环

葡萄糖经过糖酵解转化成丙酮酸。在有氧条件下，丙酮酸通过位于线粒体内膜的丙酮酸转运体（pyruvate translocator），与线粒体基质中 OH^- 进行电中性交换，使丙酮酸进入线粒体基质，经氧化脱羧形成乙酰辅酶 A（乙酰 CoA）。乙酰 CoA 再进入三羧酸循环（tricarboxylic acid cycle，TCA 循环或 TCAC）彻底氧化成 CO_2，生成 ATP、NADH、$FADH_2$ 并释放能量。整个反应都在线粒体的基质中进行。

（一）由丙酮酸形成乙酰辅酶 A

丙酮酸在丙酮酸脱氢酶复合物（pyruvate dehydrogenase complex）催化下，氧化脱羧形成 NADH、CO_2 和乙酸，乙酸再通过硫脂键与辅酶 A（CoA）结合生成乙酰 CoA，乙酰 CoA 是连接糖酵解与 TCA 循环的纽带，反应式如下：

$$CH_3COCOOH + CoA\sim SH + NAD^+ \xrightarrow{Mg^{2+}、TPP、硫辛酸、FAD} CH_3CO\sim SCoA + CO_2 + NADH + H^+ \tag{4-6}$$

（二）TCA 循环的化学过程

TCA 循环又称柠檬酸循环（citric acid cycle）。由于该循环是英国生物化学家克雷布斯（Krebs）于 1937 年正式提出的，所以也称为 Krebs 循环。TCA 循环是指从乙酰 CoA 与草酰乙酸缩合成柠檬酸开始，然后经过一系列氧化脱羧反应生成 CO_2、NADH、$FADH_2$、ATP 直至草酰乙酸再生的全过程（图 4-4）。三羧酸循环可分为 3 个阶段。

（1）柠檬酸生成阶段：乙酰 CoA 不能直接被氧化分解，必须改变其分子结构才可以。乙酰 CoA 在柠檬酸合酶催化下与草酰乙酸结合，形成柠檬酰 CoA，然后加水生成柠檬酸并放出 CoA～SH。

（2）氧化脱羧阶段：柠檬酸在顺乌头酸酶作用下形成异柠檬酸，异柠檬酸氧化脱氢脱羧形成 α-酮戊二酸，α-酮戊二酸氧化脱羧生成琥珀酸，此阶段释放 CO_2 并合成 ATP。

（3）草酰乙酸的再生阶段：琥珀酸氧化脱氢形成延胡索酸和 $FADH_2$，然后延胡索酸转变为苹果酸，苹果酸氧化脱氢形成草酰乙酸和 $NADH+H^+$，草酰乙酸与乙酰 CoA 再次结合，进行下一轮循环。

TCA 循环的总反应式如下：

$$CH_3CO\sim SCoA + 3NAD^+ + FAD + ADP + Pi + 2H_2O \longrightarrow 2CO_2 + 3NADH + 3H^+ + FADH_2 + ATP + CoA\sim SH \tag{4-7}$$

从葡萄糖经糖酵解生成 2 分子丙酮酸，经氧化脱酸生成 2 分子乙酰 CoA，进入 TCA 循环进一步氧化脱羧，则总反应式可写成：

$$2CH_3COCOOH + 8NAD^+ + 2FAD + 2ADP + 2Pi + 4H_2O \longrightarrow 6CO_2 + 8NADH + 8H^+ + 2FADH_2 + 2ATP \tag{4-8}$$

（三）丙酮酸进入 TCA 循环的生理意义和特点

（1）丙酮酸经过 TCA 循环氧化生成 3 个 CO_2，这个过程是靠被氧化底物分子中的氧和水分子中的氧来实现的。该过程释放的 CO_2 就是有氧呼吸产生 CO_2 的来源，当外界环境中 CO_2 浓度增高时，脱羧反应受到抑制，呼吸速率会下降。

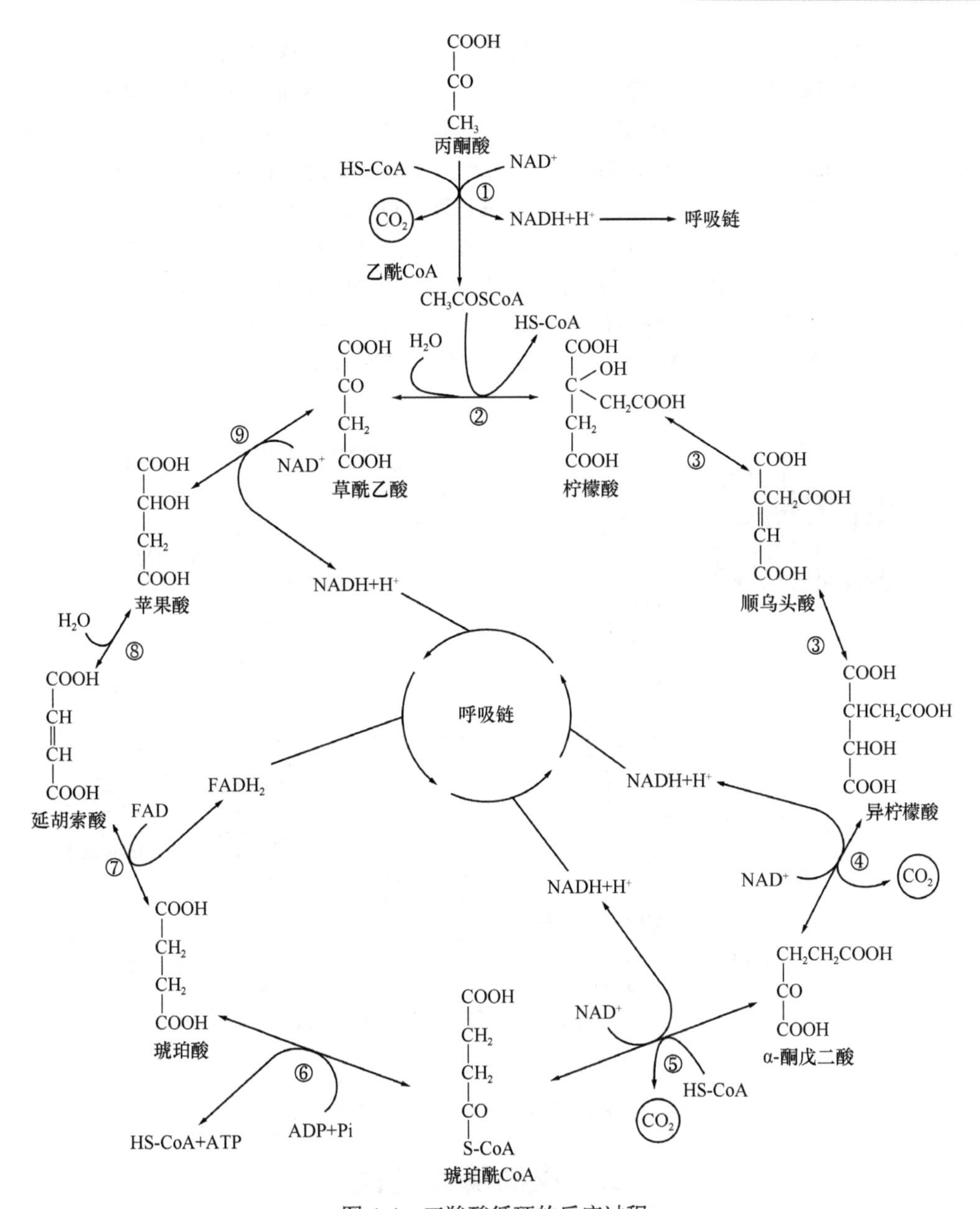

图 4-4　三羧酸循环的反应过程

①丙酮酸脱氢酶复合物；②柠檬酸合酶或称缩合酶；③顺乌头酸酶；④异柠檬酸脱氢酶；⑤ α-酮戊二酸脱氢酶复合体；⑥琥珀酸硫激酶；⑦琥珀酸脱氢酶；⑧延胡索酸酶；⑨苹果酸脱氢酶

（2）丙酮酸经过 TCA 循环有 5 步氧化反应脱下 5 对氢，其中 4 对氢用于还原 NAD^+，形成 $NADH+H^+$，另一对从琥珀酸脱下的氢可将 FAD 还原为 $FADH_2$，再经过呼吸链将 H^+ 和电子传给分子氧结合成水，同时发生氧化磷酸化生成 ATP。由琥珀酰 CoA 形成琥珀酸时发生底物水平磷酸化，直接生成 1mol ATP。这些 ATP 可为植物生命活动提供能量。

（3）TCA 循环中虽然没有 O_2 的参加，但必须在有氧条件下经过呼吸链电子传递，使 NAD^+ 和 FAD 在线粒体中再生，该循环才可继续，否则 TCA 循环就会受阻。

（4）乙酰辅酶 A 不仅是糖代谢的中间产物，同时也是脂肪酸和某些氨基酸的代谢产物，因此，TCA 循环是糖类、脂质和蛋白质三大类有机物氧化代谢的共同途径。

（5）TCA 循环的一些中间产物是氨基酸、蛋白质和脂肪酸生物合成的前体，如丙酮酸可以转变成丙氨酸，草酰乙酸可以转变成天冬氨酸等。然而，这些被抽走的中间产物必须得到补充，否则 TCA 循环就会停止运转。这种补充反应称为 TCA 循环的回补机制（replenishing mechanism）。研究表明，在糖酵解中形成的磷酸烯醇丙酮酸（PEP）可不转变为丙酮酸，而是在 PEP 羧化酶催化下形成草酰乙酸（OAA），草酰乙酸再被还原为苹果酸，苹果酸可经线粒体内膜上的二羧酸传递体与基质中的无机磷酸（Pi）进行交换进入线粒体基质，可直接进入 TCA 循环；苹果酸在基质中，也可在 NAD^+ 苹果酸酶的作用下氧化脱羧形成丙酮酸，或在苹果酸脱氢酶的作用下生成草酰乙酸，再进入 TCA 循环，可起到补充草酰乙酸和丙酮酸的作用。实验证实，苹果酸比丙酮酸更容易进入线粒体，并参加 TCA 循环（图 4-5）。

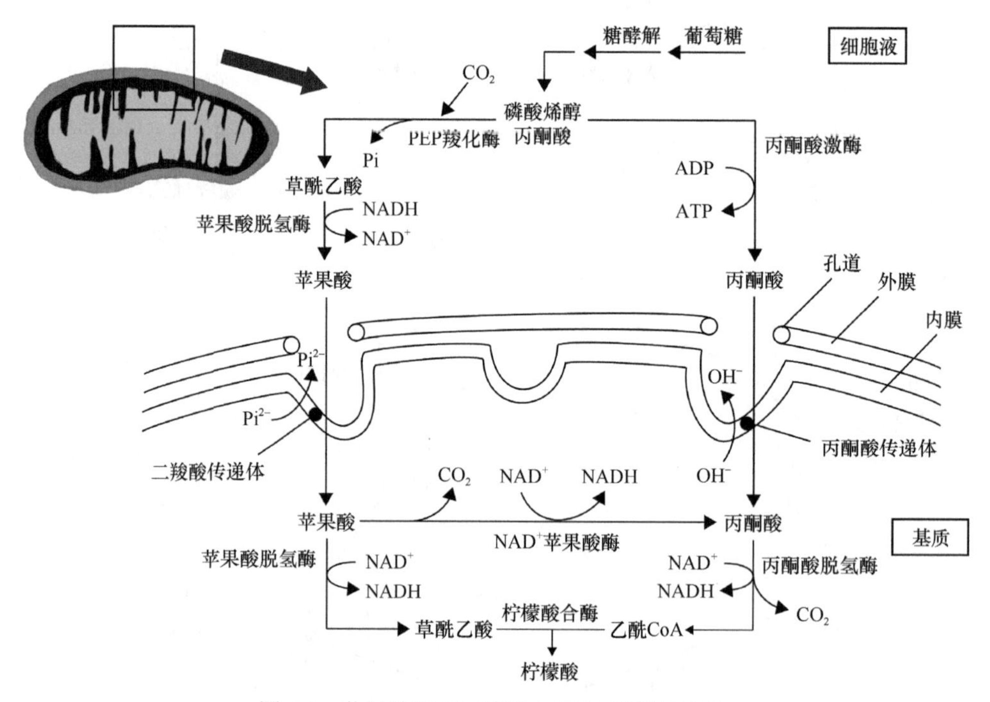

图 4-5　苹果酸和丙酮酸进入 TCA 循环的途径

三、戊糖磷酸途径

Racker（1954 年）、Cunsalus（1955 年）等发现在有氧条件下，植物细胞除经过 EMP-TCA 途径可以将葡萄糖彻底氧化分解成 CO_2 外，还存在另外一条葡萄糖彻底氧化分解的途径——戊糖磷酸途径（pentose phosphate pathway，PPP）。PPP 同 EMP 一样，也是在细胞质中进行的。

（一）戊糖磷酸途径的化学过程

戊糖磷酸途径是指葡萄糖在细胞质内经一系列酶促反应被氧化降解为 CO_2 的过程。该途径可分为两个阶段（图 4-6）。

（1）不可逆的氧化阶段：从 6mol 葡糖-6-磷酸（G6P）开始，经两次脱氢氧化及脱羧后，放出 6mol CO_2 和生成 6mol 5-磷酸核酮糖（Ru5P）：

$$6G6P + 12NADP^+ + 6H_2O \longrightarrow 6CO_2 + 12NADPH + 12H^+ + 6Ru5P \tag{4-9}$$

（2）可逆的非氧化阶段：6mol 5-磷酸核酮糖（共有 6×5=30 碳原子）经 C_3、C_4、C_5、C_7 等，然后转变成为 5mol 葡糖-6-磷酸（同样含 5×6=30 个碳原子）：

$$6Ru5P + H_2O \longrightarrow 5G6P + Pi \qquad (4\text{-}10)$$

以上两个阶段的反应表明，经过 6 次的循环反应之后，1mol 的 G6P 被分解而生成 6mol CO_2，其总反应式如下：

$$G6P + 12NADP^+ + 7H_2O \longrightarrow 6CO_2 + 12NADPH + 12H^+ + Pi \qquad (4\text{-}11)$$

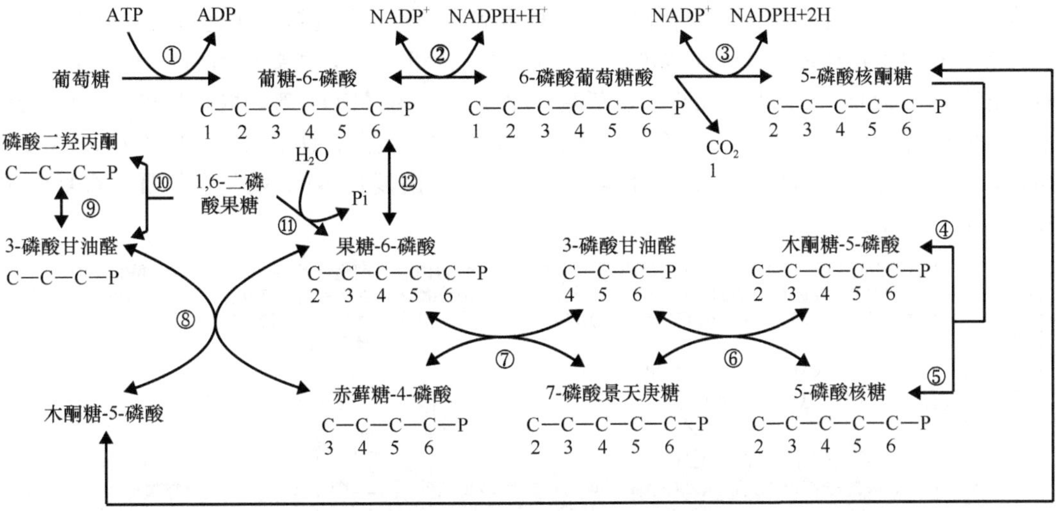

图 4-6　戊糖磷酸途径

①己糖激酶；②葡糖-6-磷酸脱氢酶；③ 6-磷酸葡糖酸脱氢酶；④木酮糖-5-磷酸表异构酶；⑤ 5-磷酸核糖异构酶；⑥转酮醇酶；⑦转醛醇酶；⑧转羟乙醛基酶；⑨丙糖磷酸异构酶；⑩醛缩酶；⑪ 磷酸果糖脂酶；⑫ 磷酸己糖异构酶

（二）戊糖磷酸途径的生理意义和特点

（1）PPP 是一个不需要通过糖酵解，而对葡萄糖进行直接氧化的过程。生成的 NADPH 也可能进入线粒体，通过氧化磷酸化作用生成 ATP。

（2）PPP 中脱氢酶的辅酶是 $NADP^+$。每氧化 1mol G6P 可形成 12mol 的 $NADPH+H^+$，它是体内脂肪酸和固醇生物合成、葡萄糖还原为山梨醇、二氢叶酸还原成四氢叶酸的还原剂。

（3）PPP 的一些中间产物是许多重要有机物生物合成的原料，如 Ru5P 等戊糖是合成核酸的原料；赤藓糖-4-磷酸（E4P）和磷酸烯醇丙酮酸（PEP）可以合成莽草酸，进而合成芳香族氨基酸，也可合成与植物生长、抗病性有关的生长素、木质素、绿原酸、咖啡酸等。植物在受病菌侵染及干旱等逆境条件下，该途径明显加强。

（4）PPP 中的一些中间产物丙糖、丁糖、戊糖、己糖及庚糖的磷酸酯也是光合作用卡尔文循环的中间产物，因而可以把呼吸作用和光合作用联系起来。另外，3-磷酸甘油醛和果糖-6-磷酸也是 EMP 的中间产物，因此，它们也可通过 EMP 而被氧化。

第三节　电子传递和氧化磷酸化

有机物在生物体细胞内进行氧化分解，产生二氧化碳、水和释放能量的过程，称为生物氧化（biological oxidation）。它是在活细胞内、正常体温和有水的环境下，在一系列酶、辅酶和中间传递体的共同作用下逐步完成的，因而有别于体外的直接氧化。体外燃烧或纯化学的氧化，一般是在高温、高压、强酸、强碱条件下短时间内完成，并伴随着能量的急剧释放。

一、电子传递链

糖酵解和三羧酸循环中产生的NADH+H^+不能直接与游离的氧分子结合，需经过电子传递链传递后，才能与氧结合。电子传递链（又称呼吸链）是指按一定氧化还原电位顺序排列、互相衔接传递氢或电子到分子氧的一系列呼吸传递体的总轨道。电子传递链在原核生物中存在于质膜上，在真核细胞中存在于线粒体内膜上。电子传递链的传递体可以分为两类：氢传递体和电子传递体。氢传递体包括一些脱氢酶的辅助因子，主要有NAD（辅基Ⅰ）、黄素单核苷酸（FMN）、黄素腺嘌呤二核苷酸（FAD）、泛醌（UQ）等，既传递电子，也传递质子；电子传递体包括细胞色素（Cyt）系统、某些黄素蛋白、铁硫蛋白（Fe-S）。如图4-7所示，组成电子传递链的5种酶复合体：酶复合体Ⅰ、酶复合体Ⅱ、酶复合体Ⅲ、酶复合体Ⅳ、酶复合体Ⅴ。

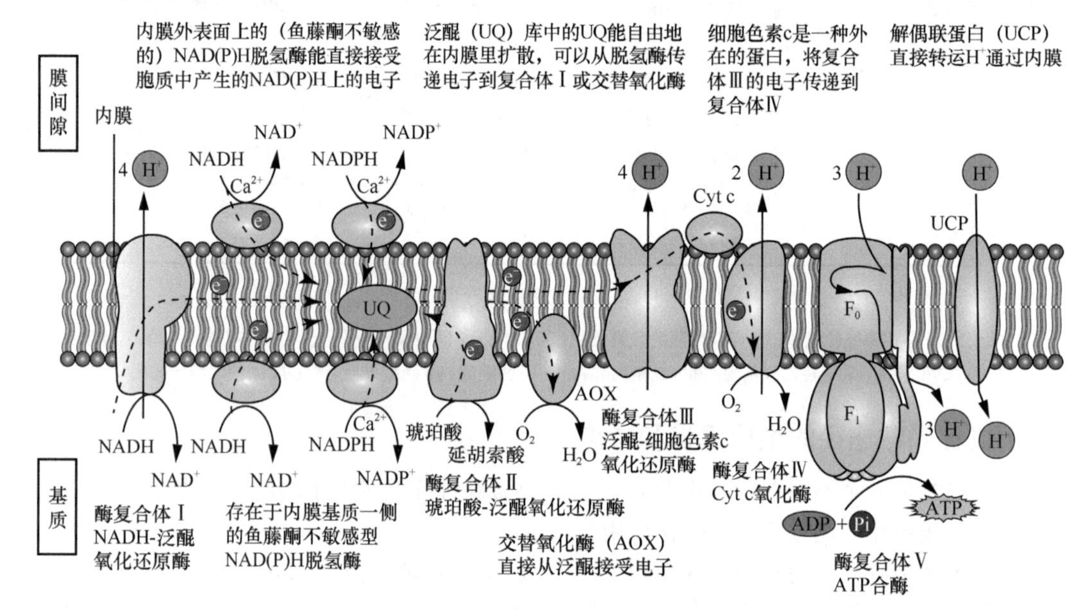

图4-7 植物线粒体内膜上电子传递链和ATP合酶

酶复合体Ⅰ又称NADH-泛醌氧化还原酶，包括以FMN为辅基的黄素蛋白、多种Fe-S、UQ、磷脂。其功能是催化位于线粒体基质中NADH+H^+的2个H^+经FMN转运到膜间空间，同时再经过Fe-S将2个电子传递给靠近内膜内侧的2个UQ。受鱼藤酮、巴比妥酸的抑制，抑制Fe-S簇的氧化和泛醌的还原。

酶复合体Ⅱ又称琥珀酸-泛醌氧化还原酶，主要成分是琥珀酸脱氢酶（SDH）、FAD、细胞色素b、3个Fe-S蛋白，其功能是催化琥珀酸氧化为延胡索酸，并把H经过FAD转移到UQ生成还原态泛醌（UQH_2）。受2-噻吩甲酰三氟丙酮（TTFA）的抑制。

酶复合体Ⅲ又称泛醌-细胞色素c氧化还原酶，由2个Cyt b（b565和b560）、1个Fe-S蛋白、1个Cyt c_1组成。其功能是催化UQ先自复合体Ⅲ细胞色素b各获得1个电子，同时从基质中各摄取1个H^+，生成2个半醌（UQH），2个UQH再接受复合体Ⅰ FMN传递来的1对电子，同时又从基质中各摄取1个H^+，生成2个还原型泛醌（UQH_2），生成的2个

UQH_2 通过构象改变移动到内膜外侧，在酶催化下将基质中摄取的 2 对 H^+ 释放到膜间空间，每个 UQH_2 中的 1 对电子中 1 个交回 Cyt b，另一个电子经 Fe-S → Cyt c_1 传递到位于线粒体内膜外侧的 Cyt c，2 个 UQ 则从内膜外侧返回内侧，完成 UQ 循环。受抗霉素 A 抑制，抑制从 UQH_2 到复合体Ⅲ的电子传递（也有人认为是抑制酶复合体Ⅲ中 Cyt b → Fe-S → Cyt c_1 的电子传递）。

酶复合体Ⅳ又称 Cyt c 氧化酶，主要成分是 Cyt a、Cyt a_3、2 个铜原子，组成两个氧化还原中心，Cyt a、Cu_A 是接受来自 Cyt c 的电子的受体；Cyt a_3、Cu_B 是氧化还原的位置。其功能是将 Cyt aa_3 中的电子传递给分子氧，被激活的 O_2 再与基质中的 H^+ 结合形成 H_2O，基质侧的 1 对 H^+ 可通过酶复合体Ⅳ的质子通道或其他基质转运到膜间空间。CO、氰化物（CN^-）、叠氮化物（N_3^-）同 O_2 竞争与 Cyt aa_3 中 Fe 的结合，可抑制从 Cyt aa_3 到 O_2 的电子传递。

酶复合体Ⅴ又称 ATP 合酶，由 F_0、F_1 组成，F_0 由 4 个不同亚基组成，是复合体的“柄”，镶嵌在内膜中，内有传递 H^+ 的通道；F_1 由 5 种 9 个亚基组成，是复合体的“头”，伸入膜内的基质中，与 F_0 结合在一起，能催化 ADP 和 Pi 合成 ATP，也能催化与质子从内膜基质侧向内膜外侧转移相连的 ATP 水解。

电子传递体的组分中 UQ 和 Cyt c 是可以移动的。UQ 是电子传递链中非蛋白质成员，存在于线粒体内膜内，不与蛋白质结合，能在膜脂质内自由移动，是复合体Ⅰ和复合体Ⅱ与复合体Ⅲ之间的电子载体，并参与 H^+ 的跨膜转移。Cyt c 是线粒体内膜外侧的外周蛋白，是电子传递链中唯一的可移动的色素蛋白，在复合体Ⅲ和复合体Ⅳ之间传递电子。此外，在线粒体内膜的膜间一侧有一些“外在”的 NADH 脱氢酶，可氧化细胞质中的 NADH 或 NADPH，并将电子传递到 UQ，进入电子传递链，不受鱼藤酮的抑制。

二、氧化磷酸化

氧化磷酸化（oxidative phosphorylation）是指 NADH 或 $FADH_2$ 中的电子，经电子传递链传递给分子氧生成水，并偶联 ADP 和 Pi 生成 ATP 的过程。电子沿呼吸链由低电位流向高电位是逐步释放能量的过程，电子在两个电子传递体之间传递转移时，如果释放的能量可满足 ADP 磷酸化形成 ATP 的需要，即视为氧化磷酸化的偶联部位，电子传递链中酶复合体Ⅰ、Ⅲ和Ⅳ是 3 个偶联部位。NADH 经电子传递链氧化要通过酶复合体Ⅰ、Ⅲ和Ⅳ 3 个偶联部位，形成 3mol ATP，$FADH_2$ 经电子传递链氧化只通过酶复合体Ⅲ和Ⅳ 2 个偶联部位，形成 2mol ATP。线粒体进行有氧呼吸时电子、质子传递和三羧酸循环的关系如图 4-8 所示。

磷/氧比（P/O）是评价氧化磷酸化作用活力的指标，指呼吸作用每消耗 1mol 氧经氧化磷酸化作用合成了多少（mol）ATP。磷酸化并不直接与某个具体偶联部位的电子传递相偶联。

氧化磷酸化作用的机制，目前有 3 种假说：化学偶联假说、构象偶联假说和化学渗透假说。实验证据较充分的是英国生物化学家 Mitchell（1961 年）提出的化学渗透假说，该假说强调跨膜的质子动力（PMF）是推动 ATP 合成的原动力，呼吸传递体在线粒体内膜上有着特定的不对称分布，彼此相间排列，当电子在膜中定向传递时，所释放的能量将 H^+ 从线粒体内膜的基质侧泵至膜间隙，一对电子从 NADH 传递到 O_2 时，共泵出 10 个 H^+；从琥珀酸的 $FADH_2$ 开始，则共泵出 6 个 H^+。泵至外侧的 H^+，不能自由通过线粒体内膜而返回内侧，这样就可以在电子传递过程中，建立起跨膜的质子浓度梯度（ΔpH）和膜电势差（ΔE），即 H^+ 电化学势梯度（$\Delta\mu_H{}^+$），也可称为质子动力差（ΔP）。跨膜质子浓度梯度越大，则质子电化学势梯度就越大，可供利用的自由能也就越高。强大的质子电化学势梯度使 H^+ 流沿着 F_1F_0-ATP 合酶的 H^+ 通道进入线粒体基质时，释放的自由能推动 ADP 和 Pi 合成 ATP。

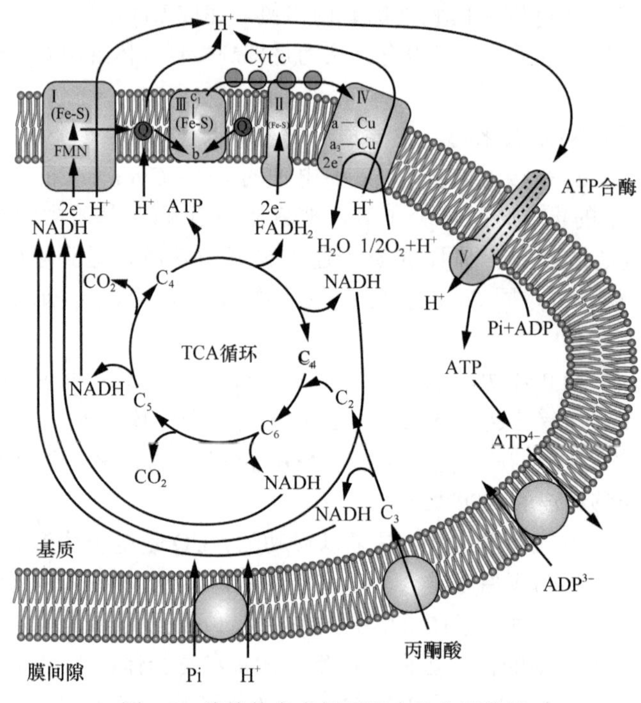

图 4-8 线粒体在有氧呼吸中的主要作用

虽然化学渗透假说受到广泛支持，但目前也有异议。美国生物化学家博耶（Boyer）提出 ATP 合酶的结合转化机制，该假说认为 ATP 的合成过程中，F_1 上的 3 个 β 亚基分别处于开放、松弛和紧密结合 3 种构象，并分别对应与底物（ADP 和 Pi）的结合、产物（ATP）的形成和释放 3 个过程；当质子顺质子电化学势梯度通过时，会引起 γ 亚基的旋转，导致 3 个 β 亚基构象的依次变化，从而完成 ADP 和 Pi 的结合、高能磷酸键的形成及 ATP 的释放。

氧化磷酸化过程中的抑制：①电子传递链抑制剂，作用于电子传递链。电子传递抑制剂并不是直接抑制 ATP 的合成，而是通过抑制跨膜的 H^+ 电化学势梯度的建立，间接抑制了 ATP 的合成。②解偶联剂，消除跨膜的质子梯度或电位梯度，使 ATP 不能形成，如 2,4-二硝基酚（DNP），在不同 pH 下，可结合 H^+ 转移至膜内，能够消除跨膜质子梯度，抑制 ATP 的形成。③既不抑制电子传递，也不同于解偶联剂，直接作用于 ATP 合酶，抑制 ATP 合成，并能间接抑制 O_2 的消耗，如寡霉素。

三、呼吸链电子传递途径的多样性

1. 细胞色素途径 在生物界分布最广泛，为动物、植物及微生物共有。该途径通过酶复合体Ⅰ、Ⅲ、Ⅳ，每传递一对电子可泵出 8～10 个 H^+，P/O 的理论值是 3，受鱼藤酮、抗霉素 A、氰化物的抑制。

2. 电子传递支路 1 这条途径的脱氢酶的辅基是一种黄素蛋白（FP_2），电子从 NADH 上脱下后经 FP_2 直接传递到 UQ，绕过了酶复合体Ⅰ，通过酶复合体Ⅲ、Ⅳ，每传递一对电子可泵出 6 个 H^+，P/O 的理论值是 2，受抗霉素 A、氰化物的抑制，不受鱼藤酮抑制。

3. 电子传递支路 2　这条途径的脱氢酶的辅基是另外一种黄素蛋白(FP_3)，其 P/O 值为 2，其他与支路 1 相同。

4. 电子传递支路 3　这条途径的脱氢酶的辅基是另外一种黄素蛋白（FP_4），电子自 NADH 脱下后经 FP_4 和 Cyt b5 直接传递给 Cyt c，越过酶复合体Ⅰ、Ⅲ，只通过酶复合体Ⅳ，其 P/O 值为 1，受氰化物的抑制，对鱼藤酮、抗霉素 A 不敏感。

5. 交替途径（AP）　除了细胞色素系统途径外，大多数植物还有另一条电子传递途径——交替途径，即植物细胞线粒体中存在的对氰化物不敏感的电子传递途径，故又称抗氰支路，是细胞色素呼吸链之外的电子传递链途径（图 4-9）。电子自 NADH 脱下后，经 FMN → Fe-S 传递到 UQ，然后从 UQ 传递给一种黄素蛋白，再经交替氧化酶传递给分子氧。电子传递通过了酶复合体Ⅰ，绕过了酶复合体Ⅲ、Ⅳ，P/O 的理论值是 1。受鱼藤酮的抑制，不受抗霉素 A、氰化物的抑制。

植物细胞内还存在一些线粒体外氧化酶如乙醇酸氧化酶、多酚氧化酶、抗坏血酸氧化酶等，参与的电子传递途径，完成电子由底物向氧分子的传递。

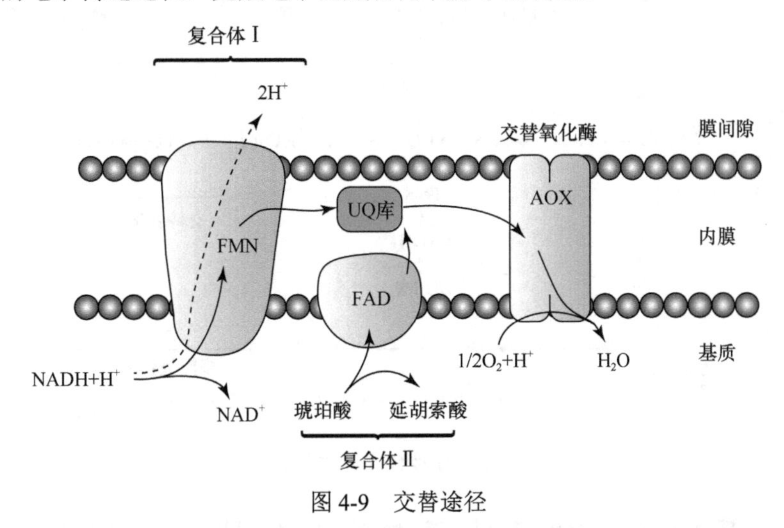

图 4-9　交替途径

四、末端氧化系统的多样性

末端氧化酶是把底物的电子传递到电子传递系统的最后一步，将电子最终传给 O_2，使其活化，并形成 H_2O 或 H_2O_2 的酶类。此酶是一个具有多样性的系统，有的存在于线粒体内，如细胞色素氧化酶、交替氧化酶；有的存在于细胞质或其他细胞器中，如酚氧化酶、抗坏血酸氧化酶、乙醇酸氧化酶等。多种多样的氧化酶系统，适应不同底物和不同环境条件，保证植物的正常生命活动。

1. 细胞色素氧化酶　植物体内最主要的末端氧化酶，承担细胞内约 80% 的耗氧量。包括 Cyt a 和 Cyt a_3，含有两个铁卟啉和两个铜原子。其作用是将 Cyt c 的电子传给 O_2，生成 H_2O，对氧的亲和力极高，受氰化物、CO 的抑制。

2. 交替氧化酶　是抗氰呼吸的末端氧化酶，定位于线粒体内膜，活性部位朝向基质，在植物和微生物中以氧化型二聚体和还原型二聚体存在，其功能是将 UQH_2 的电子传递给一种黄素蛋白（FP），最终传递给 O_2 产生 H_2O，对氧的亲和力比细胞色素氧化酶低，受水杨羟肟酸（SHAM）的抑制，对氰化物不敏感。

3. 酚氧化酶　包括单元酚氧化酶（如酪氨酸酶）和多酚氧化酶（儿茶酚氧化酶），均含铜，存在于质体和微体中。催化分子氧将各种酚氧化成醌，也可与细胞内其他底物氧化相偶联，从而起到末端氧化酶的作用。对氧的亲和力中等，易受氰化物、CO 的抑制。

4. 抗坏血酸氧化酶 也是一种含铜的氧化酶，位于细胞质中，可催化分子氧将抗坏血酸氧化并生成 H_2O，对氧的亲和力低，受氰化物的抑制，对 CO 不敏感。

5. 乙醇酸氧化酶 植物光呼吸的末端氧化途径，是一种黄素蛋白酶(含 FMN)，不含金属，存在于过氧化物酶体中。催化乙醇酸氧化为乙醛酸并产生 H_2O_2，与甘氨酸和草酸生成有关，与氧的亲和力极低，不受氰化物和 CO 抑制。

呼吸代谢电子传递过程（包括线粒体内的和线粒体外的）部位总结如图 4-10 所示。植物体内含有多种呼吸氧化酶，这些酶各有其生物学特性，所以就能使植物体在一定范围内适应各种外界条件。

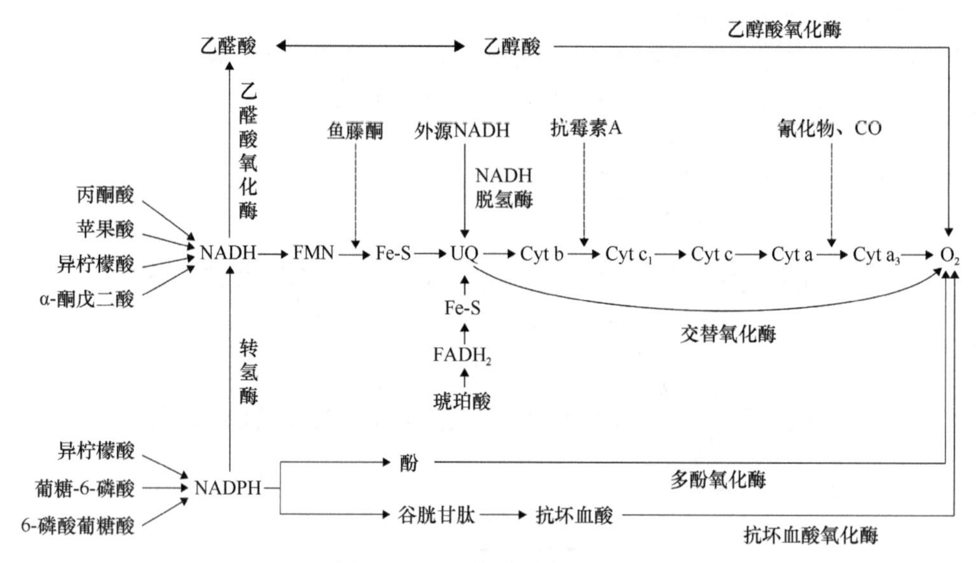

图 4-10 呼吸代谢的概括图解

第四节 呼吸过程中能量的储存和利用

呼吸作用既会释放能量也会储存能量，因此探讨该过程中植物是如何对能量进行储存和利用的，是一个非常重要的问题。

一、储存能量

呼吸作用放出的能量，一部分以热的形式散失于环境中，其余部分则以高能键的形式储存起来。植物体内的高能键主要是高能磷酸键，其次是硫酯键。

高能磷酸键中以腺苷三磷酸（adenosine triphosphate，ATP）中的高能磷酸键最重要。生成 ATP 的方式有两种：一是氧化磷酸化（oxidative phosphorylation）；二是底物水平磷酸化（substrate-level phosphorylation）。氧化磷酸化是在线粒体内膜上的呼吸链和 ATP 合酶复合体中完成，需要 O_2 参加：而底物水平磷酸化是在细胞质基质和线粒体基质中进行的，没有 O_2 参加。

二者相比，氧化磷酸化是生成 ATP 的主要形式，在高等植物的呼吸链中，以 NADH 为起点，有三个磷酸化的地方，每氧化一个 NADH 分子，则产生三个分子 ATP。

$$NADH + H^+ + 3ADP + 3Pi + 1/2O_2 \longrightarrow NAD^+ + 4H_2O + 3ATP \quad (4\text{-}12)$$

而底物水平磷酸化仅占一小部分，是从底物分子直接转移磷酸基给 ADP，生成 ATP。例如，在糖酵解途径中，己糖脱氢（或脱水），其分子所含的能量会重新分布，生成高能磷酸键，接着把高能磷酸基转到 ADP 上，生成 ATP。又如，三羧酸循环中 α-酮戊二酸氧化脱羧，生成的琥珀酰 CoA 中具有高能硫酯键。在琥珀酰 CoA 硫激酶作用下，硫酯键断裂释放能量，由鸟苷二磷酸转给鸟苷三磷酸，再传给 ADP，生成 ATP。

二、利 用 能 量

在一个葡萄糖分子通过糖酵解、三羧酸循环和电子传递链完全氧化为 CO_2 和 H_2O 过程中，不同阶段产生不同数量的能量，真核生物一共生成 30 分子 ATP，具体分布如表 4-1 所示。在标准状态下，1mol 葡萄糖彻底氧化为 CO_2 和 H_2O 所释放的自由能是 2870kJ，而 1mol ATP 水解时释放的自由能是 31.8kJ，1mol 葡萄糖产生 30mol ATP，则植物体内的葡萄糖完全氧化时，能量利用效率约为 31.8×30/2870×100%=33.2%，这说明，在生物氧化中，还有 67% 左右能量以热能形式散失了。

表 4-1 葡萄糖完全氧化时生成的 ATP 分子数

反应名称	生成 ATP 分子数
糖酵解：葡萄糖到丙酮酸（在细胞质基质中）	
葡萄糖的磷酸化	–1
果糖-6-磷酸的磷酸化	–1
2 分子 1,3-二磷酸甘油酸去磷酸化	+2
2 分子磷酸烯醇丙酮酸去磷酸化	+2
2 分子 3-磷酸甘油醛脱氢，生成 2NADH	
丙酮酸转化为乙酰 CoA（在线粒体中产生 2NADH）	
三羧酸循环（在线粒体中）	
2 分子琥珀酰 CoA 形成 2 ATP	+2
2 分子异柠檬酸、α-酮戊二酸和苹果酸氧化，生成 6NADH	
2 分子琥珀酸氧化生成 $2FADH_2$	
氧化磷酸化（在线粒体中）	
糖酵解中生成 2NADH，各生成 1.5ATP	+3
丙酮酸氧化脱羧产生 2NADH，各生成 2.5ATP	+5
三羧酸循环中形成 2FADH，各生成 1.5ATP	+3
三羧酸循环中异柠檬酸、α-酮戊二酸和苹果酸氧化	+15
共产生 6NADH，各生成 2.5 ATP	
总计	+30

综上所述，植物的叶绿体通过光合作用把太阳光能转变为化学能，储存于光合产物中，这是一个贮能过程。线粒体通过呼吸作用把有机物氧化而释放能量，与此同时把能量储存于 ATP 中，供生命活动用。因此，呼吸作用既是一个放能过程，也是一个贮能过程。将能量的转变和利用总结如图 4-11 所示。

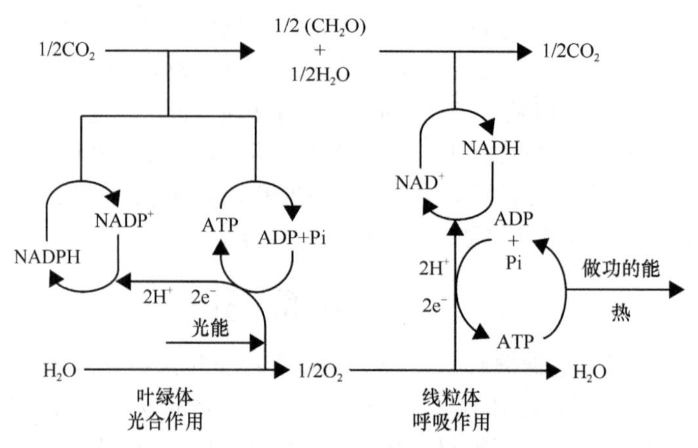

图 4-11　光合作用和呼吸作用之间的能量转变

三、光合作用和呼吸作用的关系

植物的光合作用和呼吸作用是植物体内相互对立又相互依存的两个过程。光合作用是一个贮藏能量的过程，而呼吸作用则是分解有机物、释放能量的过程。两者的区别见表 4-2。

表 4-2　光合作用和呼吸作用的比较

光合作用	呼吸作用
1. 以 CO_2 和 H_2O 为原料	1. 以 O_2 和有机物为原料
2. 产生有机物糖类和 O_2	2. 产生 CO_2 和 H_2O
3. 叶绿素等捕获光能	3. 有机物的化学能暂时储存于 ATP 中或以热能消失
4. 通过光合磷酸化把光能转变为 ATP	4. 通过氧化磷酸化把有机物的化学能转化为 ATP
5. H_2O 的氢主要转移至 $NADH^+$，形成 $NADPH+H^+$	5. 有机物的氢主要转移至 NAD^+，形成 $NADPH+H^+$
6. 糖合成过程主要利用 ATP 和 $NADPH+H^+$	6. 细胞活动是利用 ATP 和 $NADH+H^+$（或 $NADPH+H^+$）做功
7. 仅有含叶绿素的细胞才能进行光合作用	7. 活的细胞都能进行呼吸作用
8. 只有在光照下发生	8. 在光照或黑暗中都可以发生
9. 发生于真核细胞植物的叶绿体中	9. 糖酵解和戊糖磷酸途径发生于胞质溶胶中，三羧酸循环和生物氧化则发生于线粒体中

但是，光合作用和呼吸作用又是相互依存，共处于一个统一体中的。没有光合作用形成有机物，就不可能有呼吸作用；如果没有呼吸作用，光合过程也无法完成。随着对光合和呼吸机制的日益了解，两者之间的辩证关系也越来越具体。主要表现在下列 3 个方面。

（1）光合作用所需的 ADP（供光合磷酸化产生 ATP 之用）和辅酶 $NADP^+$（供产生 $NADPH+H^+$ 之用），与呼吸作用所需的 ADP 和 $NADP^+$ 是相同的，这两种物质在光合作用和呼吸作用中可共用。

（2）光合作用的碳反应与呼吸作用的戊糖磷酸途径基本上是正反反应的关系。它们的中间产物同样是三碳糖（甘油醛磷酸）、四碳糖（赤藓糖磷酸）、五碳糖（核糖磷酸、核酮糖磷酸、木酮糖磷酸）、六碳糖（果糖磷酸、葡糖磷酸）及七碳糖（景天庚酮糖磷酸）等。光合作用和呼吸作用之间有许多糖类（中间产物）是可以交替使用的。

（3）光合作用释放的 O_2 可供呼吸利用，而呼吸作用释放的 CO_2 亦能为光合作用所同化。

第五节　呼吸作用的调节

植物呼吸作用的调节，主要是对参与代谢过程的酶调节。酶调节包括酶的合成和活性的调节，前者受基因控制，后者主要是代谢产物、无机离子及环境因子对关键酶活性的生化调节。

一、糖酵解的调节

图 4-12 所示为糖酵解的调节过程。糖酵解过程中，磷酸果糖激酶和丙酮酸激酶是两个关键酶。当植物组织从氮气转移到空气中时，不仅会产生乙醇发酵受到抑制的巴斯德效应（Pasteur effect），而且糖酵解的速度也会减慢，这是因为随着有氧呼吸的活跃，会产生较多的 ATP 和柠檬酸，两者将抑制这两种酶的活性，糖类分解就慢，糖酵解速度也缓慢。此外，由于丙酮酸激酶活性下降，积累较多的磷酸烯醇丙酮酸；加之烯醇酶和磷酸甘油酸变位酶的反应是可逆的，故增加了 2-磷酸甘油酸和 3-磷酸甘油酸的量。磷酸烯醇丙酮酸、2-磷酸甘油酸和 3-磷酸甘油酸的积累都可以抑制磷酸果糖激酶的活性。因此，磷酸果糖激酶的抑制是通过丙酮酸激酶抑制而产生的，显然，磷酸果糖激酶是关键酶，也是巴斯德效应的核心所在。例如，在肿瘤发生过程中，肿瘤细胞存在能量代谢异常，表现为糖酵解过度活跃，而线粒体有氧代谢削弱。因此，在实践中，有研究采用从紫草中提取的紫草素来抑制白血病细胞的糖酵解，从而导致其细胞凋亡或者利用白英（*Solanum lyratum*）的乙醇提取物来抑制卵巢癌细胞的糖酵解来达到治疗的效果。

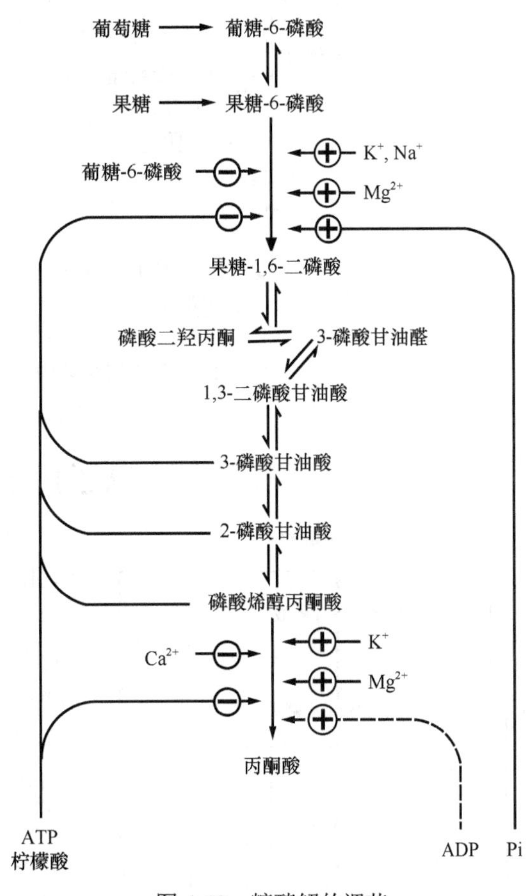

图 4-12　糖酵解的调节

⊕正效应物；⊖负效应物；ADP 作为底物参与，以虚线表示

当组织从有氧条件转移到无氧条件下，代谢调控作用刚好相反。氧化代谢受抑制，柠檬酸和 ATP 合成减少，积累较多 Pi 和 ADP，前者是磷酸果糖激酶的正效应物，后者则作为底物参与丙酮酸激酶的反应，从而促进上述两个关键酶的活性。当 NAD^+/NADH 的比值高时，对糖酵解的运转是有利的。此外，Ca^{2+} 抑制丙酮酸激酶，K^+ 和 Mg^{2+} 则为该酶的活化剂。

二、戊糖磷酸途径和三羧酸循环的调节

葡糖-6-磷酸脱氢酶是戊糖磷酸途径的关键酶，受 NADPH 抑制。当 [NADPH]/[$NADP^+$] 比率过高时，既抑制葡糖-6-磷酸脱氢酶的活性，也抑制 6-磷酸葡糖酸脱氢酶活性。而在植物受旱、受伤、衰落及种子成熟过程中，当 NADPH 被氧化利用，生成较多的 $NADP^+$ 时，则促进戊糖磷酸途径，使其在总呼吸中所占比例也加大。三羧酸循环的调节是多方面的。从

图 4-13 可以看出，NADH 是主要负效应物，NADH 水平过高，会抑制丙酮酸脱氢酶（多酶复合物）、异柠檬酸脱氢酶、苹果酸脱氢酶和苹果酸酶等的活性。ATP 对柠檬酸合酶和苹果酸脱氢酶起抑制作用。根据质量作用原理，产物（如乙酰 CoA、琥珀酰 CoA 和草酰乙酸）的浓度过高时也会抑制各自有关酶的活性。

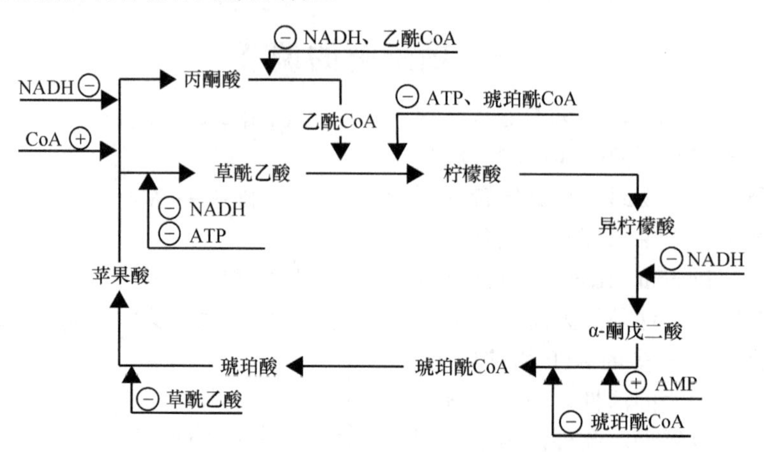

图 4-13　三羧酸循环中的调节部位和效应物的图解

⊕促进作用；⊖抑制作用

三、电子传递途径的调节

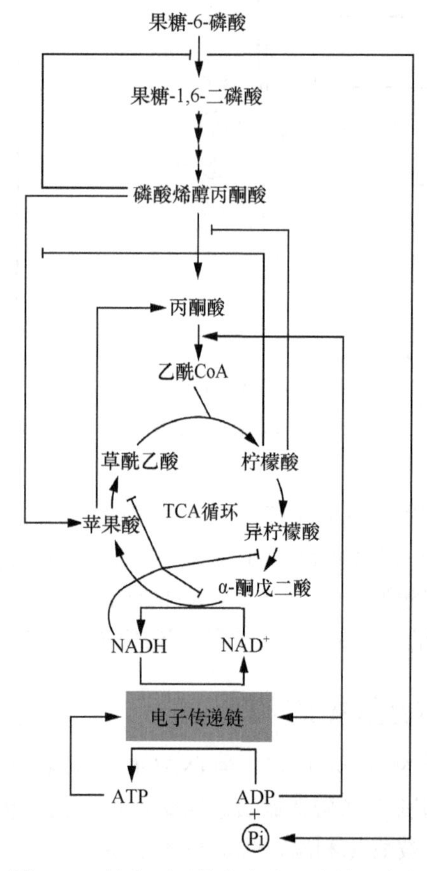

图 4-14　植物呼吸从底向上调节的示意图

呼吸的顺序是由糖酵解到三羧酸循环，最后由氧化磷酸化生成 ATP，而这个过程都是由最终产物 ATP 的底物（ADP 和 Pi），通过关键性代谢物由底向上调节电子传递链到三羧酸循环，最后调节糖酵解。如图 4-14 所示，植物呼吸速率是从 ADP 细胞水平由底向上控制，ADP 起始调节电子传递和 ATP 形成，继而调节三羧酸循环活性，最后调节糖酵解反应速率。植物体内呼吸代谢中，两条主要电子传递途径——细胞色素途径（CP）与交替途径（AP）之间可通过协同调节方式适应环境变化和发育进程的需要。例如，粉脉魔芋（*Amorphophallus atroviridis*）开花产热时剧烈增加的 AP 伴随着 CP 几乎完全丧失，这可满足细胞代谢活动的要求，有利于传粉、受精。实验证明，天南星科佛焰花序开花时，AP 的诱导物是内源水杨酸（salicylic acid，SA）。外源 SA 也可诱导 AP 的运行，同时诱导交替氧化酶基因的提前表达。当植物缺磷时，底物脱下的氢原子会经泛醌（UQ）进入 AP，CP 受阻，磷酸化作用受到抑制，这也是一种适应表现。

四、腺苷酸能荷的调节

腺苷酸（adenylic acid）对呼吸的影响是多方面的，它能调节细胞的代谢。1968 年 Atkinson 提出能荷（energy charge），说明细胞中腺苷酸系统的能量状态。植物体内的 ATP、ADP、AMP 三种腺苷酸在腺苷酸激酶催化下，很容易发生可逆转变。因此，细胞中 3 种腺苷酸浓度比值就成为调节呼吸代谢的一个重要因素。

$$\text{能荷}=\frac{[\text{ATP}]+1/2\,[\text{ADP}]}{[\text{ATP}]+[\text{ADP}]+[\text{AMP}]} \tag{4-13}$$

活细胞中能荷一般稳定在 0.75～0.95，当能荷变小，ADP、Pi 相对增多时，会相应地启动、活化 ATP 的合成反应，呼吸代谢受到促进；反之，当能荷变大时，ATP 相对增多，则 ATP 合成反应减慢，ATP 利用反应就会加强，植物呼吸代谢就会相应受到抑制。前述 EMP、TCA 循环及 PPP 中有多种酶受到 ADP 或 ATP 的促进或抑制。

第六节　呼吸作用的影响因素

一、呼吸作用的指标

根据强弱和性质，呼吸作用指标一般可以用呼吸速率和呼吸商来表示。

1. 呼吸速率（respiratory rate） 也称呼吸强度，是最常用的生理指标。呼吸速率的表示方法为单位时间内植物的单位鲜重、干重或原生质释放 CO_2 的量（Q_{CO_2}）或吸收 O_2 的量（Q_{O_2}）。呼吸速率的单位应根据具体情况来选用。常用单位有 μmol/(g · h)，μmol/(mg · h)，μL/(g · h) 等。

2. 呼吸商（respiratory quotient，RQ） 也称呼吸系数，是呼吸底物的性质和氧气供应状态的一种指标。呼吸商的表示方法为单位时间内，植物组织放出 CO_2 的物质的量与吸收 O_2 的物质的量的比率。

$$\text{RQ}=\frac{\text{放出的 } CO_2 \text{ 的物质的量}}{\text{吸收的 } CO_2 \text{ 的物质的量}} \tag{4-14}$$

二、呼吸商的影响因素

影响呼吸商的因素有呼吸底物的种类和环境因素。

1. 呼吸底物的种类 呼吸商是根据呼吸底物种类的不同而发生变化。当呼吸底物是糖类（如葡萄糖）而又完全氧化时，呼吸商是 1。当呼吸底物是一些富含氢的物质，如脂质或蛋白质时，呼吸商小于 1。当呼吸底物是含氧多于糖类的有机酸时，如苹果酸，呼吸商大于 1。

2. 环境因素 环境的氧气供应状况同样影响着呼吸商，在无氧条件下发生乙醇发酵，因为只有 CO_2 的释放，没有 O_2 的吸收，则 RQ 远大于 1。如果在呼吸过程中形成不完全氧化的中间产物（如有机酸），吸收的 O_2 多保存于中间产物中，放出的 CO_2 就相对减少，RQ 就会小于 1。

三、呼吸速率的影响因素

1. 内部因素的影响 在不同植物中呼吸速率各不相同，一般来说，凡是生长快的植物，呼吸速率就快；生长慢的植物，呼吸速率也慢。同一植物的不同器官或组织中呼吸速率也各不相同，生长旺盛、幼嫩器官（根尖、茎尖、嫩根、嫩叶）的呼吸速率比生长缓慢、年老器官（老根、老茎、老叶）的快。生殖器官的呼吸速率比营养器官快。

同一器官的不同组织的呼吸速率也有差别。单位鲜重的组织中，形成层的呼吸速率大于韧皮部，韧皮部大于木质部。同一器官在生长过程中，呼吸速率也有变化。以果实叶片来说，幼嫩时呼吸速率较快，成长后下降；到衰老的前期，呼吸速率又上升，衰老后期，呼吸速率将变得很慢。

多年生植物的呼吸速率还表现出季节周期性的变化，在温带生长的植物，春天呼吸速率最高，夏天略降低，秋天又上升，之后一直下降，在冬天降到最低点。

2. 外界条件的影响 环境因子对呼吸速率的影响也和对所有生理进程的影响一样，可分为三个基点：最低点、最适点和最高点。当某环境因子使某生理过程持续地、最快地进行，此点就是最适点；而使该生理过程能够进行的最低或最高的限度，分别称为最低点和最高点。但三基点可因其他内外因素的变化而移动。

（1）温度：呼吸作用是由一系列的酶促反应所组成。温度主要通过改变呼吸酶的活性从而影响植物的呼吸作用。在最低温度和最适温度之间，呼吸速率总是随着温度的增高而加快，一旦超过最适温度后，随着温度的增加，呼吸速率反而下降。

呼吸作用的最低、最适和最高温度，会随着植物种类以及生理状态的不同而有所差异。一般来说，当温度接近 0℃时，植物的呼吸作用会进行得很慢，但木本植物的越冬器官（如芽和针叶）在–25℃时仍未停止呼吸，而在夏季，温度降到–5～–4℃，呼吸作用就会停止。呼吸作用的最适温度是指呼吸保持稳定的最高速率时的温度，大多数植物的最适温度是 25～35℃，但也会由于生长发育期的不同而发生变化。最高温度是 35～45℃，在短时间内最高温度可使植物的呼吸速率较最适温度时更高，但温度越高，时间越长，破坏就越大，呼吸速率下降越快，这是由于高温加速了酶的钝化或失活。因此，判断一个温度是否为最适温度，需要考虑到时间因素（time factor），能较长期维持最快呼吸速率的温度，才算最适温度，而非那些使呼吸速率短时期上升后急剧下降的温度。

高等植物在 0～35℃中，温度每增高 10℃，呼吸速率为之前的 2～2.5 倍，即与升温前的呼吸速率相比增加一倍或稍多些。这种由于温度升高 10℃引起的呼吸速率的增加，通常称为温度系数（temperature coefficient，Q_{10}）。

$$Q_{10}=\frac{(t+10)℃\text{时的呼吸速率}}{t℃\text{时的呼吸速率}} \tag{4-15}$$

（2）气体成分：植物在呼吸过程中要不断地吸收氧气和排出二氧化碳，因此外界环境中的氧气和二氧化碳的变化会影响呼吸作用。

氧是植物进行有氧呼吸的必要因素，也是呼吸作用中电子的最终受体。环境中氧浓度的变化不仅影响呼吸速率，还会改变呼吸代谢的途径。在氧含量较低的情况下，呼吸速率与氧浓度成正比，当氧含量增至一定程度时，对呼吸作用就没有了促进作用，此时的氧含量称为氧饱和点（oxygen saturation point）。从呼吸途径上看，当空气中氧含量低于 10% 时，无氧呼吸出现并逐步增强，有氧呼吸迅速下降。短期的无氧呼吸对植物不会造成太大伤害，但无氧呼吸时间一长，会产生乙醇中毒，过多地消耗体内养料，使合成代谢缺乏原料和能量；根系缺氧会抑制根尖细胞分裂，影响根系内物质的运输，对植物生长发育造成严重危害。当氧含量为 10%～20% 时，植物不进行无氧呼吸，只进行有氧呼吸。过高的氧含量，会促进自由基的生存从而对植物产生毒害。一般将使无氧呼吸停止进行的最低氧含量（10% 左右）

称为无氧呼吸消失点（anaerobic respiration extinction point）。

二氧化碳是呼吸作用的最终产物，当外界环境中二氧化碳浓度增高时，脱羧反应减慢，呼吸作用受到抑制。实验证明，二氧化碳含量高于5%时，呼吸作用会明显地被抑制。植物根系生活在土壤中，土壤微生物的呼吸作用会产生大量的二氧化碳，加之土壤表层板结，土壤深层通气不良，积累二氧化碳可达4%～10%甚至更高，因此要适时中耕松土、开沟排水，减少二氧化碳，增加氧气，保证根系正常生长。

（3）水分：是细胞原生质的成分，其含量对细胞呼吸作用有很大影响。整体植物的呼吸速率，一般随着植物组织含水量的增加而升高，但受旱接近萎蔫时，呼吸速率会有所增加，而在萎蔫时间较长时，呼吸作用则会下降。风干的种子，呼吸作用很微弱。当种子吸水后，呼吸速率则会迅速增加。种子含水量是制约种子呼吸作用强弱的重要因素。

（4）矿质元素：直接或间接地影响呼吸作用，N、P等是线粒体膜的组成成分；P、K^+、Mg^{2+}、Cu^{2+}、Fe^{2+}、Mn^{2+}、Zn^{2+}等是参与呼吸过程中氧化还原酶的组成或作为呼吸系统中酶的活化剂，对呼吸作用有着重要影响；同时P还参与呼吸作用中间产物的转变和能量传递；Cu^{2+}、Fe^{2+}、S等参与呼吸电子传递过程；Ca^{2+}与K^+一起作为H^+的对应离子参与氧化磷酸化；Na^+会提高质膜Na^+-K^+ ATP酶活性，促进呼吸作用。

（5）其他因素：影响呼吸作用的因素还有很多。例如，由于可溶性糖是较易被利用的呼吸基质，当组织内含糖量增多或减少时会使呼吸作用加强或减弱；而机械损伤会形成分生组织或通过破坏氧化酶与其底物的间隔显著加快组织的呼吸速率；植物的呼吸作用还会受到昼夜及季节变化的影响，会表现出复杂的变化过程。

虽然上文分别阐述了各种因素对呼吸作用的影响，但实际上各种因素一直是综合地影响着呼吸作用的强度与过程的。

案例4-1解析

抗氰呼吸又称为交替途径（alternative pathway，AP）。在高等植物中抗氰呼吸是广泛存在的。许多天南星科植物具有抗氰呼吸途径，抗氰呼吸释放大量热量，有助于某些植物花粉的成熟及授粉、受精过程。还能通过释放的热量挥发引诱剂（如NH_3、胺类、吲哚等），以吸引昆虫帮助传粉。植物抗氰呼吸有利于植物的生长和发育，在抗氰呼吸下植物能够在某些方面有更大的生长优势。尤其是在某些外界环境因素的胁迫下，植物内部组织等会发生变化、受到影响，植物的抗氰呼吸也会发生变化。

本章小结

学习内容	学习要点
名词术语	有氧呼吸、抗氰呼吸、末端氧化酶
呼吸代谢途径多样性	糖酵解、三羧酸循环、戊糖磷酸途径和乙醛酸循环
呼吸代谢过程	呼吸途径的关键步骤、生理意义

目标检测

一、单项选择题

1. 在呼吸链中的电子传递体是（　　）。

A. 细胞色素系统　B. PQ　C. PC　D. P700

2. 当植物呼吸底物是糖类（如葡萄糖）而又完全氧化时，呼吸商是（　　）。

A. 1　　B. >1　　C. <1　　D. 0

二、多项选择题

1. 下列哪些是三羧酸循环的阶段（　　）。

A. 柠檬酸生成　　B. 氧化脱羧　　C. 草酰乙酸的再生　　D. 己糖的磷酸化

E. 磷酸己糖的裂解

2. 下列是存在于线粒体内的末端氧化酶的是（　　）。

A. 细胞色素氧化酶　B. 交替氧化酶　　C. 酚氧化酶　　D. 抗坏血酸氧化酶

E. 乙醇酸氧化酶

三、名词解释

抗氰呼吸；呼吸商

四、简答题

1. 简述植物呼吸作用的生理意义。

2. 简述植物为什么发展出多样性的呼吸和调控途径。

（浙江农林大学　王艳红）

第五章　药用植物同化物的运输

学习目标

1. 掌握：同化物运输的主要运输形式；植物代谢源与代谢库的特点及有机物分配规律。
2. 熟悉：影响同化物运输分配的因素。
3. 了解：植物同化物的运输系统；韧皮部运输的物质种类和速率及运输机制。

案例5-1导入

药用植物的经济产量不仅取决于同化物的多少，而且还取决于同化物向不同器官的运输与分配量。

问题： 1. 同化物运输的主要途径是什么？

2. 同化物运输规律是什么？

3. 影响同化物运输的主要因素有哪些？

植物器官既有明确的分工又相互协作，形成一个统一的整体。植物最主要的同化物来源是光合产物，药用植物的经济产量不仅取决于同化物的多少，还取决于同化物向植物器官（种子、果实、茎、块茎、块根等）的运输与分配量。所以，研究同化物的运输与分配具有重要的理论指导与实践意义。

第一节　药用植物对同化物的运输形式

一、同化物运输的主要途径

高等植物体内的运输非常复杂，按照运输距离长短分为短距离运输和长距离运输。

1. 短距离运输　指同化物在细胞内的细胞器之间或者细胞与细胞间的运输，距离在微米与毫米之间。短距离运输又分为胞内运输和胞间运输，主要靠扩散和原生质的吸收与分泌来完成。

（1）胞内运输：细胞内细胞器之间的物质交换。主要形式有分子扩散、微丝推动原生质的环流、细胞器膜内外的物质交换，以及囊泡的形成与囊泡内含物的释放等。例如，光呼吸途径，叶绿体中的丙糖磷酸经磷酸转运器从叶绿体转移至细胞质，在细胞质中合成蔗糖并进入液泡中贮藏（图5-1）。

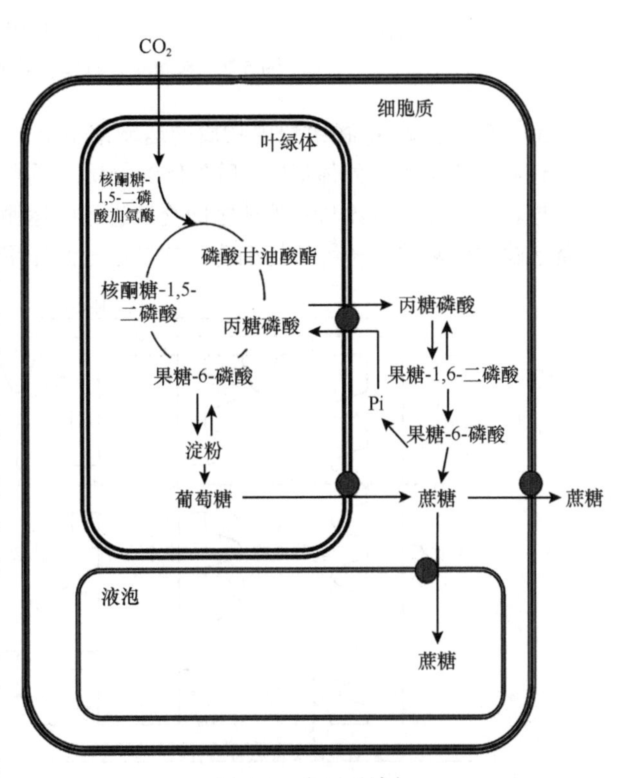

图5-1　光呼吸途径

（2）胞间运输：指细胞之间短距离

的共质体、质外体及交替运输。

1）共质体运输（symplastic transport）：细胞之间通过胞间连丝进行运输的过程。例如，光合细胞输出的蔗糖通过胞间连丝顺蔗糖浓度梯度进入伴胞或居间细胞，最后进入筛管的过程。胞间连丝是细胞间物质与信息交流的通道，在共质体运输中起着重要的作用。细胞的胞间连丝多、孔径大，存在的浓度梯度大，则有利于共质体的运输。由于共质体中原生质的黏度大，所以运输的阻力大；另外，在共质体中的物质有质膜的保护，不易流失于体外。

2）质外体运输（apoplastic transport）：质外体是一个连续的自由空间，是一个开放的系统，同化物在质外体的运输是自由扩散的被动过程，速度快。例如，光合细胞输出的蔗糖进入质外体，然后通过位于筛管分子-伴胞（SE-CC）复合体质膜上的蔗糖载体逆浓度梯度进入伴胞，最后进入筛管。质外体中液流的阻力小，物质在其中的运输快；另外，由于质外体没有外围的保护，因此其中的物质容易流失到体外（图 5-2）。

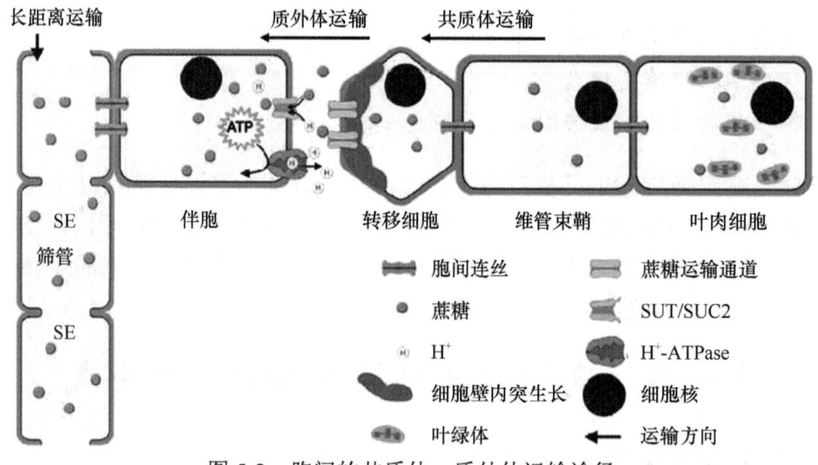

图 5-2 胞间的共质体、质外体运输途径

3）交替运输：植物组织内物质的运输常不限于某一途径，如共质体内的物质可有选择地穿过质膜而进入质外体运输；质外体的物质在适当的场所也可通过质膜重新进入共质体运输。这种物质在共质体与质外体之间交替进行的运输称为共质体-质外体交替运输（图 5-3）。交替运输过程常涉及一种特化细胞，起转运过渡作用，这种特化细胞被称为转移细胞。

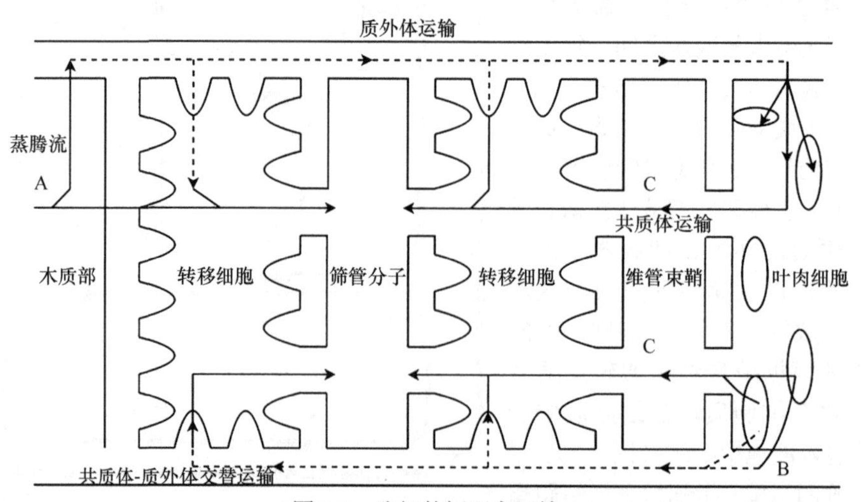

图 5-3 胞间的短距离运输

2. 长距离运输　指器官之间通过韧皮部进行运输，距离从几厘米到上百米，通过维管束系统进行。维管束由木质部和韧皮部组成，主要是通过韧皮部的筛管（sieve tube，sieve vessel）和伴胞（companion cell）。

（1）木质部运输：被子植物木质部的输导组织主要是导管，也有少量管胞，裸子植物则全部是管胞。导管和管胞是从分生组织逐渐分化形成的，当这些细胞执行运输功能时，已失去了细胞质的有生命活动的成分，则称为死细胞。

（2）韧皮部运输：由筛管、伴胞和韧皮薄壁细胞所组成，其中筛管是有机物运输的主要通道（图 5-4）。

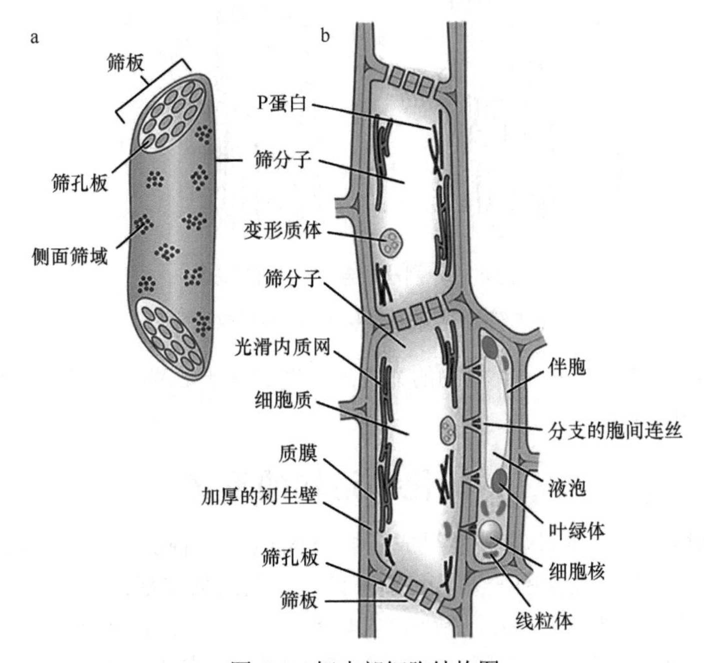

图 5-4　韧皮部细胞结构图

1）筛管分子的生活力很大程度依赖于相邻的伴胞，形成筛管分子-伴胞复合体（SE-CC）。筛管的细胞质中含有多种酶，如韧皮蛋白（P 蛋白），其功能是当韧皮部组织受到损伤时，P 蛋白就会积累并形成凝胶，堵塞筛孔，防止汁液的流失。

2）成熟叶片的小叶脉中存在三种不同的伴胞类型：普通伴胞、转移细胞、居间细胞。普通伴胞，与筛管有大量胞间连丝，与其他细胞没有胞间连丝，有机物通过质外体运输进入。转移细胞，与普通伴胞类似，不同的是细胞壁向内形成许多指状内突，增加了与周围细胞的接触面，加快质外体运输速度。胞壁凹凸，乳头状突起；质膜折叠，胞质浓，内质网、线粒体丰富，ATP 酶活性高。居间细胞（又称中间细胞），与筛管有胞间连丝，同时与周围其他细胞也有胞间连丝，可通过共质体运输。

3）在源端或库端筛管周围不仅有伴胞，而且增加了许多薄壁细胞。韧皮部中的薄壁细胞胞壁较薄，液泡很大，但是比普通细胞更长一些，可能有储存和运输溶质与水的功能。

3. 研究同化物运输的方法及其应用　环割是将树干（枝）上的一圈树皮（韧皮部）剥去而保留树干（木质部）的一种处理方法。此处理主要阻断了光合同化物、含氮化合物以及激素等物质在韧皮部的向下运输，而导致环割上端韧皮部组织中光合同化物、含氮化合物以及激素积累引起膨大（图 5-5）。环割在实践中有多种应用，如对苹果、枣树等果树的旺长枝条进行适度环割，使环割上方枝条积累糖分，提高C/N比，促进花芽分化，提高坐果率，控制徒长。

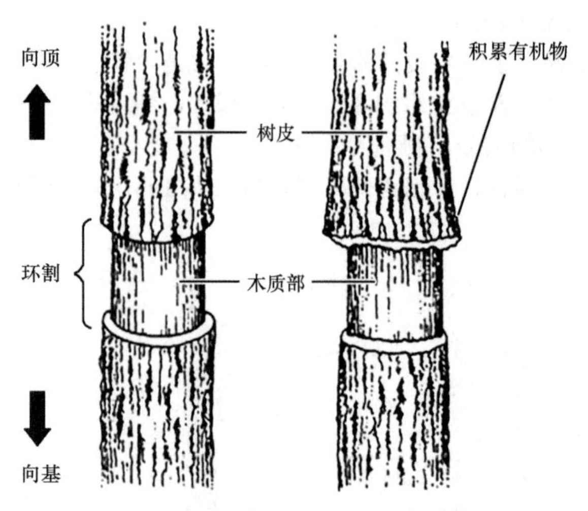

图5-5　环割法引起有机物的积累

左为开始环割的树干，右为经过一段时间的树干

在利用改良半叶法测定双子叶植物的光合速率时也需要在测定叶的下方进行环割处理，防止叶中光合产物的外运。

二、同化物运输的形式

1. 运输的物质　韧皮部汁液化学组成和含量因植物的种类、发育阶段、生理生态环境等因素的变化而表现出很大的变异。一般来说，典型的韧皮部汁液样品其干物质含量占10%～25%，其中多数是糖（占70%～90%），其余为蛋白质、氨基酸、无机离子和有机离子。例如，蓖麻韧皮部的液状物主要由糖、氨基酸、有机酸、蛋白质和钾、氯、磷、镁等无机离子组成（表5-1）。

表5-1　蓖麻韧皮部的液状物的组成

组件	浓度（mg/ml）
糖	80.0～106.0
氨基酸	5.2
有机酸	2.0～3.2
蛋白质	1.45～2.20
钾	2.3～4.4
氯	0.355～0.675
磷	0.350～0.550
镁	0.109～0.122

在多数植物中蔗糖是韧皮部运输的主要形式，蔗糖占筛管汁液干重的73%以上，此外还有棉子糖、水苏糖、毛蕊花糖等，它们都是蔗糖的衍生物。例如，地黄中蔗糖、棉子糖和水苏糖是地黄体内碳水化合物的主要运输形式。有些植物含有山梨醇、甘露醇，这些糖都是由1个蔗糖分子与若干个半乳糖分子结合形成的非还原性糖（图5-6）。运输的氮化合物主

要是氨基酸及其酰胺形式，特别是谷氨酸、天冬氨酸及它们的酰胺。在筛管中存在的无机物有钾、镁、磷和氯等；另外，在植物韧皮部的汁液中也存在着生长素、赤霉素、细胞分类素和脱落酸四类植物激素。

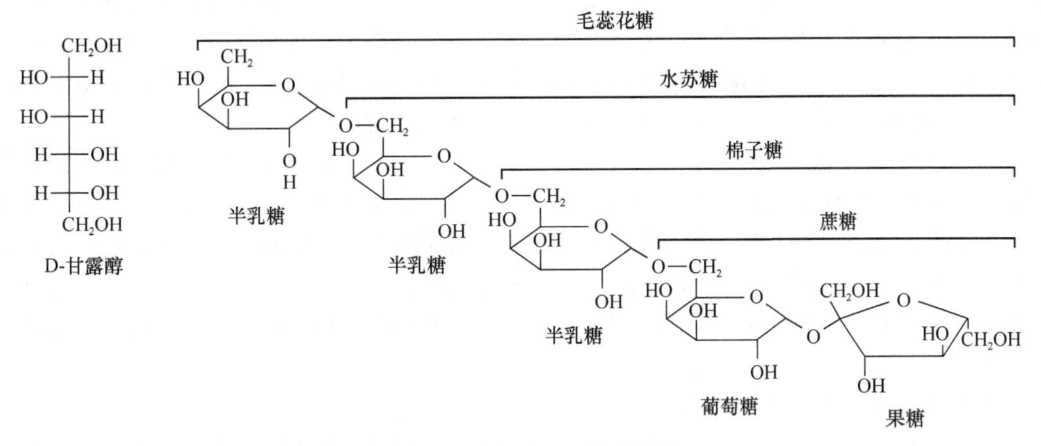

图 5-6　韧皮部中几种糖的结构

蔗糖与 1 分子半乳糖结合形成棉子糖，与 2 分子半乳糖结合形成水苏糖，与 3 分子半乳糖结合形成毛蕊花糖

以蔗糖为长距离运输的主要运输形式，有以下优点：①蔗糖是非还原性糖，具有很高的稳定性。②蔗糖的溶解度很高（0℃时，溶解度达到 179g/100ml 水）。③蔗糖是光合作用的主要产物。④蔗糖水解时能产生相对高的自由能。⑤蔗糖在细胞质中合成，可随胞液快速转运，运输速度高。所以蔗糖适于长距离运输。

2. 研究运输形式的方法　蚜虫吻针法（aphid stylet method），蚜虫以其吻针法插入筛管细胞吸取汁液，这可在显微镜下检查证明。当蚜虫吸取汁液时，用 CO 麻醉蚜虫后，将蚜虫吻针于下唇处切断，由于筛管内具有正压力，筛管汁液可以持续不断地从吻针流出，可收集汁液进行有机物溶质种类测定（图 5-7）。

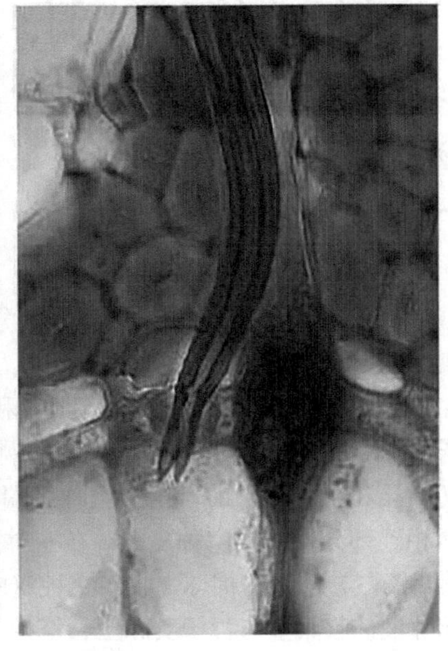

图 5-7　蚜虫吻针法收集筛管汁液图

三、同化物运输的方向

1. 同化物运输方向　韧皮部同化物运输的方向是由“源”到“库”，即可以向顶端运输也可以向基部运输，即双向运输，同时还存在横向运输。就一个筛管来说，通常认为同化物在其中的运输是单向的。源指制造或输出有机物的器官或组织（如成年叶片，萌发种子的子叶或胚乳）。库指消耗或贮藏有机物的器官或组织（如嫩叶、果实、根等）。源库的概念是相对的、可变的，如幼叶是库，但当叶片成年时，它就成了源。

不同类型同化物运输方向有所不同：①无机营养在木质部中向上运输，而在韧皮部中向下运输；②光合同化物在韧皮部中可向上或向下运输，其运输的方向取决于库的位置；③含氮有机物和激素在两管道中均可运输，其中根系合成的氨基酸、激素经木质部运输，而冠部合成的激素和含氮物则经韧皮部运输，在春季树木展叶之前，糖类、氨基酸、激素等有机物可以沿木质部向上运输；④在组织与组织之间，包括木质部与韧皮部间，物质可以通过被动或主动运输等方式进行侧向运输。

2. 同化物运输方向研究方法

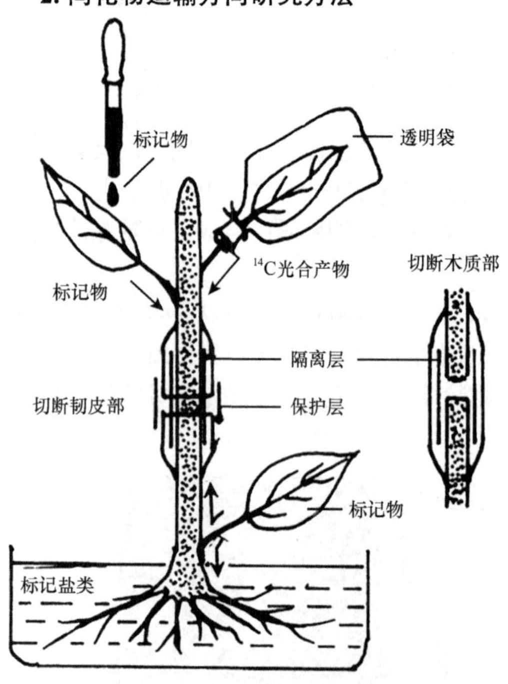

图 5-8　同位素示踪法研究植物体内运输途径

（1）同位素示踪法：可用几种方法将同位素标记物引入植物体。①饲喂根：根部标记 ^{32}P、^{35}S 等盐类以便追踪根系吸收的无机盐的运输途径；②饲喂叶：让叶片同化 $^{14}CO_2$，可追踪光合同化物的运输方向；③注射：将标记的离子或有机物用注射器等器具直接引入特定部位。将韧皮部和木质部剥离后插入蜡纸或胶片等不通透的薄物制造屏障，以防止两通道间物质的侧向运输。标记一定时间后，将植株材料迅速冷冻、干燥（以防止标记物移动），用石蜡或树脂包埋，切成薄片，在薄片上涂一层感光乳胶，置于暗处，经过一段时间后，标记元素的辐射使乳胶片曝光，显定影后，胶片上与组织中存在标记元素的部位便会出现银颗粒（底片呈黑色处）（图 5-8）。

用 ^{14}C 标记法，测定人参 ^{14}C 产物的分配，不同生长发育期人参的同化物分配存在差异。展叶期至绿果期，同化物 50% 以上分配到地上部；绿果期后，同化物 30% 以上用于果实发育；红果期，同化物多数向根部运输。

（2）空胚珠技术：20 世纪 80 年代有学者利用空胚珠技术（empty ovule technique）研究了豆科种子同化物的卸载方式。该法是在豆科植物结实期，用解剖刀将部分豆荚壳切除，开一窗口，切除正在生长种子的一半（远种脐端），将另一半种子内的组织去除，仅留下种皮组织和母体相连部分，制成空种皮杯。在空种皮杯中放入 4% 琼脂或含有 EGTA（乙二醇双 2-氨基乙醚四乙酸）溶液的棉球，收集空种皮中的分泌物。实验证明，在短时间内，空种皮杯内韧皮部汁液的收集量与种子实际生长量相仿，借此用以收集韧皮部汁液，分析运输物质的种类和浓度，以及研究韧皮部卸出的机制和控制因素。空胚株技术被公认为是研究同化物卸出的新技术，主要应用于豆科植物及具有较大种子的禾本科植物的同化物从种皮卸出到种胚周围质外体空间的研究。但是空胚株技术也存在缺点：首先是不易操作，在取出杯中的子叶时容易损伤种皮杯；其次由于切割和去子叶的伤害，荚果维持的处理时间较短，若时间过长，杯中物质可能发生变化（图 5-9）。

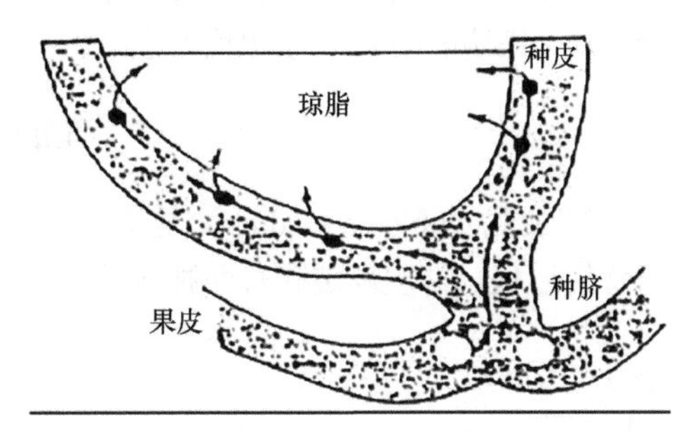

图 5-9　空胚珠技术研究同化物运输途径

（3）新技术的应用：传统上应用超微结构电镜观察细胞间的胞间连丝。胞间连丝是细胞间共质体运输的通道，其数量的多少与卸载方式有关，对试验材料进行固定、制片、切片，通过电子显微镜观察韧皮部各细胞间的胞间连丝，可以为同化物卸载机制提供依据。在许多植物器官中，韧皮部筛管伴胞与周围薄壁细胞间存在丰富的胞间连丝，卸载主要以共质体方式为主，如发育期的枣。

近些年果实卸载途径研究主要利用荧光标记、超微电镜结构、激光共聚焦扫描显微镜、酸性转化酶的定位等技术。利用激光共聚焦扫描显微镜和荧光染料示踪技术研究苹果果实同化物卸载途径，将膜不透性的荧光染料引入苹果果实韧皮部并利用扫描显微镜观察，发现在苹果果实不同发育时期荧光染料都被限制在韧皮部内，未向质外体进行扩散，同时对酸性转化酶进行了胶体金免疫定位，从而共同证明了苹果果实质外体的卸载途径。荧光标记和电子显微镜的结合使用，由于能够提供清晰的运输影像而被广泛利用。

此外，利用分子生物学技术将编码绿色荧光蛋白（GFP）的基因导入病毒基因组内，可以观察病毒蛋白在韧皮部中的运输。

四、同化物运输的速度

同化物运输的速度指单位时间内被运输物质移动的距离，一般为 0.2～2m/h。不同植物的同化物运输速度有所差异。同一植物，由于生长发育期不同，同化物运输的速度也有所不同。

质量运输速率（mass transfer rate）指单位时间单位韧皮部或筛管横切面积上所转运的干物质的质量，单位为 $g/(cm^2 \cdot h)$ 或 $g/(mm^2 \cdot s)$，也称比集转运速率（specific mass transfer rate，SMTR）：

SMTR＝转运的干物质质量/[韧皮部（筛管）横截面积×转运时间]
＝运输速度×运转物浓度

大多数植物的 SMTR 为 $1\sim15g/(cm^2 \cdot h)$，最高的可达 $200g/(cm^2 \cdot h)$。

第二节　同化物的装载与卸出

植物体内同化物从源到库的运输是一个高度完整的系统，其包括从光合叶肉细胞运至韧皮部、韧皮部装载、在筛管中运输、韧皮部卸出以及库器官的吸收和积累。韧皮部装载和卸出对同化物的运输、分配以及植物最终的生长都起着重要的调节作用。

其中，光合产物到筛管分子中需要经过三个步骤：①光合作用中形成的丙糖磷酸从叶绿体运到细胞质中，转化为蔗糖。②蔗糖从叶肉细胞转移到叶片小叶脉筛管分子附近。这一途径往往只涉及几个细胞的距离，为短距离运输途径。③蔗糖进入 SE-CC 中，称为筛管分子装载。

一、韧皮部装载

韧皮部装载（phloem loading）是指同化物从合成部位通过共质体或质外体胞间运输，进入到筛管的过程。韧皮部装载有两种途径：一种是共质体运输；一种是质外体运输（图 5-10）。

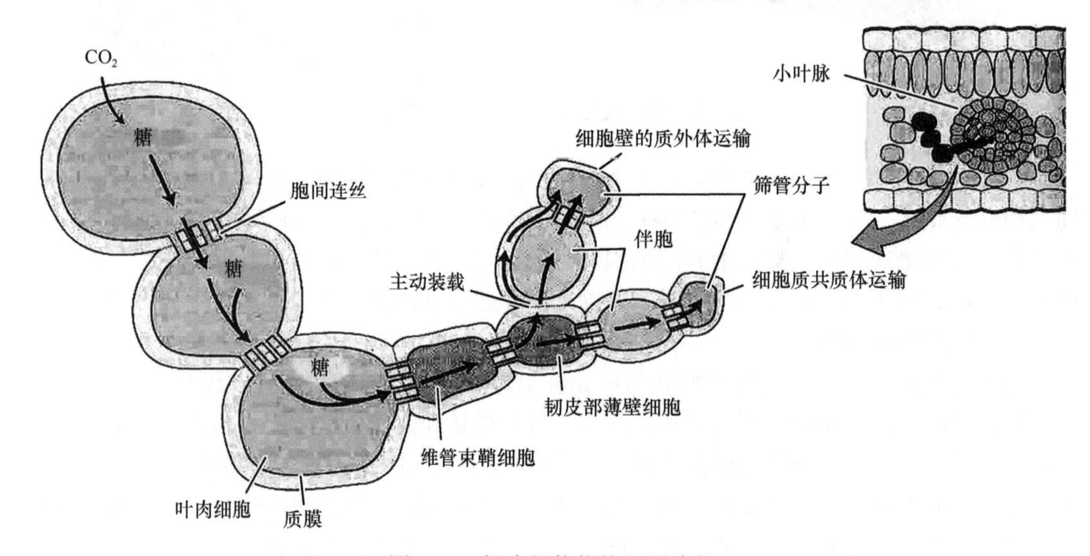

图 5-10　韧皮部装载的主要途径

1. 共质体装载　是蔗糖通过胞间连丝由源细胞进入筛管的过程，具体途径是光合细胞—胞间连丝—伴胞（或转移细胞）—筛管，是顺浓度梯度的。具有共质体装载途径的植物中除了蔗糖外，还运输棉子糖、水苏糖等多聚糖，此类植物在筛管分子-伴胞复合体与周围细胞间有大量的胞间连丝。

实验依据：①甘薯等植物叶片 SE-CC 和周围薄壁细胞有紧密的胞间连丝连接；②一些植物同化物韧皮部运输对质外体运输抑制剂对氯［高］汞苯磺酸（PCMBS）不敏感；③ Madore 等检测到叶片中有水苏糖合成酶，给叶片饲喂 $^{14}CO_2$ 后，在伴胞和叶脉中都检测到水苏糖的存在，自由空间没有，说明在该植物中共质体运输是主要装载形式；④将不能跨过膜的荧光染料如荧光黄注入叶肉细胞，一段时间后可在维管束鞘细胞和小叶脉中检测到这些染料的存在；且不被 PCMBS 抑制。

2. 质外体装载　是从叶肉细胞合成的蔗糖，经质膜上的载体进入质外体，然后逆浓度梯度进入伴胞，最后进入筛管分子，需要代谢提供能量。所需能量依赖 ATP 酶分解 ATP 的反应，ATP 来自蔗糖分解后的氧化磷酸化。质外体装载过程有两个阶段：一是蔗糖从光合细胞向质外体释放，只有那些邻近 SE-CC 的特化光合细胞能直接参与该过程，大部分光合细胞的光合同化物（如蔗糖）需要首先经胞间连丝进入这些特化细胞，然后再通过这些特化细胞释放到质外体；二是蔗糖由质外体进入 SE-CC，蔗糖是通过蔗糖-质子同向转运体（sucrose-proton symporter）的方式（图 5-11），在 H^+ 梯度的驱动下，进入伴胞的，这是一个需能的主动运输过程。蔗糖-质子同向转运体是位于筛管分子质膜上的H^+-ATP酶分解ATP并利用释放的能量将H^+转运到质外体，使质外体中H^+浓度升高，H^+顺电化学势梯度经质膜上的特殊载体扩散回筛管分子细胞质，同时此载体将H^+的向内扩散与蔗糖的向内转运偶联起来。以蔗糖为同化物运输形式的植物种属大多数都利用质外体装载途径。

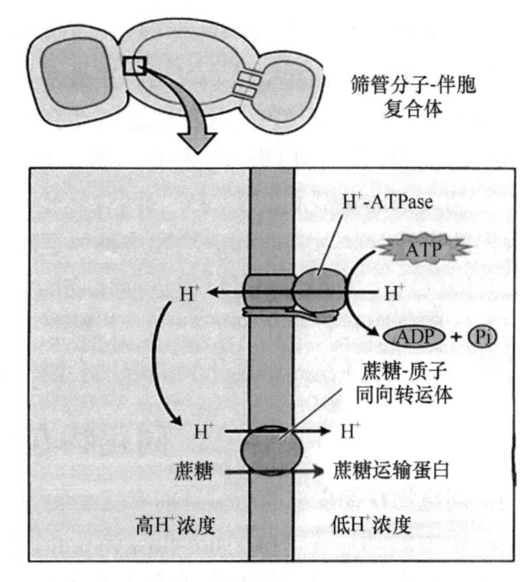

图 5-11　蔗糖-质子同向转运途径

共质体装载与质外体装载的比较见表5-2。

实验依据：① van Bel等观察到在豆科、菊科、十字花科、紫草科和禾本科等植物中PCMBS对韧皮部装载有显著的抑制作用，这说明装载过程涉及了跨膜运输；② Sovonick等将^{14}C蔗糖引入甜菜叶片的自由空间，在韧皮部则检测到大量的^{14}C蔗糖，说明自由空间参与了韧皮部装载过程；③用^{14}C蔗糖和^{14}C葡萄糖进行的放射性自显影研究表明，SE-CC可以直接吸收蔗糖，但不吸收葡萄糖等非运输形式的糖分子；④代谢抑制剂如DNP及厌氧处理会抑制SE-CC对蔗糖的吸收，表明质外体装载是一个主动过程。

表 5-2　共质体装载与质外体装载的比较

项目	共质体装载	质外体装载
小叶脉中伴胞类型	普通伴胞、转移细胞	中间细胞
SE-CC与周围薄壁细胞间胞间连丝数目	无或极少	多
被装载糖的种类	蔗糖	蔗糖和多聚糖

二、韧皮部卸出

韧皮部卸出（phloem unloading）是指光合同化物从SE-CC进入库细胞的过程。韧皮部卸出可能发生在植株的许多部位，如新生的嫩叶、幼根、贮藏块根、块茎和种子等。根据SE-CC与周围细胞间有无胞间连丝可将韧皮部卸出分为两种运输途径：一是SE-CC与周围细胞间有大量胞间连丝的共质体运输；二是SE-CC与周围细胞间没有或有极少胞间连丝的质外体运输。

1. 共质体卸出　主要是糖分通过胞间连丝从筛管进入库细胞，是顺浓度梯度的。通常发生于生长的营养器官（幼叶、根、茎尖等）。

实验依据主要有：①溶质跨膜运输抑制剂的应用：Sckmalstia等将蔗糖跨膜运输抑制PCMBS注入某些库的质外体（如生长的叶片）时，对同化物的输入没有影响，说明同化物离开韧皮部并不经过膜运输。②膜不通透染料的卸出研究：Oparka等用膜不通透染料CF观察拟南芥根尖韧皮部卸出途径，证明膜不通透染料CF是通过胞间连丝运输的。③ Giaquinta等在玉米根尖检测到筛管与库细胞间存在较大的己糖浓度梯度，将库细胞放在稀糖溶液中以降低此浓度梯度，则卸出的速率下降了，说明此组织的卸出是以扩散作用完成的。

2. 质外体卸出　指筛管中的糖分转运到细胞壁空间，由库细胞上存在的载体转运到库中，是逆浓度梯度的。通常发生在贮藏器官或生殖器官中（果实、贮藏根茎等）。

质外体卸出可分为两种类型：一是蔗糖从 SE-CC 排出质外体空间，然后被酸性转化酶水解。此类型在甘蔗中最为突出，主要步骤为：①蔗糖从 SE-CC 卸出进入质外体；②蔗糖被细胞壁转化酶水解；③己糖累积进入储存薄壁细胞的细胞质中；④蔗糖在液泡中合成。二是同化物从 SE-CC 排出进入质外体，然后被接受细胞累积，但蔗糖未被水解。

韧皮部的装载和卸出均分为两种运输途径：共质体运输和质外体运输。因此，对装载和卸出的调控就是对共质体运输和质外体运输的调控。在源端，光合同化物从叶肉细胞的释放受光照促进，因此光照可以促进同化物的装载；在种子库端，母体和子代之间往往缺乏胞间连丝，所以同化物卸出至质外体，再被胚、胚乳或子叶吸收。胚乳或子叶转化同化物的酶活性越强，质外体空间中同化物的浓度会越低，便会加速卸出。

三、同化物在韧皮部的运输机制

同化物在韧皮部的运输目前有三个假说：压力流动假说，胞质泵动学说和收缩蛋白学说。

压力流动假说（pressure-flow hypothesis）是 1930 年由德国人明希（Münch）提出。该学说的基本论点是，同化物在筛管内是随液流流动的，而液流的流动是由输导系统两端的膨压差维持的。集流是由源库两端 SE-CC 内渗透作用所形成的压力梯度所驱动的。源细胞（叶肉细胞）将蔗糖装载入 SE-CC，降低源端筛管内的水势，而筛管分子又从邻近的木质部吸收水分，由此产生高的膨压。与此同时，库端筛管内的蔗糖不断卸出，进入库细胞（如贮藏根）库端筛管的水势升高，水分也流到木质部，于是降低库端筛管的膨压。源端和库端之间就存在膨压差，它推动筛管内同化物的集流，穿过筛孔沿着系列筛管分子，由源端向库端运输（图 5-12）。

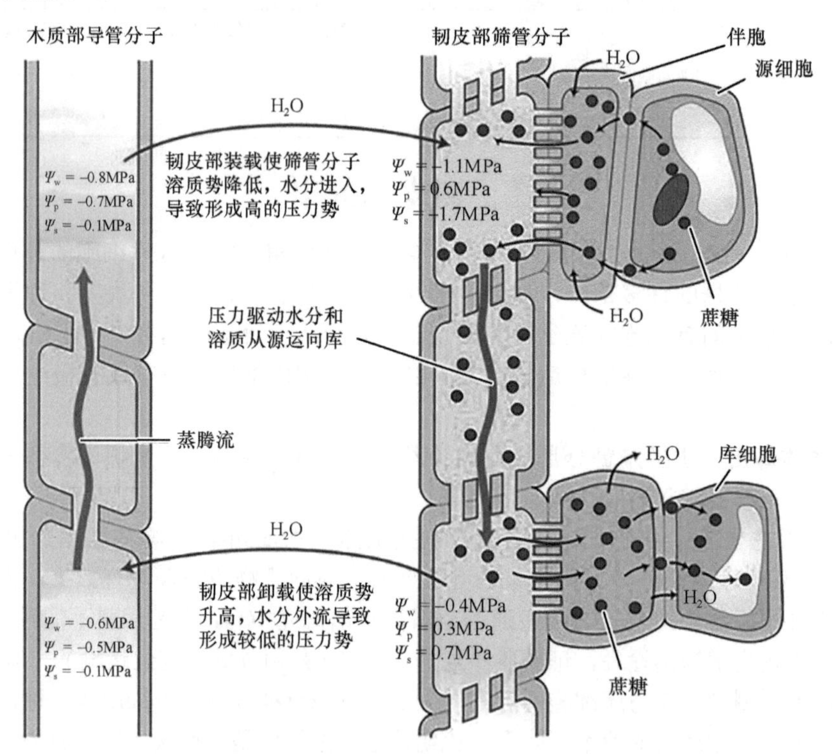

图 5-12　压力流动假说示意图

20 世纪 60 年代，英国的 Thaine 等认为，筛管分子内腔的细胞质呈几条长丝状，形成胞纵连束，纵跨筛管分子，每束直径为 1 到几个微米。在束内呈环状的蛋白质丝反复地、有节奏地收缩和张弛，就产生一种蠕动，把细胞质长距离泵走，糖分就随之流动（图 5-13）。他们称这个学说为胞质泵动学说（cytoplasmic pumping theory）；反对者怀疑筛管里是否存在胞纵连束，胞纵连束可能是一个假象。

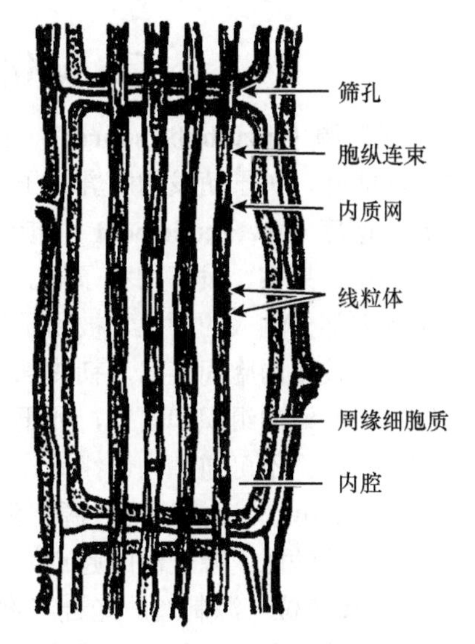

图 5-13　胞质泵动学说筛管分子示意图

有人根据筛管腔内有许多具有收缩能力的 P 蛋白，认为是 P 蛋白在推动筛管汁液运行，因此称这个学说为收缩蛋白学说（contractile protein theory）。该学说认为，筛管分子的内腔有一种由微纤丝相连的网状结构。微纤丝长度超过筛管分子，直径为 6～28 nm。微纤丝一端固定，另一端游离于筛管细胞质内，微纤丝上的颗粒是由 P 蛋白收缩丝所组成。其跳动比布朗运动快几倍。1963 年，阎隆飞等证明，烟草和南瓜的维管组织有收缩蛋白，同样能分解 ATP，释放出无机磷酸，因此收缩蛋白的收缩与伸展可能是同化物沿筛管运输的动力，它影响细胞质的流动。

第三节　同化物的配置与分配

植物通过光合作用制造的光合同化物可以被用于光合细胞自身的代谢，以满足其结构和功能的需要；也可以转化成蔗糖等运输物被输送到不同的库器官以提供其生长的养料，还可以合成淀粉用于贮藏等。

一、同化物的配置

同化物配置（assimilate allocation）指的就是光合同化物的代谢、转化、去向与调节。

1. 光合叶片中的配置　①光合固定的碳可以合成储存化合物。对于大多数植物来说白天在叶绿体中合成淀粉并将其储存在那里，夜间淀粉被用以输出。而在某些草本植物的器官中，果聚糖是主要的储存形式。②光合固定的碳可以被光合细胞所利用，用于光合细胞自身所需的能量或者合成光合细胞的结构化合物。③光合固定的碳可以合成用于运输的化合物——糖，然后被输出到各种库组织中，被运输的糖的一部分还可以暂时储存在液泡中。这是作为蔗糖合成发生短期变化而出现蔗糖短缺时的一个缓冲库。

2. 库细胞中同化物的配置　库细胞配制能力的强弱决定了库的强度。运输的糖被卸出并进入库细胞，他们可以保持原样或者转变为其他的化合物，在贮藏库中固定的碳以蔗糖或己糖形式储存在液泡中或者以淀粉形式储存在淀粉体中。大多数植物以蔗糖为运输物，蔗糖从库端韧皮部 SE-CC 卸出，进入库细胞后就可在相应酶的作用下转化成淀粉并被贮藏。蔗糖在库细胞内代谢的快慢不但决定了淀粉形成的速度、收获器官的产量，而且对源端的光合作用及同化物的配置，乃至同化物的运输（包括装载、长距离运输和卸出）和分配都具有调节作用，光合细胞中的蔗糖代谢主要是合成，而库细胞内蔗糖代谢主要是降解。

3. 配置的调节　控制光合产物配置的关键点在于分配多少丙糖磷酸到以下不同途径：①用于 C_3 循环中间物质的再生；②进行淀粉合成；③进行蔗糖合成及蔗糖在运输和暂时贮藏库之间的分配。各配置过程都有相应关键酶调节。

二、同化物的"源""库""流"

1. 代谢源（metabolic source） 指能够制造并输出同化物的组织、器官或部位。如绿色植物的功能叶，种子萌发的胚乳或子叶，一些块根、块茎、种子等。

2. 代谢库（metabolic pool） 指消耗或贮藏同化物的组织、器官或部位。如植物的幼叶、根、茎、花、果实、发育的种子等。根据不同目的可将库进行划分：①代谢库和贮藏库。代谢库是指大部分输入的同化物被用于生长的组织。如生长中的根尖、幼叶花器官，韧皮部与周围细胞有较多的胞间连丝，韧皮部的卸出通常采用共质体的途径。贮藏库指大部分输入的同化物用于贮藏的组织和器官，如果实、块茎、块根等。②可逆库和不可逆库。可逆库指临时库或中间库。不可逆库为最终库，如果实、种子、块根和块茎等。

3. 流（flow） 连接植物"源"和"库"的枢纽，它包括连接源端和库端的所有疏导组织的结构及其性能。源是流的起点，对流起着推动作用；库是流的终点，对流起着拉力作用。

4. 源-库单位 源制造的光合产物主要供应相应的库，它们之间在营养上是相互依赖的，相应的源与相应的库，以及二者之间的输导系统构成一个源-库单位。两者相互依赖，相互制约。①源是库的供应者，库依赖于源，源为库提供光和产物，源同化物输出能力大小决定库的大小。②库对源具有调节作用，库容量的大小直接影响源的生产能力和输出能力。③源与库相互协调，才能有利于两者的发展。

5. 源与库的量度

（1）源强：源器官合成和输出同化物的能力。源强指标：①光合速率：光合速率越高，输出和运送同化物能力越高；②丙糖磷酸从叶绿体向细胞质的输出速率；③叶肉细胞内蔗糖的合成速率。

（2）库强：库器官接纳和转化同化物的能力。①表观库强：库器官的绝对生长速率或净干物质积累速率。②潜在库强：干物质净积累速率与呼吸消耗速率之和才真正代表库的强度。

（3）库的大小（库容）和库活力。①库容：能积累光合同化物的最大空间，同化物输入的"物理约束"。②库活力：库的代谢活性、吸引同化物的能力，同化物输入的"生理约束"。

三、同化物的分配

同化物的分配是植物光合同化物有规律地向各库器官输送的模式。

1. 优先供应生长中心 生长中心是指生长快、代谢旺盛的部位或器官。植物的不同生长发育期有着各自明显的生长中心，这些生长中心既是矿质元素输入的中心，也是光合产物的分配中心：如营养生长阶段为茎尖和幼叶，而进入生殖生长阶段转变为花、果和种子。不同的生长中心，对同化物的竞争力不同：一般生殖器官高于营养器官，地上部高于地下部，主茎幼叶高于分蘖；不同生长时期营养的分配重心也不同，营养供应不足时，新形成的生长中心会夺取前一个生长中心或次要部分的养料。如水稻幼穗分化期肥料供应不足会减少有效分蘖，影响营养体的生长。在营养供应超过当时生长中心需要时，则延长此时生长中心持续时间，推迟下一个生长中心的到来，如水稻营养生长时期施肥过多，增加无效分蘖数，植株疯长，贪青迟熟。

2. 就近供应，同侧运输 首先分配给距离近的生长中心，且以同侧分配为主，很少横向运输，蚕豆开花结荚时，叶片同化物主要供应本节的花荚，很少运到相邻的节。只有该节花荚去掉或本节花荚养料有节余时，才运向别的花荚（图 5-14A）。上位叶光合产物较多地供应籽实、生长点；下位叶光合产物则较多地供应给根。同侧叶的维管束相通，幼叶生长所需的养分多来自同侧的功能叶（图 5-14B）。

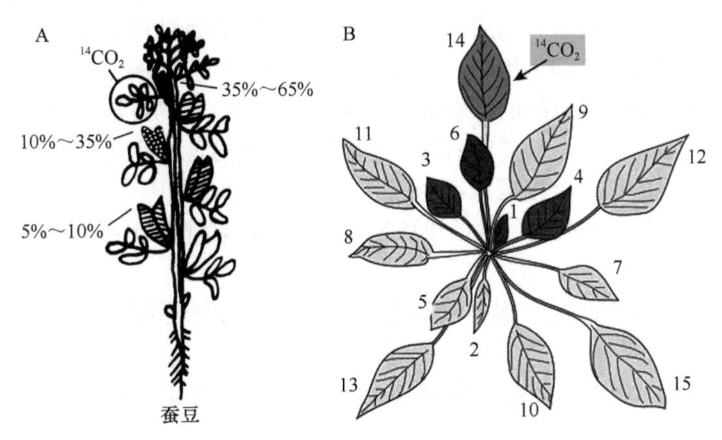

图 5-14　就近供应与同侧运输示意图

A. 表示蚕豆叶片同化产物在不同豆荚中的分配量，豆荚颜色越深表明分配量越多；B. 数字表示形成叶片的先后顺序，数字越小形成越晚，叶片颜色越深表明叶片同化产物的分配量越大

3. 功能叶之间无同化物供应关系　就不同叶龄来说，幼叶顶部的光合结构先发育成熟，但产生光合产物往往较少，不向外运输，仍需要输入光合产物供自身生长用。一旦叶片长成，合成大量的光合产物，就向外运输，此后不再接受外来同化物。已成为“源”的叶片之间没有有机物的分配关系，直到最后衰老死亡。

4. 同化物和营养元素的再分配与再利用　植物体除了已构成细胞壁的物质外，其他叶中分布的成分无论是有机物还是无机物都可以被再分配再利用，即转移到其他的组织或器官当中去，当叶片衰老时，大部分的糖和 N、P、K 等都要重新分配到就近的新生器官，营养器官的内含物向生殖器官转移。对于生长中心需要的物质来说，一是直接来源于根吸收的矿质营养和叶片制造的光合产物及自身的光合产物；二是来源于某些大分子分解成的小分子物质或无机离子，即再分配再利用的部分。

四、同化物的分配与产量的关系

1. 决定同化物分配的因素　包括源的供应能力、库的竞争能力和输导组织的运输能力。

（1）源的供应能力：指源的同化物能否输出及输出的多少。当源的同化物产生较少，本身生长又需要时，基本不输出；只有同化物形成超过自身需要时，才能输出。且生产越多，外运潜力越大。源似乎有一种“推力”，把叶片制造的光合产物的多余部分向外“推出”。源强（source strength）是衡量源供应能力的指标，源强会影响同化物分配给库的数量，但一般不影响同化物在库间的分配比例。源强的提高有利于植物的生长和库器官的发育，导致库数量的增加。如在植株的营养生长期，通过增加光强或增施 CO_2 来提高源强时，可以提高植物的果实数量，同化物向这些果实中分配的总量也会增加。源强本身对植株同化物的分配无直接影响，但源强会由于改变库的数量而对同化物分配产生间接的效应。

（2）库的竞争力：指库对同化物的吸引和“争调”的能力。生长速度快、代谢旺盛的部位，对养分竞争的能力强，得到的同化物则多。库对同化物有一种“拉力”，代谢越强，拉力就越大。库器官间对同化物的竞争能力存在很大的差异，生长速度快、代谢旺盛的库器官竞争同化物的能力很强，即使在同化物供应不足的条件下仍能得到较多的同化物而正常生长，但有些库器官因对同化物的竞争能力小而得不到足够的同化物，因此，生长不良或退化。

（3）输导组织的运输能力：运输能力与源、库之间输导系统的联系、畅通程度和距离远近有关。源、库之间联系直接、畅通，且距离又近，则库得到的同化物就多。同化物从源器官向库器官的运输是由韧皮部承担的，在大多数情况下，韧皮部的运输对同化物的分配无显著的影响，只是当顶端分生组织的维管束尚未完全分化时，即韧皮部运输能力尚未发育到足以满足库器官生长的需要时，韧皮部的运输才对同化物的分配产生影响。

2. 影响产量形成的因素 根据源-库关系，影响产量形成的因素有以下 3 种。

（1）源限制型：源小而库大，源的供应能力小，植物表现为叶片早衰、花果脱落、结实率低、空壳率高。

（2）库限制型：库小源大，库的接纳能力有限，植物表现为结实率高且饱满，但粒数少、产量不高。

（3）源库互作型：产量由源库协同调节，可塑性大。只要栽培措施得当，容易获得较高的产量。

第四节　同化物的运输与分配的调控机制

影响与调节同化物运输与分配的因素十分复杂，其中糖代谢状况、植物激素起着重要作用，另外，特定基因的表达及环境因素也对同化物运输与分配有着重要影响。

一、代谢调节

代谢调节普遍存在于生物界，是生物的重要特征。

1. 细胞内蔗糖浓度的调节 阈值是决定细胞内蔗糖能否输出的关键浓度。蔗糖的两种状态为可运态（高于某一阈值的蔗糖）和非运态（低于某阈值的蔗糖）。当蔗糖状态为可运态时，代谢速率增加；当蔗糖为非运态时，则代谢速率降低。K^+/Na^+ 调节叶绿体内淀粉含量与细胞质内蔗糖含量的比例，比值低利于淀粉向蔗糖转化。

叶片内蔗糖浓度高，在短期内可促进同化物从源的输出速率。例如，通过提高光强或增施 CO_2 的方法来提高叶片内蔗糖的浓度，短期内可以加速同化物从功能叶的输出速率，但从长期看，叶片内高浓度的蔗糖则会抑制光合作用。

2. 能量代谢的调节 同化物的主动运输需要消耗代谢能量，膜 ATP 酶的活性与物质运输关系密切，物质运输出膜、进膜都需要 ATP。ATP 的作用有两个方面：一是作为直接的动力来源；二是通过提高膜透性而起作用。用敌草隆（DCMU）和二硝基酚（DNP）抑制 ATP 的形成，会对物质运输产生抑制作用。

二、激素调节

植物激素可以调节同化物的运输和分配，且有累加效应，对同化物的运输与分配有着重要影响。除乙烯外，其他四种内源激素都有促进有机物运输与分配的效应。例如，用生长素处理未受精的胚珠或未受精的柱头，发现有机物有向这些器官分配的效应；正在发育的向日葵籽实的生长速率与生长素的含量成正比。在棉花开花时用赤霉素（GA）点涂花朵，可以增加产量。

激素在促进同化物运输的可能机制：①生长素与质膜上的受体结合，产生膜的去极化作用，降低膜势，并可能使离子通道打开，有利于离子及同化物的运输。也有人提出生长素是膜上 K^+-H^+ 交换泵的活化剂，通过刺激膜上的 K^+-H^+ 交换，促进物质运输。②植物激素能改变膜的理化性质，提高膜透性。如生长素、赤霉素、细胞分裂素均有提高膜透性的功能。③植物激素能促进 RNA 和蛋白质的合成，合成某些与同化物运输有关的酶，如赤霉素诱导 α-淀粉酶合成，细胞分裂素诱导和活化硝酸还原酶等。

三、基因表达调节

葡萄球菌蛋白质 A（staphylococcal protein A，SPA）是一种 DnaJ 分子伴侣蛋白质，它的功能为调节糖类物质在植株体内的分配。抑制植物 SPA 基因表达会促进叶片中蔗糖、葡萄糖和果糖等光合产物向库的输送，通过影响光合产物向果实转运调节源库关系，显著增加果实质量。

四、环 境 因 素

1. 温度 在一定范围内，同化物的运输速度随着温度的升高而增大，直到最适温度，然后逐渐降低。对于大多数植物，韧皮部运输速度在 22～25℃时最快。温度过低时，呼吸速率降低，能量供应减少，筛管内含物的黏度提高。温度过高时，筛板出现胼胝质，呼吸作用强，消耗物质增多，酶钝化或破坏。

温度影响运输方向：当土温＞气温，同化物向根部分配的比例增大；当气温＞土温，光合产物向顶部分配较多。另外，昼夜温差与同化物运输及作物产量有关；昼夜温差大，夜间呼吸消耗少，对同化物运输有利，作物产量增大。

2. 光照 光是通过光合作用影响到被运输的同化物数量及运输过程中所需要的能量。然而，光作为形成同化物的因素，只是在叶片中光合产物含量很低的情况下才对外运产生影响。而通常的光合作用昼夜节律，在光照充足的条件下同化物的水平比较高，以致光直接通过光合作用不能控制同化物运输速度。在某些植物（大豆、紫苏、罂粟等）上甚至发现有相反的关系，短暂缺光时运输加强。在遮阴环境下大豆通过调节光合器官结构增强对环境的适应性，并降低净光合速率，减少对同化物的消耗，有利于光合同化物的积累。功能叶白天的输出率高于夜间，光下蔗糖浓度升高，为运输加快所导致。

3. 水分 水是光合作用的原料，又是光合作用的介质。在水分缺乏的条件下，随叶片水势的降低，植株的总生产率严重降低。例如，土壤干旱会导致寄主柽柳同化物向管花肉苁蓉的运输比例降低，导致管花肉苁蓉生物产量下降。其原因可能是：①光合作用减弱；②同化物在植株内的运输与分配不畅；③生长过程停止。土壤总含水量减少引起植株各个器官和组织中的缺水程度不同，缺水越严重的器官，生长越缓慢，对同化物的需求越少，同化物的输入量也越少。综上所述，水分缺乏一方面通过削弱生长和降低光合作用对同化物运输起间接作用；另一方面，通过减低膨压和减少薄壁细胞的能量水平直接影响韧皮部的运输。

4. 矿质元素 影响同化物运输的矿质元素主要是氮（N）、磷（P）、钾（K）、硼（B）等。

（1）N 过多，营养生长旺，同化物输出少；N 过少，引起功能叶早衰。C/N 比要适当。许多实验表明，增施氮素会抑制同化物的运输，特别是抑制同化物向生殖器官和贮藏器官的运输。例如，给植物追施硫酸铵使同化物运出大大减少，即使这时的光合作用甚至略有提高。过多氮素抑制同化物运输的可能原因是，氮供应充分时，叶片蛋白质合成会消耗大量同化物；此外，供氮多枝条和根的生长加强，它们也成为光合产物的积极需求者，而使生殖器官和贮藏器官不能得到应有的光合产物。

（2）P 促进有机物的运输。P 的营养水平也反映在同化物运输上，但只是在 P 极缺或过多时才表现出来，因此设想 P 对同化物的影响不是专一的，而是通过参加广泛的新陈代谢反应实现的，其中包括韧皮部物质代谢的个别环节。P 与同化物运输有关的功能是：①磷促进光合作用，形成较多的同化物；②磷促进丙糖磷酸输出和蔗糖合成；③磷是 ATP 的重要组分，同化物运输离不开能量。

（3）K 对韧皮部运输的影响与 N、P 相比是较直接的，它是以某种方式促进糖由叶片向贮藏器官的运输。借助于 ^{14}C 对多种作物进行的实验均指出，K 能使韧皮部中同化物运输加强。已知在筛管成分中富含 K，因此不少人试图把它看作韧皮部运输机制本身的必需组成部分。K 的作用可能首先在于维持膜上的势差，这对于薄壁细胞之间的同化物横向交换特别重要。另外韧皮部从质外体装载中 H^+-K^+ 泵也离不开 K 的参与。促进库内糖分转变成淀粉，维持源库两端的压力差，有利于有机物的运输。

（4）B 与糖结合成复合物，这种复合物有利于透过质膜，促进糖的运输。B 还能促进蔗糖的合成，提高可运态蔗糖的浓度，促进糖的转运。

案例 5-1 解析

1. 同化物运输的主要途径是通过植物的韧皮部，同化物，主要是蔗糖，通过被动扩散。和主动泵送的机制，从源（如叶片）运输到库（如根、茎和果实）。

2. 同化物运输遵循的规律通常被称为“源-库理论”。同化物的流动是由源和库之间的浓度梯度所驱动的。同化物从高浓度区域（源）向低浓度区域（库）流动，以满足库的需求。

3. 源和库的活性、植物激素、环境条件、植物的年龄和发育阶段、植物的生理状态等都可能影响植物的同化物运输系统。

本章小结

学习内容	学习要点
运输形式	短距离运输系统：胞内运输、胞间运输、共质体运输、质外体运输；长距离运输系统：韧皮部运输
装载与卸出	同化物装载、同化物卸出
配置与分配	代谢源、代谢库；源-库
调控机制	生长中心分配、就近供应、同侧运输、再分配

目标检测

一、名词解释

长距离运输；短距离运输；共质体运输；质外体运输；交替途径；比集转运速率；压力流动假说；收缩蛋白学说；胞质泵动学说；P 蛋白；源；库；流；源-库单位；同化物配置；同化物分配；源强；库强；生长中心；经济系数；经济产量

二、简答题

1. 试述同化物分配的一般规律。
2. 源、库、流相互间有什么关系？了解这种关系对指导药用植物生产有什么意义？
3. 同化物配置包括哪些内容？同化物配置如何调节？
4. 影响同化物在药用植物体内运输和分配的因素有哪些？

（内蒙古农业大学　孙平平）

第六章　药用植物次生代谢生理

学习目标

1. 掌握：药用植物次生代谢的基本概念及常用的调控手段。
2. 熟悉：药用植物次生代谢的生物合成途径，生理生态意义及影响因素。
3. 了解：药用植物次生代谢的信号转导及应答机制和药用植物次生代谢的发展。

案例 6-1 导入

甘草为传统中药材，其有效成分包括三萜类、黄酮类及多糖类等，具有补脾益气、清热解毒、祛痰止咳、缓急止痛、调和诸药的功效，主要分布于内蒙古、宁夏、甘肃等地，为内蒙古自治区道地药材。甘草喜阳光充足、雨量较少、夏季酷热、冬季严寒、昼夜温差大的生态条件，具有喜光、耐旱、耐热、耐盐碱和耐寒的特性。一般生长3～4年后采收，采挖以秋季为好。

问题： 1. 结合生态环境对次生代谢的影响，简单阐述甘草为“内蒙古自治区道地药材”的原因。

2. 结合药用植物次生代谢合成和积累的特点，简单阐述甘草“3～4年后采收”的原因。

植物的次生代谢（secondary metabolism）是一个相对于初生代谢（primary metabolism）而言的以初生代谢中间产物作为底物消耗能量的过程，在植物适应环境、生物间信息交流及协同进化过程中发挥着重要作用，如抵御天敌、防御病原微生物、吸收传粉者和种子传播者、帮助植物适应物理化学环境的改变、介导植物之间的协同和竞争作用等。自1891年，德国科学家科赛尔（Kossel）提出植物的初生代谢和次生代谢概念以来，人们对于植物次生代谢的认识得到了不断发展。植物的次生代谢是在植物长期进化过程中产生的，与植物对环境的适应密切相关，同时，植物的次生代谢与植物的其他代谢过程一样受植物生存环境的影响。次生代谢产生的天然化合物称植物次生代谢物（secondary metabolite）。目前已知有一万余种次生代谢物，包括黄酮类、酚类、萜类、生物碱、皂苷、香豆素、木脂素、糖苷、甾类、多炔类、有机酸等。

药用植物的有效成分绝大多数为植物次生代谢物，也就是说，大部分药用植物的有效成分来源于其次生代谢过程，即是由初生代谢所派生而来的一些非生长发育所必需的、具有特殊生理功能的小分子有机代谢物质。药用植物次生代谢物的应用历史悠久，不同药用植物所含次生代谢物不同，不同的次生代谢物形成了中药不同的药性，表现出不同的疗效。

第一节　药用植物初生代谢与次生代谢的关系

植物初生代谢通过光合作用、三羧酸循环等途径，为次生代谢提供能量和一些小分子化合物原料，同时，次生代谢也会对初生代谢产生影响。初生代谢与次生代谢的区别为，前者在植物生命过程中始终都在发生，而后者往往发生在生命过程中的某一阶段。

初生代谢与植物的生长发育和繁衍密切相关，为植物的生存、生长、发育、繁殖提供能源和中间产物。植物通过光合作用将水和二氧化碳合成为糖类，进一步通过不同的途径产生三磷酸腺苷（ATP）、磷酸烯醇丙酮酸（PEP）、赤藓糖-4-磷酸、辅酶 A（NADH）、核糖、丙酮酸等维持植物机体生命活动的不可缺少的物质。PEP 与赤藓糖-4-磷酸可进一步合成莽草酸（植物次生代谢的起始物）；而丙酮酸经过氧化、脱羧后生成乙酰辅酶 A（植物次生代谢的起始物），再进入三羧酸循环中，生成一系列有机酸及丙二酸单酰辅酶 A 等，并通过固氮反应得到一系列的氨基酸（合成含氮化合物的底物），这些过程为初生代谢过程。在特定的条件下，一些重要的初生代谢物，如乙酰辅酶 A、丙二酸单酰辅酶 A、莽草酸及一些氨基酸等作为原料或前体，又进一步进行不同的次生代谢过程，产生酚类化合物（如黄酮类化合物）、异戊二烯类化合物（如萜类化合物）和含氮化合物（如生物碱）等。

药用植物次生代谢物的种类繁多，化学结构多种多样，但从生物合成途径看，次生代谢是从几个主要分叉点与初生代谢相连接的，初生代谢的一些关键产物是次生代谢的起始物。例如，乙酰辅酶 A 是初生代谢的一个重要“代谢枢纽”，在三羧酸（TCA）循环、脂肪代谢和能量代谢上占有重要地位，它又是次生代谢物黄酮类、萜类和生物碱等的起始物。很显然，乙酰辅酶 A 会在一定程度上相互独立地调节次生代谢和初生代谢，同时又将整合了的糖代谢和 TCA 循环途径结合起来。初生代谢与次生代谢的关系如图 6-1 所示。

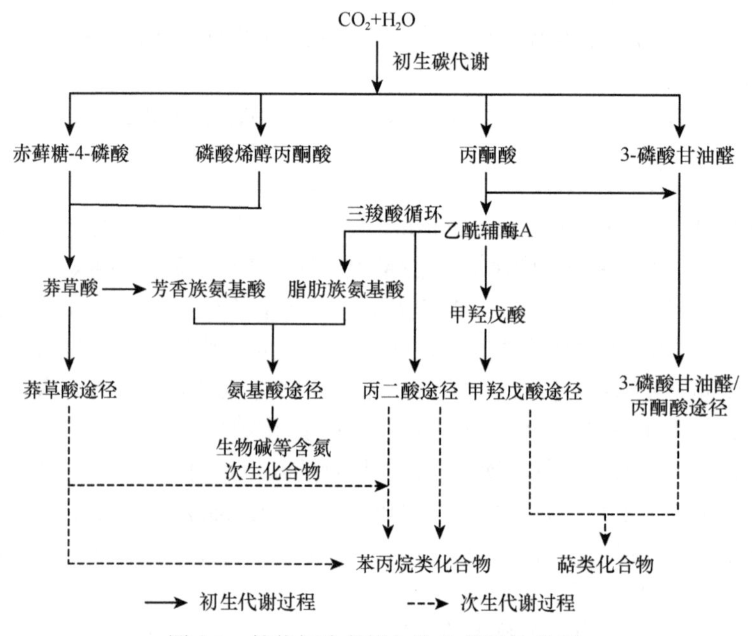

图 6-1　植物初生代谢与次生代谢的关系

第二节　药用植物主要次生代谢物

药用植物中有效成分大多数来源于植物次生代谢过程，其种类繁多、结构差异大，根据化学结构和化学性质不同，这些次生代谢物可以分为：生物碱、酚类、萜类及甾类和其他等。

一、生 物 碱 类

生物碱是起源于氨基酸的一类含有氮原子的化合物，一般呈碱性，在植物中可以游离态、盐或氮氧化物的形式储存于液泡中。目前，已经有 12 000 余种生物碱在植物中被发现，其中很多可以作为药用，在中枢神经系统、心血管系统、保肝、抗炎、抗菌、抗病毒和抗氧化等多方面具有显著的药理活性，如草麻黄（*Ephedra sinica*）中的麻黄碱、喜树（*Camptotheca acuminata*）中的喜树碱、黄连（*Coptis chinensis*）中的小檗碱、长春花（*Catharanthus roseus*）中的长春新碱等。生物碱根据化学结构的不同，可以分为有机胺类（麻黄碱）、喹啉衍生物类（喜树碱）、吡啶衍生物类（苦参碱、莨菪碱）、嘌呤衍生物类（茶碱）、异喹啉衍生物类（小檗碱）、喹唑酮衍生物类（常山碱）、吲哚衍生物类（长春新碱）等。

当前关注较多的是生物碱的化学防御功能，在植物的根、茎或叶中积累的生物碱对病毒、细菌或真菌等病原微生物具有抑制、阻断或毒杀作用；对昆虫或植食动物具有拒食或趋避作用。植物生物碱的合成代谢可对植食动物或昆虫的取食及微生物的攻击产生积极的应答。例如，昆虫对烟草叶的啃食能诱导烟碱在烟草叶体内的大量合成和积累。植物也可通过向环境中释放某些生物碱，影响其他植物的生长，在生态群落中增强生存竞争能力。有研究表明，某些生物碱可抑制种子的萌发和生长，具有某种生长调节物质的功能。某些植物的生物碱合成代谢可对外界非生物胁迫产生响应，从而增强植物的抗逆性，如含高水平双吡咯烷类生物碱的高羊茅比含低水平生物碱的高羊茅具有更强的耐旱性；在高温、干旱、遮阴及水淹条件下，喜树中喜树碱的含量会升高2～3倍，表明喜树碱可能参与了植物抵御外界环境胁迫的过程。

二、酚　　类

植物含有大量的酚类化合物，且结构多样。广义的酚类化合物约8000种，其中包括简单酚类、醌类和黄酮类等。大多数酚类化合物来自莽草酸途径，该途径广泛存在于植物中。

1. 简单酚类　是含有一个被羟基取代苯环的化合物，广泛分布于植物叶片及其他组织中。某些简单酚类具有调节植物生长的作用，而另外一些则是植保素的重要成分，或者与植物的化感作用有关。

2. 醌类　是由苯式多环烃碳氢化合物（如萘、蒽等）衍生的芳香二氧化物。根据其环系统的不同可以分为苯醌、萘醌和蒽醌等。醌类也是植物呈色的主要原因之一，如紫草素是紫草栓皮层中的萘醌类色素，也是重要的药品和化妆品原料。另外一些醌类，如胡桃醌，则是具有强烈异株相克作用的化感物。

3. 黄酮类　是一大类以色原酮环为基础，具有 C_6–C_3–C_6 结构的酮类化合物，其生物合成的前体是苯丙氨酸和丙二酸单酰辅酶A。根据B环的连接位置不同可以分为黄酮、黄酮醇、异黄酮、新黄酮等。黄酮类化合物仅在植物中存在，分布最广，几乎所有研究过的植物中都含有。黄酮类化合物因具有抗氧化、抗冠心病、抗某些癌症和抗衰老等功能而备受重视，如槐米中的芦丁用于毛细血管脆性引起的出血症及高血压的辅助治疗；从银杏（*Ginkgo biloba* L.）中提取的以黄酮糖苷为主要成分的Ginkoba则被认为具有改善大脑供血等作用，在北美已经上市多年。

黄酮类化合物对植物体本身具有多种生物学作用。黄酮类物质是植物组织呈色的主要原因之一，在植物繁殖过程中具有重要作用。黄酮类化合物还与植物生长调节剂生长素的极性运输有关，影响吲哚乙酸及其他激素（如细胞分裂素、乙烯等）的水平，在调节根生长和养分吸收中起着重要作用。黄酮类化合物与植物的抗病性关系密切，参与组织和病原微生物的互作及防御反应，具有抗病毒、抑菌活性，可作为植保素在植物体内积累，使植物免受微生物的侵染，阻止植株真菌孢子的萌发。

多项研究证明，含有大量黄酮的器官和组织与植物体的紫外辐射保护有关。其作用机制可能有两种：一种观点认为黄酮类化合物具有紫外吸收作用，以减少对核酸、蛋白质等大分子的破坏作用，保护植物器官尤其是光合系统免受辐射伤害；另一种观点认为，黄酮类化合物具有清除氧自由基的功能。氧自由基对膜稳定性的伤害是植物遭遇逆境胁迫时生理代谢紊乱，导致细胞功能丧失的主要原因，很多黄酮类物质表现出较强的自由基清除功能，如槲皮素、儿茶素等有利于植物抵御外界逆境的胁迫，这些黄酮类物质也是治疗心血管疾病、抗衰老及制备美容药物和天然抗氧化剂的重要来源。

三、萜类及甾类

萜类和甾类化合物是以异戊二烯为基本单位构成的一类化合物，其中萜类是植物天然产物中最大的一类，多以各种含氧衍生物如醇、酮、酯类及糖苷的形式存在。萜类化合物大多具有很好的药理作用，如抗疟疾的青蒿素、抗肿瘤的紫杉醇、镇痛解毒的甘草酸等。从结构上看，绝大多数的萜类都由五碳（C_5）的异戊烯焦磷酸（isopentenyl pyrophosphate，IPP）和二甲丙烯焦磷酸（dimethylallyl pyrophosphate，DMP）基本结构以“头-尾”的方式形成。根据含有 C_5 单元数量的不同，萜类可以划分为：半萜，如由光合作用活跃组织释放的异戊二烯；由 2 个 IPP 组成的单萜，它们往往是植物气味（如花香）的主要成分；由 3 个 IPP 组成的倍半萜，它们是植物挥发油的主要成分，可以作为植保素参与植物对微生物侵染和昆虫采食的防御过程；4 个 IPP 组成的二萜，如植醇（叶绿素的侧键）、赤霉素等。此外，萜类还包括由两个倍半萜形成的三萜，如油菜素内酯、皂苷和甾类等；由两个二萜形成的四萜，如类胡萝卜素；以及由更多异戊二烯基本结构形成的多萜，如作为电子载体的质醌、泛醌等。

萜类化合物对植物的生物学功能主要表现为对生物胁迫或非生物胁迫的适应性生理生化反应。某些萜类化合物具有强烈的抑菌杀菌作用，如在印度楝（*Azadirachta indica*）中分离到一系列的四环三萜类抗菌化合物，这些萜类化合物可以增强植物的抗病性，阻断病原微生物继续向其他部位感染或具有直接的杀菌作用。某些植物在受到昆虫侵袭时产生的某些萜类物质具有防御、驱避害虫的作用，如棉酚等萜类化合物对烟芽叶蛾和红铃虫具有防御作用。植物所产生的芳香物质中有很多属于萜酚类化合物，具有刺激昆虫取食或起昆虫性信息素的作用，可引诱昆虫前来取食从而实现授粉，繁衍种群。通过分泌、挥发或淋溶到外界环境中的萜类化合物具有强烈的化感作用，可对周围其他植物产生相生或相克作用，如一些萜类能抑制种子萌发和幼苗生长，从而增强环境竞争力，维护种群的稳定。

四、其　他　类

除此之外，常见的次生代谢物还包括胺类、非蛋白氨基酸、生氰苷、有机酸、多炔等。胺类是 NH_3 中氢的不同取代物，根据取代基数目可以分为伯、仲、叔、季 4 种。通常胺类来自氨基酸脱羧或醛转氨而产生，已知的胺类次生代谢物有 100 种以上，广泛分布于种子植物中，通常存在于花部，并具有臭味。非蛋白氨基酸多集中于豆科植物，常有毒。生氰苷是由脱羧氨基酸形成的 *O*-糖苷，是植物生氰过程中产生氰化氢（HCN）的前体，一些生氰苷与植物驱避捕食者有关。有机酸包括茉莉酸、水杨酸等，广泛分布于植物各部位，在植物抗虫抗病反应的信号转导中起重要作用。多炔是植物体内发现的天然炔类，主要分布在菊科及伞形科植物，现已发现 1000 余种。

第三节　药用植物次生代谢物的生物合成和积累

一、主要生物合成途径

（一）丙二酸途径

这一途径主要生成脂肪酸类、酚类（苯丙烷途径也产生酚类）、蒽醌类等（图 6-2）。以乙酰辅酶 A、丙酰辅酶 A、异丁酰辅酶 A 等为起始物，丙二酸单酰辅酶 A 起到延伸碳链的作用。

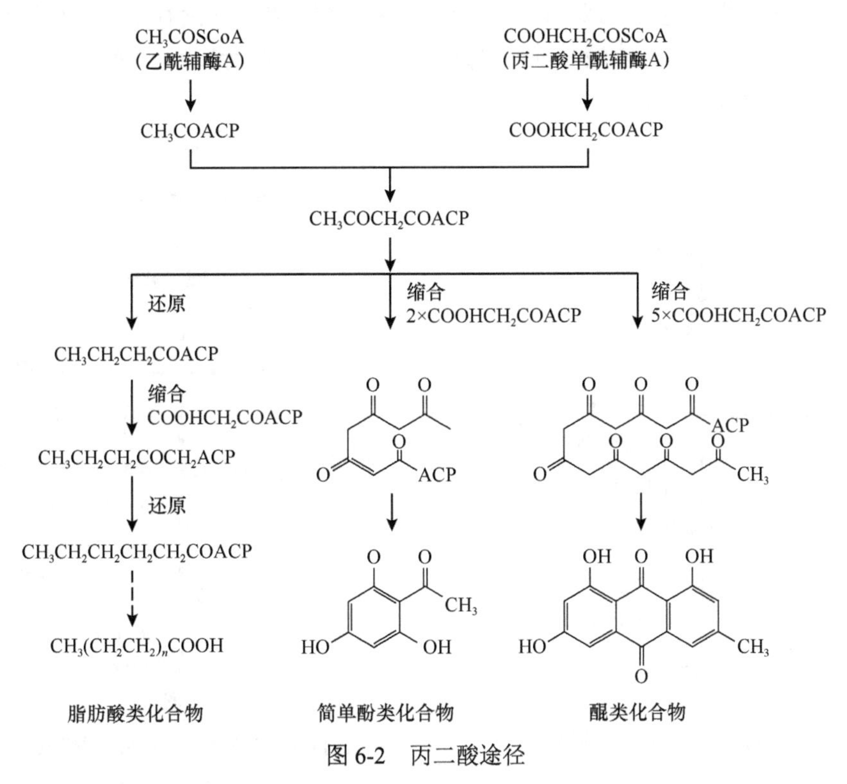

图 6-2　丙二酸途径

1. 脂肪酸类　饱和脂肪酸类均由丙二酸途径生成，这一过程的生物合成基源（起始物）是乙酰辅酶 A、丙酰辅酶 A、异丁酰辅酶 A 等，但起延伸碳链作用的是丙二酸单酰辅酶 A。碳链的延伸由缩合及还原两个步骤交叉而成。

2. 酚类　酚类化合物的生物合成与脂肪酸类有所不同，由乙酰辅酶 A 出发，延伸碳链过程中只有缩合过程，生成的聚酮类中间体经不同途径环合而成。

3. 蒽醌及萘类　蒽醌及萘类化合物由丙二酸途径生成，属于多酮类化合物。

（二）甲羟戊酸途径（MVA 途径）

生物体内真正的异戊基单位二甲丙烯焦磷酸（DMP）及其异构体异戊烯焦磷酸（IPP），它们均由 MVA 变化而来。该途径由三分子乙酰辅酶 A 在细胞质内经生物合成产生 MVA，然后经由磷酸化、脱羧过程形成异戊二烯类化合物的基本骨架 IPP 和 DMP，再经过异戊烯基转移酶的催化缩合成非环式牻牛儿基焦磷酸（geranyl pyrophosphate，GPP）、法尼基焦磷酸（farnesylpyrophosphate，FPP）和牻牛儿基牻牛儿基焦磷酸（geranylgeranyldiphosphate，

GGPP），然后经过多种类型的环化、稠合和重排，最后形成具有典型代表的每一种结构骨架，再经过 ATP 或 NADPH 中间产物的氧化、缩合等变化，最后形成植物体中成千上万种不同的萜类化合物的代谢产物（图 6-3）。倍半萜、三萜、甾类化合物等经过这一过程合成。

（三）3-磷酸甘油醛/丙酮酸途径

该途径也称去氧木酮糖磷酸还原途径（deoxyxylulose phosphate pathway，DOXP），或 2C-甲基-4-磷酸-D-赤藓糖醇途径（2C-methyl-D-erythritol-4-phosphate pathway，MEP）。胡萝卜素、单萜和二萜等也可以通过该途径合成（图 6-4）。在这一途径中，IPP 的直接前体不是 MVA，而是丙酮酸和 3-磷酸甘油醛（glyceraldehyde-3-phosphate，GA-3P），其合成部位不是细胞质，而是在质体中。

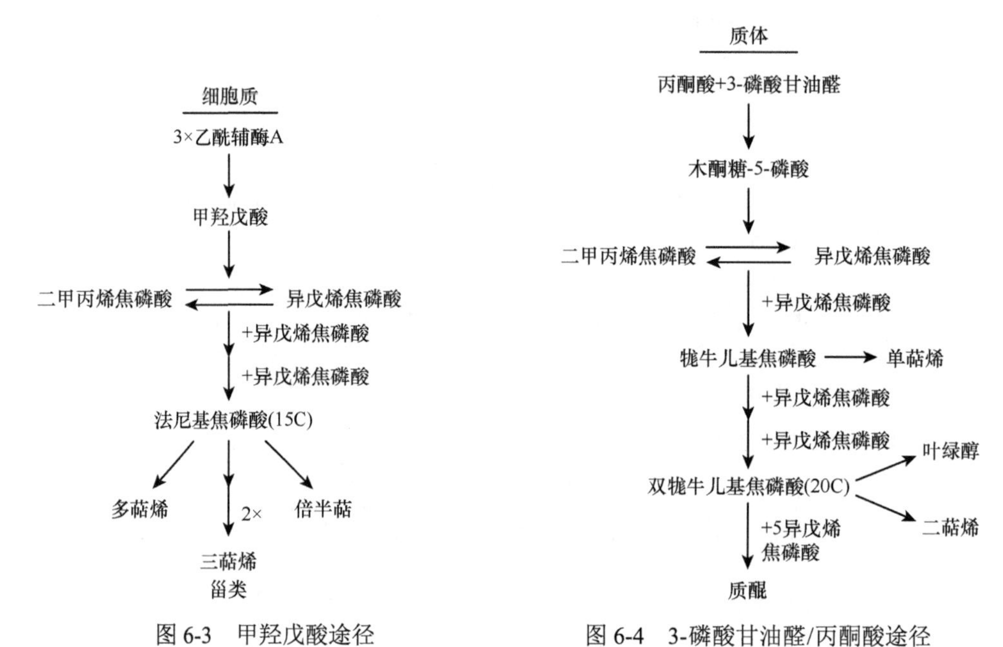

图 6-3　甲羟戊酸途径

图 6-4　3-磷酸甘油醛/丙酮酸途径

（四）莽草酸途径

莽草酸途径是一条初生代谢与次生代谢的共同途径，在植物体内，大多数酚类化合物由该途径合成。高等植物将赤藓糖-4-磷酸（戊糖磷酸途径的产物）与磷酸烯醇丙酮酸（糖酵解途径的产物）结合生成莽草酸，莽草酸转化为分支酸，分支酸经预苯酸生成苯丙氨酸和酪氨酸，为苯丙素类化合物生物合成的起始分子。天然化合物中具有 C_6–C_3 骨架的苯丙素类、香豆素类、木脂素类、一些黄酮类化合物均由苯丙氨酸经苯丙氨酸氨裂合酶（phenylalanine ammonia-lyase，PAL）脱氨后生成的反式肉桂酸得来，该途径过程如图 6-5 所示。由分支酸产生的苯丙氨酸、酪氨酸和色氨酸也是生物碱的合成前体。

桂皮酸的前体是莽草酸，可莽草酸还是酪氨酸、色氨酸等其他芳香酸类的前体，后两者又与生物碱的生物合成密切相关，所以有人认为莽草酸途径将无法限定为仅由桂皮酸而来的苯丙素类化合物，故而将这一途径称为桂皮酸途径。

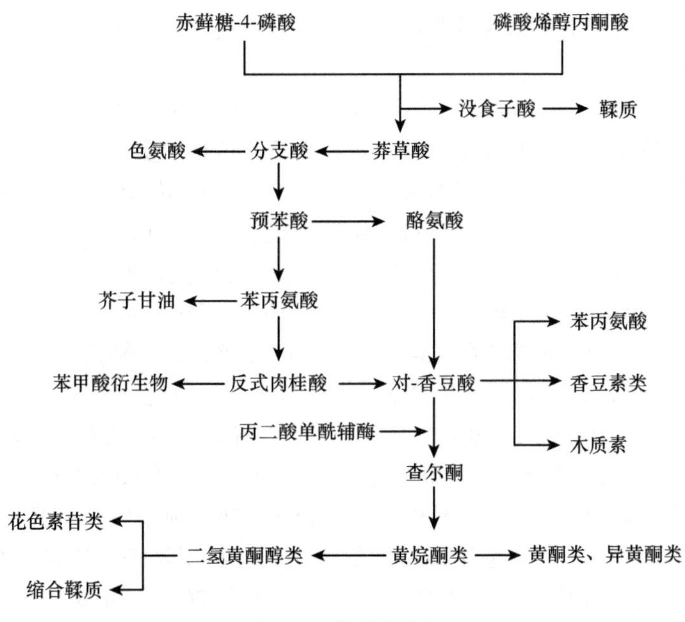

图 6-5 莽草酸途径

（五）氨基酸途径

天然产物中的生物碱类成分大部分由氨基酸途径生成。有些氨基酸脱羧成为胺类，再经过一系列化学反应（甲基化、氧化、还原、重排等）后即转变成为生物碱。并非所有的氨基酸都能转变成为生物碱。已知作为生物碱前体的氨基酸主要有鸟氨酸、赖氨酸、苯丙氨酸、酪氨酸、色氨酸等。脂肪族氨基酸则基本上由 TCA 循环及糖酵解途径中形成的α-酮戊二酸经还原、转氨化后形成（图 6-6）。

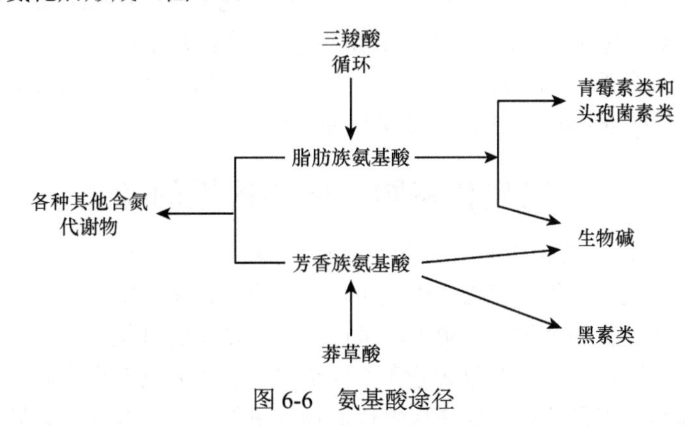

图 6-6 氨基酸途径

（六）复合途径

由复合途径生成的化合物均由 2 个或以上不同的生物合成途径结合所联合生成，一般生成的化合物结构较为复杂。常见的复合途径有下列几种组合：氨基酸-莽草酸途径、丙二酸-莽草酸途径、氨基酸-甲羟戊酸途径、丙二酸-甲羟戊酸途径、氨基酸-丙二酸途径等。

综上所述，药用植物次生代谢物的化学结构多种多样，种类繁多，但从它们的生物合成途径看，次生代谢物和初生代谢的关系与蛋白、脂肪、核酸与初生代谢的关系很相似，也是从几个主要分叉点与初生代谢相连接。次生代谢物的生物合成和积累是个复杂的网络系统，合成过程中涉及大量的酶和关键基因的调控，以上的生物合成途径只是次生代谢物合成过程的框架式结构。

下面以黄连（*Coptis chinensis*）中小檗碱为例，简述次生代谢在体内复杂的生物合成过程。黄连为我国传统中药材，长期用于临床，为毛茛科黄连属多年生草本植物黄连、三角叶黄连及云南黄连的根及根茎，药理活性成分以小檗碱等苄基异喹啉生物碱（BIA）为主，具有抗菌、抗炎、抗氧化、降血脂、抑制肿瘤细胞侵袭和血管生成等作用。如图 6-7 所示，首先以 *L*-酪氨酸（*L*-tyrosine）为起始，在植物体内酪氨酸衍生物多巴胺和 4-羟基苯乙醛通过 NCS 缩合形成 BIA 代谢途径的第一个中间体 (*S*)-去甲乌药碱（*S*-norcoclaurine），(*S*)-去甲乌药碱由去甲乌药碱-6-*O*-甲基转移酶（6-OMT）催化形成 (*S*)-乌药碱（*S*-coclaurine），(*S*)-乌药碱-*N*-甲基转移酶（CNMT）催化形成 (*S*)-3-羟基-*N*-甲基乌药碱 (*S*)-*N*-methylcoclaurine)，*N*-甲基乌药碱-3′-羟化酶（CYP80B3）催化产生 3′-羟基-*N*-甲基乌药碱（*S*-3′-hydroxy-*N*-methylcoclaurine），最后由 3′-羟基-*N*-甲基乌药碱-4′-*O*-甲基转移酶（4′-OMT）催化形成另一个关键分支点的中间体 (*S*)-网状番荔枝碱，这是合成吗啡、血根碱、小檗碱的中间产物。4′-OMT 具有高度的特异性，在 *S*-腺苷-*L*-甲硫氨酸存在时将甲基基团转移至 BIA 的 C-4′ 羟基上，在 C-1 处具有绝对 S 构型并且环 C 的 C-3′ 和 C-4′ 位置处有相邻的两个羟基。(*S*)-网状番荔枝碱进入囊泡中，在小檗碱桥酶（BBE）催化下闭环生成 (*S*)-金黄紫堇碱，从而形成小檗碱的基本母核结构。其中，(*S*)-金黄紫堇碱为 BIA 生物合成中的重要中间体。之后，(*S*)-金黄紫堇碱由金黄紫堇碱-9-*O*-甲基转移酶（SMT）催化形成 (*S*)-四氢非洲防己碱，SMT 具有高度的立体和区域选择性。之后从 (*S*)-四氢非洲防己碱到小檗碱的途径，(*S*)-四氢非洲防己碱经 (*S*)-四氢原小檗碱氧化酶（STOX 酶）氧化形成非洲防己碱，最后在小檗碱合成酶（berberine synthetase）催化下形成亚甲双氧桥，最终合成小檗碱。(*S*)-四氢非洲防己碱（*S*-tetrahydrocolumbamine）在四氢小檗碱氧化酶（THBO）作用下合成非洲防己碱；之后再由非洲防己碱-氧甲基转移酶（CoOMT）催化形成巴马汀（palmatine）；(*S*)-金黄紫堇碱经 SMT、刺罂粟碱合酶（CYP719A19）、THBO 催化形成表小檗碱（epiberberine）；(*S*)-金黄紫堇碱经紫堇碱合酶（CFS）、刺罂粟碱合酶（CYP719A2）、THBO 催化形成黄连碱（coptisine）；药根碱（jatrorrhizine）经小檗碱代谢形成。

二、次生代谢物合成和积累的特点

药用植物次生代谢物的合成和积累随着植物种类个体、生长环境、不同部位、生长周期、物候期等不同而发生变化。植物次生代谢物的合成和积累在植物的系统进化史上呈现出一个动态的过程，在植物的个体生长史上也呈现出一个动态的过程。同种类植物中的不同有效成分的积累动态不同，同一种有效成分在不同植物中的积累动态也不同。研究次生代谢物合成和积累的规律和特点是认识和提高次生代谢物含量的一条重要途径。只有掌握次生代谢物合成和积累过程的规律，才能更好地利用药用植物的次生代谢物。

（一）药用植物细胞次生代谢的“全能性”

植物细胞次生代谢的“全能性”是指任何植物的离体细胞在适宜的人工培养条件下都具有本植物的合成次生代谢物的能力，也就是次生代谢物合成的生理基础（酶、底物、代谢枢纽）和全部遗传信息（转录、翻译、基因表达等），都存在于一个离体细胞中。植物细胞在离体培养下有再分化为完整植株且保留其生物活性的能力，这种形态建成的全能性必定是以其内部生理生化过程为基础的，这些生理生化过程也包括药物生物合成，这为细胞培养生

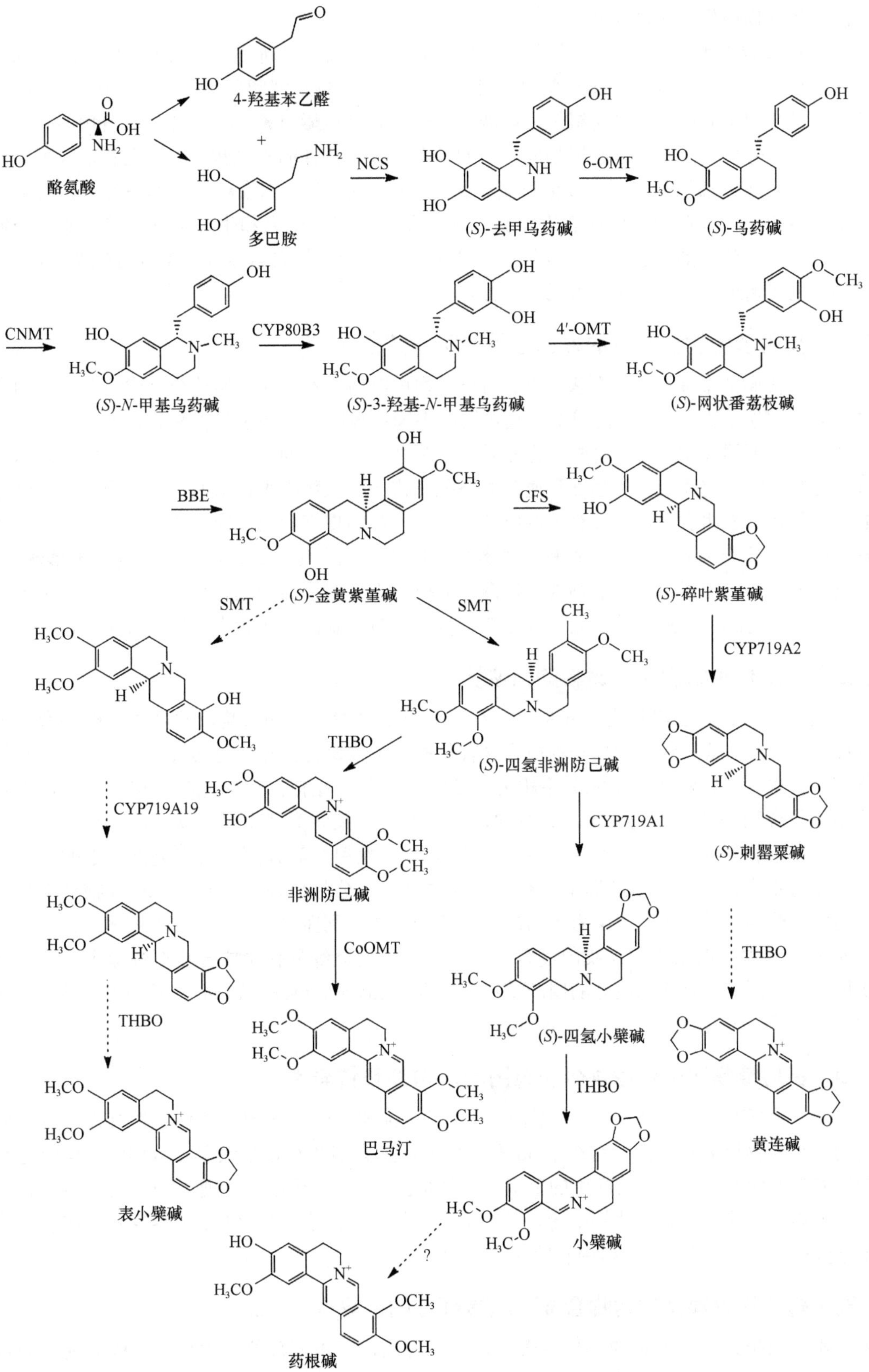

4-羟基苯乙醛

酪氨酸

多巴胺

NCS

(*S*)-去甲乌药碱

6-OMT

(*S*)-乌药碱

CNMT

(*S*)-*N*-甲基乌药碱

CYP80B3

(*S*)-3-羟基-*N*-甲基乌药碱

4′-OMT

(*S*)-网状番荔枝碱

BBE

(*S*)-金黄紫堇碱

CFS

(*S*)-碎叶紫堇碱

SMT

SMT

CYP719A2

(*S*)-四氢非洲防己碱

THBO

(*S*)-刺罂粟碱

CYP719A19

非洲防己碱

CYP719A1

CoOMT

THBO

THBO

(*S*)-四氢小檗碱

THBO

巴马汀

黄连碱

表小檗碱

小檗碱

?

药根碱

图 6-7　黄连中小檗碱类化合物的生物合成过程

产次生代谢物提供了理论依据。

药用植物细胞次生代谢全能性的一个典型的例子是：在新疆紫草（*Arnebia euchroma*）中，紫草素及其衍生物的分布在紫草根部的木栓层中。将新疆紫草种子萌发，用幼苗的根、胚轴、真叶和子叶诱导的愈伤组织，均能合成紫草素类蒽醌色素，其组分与原植物的基本相同，甚至部分含量明显超过原植物成分，如具有抗肿瘤活性的乙酰紫草素。在栽培或野生条件下，紫草地上部的细胞不合成紫草素（或合成强度很弱），而在组织培养条件下，合成能力都表现出来，表明这些细胞含有全部合成紫草素的遗传信息和生理基础，即代谢的全能性。植物细胞代谢的全能性是植物细胞代谢工程的基础，如果培养细胞不具备代谢全能性，植物次生代谢细胞工程的研究就无法进行。

（二）药用植物次生代谢的多途径性和可调控性

次生代谢的多途径性主要表现在：同一底物可以通过不同的代谢途径合成不同的代谢产物；同一产物可以由同一底物或不同底物经由不同途径产生，如多酚类和黄酮类化合物可由不同途径、不同底物生成。这些途径在时间上是并行和交错的，在空间上是多方向的。这种多途径在时间和空间上不同强度和速度的搭配，构成了植物次生代谢的不同类型。次生代谢的多途径观点表明次生代谢具有可调控性，包括含量的提高和成分的改变。植物生长的环境发生改变，其产生的次生代谢物种类和数量会随之发生变化。光、温度、湿度、土壤营养、大气组成等环境因子均影响植物次生代谢，调控次生代谢物的合成。在特定次生代谢物生产过程中酶、基因、激素、诱导因子等亦能有效地调节控制次生代谢物生物合成和积累。

（三）近缘种植物次生代谢物的相似性

次生代谢物的合成部位、分布范围及含量受植物遗传性的影响，并且通过植物亲缘关系反映出来。一般来说，如果一种植物含有某种次生代谢物，那么与其亲缘关系较近的其他植物往往也含有。利用“亲缘关系相近的植物类群具有相似的化学成分”这一规律可以预测某些化合物在植物界的分布，有方向、有目的地在某些类群中寻找新药源、新成分，开发和利用植物资源，并为植物系统演化和生物多样性保护等方面的研究提供一定的化学依据。在植物资源开发利用过程中，利用近缘种化学成分相似性的原理，在相近物种中寻找新的资源植物，是既省时间又省人力的一条捷径。如“利血平”是从印度蛇根木（*Rauvolfia serpentina*）中提取出来的，我国没有这种植物，应用近缘种化学成分相似性原理，在其同属植物中找到了含有相似成分的国产植物萝芙木（*Rauvolfia verticillata*），研制出了药效活性相似的“降压灵”。

（四）药用植物次生代谢物分布范围的广布性和特异性

所有高等植物都存在着次生代谢过程，每一种植物中所含的次生代谢物有许多种。如生物碱在植物界分布广泛，存在于 50 多个科中，绝大多数存在于双子叶植物中。但对有些特定的次生代谢物来说，其产生的范围似乎又是狭窄的，一种次生代谢物只产生于某一种或几种植物中，或只在某种植物中含量较高。如杜仲胶只产生于杜仲树；长春花碱只在长春花中含量较高；紫杉醇在红豆杉中有较高的含量。

（五）药用植物次生代谢物合成和积累部位的差异性

不同部位次生代谢物的差异性表现在两个方面，即不同部位次生代谢物成分的差异性和不同部位同种次生代谢物含量的差异性。不同种类药用植物发生次生代谢的器官往往不同。如烟草属、颠茄属等茄科植物的生物碱在根系中合成，金鸡纳属植物中的奎宁碱却在叶中合成。次生代谢物合成后可在原处积聚或转化，也可转运至他处储存，结果使它们在不同植物体内的分布状况各异。有的植物各器官均含某种活性成分，但含量高低不同，如雅连（*Coptis deltoidea*）植株根茎、须根、茎秆及叶中小檗碱的含量分别为3.55%、0.88%、0.35%、0.44%。每种植物都有含次生代谢物最多的器官，如麻黄髓部、黄柏树皮等。有些植物同一器官不同部位次生代谢物含量有差异；同一植物不同器官所含次生代谢物种类也常有差异，如白屈菜（*Chelidonium majus*）植株的根主含白屈菜碱、原阿片碱、α-别隐品碱，种子却主含黄连碱、白屈菜红碱及小檗碱等。

（六）药用植物次生代谢物的积累与生长周期的相关性

药用植物次生代谢物的积累与生长年限和年生长周期相关。处于不同生长发育阶段（或一年中的不同季节）植物的次生代谢物含量往往呈现一定的变化趋势，如高节竹（*Phyllostachys prominens*）竹叶主要的10种次生代谢物的质量分数在1月份最高（6.601 mg/g），7月份最低（1.044 mg/g）。异荭草苷、荭草苷、对香豆酸和苜蓿素7-*O*-葡萄糖苷等的质量分数均在1月份和11月份最高。异荭草苷、荭草苷和芦丁等5种次生代谢物的质量分数在7月份最低。苜蓿素7-*O*-葡萄糖的质量分数最低值出现在5月份；对香豆酸的质量分数最低值出现在9月份。据此可为确定药用植物最佳采收期提供参考，如我国北方广为流传的“三月茵陈四月蒿，五月砍了当柴烧”的谚语，就说明3月份生长的茵陈的药用有效成分含量高，可以作为药材，而4月份以后的就不是茵陈而是“蒿”和“柴”了。许多多年生植物，随着年龄的增长或生长年限不同，次生代谢活动也有差异，其次生代谢物含量亦有变化。例如，5年以内银杏叶中黄酮和萜类化合物的含量较高，1～2年生树叶中总黄酮的含量分别达到（32.4±1.96）mg/g和（40.96±3.90）mg/g，约为7年生树叶的2倍以上；总黄酮醇苷的含量也呈现类似的趋势，1年生显著高于4年生和7年生树叶中总黄酮醇苷的含量，7年生槲皮素含量较1年生显著下降了38.7%，银杏叶在1～4年生的幼树树叶黄酮和萜内酯类化合物积累较多，但当树木进入快速生长时期树叶中有效成分的积累显著下降，表现出显著的年龄效应。而人参随植株年龄增长有效成分逐年增加，5年生植株含量接近6年生植株，但4年生植株只有6年生植株的一半。

三、药用植物次生代谢的生理生态学意义

植物次生代谢在植物对物理、化学环境的反应和适应，植物与植物之间的相互竞争和协同进化，植物对昆虫、草食动物甚至人类的化学防御以及植物与微生物的相互作用等过程中，都起着重要作用。从动态发展的角度看，植物与环境的关系就是植物对环境的适应与进化的过程。

（一）次生代谢与生物进化

植物自身不能通过移动来躲避环境中的各种危害，要想生存就得采取相应的措施，因而进化出多种有效的抗性机制。次生代谢物就是植物在长期进化过程中适应生态环境的结果，是植物自身防御机制的表现。例如，丁香属植物均具有环/裂环烯醚萜和苯丙素类产物，使它们有能力通过这两类优势进行次生代谢物的形成，增强对小环境中生物及非生物扰动的适应能力，从而改善植株的生长状况并实现高效的繁衍生息。

（二）次生代谢的生理功能

虽然通常认为植物的次生代谢是与植物生长、发育、繁殖等无直接关系的代谢过程，可是近代研究发现，许多植物次生代谢物不仅具有极其重要的生态意义，在植物的生命活动中也有着重要生理功能。如吲哚乙酸、赤霉素等直接参与生命活动的调节；木质素为植物细胞壁的重要组成成分，纤维素和木质素等对维持生物个体的形态必不可少；花青素是一类广泛存在于植物中的水溶性天然色素，在植物的生殖器官如花冠、种子和果实中呈现不同的颜色；叶绿素、类胡萝卜素等作为光合色素参与植物光合作用过程；有些次生代谢物如水杨酸和茉莉酸，还作为信号分子参与植物的生理活动；植物体内合成的维生素 C 在植物抗氧化和自由基清除、光合作用和光保护、细胞生长和分裂以及一些重要次生代谢物和乙烯的合成等方面具有非常重要的生理功能。

（三）次生代谢对病原微生物的防御作用

植物次生代谢物参与植物抗真菌、细菌、病毒甚至线虫的作用，植物的挥发性次生代谢物对微生物具有杀灭或抑制作用。当植物受到真菌、病毒、细菌等病原微生物的诱导后可以产生抗病菌能力，其生化机制是植物产生的次生物质构成植保素或抑菌物质参与了免疫反应。参与植物抗病反应的次生代谢物有些是植物原有的成分，如角质、木栓质、木质素等分子量高的成分，在病原菌侵入前作为物理障碍；而有些成分，如鞣质、多酚、生物碱类等分子量小的次生代谢物也可以阻止病原菌侵入而起抗病作用；另外，一类诱导型次生代谢物则是植物体在病原菌或其他诱导因子的作用下，通过抑制或激活相关的酶系基因而合成新的代谢产物，即植保素，这些物质主要是萜类、异黄酮类、生物碱类等小分子次生代谢物。这些物质能够提高植物的抗病能力，增强免疫能力。如油茶（*Camellia oleifera*）中的皂苷对炭疽病菌有较强的毒害作用；存在于木本植物心材部分的萜类和酚类物质，具有很强的抗腐性。而在植物体内非诱导的次生代谢物可以作为预先形成的抑菌物质暂时储存在一定的组织中，当植物受到病原体的诱导后转变为植保素、木质素等产生免疫反应。

（四）次生代谢对天敌的抵御作用

在植物防御其天敌如昆虫和植食动物的侵蚀过程中，次生代谢物作为阻食剂发挥着重要的作用。阻食剂的作用十分复杂，它们可以通过降低植物的适口性或营养价值起作用，也可以通过其毒性起作用，还可以通过影响动物体内的激素平衡起作用。

与抗虫性有关的植物次生代谢物主要是生物碱、萜类和酚类，这些物质通过多种方式影响昆虫的行为，作用包括直接毒性作用和间接保护作用。直接毒性作用是指植物中的多酚、黄酮类化合物可直接影响植食性昆虫的取食并表现出毒性或排趋性。其中萜烯中的柠檬烯、蒎烯、香叶烯等许多成分可直接作用于致害昆虫，抑制取食，产生忌避或抗生作用；生物碱中的茄碱、番茄素对马铃薯甲虫的成虫和幼虫均有阻止取食、抑制生长的作用。有些植物在受到植食性昆虫取食攻击时，能够释放出特异性挥发物吸引天敌，以减轻害虫对植物自身的进一步伤害，这种通过吸引天敌来保护寄主植物的防卫措施可视为一种间接抗性机制。

植物对植食性动物采食的防御包括造成钩、刺等物理防御和利用次生代谢物进行的化学防御。由于有些时候动物能抗御植物的物理防御，因此植物对被采食最有效的防卫是植物利用次生代谢物进行的化学防御。其防御的机制主要有三种：一是次生物质决定植物可食部分的适口性，使动物拒食，如由生物碱、皂苷类、萜类、黄酮类等化合物形成的苦味对动物有拒斥作用；二是利用氰类及生物碱等有毒物质进行防御，由于这类物质易被吸收，在剂量很低时就对动物产生有效的生理影响，从而达到防御目的，如蓖麻种子中的蓖麻蛋白；三是利用酚类和萜类化合物抑制动物消化，限制觅食。

（五）次生代谢与植物对生态因子的适应性

药用植物对非生物因素的防御主要表现在对物理环境的适应。在自然环境条件下，高温、低温、干旱、高盐等物理环境都有可能对植物造成伤害。在一定程度上，植物对环境的变化可以做出反应。植物对物理环境的适应可以发生在形态结构上，也可以发生在生理生化上，而次生代谢物则成为生理生化适应的物质基础。干旱胁迫下植物组织中一些次生代谢物的浓度常常上升，如生氰苷、硫化物、萜类化合物、生物碱、鞣质和有机酸等，以提高植物的抗逆性。如干旱条件下，喜树（*Camptotheca acuminata*）促进叶片合成更多喜树碱，红景天（*Rhodiola rosea*）根中的红景天含量增加，使植株的抗旱性显著提高。许多盐生植物通过在细胞内积累甜菜碱和脯氨酸等，用来平衡液泡内无机离子（如 Na^+ 等）积累所造成的细胞质渗透压的变化，对细胞起到保护作用，以抵御不良环境。如盐碱条件下，苜蓿（*Medicago sativa*）会合成更多甜菜碱，使植株的抗旱抗盐性显著提高。耐霜植物在低温下糖类积累增加，糖类和多元醇的增多可减少液泡中冰的形成，增加体内不饱和脂肪酸的含量，增强细胞膜液化程度，提高细胞膜抗寒力。如在低温条件下在苹果（*Malus pumila*）、山梨（*pyrus ussuriensis*）中发现有较多多元醇如甘油、山梨醇、甘露醇等的积累。同样，高温可使植物体内氨基酸、可溶性糖、可溶性蛋白等减少，从而使细胞膜不易液化，抗热能力增强。如桑树（*Morus alba*）叶在高温下降低了淀粉含量，破坏了蔗糖-淀粉平衡进而影响了整个糖代谢，总的可溶性蛋白含量减少，总的氨基酸含量增加，以此来调整植物对高温的适应。由紫外辐射诱导产生的酚类等次生代谢物可吸收紫外线，具有增强植物抗氧化能力和抗虫蚀能力、减少紫外辐射对植物自身的伤害和影响枯枝落叶分解的功能。

（六）次生代谢与植物之间的协同和竞争作用

植物间的化感作用是近年来颇受重视的研究领域，它主要是指植物产生并向环境释放次生代谢物，从而影响周围植物生长和发育的过程。化感作用包括促进和抑制两个方面，在范围上包括种群内部和物种间的相互作用。植物间相互存在着以化学物质为媒介的交互作用，也称为克生作用，这些化学物质就是次生代谢物。药用植物通过次生物质对同种或不同种植物产生相生或克生作用（化感作用），在营养和空间的生存竞争中做出防御反应，以控制种群数量，达到有利种群的持续繁衍。例如，苍术（*Atractylodes lancea*）挥发油中的主要组分为β-桉叶醇，β-桉叶醇能强烈抑制苍术胚芽伸长；马缨丹（*Lantana camara*）释放的次生代谢物岩茨烯 A 和岩茨烯 B 能有效抑制水葫芦（*Eichhornia crassipes*）的生长。

第四节　生态环境对次生代谢物的形成影响与调控

与初生代谢物相比，药用植物次生代谢物的产生和变化与环境有着更强的相关性和对应性。药用植物次生代谢物的形成积累与环境条件密切相关，生存环境的改变对植物次生代谢物的形成有非常显著的作用。植物遗传物质感受环境应力信号并控制蛋白质合成的过程是植物次生代谢物与环境之间相关性和对应性的内在机制。植物次生代谢物在植物体内的合成和积累是在植物具有相关基因的基础上经环境条件诱导作用的结果。即环境刺激细胞外部的信号受体，激活次生代谢信使产生信号分子，通过信号传递转入细胞，启动合成次生代谢物关键酶相关基因的表达，相关的酶再催化次生代谢的生物化学合成过程，促使植物体内产生次生代谢物。

次生代谢物在不同药用植物体内的合成和积累是药用植物在一定环境条件下长期生存选择的结果，与产地的生态环境具有紧密的联系，从而形成了“道地”药材的特性。外界生态环境条件的不同会导致相同品种的药用植物体内次生代谢过程的变化，从而影响同一品种药材的内在质量。因此，深入研究和了解不同生态环境条件对药用植物次生代谢成分和含量的影响，对于揭示中药材“道地性”的形成机制，培育优良的药用植物品种，合理引种和规划药用植物的道地性栽培产区，规范药用植物的现代化栽培生产具有重要意义。我国具有丰富的植物资源，其中药用植物有一万余种，占全世界药用植物的 40% 以上，而大多数的种属在次生代谢途径上都有或多或少的特异。药用植物的次生代谢物是一个巨大的宝藏，有待我们去开发和保护。

一、药用植物次生代谢产生的生理机制

植物次生代谢物合成的生理机制尚不明确，但是不少人进行了这方面的研究，先后提出了几种基本假说，主要有资源获得假说（resource availability hypothesis，RAH）、碳素/营养平衡假说（carbon/nutrient balance hypothesis，CNBH）、生长-分化平衡假说（growth-differentiation balance hypothesis，GDBH）和积极防御假说（active defense hypothesis，ADH）。

1. 资源获得假说 RAH 认为所有植物的生长发育都依赖于光、营养、水等必需资源的获得，然而自然界中的环境条件多种多样，有资源丰富、良好的生态环境，也有资源匮乏、恶劣的生态环境，生境中资源的丰富程度是影响植物次生代谢物类型及数量的重要进化因素。RAH 认为，由于自然选择的结果，在环境恶劣的自然条件下生长的植物具有生长慢而次生代谢物多的特点，而在良好自然条件下生长的植物生长较快，且次生代谢物较少。植物保护自己不受外界伤害的能力建立在资源获得的基础上，在一定的条件下，用于保护而分配的成本强烈地影响着植物的生长。生长在资源丰富的环境中的植物具有生长速度快、叶片寿命短的特点，在叶片衰老前获得的稳定次生代谢物如生物碱和生氰苷少；反之，生活在资源贫乏环境中的植物具有生长速度慢和叶片寿命长的特点，这类植物产生较多相对稳定的次生代谢物。

2. 碳素/营养平衡假说 CNBH 认为，植物个体的 C/N 平衡强烈地影响植物初生代谢和次生代谢资源的分配方式。植物体内以碳为基础的次生代谢物如酚类化合物、萜类化合物和单宁等的产量与植物体 C/N 呈正相关，而以氮为基础的次生代谢物如生物碱和氰苷等含氮化合物与植物体内的 C/N 呈负相关。其理论基础是假设植物营养对植物生长的影响大于其对光合作用影响。CNBH 认为在营养不足时，植物生长的速度大大减慢，与之相比光合作用变化不大，植物会积累较多 C 元素，体内 C/N 增大，光合作用过多积累的碳被用于合成次生代谢物，酚类、萜烯类等以 C 为基础的次生代谢物就会增多，含 N 次生代谢物减少。当生活环境养分充足时，植物营养生长旺盛，植物体内 C/N 降低，光合作用固定的碳被用于生长，酚类、萜烯类等不含 N 次生代谢物者数量降低，生物碱数量增加。

3. 生长-分化平衡假说 GDBH 认为，植物的生长发育在细胞水平上可分为生长和分化两个过程，生长主要是指细胞的分裂和增大，分化主要指细胞的成熟、特化、形态及化学成分的差异。其理论基础是假设在与植物生长和分化有关的代谢之间存在竞争（包含所有的初生代谢和次生代谢过程），即植物在生长和分化过程中的生理代谢上存在物质交换平衡。植物细胞生长和分化都依赖于光合产物，消耗同一资源，但光合产物在它们之间的分配却不平均，即光合产物分配给细胞生长的投入增加，而分配给分化的投入就会减少。次生代谢物是细胞分化（特化和功能转化）过程中生理活动的产物。GDBH 认为，任何对植物生长与光

合作用有不同程度影响的环境因子，都会导致次生代谢物的变化，对植物生长抑制作用更强的因素将增加次生代谢物。GDBH 认为，在资源充足的情况下，植物以生长为主；中等资源水平时，如轻微干旱、适当的养分胁迫或温凉的生活环境，植物就以分化为主，并伴随着更多次生代谢物的合成积累；在资源匮乏时，植物的生长和分化均减少。

4. 积极防御假说　ADH 认为，次生代谢物的积累是植物普遍的防御机制，可以保护植物免受其他化合物产生的毒害和食草动物产生的机械伤害。其理论基础是植物次生代谢物的产生是以减少植物生长的成本为代价，次生代谢物在植物体内的功能是防御作用，防御就需要成本，防御功能与其他功能如生长和繁殖之间存在对立平衡关系。植物只有在其产生的次生代谢物所获得的防御收益大于其生长所获得的收益时才产生次生代谢物。即当植物生长受到大的伤害威胁时，才会产生次生代谢物。ADH 认为，在虫害胁迫下，植物产生的具有抗虫性的次生代谢物（主要是酚类、萜烯类物质）是植物对植食性昆虫的一种积极的防御反应，是植物与植食性昆虫协同进化的产物，植物在受虫害侵袭时产生的化学防御物质是一种积极主动的过程。

目前，关于次生代谢与环境关系的这些假说或解释都具有一定的局限性，还没有一个假说被发现具有普遍意义。这可能一方面是由于人们尚未认识到次生代谢物合成积累与环境的内在、本质的关系；另一方面也反映出次生代谢及诱导机制的多样性、复杂性。尽管这些假说都存在缺陷或不足，但对探讨药用植物次生代谢有效成分的变化规律仍具有重要的指导或参考意义。

二、不同生态因子对药用植物次生代谢物合成和积累的影响

药用植物的生长年限、生长季节、微生物的侵染、放牧、辐射、植物间的竞争和营养供应状态等均对高等植物的次生代谢有很大影响。大多数植物根据其所处环境的变化来决定合成次生代谢物的种类和数量，只有在特定的环境下才合成特定的次生代谢物，或者显著地增加特定次生代谢物在体内的产量。影响植物次生代谢的环境因子可分为物理、化学和生物因子 3 大类，其中物理类包括水分（干旱、水涝）、温度（热害、冻害）、紫外辐射、电损伤、风害、土壤理化性质等；化学类包括营养、元素、毒、重金属、盐碱、农药、大气组成等；生物因子包括竞争、抑制、化感作用、病虫害、有害微生物、个体密度等。以下主要从光照、水分、温度、大气环境、土壤及生物因素等环境因子对植物次生代谢的影响进行叙述。

（一）光照的影响

光照的强度、光照时间及光质都对药用植物的次生代谢产生影响。光强对不同药用植物次生代谢的作用并不是一致的。不同的药用植物最适宜的光照强度不同，对于某些阳生药用植物，光强的增加能够提高其次生代谢物的含量，如生于阳坡的金银花（*Lonicera japonica*）中绿原酸的含量高于生于阴坡的；而对于阴生植物，则须适当遮阴以减少光照强度，如光强在 20% 的荫棚透光率时人参（*Panax ginseng*）中人参皂苷含量可达干重的 4.5%，光强在 5%～10% 时大叶钩藤（*Uncaria macrophylla*）叶片中钩藤碱与异钩藤碱及茎中异钩藤碱含量最高。对于不同的药用植物，光照时间长短对次生代谢物积累的影响也各不相同，对某些药用植物来说，适当延长光照时间，有利于提高其药用次生代谢物的含量，如长日照可提高许多植物酚酸和萜类的含量。河南、山东等道地产区的金银花（*Lonicera japonica*）中绿原酸和黄酮类化合物含量明显高于江苏等非道地产区，其主要决定因素就是光照时间。光质与次生代谢物的生成密切相关，如紫外辐射的增强可诱导植物产生较多酚醛

类等紫外吸收物质，增强抗氧化能力，减少紫外辐射对植物自身的伤害。不同光质对地黄（*Rehmannia glutinosa*）组织培养中强心苷的形成与积累有影响，蓝光照射下，强心苷含量最高，而黄光、红光、绿光及黑暗条件下则很低。

（二）水分的影响

水分是植物生长发育的重要条件，土壤中水分含量的多少会直接影响到药用植物的次生代谢。如草麻黄（*Ephedra sinica*）和甘草（*Glycyrrhiza uralensis*）在适当干燥的环境中有效成分含量较高，而何首乌（*Polygonum multiflorum*）、黄连（*Coptis chinensis*）、半夏（*Pinellia ternata*）等则喜温暖湿润的土壤环境。一般来讲，干旱通常会使药用植物体内的次生代谢物浓度升高，如萜类、生物碱、有机酸等。如干旱胁迫可对银杏（*Ginkgo biloba*）叶片中槲皮素含量的提高有一定的促进作用，而抑制了芦丁含量的增加；金鸡纳（*Cinchona ledgeriana*）在高温干旱条件下，奎宁含量较高，而在土壤湿度过大的环境中，含量就显著降低，甚至不能形成；干旱胁迫的薄荷（*Mentha haplocalyx*）叶中，萜类物质浓度升高，水分较多时薄荷油的含量则相应下降。干旱对次生化合物含量的影响通常与十旱胁迫的程度、发生时间的长短有关。短时间的干旱胁迫，可使次生代谢成分的含量增加；但长时间的胁迫，会得到相反的结果。原因是在适度干旱条件下，一方面脱落酸和脯氨酸等次生代谢物增多，提高植物的抗逆性；另一方面植物的生长受到限制，大量的光合产物在体内积累，植物利用这些“过剩”的光合产物合成含碳次生化合物（如萜类），使组织中次生代谢物的浓度上升。但严重的干旱会使植物体内水分失去平衡，生理代谢过程发生紊乱，使产生的光合产物和其他原料非常有限，从而使植物中含碳次生化合物的合成受到限制。

（三）温度的影响

药用植物次生代谢成分的合成也受到环境温度的影响。温度变化引起植物的生理、生化等代谢变化和植物次生代谢物的变化，是植物自身防御机制的表现。同一植物所处温度不同时，其次生代谢活动强弱不同，次生代谢物积累量也有差异。适温条件有利于无氮物质如多糖、淀粉等的合成。高温却有利于生物碱、蛋白质等含氮物质的合成。高温诱导植物产生次生代谢物是植物对温度胁迫的积极反应，如在高温干旱条件下，颠茄（*Atropa belladonna*）、金鸡纳等植物体内生物碱的含量较高；较高温度下，银杏叶中槲皮素和总黄酮含量升高。不同药用植物忍受高温胁迫的能力和产生次生代谢物的种类以及次生代谢物的积累量不同。低温一方面影响植物的光系统Ⅰ、光系统Ⅱ、ATP 的合成及碳循环，从而影响植物的次生代谢，如在低温下，连翘（*Forsythia suspense*）中金丝桃苷的含量降低；另一方面，低温诱导植物产生化学成分以保护植物免遭冻害的破坏，如低温引起植物体内不饱和脂肪酸增加而产生抗低温防御反应。在进行药用成分的细胞培养时，温度的高低与培养细胞中有效成分含量有密切关系，如雪莲（*Saussurea involucrata*）愈伤组织生长和黄酮合成的适宜温度在 2℃左右。

（四）大气环境的影响

大气中的 CO_2 可以通过植物光合作用形成碳水化合物，从而间接地对植物的次生代谢等生理过程产生影响。增加 CO_2 的浓度会使植物的光合作用增强，引起植物内非结构碳水化合物过剩，促进以碳为基础的次生代谢物如酚类、萜类、鞣质等的合成。有实验证明，CO_2 浓度升高后虎耳草（*Saxifraga stolonifera*）中叶绿素含量、原初光能转化效率（Fv/Fm）和实际量子产量（YII）显著增加；叶片中脯氨酸、可溶性糖含量及 SOD 活性降低，MDA

含量降低；促进没食子酸和岩白菜素合成，显著增加虎耳草叶片中没食子酸、岩白菜素含量及生物产量。CO_2 对植物次生代谢物的影响存在种间差异，CO_2 倍增条件下，薄荷（*Mentha haplocalyx*）叶片挥发性物质如单萜和倍半萜烯的总含量升高；橘树（*Citrus reticulata*）无明显变化，松树（*Pinus massoniana*）叶片萜类化合物浓度反而呈下降趋势，但是，总体上 CO_2 倍增会诱发植物次生代谢物含量的增加。除二氧化碳外，臭氧也影响次生代谢物积累量，如针叶植物暴露在臭氧中可以增加其酚类物质的含量。

（五）土壤因素的影响

药用植物的根系在植物和土壤之间进行着频繁的物质交换，土壤条件是药用植物获得养分和水分的基础，是影响植物生长和次生代谢物积累的重要生态环境因子。影响植物生长及其次生代谢的关键因子主要有土壤的质地、土壤养分（矿质元素）、土壤 pH 和土壤中的盐分含量。泽泻（*Alisma orientate*）、黑三棱（*Sparganium stoloniferum*）等适宜黏土生长，而北沙参（*Glehnia littoralis*）、川贝母（*Fritillaria cirrhosa*）、阳春砂（*Amomun villosum*）等在沙土中有利于次生代谢物积累。土壤中的无机营养元素在药用植物次生代谢过程中起着重要作用。如土壤元素钾、磷、锰、锌、镁和土壤有机质含量的差异是当归道地性形成的主要土壤因素。根据次生代谢的 C/N 平衡假说，土壤氮素的增加会导致植物中非结构碳水化合物含量下降，从而使以非结构碳水化合物为直接合成底物的单萜类次生代谢物水平减少，但以氨基酸为前体的次生代谢物水平提高；反之，在增加植物体内非结构碳水化合物的条件下，缩合鞣质、酚类化合物和萜烯类化合物等含碳次生代谢物大量产生。如去除氮肥或减少氮肥的可利用率会增加苯丙类次生代谢物的含量。

大部分的药用植物适宜在 pH 6～7 的土壤环境中生长，其土壤的养分条件最好，有利于植物的生长，但也有许多植物喜微酸或微碱性的土壤，如石松（*Lycopodium japonicum*）、狗脊（*Cibotium barometz*）、肉桂（*Cinnamomum cassia*）喜酸性土壤，而甘草（*Glycyrrhiza uralensis*）喜碱性土壤。土壤中的含盐量也影响到药用植物次生代谢成分。不同生长环境土壤含盐量对三叶青（*Tetrastlgma hemsleyanum*）中黄酮、多酚和多糖含量具有一定的影响，过高与过低的土壤盐分浓度下，黄酮和多酚含量均低于含中等土壤盐分下的累积，而多糖含量则随着盐量增加呈直线下降趋势。

（六）生物因素的影响

药用植物在与动、植物和微生物协同进化过程中，会产生一些次生化感物质如酚类、鞣质、萜类、生物碱等来抵御天敌的侵袭，增强抗病能力，提高种间的竞争能力以适应环境。植物在遭到昆虫侵害后，植物的挥发性化感化合物的含量和组分会发生改变，次生代谢物可作阻食剂或毒性物质驱避昆虫；也可释放到空气中使植食性昆虫难以辨认或增强对天敌昆虫的引诱作用，如受棉红蜘蛛侵袭的棉花（*Gossypium* spp.）会释放一些萜类物质以吸引智利小植绥螨。微生物的侵袭可引起药用植物次生代谢的改变，如拟南芥受到昆虫或病原菌入侵后，茉莉酸（JA）大量积累，刺激吲哚类芥子油苷生物合成途径中关键基因 CYP79B2 和 CYP79B3 的表达，最终诱导吲哚类芥子油苷合成量增加。另外，一些微生物是某些药用植物生长和产生有效药用成分的必要条件，如摩西球霉囊菌（*Glomus mosseae*）对长春花（*Catharanthus roseus*）的生长、生物量产量和阿马碱含量均有积极影响。从短叶红豆杉（*Taxus brevifolia*）树皮和德国鸢尾（*Iris germanica*）根状茎中分离出的内生真菌可产生紫杉醇和鸢尾酮等次生代谢物，此源于高等植物与其寄生菌之间存在的基因转移现象。此外，微生物的数量对次生代谢物的含量也会产生影响，如高节竹（*Phyllostachys prominens*）竹林土壤细菌数量与竹叶荭草苷、对香豆酸和牡荆苷含量呈正相关，土壤真菌数量与竹叶异荭草苷和木犀草苷含量呈显著正相关。

（七）连作因素的影响

连作障碍的机制主要集中在土壤物理、化学、根系分泌物的化感作用等，总结原因有三点：①土壤理化性质的变化；②土壤微生物生态系统的改变；③化感作用。植物的生长过程中，会通过蒸腾作用将代谢产物转化为气体、叶片表面分泌物质、根系不同部位分解产物的释放及细菌或霉菌分解有机物等方式向环境中释放次生代谢物，这些会随着药用植物种植年限的不断增加而在土壤中不断积累，达到一定的浓度上限后会产生自毒作用，从而影响种子萌发、幼苗生长及养分吸收，进而影响药用植物的次生代谢。例如，对半夏（*Pinellia ternata*）头茬（CK）、连作一茬（T1）、连作二茬（T2）和连作三茬（T3）的次生代谢物进行研究，表明随着连作茬数增加，半夏生物碱含量和鸟苷含量呈先增加后降低再增加的趋势，腺苷呈先降低后增加再下降的趋势，可溶性蛋白质含量则持续增加。

三、药用植物次生代谢信号分子及其应答机制

次生代谢是植物在进化过程中与环境共同作用的结果，环境因子被认为是开启植物次生代谢的重要信号，对次生代谢物的形成具有显著作用。信号分子是连接环境与次生代谢的纽带和桥梁，是揭示环境因子影响药材品质形成机制的重要环节。

（一）细胞信号分子及其合成机制

信号分子是细胞内和细胞间的信息传递物质，负责把胞外信号传递给靶细胞，通过信号转导途径调控植物生长发育和应激反应。到目前为止，国内外学者对参与植物体抗逆反应中的信号分子及其合成机制的研究已取得一定进展，积累了丰富的资料，为信号转导机制的探索提供了基础。目前，公认的参与植物次生代谢的信号分子包括茉莉酸类（JAS）、水杨酸（SA）、活性氧（ROS）、Ca^{2+} 和一氧化氮（NO）。

JAS 是茉莉酸、茉莉酸甲酯（MEJA）及其氨基酸衍生物的统称，主要分布于植物的幼嫩组织、花和生殖器官中，调节植物的生长发育、防御应答以及通过调节生长和胁迫应激的代谢流来调节次生代谢。通常在逆境条件下脂肪酶活化后以不饱和脂肪酸为底物经 LOX、AOS 和 AOC 等氧化酶催化生成环戊酮类化合物 12-氧-植物二烯酸（OPDA），再经过 OPR 还原和β-氧化生成茉莉酸。SA 为一种单元酚类化合物，广泛存在于高等植物中，通过苯丙氨酸途径和异分支酸途径合成，其将病害和创伤信号传递到植物的其他部分引起系统获得抗性参与植物防御应答。ROS 是在逆境条件下，外界刺激后 ADPH 氧化酶迅速活化后大量产生，它能够从产生位点输送到细胞的不同部位，参与植物抗逆反应。Ca^{2+} 主要存在于成熟植物细胞的液泡中，接受环境刺激后，细胞膜发生去极化或超极化，膜上 Ca^{2+} 通道打开，胞外 Ca^{2+} 内流和胞内钙库 Ca^{2+} 释放，胞质中 Ca^{2+} 浓度升高。NO 是近年来备受关注的信号分子，它是一种脂溶性小分子物质，普遍存在于原生动物、细菌、酵母和动植物中，在植物生长发育及防御反应中发挥重要作用。大量研究表明，NO 在植物生长发育、抗病和对抗环境胁迫中发挥重要作用，其合成途径主要依赖酶促反应，即硝酸还原酶（NR）途径、一氧化氮合酶（NOS）途径和一氧化氮还原酶（NOR）途径等。

（二）信号分子转导机制

药用植物体内的次生代谢物是植物长期适应环境的结果，除了参与植物抗逆性胁迫外，一些次生代谢物还具有药用价值，因此加强药用植物次生代谢物的调控，对解决中药栽培有效成分含量低，加快生产目标产物具有重要价值，而次生代谢途径中信号转导机制的研究为其中的一个重要研究方向，目前相关研究主要集中在两个方面：

1. 介导外界因子诱导药用植物次生代谢物积累的信号分子及其转导机制　茉莉酸类物质是植物受到外界环境刺激后反应最快的信号分子，其作为信号分子参与的防御应答途径也是植物次生代谢物积累的前提。感受到外界刺激信号后，茉莉酸类物质通过调控转录因子和关键酶基因表达来影响次生代谢。长春花受到外界刺激后细胞中的 MEJA 迅速积累，继而诱导萜类吲哚生物碱前体代谢途径中 TDC、STR 和 D4H 基因高表达，最终促进次生代谢物生物碱的合成。瓜果腐酶感染长春花细胞，JA 大量积累后诱导转录因子 ORCA3 直接与 STR 基因启动子 JERE 结合，从而控制长春花碱合成途径中关键基因 STR 的表达，促进长春花碱的合成。稀土 $LaCl_3$ 能够诱发黄芩（*Scutellaria baicalensis*）幼苗体内 JA 迸发和黄芩苷积累，并采用“loss and gain”策略研究证实了 JA 作为信号分子参与 $LaCl_3$ 诱导黄芩苷合成的过程。SA 是植物与病原菌相互作用的诱导产物，相关研究表明 SA 与一些次生代谢途径中相关基因也具有一定的相关性，如 SA 能够诱导毛果芸香（*Pilocarpus species*）中毛果芸香碱的积累。

2. 将信号分子作为外源诱导剂用于药用植物组织培养从而促进有效物质的积累　随着分子生物学的发展，利用药用植物细胞组织培养技术获得次生代谢物已成为目前研究的热点。次生代谢物低产现象是制约细胞培养生产次生代谢物应用的核心问题。近几年，随着对参与调节次生代谢转录因子研究深入，发现许多次生代谢受细胞中一些内源性信号分子调控，因此许多学者尝试将信号分子作为刺激药用植物次生代谢物合成的外源化学诱导剂，利用细胞组织培养技术研究其对次生代谢物合成的影响，发现单独施加信号分子对次生代谢物合成具有积极的促进作用。茉莉酸及其衍生物是一类广泛参与植物代谢调控的信号分子，目前茉莉酸已被证实是提高细胞次生代谢物生产的有效诱导子，将 MEJA 添加到南方红豆杉细胞悬浮液中，次生代谢物紫杉醇含量提高了 10 倍；MEJA 处理丹参毛状根培养基第 9 天，隐丹参酮和丹参酮Ⅱ A 含量分别是同时期对照组的 24 倍和 4 倍；另外还有研究表明在悬浮培养的人参、三七不定根中添加茉莉酸，通过参与激发原人参二醇型皂苷合酶的信号转导来促进不定根中皂苷类成分的积累，JA 作为信号分子通过与转录因子间相互作用而调节次生代谢物合成，但是有关 JA 在植物体内信号转导的分子机制尚不清楚。NO 是近年来备受关注的信号分子，其作为外源诱导剂的研究也有一定进展，如将高浓度的 NO 供体亚硝基铁氰化钠（SNP）添加到长春花悬浮培养细胞中，结果显示 NO 供体显著促进长春花碱的生物合成；在人参愈伤组织中加入 0.5mmol NO 供体 SNP 溶液，人参皂苷含量显著增加。此外，外源施加 SA 也可以有效诱导植物细胞中与次生代谢相关的酶基因的表达，提高次生代谢物积累量。在甘草细胞悬浮培养体系中添加 10mg/L SA 提高了甘草中总黄酮产量；丹参细胞培养液中添加 SA 后，PAL 和 TAT 被活化，次生代谢物咖啡酸和丹酚酸 B 含量显著升高。

目前，信号分子作为外源诱导子用于调控药用植物次生代谢途径，提高次生代谢物的能力已被证实，将信号分子作为外源诱导剂添加到药用植物细胞培养体系中是提高次生代谢物积累的有效途径，暗示了该信号分子可能参与到介导次生代谢物的合成过程，为深入研究药用植物次生代谢调控机制提供了基础。且基于植物体内天然存在的抗逆机制，再施加含有信号分子的外源诱导剂将二者联合应用，符合中药材绿色种植理念，对实现药用植物无公害绿色化种植和解决药用植物细胞次生代谢物低产等问题具有重要的指导意义。

第五节　药用植物次生代谢的生理调控

案例 6-2 导入

红豆杉植物细胞悬浮培养是生产紫杉醇原料药的一条很有希望的途径。在红豆杉植物细胞悬浮培养中加入水杨酸、硝酸银、氨基酸前体、D-果糖和硫酸镧等，对细胞悬浮培养的生长没有明显的影响，但却能显著促进紫杉醇的合成。最优组合处理时紫杉醇含量达到 10.05mg/L，紫杉醇含量提高 5.7 倍。

问题： 1. 阐述“红豆杉植物细胞悬浮培养是生产紫杉醇原料药的一条很有希望的途径”的原因。

2. 阐述诱导子（硝酸银、水杨酸等）、氨基酸前体、碳源（*D*-果糖等）和稀土元素（硫酸镧）等对红豆杉细胞培养技术（紫杉醇积累）的调控。

一直以来，人类从植物中获得大量的次生代谢物用于医药卫生。目前，药用植物次生代谢物主要来源于以下几种生产途径，直接从植物中提取次生代谢物、利用植物组织和细胞培养法生产次生代谢物、化学合成模拟、利用基因工程生产次生代谢物、微生物（细菌或真菌）发酵。其中可以通过生理方式进行调控的主要是种植栽培技术的调控、基因工程调控、植物细胞和组织培养技术调控。

一、药用植物次生代谢的栽培技术调控

药用植物次生代谢是其对外界环境长期适应的结果，环境条件发生改变时，药用植物次生代谢就会受到影响，有效成分含量就会随之发生变化，进而影响到药材的质量。人工栽培条件下药用植物的某些次生代谢活动可能被抑制，但在实际中仍可采取一些有效措施来促进某种次生代谢物积累，提高与稳定药材质量。因此，结合药用植物的生长特点，利用生产技术措施如选育良种、合理采收加工、灌溉排水、合理施肥、控制栽培密度等可以在一定程度上调控药用植物的次生代谢物的含量。

1. 良种选育与次生代谢　控制种子质量是保证植物药材质量的先决条件，不同物种甚至同一物种的不同品种、不同个体所含次生代谢物的种类与含量往往具有较大差异。植物的同一品种在不同的气候条件下，经过长期的自然选择和人工培养，形成各种不同的生态型。这种生态型可以引起植物生理代谢类型上的差异，从而影响植物次生代谢物的种类及含量。故而可通过选择性地培育次生代谢物产量高的优良品种，提高次生代谢物的产量。许多药用植物存在着不同倍性的个体，这种染色体数目的变异对植物次生代谢物具有重要的影响。如菖蒲（*Acorus calamus*）是一个包含有二倍体、三倍体、四倍体的复杂群体，其根茎的产量、精油的化学成分及体内草酸钙的含量都与染色体数目有关，除了在产生代谢物的含量上有明显差异外，不同倍性的植株次生代谢物种类上也有明显的差异。可以根据不同需要选择性地进行倍性育种，培育多倍体植物是提高次生代谢物产量的有效途径之一。由于多数药用植物的栽培历史比较短、野生性强、遗传不稳定，良种选育工作仍然面临很大的困难。

2. 合理采收加工与次生代谢　药用植物在不同的生长发育阶段，其次生代谢物的含量不同，在采收时不仅要考虑单位面积的产量还要考虑次生代谢物的积累量。适宜采收时期的

确定必须综合考虑药用植物生长发育动态和次生代谢物积累动态两个指标。适宜采收期当为次生代谢物的含量处于显著的高峰期，而药用部位的产量变化不明显时。如甘草（*Glycyrrhiza uralensis*）在种植后第三年实生根的总量、长度和直径增长均较快，其中甘草酸的含量可达到 9.49%，因此栽培甘草宜在种植后第三年的秋季采收。药用植物的产地加工也是关系到中药材质量好坏的关键。新鲜药材中含有可以使次生代谢物分解的胞内酶，未经干燥或未经杀青处理的材料放置时间越长，由于胞内酶的分解作用，次生代谢物含量降低越多。

3. 灌溉排水与次生代谢　水分对生理代谢具有重要的作用。水分可影响根系的生长发育及形态，同时，病虫害的发生也与土壤水分条件密切相关。田间的灌溉和排水工作不仅关系到药用植物的产量，还直接影响到药用植物的内在质量。应当在了解药用植物对水分需求的基础上合理灌溉，适度调节田间含水量，在不影响植物地上部的光合作用和生长发育的同时，达到对地下部根系的生长和次生代谢调控的目的。在生产后期药材产量接近最大值时，为药用植物创造一定的逆境，可以促进次生代谢物积累、提高药材质量。如土壤含水量 60%～65% 能促进蒙古黄芪（*Astragalus membranaceus*）药用部位根的生长及多糖、皂苷含量的积累，但水量 50% 以下干旱胁迫超过了黄芪所能承受的抗逆能力，次生代谢物含量大大降低。

4. 合理施肥与次生代谢　药用植物中不同种类次生代谢物的合成和积累对各种营养元素的需求不同。施肥不当会导致产量和内在次生代谢物含量下降，合理施肥是保证药用植物生长状况良好和次生代谢物含量高的前提条件。不同的肥料种类对不同药用植物的作用效果不同。如氮、磷和钾肥都能提高银杏叶中总黄酮的含量，其中氮肥和磷肥的效果尤其明显；氮肥和磷肥的缺乏造成西洋参中皂苷含量不同程度的降低，而施用有机肥则能提高人参皂苷含量的 27.86%。但是这并非说明施肥对所有药用植物次生代谢物的合成和积累都有帮助，如施用氮肥不利于喜树幼苗中喜树碱的生物合成，喜树碱的含量随施用氮素的增加而降低，而适当的低氮胁迫反而会促进喜树碱的合成。另外，营养元素存在的形态对不同的次生代谢物合成的影响也不一致。如以铵态氮和硝态氮为氮源的黄连根茎中小檗碱的含量最高，仅以铵态氮为氮源次之，而以硝态氮为氮源的黄连根茎小檗碱的含量最低。

5. 种植密度与次生代谢　栽植密度对植物所造成的影响主要是引起植株间对光照、水分、养分等环境资源的相互竞争。合理密植对于药用植物的生长和次生代谢物的积累有极其重要的作用。如丹参（*Salvia miltiorrhiza*）的次生代谢物主要分布在根的表皮，次生代谢的含量与根的直径呈负相关，根条越细表面积越大，次生代谢物含量越高。栽植密度主要通过影响根系在土壤中的分布、分支数、根径和表面积来影响丹参的产量和次生代谢物积累的量。生产上的合理密植要求做到产量、产品外观质量和内在的次生代谢物的含量相协调统一。

二、药用植物组织和细胞培养技术调控

药用植物野生资源的不断匮乏使人们不得不寻求既不会毁坏野生药用植物资源，又能保证植物药可持续生产的方法。利用生物技术生产药用有效成分，可缓解药用植物资源压力，对于那些生长条件要求严格、生长缓慢、产量小、采集困难、价值贵重的植物药更具有重要意义。由于植物细胞具有全能性，即使是单个细胞也具有合成整株植物所有化合物的潜在能力。所以人们希望能够利用植物组织和细胞培养的方法来工业化生产植物药用成分。药用植物的组织培养技术，又称为微繁殖，指利用植物的器官、组织或细胞进行无性繁殖或营养繁殖，获得的试管苗，具有不受地点、季节与气候限制，遗传类型单一，便于工厂化生产等优势。无性繁殖速度远远超过传统的扦插和嫁接繁殖，对于缩短药用植物

生长周期，增加其繁殖率，快速繁衍珍稀濒危植物、名优特新品种和脱毒苗具有重要的意义。目前，众多药用植物的组织和细胞培养体系已经建立，如人参（*Panax ginseng*）、红豆杉（*Taxus chinensis*）、铁皮石斛（*Dendrobium candidum*）、青蒿（*Artemisia annua*）、新疆紫草（*Arnebia euchroma*）、西红花（*Crocus Sativus*）、长春花（*Catharanthus roseus*）、雪莲（*Saussurea involucrata*）等。

由于植物细胞培养过程中有许多因素影响次生代谢物含量（表 6-1）。通过调控细胞培养的条件如外植体的选择、培养基的组成、培养环境、前体或者抑制剂、添加诱导子、培养方法等，都可以调控药用植物次生代谢途径，提高次生代谢物含量，减少成本。

表 6-1　影响药用植物细胞次生代谢物产量的因素

方向	因素
培养基变化	营养水平
	激素水平
	前体
	诱导子
培养条件	pH
	温度
	光照
特殊培养技术	固定化培养
	半连续培养
	两相培养
	两步培养

1. 外植体的调控　理论上讲，单个细胞和任何外植体在适宜的条件下都可以脱分化形成愈伤组织，实际上，不同外植体的愈伤组织诱导能力和合成次生代谢产物能力均不相同，如在长春花的细胞培养中，虽然来自高产和低产母本植物的细胞产量大致相等，但生物碱的平均含量却相差四倍之多。长春花中蛇根碱和阿吗碱含量高的组织其培养细胞中的生物碱含量亦较高。所以在利用植物细胞悬浮培养生产次生代谢物，选择能诱导出疏松易碎、生长快速且具有较高次生代谢物合成能力的愈伤组织的外植体非常重要。

2. 培养基的调控　培养基中的糖、氮素、激素、微量元素等水平均能够影响药用植物的次生代谢。例如，提高培养基中 Cu^{2+} 浓度对紫草细胞的生长，以及紫草宁衍生物的合成均具有促进作用；在东北红豆杉细胞生长指数期加入镧可促进紫杉醇的合成和释放；在铁皮石斛培养液中加入一定浓度的 La^{3+} 有利于多糖、黄酮、酚酸和联苄的合成，但过高含量时又会抑制其含量，出现先升高后降低的趋势。

3. 培养环境的调控

（1）温度：温度影响植物细胞培养的分裂速度，对次生代谢过程中酶的活性也有影响，因此，只有在适宜的培养环境下才能生产出较多的次生代谢物，通常细胞的培养温度为 17～25℃，但是不同的植物最适宜的温度不同，热带植物一般需要较高的温度（大约 27℃），而高山植物一般培养在较低的温度下（20℃左右）。

（2）光照：光能调控次生代谢过程中一些关键酶基因的表达，调节一些相关酶的活性，在细胞培养中，光对药用成分合成和积累起关键性作用。例如，紫草细胞系仅适合暗培养过程，白光不但抑制新疆紫草愈伤组织的生长，而且抑制紫草宁及其衍生物的合成。

（3）pH：培养基的pH可以改变培养细胞溶质的pH和培养基中营养物质的离子化程度，从而影响细胞对营养物质的吸收以及代谢反应中各种酶的活性和次生代谢水平，不同植物生长和次生代谢所适宜的培养基的pH环境有差异。有些次生代谢物是与H^+通过交换形式进行跨膜运输，当培养基中的pH降低时，会促进次生代谢物向胞外运输。

此外，培养环境的湿度、通气量、悬浮培养的搅拌速度等都可用于调控次生代谢过程。

4. 前体和抑制剂的调控作用 次生代谢物是通过一系列代谢过程产生的，其代谢过程中某一中间产物加入到培养基中，能使细胞代谢反应平衡向目的产物方向移动，从而增加终产物的浓度。任何一种中间产物，无论是处于代谢的起始阶段还是后期，都有机会提高终端产品的产量。例如，将花青苷的前体——苯丙氨酸加入人参培养物中，在一定浓度范围内（5～20mg/L），能够显著提高产生的花青苷的量；丙酮酸与柠檬酸培养雷公藤愈伤组织，其生长速度几乎不变，但二萜内酯含量显著增大，最高为对照的2000多倍。不同的植物添加有机前体物质产生的效果不一样，同一种植物添加不同的有机前体物质作用也不一样。同样使用抑制代谢支路和其他相关次生代谢途径的抑制剂，可以使代谢流更多地流向目标次生代谢物。

5. 诱导子的调控作用 所谓诱导子（elicitor）是指那些能够在细胞内或细胞外发生作用，诱导与调控次生代谢的物质。根据诱导子的来源可以将其划分为非生物和生物两类。非生物诱导子包括射线、重金属及生理活性化合物。生物诱导子应用最广泛的则是寡糖素和真菌诱导子。大多数诱导子的作用机制是诱导子与细胞膜上的特异性蛋白相结合，经过一系列信号转导过程，通过调节一些酶的活性或通过增强一些基因的表达甚至诱导一些基因的表达来调节次生代谢过程，提高某一成分的含量。寡糖素是植物与微生物相互识别和作用过程中所降解的细胞壁成分。有研究者将从黑节草（*Dendrobium candidum*）中分离到的寡糖素加入到滇紫草愈伤组织培养基中，发现从黑节草中分离纯化的寡糖素能明显提高愈伤组织中紫草色素的含量。真菌诱导子之所以能够促进次生代谢物的合成，关键就在于真菌对植物发生作用时的信号物质能够选择性地诱导或加强植物特定基因的表达，进而活化特定次生代谢途径并积累特定的目标次生代谢物。研究表明，真菌诱导子能够诱发红豆杉细胞中NO积累和紫杉醇合成；可以促进金丝桃细胞中JA积累和金丝桃素合成。

三、药用植物次生代谢的基因工程调控

基因工程即重组DNA技术，是指根据人们的意愿对不同生物的遗传基因进行切割、拼接或重新组合，再转入生物体内产生出人们所期望的产物，或创造出具有新遗传性状的生物类型的一门技术。基因工程使得人们可以克服物种间的遗传障碍，定向培养创造出自然界所没有的新的生命形态，以满足人类社会的需要。基因工程生产次生代谢物具有高效、经济、清洁、低耗和可持续发展的优势。

药用植物是传统中药的主要来源，其次生代谢物是新药、先导化合物、新化学实体的重要来源。然而，来源于药用植物的次生代谢物的量往往很低，且天然药用资源有限，严重影响药用植物的开发利用。利用基因工程的技术，从基因水平上改造和优化药用植物的代谢途径或者生产性状，为药用植物的研究和中药现代化的发展提供了重要机遇。随着基因工程技术的发展，人们认识到植物次生代谢物的生物合成是由多种酶参与的多步反应，在此过程中酶控制着代谢的方向，而酶的作用又离不开基因的调控。基因工程调控就是通过调控次生代谢途径的关键基因从而调控次生代谢过程的关键酶，进而调控次生代谢物的合成和积累。

植物次生代谢基因工程调控的方式有很多种（图 6-8）。植物次生代谢基因工程通过调控次生代谢途径中关键酶的基因表达以提高关键酶的活性和数量、抑制人们不需要产物的合成酶的活性；通过反义技术和 RNA 干扰技术等降低靶基因的表达水平从而抑制竞争性代谢路径，改变代谢流和增加目标物质的含量；通过基因修饰，主要包括导入一个或者多个靶基因或完整的代谢途径，使宿主细胞合成新的化合物。

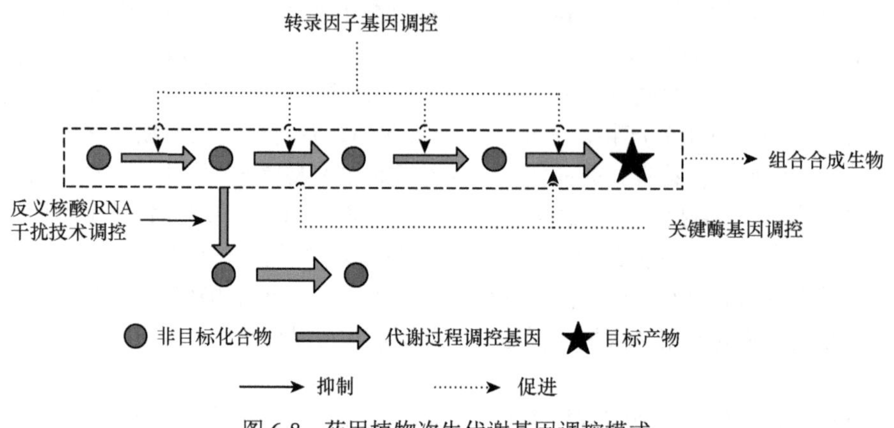

图 6-8　药用植物次生代谢基因调控模式

1. 转基因器官培养　对药用植物的需求有别于农作物，药用植物的活性成分绝大部分都是它们的次生代谢物。转基因技术的应用不能简单地套用农作物基因工程的方法。培养转基因器官从而富集次生代谢物是药用植物基因工程的重要部分。利用发根农杆菌 Ri 质粒转化形成的毛状根或根癌农杆菌 Ti 质粒转化形成的冠瘿瘤组织作为培养系统来生产特定的植物活性化学成分是当今药用植物研究的一大热点。亲本药用植物能够合成的次生代谢物都可能利用毛状根或冠瘿瘤组织培养进行生产，因此这种组织培养技术是生产目标植物次生代谢物的有效途径。转基因器官能够在没有激素的环境下快速增殖，并且能合成与原植物相同或者相似的次生代谢物并且具有稳定的遗传性。转基因器官培养用于药用植物次生代谢的生产具有较高的经济价值。经发根农杆菌诱导出的黄芪毛状根在 16 天内即可增殖 404 倍，且有效成分黄芪皂苷甲的含量略高于生药。

2. 关键酶基因调控　植物次生代谢物合成是由多步酶促反应完成的，每一步酶促反应都是调控基因作用的靶位点，与次生代谢物生物合成有关的基因均可以调控植物次生代谢物的合成种类和途径。关键酶调控是指将次生代谢途径中关键酶基因克隆、重组后导入植物细胞中，然后超表达，提高关键次生代谢过程中关键酶的活性和数量，增加代谢强度，提高目标次生代谢物的积累。关键酶基因调控技术可以实现对次生代谢途径中限速步骤的局部调控，对提高次生代谢物产量有一定的效果。在对何首乌的次生代谢研究中发现，芪合酶是何首乌二苯乙烯苷合成途径的关键酶，将含有芪合酶基因的过表达质粒导入野生型发根农杆菌 ATCC15834 中，转化何首乌外植体诱导生成毛状根，结果芪合酶过表达的转基因何首乌毛状根中二苯乙烯苷含量是空白组的 2.41 倍。

3. 反义核酸技术调控　反义核酸是利用基因重组技术构建表达载体，使其离体或在体内表达出反义的 RNA，能够把靶 DNA 或 RNA 片段互补、结合的一段 DNA 或 RNA 序列。反义核酸技术是利用反义核酸关闭目标基因表达的技术。反义 RNA 的重组体内含有启动子及终止子，当转染细胞后，重组体能自动表达反义 RNA。重组体自身可能整合到宿主的基因组 DNA 中，或作为“附加体”长期存在。在植物次生代谢调控过程中，利用反义技术可以关闭某个基因的表达或切断某个代谢分支，从而合成代谢向预期的目标转移。野生青蒿中青蒿素含量很低，很难满足青蒿素的迫切需求，通过基因工程手段对青蒿的青蒿素生产能力进行人工操纵从而大幅度提高青蒿素含量成为解决青蒿素供需矛盾的最佳选择。通过反义核酸技术调控优化了青蒿遗传转化体系并得到了反义鲨烯合酶基因的青蒿转化植株。在转基因株系 ASQ3、ASQ5 中鲨烯合酶基因在 mRNA 水平上得到了部分抑制，鲨烯的含量比野生型青蒿植株降低了 20%；而青蒿素的含量则分别提高了 23.2%、21.5%，表明抑制鲨烯合酶的表达可以有效促进青蒿素的生物合成。类似的研究是用携带反义鲨烯合酶基因的工程农杆菌对青蒿进行遗传转化，获得的不同株系的转基因植株中青蒿素含量得以提高，其中最高者达到 16.6mg/g。

4. 转录因子基因调控 转录因子是能够与真核基因启动子区域中的顺式作用元件发生特异性相互作用的 DNA 结合蛋白，通过干扰目标基因启动区域的序列，调控被 RNA 聚合酶Ⅱ转录的初速度。转录因子对植物次生代谢有着重要的调节作用。转录因子对植物次生代谢的调节通过与合成基因启动子上相应顺式作用元件相结合而实现，合成基因启动子中均含有转录因子能够识别的顺式作用元件，它可以调节生物体内多个功能基因表达水平。一个或者多个转录因子的超表达可以激活植物次生代谢合成途径中多个基因的表达，开启整个生物合成途径来提高次生代谢物的积累。如人参毛状根成功将毛地黄毒苷配基转化成 5 种酯化产物及 6 种糖苷化产物；何首乌毛状根体系可以转化青蒿素类、倍半萜类、瑞香素等一系列化合物。

案例 6-1 解析

1. 外界生态环境条件的不同会导致相同品种的药用植物体内次生代谢过程的变化，从而影响同一品种药材的内在质量，内蒙古自治区干旱少雨、光照充足、温差大等气候条件适合甘草的生长，同时这些外界生态环境也影响了甘草次生代谢过程，增加了甘草中黄酮类、多糖类、三萜类等有效成分的含量。

2. 药用植物次生代谢物的积累与生长年限和年生长周期相关。处于不同生长发育阶段（或一年中的不同季节）植物的次生代谢物含量往往呈现一定的变化趋势，甘草 3～4 年后次生代谢物含量较高，适合采收。

案例 6-2 解析

1. 紫杉醇在红豆杉植物（树皮）中的含量较低。药用植物野生资源的不断匮乏使人们不得不寻求既不会毁坏野生药用植物资源，又能保证植物药可持续生产的方法。细胞悬浮培养技术生产有效成分，可缓解药用植物资源压力，对于那些生长条件要求严格、生长缓慢、产量小、采集困难、价值贵重的植物药更具有重要意义。

2. 植物细胞培养过程中有许多因素影响次生代谢物含量，通过调控细胞培养的条件如外植体的选择、培养基的组成、培养环境、添加诱导子、前体或者抑制剂、培养方法等，都可以调控药用植物次生代谢途径，提高次生代谢物含量，减少成本。紫杉醇是一种次生代谢物，受到多种基因控制。诱导子（硝酸银、水杨酸等）能够与细胞膜上的特异性蛋白相结合，经过一系列信号转导过程，通过调节一些酶的活性或通过增强一些基因的表达甚至诱导一些基因的表达来调节次生代谢过程，从而提高紫杉醇的含量。氨基酸前体作为次生代谢中间产物加入到培养基中，能使细胞代谢反应平衡向目的产物方向移动，从而增加终产物紫杉醇的浓度。无机微量元素（硫酸镧）能够促进次生代谢物在植物组织和细胞中的积累，能够激活次生代谢过程中一些关键酶，提高紫杉醇含量。碳源（*D*-果糖等）具有作为碳源和渗透调节物质的双重功效，从而影响紫杉醇含量。

本章小结

学习内容	学习要点
名词术语	初生代谢，次生代谢，次生代谢物，生态因子，诱导子，细胞培养技术
次生代谢物	生物碱、酚类、萜类及甾类和其他等
次生代谢研究内容	生物合成与积累、生理生态意义、合成影响与调控
经典著作	《植物次生代谢与调控》《药用植物生理生态学》

目标检测

一、单项选择题

1. 药物次生代谢丙二酸途径主要合成（　　）。
   A. 脂肪酸类、酚类（苯丙烷途径也产生酚类）、蒽醌类等
   B. 倍半萜、三萜、甾类化合物等
   C. 苯丙素类、香豆素类、木脂素类等
   D. 氨基酸等
2. 药用植物细胞次生代谢的“全能性”是指（　　）。
   A. 任何植物的离体细胞在适宜的人工培养条件下都具有亲本植物的合成次生代谢物的能力
   B. 同一底物可以通过不同的代谢途径合成不同的代谢产物
   C. 同一产物可以由同一底物或不同底物经由不同途径产生
   D. 次生代谢物的合成部位、分布范围及含量受植物遗传性的影响，并且通过植物亲缘关系反映出来
3. 与抗虫性有关的植物次生代谢物主要是（　　）。
   A. 生物碱、皂苷类、萜类、黄酮类等　　B. 氰类及生物碱
   C. 生物碱、萜类和酚类　　D. 纤维素和木质素
4. 产于河南、山东等道地产区金银花中的绿原酸和黄酮类化合物含量明显高于江苏等非道地产区，其主要决定因素是（　　）。
   A. 水分含量　　B. 光照时间　　C. 温度因素　　D. 土壤因素

二、多项选择题

1. 药用植物次生代谢物主要生物合成途径有（　　）。
   A. 丙二酸途径　　B. 甲羟戊酸途径　　C. 3-磷酸甘油醛/丙酮酸途径
   D. 莽草酸途径　　E. 氨基酸途径
2. 次生代谢与环境关系的假说或解释主要有（　　）。
   A. 生长-分化平衡假说　　B. 碳素/营养平衡假说
   C. 积极防御假说　　D. 资源获得假说
   E. 能量平衡假说

3. 药用植物次生代谢的栽培技术调控有（　　）。
A. 选育良种　　B. 合理施肥　　C. 灌溉排水
D. 控制栽培密度　　E. 合理采收加工

4. 影响植物次生代谢的环境因子可分为（　　）。
A. 物理因子　　B. 化学因子　　C. 生物因子
D. 辐射因子　　E. 催化因子

5. 目前，公认的参与植物次生代谢的信号分子包括（　　）。
A. 茉莉酸类（JAs）　B. 水杨酸（SA）　　C. 活性氧（ROS）
D. Ca^{2+}　　E. 一氧化氮（NO）

6. 药用植物细胞培养过程中有哪些因素影响次生代谢物含量（　　）。
A. 外植体的选择　　B. 培养基的组成　　C. 培养环境
D. 添加诱导子　　E. 前体或者抑制剂

三、名词解释

次生代谢

四、简答题

药用植物次生代谢合成和积累的特点是什么？

（内蒙古医科大学　张英　王晓琴）

第七章　药用植物信号转导

学习目标

1. 掌握：植物信号转导概念和过程。
2. 熟悉：第二信使类型及作用。
3. 了解：植物信号及受体。

案例 7-1 导入

生物学家们早就发现植物之间是能够进行“语言”交流的。研究发现，将三齿蒿（*Artemisia tridentata*）植株接触实验性修剪的三齿蒿释放的挥发性物质后，虫害明显减少。当把两者间的空气接触阻断后这种效果随之消失。幼苗接触损伤诱导释放的挥发性物质后存活率更高，并且能产生更多分枝和花序。

问题： 1. 什么是植物细胞信号转导？

2. 植物细胞信号转导对植物生长发育有什么重要作用？

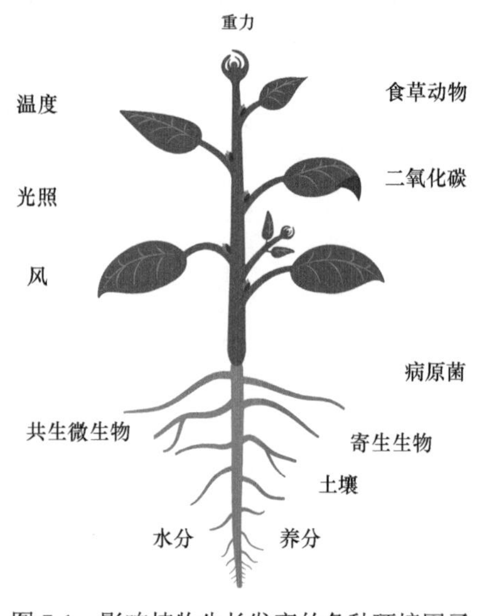

图 7-1　影响植物生长发育的各种环境因子

植物的固着生长方式是其区别于动物的一个显著特征。自种子萌发以后，植物所处的位置在其整个生活史过程中通常不会发生变化。在生命活动的各个时期，植物都会受到来自外部和内部的各种生物或非生物刺激，如重力、温度、光照、病原微生物、植物激素、营养物质等（图 7-1）。这些内外环境信号直接调节和控制物质与能量代谢、植物生长发育等生理反应。作为固着的有机体，在长期的进化过程中，植物不断做出调整以适应这些复杂多变的环境条件。与其他多细胞生物相似，植物的根、茎、叶、花、果实等器官，以及各种组织、细胞间相互协调、相互影响，从而成为一个整体。植物对环境信号的响应、组织细胞间的信息交流、细胞内信号传递过程及由此引起的生理生化响应称为信号转导（signal transduction）。简言之，植物细胞信号转导包括以下三个连续过程：信号的感知、胞内信号转导和细胞反应（如基因表达变化、生化代谢途径改变等）。

近年来，植物细胞信号转导领域的研究得到了飞速发展，特别是植物激素相关的信号转导与调控研究更是取得了许多令人瞩目的成果。本章主要阐述植物细胞信号转导的基础理论，有关植物激素信号转导的内容将在下一章节详细介绍。

第一节　植物信号分子和受体

一、信号及其类型

植物生长发育过程中受到的各种刺激称为信号（signal），其作用是承载信息并将信息在细胞间和细胞内传递，最终通过改变基因表达或生化途径使细胞产生适应的生理反应。按信号的性质可分为物理信号、化学信号和生物信号。物理信号包括重力、温度、机械刺激、光等；化学信号如植物激素、H_2S、NO 等；而病原微生物、昆虫等则属于生物信号。此外，按来源可将信号分为胞外信号（亦称胞间信号）和胞内信号。

胞外信号又称为第一信使（primary messenger）。影响植物生长发育的各种环境信号均属于胞外信号。经典植物激素（生长素、细胞分裂素、赤霉素、乙烯、脱落酸、油菜素内酯等）、蔗糖、植物多肽激素（如系统素、花粉外被蛋白 SCR 等）也属于胞外信号。

胞内信号即通常所说的第二信使（second messenger），它们是能将细胞表面受体接受的胞外信号转换为细胞内信号的一类物质。目前功能比较清楚的胞内信号分子包括环腺苷酸（cAMP）、环鸟苷酸（cGMP）、二酰甘油（DAG）、三磷酸肌醇（IP3）、钙离子（Ca^{2+}）等。

胞外信号与胞内信号在功能上密切联系，共同完成信号转导过程。

二、受体的概念和类型

受体（receptor）是一类存在于细胞表面或细胞内，能够识别和选择性结合信号分子进而激活细胞内一系列生理生化反应，使细胞对外界刺激产生相应效应的大分子物质，通常为特殊蛋白质。与受体特异结合的信号分子统称为配体（ligand）。通常受体具有两个功能：①识别特异的信号分子；②把识别和接受的信号传递到细胞内部，将胞间信号转换为胞内信号，启动一系列胞内生化反应，最后导致特定的细胞反应。受体通常具有以下特征：①受体与配体结合具有专一性；②受体与配体结合的高度亲和性；③配体与受体结合的饱和性。

植物生长发育过程中接收的信号除了数量众多外，这些信号的性质也极其多变。为了识别如此多样的信号，植物进化出了大量结构特征迥异的受体。这些受体大致可分为细胞表面受体和细胞内受体。

（一）细胞表面受体

大多数配体信号分子（亲水性的）不能通过细胞膜，它们的受体存在于靶细胞表面上。这些信号分子与受体蛋白结合后，转变为胞内信号，从而改变靶细胞的行为。根据信号转导机制的不同，细胞表面受体分为三类：①离子通道偶联受体；② G 蛋白偶联受体（G protein-coupled receptor，GPCR）；③酶联受体（enzyme-linked receptor）（图 7-2）。

1. 离子通道偶联受体　此类受体的特点是除有信号接收部位外，受体本身又是离子通道。离子通道受体是一大类同源的、多次跨膜蛋白。它们又可分为两类，即电压依赖性离子通道和配基依赖性离子通道。植物中的离子通道受体如环核苷酸门控离子通道（cyclic nucleotide-gated ion channel，CNGC），CNGC 是一大类由环核苷酸（cyclic nucleotides，CN）和钙调素（calmodulin，CaM）共同调节的离子通道（图 7-3）。CNGC 参与多种阳离子的跨膜运输，包括必需的大量营养物 K^+ 和 Ca^{2+}，以及潜在的有毒阳离子，如 Na^+ 或 Pb^{2+}。CNGC 家族的一些成员参与阳离子的吸收和随后在植物器官中的分布。也有一些 CNGC 通过介导 Ca^{2+} 转导参与植物对盐胁迫等非生物逆境胁迫的响应。此外，某些定位于液泡膜上的 CNGC 可能调节细胞内阳离子的区隔化和释放。

① 离子通道偶联受体

离子

信号分子

质膜

② G蛋白偶联受体

失活的受体

失活的G蛋白 失活的酶

活化的受体和G蛋白

活化的酶

活化的G蛋白

③ 酶联受体

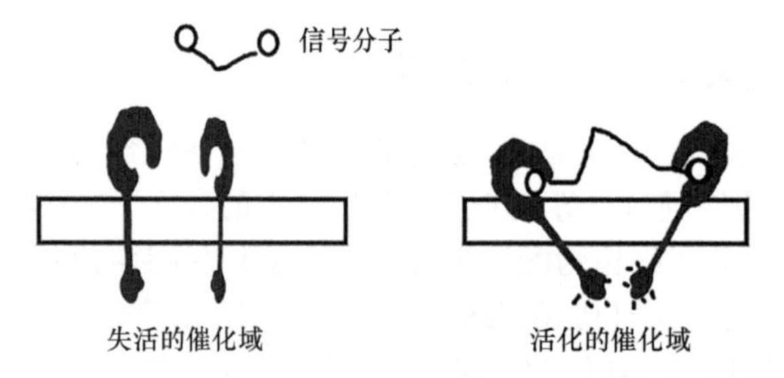

图 7-2 三类细胞表面受体

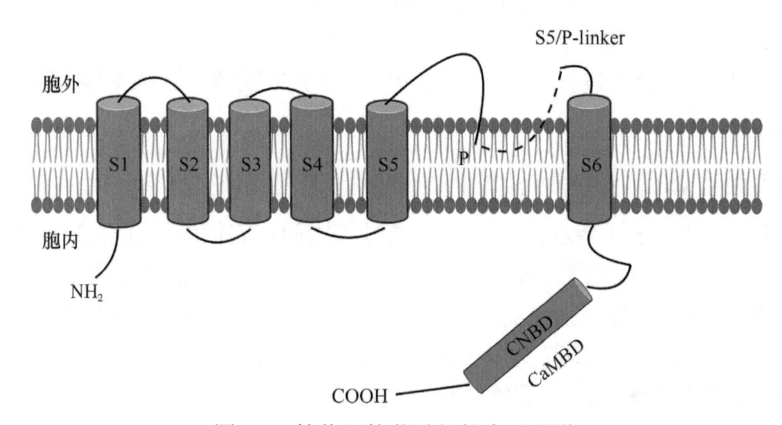

图 7-3 植物环核苷酸门控离子通道

S1～S6，跨膜结构域；P，孔道形成结构域；CNBD，环核苷酸结合结构域；CaMBD，钙调素结合结构域

2. G 蛋白偶联受体 是一大类同源的 7 次跨膜受体蛋白，能可逆结合 GDP/GTP，一旦与配基结合受体的胞质结构域构象发生改变，进而招募异三聚体 G 蛋白，通过 G 蛋白激活靶标酶蛋白，经过胞内第二信使信号途径，最终引发细胞的生理生化响应（图 7-2B）。因 G 蛋白具有可调节的 GTPase 活性，因此又被称为调节性 GTP 酶。根据分子大小和作用机制，G 蛋白被分为三类：①异三聚体 G 蛋白（heterotrimeric G protein）；②小 G 蛋白（small

G protein)；③其他 GTP 结合蛋白，如真核细胞蛋白质合成中的起始因子、延伸因子等。

3. 酶联受体 是由胞外结构域、单跨膜结构域和胞质激酶结构域三部分组成，其中胞外结构域是信号结合部位。与 G 蛋白偶联受体不同，酶联受体通常只有一个跨膜片段。目前发现的酶联受体有受体酪氨酸激酶、受体丝氨酸/苏氨酸激酶、酪氨酸激酶关联受体、受体样酪氨酸磷酸酯酶、受体鸟苷酸环化酶、组氨酸激酶关联受体六类。受体酪氨酸激酶是六类酶联受体中最多的一类。受体激酶结合配体后可使受体自身的氨基酸残基发生磷酸化，也可使下游蛋白质磷酸化。典型的例子是植物中的油菜素内酯受体（图 7-4)，油菜素内酯（brassinolide, BL）与其受体 BRI1 结合后，BRI1 发生磷酸化被激活，活化的 BRI1 与另一种激酶 BAK1 形成异源多聚体并磷酸化 BAK1 使 BAK1 被激活。磷酸化的 BRI1/BAK1 二聚体将下游的油菜素内酯信号激酶（BSK）磷酸化激活其酶活性，同时抑制负调控因子 BIN2 的活性从而诱导 BR 反应。

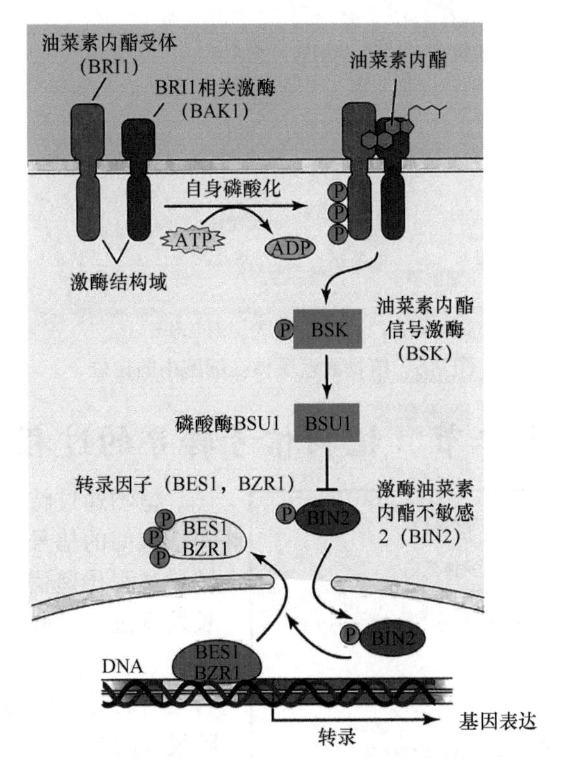

图 7-4 油菜素内酯信号转导途径

(二) 细胞内受体

细胞内受体指位于细胞质中或细胞核内的受体。植物中常见的细胞内受体（图 7-5）如赤霉素受体 GID1（gibberellin insensitive dwarf 1)、生长素受体运输抑制剂响应蛋白 1（transport inhibitor response protein 1，TIR1）及茉莉酸受体 COI1 均位于细胞核内；脱落酸受体 PYR/PYL/RCAR（pyrabactin resistant/PYR-like/regulatory component of ABA）位于胞质内；而细胞分裂素受体 CRE1（cytokinin receptor 1）和 HK（histidine kinase)、乙烯受体 ETR1（ethylene resistant 1）则定位于内质网膜上。此外，植物体内的三类光受体也属于细胞内受体。其中光敏色素（phytochrome，PHY）定位于细胞质；蓝光受体隐花色素（cryptochrome，Cry）成员中 Cry1 定位于细胞核和细胞质中，Cry2 则全部位于细胞核内；

紫外光受体 UVR8（UV resistance locus 8）存在于细胞质中。

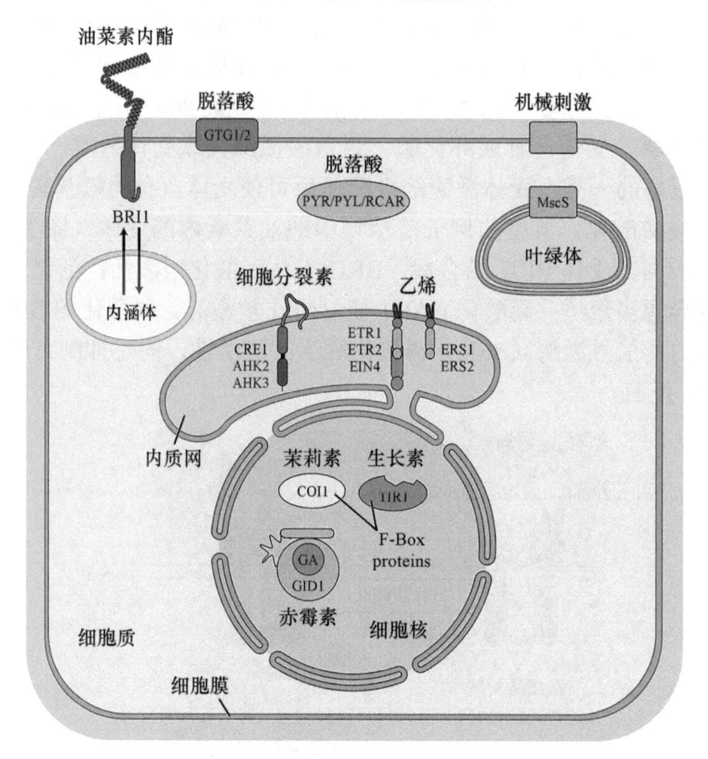

图 7-5　植物激素受体在细胞中的定位

第二节　植物信号转导的过程

植物通过特定的受体蛋白感知环境和细胞间的信号，进而通过复杂的信号转导过程传递信号，最终影响植物的生长发育过程。概括起来植物的信号转导过程包括：信号的感知和跨膜转换、胞内信号转导及细胞的生理生化反应三个阶段（图 7-6）。

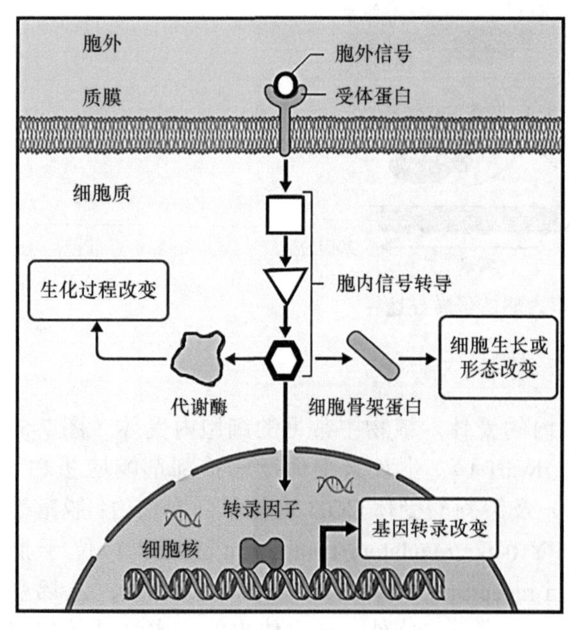

图 7-6　植物信号的感知、转导和细胞反应

一、信号的感知和跨膜转换

植物进化出多种多样的机制来感知复杂多变的环境信号并相应地调整自身的生长、发育或行为以适应这些变化。当有刺激信号时，植物首先要感受到这些信号分子，然后将细胞表面感知的信号传递给细胞内的靶标蛋白，以引起相应的生理反应。这种能力对植物正常的生长发育来说尤其关键。

质膜是信号接收的主要场所，质膜上的受体既可以感知化学信号分子也可以感知物理信号如机械力、光、辐射等。受体与配基结合后前者被激活并产生胞内信号进行传递。不同的细胞表面受体对信号的感知与转换过程有所不同。下面以 G 蛋白偶联受体介导的跨膜信号转换为例，简要介绍一下信号的感知和跨膜转换过程。

典型的 G 蛋白偶联受体跨膜信号转换系统由 G 蛋白偶联受体（G protein-coupled receptor，GPCR）、G 蛋白和效应蛋白三部分组成（图 7-7）。G 蛋白即 GTP 结合蛋白，是由 Gα、Gβ 和 Gγ 组成的异三聚体。Gα 亚基与 GDP 结合时，G 蛋白处于失活状态，与 GTP 结合时 G 蛋白被激活。Gα 亚基还具有 GTP 酶活性。当细胞感受到外界信号刺激时，信号分子与 GPCR 结合，引起 G 蛋白偶联受体构象发生变化。Gα 亚基与 Gβ 和 Gγ 二聚体脱离，释放 GDP 并结合 GTP 转变为活化的 Gα。激活的 Gα 亚基与效应蛋白结合并将信号传递下去。此后，信号分子脱离 GPCR，GTP 酶激活蛋白（GTPase-activating protein，GAP）结合活化的 Gα 并将 GTP 水解为 GDP。此时，Gα 亚基恢复原来的构象重新与 Gβ 和 Gγ 二聚体结合形成失活的异三聚体 G 蛋白，整个信号跨膜转换过程完成。

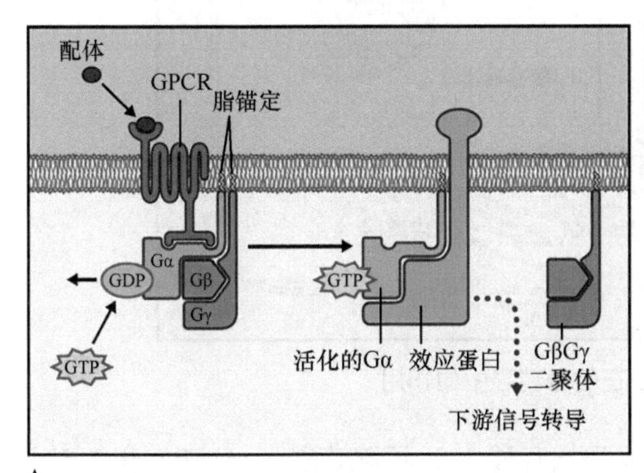

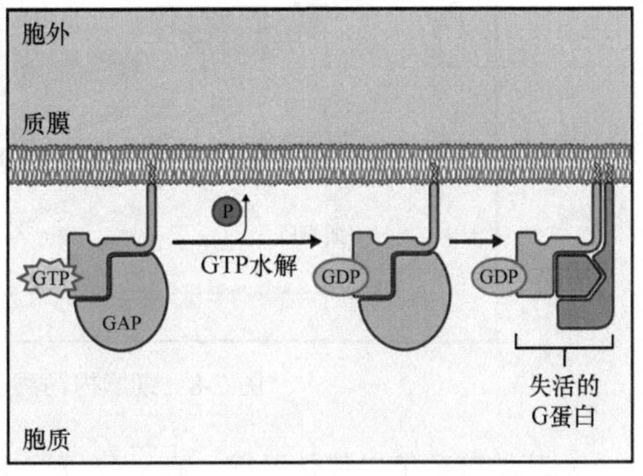

图 7-7　G 蛋白偶联受体介导的跨膜信号转换

二、胞内信号转导

当信号跨膜转换完成后，接下来的核心任务便是通过复杂的细胞内信使系统级联放大信号，调节酶活性改变生化过程或调节基因的表达活性。胞内的信号转导过程主要包括第二信使系统、蛋白可逆磷酸化、蛋白降解、信号级联放大等。

（一）第二信使系统

目前，植物中研究比较深入的胞内第二信使系统主要包括钙信号系统、环核苷酸第二信使系统和肌醇磷脂信号系统。

1. 钙信号系统　Ca^{2+} 在植物中是比环核苷酸重要的第二信使，在细胞信号转导中起核心作用。Ca^{2+} 作为细胞信使的生物学基础在于，细胞外与细胞质间以及细胞内的 Ca^{2+} 库与细胞质之间能建立起 Ca^{2+} 浓度梯度（图 7-8）。植物细胞质内的 Ca^{2+} 浓度为 0.1～0.35μmol/L，而胞外游离 Ca^{2+} 浓度可以高达 0.5～1mmol/L。当细胞受到各种信号刺激时，细胞膜和细胞器膜上的 Ca^{2+} 通道打开，Ca^{2+} 进入细胞质内。Ca^{2+} 浓度的升高可以激活 Ca^{2+} 敏感的蛋白激酶或同时结合 Ca^{2+} 钙调素的蛋白激酶，引起信号的级联放大，对胞外刺激做出响应。完成信号转导后，细胞质中的 Ca^{2+} 在膜上 Ca^{2+}（Ca^{2+} ATPase）的作用下，将 Ca^{2+} 泵出胞外或运回 Ca^{2+} 库，细胞质内的 Ca^{2+} 浓度恢复到静息水平。由此可见，Ca^{2+} 信使的产生是由于 Ca^{2+} 移动的结果。

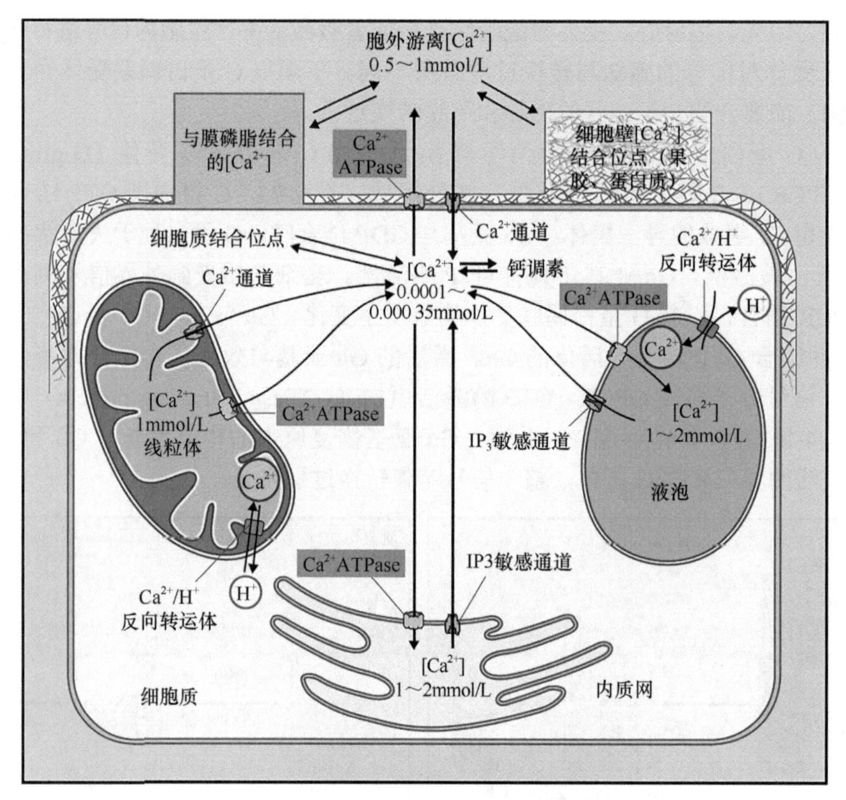

图 7-8　细胞内钙离子在信号转导中的作用

2. 环核苷酸第二信使系统　在动物细胞中，环核苷酸 3′,5′-环腺苷酸（cAMP）和 3′,5′-环鸟苷酸（cGMP）在各种生理反应中所起的作用早已被揭示，并且已确认 cAMP 是动物细胞中的第二信使。但植物细胞中是否也存在相似的 cAMP 信使途径一直存有争议。在植物细胞中，cAMP 以毫摩尔浓度存在，比哺乳动物细胞低一个数量级。早期研究中，cAMP 几乎无法检测到。随着高效液相色谱、电喷雾质谱技术的发展，环核苷酸定量检测的下限达到 25mmol，为 cAMP 在植物中的存在提供了确凿证据。近年来，随着基因克隆、电生理和组学等技术的应用，植物细胞中 cAMP 的研究取得了快速进展。目前认为 cAMP 是植物中重要的信号分子，参与许多生理过程，包括感知和响应生物与非生物环境胁迫等，在植物发育和环境胁迫响应的信号通路中起着关键作用。植物细胞中 cAMP 的生理功能主要涉及离子稳态、气孔开放、花粉管的定向、逆境胁迫信号转导、细胞的防卫反应等（图 7-9）。

3. 肌醇磷脂信号系统　自从磷脂酰肌醇/磷脂酶 C（phosphatidylinositol/phospholipase C，PI/PLC）系统在动物细胞中被发现以来，我们知道磷脂不仅仅是生物膜的结构成分，亦被证明是动、植物细胞中的重要脂类信号分子。在动物细胞中，受体接收信号刺激并激活 PLC，后者水解磷脂酰肌醇 4,5-双磷酸（phosphatidylinositol 4,5-bisphosphate，PIP2）为两种第二信使：三磷酸肌醇（inositol trisphosphate，IP3）和二酰甘油（DAG）。IP3 扩散到细胞质中并通过配体门控钙通道触发内部存储的钙释放，DAG 仍留在膜中，在那里招募并激活蛋白激酶 C（protein kinase C，PKC）家族成员。Ca^{2+} 的增加，加上磷酸化状态的改变，激活了各种蛋白质靶标，导致大规模地重新编程，使细胞对细胞外刺激做出适当的反应（图 7-10）。植物中到目前为止没有发现 PKC 或 IP3 受体，但存在独特的磷酸肌醇信号组分和途径。与动物不同，植物中含量最高的磷脂酰肌醇（PI）是磷脂酰肌醇-4-磷酸。此外，DAG 磷酸化产物磷脂酸

（phosphatidic acid，PA）和 IP3 磷酸化产物六磷酸肌醇（inositol hexaphosphate，IP6）也被证明是植物中重要的信号分子。

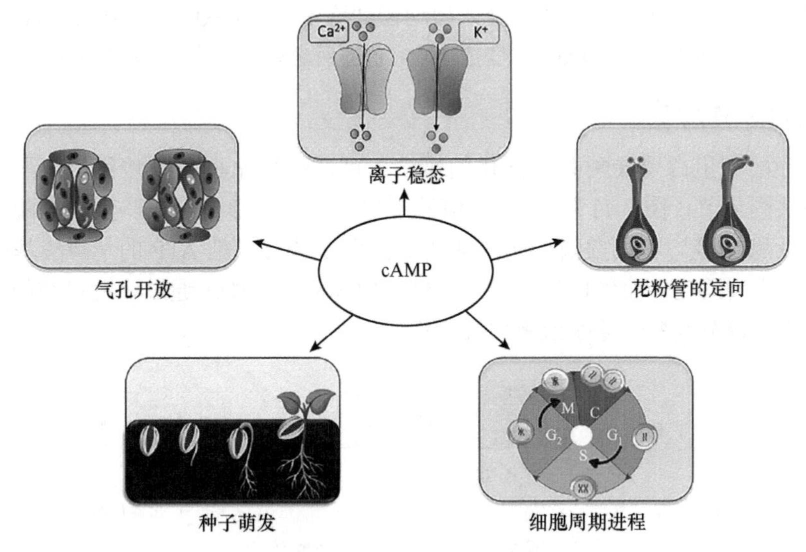

图 7-9　cAMP 参与的植物生理过程

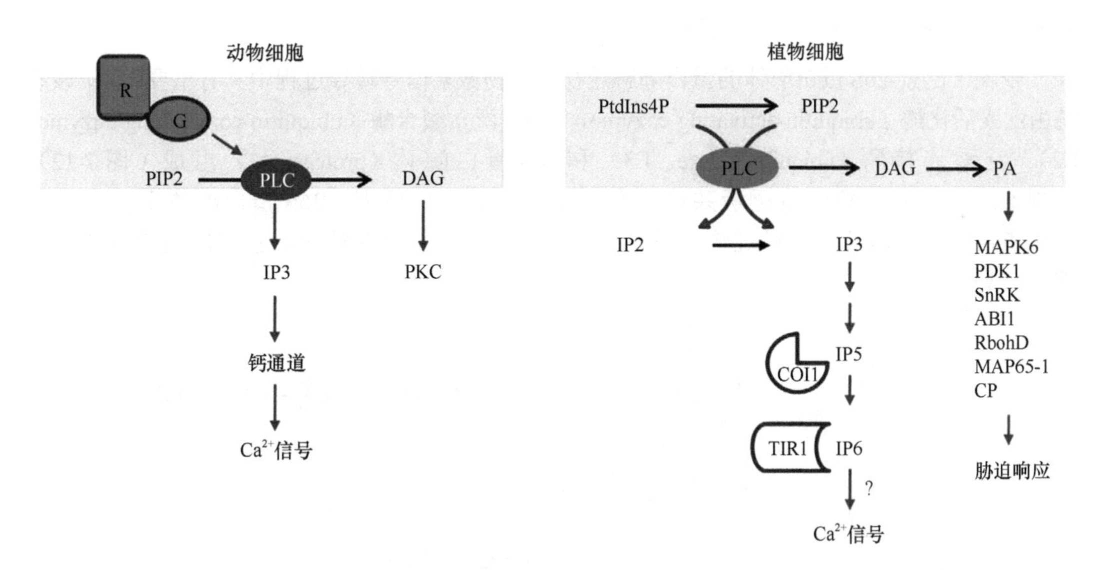

图 7-10　动、植物细胞中磷酸肌醇和磷脂酶 C 介导的信号转导比较

目前，对植物 PI/PLC 系统的生理功能还不太清楚。用 PLC 抑制剂 U-73122 处理拟南芥后，脱落酸（abscisic acid，ABA）诱导的种子休眠和气孔关闭受到影响，表明 PI/PLC 途径可能参与 ABA 调控的这 2 个生理过程。另外，在各种生物和非生物逆境（盐害、干旱、高温、病害等）条件下，PLC 基因的表达均会受到诱导。在植物中 PLC 水解产生的 DAG 会被迅速磷酸化成为 PA。PA 的产生还有另外一条途径，即磷脂酶 D（PLD）水解各类磷脂直接产生 PA。PA 已被证明是植物细胞中的重要信号分子，其靶分子包括蛋白激酶、蛋白磷酸酶、转录因子、微管结合蛋白等。

磷酸肌醇及其代谢产物参与植物体内多种信号的转导过程。与动物细胞相比，有的PI信号分子在植物中尚未发现，如调控PLC的G蛋白在植物中还未被鉴定；有的PI信号作用途径和方式在动、植物细胞中存在差异，如动物细胞中DAG激酶（DAG kinase，DGK）依赖PKC转导信号，而植物中DAG转变成PA，通过后者转导信号（图7-10）。

（二）蛋白可逆磷酸化

由蛋白激酶和蛋白磷酸酶共同催化的蛋白质可逆磷酸化与去磷酸化反应是各个信号系统中重要的共同环节（图7-11）。第二信使的下游靶标分子通常是一些蛋白激酶（如蛋白激酶A、蛋白激酶C等）和蛋白磷酸酶。活化的蛋白激酶可以把ATP的γ磷酸基团转移到底物蛋白质上发生磷酸化，而蛋白磷酸酶可以催化脱掉磷酸基团。通过这种可逆的磷酸化与去磷酸化共价修饰调节改变靶标酶或蛋白质活性。

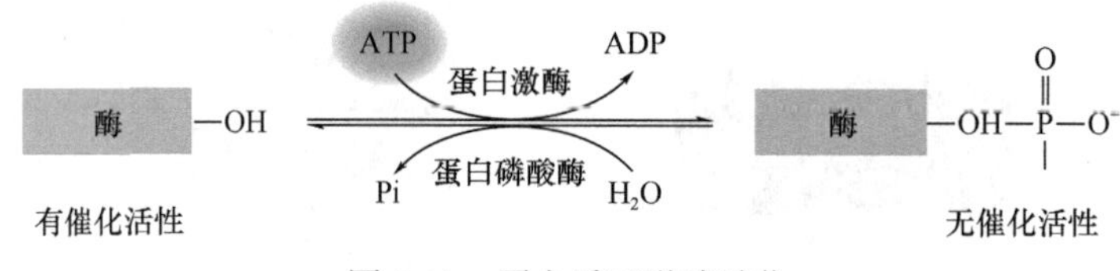

图7-11　蛋白质可逆磷酸化

（三）蛋白降解

依赖于泛素-26S蛋白酶体的蛋白降解途径在植物激素信号转导过程中具有重要作用。该系统由泛素活化酶（ubiquitin-activating enzyme，E1）、泛素缀合酶（ubiquitin-conjugating enzyme，E2）、泛素连接酶（ubiquitin ligase，E3）和26S蛋白酶体（proteasome）组成（图7-12）。其中E1、E2和E3负责将泛素共价结合到要降解的蛋白质上，26S蛋白酶体则负责将泛素化蛋白降解为肽片段。通过这一系列反应使得原先被阻遏的植物激素响应基因开放表达（图7-13）。

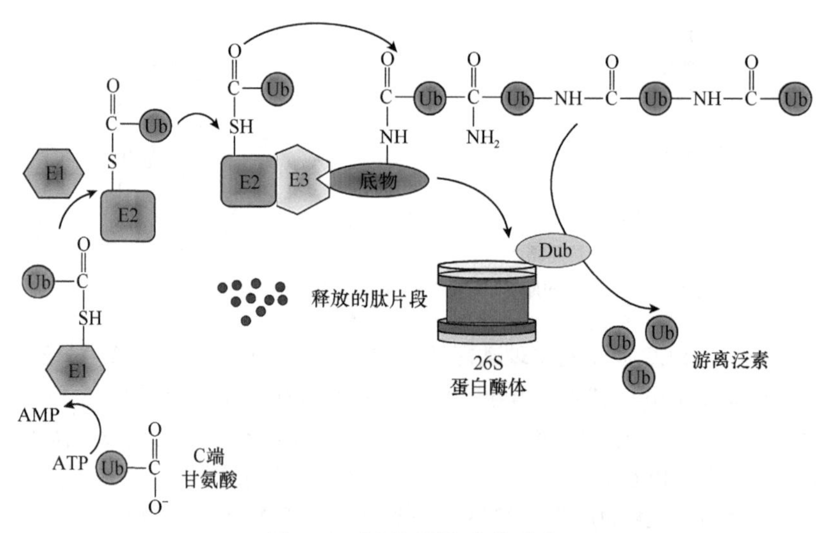

图7-12　泛素-蛋白酶体系统

E1：泛素活化酶；E2：泛素缀合酶；E3：泛素连接酶

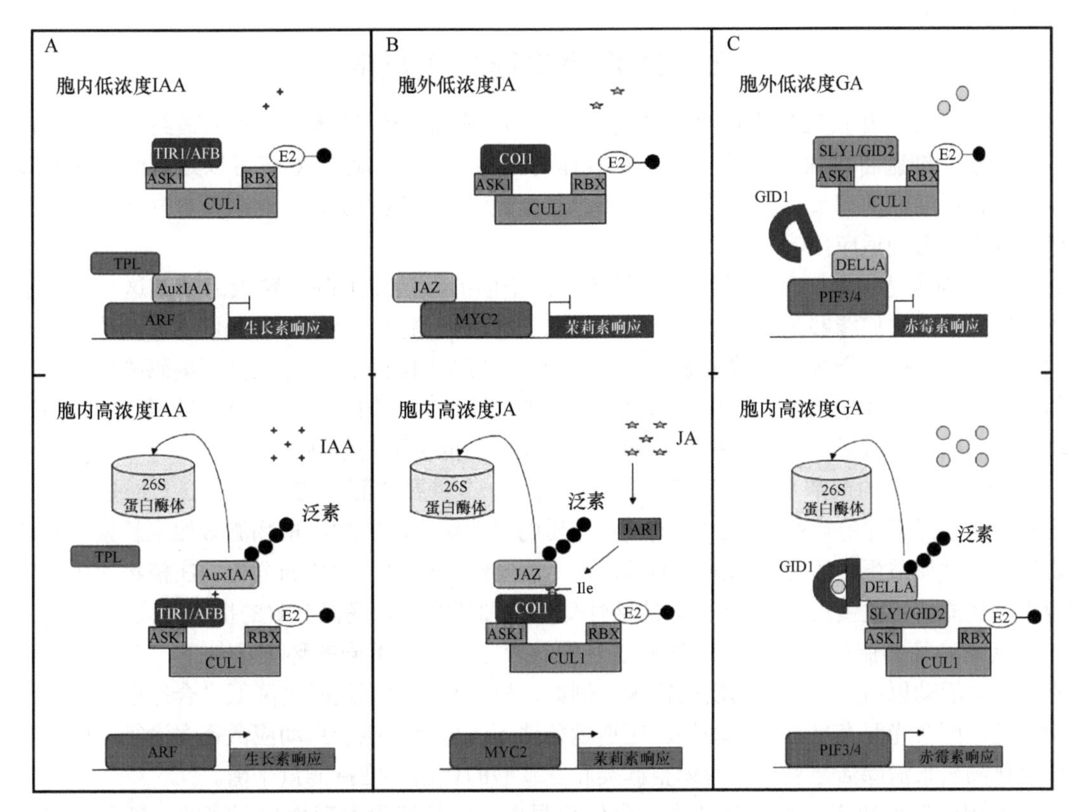

图 7-13　生长素（IAA）、茉莉酸（JA）、赤霉素（GA）信号通路中的泛素-蛋白酶体系统

（四）信号级联放大

丝裂原激活蛋白激酶（mitogen-activation protein kinase，MAPK）信号级联广泛存在于真核细胞中。在植物中，MAPK 级联反应是一个非常复杂的激酶网络，参与多个生物学过程，包括生物及非生物胁迫反应、植物激素信号转导、细胞分化和发育等（图 7-14）。MAPK 级联由三级激酶组成，即丝裂原激活蛋白激酶激酶激酶（MAPK kinase kinase，MAPKKK）、丝裂原激活蛋白激酶激酶（MAPK kinase，MAPKK）和丝裂原激活蛋白激酶。微生物病原体感染、非生物胁迫、机械刺激等均可以激活 MAPK 级联途径。受到信号触发后，MAPKKK 可以磷酸化并激活 MAPKK，进而磷酸化激活 MAPK。活化的 MAPK 磷酸化下游转导元件如激酶、代谢酶、转录因子等以调节其活性。

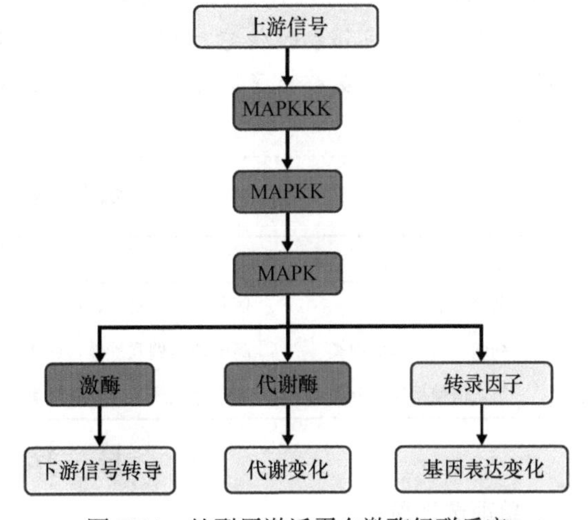

图 7-14　丝裂原激活蛋白激酶级联反应

总之，植物体内的细胞信号转导过程相当复杂。通过信号转导，植物感知外界的环境刺激和胞间信号并调整自身的代谢和基因表达，以适应复杂多变的外界环境。

三、细胞的生理生化反应

细胞生理生化反应作为信号转导的最后一步，是整个信号转导过程的最终执行者。在这一阶段，细胞将接收到的信号转化为具体的生物学效应，这些效应可以是基因表达的改变、蛋白质活性的调节、代谢途径的调整，甚至是细胞命运的决定。这些反应共同构成了细胞对外界刺激的适应性响应。

在基因表达层面，信号转导通常导致特定基因的激活或抑制。转录因子是这一过程中的关键分子，它们能够识别并结合到基因启动子区域，调控基因的转录。例如，在植物对光的响应中，光信号会激活光敏色素，进而影响光响应基因的表达，这些基因编码的蛋白质参与光合作用、光周期调控等过程。在植物受到逆境胁迫时，如干旱、盐分或低温，相应的逆境响应基因会被激活，产生保护蛋白和酶，帮助植物抵御不利条件。

蛋白质活性的调节是细胞生理生化反应的另一个重要方面。信号分子可以通过磷酸化、去磷酸化、泛素化等后修饰方式，改变蛋白质的功能状态。例如，植物激素如生长素、赤霉素等，通过调节蛋白质激酶和磷酸酶的活性，影响细胞分裂、伸长和分化。在植物的防御反应中，病原体相关蛋白（PR 蛋白）的活性受到精细调控，以确保有效的抗病反应。

代谢途径的调整也是细胞对外界信号的响应之一。在不同的环境条件下，植物需要调整其代谢活动以适应能量和物质的需求。例如，植物在光照不足时会降低光合作用相关的代谢活动，而在光照充足时则会增加。在逆境条件下，植物可能会启动应激代谢途径，如产生抗氧化物质来清除活性氧，或者调整糖类和氨基酸的代谢以维持能量平衡。

细胞命运的决定，如细胞分裂、分化和凋亡，也是细胞生理生化反应的一部分。信号转导途径通过影响细胞周期调控蛋白的活性，决定细胞是否进入分裂期、分化为特定类型的细胞，或者启动凋亡程序。这些决定对于植物的生长、发育和逆境适应至关重要。

案例 7-1 解析

植物细胞信号转导是指植物细胞偶联各种信号（包括内、外源信号）与其所引起的特定生理效应之间的一系列反应机制，包括细胞感受、转导及放大各种刺激信号的过程，以及经转导和放大后的次级信号（第二信使）调控细胞生理生化活动的分子机制等。

植物的不可移动性使它难以逃避或改变环境，为了能够正常生长发育，植物在长期的进化过程中，发展出了复杂多样的信号途径感知和响应外界刺激，从而达到趋利避害的目的。

本章小结

学习内容	学习要点
名词术语	信号转导、受体、第一信使、第二信使、信号级联放大、细胞内受体、细胞表面受体
细胞表面受体的种类	离子通道偶联受体、G 蛋白偶联受体、酶联受体
第二信使系统的分类	钙信号系统、环核苷酸第二信使系统、肌醇磷脂信号系统

目标检测

一、单项选择题

1. 以下属于植物体内信号的是（　　）。

A. 温度　　B. 水分　　C. 气体　　D. 植物激素

2. 胞外信号被质膜接收后，以 G 蛋白为中介，由质膜中的磷脂酶 C（PLC）水解（　　），产生（　　）和二酰甘油两种信号分子，因此又称为双信号途径。

A. PIP2，IP3　　B. PIP，IP3　　C. IP3，DAG　　D. PIP2，Ca^{2+}

3. 蛋白质的磷酸化是在（　　）的催化下，把 ATP 或 GTP 的磷酸基转移到底物蛋白质氨基酸残基上的过程。

A. 蛋白激酶 C（PKC）　　B. 蛋白磷酸酶（PP）

C. 磷脂酶 C（PLC）　　D. 蛋白激酶（PK）

二、多项选择题

1. 植物信号转导中胞间化学信号有（　　）。

A. 水杨酸　　B. 乙烯　　C. 脱落酸　　D. 丙酮酸

E. Ca^{2+}

2. 以下属于第二信使的物质是（　　）。

A. Ca^{2+}　　B. 环核苷酸　　C. 脱落酸　　D 蛋白激酶

E. 温度

三、名词解释

第二信使；蛋白磷酸化

四、简答题

1. 简述细胞信号转导的特点与基本过程。
2. 如何理解植物细胞信号转导的复杂性？
3. 简述植物细胞的钙信号系统。

（南京林业大学　张强）

第八章 植物生长物质

学习目标

1. 掌握：植物激素、植物生长物质的基本概念。
2. 熟悉：植物激素的种类及其生理作用。
3. 了解：植物生长调节剂在药用植物生长发育中的应用。

案例 8-1 导入

2011 年 5 月，江苏丹阳市延陵镇大吕村村民家的“日本全能冠军”西瓜因使用“西瓜膨大素”导致西瓜炸裂。西瓜膨大素的主要成分是氯吡脲，是一种植物生长调节剂。事实上，西瓜炸裂不是因为他使用了西瓜膨大素，而是因为在不正确的时期使用造成的。该瓜农在不正确时期使用西瓜膨大素，不但没有发挥功效，反而造成了药害。

问题：1. 什么是植物生长调节剂？

2. 植物生长调节剂在农业生产中有什么作用？

植物生长物质（plant growth substance）包含植物自身合成的植物激素和人工合成的植物生长调节剂。植物激素（plant hormone）是植物体内产生的一类在低浓度（1μmol/L）时即可对植物的生长、分化、发育等生理过程产生显著作用的有机物。除满足以上这个定义外，要确定一个植物内源物质的激素地位，还应该满足下列三个条件：①该物质在植物中广泛分布，而不是特定植物所特有；②植物完成基本的生长发育及生理功能所必需，并且不能被其他物质替代；③必须和相应的受体（receptor）蛋白结合才能发挥作用，这是作为激素的一个重要特征。植物激素承担着各细胞、组织和器官之间进行及时有效信息交流的任务。对植物激素的研究，可以帮助我们了解植物生长发育等诸多生理过程（细胞分裂与伸长、组织与器官分化、开花与结实、成熟与衰老、休眠与萌发及离体组织培养等方面）的调控机制，从而为药用植物的基因改良和化学调控提供新思路和新手段，推动药用植物生产技术革命的进步。

目前公认的六大植物激素分别是：生长素（auxin，Aux）、细胞分裂素（cytokinin，CK）、赤霉素（gibberellin，GA）、脱落酸（abscisic acid，ABA）、乙烯（ethylene，ETH）和油菜素甾醇（brassinosteroid，BR）。近年又逐步把茉莉酸（jasmonic，JA）、水杨酸（salicylic acid，SA）和独脚金内酯（strigolactone，SL）等天然生长物质归入植物激素。随着研究的深入，相信越来越多的植物激素会被发现。目前，也有人把一些植物体内的多肽归为植物激素类。

由于植物激素在植物体内的含量很低，难以大规模提纯，因此常进行工业上的化学合成。人工合成的类似于植物激素的结构和功能，用于调节植物生长发育的有机化合物被称为植物生长调节剂（plant growth regulator，PGR）。本章将介绍生长素、细胞分裂素、赤霉素、脱落酸、乙烯、油菜素甾醇、茉莉酸、独脚金内酯、水杨酸和多肽等植物生长物质。

第一节 生 长 素

一、概 述

(一)生长素的发现

生长素是发现最早、研究最多的一类植物激素。早在19世纪末和20世纪初，植物学家围绕燕麦胚芽鞘向光性生长进行了一系列的研究，由此发现了生长素，其中，最经典的实验包括以下四个。

1. 植物向光性背后的信号物质 1880年，达尔文父子（Charles Darwin和Francis Darwin）用加那利虉草（*Phalaris canariensis*）幼苗作为实验材料研究植物向光性时发现：对胚芽鞘单向照光，会引起胚芽鞘的向光性弯曲。切去胚芽鞘的尖端或用不透明的锡箔小帽罩住胚芽鞘，用单侧光照射不会发生向光性弯曲。因此，他们认为胚芽鞘在单侧光下产生了一种向下传递的信号物质，引起胚芽鞘的背光面和向光面生长快慢不同，导致胚芽鞘向光弯曲。

2. 信号物质是可移动的化学物质 1913年，波森·詹森（Boysen Jensen）发现鞘尖产生的信号物质可以穿过明胶，但是不能透过石英片。1919年，Paάl观察到如果把切下的胚芽鞘顶端偏向一侧放置，在黑暗条件下也会导致胚芽鞘的弯曲生长，证明胚芽鞘顶端产生的信号是一种化学物质。通过这些实验，科学家们认为胚芽鞘顶端产生的一种化学物质，可刺激胚芽鞘背光面的组织生长快于向光面的组织，这种不均衡的生长就导致了胚芽鞘的向光弯曲现象。

3. 信号物质提取和命名 1926年，荷兰的Went在对信号移动方式进行深入研究后，最终提取到从燕麦胚芽鞘顶端分泌到琼脂块中的信号物质。把含有信号物质的琼脂块放置到去顶的胚芽鞘上，发现其能促进去顶胚芽鞘的生长；而在顶部不对称放置琼脂块导致胚芽鞘弯曲，这表明促进生长的信号物质是在胚芽鞘顶端合成、向基部运输，并且在不对称分布时，导致向没有琼脂块的一侧弯曲。这种化学物质最初被Went命名为Wuchsstoff，后改名为生长素（auxin，起源于希腊语auxein，表示“增加”的意思）。

4. 生长素化学结构解析 1934年，荷兰人Kögl和Haagen-Smith首先从人尿中分离出这种化合物，将其混入琼脂中，也能引起去尖胚芽鞘的弯曲。这种化学物质经鉴定为吲哚-3-乙酸（indole-3-acetic acid，IAA），分子式为$C_{10}H_9O_2N$。同年，柯葛小组和西曼（Thimann）在植物中鉴定出了IAA。此后大量的实验证明IAA在高等植物中广泛存在，是植物体内主要的生长素。

(二)生长素的化学结构

除了IAA，植物体内还合成吲哚-3-丁酸（indole-3-butyric，IBA）、4-氯吲哚-3-丁酸（4-chloroindole-3-acetic acid，4-Cl-IAA）和苯乙酸（phenylacetic acid，PAA）等化合物，这些化合物具有与IAA相似的结构和生物活性，被认为是植物内源生长素。

从化学结构上看，具有生长素生物活性的化合物分子结构特征有三点：①具有一个芳香环；②具有一个羧基侧链；③芳香环和羧基侧链之间有一个芳香环或氧原子间隔。在这类特征的结构中，芳香环是一个正电区域，而羧基是一个负电区域，两者的固定间距为0.5nm（图8-1）。这种相距0.5nm的正负电区域结构特征可能就是具有生长素生物活性结构的化学本质所在。

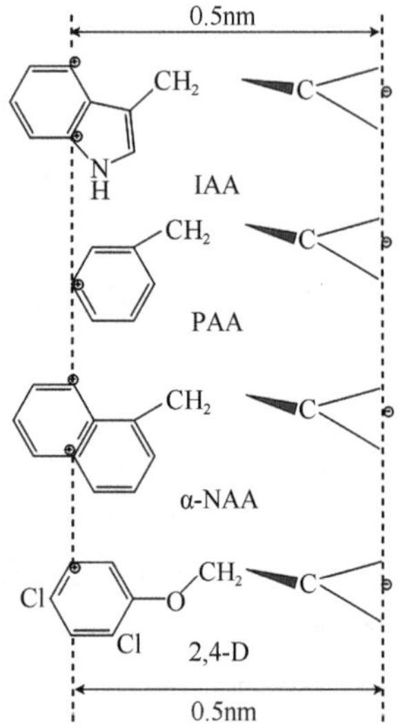

图 8-1 生长素分子结构特征

（三）生长素类植物生长调节剂的种类

天然生长素类在植物体内含量极低且难以提取，为了满足农业生产，根据生长素的结构特点，人们合成了一系列具有生长素生物活性的化合物，这些人工合成的生长素按结构可分为三类：①与生长素结构相似的吲哚衍生物，如吲哚丙酸（indolepropionic acid，IPA）和吲哚丁酸（indole butyric acid，IBA）；②萘的衍生物，如萘乙酸（naphthalene acetic acid，NAA）、萘乙酸钠、萘乙酰胺。其中萘乙酸活性强，生产简单，价格便宜，应用最广；③氯代苯的衍生物，如2,4-二氯苯氧乙酸（2,4-D）、2,4,5-三氯苯氧乙酸（2,4,5-T）。在解离状态下，这些植物生长调节剂侧链羧基上带负电荷，环上带正电荷，两者之间都具有0.5nm的间隔，表现出类似生长素的生物活性，在研究和生产中进行了大量的应用（图8-2）。

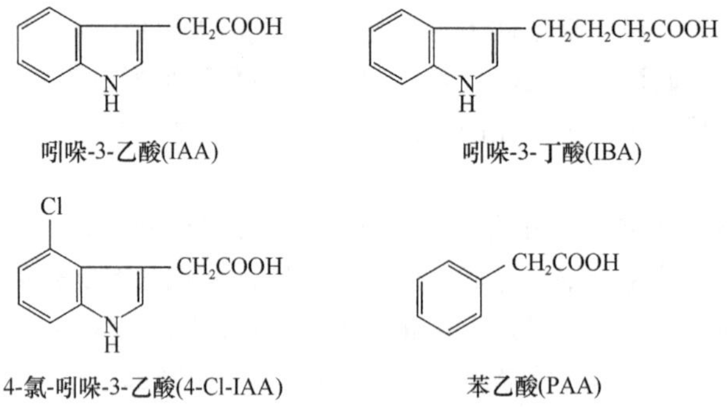

图 8-2 几种植物生长调节剂

生长素是一类相关化合物的统称，不过有的内源生长素含量很低或者仅仅只在某些植物中被发现。因此，目前对于生长素的形成、信号传递和作用机制的了解绝大多数来源于对IAA的研究。

二、生长素在植物体内的分布、存在形式与运输

（一）生长素在植物体内的分布

植物体内生长素的含量很低，一般每克鲜重为10～100ng。各种器官中都有生长素的分布，但在细胞旺盛分裂和生长的部位分布较集中。如正在生长的茎尖和根尖、正在展开的叶片、幼嫩的果实和种子、受精后的子房和谷类的居间分生组织等；而衰老的组织或器官中生长素的含量则很少。

IAA在植物细胞内的存在部位主要是细胞质和叶绿体。瑞典科学家桑德伯格（Sandberg）等系统地研究了IAA在野生型和转基因烟草细胞内的分布，发现野生型烟草细胞中大约1/3的IAA存在于叶绿体中，其他IAA存在于细胞质中，而IAA结合物只存在于细胞质中。细胞中IAA的两个分布部位具有不同的意义：在细胞质中存在IAA从头生物合成（de novo biosynthesis）、IAA结合物的合成及非脱羧降解反应等；而叶绿体中的生长素受

到保护，不受代谢的影响，但其浓度受细胞质中IAA浓度的平衡调节。

（二）生长素在植物体内的存在形式

生长素在植物组织内呈现不同的化学状态，人们把易于从各种溶剂中提取的生长素称为自由生长素或者游离生长素（free auxin）。把通过酶解、水解或者自溶作用从束缚状态释放出来的那部分生长素称为束缚生长素或者结合生长素（bound auxin）。如生长素与天冬氨酸结合形成的吲哚乙酰天冬氨酸，与糖结合形成的吲哚乙酰葡萄糖苷或阿拉伯糖苷，与肌醇结合形成的吲哚肌醇等。自由生长素具有生物活性，而束缚生长素没有活性，但在一定条件下，两者之间可以互相转变。束缚生长素不易被氧化，可以作为生长素的运输和贮藏形式，同时起到调节自由生长素浓度的作用。

（三）生长素在植物体内的运输

1. 生长素的极性运输 早期利用燕麦胚芽鞘进行试验时就已经发现生长素具有单一方向的运输模式，即极性运输（polar transport）。茎尖是植物体主要的生长素合成部位，在茎中生长素主要是从顶端向茎基部运输，称为向基性运输（basipetal transport）。而植物根中柱内的生长素则是由根基部向根尖方向运输，即向顶性运输（acropetal transport），不过根尖的生长素可以在根系顶端2～8mm发生向基性运输。发生在根表皮和皮层组织内的这种生长素极性运输对根的向重力性生长具有重要的意义。IAA（包括一些化学合成的类似物）是目前已知唯一具有极性运输特点的植物激素，极性运输产生了IAA的梯度分布，并对一些极性发育现象（如向性、顶端优势和不定根形成等）起主要作用（图8-3）。

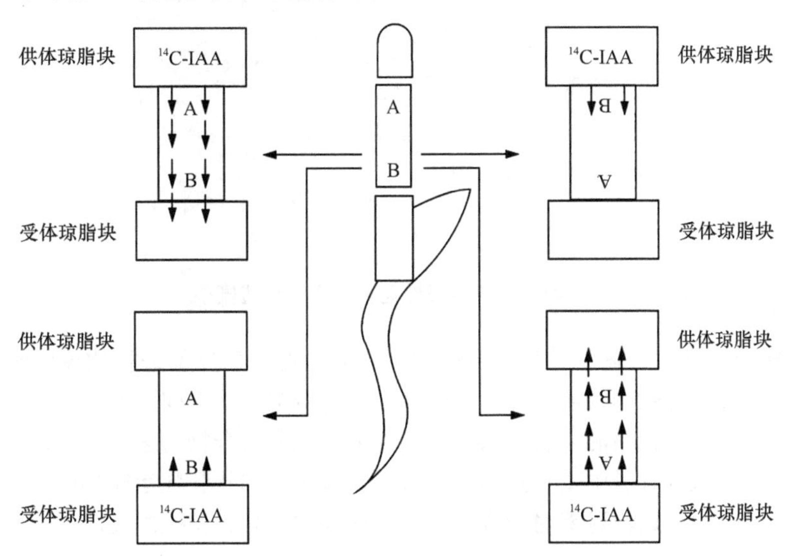

图8-3 燕麦胚芽鞘切段中生长素的极性运输

生长素的极性运输是一种可以逆浓度梯度的主动运输过程，运输距离短，运输速度为5～20mm/h，比物理扩散速度约大10倍。在缺氧的条件下，生长素的运输会受到严重阻碍。一些化合物，如2,3,5-三碘苯甲酸（TIBA）和萘基邻氨甲酰苯甲酸（NPA）能抑制生长素的极性运输，称为生长素极性运输的抑制剂。

化学渗透假说是当前被普遍接受的生长素极性运输模型，如图8-4所示。生长素流入细胞可能有两个途径，即通过磷脂双层质膜的被动扩散和质子动力势驱动的协同运输；也可在内向共转运体的协助下以 IAA^- 的形式和 H^+ 协同运输进入细胞质。质外体中的生长素通过扩散或在内向转运体的协助下从细胞的一端流入，又在外向转运体的协助下，从细胞另一端流出到质外体，这个过程反复进行，就形成了生长素的极性运输。

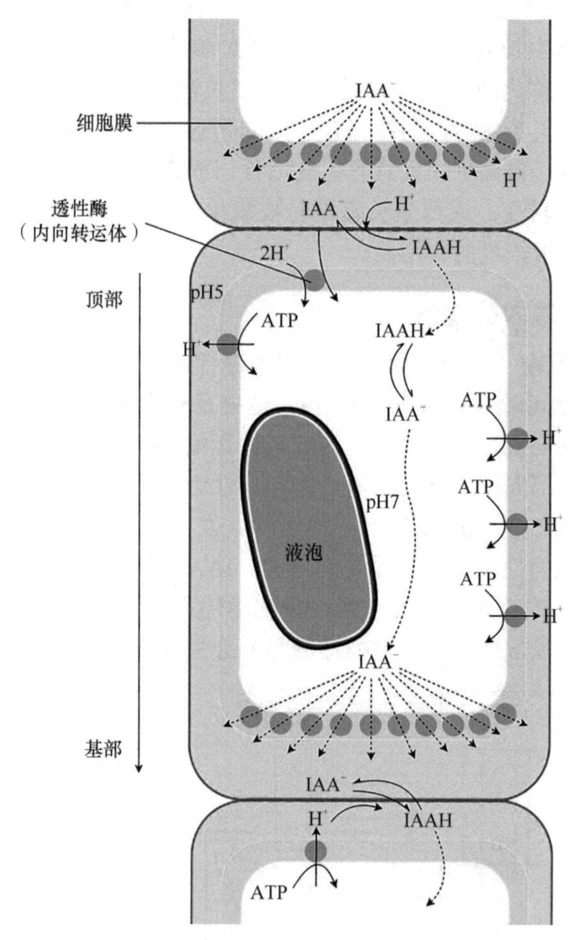

图 8-4 生长素极性运输的化学渗透模型

2. 生长素的非极性运输 叶片中合成的生长素能通过韧皮部进行快速的长距离非极性运输。和其他韧皮部运输的物质一样，生长素可以沿着植物茎干向上或向下运输。这种运输方式主要担负地上部向根系的生长素供应。大部分生长素结合物的运输也是通过韧皮部进行的。例如，萌发的玉米种子中生长素结合物就是通过韧皮部从胚乳运输到胚芽鞘顶端的。生长素沿韧皮部的长距离运输可能对形成层活动及侧根发生具有调控意义。

三、生长素的生物合成和代谢过程

（一）生长素的生物合成

生长素主要在细胞快速分裂生长的组织内合成，如茎尖分生组织、幼嫩叶片、发育中的果实等。另外，其他的植物组织如成熟叶片、根尖等也可以合成少量生长素。

IAA 在化学结构上和色氨酸的结构类似，遗传学和生物化学的研究证明，色氨酸是合成 IAA 的主要前体。植物可以通过若干条途径将色氨酸转变为 IAA，这些途径通常以其关键中间产物命名，被统称为色氨酸依赖途径（tryptophan-dependent pathway）。此外，还可以通过非色氨酸依赖型途径（tryptophan-independent pathway）合成IAA。合成途径的多样化可以保证植物体内IAA的稳定来源，也反映了IAA作为调节控制植物生长发育的基本激素的重要地位。

1. 色氨酸依赖型途径

（1）吲哚-3-丙酮酸途径（IPA pathway）：该途径被认为是IAA生物合成的主要途径，首先通过色氨酸氨基转移酶（TAA1）催化色氨酸经过脱氨反应生成吲哚-3-丙酮酸（IPA），然后IPA经过黄素单加氧酶（YUCCA）的催化作用，变成IAA。

（2）色胺途径（tryptamine pathway）：色氨酸脱羧形成色胺（TAM），再氧化转氨形成吲哚乙醛，最后形成吲哚乙酸。少数植物通过本途径生成IAA，目前已知大麦、燕麦、烟草和番茄枝条中同时进行上述两条途径。

（3）吲哚-3-乙醛肟途径（IAOx pathway）：色氨酸首先被氧化为吲哚-3-乙醛肟（IAOx），然后再经过若干步骤转化为吲哚-3-乙腈（IAN），最后通过腈水解酶将IAN转化为IAA。IAOx途径被认为只存在于十字花科植物中，后来在玉米胚芽鞘中也检测到了该途径下游的中间产物IAN。

（4）吲哚-3-乙酰胺途径（IAM pathway）：有证据显示，吲哚-3-乙酰胺（IAM）是IAOx途径的下游中间产物，不过在许多未发现IAOx存在的物种中也检测到了IAM，表明植物中存在不依赖IAOx的IAM合成途径。在酰胺酶（amidase）AMI1的作用下，IAM转化成IAA。有意思的是，在植物病原菌如萨氏假单胞（*Pseudomonas savastanoi*）和根癌农杆菌（*Agrobacterium tumefaciens*）中也存在IAM途径，其中色氨酸单加氧酶催化色氨酸转变成IAM是病原菌IAM合成途径的限速步骤，随后IAM被IAM水解酶水解形成IAA，这些细菌产生的生长素常常会引起寄主的形态发生改变。

*YUCCA*和*TAA*基因家族是IAA合成和植物发育过程中最重要的催化酶系，相对于其他合成途径，IPA途径是最基本也是最主要的一条IAA合成途径。此外，每条途径在植物体内合成IAA的时空方式也有差异。例如，*YUCCA*基因的表达主要涉及植株局部的IAA合成，而IAOx途径的IAA合成过程似乎不具组织特异性。

此外，锌是色氨酸合成酶的组分，缺锌会导致吲哚和丝氨酸结合而形成色氨酸的过程受阻，使色氨酸含量下降，从而影响IAA的合成。

2. 非色氨酸依赖型途径 玉米和拟南芥色氨酸营养缺陷型突变体的发现证明了IAA非色氨酸依赖型合成途径的存在。一种橙色果皮的玉米突变体（*orp*）是完全的色氨酸营养缺陷型，即需要添加外源色氨酸才能存活。拟南芥突变体中则是有条件的色氨酸营养缺陷型。但这些突变体中总的IAA水平却显著高于野生型（在玉米*orp*突变体内甚至含有比野生型高50倍的IAA）。这证明了植物体内存在非色氨酸依赖型的IAA生物合成途径。

（二）生长素的代谢过程

IAA的代谢主要包括以下3条途径：一是形成生长素共轭物，如与氨基酸和多肽形成酰胺共轭物、与多糖和肌醇形成酯共轭物等，这些共轭物一般用于生长素的运输和贮藏；二是转化形成吲哚丁酸（indole butyric acid，IBA），IBA比IAA更稳定，而且也可以形成各种共轭物；三是氧化分解，IAA可以通过侧链（脱羧）或吲哚环（非脱羧）的氧化而分解，其中脱羧氧化由过氧化氢酶催化，非脱羧氧化过程较为复杂，共轭结合的IAA一般通过非脱羧氧化分解（图8-5）。

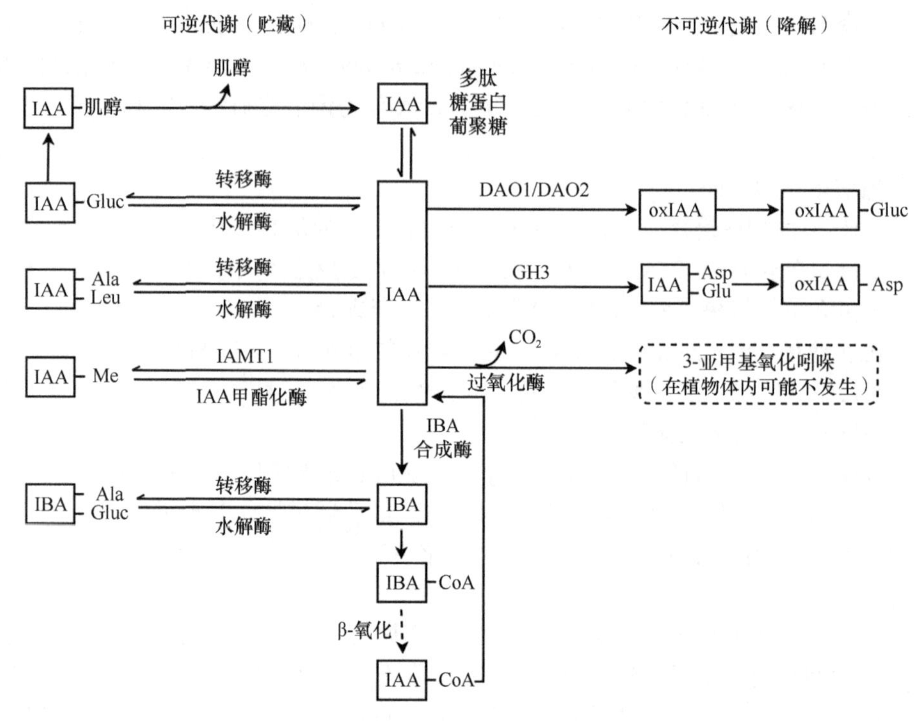

图 8-5 生长素（IAA）生物代谢途径

1. 生长素共轭物 游离的 IAA 是活性形式，但植物体内绝大多数生长素是以共价键结合物形式存在的，而且所有高等植物中都存在生长素的结合物。一般认为，生长素结合物是非活性的生长素的储存形式，已发现多种生长素与小分子的结合物，如生长素与葡萄糖和肌醇结合的脂类结合物，通过酰胺结合的 IAA-氨基酸、IAA-多肽和 IAA-蛋白等结合物。生长素结合物的形成和降解可以调节植物组织内源生长素的水平，具有重要的生理意义。除了与生物分子形成结合物，IAA 还能被转化成甲酯化形式（MeIAA）。

2. 生长素的氧化分解 高浓度的生长素对于细胞具有毒害作用。降解生长素也是植物维持合适生长素水平的重要方式。过去基于体外试验曾经认为过氧化物酶是催化 IAA 氧化降解的主要酶类。但该降解途径在植物体内是否存在尚不清楚。

植物体内控制 IAA 降解的主要途径是将 IAA 氧化成羟吲哚-3-乙酸（oxindole-3-acetic acid，oxIAA），而后 oxIAA 又进一步转化成 di-oxIAA，或形成 oxIAA-己糖、oxIAA-葡萄糖、oxIAA-天冬氨酸等代谢产物。在拟南芥、玉米、蚕豆等许多植物中都发现了 oxIAA 及其衍生物，不可逆地形成这些无活性的代谢产物能有效减少有活性的生长素，避免激素积累到毒害水平，有助于维持植物体内生长素的平衡。

四、生长素的检测方法

植物的内源 IAA 是植物体内分布最多、功能最广泛的生长素，鉴于 IAA 在植物中的含量极低且性质不稳定，IAA 超微量检测成为生长素研究中亟待解决的问题。近年来，学者们结合色谱、质谱、荧光发光、生物传感器和电化学等一系列新技术和新方法，建立了许多 IAA 微量检测的实用方法。

1. 免疫测定法 IAA 免疫测定法是以 IAA 为抗原得到相应特异性的 IAA 抗体，一定量的标记 IAA 分子与样品中含量未知的 IAA 分子竞争性地与一定量的抗体结合，从而计算出样品中IAA的含量。由于IAA分子量过小，无法刺激免疫反应，而IAA分子吡咯环上氮原子（IAA-N）或羧基上碳原子（IAA-C）与大分子蛋白（牛血清白蛋白、人血清白蛋白等）共价结合后能刺激发生免疫反应，基于此的研究者们开发出了IAA的免疫测定法。IAA抗体具有高灵敏和特异性等特点，因此抗原抗体免疫检测法可以检测超微量的生长素。

IAA免疫测定法分为2种：放射免疫测定（radioimmunoassay，RIA）和酶联免疫吸附测定（ELISA）。RIA具备较高的灵敏度，可以检测出超微量生长素，但需要放射性同位素，由于同位素的不稳定及对操作者身体的损害，RIA逐渐被淘汰。ELISA因其更安全、廉价、实验空间及设备要求低等特点而被广泛使用。随着越来越多研究者的使用和改进，免疫测定已成为定位植物组织器官IAA含量的常见方法。然而免疫测定法具有一定局限性，特异性抗原决定簇会影响免疫测定，因此严格的提纯方法对于免疫测定结果准确性是至关重要的。

2. 色谱法　随着色谱分离及集成检测技术的快速发展，色谱法在植物激素检测中的应用也越来越广泛。气相色谱法（gas chromatography，GC）和液相色谱法（liquid chromatography，LC）在加装商品化的色谱柱和检测器并引入新型检测方法后，因良好的分离和测定效果而获得了迅速发展，可用于植物生长素的纯化及生长素超微量定量分析，几乎可以检测所有植物激素，是现今植物激素测定的主流方法。目前色谱技术检测方法仍存在操作流程较烦琐、工序复杂、费时长、纯化难度高和杂质含量高等问题。在今后的研究中，如何使植物内源生长素的提取与纯化过程更简便、检测流程自动化，降低时间成本并减少人为因素的干扰，仍然是亟须解决的问题。

3. 电化学测定法　电化学生物传感检测技术具有灵敏度高、响应快和无需复杂样品处理等特点，可实现对内源IAA的快速和实时化检测。通过TiC/Pt-QANFA纳米材料修饰的微电极，可以实现单个原生质体内IAA的连续监测。该方法简便快捷，大幅减少了IAA在提取过程中的损耗。在此基础上构建了多通道电化学集成微取样分析系统，其工作电极为氧化石墨烯修饰的导电碳胶电极，该系统可以实现多个植物样品中IAA的同时同步快速分析，为研究植物体内IAA的分布提供了可能。但电化学检测还存在一些问题，如重现性、特异性仍有待提高。

五、生长素的信号转导途径

信号转导是将上游信号转换为下游复杂反应的重要过程。生长素的信号转导过程主要包括信号识别、信号转导和信号响应，目前主要的研究重点是生长素受体、生长素响应基因及信号转导过程中的一些调节蛋白和调控元件。植物中主要的信号通路是由生长素受体TIR1/AFB（transport inhibitor resistant 1/auxin signaling F-BOX）及信号响应因子Aux/IAA和生长素响应因子（auxin response factor，ARF）共同介导的生长素信号响应。生长素能够结合并激活TIR1受体，形成SCFTIR1/AFB复合体，然后泛素化Aux/IAA蛋白，最终将其通过26S蛋白酶体降解，从而释放被抑制的ARF转录因子。Aux/IAA蛋白包含转录抑制结构域，但不能自行结合DNA。ARF可以结合到生长素诱导基因的顺式作用元件上，调控其转录表达。ARF蛋白分两类，一类为转录激活子，具有转录激活结构域；另一类为转录抑制子，具有转录抑制结构域。在没有或低浓度生长素的条件下，Aux/IAA抑制因子与ARF转录因子结合并形成二聚体，通过招募共抑制因子TPL（TOPLESS）来抑制ARF活性，从而抑制生长素响应基因的表达。

当生长素浓度提高时，Aux/IAA与SCFTIR1/AFB复合体结合之后，被泛素化进而被26S蛋白酶体降解，然后ARF转录因子被释放，从而激活下游基因的转录。同时*Aux/IAA*

作为下游基因也会受到激活，从而反馈抑制生长素的信号转导途径。拟南芥中 *ARF* 基因家族有 23 个成员，*Aux/IAA* 基因家族有 29 个成员。SKP2A 也能够结合生长素，参与生长素对细胞周期的调控，但该通路还有待深入研究。基因转录后，拟南芥 *AtCstF77*（cleavage stimulation factor 77）编码的剪切激活因子能够控制生长素信号转导基因的多聚腺苷酸化位置（polyadenylation site，PAS），进而调控生长素相关基因的表达。

六、生长素的生理作用

（一）促进伸长生长

生长素的主要生理功能之一是调节茎节间细胞的伸长生长，生长素也促进根系的伸长生长，但根系对生长素更敏感，促进根系生长的生长素最适浓度比促进茎伸长生长的最适浓度要低得多。学者们提出了生长素促进细胞伸长生长的酸生长理论（acid growth theory）：在生长素诱导的细胞壁酸生长过程中，生长素诱导增强了质膜上 H^+-ATPase 的活性，促进 H^+ 泵出导致细胞壁酸化，细胞壁中的扩张蛋白（expansin）在酸性条件下可以弱化细胞壁多糖组分间的氢键而疏松细胞壁。

（二）参与植物向性反应的调节

植物的生长受许多环境因素的影响，其中光照和重力能控制植物生长的方向。植物的茎表现出向光性（phototropism）生长，使叶片能接受最适的光照以更好地完成光合作用。而植物对重力的响应则表现为根沿重力方向的垂直生长和茎沿与重力相反方向的垂直生长，植物生长的向重力性（gravitropism）在种子萌发的早期尤为重要。植物响应光信号和重力信号的这种弯曲生长涉及生长素的重新分布和新的生长素浓度梯度的建立。

（三）对植物生长发育的影响

生长素被认为是植物体内的“成形素”，通过极性运输建立起浓度梯度，以浓度依赖的方式决定组织和器官发育模式。

1. 生长素与植物生长发育的基本模式 植物生长发育基本模式在胚胎发生过程中开始建立。在拟南芥的胚发生第一次细胞分裂之后，就能检测到生长素呈梯度分布，而且在胚胎发育过程中，生长素浓度梯度的极性不断地发生变化。生长素对植物发育基本模式的调控在根尖细胞分化中了解得最为透彻，生长素在根尖形成稳定的浓度梯度，生长素浓度最高位点在静止中心。围绕静止中心的根尖分生组织不断分裂，形成新的细胞。之前形成的细胞逐渐远离分生组织并停止分裂，依次进行伸长、生长和分化。这些变化依赖于不同的生长素浓度及生长素浓度梯度所传递的位置信息。

2. 诱导维管束分化 生长素诱导和促进植物细胞的分化，尤其是促进植物维管组织的分化。维管束分化是从上向下进行的，即呈向基性（basipetal）的极性分化方向。幼芽或幼叶内产生的生长素控制着维管束的分化，如果去掉幼叶会抑制维管束的分化；而外源施加生长素则可以替代叶片刺激维管组织的再生。

3. 促进侧根和不定根发生 尽管较高浓度的生长素（$>10^{-8}$mol/L）抑制主根的伸长，但却可以促进侧根（lateral root）和不定根（adventitious root）的发生。生长素可以诱导伸长区和根毛区细胞分裂，并逐渐形成根原基，最后穿透皮层和表皮，形成侧根。不定根的发生和侧根的发生类似，但不定根可以从多种多样的组织上发生，如茎、叶、老根、胚轴，甚至组织培养中形成的愈伤组织等。

生长素促进不定根发生的性质，在园艺和农业生产上应用非常广泛。植物的无性营养体繁殖，主要靠扦插繁殖、植物插条或叶片在水培或湿润的土壤培养条件下，可以从切口附近长出不定根。如果利用生长素处理插条切口，会大幅促进不定根的形成速度和数量。

4. 与花芽和叶序发育　花分生组织的形成和发育，叶片的形成和叶序模式的建立都依赖于亚顶端组织运输的生长素。

5. 与果实发育　正常情况下，在授粉和受精之后花粉和胚乳细胞中大量产生生长素，刺激子房的发育形成果实。果实发育初期的生长素来源主要依赖胚乳细胞，在果实发育后期，生长素的主要来源是胚。

七、生长素与其他激素的相互作用

1. 与细胞分裂素的相互作用　研究发现，生长素响应因子 ARF3 可以结合到细胞分裂素合成酶基因 *IPT5* 的启动子上并抑制后者的表达，从而抑制细胞分裂素的生物合成。水稻中生长素响应因子 OsARF25 可以结合到细胞分裂素氧化酶基因 *OsCKX4* 的启动子上并激活后者的表达，从而加强细胞分裂素的代谢。细胞分裂素响应元件 B 类 ARR 可以通过抑制 *YUCCA* 基因的表达来抑制生长素的积累。B 类 ARR 可以通过结合到生长素合成基因 *TAA1* 的启动子和第一个内含子区来激活后者的表达。在顶端花序分生组织发育过程中，ARF3 通过直接抑制 *IPT3*、*IPT5* 和 *IPT7* 的表达来抑制细胞分裂素的生物合成。

2. 与茉莉酸的相互作用　研究发现，茉莉酸不仅可以通过激活 *ASA1* 表达来调节生长素的生物合成，还可以影响生长素的极性运输。茉莉酸响应因子 MYC2 可以通过抑制 *PLT1/2* 的表达来拮抗调控 IAAPLT1/2 介导的根尖干细胞维持。茉莉酸可以通过上调转录因 ERF109 的表达来上调生长素合成基因 ASA1 和 YUC2，从而促进生长素的生物合成。转录 WRKY57 的同时受到茉莉酸和 IAA 的调控，同时它也可以反馈调控茉莉酸和 IAA 的信号途径。

3. 与脱落酸的相互作用　研究发现，生长素响应因子 ARF2 与其靶标基因 *HB33* 可以调节 ABA 信号的输出。在种子休眠过程中，生长素可以通过激活 ARF10/16 来诱导 *ABI3* 的表达，从而激活 ABA 信号途径。ABA 受体 PYL8 可以通过激活 MYB77 来增强生长素响应基因的表达。

4. 与乙烯的相互作用　研究发现，水稻中的 E3 泛素连接酶 SOR1 可以通过调节 Aux/IAA 蛋白的稳定性来调控乙烯的信号响应。乙烯响应蛋白 HB52 可以通过结合到生长素运输基因如 *PIN2*、*WAG1* 和 *WAG2* 的启动子上来调控它们的表达。

除了上述这些相互作用外，生长素与其他激素也存在相互作用，包括赤霉素、独脚金内酯、油菜素甾醇和水杨酸等。在水稻中，生长素和赤霉素可以通过拮抗调控 *XET* 的表达来调节水稻茎秆的负向重力性反应。在下胚轴生长过程中，油菜素甾醇可以通过 BZR1 诱导 *IAA19* 和 *ARF7* 的转录表达来激活生长素信号途径。水稻中独脚金内酯可以通过生长素的生物合成来调节水稻分蘖的角度。水杨酸可以通过抑制过氧化氢酶 CATALASE2 的功能来抑制 H_2O_2 引起的生长素的生物合成。

第二节　赤　霉　素

一、概　　述

1. 赤霉素的发现　1927 年人们发现了生长素，在阐明其结构为吲哚-3-乙酸后的 20 多年里，植物学家试图用生长素解释激素调节植物生长发育的所有现象。然而，植物的生长和发育是由许多激素单独或者协同调节的。

赤霉素（GA）最早是在研究稻恶苗病时发现的。稻恶苗病是一种导致水稻幼苗异常细高，移栽后不易成活或者难以结实的病害。研究发现稻恶苗病是由一种称为赤霉菌（*Gibberella fujikuroi*）的病原菌分泌的化学物质诱导水稻过度生长所致。20 世纪 30 年代，日本科学家薮田贞次郎（Yabuta T.）从赤霉菌培养物过滤液中提取到了能够促进植物生长的结晶物质，并将其命名为赤霉素 A（gibberellin A）；50 年代，美国科学家和日本科学家进一步纯化分离了上述赤霉菌提取物，并进行了结构鉴定，获得了 GA_1、GA_2、GA_3 三种赤霉素。植物中的赤霉素含量普遍非常低，1958 年英国科学家 J. MacMillan 从菜豆（*Phaseolus coccineus*）的未熟种子中纯化得到 GA_1，这是首次从高等植物中提纯赤霉素。随后，在微生物和高等植物中相继发现了多种赤霉素类化合物，并以其发现的顺序命名。到目前为止，已经从植物、真菌和细菌中发现 136 种赤霉素类。但研究发现，只有 GA_1、GA_3、GA_4、GA_7 等少数几种赤霉素具有生物活性，其他都是活性赤霉素生物合成的中间产物或者是代谢产物，自身不具备生物活性。

2. 赤霉素的化学结构 赤霉素是一类双萜酸化合物，均有一个基本的骨架结构——赤霉烷（gibberellane），含有 4 个环。在赤霉素烷上，由于双键、羟基数目和位置的不同，形成了各种赤霉素（图 8-6）。根据赤霉素分子中碳原子总数的不同，可分为 C_{20}-GA 和 C_{19}-GA 两类赤霉素。C_{19} 赤霉素的种类多于 C_{20} 赤霉素，而且 C_{19} 赤霉素的生理活性强，C_{20} 赤霉素的生理活性弱。各类赤霉素都含有羧酸，所以赤霉素呈酸性。

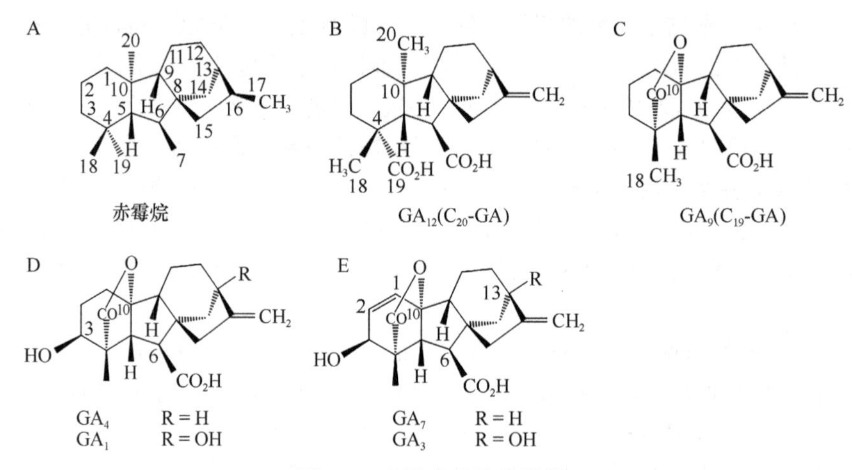

图 8-6 赤霉素的化学结构

有活性的赤霉素的结构特征包括以下几个方面：① 3β-羟基是赤霉素具有生物活性的必要条件，如 GA_1、GA_3、GA_4、GA_7、GA_{32} 等；②几乎所有的活性赤霉素都有 7 位碳原子上的羧基，另外，3β,13-二羟基或 1,2 不饱和键也有助于提高赤霉素的活性；③具有 2β-羟基的赤霉素不具备生物活性，如 GA_8、GA_{29}；④ C_{19}-GA 的相对生物活性比 C_{20}-GA 要高。活性赤霉素的以上结构特点可能是其与受体结合的必要条件，而 2β-羟基则阻碍赤霉素与受体结合部位的结合。实际上，2β-羟基化的引入也是植物进行赤霉素生物合成和活性调节的重要途径。

3. 赤霉素类植物生长调节剂的种类 在赤霉素家族中，多数的成员没有生物活性或者活性很低。生理活性强的赤霉素有 GA_1、GA_3、GA_7、GA_{30}、GA_{38} 等，生理活性弱的有 GA_{13}、GA_{25}、GA_{39} 等。GA 右下角的数字代表它们被发现的先后顺序，而与它们的化学结构无关。在高等植物中，GA_1 可能是最主要的调控茎伸长生长的物质。在所有的赤霉素中，GA_3 可以从赤霉菌发酵液中大量提取，是目前主要的商品化和农用形式，其分子式是 $C_{19}H_{22}O_6$，分子量为 346。

二、赤霉素在植物体内的分布与运输

1. 赤霉素在植物体内的分布 赤霉素广泛分布于各种植物、真菌和细菌中。赤霉素在高等植物中的含量一般是 1～1000ng/g 鲜重，赤霉素较多存在于植物生长旺盛的部分，如茎端、嫩叶、根尖和果实种子中，果实和种子（未成熟的种子）的赤霉素含量比营养器官多两个数量级。每个器官或者组织都含有两种以上的赤霉素，而且赤霉素的种类、数量和状态都因植物发育时期而异。

2. 赤霉素在植物体内的存在形式 赤霉素有自由型赤霉素（free gibberellin）和束缚型赤霉素（conjugated gibberellin）两种。自由型赤霉素不以键的形式与其他物质结合，易被有机溶剂提取出来。束缚型赤霉素是赤霉素和其他物质（如葡萄糖）结合，要通过酸水解或蛋白酶分解才能释放出自由型赤霉素。束缚型赤霉素无生理活性，是赤霉素的贮藏和运输形式。在植物的不同发育时期，自由型与束缚型赤霉素可相互转化。如在种子成熟时，自由型赤霉素不断转变成束缚型赤霉素而贮藏起来；在种子萌发时，束缚型赤霉素又通过酶促水解转变成自由型的赤霉素而发挥其生理调节作用。

3. 赤霉素在植物体内的运输 赤霉素在植物体内的运输没有极性，可以双向运输。根尖合成的赤霉素通过木质部向上运输，而叶原基产生的赤霉素则是通过韧皮部向下运输，不同植物间运输速度的差异很大。

三、赤霉素的生物合成和代谢

（一）赤霉素的生物合成

赤霉素在高等植物中生物合成的位置主要是发育着的种子（果实）、伸长着的茎端和根部。赤霉素在细胞中的合成部位是质体、内质网和细胞质溶胶等处。赤霉素生物合成及其生物活性具有器官特异性，高等植物中不同器官组织、不同发育阶段内起调节作用的赤霉素种类不同，相应的生物合成途径也不尽相同。赤霉素生物合成的器官特异性是基于相关酶基因表达的器官特异性。

1. 赤霉素的生物合成途径 包括赤霉素在内的萜烯类化合物具有一些相同的合成步骤，即由异戊烯基焦磷酸（IPP）生成 10 碳的牻牛儿基焦磷酸（GPP），然后是 15 碳的法尼基焦磷酸（FPP），最后生成 20 碳的牻牛儿基牻牛儿基焦磷酸（GGPP），此过程中的异戊烯焦磷酸（IPP）是在前质体中由 3-磷酸甘油酸和丙酮酸途径衍生而来。经过从 IPP 到 GGPP 的类萜烯合成的共同步骤之后，赤霉素的生物合成可以分成为以下三个步骤。

（1）贝壳杉烯的生物合成：在前质体中，贝壳杉烯合酶催化的环化反应将 GGPP 转变成 *ent*-贝壳杉烯（*ent* 前缀是指贝壳杉烯的对映体立体构型），该反应包括两个环化步骤，分别由柯巴基焦磷酸合酶（copalyl diphosphate synthase，CPS）和 *ent*-贝壳杉烯合酶（*ent*-kaurene synthase，KS）催化完成。一些植物生长延缓剂如 AMO1618、氯化氯胆碱和福斯方-D 都是赤霉素合成环化步骤的特异性抑制剂。

（2）氧化反应生成 GA_{12} 醛：在前质体和内质网上，贝壳杉烯上的甲基被连续氧化形成羧基，中间产物分别为贝壳杉烯醇、贝壳杉烯醛和贝壳杉烯酸，然后 B 环从一个 6 碳环缩为 5 碳环形成 GA_{12} 醛，GA_{12} 醛进一步被氧化形成 GA_{12}。参与上述系列氧化反应的两个

重要的酶分别是 *ent*-贝壳杉烯氧化酶（*ent*-kaurene oxidase，KO）和 *ent*-贝壳杉烯酸氧化酶（*ent*-kaurene acid oxidase synthase，KAO）。GA_{12} 是植物体内形成的第一个赤霉素，也是植物体内所有赤霉素的共同前体。多效唑（paclobutrazol）及其他抑制 P450 单加氧酶的特异性抑制剂都会抑制赤霉素生物合成的第二个步骤。

（3）由 GA_{12} 形成其他的赤霉素：赤霉素生物合成第三步在细胞质中完成，该步骤的第一步反应有两个方向，一个是 GA_{12} 的 C_{13} 发生羟化反应形成 GA_{53}，再以 GA_{53} 为前体形成其他赤霉素；另一个是 GA_{12} 的 C_{13} 不发生羟化反应，直接以 GA_{12} 为前体形成其他赤霉素。根据第一步反应中 C_{13} 羟化反应的有无，可以将赤霉素生物合成的第三个步骤分为两条途径：早期 C_{13} 羟化途径（early-C_{13}-hydroxylation pathway）和早期 C_{13} 非羟化途径（early-C_{13}-nonhydroxylation pathway），这两条途径分别以 GA_{53} 和 GA_{12} 为前体，在 GA_{20} 氧化酶（GA_{20}ox）、GA_3 氧化酶（GA_3ox）的催化下合成两种在植物体内具有最高活性的赤霉素 GA_1 和 GA_4。

因为赤霉素生物合成的第三个步骤的关键酶是 α-酮戊二酸依赖的双加氧酶和 3β-羟化酶，所以凡是能够抑制这些酶活性的抑制剂都能抑制活性赤霉素的合成。这类生长延缓剂的一个典型代表就是调环酸（prohexadione，BX-112），它能够特异地抑制 β-羟化反应，所以可以阻碍 GA_{12} 转化为 GA_1，但同时也可以阻碍导致 GA_1 失活的 2β-羟化反应。

2. 赤霉素生物合成的关键酶 利用拟南芥、豌豆、玉米及水稻等的突变体材料，克隆了大部分赤霉素生物合成及其代谢酶类的基因，其中第三步骤的几个酶，即 GA_{20}ox、GA_3ox 和 GA_2ox，在赤霉素生物合成的调节中有更重要的意义。一方面，这些基因的突变体表现出活性赤霉素合成不足或过量的表型。例如，在拟南芥中，*GA_5* 基因编码 AtGA_{20}ox1，*GA_4* 基因编码 AtGA_3oxl，*ga4* 和 *ga5* 突变体表现出植株矮化的表型；玉米中的 DWARF1（D1）编码 GA_3ox2，*d1* 突变体表现为半矮化表型；豌豆中的 *SLENDER*（*SLN*）基因编码 GA_2ox，*sln* 幼苗与野生型相比更细长。另一方面，通过基因工程手段改变 GA_{20}ox、GA_3ox 和 GA_2ox 在植物中的表达水平可以导致植物体内活性赤霉素水平的改变。例如，在大麦中过表达 GA_2ox 可以导致活性 GA_1 水平的显著下降，最终导致转基因植物表现出不同程度的矮化表型。

（二）赤霉素的代谢

研究表明，活性赤霉素可以通过多条代谢途径被转化为非活性赤霉素。

1. 2β-羟化反应失活 在 GA_2ox 作用下，2β-羟化反应可使活性赤霉素及活性赤霉素前体不可逆地失去生物活性。例如，在 GA_2ox 作用下，活性赤霉素 GA_1 和 GA_4 可分别转化为非活性的 GA_8 和 GA_{34}。

2. 16, 17-双键环氧化失活 在水稻中的研究表明，水稻最上节间伸长基因 EUI（elongated uppermost internode）编码一个细胞色素 P450 单氧化酶，它能够使非 13-羟基化赤霉素（如 GA_4、GA_9、GA_{12}）的 16,17-双键环氧化，进而导致活性赤霉素失活。

3. C-6 位羧基的甲基化失活 在拟南芥中的研究表明，两个赤霉素甲基转移酶以 *S*-腺苷-*L*-甲硫氨酸作为甲基供体，催化赤霉素的 C-6 位羧基的甲基化。这一过程如果发生在活性赤霉素上即可导致活性赤霉素的失活。

4. 赤霉素结合物 主要通过赤霉素的羧基和单糖结合形成的赤霉素糖脂，或者通过羟基和单糖形成赤霉素糖苷，其中的单糖多数是葡萄糖。赤霉素结合物在一些植物种子中含量比较丰富。如果赤霉素大量施用到植株上，其中相当一部分会被转变为糖基结合物，所以可以认为糖基结合物的形成是赤霉素失活代谢的一种方式；另外，将赤霉素糖苷引入植物后会被水解为游离的赤霉素，所以赤霉素结合物可能也是一种储存形式。

四、赤霉素的信号转导途径

植物体内存在一个 GA 信号转导的分子网络，其核心组成部分是赤霉素激活 DELLA 抑制子降解的过程，与这一过程相关的关键因子及其分子机制如下：

1. *GID1* 编码一个可溶性赤霉素受体 *GID1* 编码一个定位在细胞质和细胞核的可溶性赤霉素受体，活性赤霉素与 GID1 有很强的亲和性，结合后可以激活下游信号转导途径。在 GID1 突变体中，由于突变的 GID1 蛋白不能结合活性赤霉素，因此 *GID1* 表现出组成型赤霉素信号转导缺陷的表型。

2. DELLA 结构域蛋白是赤霉素响应的负调控因子 DELLA 蛋白是赤霉素信号途径的核心负调控因子，赤霉素信号途径通过去除 DELLA 对植物生长的抑制作用来促进植物生长。DELLA 蛋白 N 端都有一个由 5 个氨基酸残基组成的保守序列，这 5 个氨基酸残基分别是天冬氨酸（D）、谷氨酸（E）、丙氨酸（A）和 2 个亮氨酸（L），因此将其命名为 DELLA 蛋白。DELLA 蛋白 N 端的 DELLA 结构域能够响应 GA 信号，并介导 DELLA 蛋白的降解，也被称为 DELLA 调节域；C 端都有一个保守的 GRAS 家族蛋白特有的 GRAS 结构域（GRAS 家族蛋白的命名源于该家族最早被鉴定的三个成员，即 GAI、RGA 和 SCARECROW），该结构域具有核定位序列，并起着在核内阻遏特定基因表达的作用，被称为 GRAS 抑制子域（图 8-7）。DELLA 蛋白定位于细胞核中，它可以与一些促进生长的转录因子直接相互作用（如 PIF3、PIF4、BZR1 等），抑制其活性，从而阻遏植物生长发育。如果 DELLA 蛋白结构发生变异，赤霉素的信号转导即会出现异常。发生变异的位置不同，对赤霉素信号传递的影响也不相同。

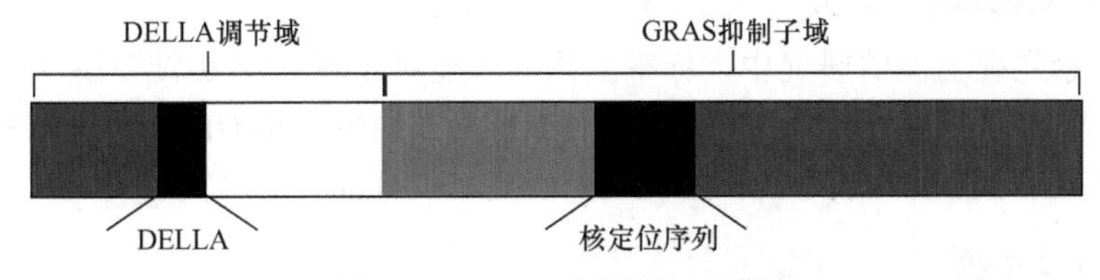

图 8-7 GRAS 蛋白结构示意图

3. SCFSLY1/GID2E3 连接酶 在赤霉素信号转导过程中，赤霉素与受体 G1D1 结合后会激活 DELLA 生长抑制因子的降解，这一过程也依赖泛素-蛋白酶体降解途径。通过遗传学分析，已经找到了赤霉素信号识别并介导 DELLA 蛋白降解的 F-box 蛋白，拟南芥和水稻中该 F-box 蛋白分别被命名为 SLY1（SLEEPY 1）和 GID2（GA-INSENSITIVE DWARF2），它们的功能缺失突变体都具有叶片深绿色、植株半矮化的表型，并且外施赤霉素不能恢复突变体的表型。

4. 赤霉素激活 DELLA 抑制子降解的分子机制 随着上述赤霉素信号途径中关键因子的鉴定，尤其是拟南芥 GID1-GA-DELLA 复合体晶体结构的解析，对赤霉素通过解除 DELLA 蛋白的生长抑制作用来促进植物生长发育的分子机制已经有了较清晰的认识。在活性赤霉素存在时，它与受体 GID1 蛋白结合形成 GA-GID1 复合体，GA-GID1 复合体与 DELLA 蛋白 N 端的 DELLA 调节域结合并形成 GID1-GA-DELLA 蛋白复合体，该复合体的形成导致 DELLA 蛋白构象改变并允许 DELLA 蛋白的 C 端与 $SCF^{SLY1/GID2}$ 复合体（由 F-box 蛋白 SLY1/GID2、SKP1、Cullinl 和 Rbxl 组成）相互作用，从而导致 DELLA 蛋白的泛素化，并经由 26S 蛋白酶体降解，从而解除 DELLA 蛋白的阻遏作用，释放 PIF3 等转录促进因子的活性，启动下游 GA 调节基因的表达。在活性 GA 与 GID1 结合的过程中，GA 正好填充了 GID1 C 端形成的一个“口袋”，因此活性 GA 与 GID 结合并激活 DELLA 降解的分子模型也被称为 Boxed-in 模型（图 8-8）。

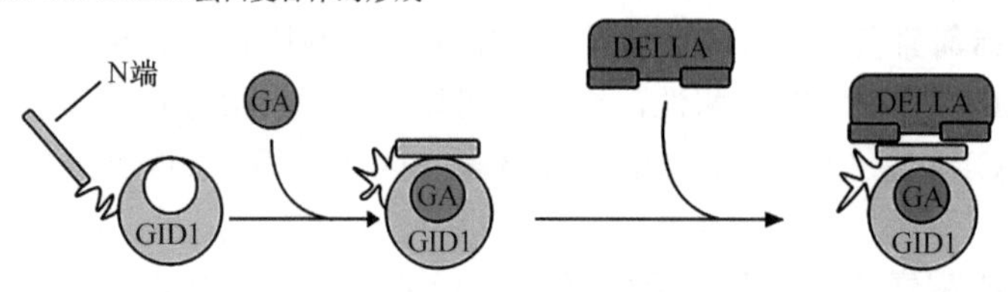

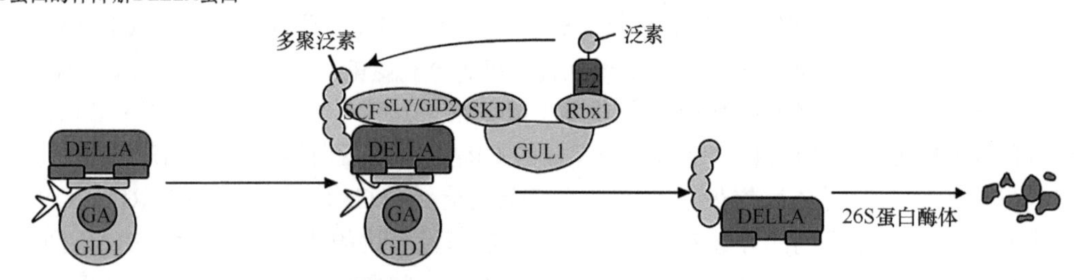

图 8-8　赤霉素信号转导途径的模型

五、赤霉素的生理作用

（一）诱导 α-淀粉酶的合成

在植物激素生理功能的研究中，赤霉素诱导大麦种子糊粉层 α-淀粉酶（α-amylase）合成的研究是一个典范。这一研究不但有助于对赤霉素其他生理功能的分子机制的理解，而且对其他植物激素分子如脱落酸等的作用机制的研究也具有很大的启发意义。

（二）促进种子萌发

赤霉素在种子萌发过程中有多方面的作用，如赤霉素可以刺激胚芽的营养生长，还可以松弛围绕在胚周围的胚乳层细胞，降低对胚生长的压迫；最重要的是赤霉素可以诱导水解酶的合成，分解种子储存的营养物质。

（三）促进植物营养生长

1. 促进细胞的伸长生长　赤霉素是通过增加细胞壁的伸展性来促进细胞伸长生长的，但赤霉素促进细胞伸长生长与生长素有许多不同。首先没有细胞壁酸化现象；其次赤霉素对细胞伸长生长促进的迟滞期较长，如对豌豆茎要 2～3h（生长素需 10～15min），这说明赤霉素对细胞壁伸展性的影响方式与生长素不同。

2. 促进细胞分裂　对拟南芥的研究发现，与野生型相比，赤霉素合成或信号转导缺陷型突变体（如 *gal*、*gai*、*slyl-10* 突变体）叶表皮细胞小且数目少、主根成熟细胞短且分生区短，相应的这些突变体表现出叶片小、主根短的表型，说明赤霉素信号途径调控叶片和主根生长与细胞伸长有关，也与细胞分裂相关。

（四）调节植物生殖生长

1. 影响植物从幼年期向成年期的转变 有证据表明赤霉素在调节植物从幼年状态向成年状态转换中有重要作用，外源施用赤霉素可以控制植物在幼年状态和成年状态之间的转变。

2. 诱导植物开花 赤霉素能够替代长日照条件促进某些植物开花。在短日照条件下，拟南芥突变体不能开花，而过表达 $GA_{20}ox$ 能够增加植物内源活性赤霉素的含量，并促进植株早开花。

3. 影响花芽分化和性别控制 赤霉素在决定雌雄异花植物花的性别上有重要作用，赤霉素对玉米花性别决定的主要作用是抑制雄花发育。

六、赤霉素在药用植物生产中的作用

1. 提高产量 赤霉素在生产中主要用于促进作物茎叶的生长，提高产量。如用 100mg/L 赤霉素溶液浸番红花种球，可提高干花柱产量 25.96%。在苗期用 40mg/L 赤霉素溶液喷洒元胡全株，可以促进元胡生长，增加块茎产量，还可减轻霜霉病。

2. 打破休眠，促进萌发 人参和西洋参的种子萌发都需要低温处理和胚后熟阶段。催芽前用 50mg/L 赤霉素药液浸种 36h，可增加发芽率，提前出苗。黄连种子要发芽，需 90d 左右的低温条件。用 100mg/L 赤霉素药液浸泡种子，同时用 5℃低温处理 48h，就可以打破休眠发芽，发芽率达 60%～67%。

第三节 细胞分裂素

一、概　　述

1. 细胞分裂素的发现 在 20 世纪 40～50 年代，植物组织培养被广泛地用来研究细胞的分裂和分化。当时美国威斯康星大学著名的植物生理学家斯库格（Skoog）利用烟草茎段的髓部组织作为外植体，研究植物组织培养的添加物。他们发现，凡是含有维管束的外植体在含有生长素的培养基上比较容易分裂增殖，形成愈伤组织；而没有维管束的外植体则只有细胞扩大，却没有细胞分裂的发生。后来发现植物维管组织、椰乳和酵母提取液都有促进细胞分裂的作用。

1955 年，米勒（Miller）等在鲱鱼精子 DNA 水解产物中发现了一种具有促进细胞分裂活性的小分子化合物，将其命名为激动素（kinetin，KT），并证明激动素是一种腺嘌呤衍生物，6-呋喃氨基腺嘌呤，可以促进不含维管束组织的烟草茎髓部外植体在含有生长素的培养基上分裂增殖。但到目前为止，人们还没有在植物中发现天然合成的激动素。1963 年，Miller 和莱瑟姆（Letham）各自独立发现玉米未成熟种子的胚乳中含有与激动素生物活性类似的天然化学物质，命名为玉米素（zeatin，ZT）。随后，人们又相继发现了多种具有类似激动素活性的物质，这些化合物都是腺嘌呤衍生物，后人将其统称为细胞分裂素（cytokinin，CTK）。

2. 细胞分裂素的化学结构 天然的细胞分裂素具有相似的结构，都是 N-6 位的氢原子被不同 R 基团取代的腺嘌呤衍生物（图 8-9）。根据 N-6 取代基团的结构，细胞分裂素可分为异戊烯型细胞分裂素和芳香族细胞分裂素。异戊烯类细胞分裂素又包括异戊烯基腺嘌呤（isopentenyl adenine，iP）、顺/反式玉米素（*cis/trans*- zeatin，*c/t*ZT）和二氢玉米素（dihydrozeatin）

等。植物体内的细胞分裂素主要以 iP、*t*ZT 及它们的核苷（*i*PR、*t*ZR）、核苷酸形式（*i*PMP/*i*PDP/*i*PTP，*t*ZMP/*t*ZDP/*t*ZTP）和糖苷形式存在。

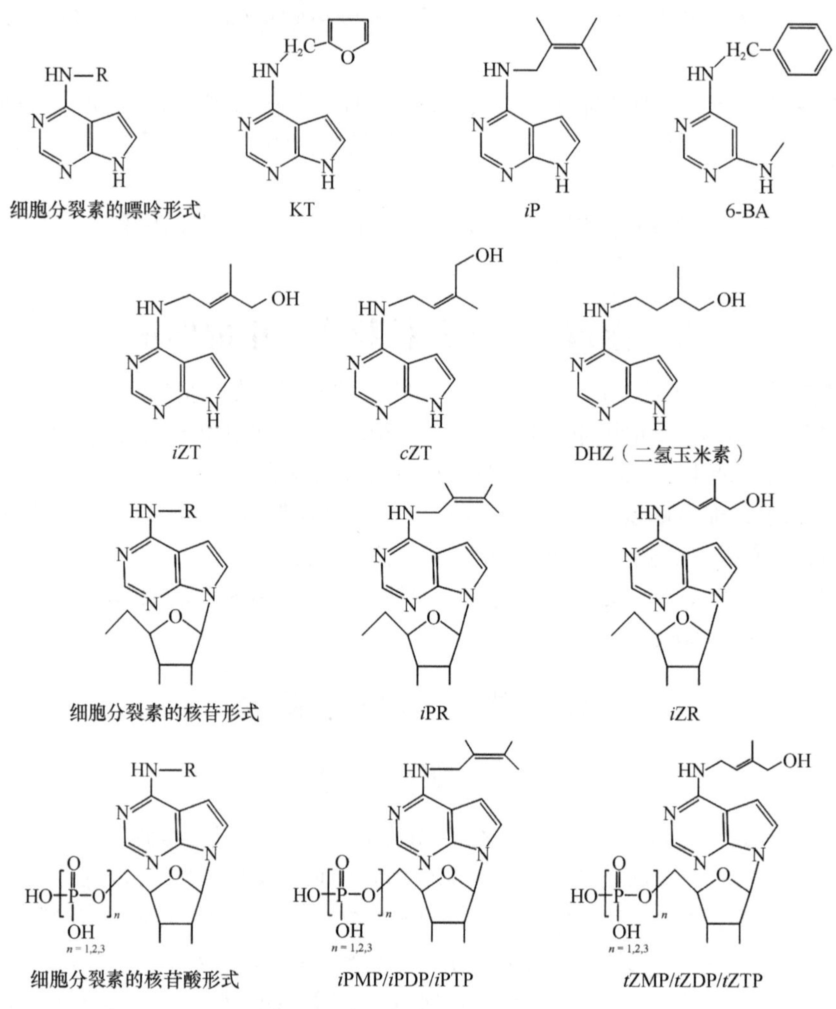

图 8-9　常见细胞分裂素的结构

3. 细胞分裂素类植物生长调节剂的种类　根据细胞分裂素结构与活性关系的研究，人们合成了一系列的细胞分裂素类植物生长调节剂，它们都具有促进细胞分裂的作用。常见的人工合成的细胞分裂素有：激动素（kinetin，KT）、6-苄基腺嘌呤（6-benzylaminopurine，6-BA）和四氢吡喃苄基腺嘌呤（tetrahydropyranyl benzyladenine，又称多氯苯甲酸，PBA）等。应用得最广的细胞分裂素是激动素和 6-苄基腺嘌呤。有的化学物质虽然不具有腺嘌呤结构，但仍然具有细胞分裂素的生理作用，如二苯脲（diphenylurea）。

此外，一些人工合成的化合物能与细胞分裂素竞争受体，起着细胞分裂素拮抗剂（cytokinin antagonist）的作用。最有效的细胞分裂素拮抗剂是 3-甲基-7-(3-甲基丁氨基) 吡唑啉（4,3-右旋）嘧啶。但是这种抑制作用可以被过量的细胞分裂素恢复。

二、细胞分裂素在植物体内的分布与运输

1. 细胞分裂素在植物体内的分布　植物的根尖分生组织是合成细胞分裂素的主要部位，

其他植物器官内也有少量合成。根尖内合成的细胞分裂素随导管液流向上运输到地上器官发挥生理调节作用，如茎尖、未成熟的种子、萌发的种子和生长着的果实等可进行细胞分裂的部位。

2. 细胞分裂素在植物体内的存在形式　细胞分裂素以游离态和结合态两种形式存在。在植物和某些细菌中具有生物学活性的细胞分裂素是以游离状态存在的（不与任何大分子共价结合），游离态的细胞分裂素在被子植物中广泛存在。结合态的细胞分裂素是植物中细胞分裂素的主要储存形式，如细胞分裂素葡糖苷。此外，在不同植物、相同植物的不同组织及不同发育阶段，细胞分类素的主要形式会有很大差异。

转运 RNA（tRNA）不仅含有组成其他 RNA 的 4 种核苷酸，还含有一些碱基被修饰的稀有核苷酸。在细胞分裂素生物活性测定试验中发现，tRNA 水解后一些被修饰的碱基具有细胞分裂素的功能。一些植物中存在有以顺式玉米素作为超修饰碱基的 tRNA。

3. 细胞分裂素在植物体内的运输　细胞分裂素在植物体内的运输是无极性的。根部合成的细胞分裂素通过木质部运到地上部，少数在叶片合成的细胞分裂素也可能从韧皮部运走。细胞分裂素在导管中的运输形式主要是核苷形式的细胞分裂素，到达叶片等部位后可以转变成为自由态的、有活性的玉米素。

目前的研究表明，可能有三类蛋白质参与了细胞分裂素的运转，即嘌呤通透酶（permease，PUP）、平衡型核苷转运体（equilibrative nucleoside transporter，ENT）和 ABC 转运体 G14（ABC transporter G14，ABCG14）。拟南芥中有两个嘌呤透性酶 AtPUP1 和 AtPUP2，均定位在细胞质膜上，参与细胞分裂素向胞内的主动运输。AtPUP1 和 AtPUP2 在酵母中能选择性地结合并转运自由态和核苷形式的细胞分裂素。拟南芥和水稻基因组中分别含有 8 个和 4 个编码平衡型核苷转运体的 *ENT* 基因。拟南芥 AtENT3、AtENT8 和水稻 OsENT2 被证明介导 iPR 的转运。

三、细胞分裂素的生物合成和代谢过程

（一）细胞分裂素的生物合成

目前已知的细胞分裂素生物合成途径主要有两条：从头合成途径和 tRNA 分解途径。从头合成是细胞分裂素生物合成的主要途径，由一个关键酶——异戊烯基转移酶（isopentenyl-transferase，IPT）催化完成。*IPT* 基因最早是从根癌农杆菌（*Agrobacterium tumefaciens*）诱导冠瘿根瘤的 Ti 质粒上克隆的，成为 *tmr* 和 *tzs* 基因，后来称为 *ipt*。IPT 催化完成细胞分裂素合成途径的第一步反应：将二甲基丙烯基二磷酸（dimethylallyl diphosphate）上的异戊烯基转移到腺苷酸 ATP/ADT 上，生成有活性的细胞分裂素中间产物——异戊烯基腺苷-5′-单磷酸（isopentenyladenosine-5′-monophosphate，iPMP），该反应是细胞分裂素生物合成途径的限速步骤（图 8-10）。

IPT 是细胞分裂素合成的限速酶，根据底物的不同，IPT 可分为磷酸腺苷异戊烯基转移酶（ATP/ADP- IPT）和 tRNA 异戊烯基转移酶（tRNA-IPT）。拟南芥中有 9 个编码 IPT 酶的基因，命名为 *AtIPT1*～*AtIPT9*，其中 *AtIPT2* 和 *AtIPT9* 编码 tRNA-IPT，而其他 7 个 *IPT* 基因参与细胞分裂素的从头合成。

实验证明，拟南芥中的 IPT 优先以 ADP 和 ATP 作为底物，仅有少量的 AMP 参与 IPT 催化的反应。核苷酸形式的 *i*P 由细胞色素 P450 单加氧酶 CYP735A 催化转化成核苷酸形式的 *t*ZT。核苷酸形式的细胞分裂素可以通过两条途径转化为自由态的细胞分裂素，即两步激

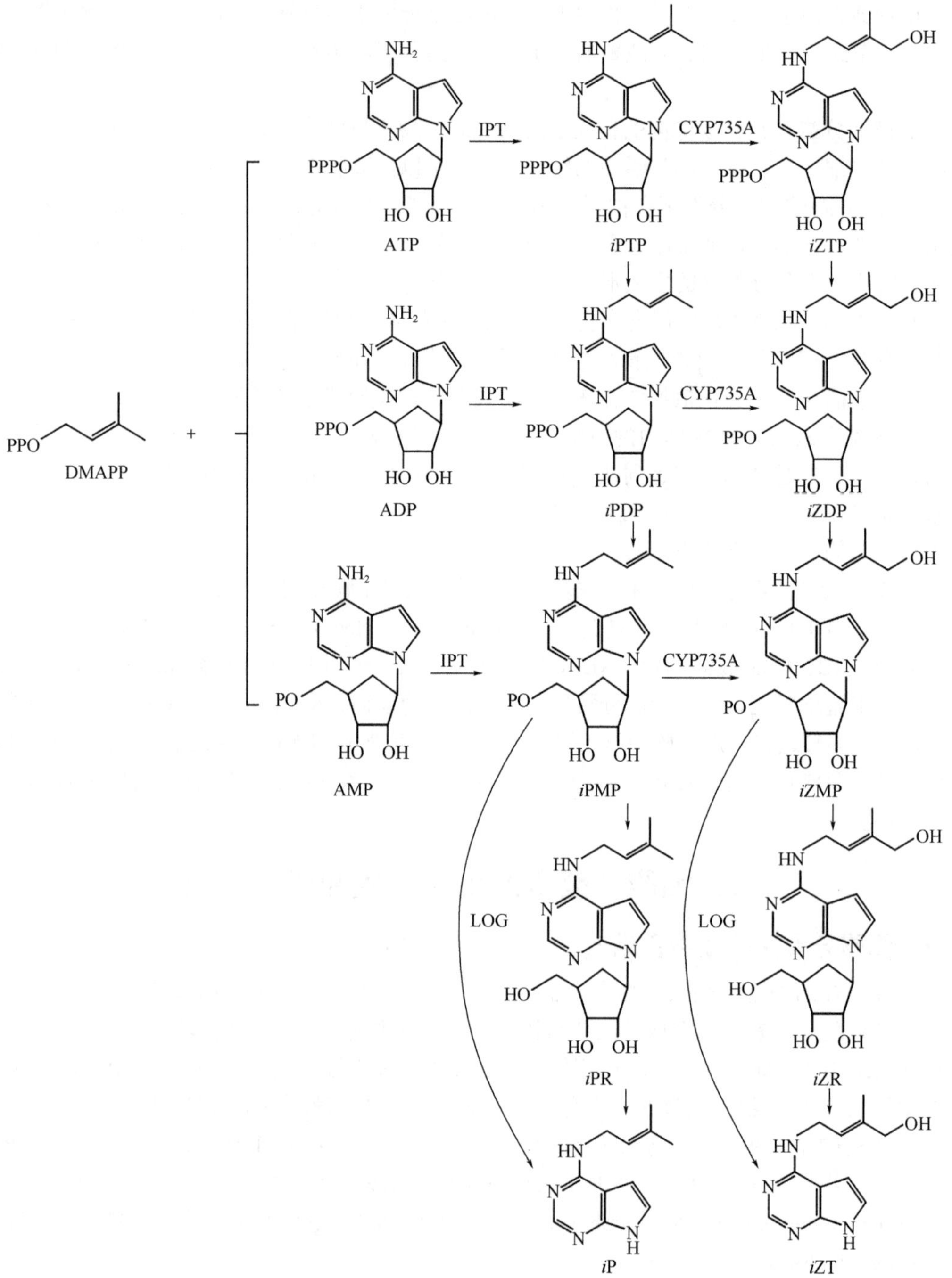

图 8-10　细胞分裂素生物合成与代谢的主要途径

活途径和直接激活途径。两步激活途径是指核苷酸形式的细胞分裂素，经过脱磷酸和脱糖苷两步反应，最终形成 *i*P 和 *t*ZT。长期以来，两步激活途径一直被认为是主要甚至唯一的细胞分裂素激活途径，但编码磷酸酶及糖苷酶的基因一直没有被克隆。最近在水稻中克隆出一个 *LOG*（*LONGLY GUY*）基因，它编码磷酸核糖水解酶，可以将核苷酸形式的细胞分裂素直接一步转变为自由态形式的细胞分裂素，由此证明植物体内存在细胞分裂素的直接激活途径。

（二）细胞分裂素的代谢过程

游离的 *t*ZT 和 *i*P 可以转化为相应的核苷和葡糖苷。例如，在细胞分裂素 *N*-葡萄糖基转移酶的催化下，它们可以被不可逆地糖基化。*t*ZT 还可以由 *O*-葡萄糖基转移酶催化形成 *t*ZR，该反应是可逆反应，*t*ZR 的糖苷键可被 β-葡萄糖苷酶裂解产生自由态的 *t*ZT。在玉米种子萌发初期，生长发育所需的细胞分裂素是依靠细胞分裂素葡糖苷水解生成的。

由细胞分裂素氧化酶（cytokinin oxidase，CKX）催化的氧化分解途径是调节植物体内细胞分裂素含量的重要途径。CKX 首先在玉米中被发现，能够不可逆地裂解细胞分裂素 N-6 上的不饱和侧链，从而释放出腺嘌呤或腺嘌呤核苷，使细胞分裂素失去生物活性。拟南芥基因组中共有 7 个 A*tCKX* 基因，通常表达量比较低，而且具有组织特异性。AtCKX 蛋白主要定位于液泡、细胞质和质外体中。过表达 *AtCKX1*～*AtCKX4* 的转基因拟南芥中，细胞分裂素含量显著下降，表现为细胞分裂素缺失的表型。*AtCKX3* 和 *AtCKX5* 基因的突变可以明显增加拟南芥花器官和种子的大小；水稻的 *Gnla* 基因编码水稻幼穗中的细胞分裂素氧化酶 OsCKX2。该基因的突变导致花芽内 CKX 活性下降，提高籽粒内细胞分裂素水平，从而促进籽粒发育、增加穗粒数。

四、细胞分裂素的信号转导途径

植物细胞通过与细菌类似的双元信号系统感知细胞分裂素并启动下游信号响应。植物细胞分裂素信号转导途径中的双元信号系统主要包含 3 类蛋白成员及 4 次磷酸化事件：①位于内质网膜或细胞膜的受体组氨酸激酶（histidine kinase，HK）感知细胞分裂素后发生组氨酸的自磷酸化；②将组氨酸残基的磷酸基团转移至自身接受区的天冬氨酸残基上；③受体天冬氨酸残基上的磷酸基团转移至细胞质的组氨酸磷酸化转移蛋白（his-containing phosphotransfer protein，HPs）的组氨酸残基上；④磷酸化的组氨酸转移蛋白进入细胞核并将磷酸基团转移至 A 类或 B 类响应调节因子（response regulator，RR），其中 B 类响应因子具有转录因子活性，经磷酸化后可以启动下游基因的表达，而 A 类响应因子的蛋白功能报道较少。

目前普遍认可的拟南芥细胞分裂素信号转导机制是：首先由受体 AHK2、AHK3 和 CRE1/AHK4 的 N 端 CHASE 结构域结合细胞分裂素，激活激酶活性，从而使激酶区保守的组氨酸残基自磷酸化，磷酸基团随后转移至受体 C 端信号接收结构域保守的天冬氨酸（Asp）残基上。细胞质中的磷酸转运蛋白（AHP）上保守的组氨酸（His）残基识别并接收受体的磷酸基团，然后进入细胞核内将磷酸基团传递到 B 型 ARR 信号接收区保守的 Asp 残基上，激活具有转录因子活性的 B 型 ARR，其 C 端结合到下游靶基因的启动子区域进行转录调控，完成细胞分裂素信号的转导和应答。B 型 ARR 激活的一类下游靶基因是 A 型 ARR。A 型 ARR 作为细胞分裂素信号途径的负调控因子，能够通过蛋白互作和磷酸基团竞争等作用方式抑制细胞分裂素信号活性，在细胞分裂素下游形成负反馈调节环，维持细胞分裂素信号的稳态。

五、细胞分裂素的生理作用

细胞分裂素对植物生长发育过程的影响非常广泛，目前研究较多的主要集中在根和芽的分化、顶端分生组织发育、根的生长发育、维管束的分化和叶片衰老等过程。

（一）促进侧芽分化

1. 生长素/细胞分裂素比例与根芽分化 在烟草髓组织作为外植体的植物组织培养过程中，Skoog 和 Miller 等发现烟草愈伤组织根和芽的分化受培养基中生长素和细胞分裂素比例的控制。较高的生长素/激动素比例可以刺激生根，相反，较高的激动素/生长素比例可以刺激芽的发生。而适中的生长素和激动素比例可以维持愈伤组织的生长而不发生分化。

2. 顶端优势 植物的形态主要由顶端优势的程度决定。具有很强顶端优势的植物，如玉米，只有一条主茎，很少或没有侧枝发生；相反，灌木的顶端优势就比较弱。顶端优势受多种激素的调节，包括生长素、细胞分裂素及独脚金内酯。生长素维持顶端优势，细胞分裂素解除由生长素所引起的顶端优势，促进侧芽生长发育。生长素从顶端分生组织向下极运输，在侧芽处抑制侧芽的生长。相反，细胞分裂素刺激细胞分裂的活性，促进侧芽生长。例如，在很多物种中当用细胞分裂素直接处理侧芽时会刺激芽的细胞分裂和生长，过量产生细胞分裂素的突变体有多枝的表型。

（二）调控茎尖和根的生长

1. 调控茎顶端分生组织 细胞分裂素在顶端分生组织的细胞增殖中起正调控的作用。提高细胞分裂素水平可能导致地上部成簇，这是由顶端分生组织过度增殖导致的。过表达细胞分裂素氧化酶（CKX）或突变基因 *IPT* 可以降低源细胞分裂素水平，使其功能减弱，从而使顶端分生组织减少，导致地上部发育缺陷。

研究证明，细胞分裂素和其他激素及关键转录因子相互作用调控顶端分生组织的发育。细胞分裂素正调控 *KNOX* 家族中同源基因 *KNAT1* 和 *STW* 的表达，这两个基因在调控茎端分生组织中具有重要作用。在拟南芥和水稻中发现，KNOX 能诱导 *IPT* 基因的表达从而促进细胞分裂素的合成，进而调控茎端分生组织发育。在茎端分生组织中通过表达 *IPT* 基因特异性地增加细胞分裂素含量可以部分恢复 *stm*（SHOOTMERISTEMLESS）突变体的表型，说明 *KNOX* 基因在茎端分生组织细胞分裂素的合成中具有重要作用。

2. 抑制根系的发育 细胞分裂素对根系生长具有明显的抑制作用，其抑制根系生长发育主要是通过调控根顶端分生组织而实现的。外施细胞分裂素、过表达 *IPT* 基因均可显著抑制主根、侧根的生长发育，而过表达 *CKY* 基因则促进根系生长。

细胞分裂素负调控根顶端分生组织的机制为：细胞分裂素使根尖维管束细胞分化加快，并引起根顶端分生组织区域减小。降低内源细胞分裂素的含量会引起根端分生组织区域的增大，反之则会引起根端分生组织的缩小。细胞分裂素促进根部过渡区细胞分化并减少分生区细胞的数目，从而负调节根顶端分生组织的大小。

生长素正调控根顶端分生组织细胞的分裂，因此细胞分裂素与生长素在调控根系发育中具有不同功能：生长素促进细胞分裂而细胞分裂素促进细胞分化。研究发现，细胞分裂素促进编码生长素信号抑制因子 Aux/IAA 蛋白的基因 *SHY2/IAA3* 表达，而生长素诱导 SHY2 蛋白的降解，因此两者通过调控 SHY2 蛋白的丰度来拮抗调控根的发育。*SHY2/IAA3* 反过来又通过负调控细胞分裂素合成基因 *IPT5* 及与生长素极性运输相关的 *PIN* 基因的表达，调控根顶端分生组织细胞的分裂与分化。

（三）调控细胞周期

细胞分裂素通过控制细胞分裂周期中细胞所处的阶段来影响细胞分裂。在烟草培养细胞分裂同步化的情况下，玉米素的含量在 S 期末、G_2 到 M 期转变阶段及 G_1 期末具有峰值。

抑制细胞分裂素的合成会阻断细胞分裂，而外源细胞分裂素的施加可以使细胞分裂回到正常进程。

细胞分裂素和生长素在细胞分裂过程中相互协同作用。它们通过调控周期蛋白依赖性激酶（cyclindependent kinase，CDK）活性来调节细胞周期。CDK 必须与周期素结合才能发挥激酶活性，调节细胞周期。植物细胞中有一种主要的 CDK 蛋白——Cdc2，其基因表达受生长素诱导，但生长素诱导的 CDK 没有酶活性。α3-周期素是一种 G_1 型周期素，其基因表达受细胞分裂素诱导。另外一种 G_1 型周期素是 α2-周期素，可以被组织培养体系中的蔗糖所诱导。这样，一个处于静止状态的植物外植体，如烟草髓部外植体，在生长素、细胞分裂素和蔗糖的共同作用下，细胞内形成 CDK-G_1 型周期素复合体，CDK 则变成有活性的激酶，启动细胞分裂从 G_1 期进入 S 期。

细胞分裂素还影响类 Cdc25 磷酸酶的活性，而这个磷酸酶的作用是去磷酸化 Cdc2 激酶。说明细胞分裂素可以通过控制磷酸酶的活性来调节 Cdc2 激酶活性，从而影响细胞周期中细胞从 G_2 期进入 M 期的阶段。

细胞分裂素促进 *CYCD3* 基因的表达，*CYCD3* 编码一种 D 型周期素，在拟南芥中，*CYCD3* 在茎分生组织和幼嫩叶原基等增殖的组织中表达。在拟南芥外植体中过表达 *CYCD3* 基因可以代替细胞分裂素在细胞增殖中的作用。这些结果表明，细胞分裂素刺激细胞分裂的机制是通过增强 *CYCD3* 的功能来实现的。

（四）延迟叶片衰老

从植物体上脱落的叶片内的叶绿素、RNA、脂肪和蛋白质会逐渐降解，即使维持环境湿度，并给叶片供应营养也不能避免，这种植物程序性老化的过程被称为衰老。尤其是在黑暗条件下，叶片衰老进行得更为迅速。用细胞分裂素处理可以延迟叶片衰老，这种延迟衰老的作用对植株上未脱落的叶片具有更显著的效果。例如，用细胞分裂素处理植株上的一个叶片，那么即使其他的叶片发黄脱落，被处理的叶片仍然会保持绿色；甚至一个叶片上的一个点用细胞分裂素处理后，当周围其他组织开始衰老，该点仍然会维持绿色。

研究发现，幼嫩叶片可以产生细胞分裂素，而成熟叶片不能。成熟叶片内的细胞分裂素主要由根系合成并运输而来。运输到叶片中起延迟衰老作用的细胞分裂素主要是玉米素核苷和二氢玉米素核苷。在大豆上，叶片的衰老是由种子成熟诱导的，称为单次结实性衰老。如果将发育中的种子除去，可以延迟叶片的衰老。大豆种子对叶片衰老的控制，是通过抑制根系细胞分裂素向叶片的运输来实现的。

为了在分子水平上证实细胞分裂素在叶片衰老中的调节作用，有研究者将拟南芥半胱氨酸蛋白酶基因 *SAG12* 启动子和 *IPT* 基因整合后导入烟草，因为这个启动子是由衰老控制的，所以该转基因植物在正常生长状态下具有与野生型植株相同的细胞分裂素水平，导入的 *IPT* 基因只有在叶片开始衰老时才开始启动和表达，表达后在叶片中产生较高水平的细胞分裂素，结果显著地延迟了叶片的衰老。这个试验结果充分证明，细胞分裂素是叶片衰老的内在调节因子。细胞分裂素延缓衰老的机制之一是细胞分裂素负调控叶绿素分解酶相关基因的表达，诱导叶绿素分解酶的降解，从而导致叶绿素含量的增加，以保持叶片正常的光合能力。与此相关，细胞分裂素在调控叶片衰老过程中调控碳水化合物源和库的分配及氮元素的循环利用。

细胞分裂素影响营养物质从植物的其他部分移动到叶片中，这种现象称为细胞分裂素诱导的营养物质转移。用同位素标记试验证明，营养物会优先向细胞分裂素处理的叶片或组织移动并发生积累。细胞分裂素作为一种指引同化物移动方向的信号，诱导营养物向其移动。细胞分裂素的水平随植物所处环境中营养物质浓度的变化而改变。例如，对处于氮饥饿的玉米幼苗施加硝酸盐，首先引起根中细胞分裂素水平迅速上升，随后通过木质部转移到茎中。细胞分裂素水平的上升是由于 *IPT* 基因家族中 *IPT3* 表达被硝酸盐诱导。细胞分裂素水平也受到环境中磷酸盐浓度的影响，而且细胞分裂素会改变磷酸盐和硫酸盐响应基因的表达。植物体内的营养物质状态又可以调控细胞分裂素水平，进而调控细胞分裂素与生长素的比例来决定根与茎的相对生长速率：高的细胞分裂素/生长素比例促进茎生长，而高的生长素/细胞分裂素比例促进根生长。在营养物质含量较低时，细胞分裂素水平也较低，使得根生长增强，从而能够为植物更加有效地从土壤中获取营养物质。相反地，适量的土壤营养促进细胞分裂素水平增加，促进茎生长，从而最大限度地提高光合作用的能力。

（五）调控生殖发育

细胞分裂素在生殖发育过程中是必需的。在花器官分生组织发育过程中，增加细胞分裂素的局部浓度或增强细胞分裂素信号途径的活性，可以促进花器官分生组织的细胞分裂和细胞分化，进而增加生殖器官的数目。例如，拟南芥中细胞分裂素氧化酶基因 *AtCKX3* 和由 *AtCKX5* 的突变可以促使胚胎或子叶细胞增大，从而导致种子变大。水稻中的 *OsCKX2* 在花分生组织中特异表达。OsCKX2 酶活的降低或丧失导致花序中细胞分裂素水平增高，使花序分生组织活性增强，发育出的生殖器官更多，结实率提高，最终使水稻增产。

细胞分裂素在拟南芥雌配子发育过程中也起着非常重要的作用。正调控细胞分裂素信号途径的组氨酸激酶 CKI1 功能的丧失导致雌配子致死，但不影响雄配子发育。

（六）调控豆科植物固氮根瘤形成

根际固氮菌在调控土壤里可利用氮营养的过程中起着非常重要的作用。在固氮过程中，这些固氮菌可以将氮气转化成有机形式，使植物得以吸收利用，同时可以从植物中获取能量。固氮过程是在根中特化的结构“根瘤”中进行的。在根瘤形成的过程中，固氮菌诱导豆科植物根的形态建成发生改变，宿主的根表皮发生大面积修饰以便固氮菌侵染并随后激活植物细胞的分裂，导致根瘤的形成。

细胞分裂素与根瘤的形成有密切的关系。一些固氮菌可以产生具有类似细胞分裂素活性的混合物。外源施加细胞分裂素可以诱导根皮层细胞分裂，并且早期根瘤基因表达上调。研究发现，在豆科植物苜蓿中，*MtCRE1*（拟南芥细胞分裂素受体 *CRE1* 的同源基因）缺失后，根瘤形成所必需的皮层细胞分裂不能起始。相反，*MtCRE1* 功能获得型突变体可以在没有固氮菌存在的情况下自发形成根瘤。这些结果都证明细胞分裂素对于根瘤的形成是必需的。另外，MtCRE1 还调控苜蓿编码生长素转运蛋白 MtPIN 的基因表达，暗示细胞分裂素依赖的根瘤形成与生长素的积累有关。

第四节　脱　落　酸

一、概　　述

1. 脱落酸的发现　植物生长的时期和生长的程度受到正负调节因子的协调控制，最明显的例子是当环境条件不利时，植物通过种子和芽休眠停止生长，直到环境条件有利时再继续生长。多年来，植物生理学家推测种子和芽的休眠现象是由一些起抑制作用的化合物引起的，所以他们尝试从植物不同组织，特别是休眠芽中提取和分离这些化合物。

早期实验用纸层析的方法分离植物提取液，并根据提取液对燕麦胚芽鞘生长的影响进行生物测定，这些实验使得一些抑制生长的物质被鉴定出来。1961 年，W. C. Liu 等在研究棉花幼铃的脱落时，从成熟的干棉壳中分离纯化出了一种促进棉铃脱落的物质，命名为脱落素，后来 F. T. Addicott 将其称为脱落素Ⅰ。1963 年，K. Ohkuma 和 F. T. Addicott 等从鲜棉铃中分离纯化出具有高度活性的促进棉铃脱落的物质，并命名为脱落素Ⅱ。同时，C. F. Eagles 和 P. F. Wareing 从桦树叶片中纯化了一种能促进芽休眠的物质，命名为休眠素。1965 年，J. W. Comfbrth 等从秋天的干槭树叶中获得了休眠素纯结晶，通过化学结构鉴定发现休眠素和脱落素Ⅱ是同一种物质。1967 年，在渥太华召开的第六届国际植物生长物质会议上，将其统一命名为脱落酸（abscisic acid，ABA）。后来的研究发现，脱落酸实际上并不是脱落的主要控制因子，乙烯才是脱落的主要诱导激素，脱落酸诱导棉铃脱落是因为它刺激了乙烯的产生。

2. 脱落酸的化学结构 ABA 是以异戊二烯为基本单位的倍半萜羧酸（图 8-11），化学名称为 5′-(羟基-2′,6′,6′-三甲基-4′-氧代-2′-环己烯-1′-基)-3-甲基-2-顺-4-反-戊二烯酸，分子式为 $C_{15}H_{20}O_4$，分子量为 264.3。由于 ABA 侧链具有不对称的 2,3 位双键存在，因此 2 位上羧基的取向不同就决定了 ABA 具有顺势（*cis*-）和反式（*trans*-）两种构型。几乎所有生物合成的 ABA 都是顺势构型，所以通常 ABA 指的就是 *cis*-ABA。

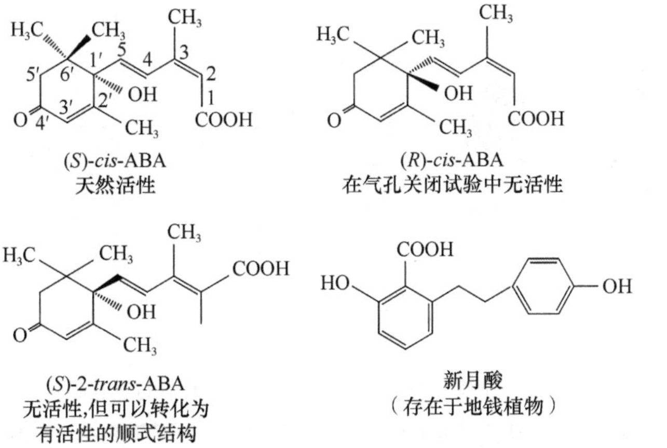

(*S*)-*cis*-ABA
天然活性

(*R*)-*cis*-ABA
在气孔关闭试验中无活性

(*S*)-2-*trans*-ABA
无活性,但可以转化为
有活性的顺式结构

新月酸
（存在于地钱植物）

图 8-11 脱落酸及其类似物的化学结构

ABA 分子在脂肪环 1′-位上具有一个不对称的手性碳原子，所以 ABA 具有 *S* 和 *R*（或+和–）两种对映体构型。植物体内的天然形式主要为右旋 ABA，以 *S*-ABA 或 (+)-ABA 表示。它的对映体为左旋，以 *R*-ABA 或 (–)-ABA 表示。人工合成的 ABA 是接近等量 *R* 型和 *S* 型对映体的消旋混合物。只有 ABA 的 *S* 对映体才能在一些 ABA 快速生理效应中发挥作用，如气孔关闭的调控；但对一些较长期的效应，如种子中贮藏蛋白的合成等，ABA 两种对映体都有作用。在植物体内，ABA 的顺、反式构型可以相互转换，而 *R/S* 对映体构型之间不能相互转换。

二、脱落酸在植物体内的分布与运输

1. 脱落酸在植物体内的分布 ABA 存在于全部维管植物中，包括被子植物、裸子植物和蕨类植物。高等植物各器官和组织中都有 ABA，其中以将要脱落或进入休眠的器官和组织中较多，在逆境条件下 ABA 含量会迅速增多。叶肉细胞中，由于 ABA 是弱酸，而叶绿体的基质呈高 pH 状态，所以 ABA 以离子化状态大量积累在叶绿体中。ABA 含量一般是 10～50ng/gFW。

2. 脱落酸在植物体内的运输 ABA 可在木质部和韧皮部运输。用同位素标记的 ABA 饲喂植物叶片，标记 ABA 可以同时沿着茎向上或向下运输，24h 后大多数标记 ABA 会积累在根部。当土壤中有效水分减少时会增加根中 ABA 的合成。根中 ABA 水平的提高有利于根在水分亏缺下的生长。而且，根部合成的 ABA 可以通过木质部运送到地上部使其更好地应对干旱胁迫。ABA 由根向地上部的运输体系对于水分的变化非常灵敏，即使在叶片自身还没有感受到有效水分变化的情况下，当根部受到轻微的干旱胁迫时就能促进气孔关闭（图 8-12）。可利用该效应在不影响作物产量的情况下降低植物蒸腾作用，减少灌溉用水量。通过控制分根交替灌溉（control root-splited alternative irrigation，CRAI）或调亏灌溉（regulated deficit irrigation，RDI）等灌溉技术，使根中产生的干旱信号诱导保卫细胞中 ABA 水平的提高来降低蒸腾作用，同时能避免其他不良干旱影响的发生，如使作物生长变弱或种子结籽量减少。干旱胁迫条件下，叶片中 ABA 的水平是根中的几倍。例如，在土壤水分状况良好时，向日葵植株的木质部液内的 ABA 浓度是 1.0～15.0nmol/L，当土壤水分亏缺时，其中的 ABA 浓度可以上升到 3.0nmol/L。这是因为叶片也自身合成了部分 ABA。

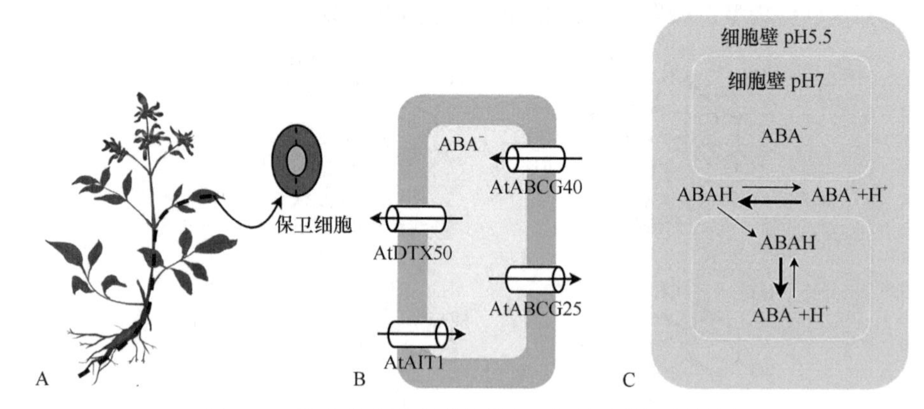

图 8-12 植物体内脱落酸在器官和细胞中的运输情况

A. ABA 由根部向地上部运输，到达叶片；B. 拟南芥中的 4 个 ABA 转运体；C. 脱落酸随 pH 变化有解离（ABA^-）和非解离（ABAH）两种形式，ABAH 可以自由穿越细胞膜，而 ABA-则需要转运体才能进入细胞

与生长素类似，ABA 是一种弱酸。随着 pH 的变化有解离（ABA^-）和非解离（ABAH）两种形式。非解离的 ABAH 可以自由穿越细胞膜，而解离的 ABA^- 可能需要转运体（transporter）才能进入细胞。目前，在拟南芥中已经鉴定出 4 个 ABA 转运体。AtABCG25 和 AtABCG40 是转运体蛋白中 ABC（ATP binding cassette）大家族 G 亚家族（ABCG，ABC 家族共有 A～H 8 个亚家族，其中 G 亚家族是最大的亚家族）的两个成员。AtABCG25 主要在维管组织中表达，是 ABA 的输出转运体。过表达 AtABCG25 可以减少离体叶片的失水。AtABCG40 在保卫细胞中表达，是 ABA 的输入转运体。其功能缺失突变体 *ABCG40* 植株的保卫细胞降低了对 ABA 的敏感性而更易遭受干旱胁迫的影响。DTX50 是 DTX/MATE 家族的一个成员，主要在保卫细胞和叶片维管组织中表达，是 ABA 的输出转运体。AIT1（ABA-importing transporter 1）也称 NRT1.2，是硝酸盐转运体 NRT1/PTR（nitrate transporter 1 / peptide transporter）家族的一个成员，主要在花、茎、叶片和根的维管组织中表达，是 ABA 的输入转运体。正常生理状态下木质部液 pH 为 6.3，其中的 ABA 为非解离形式 ABAH，有

利于叶肉细胞的吸收和储存；但在干旱条件下，木质部液 pH 碱化至 7.2，ABA 为解离形式 ABA^-，不易透过细胞质膜进入细胞内，这样就可以避免大量的 ABA 被叶肉细胞吸收，使更多的 ABA 随蒸腾流被运输到达保卫细胞附近，促进气孔关闭。ABA 也在气孔保卫细胞中合成，对调控气孔运动发挥作用。

三、脱落酸的生物合成、代谢和运输

（一）脱落酸的生物合成

植物体中根、茎、叶、果实和种子都可以合成 ABA，其生物合成是由类胡萝卜素物质玉米黄素（zeaxanthin）转化而来，合成的主要场所是叶绿体（质体）和细胞质基质。类胡萝卜素是叶绿体中含量非常丰富的一类色素物质。如图 8-13 所示，玉米黄素在环氧玉米黄素两步环氧化作用催化下转变成紫黄素（violaxanthin）。环氧玉米黄素基因最早在烟草中克隆到，命名为 *NpABA2*，拟南芥中该基因称为 *ABA1*。随后紫黄素进一步转化为两种 9-顺式环氧类胡萝卜素（9-*cis*-epoxycarotenoid）形式：9-顺式新黄素（9-*cis*-neoxanthin）或 9-顺式紫黄素（9-*cis*-violaxanthin）。在 9-顺式环氧类胡萝卜素双加氧酶（9-*cis*-epoxycarotenoid

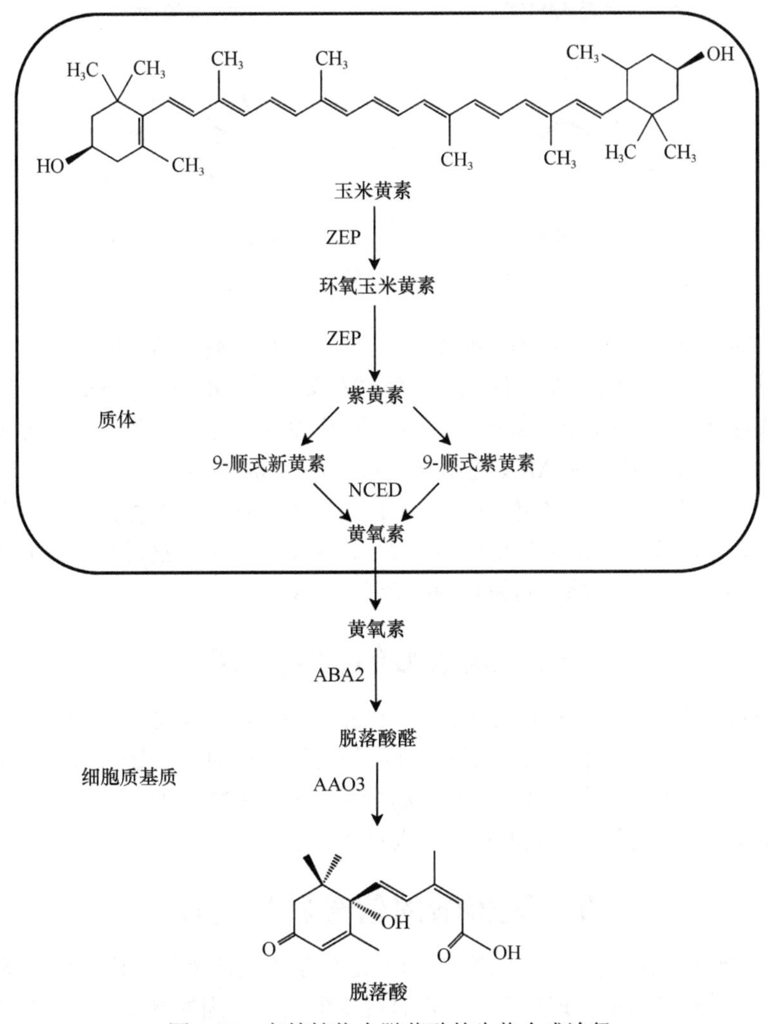

图 8-13 高等植物中脱落酸的生物合成途径

dioxygenase，NCED）的作用下，形成黄氧素（xanthoxin）并从叶绿体（质体）运出到细胞质基质中，进一步形成脱落酸醛（ABA-aldehyde）和最终的 ABA。

（二）脱落酸的代谢过程

高等植物中 ABA 主要通过以下两种途径进行代谢以调节其在植物体中的水平（图 8-14）。

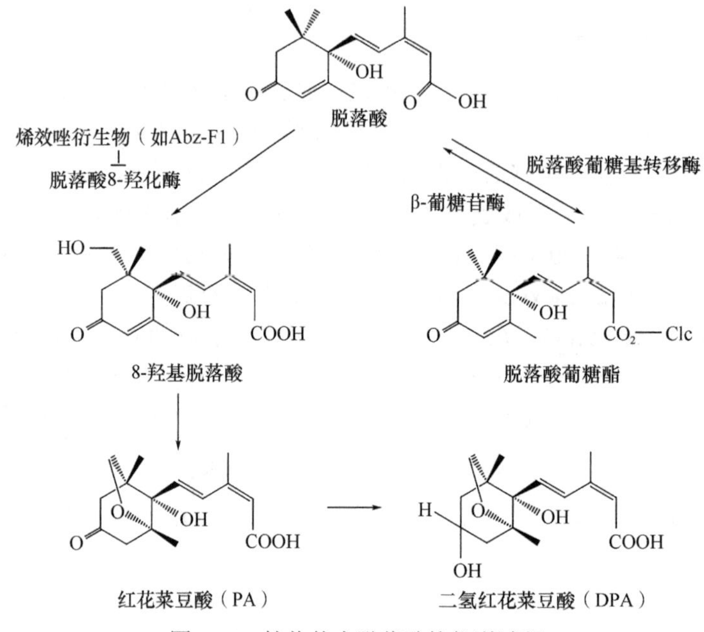

图 8-14 植物体内脱落酸的代谢过程

1. 氧化降解途径 ABA 在单加氧酶作用下，首先氧化成略有活性的红花菜豆酸（phaseic acid，PA），进一步还原为完全失去活性的二氢红花菜豆酸（dihydrophaseic acid，DPA）。

2. 结合失活途径 ABA 可与细胞内的糖或氨基酸以共价键结合而失去活性。其中主要是 ABA 葡糖酯（ABA-GE）和 ABA 葡糖苷，它们是 ABA 在筛管和导管中的运输形式。游离态 ABA 定位于胞质溶胶，结合态的 ABA-GE 则累积于液泡。游离态 ABA 和结合态 ABA 在植物体中可相互转变。在正常环境中游离态 ABA 极少，环境胁迫时大量结合态 ABA 转变为游离态 ABA，但胁迫解除后则恢复为结合态 ABA。

四、脱落酸的检测方法

ABA 的检测技术主要有比色法、局域表面等离子体共振（local surface plasmon resonance，LSPR）、色谱法和电化学法等。其中最普遍运用的技术是气相色谱或高效液相色谱，气相色谱可以检测微量的 ABA。该方法虽然具有足够的准确性，但仍存在样品前处理烦琐、检测成本高、时间长、需要专业操作人员等缺点。

五、脱落酸的信号转导途径

拟南芥、水稻的表达基因中，大约有 10% 是受脱落酸调控的，这说明脱落酸参与许多生理过程的调节。对于长期生理过程，一定有脱落酸诱导基因的参与；而快速的生理反应可能是脱落酸诱导的质膜两侧的离子流动的结果。脱落酸受体的发现及其下游组分的功能鉴定大致勾勒出了脱落酸的信号转导过程。如图 8-15 所示，脱落酸的信号转导途径主要由四大类信号组分构成：受体、负调节因子（蛋白磷酸酶）、正效应因子（蛋白激酶）和响应因子（包括离子通道和转录因子）。没有脱落酸的情况下，负调节因子抑制正效应因子的活性，使其和响应因子处于静止状态。脱落酸与受体结合后，形成脱落酸和受体复合体，并与负调节因子结合致使其钝化失活，因此正效应因子被激活并磷酸化其下游响应因子，进而表现出相应的生理反应。

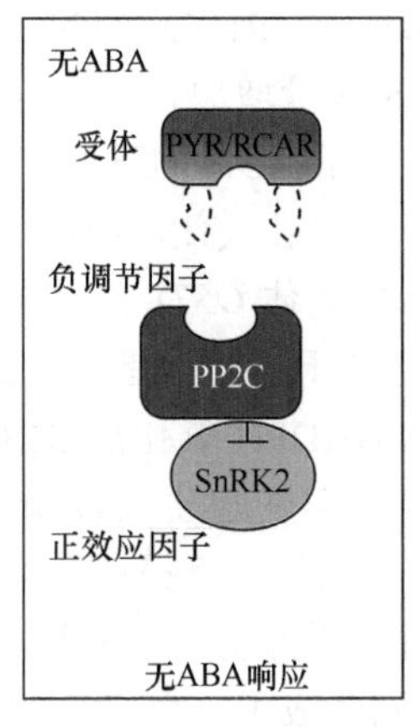

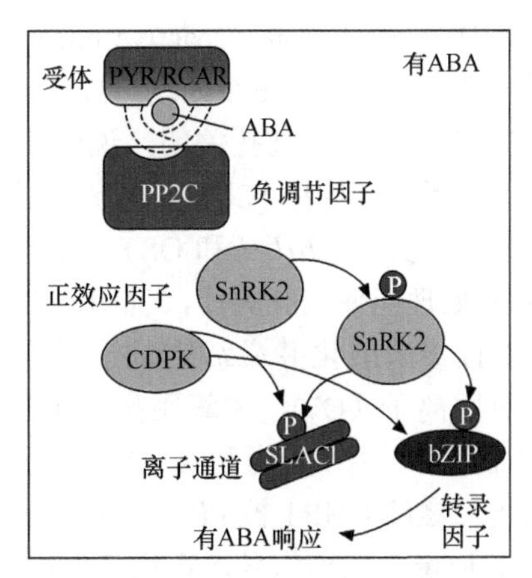

图 8-15　拟南芥中 ABA 的 PYR/RCAR 受体作用机制模型

1. 脱落酸的受体　主要的 ABA 受体是 PYR/RCAR 蛋白家族。当 ABA 与 PYR/RCAR 结合时，ABA 进入受体的一个“口袋”（pocket）中，引起受体的构象改变，使 ABA 与受体附着在一起形成复合体。该复合体与下游信号的负调节因子 2C 型蛋白磷酸酶（PP2C）结合并使其钝化失活。PP2C 已被证明是 ABA 信号途径的关键调节因子。PYR/RCAR 蛋白家族的发现，真正地将激素与其下游的响应联系了起来。ABA +PYR/RCAR 复合体通过阻碍磷酸酶的活性位点抑制 PP2C 的活性。ABA+PYR/RCAR 复合体的工作模型类似于赤霉素+GID1 复合体，都通过形成激素+受体复合体增加了与负调节因子结合的亲和性，从而使负调节因子钝化失活。

2. 脱落酸信号转导途径下游组分　通过遗传学方法已经鉴定出许多 ABA 途径的下游组分。第一个被鉴定的 ABA 信号途径的核心组分是 *ABI1*（*ABA-INSENSITIVE1*），它编码一个负调节 ABA 信号响应的 PP2C 蛋白。这类蛋白控制 ABA 信号的正效应因子 SnRK2（SNF1-RELATED PROTEIN KINASE 2）和 CDPK（CALCIUM-DEPENDENT PROTEIN KINASES）蛋白激酶的活性，在 ABA 信号感知与 ABA 响应之间起着关键的整合作用。

SnRK2 蛋白激酶最早是从小麦和蚕豆中鉴定到的，SnRK2.2、SnRK2.3 和 SnRK2.6（也称 OST1，OPEN STOMATAI）已被确定在 ABA 信号的转导过程中起作用。在它们 C 端都有一个保守的调节结构域与 PP2C 相互作用，没有 ABA 时，PP2C 使 SnRK2 去磷酸化而失活；在 ABA 存在时，PP2C 与 PYR/RCAR 形成复合体而失活，从而解除了 PP2C 对 SnRK2 的抑制作用，而 SnRK2 激活后可以磷酸化下游靶蛋白，响应 ABA 信号。SnRK2 可能的磷酸化靶蛋白是一些 bZIP 转录因子。

与 SnRK2 相似，CDPK 是一类大的蛋白家族，其中一些成员已经确定在 ABA 诱导的转录和其他响应中起作用。SnRK2 和 CDPK 通过对不同下游靶蛋白的磷酸化，在 ABA 调控转录、离子通道活性和第二信使产生等过程中起着调节作用。

ABA 调节气孔运动的信号转导过程可以概括为两个方面：首先，是 ABA 核心信号途径（signaling pathway），即 PYR/RCAR 途径。在 ABA 信号存在时，ABA 与受体 PYR/RCAR 结合，使 PP2C 钝化失活，从而激活 SnRK2 和 CDPK 磷酸化其下游响应因子，如阴离子通道 SLAC1、K^+ 通道和 Ca^{2+} 通道等，引起阴离子外流，使质膜去极化，激活对电压敏感的 K^+ 通道蛋白，导致 K^+ 外流。阴离子和 K^+ 外流使渗透压减小，促进气孔关闭。另外，还通过干扰 K^+ 流入和降低质膜上的 H^+-ATP 酶活性而抑制气孔重新开放。其次，许多研究表明，活性氧（ROS）如 H_2O_2 和活性氮（reactive nitrogen species，RNS）如 NO，也参与了保卫细胞中 ABA 信号的转导过程。ABA 处理可以导致 ROS 含量增加。在没有 ABA 的情况下，外源施加 ROS 或 NO 可以促进气孔关闭，说明它们作用于 ABA 的下游。H_2O_2 和 NO 作为第二信使，通过促使保卫细胞中 $[Ca^{2+}]_{cyt}$ 升高而最终调控气孔关闭。核心 ABA 信号途径组分 ABI1 功能获得性突变体 *ABIL-1* 和 OST1 功能缺失突变体 *OSTL* 经 ABA 处理后，气孔并不关闭，而 H_2O_2 处理能使气孔关闭，说明 H_2O_2 信号处于这两个蛋白质的下游。受 ABA 激活的 OST1 可以直接磷酸化并激活定位于质膜上的 NADPH 氧化酶 RBOHF，在细胞质膜的外侧产生超氧阴离子（O_2^-），超氧阴离子很不稳定，可快速生成较稳定的 H_2O_2，促使 $[Ca^{2+}]_{cyt}$ 升高，进而激活阴离子通道和 K^+ 通道，促进气孔关闭。有报道显示定位于细胞质膜上的一个类受体蛋白激酶 GHR1 被 PP2C 类磷酸酶 ABI2 所抑制，二者均在 H_2O_2 的下游起作用。ABA 还与其他蛋白质和信号途径相互作用，共同形成了一个复杂的调控网络，使气孔运动得到精密、严格的调控。

六、脱落酸的生理作用

1. 与种子发育　植物种子发育分为两个长度大致相同的阶段，第一阶段是以细胞分裂增殖为特征，从受精卵开始形成胚胎组织和胚乳组织；第二阶段以贮藏物积累为特征，细胞停止分裂，淀粉、脂肪、蛋白质等贮藏物质大量积累，种子脱水，此时胚胎的耐干燥性也逐渐增强。

ABA 是种子发育过程中的重要调节因子。最初母体组织合成的 ABA 有助于营养物质的积累与储存，由胚胎组织合成的 ABA 则能激活种子特异的转录因子，诱导胚胎发生晚期丰富蛋白（late embryogenesis abundant protein，LEA protein）的表达和其他渗透调节物质的积累，这一过程与植物营养组织在干旱胁迫时积累渗透调节物质的情况相似。一些不能合成 ABA 的种子不能脱水干燥进入休眠状态而过早发芽，而大多数种子可以保持很长一段时间的休眠。当种子休眠建立后 ABA 水平通常会下降，这一过程称为种子的后熟（after ripening）。此时的种子仍能响应外界环境的变化。在不利条件下通过增加 ABA 的合成来维持休眠。决定种子休眠何时结束和开始萌发的因素是复杂的，包括温度、光照和土壤水分一系列环境因素，以及体内 ABA 减少的程度和促进萌发的赤霉素含量水平的增加。种子萌发前，由 *CYP707A* 编码的降解 ABA 的酶类表达量会增加以除去残留的 ABA，在赤霉素的作用下开始萌发。

2. 与根生长　干旱胁迫及其伴随的根部 ABA 的积累可以促进主根的伸长，以帮助植物深入土壤汲取水分。水分亏缺条件下主根的持续伸长是由 ABA 和其他多种因素共同作用的结果。根的正常发育需要低水平含量的 ABA。在中度干旱下，ABA 含量的适当提高能促进主根的伸长而抑制侧根的发育；在水分正常情况下，ABA 含量的降低，则会抑制主根的伸长，促进侧根的发育。水分胁迫时，ABA 还可以通过限制乙烯的产生来消除乙烯对根伸长的影响。

3. 与植物抗逆性　ABA 有“逆境激素”的别称，这是因为 ABA 在植物的抗旱、抗寒和抗盐的生理过程中具有重要的作用。已知 ABA 是对环境因素反应最强烈的激素之一，叶片中的 ABA 浓度在水分亏缺条件下短时间内可以上升 50 倍，所以 ABA 是一个环境介导因子，特别是逆境因子的信号物质。植物体内的 ABA 水平不但在干旱条件下升高，而且在盐胁迫、低温胁迫甚至高温胁迫等逆境条件下都会升高。这是因为几乎所有的逆境条件都会直接或间接地诱导植物细胞发生水分状态的变化，如使细胞的膨压下降等，而细胞的膨压变化会诱导 ABA 合成的增加。

4. 促进叶片衰老　ABA 最初是被当作脱落诱导因子分离提纯的，但后来证明，大多数植物中控制脱落的主要激素是乙烯，ABA 则通过激活钙依赖性蛋白激酶 CPK4/11，参与调控乙烯合成的限速酶 ACC 合酶（ACS）的修饰，调节这类酶的稳定性，从而促进了乙烯的合成和器官脱落。然而有证据表明，ABA 在叶片的衰老过程中起着重要的调节作用。对离体燕麦叶片切段的衰老过程的研究发现，ABA 作用于衰老过程的早期，起启动和诱导的作用；而乙烯作用在衰老的后期。虽然 ABA 能够刺激乙烯的生成，但 ABA 对衰老的促进作用并非由乙烯介导，而是直接发挥作用的。在比较 ABA 和乙烯处理对拟南芥叶片衰老的影响时发现，无论在光照还是黑暗条件下，不经任何处理时，野生型叶片的黄化要比乙烯不敏感突变体叶片快得多；乙烯处理会大幅度增加野生型叶片的黄化速度，但不影响突变体叶片的黄化速度；而 ABA 处理则可同时促进两种叶片的黄化速度。这个结果说明 ABA 促进叶片衰老是独立于乙烯的生理作用。

5. 生理促进作用　ABA 通常被认为是一种生长抑制型激素，如抑制种子萌发、抑制生长、促进休眠，甚至促进叶片衰老。但用外源 ABA 处理完整健全的植株所获得的实验结果与这种印象完全相反，ABA 具有许多生理促进的性质。例如，ABA 处理可以显著促进水稻中胚轴伸长生长，在较低浓度处理时可以促进发芽和生根、促进茎叶生长、抑制离层形成、促进果实肥大、促进开花等。

ABA 的这种生理促进性质与其“逆境激素”的性质是密切相关的。因为 ABA 的生长发育促进作用对于最适条件下栽培的植物并不突出，而对低温、盐碱等逆境条件下的作物表现最为显著。ABA 改善了植物逆境适应性，增强了生长活性，所以在许多情况下表现出有益的生理促进作用。ABA 的这种特殊的生理性质，对于正确理解 ABA 的生理意义十分重要，同时对 ABA 的实际应用也具有启发意义。

第五节　乙　　烯

一、概　　述

1. 乙烯的发现　人们很早就知道用烟熏的方法催熟果实和打破球根球茎花卉的休眠。在 19 世纪，欧洲使用的街灯都是煤气灯，人们观察到在街灯附近的树叶比其他地方的树叶落得早。1901 年俄罗斯圣彼得堡植物研究所的学者 D.Neljubow 经研究证实，是泄漏煤气和燃烧废气损害了叶片的正常生长，其中乙烯（ethylene）是主要的作用因子。他还发现在实验室黑暗条件下培养的豌豆幼苗表现出茎节缩短、横向增粗和水平生长等异常现象，这就是后来所谓的三重反应；当植物重新生长在新鲜空气中后，豌豆幼苗又恢复了正常的生长。经过大量的实验证明，是乙烯导致三重反应的发生。

1910 年，H. H. Cousins 提出香蕉不宜和柑橘一起储存，因为柑橘会产生一种气体使香蕉过早成熟腐烂。不过由于柑橘自身的乙烯合成能力比其他水果要小得多，因此人们猜测当时 Cousins 提到的柑橘可能感染了青霉菌，这种菌可以释放出大量的乙烯气体。1934 年 R. Gane 等确定乙烯是植物代谢的天然产物，并且因为乙烯对植物生长发育具有显著的影响，认为乙烯是一种气态的植物激素。1959 年，气相色谱被用于乙烯的研究，乙烯作为植物激素的重要地位才被人们重新认识。1965 年，乙烯被公认为是植物的天然激素。近年来随着拟南芥乙烯反应突变体的大量发现和应用，乙烯受体和信号转导途径的研究取得了较大的进步。

2. 乙烯的化学结构 乙烯是一种不饱和烃，其化学结构为 $CH_2{=}CH_2$，是各种植物激素中分子结构最简单的一种。乙烯在常温下是气体，分子量为 28，轻于空气，乙烯在极低浓度（0.01～0.1μL/L）时就对植物产生生理效应。

3. 乙烯类植物生长调节剂的种类 乙烯利（Ethrel 的译名）化学名为 2-氯乙基磷酸，分子式 $C_2H_5O_2Cl$，常见的制剂为 40% 乙烯利水剂。乙烯利最早合成于 1967 年，所用原料为环氧乙烷和三氯化磷。乙烯利 pH＞4 时易水解放出乙烯，其释放速度随 pH 升高而加快。由于植物细胞 pH＞4.1，因此乙烯利可在处理部位逐渐分解并释放乙烯，同时也可在体内运转并在其他部位释放乙烯。乙烯利在植物上使用可被植物组织快速吸收，但是乙烯利对人畜有微毒。

二、乙烯在植物体内的分布与运输

1. 乙烯在植物体内的分布 高等植物的几乎所有器官都能合成乙烯，但乙烯合成的速率随不同的组织和不同的发育阶段有所不同。一般而言，形成层和茎节区域是乙烯合成最活跃的部位。在叶片脱落、花器官衰老或者果实成熟时，乙烯的合成会大幅度增加；另外，对植物任何形式的伤害，如机械损伤、淹水、干旱、高温、冷冻和病害等逆境因素都会诱导植物体内乙烯的大量合成。

植物中产生乙烯量最多的器官是成熟的果实，发生速度大于 10nL/(g · h)，按鲜重（FW）计。乙烯在极低浓度（1pL/L）下就具有显著的生物效应，成熟苹果组织内的乙烯浓度高达 2500pL/L。植物正常生长的组织如果受到伤害或外因干扰时，其乙烯发生量会在 25～30min 内增加数倍之多，干扰因素撤除后会在短时间内恢复正常。

裸子植物和一些低等植物，包括蕨类植物、苔藓、地钱和某些蓝藻都能产生乙烯。土壤中的乙烯主要是由一些真菌和细菌产生的。

2. 乙烯在植物体内的运输 乙烯在常温下呈气态，因此它在植物体内的运输性较差。乙烯的短距离运输可以通过细胞间隙进行扩散，但扩散距离非常有限。乙烯可穿过被电击死的茎段，这证明乙烯的运输是被动的扩散过程，但其生物合成过程一定要在具有完整膜结构的活细胞中才能进行。一般情况下，乙烯就在合成部位起作用。由于乙烯的生物合成前体 1-氨基环丙烷-1-羧酸（1-aminocyclopropane-1-carboxylic acid，ACC）可溶于水，因而推测 ACC 可能是乙烯在植物体内远距离运输的形式。现已有实验证实，ACC 是乙烯在植物木质部溶液中运输的“载体”。

三、乙烯的生物合成和代谢

（一）乙烯的生物合成

乙烯的化学结构极为简单，但其生物合成途径的研究却历经近半个世纪。乙烯生物合成研究的第一个突破是在 20 世纪 60 年代，Lieberman 和 Mapson 于 1964 年发现一种氨基酸-甲硫氨酸是乙烯的前体；第二个突破是 1979 年华裔科学家 X. Yang 及其同事发现 1-氨基环丙烷-1-羧酸（ACC）是从甲硫氨酸到乙烯合成过程的中间产物。后来证明乙烯的合成是一个甲硫氨酸的代谢循环，被命名为“杨氏循环”（the Yang cycle）（图 8-16）。

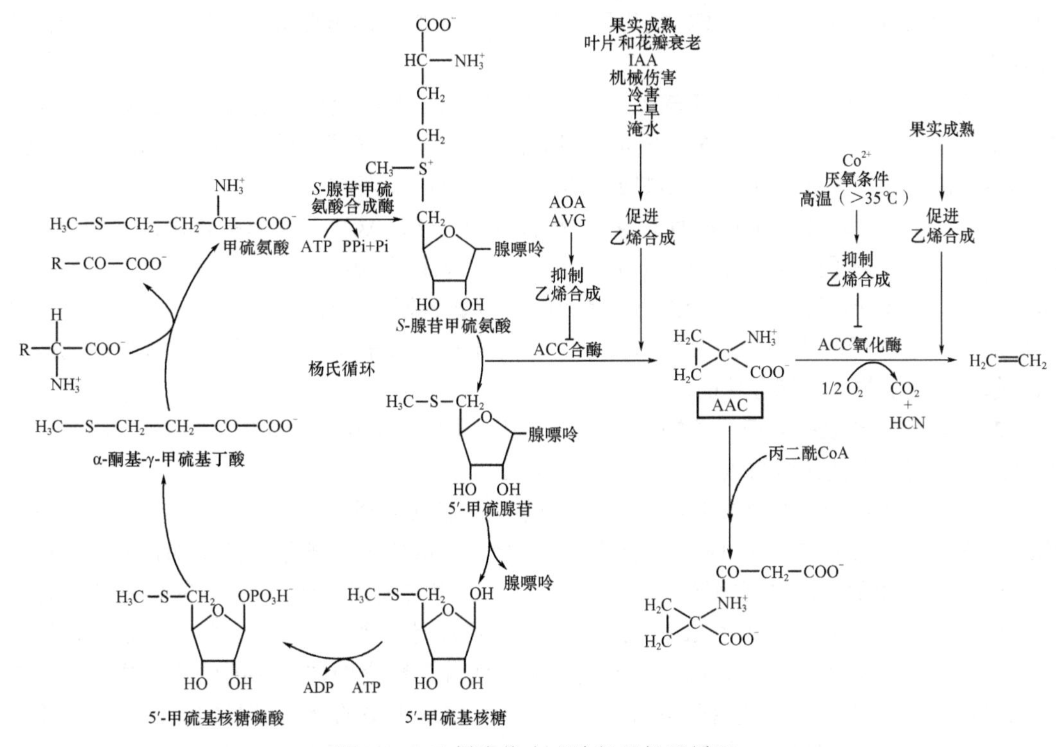

图 8-16　乙烯生物合成途径及杨氏循环

1. 杨氏循环与乙烯合成的关键酶　早期的工作已经明确甲硫氨酸是乙烯生物合成的前体，因为用 ^{14}C 标记的甲硫氨酸饲喂植物，可以生成 ^{14}C 乙烯，而且是从甲硫氨酸的第 3、第 4 位上的碳原子衍生而来的。进一步的研究证明，甲硫氨酸与 ATP 的反应产物 *S*-腺苷甲硫氨酸（*S*-adenosyl methionine，AdoMet）是乙烯生物合成途径中的中间产物。后来发现乙烯的直接前体是 ACC。给植物饲喂 ^{14}C 甲硫氨酸后，如果培养在缺氧条件下，植物不能产生乙烯，却发生标记 ACC 的大量积累，重新在有氧条件下培养后，乙烯又会大量产生。许多植物组织都能将标记的 ACC 快速转变为乙烯，说明在高等植物中，ACC 是乙烯的直接前体；而且给乙烯发生速率较低的植物组织饲喂 ACC，会使乙烯发生速率迅速升高，说明 ACC 的合成是乙烯生物合成途径的限速步骤。

催化 AdoMet 生成 ACC 的酶是 ACC 合酶（ACS）。ACC 合酶存在于细胞质内，含量极低且不稳定。例如，在成熟的番茄果实中，ACC 合酶只占蛋白质总量的 0.0001%，并且极易降解，很难提纯和分析。该酶的活性受一些内外因子的调节，如机械损伤、干旱、淹水及生长素等都能刺激该酶的活性。

ACC 合酶是一个多基因编码的蛋白家族，在番茄中，至少有 9 种 ACC 合酶基因。不同基因的诱导因素也有差异，生长素、机械损伤或果实成熟等可以分别诱导不同的 ACC 合酶基因表达。它们在不同的组织和细胞中的表达状态甚至底物亲和性各不相同，这意味着不同的 ACC 合酶在组织和细胞中的作用可能有所区别。

乙烯生物合成的最后一步，即 ACC 转变为乙烯的反应是由 ACC 氧化酶（ACC oxidase）催化的。在一些乙烯发生量大的器官组织和成熟的果实中，该酶是乙烯生物合成途径中的限速酶。ACC 氧化酶的基因已被克隆，其氨基酸序列与植物中 Fe^{2+}/抗坏血酸为辅基的氧化酶类非常相似。ACC 氧化酶的生化分析也表明，该酶在催化反应时必须有 Fe^{2+} 和抗坏血酸作为辅基。和 ACC 合酶一样，ACC 氧化酶也是由多基因编码的蛋白家族，其转录受多种内外因素的调节。

植物组织中的甲硫氨酸含量较低，但总是维持在一个比较稳定的水平。已知甲硫氨酸是乙烯生物合成的唯一前体，在乙烯发生量较高的情况下就需要持续不断的甲硫氨酸供应。植物组织依靠杨氏循环持续不断地供应乙烯合成需要的甲硫氨酸。

另外，植物组织中并不是所有的 ACC 都转变为乙烯，ACC 还可以被转化为一种稳定的结合物形式，即 *N*-丙二酰基 ACC（malonyl ACC）。该化合物不容易被降解，可以在植物组织中积累。ACC 形成的另外一个结合物是 1(*γ*-L-谷氨酰氨基)-环丙烷-1-羧酸，ACC 结合物的形成对调节乙烯的生物合成具有重要意义，可能与生长素和细胞分裂素结合物的功能相似，起着可逆的失活和储存功能。

2. 乙烯生物合成的调控 乙烯的生物合成受许多因素的调节，如发育状态、环境情况、物理或化学伤害及其他植物激素等。

（1）乙烯生物合成的促进因素：①果实成熟促进乙烯合成。果实成熟时，乙烯的合成速率迅速增加。乙烯生物合成的增加伴随着 ACC 合酶、ACC 氧化酶活性的增加，同时也伴随着编码这两种酶的 mRNA 水平的增加。给未成熟的果实使用外源 ACC 只能促进乙烯合成少量增加，所以在果实成熟时 ACC 氧化酶活性的增加是一个关键步骤。②逆境诱导乙烯产生。许多逆境因素如干旱、淹水、冷害或机械损伤等，都会增加乙烯的生物合成。这种逆境诱导的乙烯合成，主要是由于 ACC 合酶 mRNA 转录水平的增加引起的。这些“逆境乙烯”通常会诱导一些植物的抗逆反应，如脱落、衰老、愈伤组织形成及抗病性形成等。③生长素可以诱导乙烯的合成。在许多情况下，生长素和乙烯能产生相同的生理效应，如诱导菠萝开花、抑制茎的伸长生长。这是因为生长素可以增加 ACC 合酶 mRNA 的转录水平，促进 AdoMet 转化为 ACC，从而促进乙烯的生物合成。事实上，原来许多认为是生长素的生理效应，其实是生长素诱导的乙烯的作用。

一般来说，促进乙烯生物合成关键酶的形成会提高乙烯的发生量，但研究表明，提高 ACC 合酶的稳定性或者说抑制其降解可能对提高乙烯发生量更有意义。例如，果实成熟、病菌感染及细胞分裂素等因素促进乙烯发生量增加的机制，都是稳定 ACC 合酶，抑制其降解。目前已知 ACC 合酶蛋白 C 端的一个结构域，在泛素蛋白降解系统中起着重要的作用，病原菌感染激活的一种 MAPK 或者一种钙调素激酶可以磷酸化这个结构域，阻止泛素蛋白降解系统对 ACC 合酶的降解。

（2）乙烯生物合成和生理作用的抑制因素：在研究和生产中得到大量应用的是氨基乙氧基乙烯基甘氨酸（aminoethoxyvinylglycine，AVG）和氨基氧乙酸（aminooxyacetic acid，AOA）两种乙烯生物合成抑制剂。AVG 和 AOA 是以磷酸吡哆醛为辅基的酶的特异性抑制剂，因为 ACC 合酶也是一种以磷酸吡哆醛作为辅基的酶，所以 AVG 和 AOA 可以抑制 AdoMet 转变为 ACC。

钴离子（Co^{2+}）也是乙烯生物合成的抑制剂，它阻抑乙烯生物合成的最后一步，即 ACC 转化为乙烯的反应。银离子是乙烯生理作用最有效的抑制剂，但并不抑制乙烯的合成。通常应用的有硝酸银（$AgNO_3$）或硫代硫酸银［$Ag(S_2O_3)_2^{3-}$］。银离子对乙烯生理作用的抑制作用非常特异，不能被其他金属离子模拟。

CO_2 在高浓度（5%～10%）情况下可抑制乙烯的许多生理作用，如抑制乙烯诱导的果实成熟。这种现象经常在果蔬保鲜储存中得到应用。由于 CO_2 只有在浓度非常高的情况下才能抑制乙烯作用，因此在自然条件下，CO_2 不可能是乙烯的竞争性抑制剂。

反式环辛烯（*trans*-cyclooctene）是迄今发现的最强的一种乙烯竞争性抑制剂，它可能是乙烯与受体结合的竞争性抑制剂。另外，目前在市场上大量应用的甲基环丙烯（MCP）可以特异地和乙烯受体产生不可逆的结合，从而抑制乙烯的大部分生理功能。

（二）乙烯的代谢过程

乙烯的分子量只有 28Da，在生理条件下密度比空气轻，容易燃烧和氧化。研究者用同位素标记物的 $^{14}C_2H_4$ 饲喂植物，追踪乙烯的代谢产物。发现乙烯的氧化产物有乙烯氧化物（ethylene oxide），水解后生成乙二醇和乙二醇的葡萄糖苷。在许多植物组织中，乙烯可以被彻底氧化为 CO_2。乙烯代谢的功能是除去乙烯或者使乙烯钝化，使植物体内的乙烯含量达到适合植物体生长发育需要的水平（图 8-17）。

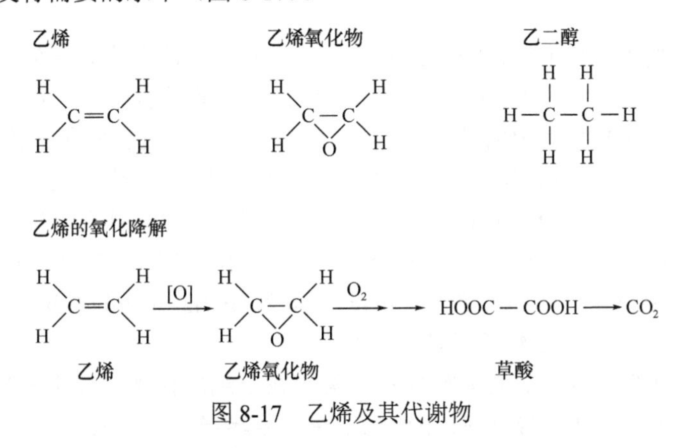

图 8-17　乙烯及其代谢物

四、乙烯的信号转导途径

近年来，乙烯信号转导途径的研究取得了很大的进步。

（一）乙烯受体 ETR1

拟南芥基因 *ETR1* 编码一个乙烯的受体蛋白。ETR1 以二聚体的形式存在，且在铜离子参与下表现出与乙烯的高亲和性。ETR1 蛋白的基本结构如图 8-18 所示。在 N 端具有一个

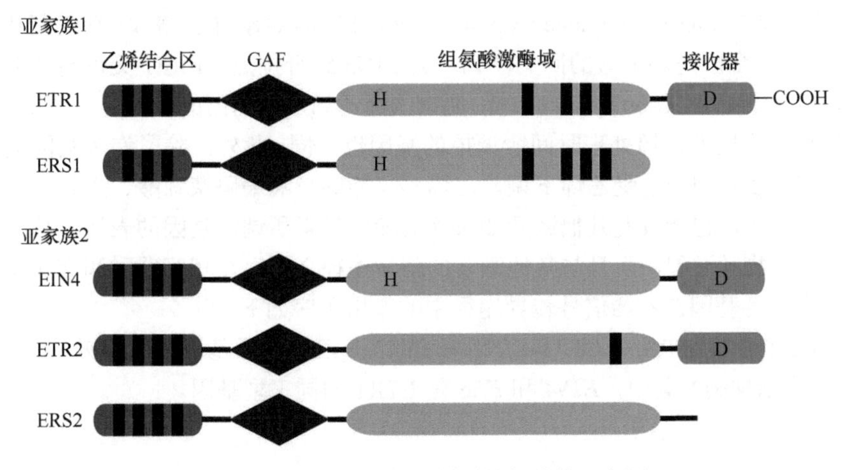

图 8-18　5 种拟南芥乙烯受体的结构示意图

疏水结构域，有 3 段跨膜结构。其 N 端在内质网膜外侧，C 端在内质网膜内侧，疏水的 N 端一个或多个氨基酸残基的突变会导致乙烯结合能力的降低或丧失，现已证明，乙烯的结合位点在 N 端。

分子遗传学研究发现，乙烯受体在乙烯信号转导途径中起着负调控作用。即当乙烯缺乏时，这些受体状态处于“on”的状态，将抑制下游信号转导；但与乙烯结合后，受体处于“off”状态，下游信号系统就会被解除抑制。

（二）乙烯信号的传递

CTR1 在乙烯信号转导途径中位于 ETR1 的下游，是乙烯转导途径上的一个负调节因子，通过磷酸化其下游的靶蛋白起到抑制乙烯生理效应的作用。CTR1 的 N 端可与内质网上的乙烯受体 C 端相互作用，从而间接结合到内质网上形成 ETR1/CTR1 复合体，负调控乙烯反应。

EIN2 是位于受体/CTR1 复合物下游的乙烯信号转导途径中的第一个正调控组分，也是乙烯信号转导途径的一个关键组分。*EIN2* 基因编码一个膜整合蛋白，定位于内质网上，其 N 端含有 12 个跨膜结构域。EIN2 的 N 端功能域是正常的三重反应所必需的，过表达 C 端能够活化乙烯信号转导途径，这表明 EIN2 是一个“双功能信号转导组分”。当没有乙烯的时候，激酶 CTR1 磷酸化 EIN2 的 C 端并抑制其信号转导活性；而乙烯存在的情况下，EIN2 不能被磷酸化，其 C 端（CEND）被剪切下来转运至细胞核内，CEND 与 EIN5 共同作用于乙烯信号通路下游因子两个 F-box 蛋白（EBF1/EBF2，EIN3-binding F-box protein 1/2）的 3′-UTR，抑制其翻译从而激活乙烯信号转导途径。

乙烯调节基因表达的一个关键组分是一类存在于细胞核中、属于 EIN3 家族的转录因子。遗传分析表明，EIN3 介导 EIN2 下游的乙烯信号转导途径。EIN3 家族成员之间存在功能冗余，而且不同成员可能在不同组织或发育阶段参与了特异的乙烯反应。乙烯调控 EIN3 蛋白的稳定性，乙烯处理能促进 EIN3 蛋白积累，而一旦去除乙烯，EIN3 蛋白水平迅速下降。进一步研究表明，两个 F-box 蛋白 EBF1/EBF2 通过泛素蛋白酶体降解途径作用于 EIN3 蛋白，使其迅速降解。EBF1 和 EBF2 负调控乙烯反应，EBF1/EBF2 的任一基因缺失突变均可稳定 EIN3，增强乙烯反应，而过表达 EBF1 或 EBF2 则表现为乙烯不敏感。

EIN3 和 EIL1 转录因子调控机制是乙烯反应的主要调控机制。研究表明，EIN3 能够结合到乙烯响应元件（ethylene response element，ERE）结合蛋白（ERE-binding protein，EREBP）家族成员 ERF1（ethylene response factor 1）的启动子上来调控该基因的转录，ERF1 的启动子结合区是一个短的回文序列，为 EIN3 结合位点。ERF1 又可与许多乙烯和病原诱导基因启动子的 GCC-box 结合，进而调控次级乙烯反应基因的表达。

研究发现，不同的乙烯处理时间所调控的基因也不同；此外，除了许多基因受乙烯诱导表达外，还有许多基因表达受乙烯下调。乙烯不仅能够影响编码茉莉酸、生长素和自身合成途径酶基因的表达，也能改变其他激素如茉莉酸和生长素所调控基因的表达。总之，乙烯不但参与大量的生物学过程，而且与其他激素的信号途径之间存在相互偶联和交叉反应。

目前已发现各基因在乙烯信号转导途径中的作用顺序如下：

乙烯—ETR1/EIN4/ERS → CTR1-EIN2 → EIN3 →乙烯诱导基因→生理效应（“→”表示激活，“—”表示抑制）其中，*EIN4* 和 *ERS* 是 ETR1 的同工型基因。

五、乙烯的生理作用

1. 乙烯的三重反应 是乙烯的典型生物效应，乙烯影响了茎细胞内微管的排列状态，即乙烯减少了微管横向排列，增加了微管纵向排列。微管纵向排列相应地增加了微纤丝的纵向沉积，限制细胞纵向扩张的幅度，却有利于膨压推动的细胞扩张生长横向进行。

三重反应中的水平生长性质对种子幼苗生长具有重要意义，土壤中萌发的幼苗遇到障碍时，产生乙烯诱导下胚轴水平生长绕过障碍，有利于幼苗长出地面。同样的道理，乙烯对双子叶植物下胚轴顶端弯钩伸展的抑制，也是有利于保护幼苗长出地表的性质。因为弯钩是植物幼苗在穿透土层时保护幼嫩茎尖的重要机制。和叶柄的偏上生长一样，幼苗弯钩的产生是由于乙烯诱导的组织不对称生长。乙烯的这种作用与生长素密切相关。拟南芥的生长素不敏感突变体就不能形成弯钩，生长素极性运输抑制剂（NPA）也会抑制弯钩的形成。最能说明在弯钩形成过程中乙烯和生长素关系的是一种拟南芥无弯钩突变体 *hls1*（*hookless 1*）。HLS1 介导乙烯诱导的弯钩形成，并且抑制黑暗条件下弯钩的打开。如果 HLS1 过表达，拟南芥会表现出组成型的弯钩状态，即使没有乙烯也会形成弯钩。最近的研究发现，*HLS1* 的突变还会严重影响生长素调节的基因表达，其原因是 *HLS1* 编码一种 *N*-乙酰基转移酶，可以通过乙酰化生长素响应因子，促进其降解。ARF 结合于早期生长素响应基因启动子的生长素响应元件调控该类基因的表达，所以 HLS1 是通过影响生长素信号转导而发挥作用的。

2. 促进某些果实的成熟 在果实的自然成熟过程中伴随着乙烯高峰的产生，外源施加乙烯可以加速果实的成熟。乙烯合成的抑制剂（如 AVG）及一些乙烯生理作用的抑制剂（如 CO_2 或 Ag^+）可以延迟甚至完全抑制果实的成熟。近年来利用生物技术方法成功地制备了耐储存转基因番茄，其原理是将 ACC 合酶或 ACC 氧化酶的反义基因导入植物，抑制果实内这两种酶的 mRNA 的翻译，并且加速 mRNA 的降解，从而完全抑制乙烯的生物合成，这样的果实只能用外源乙烯处理才能成熟。

3. 促进叶片衰老 与叶片衰老控制关系最密切的植物激素是细胞分裂素和乙烯。首先，因为用外源乙烯或 ACC 处理叶片，可以促进叶片衰老，而用外源细胞分裂素则延迟衰老；其次，叶片内源乙烯发生量与叶片失绿和花瓣褪色程度呈正相关，而内源细胞分裂素水平与衰老程度呈负相关；利用乙烯生物合成抑制剂（如 AVG 和 Co^{2+}）或生理作用抑制剂（如 Ag^+ 和 CO_2）可以延迟叶片衰老。上述事实表明，叶片衰老是受组织内乙烯与细胞分裂素的平衡来控制的；另外，脱落酸也对叶片的衰老具有调节作用。

4. 诱导不定根和根毛发生 乙烯可以诱导茎段、叶片、花茎甚至根上的不定根发生。乙烯的这种生理效应需要较高的浓度。乙烯还能够刺激根毛的大量发生。拟南芥等芸薹属植物根毛的分化具有位置效应，能产生根毛的根表皮细胞（称为根毛细胞）通常位于相邻的皮层细胞接合处上方。但乙烯处理根系后，会产生“异位”（ectopic location）根毛，即非根毛细胞也分化出根毛；而生长在含有乙烯抑制剂（如 Ag^+）基质上的幼苗或者乙烯不敏感突变体幼苗的根毛稀少。这些事实说明乙烯能促进根毛分化。

5. 其他生理功能 虽然乙烯抑制许多植物（如芒果）开花，但乙烯也能诱导和促进菠萝及其同属植物开花，所以在菠萝栽培中被用来诱导同步开花，达到坐果一致的目的。在雌雄异花同株类型的植物中，乙烯可以在花的发育早期改变花的性别分化方向，如乙烯可以促进黄瓜雌花的发育。

乙烯可以打破许多种子的休眠、促进萌发。乙烯还可以打破一些植物的芽休眠，如可以用来促进马铃薯等块茎植物的发芽。

第六节 油菜素甾醇

一、概 述

1. 油菜素甾醇的发现 1970 年，美国科学家 Mitchell 等从油菜（*Brassica napus*）花粉中提取出一种萜烯类物质，经过研究发现其对菜豆生长具有较为明显的促进作用，并将其命名为油菜素（brassin）。1979 年，Grove 等对其化学结构进行分析，认定为一种甾醇类化合物，正式将其命名为油菜素内酯（brassinolide，BL）。此后，60 余种与油菜素内酯类似的化合物从不同植物中被分离出来，统称为油菜素甾醇类化合物（brassinosteroid，BR），其中 BL 的生物活性最高。由于这些化合物的生理作用与一些已知的植物激素，如生长素、赤霉素等具有很大的相似性，BR 到底是不是一个有独立作用性质的植物生长发育不可缺少的所谓的“激素”呢？研究者一度对此争论颇多。

对 BR 生理功能的确切了解，来源于对拟南芥 BR 生物合成突变体的研究，这些研究也确立了 BR 作为植物激素的地位。研究结果表明，BR 在多种植物的光形态建成和其他一些生长发育过程中起着重要的调节作用。这些过程包括一些光诱导的基因表达、细胞伸长生长、叶片和叶绿体衰老及开花诱导等。在第十六届国际植物生长物质会议上，BR 被确定为第六类植物激素。

2. 油菜素甾醇的化学结构 BR 是植物中发现的第一种甾类激素，BL 是植物中分布最广泛和活性最高的 BR。BR 的结构与生物活性的关系十分密切。活性 BR 必须具备如下结构特征：① A/B 环为反式；② B 环含有 7 位内酯和 6 位酮基；③环上具有 2 位和 3 位两个羟基；④侧链 22、23 位具有羟基；⑤侧链 24 位上有 1～2 个 C 的取代基。

3. 油菜素甾醇在植物体内的分布 BR 在植物界中普遍存在，在被子植物的花药、花粉、种子、叶片、茎、根及幼嫩的生长组织中都含有低浓度的 BR。

4. 油菜素甾醇类植物生长调节剂的种类 根据 BR 的结构特征，目前人工合成了许多种类的油菜素甾醇，如表油菜素内酯（24-epi-brassinolide，24-epiBL）、高油菜素内酯（28-homobrassinolide，28-homoBL）及长效油菜素内酯（TS303）（图 8-19）。

油菜素内酯　表油菜素内酯

高油菜素内酯　TS303

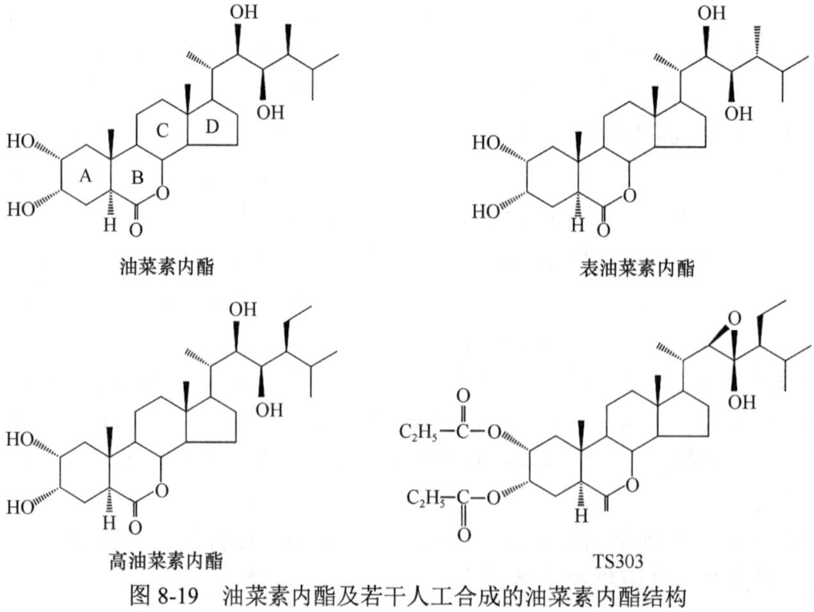

图 8-19 油菜素内酯及若干人工合成的油菜素内酯结构

二、油菜素甾醇的生物合成和代谢

（一）油菜素甾醇的生物合成

作为一种萜烯类物质，BR 与赤霉素和脱落酸的生物合成相似，也是以异戊烯焦磷酸作为结构单位，逐步合成 C_{15} 的法尼基焦磷酸，然后由两个法尼基焦磷酸聚合形成 C_{30} 的三萜化合物角鲨烯（squalene）。角鲨烯经过一系列的闭环反应形成五元环的环状类固醇（环阿屯醇，cycloartenol）。植物体内的所有固醇类物质如菜油固醇都是以环阿屯醇经过氧化或者其他修饰反应形成的。利用同位素标记和突变体进行的实验表明，BR 的合成从菜油固醇开始，经过早期 C-6 氧化途径和晚期 C-6 氧化途径（early-and late-C-6 oxidation pathway）。油菜素内酯的合成途径如图 8-20 所示，主要是菜油甾醇（campesterol）→菜油甾烷醇（campestanol）→长春花甾酮（cathasterone）→茶甾酮（teasterone）→油菜素甾酮（castasterone）→油菜素内酯，这两条途径在许多位置相互交叉。BR 生物合成的这种复杂性可能与不同的生理反应有关。

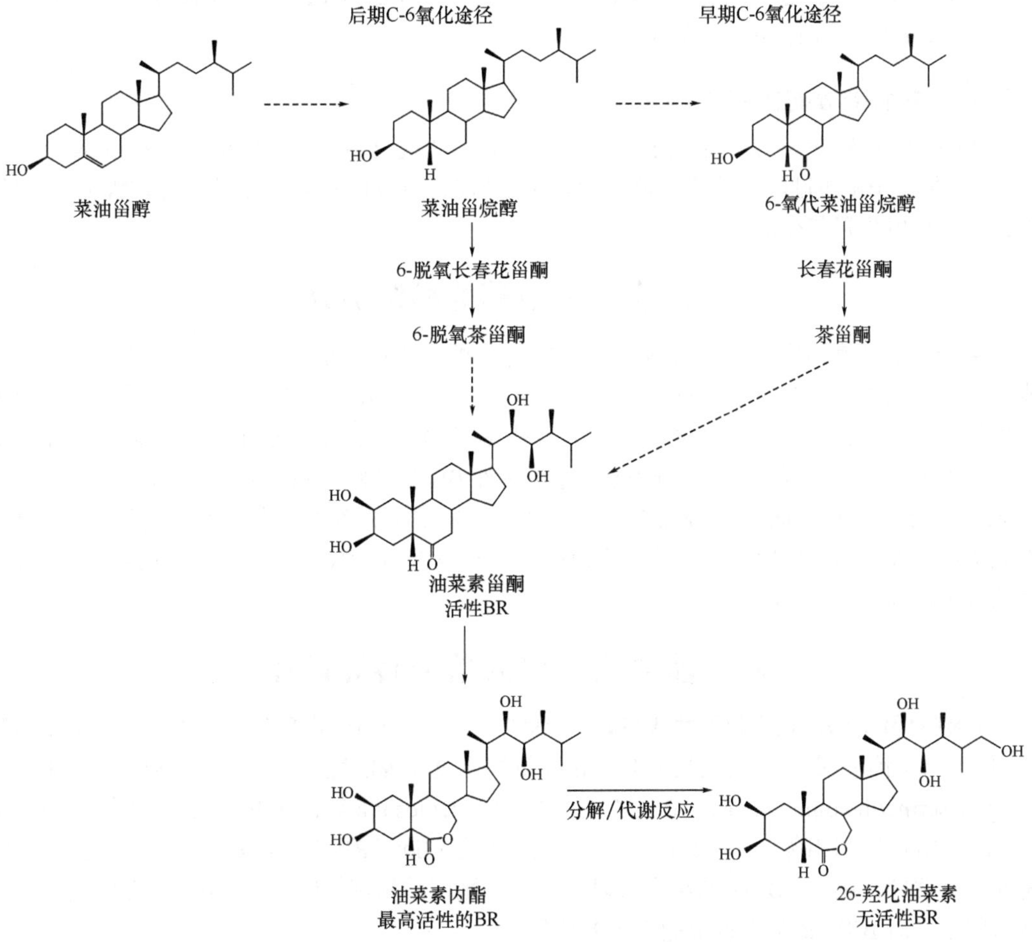

后期C-6氧化途径
早期C-6氧化途径
菜油甾醇
菜油甾烷醇
6-氧代菜油甾烷醇
6-脱氧长春花甾酮
长春花甾酮
6-脱氧茶甾酮
茶甾酮
油菜素甾酮
活性BR
分解/代谢反应
油菜素内酯
最高活性的BR
26-羟化油菜素
无活性BR

图 8-20　油菜素内酯的生物合成途径简化示意图

通过对拟南芥相关突变体的研究，BR 生物合成的许多关键酶的基因都得到了克隆。例如，催化菜油甾醇（campesterol）→菜油甾烷醇（campestanol）反应酶的基因 *DET2* 和催化长春花甾酮→茶甾酮（teasterone）反应的酶基因 *CPD* 已经得到克隆，前者编码一种甾醇-5α-还原酶（steroid-5α-reductase），后者编码一种含细胞色素 P450 的固醇羟化酶（steroid hydroxylase）。

植物体内活性的 BR 水平可以通过各种代谢反应进行调节，如差向立体异构、氧化、羟化及形成糖类或脂类结合物。拟南芥的 *BAS1* 基因编码一种含细胞色素 P450 的单加氧酶 CYP72B1，该酶催化油菜素内酯 C-26 的羟化反应，导致 BL 失活。

BR 的生物合成具有反馈调节的性质。例如，外源添加高浓度的 BL 会抑制 *DET/CPD* 等 BL 生物合成关键酶基因的表达，同时促进 BL 失活酶基因 *BAS1* 的大量积累。三唑类物质芸薹素（brassinazole，BRZ）是一种特异的 BL 生物合成抑制剂，可以通过抑制 DWF4 酶来抑制 BL 的合成。植物体内的 BR 水平是通过这种反馈调节机制来维持一种平衡，即内稳态（homeostasis）。

目前已知的 BR 生物合成关键酶有 DET2、CPD、DWF4、ROT3、CYP90D1、BR6ox1 和 BR6ox2。转录因子 TCP1 可以直接结合到 DWF4 启动子上，促进其表达及 BR 合成。转录因子 COG1 可以促进转录因子 PIF4 和 PIF5 的表达，PIF4 和 PIF5 又能直接促进 *DWF4* 和 *BR6ox2* 的表达，进而促进 BR 的生物合成。

（二）油菜素甾醇的代谢

BR 的代谢失活反应对于维持植物体内的 BR 稳态也是至关重要的。乙酰基转移酶 DRL1 可能使 BR 通过酯化反应失活。棉花中与拟南芥 CYP734A1 同源的蛋白 PAG1 可催化 BR 第 26 位发生羟基化而失活。

三、油菜素甾醇的检测方法

鉴于 BR 对植物生长发育的重要性，定量分析植物体内的 BR 含量对于研究其发挥功能的分子机制具有十分重要的意义。目前已建立起简单实用且经济高效的检测植物内源 BR 的方法，仅用 1g 鲜重的植物材料即可以收集多种 BR，并在一天内完成检测。还有基于多种质谱学新技术从植物组织中筛选和鉴定活性 BR 的策略，将一种硼亲和磁性纳米材料（boronate affinity magnetic nanoparticles，BAMNPs）用于去除 BR 检测中的高峰度干扰物，大大提高了检测的灵敏度。这些技术手段的建立与改善为更深入地研究 BR 调控植物生长发育的分子机制提供了保障。

四、油菜素甾醇的信号转导途径

1. BRI1 和 BAK1 在细胞表面感知 BR 1997 年，Li 和 Chory 克隆了 *BRI1*（*BRINSENSITIVE1*）基因，该基因编码定位于细胞膜上的富含亮氨酸重复序列的受体型丝氨酸/苏氨酸激酶（the receptor serine/threonine kinase，RSLK）。2005 年，Kinoshita 等证明 BRI1 的胞外域上的岛状（island）结构域和相邻的第 22 个 LRR 组成的区域（ID- LRR22）对 BR 分子的识别和结合是非常重要的。BR 与 BRI1 的结合可以诱导后者胞内结构域的磷酸化。BRI1 的 C 端作为负调节因子，对 BRI1 的活性调节起着重要作用。

作为油菜素内酯的膜受体，BRI1 被 BR 激活并发生磷酸化后也可以促进自身形成二聚体。BRH 可以与另外一个相同的 BRI1 形成同源二聚体，也可以与另一个富含亮氨酸重复序列的植物受体激酶 BAK1（BRI1-associated receptor kinase 1）在膜上形成异源二聚体。

BRI1 和 BAK1 对 BR 信号的感知是相互作用，相互依赖的。研究表明，两者结合形成异源二聚体来感受BR信号，与BR的结合也可以进一步稳定二聚体的结构，导致两者在胞内的激酶结构域相互磷酸化，激活彼此的激酶活性，进而启动BR信号转导的下游级联反应。

2. BRI1/BAK1介导的BR信号传递　从细胞膜表面受体到细胞核的BR信号转导过程包括激酶BIN2（BRASSINOSTEROID-INSENSrnVE2）及其底物BZR1（BRASSINAZOLE-RESIS1ANT1）和BES1（BRINSENSITIVE1-EMS-SUPPRESSOR1）。BIN2是一种丝氨酸/苏氨酸激酶，利用BIN2-GFP研究表明拟南芥细胞内的BIN2既可以定位在细胞膜上和细胞质中，也可以存在于细胞核中。BIN2是BR信号转导的负调控因子，BIN2激酶活性的抑制是BR信号转导中的关键步骤。

通过遗传筛选的方法鉴定到了两个BIN2的底物，BES1和BZRl。BES1是位于核内的转录激活因子。BES1可以与BR诱导基因的启动子序列中的E-box（CANNTG）结合，激活基因的表达。BES1还可以和另外一个转录因子BIM1相互作用，二者协同调节BR诱导基因的表达。BZR1是一种具有双重功能的转录抑制因子，即它可以调节BR合成酶基因表达，也可以调节BR诱导基因的表达。BZR1具有DNA结合域，可以直接结合BR合成酶相关基因的启动子并抑制其转录。当活化的BIN2进入核内，可以将BZR1/BES1磷酸化，磷酸化状态的BES1会被泛素-蛋白体系统降解，从而失去其转录激活能力。

BR发挥生理作用有基因响应途径和非基因响应途径两种方式。BR通过调节基因表达来调控植物生长发育途径称为BR的基因响应途径。利用芯片技术比较经BR处理和未经BR处理植株之间及BR突变体和野生型植株之间的基因表达，可以找到大量受BR调节的基因。非基因响应途径又称为快速响应途径，这种途径不涉及基因的表达并且不被转录和翻译抑制剂所阻断。体外试验表明，BRI1蛋白激酶能够和液泡膜上H^+-ATPase的H亚基相互作用并磷酸化该亚基。因此，BR信号可能通过BRI1复合体的活性调节液泡膜H^+-ATPase的装配，从而影响液泡对水分的吸收，改变膨压来促进细胞的伸长生长。

五、油菜素甾醇的生理作用

BR生理功能包括促进细胞分裂和细胞伸长、抑制根系生长、促进植物向地性反应、促进木质部导管分化及抑制叶片脱落、调节育性、诱导逆境反应等。

1. 促进细胞的伸长和分裂　外源添加10^{-9}～10^{-6}mol/L的BL，会引起双子叶植物的下胚轴、上胚轴、花梗显著伸长，单子叶植物的胚芽鞘、中胚轴也显著伸长。BR促进细胞扩张的机制和生长素促进细胞壁伸展的酸生长机制类似，BR能够刺激质膜上H^+-ATPase活性，促进H^+向细胞壁的分泌，增加细胞壁的伸展性，BR引起的质子分泌作用与早期跨膜电势的超极化有关。研究还发现，BR同时还参与了对植物细胞水分吸收的调节，增加细胞的膨压，促进细胞的生长。BR和赤霉素在促进细胞生长方面具有类似的性质，即两者都诱导木葡聚糖内糖基转移酶XET活性的增加。研究表明，BR可以诱导大豆胚轴表达一种特异基因*BRU1*，其编码的蛋白质与XET高度同源，具有XET活性。已知XET可以将新沉积的木葡聚糖锚定在细胞壁上，控制木葡聚糖链的长度，从而在细胞伸长中具有重要作用。BL处理的下胚轴中XET活性随BL处理浓度的升高而升高，与BR介导的细胞可塑性的增加呈正相关。这些证据都说明BR诱导的特异基因*BRU1*参与了茎的伸长生长。

另外，还有实验证明BR促进细胞生长还与其促进细胞内形成与细胞长轴呈垂直排列的横向微管列阵有关。

2. 促进导管的分化　BR在维管束分化过程中起着重要的作用，包括促进木质部分化和抑制韧皮部分化两个方面。相对于野生型植株，拟南芥的BR合成突变体的维管束中韧皮部比例显著增高。相反，如果过表达BR受体，可以增加木质部比例。

利用百日草（*Zinnia elegans*）悬浮细胞进行的导管细胞分化过程的研究充分证明了BR和导管分子分化之间的密切关系。烯效唑（uniconazole）是一种赤霉素和BR生物合成的抑制剂，可阻止百日草叶肉细胞分化成导管，但添加BL可以恢复叶肉细胞分化导管的进程，而单独施用赤霉素则不能恢复这个进程。在从原形成层细胞向木质部导管分化的早期阶段，细胞内就开始了活跃的BR合成，BR进一步诱导一系列和分化有关的同源异型基因表达，促进导管分子的分化。

3. 增强植物的抗逆性　BR不但影响植物的生长发育，而且参与植物对逆境的反应。用BR处理逆境条件下的植物可以减缓植物对多种逆境的反应。BR可显著提高甘蓝型油菜和番茄的耐热性，且这种反应与BR诱导热休克蛋白的表达有关。添加外源的BR可提高烟草和水稻的抗病能力。BR还能提高其他方面（如对除草剂等）的抗性。

4. 影响花粉发育与育性　BR生物合成突变体与不敏感突变体都表现出育性降低的表型，表明BR可能与植物的育性有关。植物花粉中含有较多的内源BR，所以BR在植物花粉萌发和育性调节中发挥重要作用。在BR生物合成突变体CPD中，由于花粉萌发过程中花粉管不能伸长而导致雄性不育，如果外源添加BR，可以恢复CPD突变体花粉管在柱头内的生长，进入胚囊内实现受精过程。另外，在拟南芥及芥菜中，外施BR还可促进单倍体种子的形成。

第七节　茉　莉　素

一、概　　述

1. 茉莉素的发现　1962年，茉莉酸甲酯（methyl-jasmonic acid，MeJA）首先从茉莉属的素馨花中被分离出来，它是花的主要芳香物质，也是香水的重要组成成分。1971年，茉莉酸（jasmonic acid，JA）作为一种植物生长抑制剂从一种真菌的培养滤液中得到，这是茉莉酸具有生理功能的首次报道。因为茉莉花油中JA含量较高，因此这一类物质被命名为茉莉素（jasmonate）。目前茉莉素在150属206种植物（包括真菌、苔藓和蕨类）中都有发现，已被公认为植物激素的一种。

茉莉素包括茉莉酸、茉莉酸甲酯、茉莉酸异亮氨酸（jasmonic acid-isoleucine，JA-Ile）等30多种结构类似物。研究表明，JA-Ile是植物内源茉莉素的生物活性形式；此外，假单胞菌可以分泌一种茉莉素的类似物冠菌素（corcmatine，COR），也具有茉莉素生理活性。

2. 茉莉素的化学结构　茉莉素化学结构的共同点是都含有一个环戊烷酮（图8-21），茉莉酸和茉莉酸甲酯是茉莉素中最重要的代表。茉莉酸的化学名称是3-氧-2-(2′-戊烯基)-环戊烷乙酸。无论是JA还是MeJA，它们的异构体都具有生物活性，其中以(+)-JA活性最高。现在已能合成(+)-MeJA，并可水解产生(+)-JA。

二、茉莉素在植物体内的分布与运输

1. 茉莉素在植物体内的分布　通常在茎端、嫩叶、未成熟果实、根尖等处含量较高，生殖器官特别是果实比营养器官如叶、茎、芽的含量丰富。

2. 茉莉素在植物体内的运输　通常在植物韧皮部系统中运输，也可在木质部及细胞间隙运输。

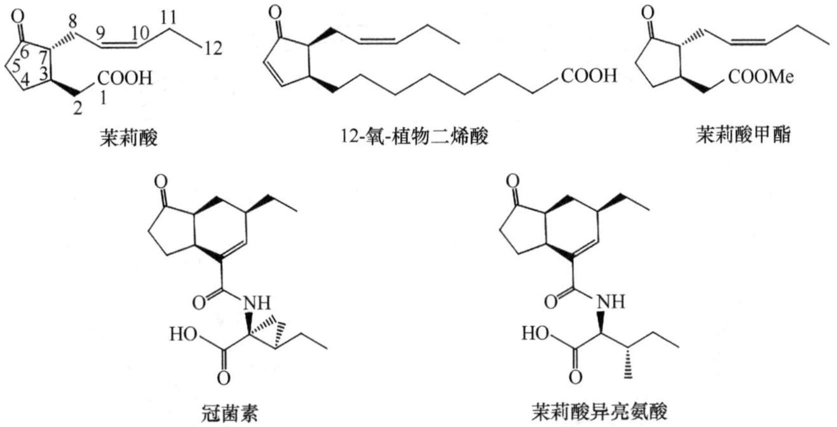

茉莉酸　12-氧-植物二烯酸　茉莉酸甲酯

冠菌素　茉莉酸异亮氨酸

图 8-21　茉莉素及其类似物的结构示意图

三、茉莉素的生物合成

茉莉素的生物合成主要发生在叶绿体和过氧化物酶体内，大致的生物合成途径如图 8-22 所示。茉莉酸生物合成的前体是 α-亚麻酸。植物叶绿体膜上的甘油酯和磷脂中含有二烯不饱和脂肪酸（18:2），可由脂肪酸去饱和酶（fatty acid desaturase，FAD）催化生成三烯不饱和脂肪酸（18:3）。磷酸酯酶（phospholipase，Al）水解甘油酯和磷脂中的三烯不饱和脂肪酸（18:3），产生游离的 α-亚麻酸（18:3）。

游离的 α-亚麻酸被 13-脂氧化酶氧化为 13-氢过氧化亚麻酸，其再被催化产生 OPDA。OPDA 经转运体 PXA1（peroxisomal ABC transporter 1）从叶绿体被转运至过氧化物酶体，在过氧化物酶体中经过一系列反应最终生成茉莉酸。茉莉酸在细胞质中被茉莉酸甲基转移酶催化生成茉莉酸甲酯，或者由茉莉酸氨基酸合成酶将氨基酸结合到茉莉酸上，形成茉莉酸氨基酸衍生物，如茉莉酸异亮氨酸。2002 年，*JAR1* 基因被克隆，该基因编码一个茉莉酸氨基酸合成酶，且主要合成茉莉酸异亮氨酸。由于 (+)-7-JA-Ile 是植物体内有活性的茉莉素信号分子形式，而 *JAR1* 突变体无法将茉莉酸转化为活性的 (+)-7-JA-Ile，从而表现出对茉莉酸不敏感的表型。

茉莉素的生物合成经历了依次发生于叶绿体→过氧化物酶体→细胞质中的多步催化过程。茉莉素合成途径的限速酶 Spr8/TomLoxD 过表达特异地增强了植物的免疫性而对生长发育无明显不良影响，表明植物存在一种平衡生长发育与防御反应的分子机制。

受伤反应能够诱导植物细胞的膜电位变化，进而快速激活茉莉素的合成。研究表明，当植物处于正常生长状态时，JAV1-JAZ8-WRKY51 复合体（JJW 复合体）结合并抑制茉莉素合成基因的表达，维持植物体内茉莉素含量处于较低水平；而当植物受到昆虫取食等损伤后，JJW 复合体解体，解除了对茉莉素合成的抑制，导致茉莉素能够在损伤后迅速大量合成。

四、茉莉素的信号转导途径

研究者通过筛选茉莉素不敏感的突变体研究茉莉素的信号转导机制，经过 20 多年的研究，茉莉素信号转导的机制日益清晰，如图 8-23 所示。

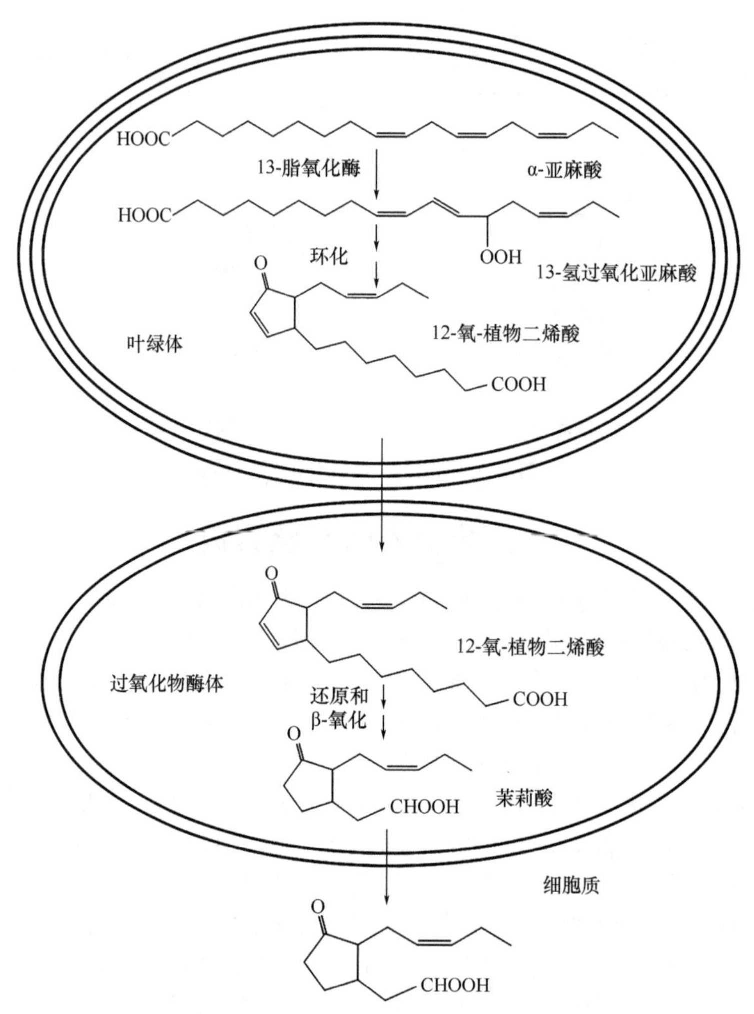

图 8-22　茉莉酸生物合成途径

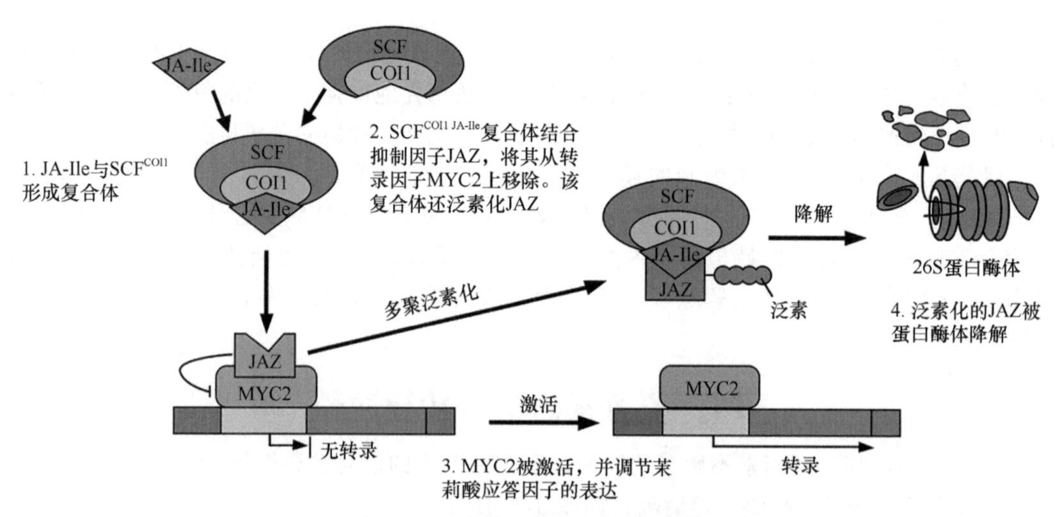

图 8-23　茉莉素的信号转导模型

1. 茉莉素细胞质信号转导通路 1998年*COI1*基因被克隆，氨基酸序列分析显示该蛋白含有F-box结构域和一个富含亮氨酸重复序列（leucine rich repeat，LRR）的结构域。通过一系列生化和遗传实验，证实COI1是有活性的茉莉素(+)-7-JA-Ile和茉莉素类似物冠菌素的一个受体，研究还发现COI1通过泛素蛋白酶体降解途径传递茉莉素信号。

2. 茉莉素核信号转导通路 茉莉素受体COI1与ASK1/ASK2、CUL1（Cullin 1）、Rbxl在植物体内形成SCF^{COI1}泛素连接酶复合体。SCF^{COI1}复合体组分的突变会减弱植物的茉莉素反应。植物中有一类JAZ（Jasmonate ZIM-domain）蛋白，拟南芥JAZ蛋白家族一共有12个成员，都含有两个保守的结构域：位于中间的ZIM结构域和位于C端的Jas结构域。JAZ蛋白是茉莉素信号转导途径的负调控因子。这些JAZ蛋白之间通过ZIM结构域形成同源或异源二聚体，而Jas结构域则介导COI1和JAZ之间的相互作用，而且这种相互作用依赖(+)-7-JA-Ile或冠菌素。晶体结构解析数据表明，COI1有一个活性口袋，(+)-7-JA-Ile或冠菌素首先结合在COI1的活性口袋中，然后进一步与JAZ蛋白结合。JAZ蛋白是SCF^{COI1}的底物，茉莉素通过泛素蛋白酶体降解途径诱导JAZ蛋白的降解，解除JAZ蛋白的抑制作用，从而激活茉莉素信号转导途径。茉莉素信号可以调控多个转录因子，通过迅速改变下游基因的表达，从而引起相应的茉莉素应答反应。其中，bHLH家族的几个转录因子——MYC2、MYC3和MYC4在茉莉素信号转导途径中起重要的调控作用。

总结以上研究结果得到了茉莉素的信号转导模型：有活性的茉莉素分子与SCF^{COI1}结合，所形成的复合体进一步结合JAZ，将其泛素化并经26S蛋白酶体降解，从而解除了JAZ蛋白对MYC转录因子的抑制，进而MYC蛋白被激活，调节茉莉素应答基因的表达，完成茉莉素信号的转导和应答。

五、茉莉素的生理作用

茉莉素有着广泛的生物学功能，包括调控植物的发育、调控植物对昆虫和病原菌的抗性反应、调控植物的次生代谢等。

1. 调控植物的发育 茉莉素可以抑制拟南芥幼苗叶片的生长及主根的伸长，但是诱导侧根和根毛的产生。茉莉素还通过抑制细胞周期相关蛋白的表达抑制细胞分裂，从而抑制植物叶片的生长。此外，茉莉素促进叶片中叶绿体的降解，进而促进叶片的黄化衰老。茉莉素在植物花粉的发育中也起到重要调控作用。

2. 调控植物对昆虫和病原菌的抗性反应 茉莉素在植物对昆虫和病原菌的抗性反应中起重要的作用。研究表明，昆虫侵害和病原菌侵染都可以迅速诱导植物组织中茉莉素的合成。茉莉素合成缺失突变体和信号转导突变体丧失对昆虫和病原菌的抗性。表皮毛是植物地上组织表皮细胞分化出的特殊结构，可以作为抵抗昆虫侵害的物理屏障。茉莉素处理可以诱导表皮毛的产生，从而加强植物的抗病虫反应。

3. 调控植物的次生代谢 次生代谢在植物生长发育、抵抗病虫的侵害及应对逆境胁迫等过程中起重要作用，茉莉酸可以诱导植物次生代谢物的合成。花青素是一种类黄酮次生代谢物，使植物组织或器官呈现亮红、粉或紫等颜色，还有助于植物抵抗紫外线的辐射。茉莉素可以促进植物花青素的积累。

第八节 独脚金内酯

一、概 述

1. 独脚金内酯的发现 独脚金内酯（strigolactones，SL）最初是作为根寄生植物独脚金、肉苁蓉等的萌发刺激物而分离鉴定的一类化合物。根寄生植物的种子需要保持在温暖潮湿的条件下层积一段时间以打破休眠，然而种子只有感知到萌发刺激物的存在时才能萌发。独脚金醇（strigol）是第一个被鉴定的独脚金内酯，Cook 最早从独脚金的非寄主植物棉花的根系分泌物中提取得到独脚金醇，之后又从其寄主高粱、玉米和小米中分离得到。

寄主植物之所以分泌 SL 并不是为了使根寄生植物受益，而是为了刺激与植物共生的丛枝菌根真菌菌丝分枝，从而帮助植物吸收土壤中的营养元素。植物界超过 80% 的陆生植物根可以将 SL 分泌到周边环境中与丛枝菌根真菌形成共生关系。拟南芥并不与丛枝菌根真菌建立共生关系，但是其根部也能够分泌 SL，可见 SL 除了作为根部分泌的信号分子，可能也参与调控植物的生长发育。近年来，研究人员将 SL 确定为一种能控制植物株型的新型植物激素，它在植物根部产生并向地上部运输，抑制植物的分枝和侧芽的生长。

2. 独脚金内酯的化学结构 SL 是一类以异戊二烯为基本单位的倍半萜烯化合物，已分离的天然 SL 都有相同的碳骨架结构，是由一个三环内酯（A、B 和 C 环）和一个稳定的不饱和环甲基丁烯羟酸内酯（D 环）形成的四环结构（图 8-24）。A、B、C 三环和 D 环通过烯醇醚键偶联形成 SL，其中 A 环、B 环由于不同的侧基表现出相当的变化，而 C 环、D 环是高度保守的，是 SL 生物活性的重要组成部分。SL 的稳定性由连接 CD 环的烯醇醚键决定，由于烯醇醚键很容易被包括水在内的亲核试剂裂解，因此 SL 的稳定性极低。

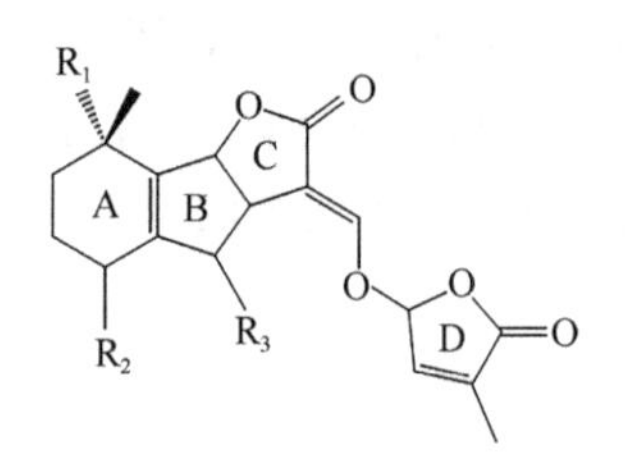

图 8-24 独脚金内酯的结构

3. 独脚金内酯类植物生长调节剂的种类 已发现的天然产物中主要有以下几种 SL：5-脱氧独脚金醇（5-deoxystrigol）、高粱内酯（sorgolactone）、独脚金醇（strigol）、列当醇（orobanchol）和黑蒴醇（alectrol）等。人工合成的类似物有 GR_{24}、GR_6 和 GR_7 等，其中 GR_{24} 的活性最高。

二、独脚金内酯的生物合成

天然的 SL 和 ABA 类似，来源于类胡萝卜素生物合成途径。玉米的类胡萝卜素突变体和 ABA 合成缺陷的番茄植株的根系分泌物诱导独脚金和列当种子萌发的活性受到强烈抑制。用类胡萝卜素生物合成抑制剂氟啶酮处理玉米、豌豆、高粱、番茄幼苗也能降低根分泌物诱导独脚金和列当种子萌发的活性。这些都证明了类胡萝卜素生物合成途径对 SL 合成的重要性。一般认为，SL 是类胡萝卜素裂解双加氧酶（carotenoid cleavage dioxygenase，CCD）的亚家族成员 9-顺式环氧类胡萝卜素双加氧酶催化类胡萝卜素而得到的裂解产物。

人们从不同植物中克隆到了 4 个 SL 合成途径中的基因，外源施加 SL 或其人工合成类似物 GR_{24} 能够恢复这些基因突变体的多分支表型。植物体内 SL 合成发生在质体中，其中参与合成的酶包括 *MAX3/RMS5/HTD1/D17/DAD3* 编码的类胡萝卜素裂解双加氧酶 CCD7、*MAX4/RMS1/D10/DAD1* 编码的类胡萝卜素裂解双氧化酶 CCD8，以及 *D27* 编码的含铁蛋白 D27（图 8-38）。CCD7、CCD8、D27 均定位在质体中，逐级催化伊类胡萝卜素，形成类胡萝卜素裂解中间产物己内酯：D27 是 β-胡萝卜素异构酶，它把反式-β-胡萝卜素转化为 9-顺式-β-胡萝卜素；随后CCD7再将其剪切为9-顺式-β-阿朴-10-胡萝卜醛和β-紫罗兰酮；CCD8接着再将9-顺式-β-阿朴-10-胡萝卜醛裂解为己内酯。由于己内酯具有SL化学结构中的D环和烯醇醚键，因此它具有与SL相似的生物学功能，可在一定程度上抑制分枝和诱导寄生植物独脚金种子萌发。*MAX1*编码的细胞色素P450单加氧酶位于CCD7、CCD8、D27作用的下游，在质体外参与SL的合成：己内酯最终在质体外被P450单加氧酶逐级氧化成结构较为简单的前体5-脱氧独脚金醇；5-脱氧独脚金醇继而转化成其他不同种类的有活性的SL类化合物（图8-25）。

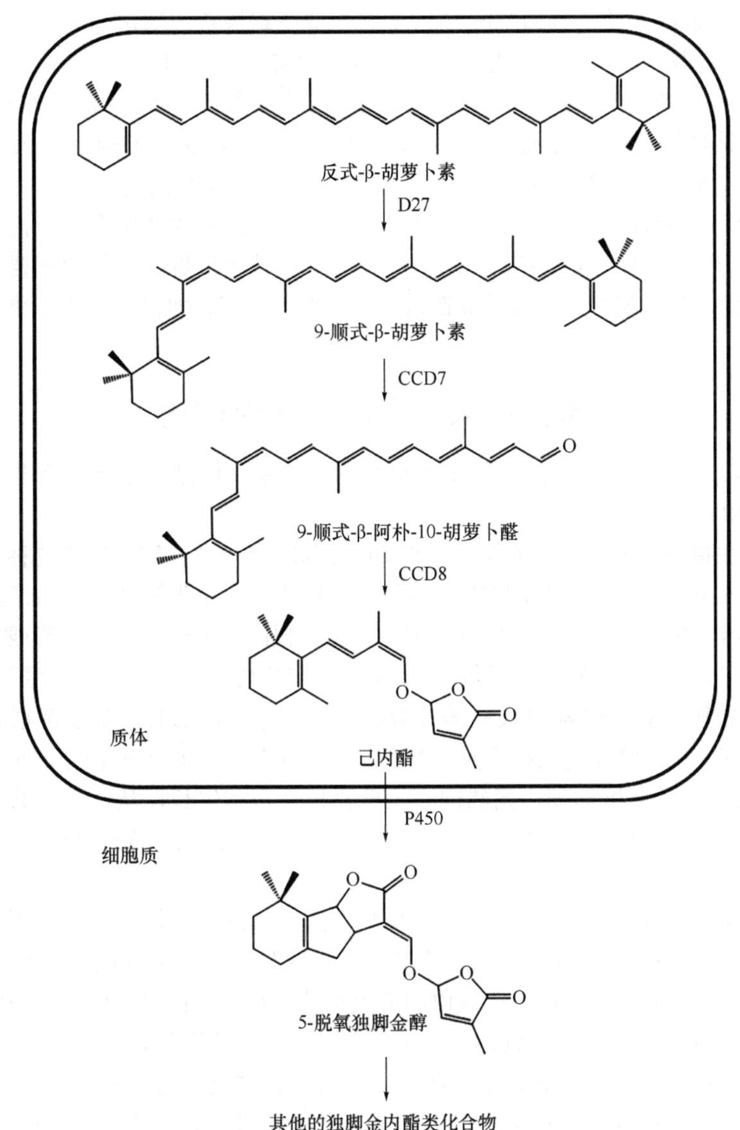

图8-25　独脚金内酯的生物合成途径

三、独脚金内酯的信号转导途径

SL由植物根部产生，向上运输至腋芽部位而抑制腋芽的伸长，发挥作用需要一个长距离的信号传递过程。与SL合成途径基因的突变体不同，信号通路的突变体可以正常合成

SL 或中间产物，但是缺乏对外施的 SL 或人工合成类似物 GR_{24} 响应的能力。目前，已经发现的参与 SL 信号转导的蛋白有 *MAX2/D3/RMS4* 编码的 F-box 蛋白、*D14/DW2* 编码的水解酶、*D53/SMXL6/7/8* 编码的泛素化复合体的底物蛋白。*MAX2/D3/RMS4* 编码的富含亮氨酸重复序列的 F-box 蛋白，作为 SCF 复合体中的 E3 连接酶亚基，介导底物蛋白的泛素化和 26S 蛋白酶体降解。*D14* 基因编码参与植物激素代谢和信号转导的一类重要 α/β 水解酶。*d14* 突变体提高了 SL 合成途径基因 *CCD7* 和 *CCD8* 的表达量，因此，*d14* 能分泌比野生型更高含量的独脚金醇。*D53* 是从水稻中发现的 SL 途径的新成员，编码一个在结构上与 Ⅰ 类 Clp ATPase 类似的核蛋白，属于含双 Clp-N 基序的 P 型环状核苷三磷酸水解酶超家族。*D53* 在单子叶和双子叶植物中高度保守，是一个高等植物中特有的基因。

目前，SL 信号转导的“去抑制化激活”机制已基本明确：D53 蛋白作为 SL 信号的抑制因子存在，当具有生物活性的 SL 与受体 D14 蛋白相结合，诱导 D14 构象发生变化，进而与 D3 及 D53 形成一个 $D53\text{-}D14\text{-}SCF^{D3}$ 蛋白复合体，引起 D53 的泛素化，使 D53 被 26S 蛋白酶体降解，SL 信号途径被激活，植物分枝受到抑制；如果 D53 蛋白不能被降解，则抑制 SL 信号途径，引起植株多分枝表型。这一“去抑制化激活”机制与其他重要植物激素包括生长素、赤霉素、茉莉酸等的信号转导激活机制类似，表明该机制是植物激素的一种主要调控模式。

四、独脚金内酯的生理作用

SL 主要有三种生物学功能：诱导寄生植物种子萌发、促进丛枝菌根真菌菌丝分枝和养分吸收、抑制植物分枝生长。

1. 诱导寄生植物种子萌发 最早发现的 SL 是独脚金和列当等寄生植物种子的萌发诱导剂。寄主植物分泌的 SL 渗透到土壤中，将处于休眠状态的寄生植物种子激活，促使其萌发并形成初生吸器，初生吸器接触到寄主根部，与寄主根的木质部建立连接形成次生吸器，寄生关系就建立完成。同时，SL 还可以促进寄主植物与丛枝菌根真菌建立共生关系。

2. 促进丛枝菌根真菌菌丝分枝和养分吸收 没有寄主植物时，丛枝菌根真菌孢子萌发后菌丝生长缓慢，在其储存物质被全部消耗前就会停止生长。寄主植物存在时，根部分泌的 SL 信号被丛枝菌根真菌感知到，菌丝向寄主植物根部趋向生长，从而建立共生体系，真菌帮助宿主植物从土壤中获取氮、磷等植物生长所必需的矿质元素，寄主植物则为真菌提供光合产物和脂类物质。

3. 抑制植物分枝生长 SL 作为一种新型植物激素，抑制植物的分枝和侧芽的生长，但是其作用机制尚没有统一的阐述。目前基本分为两种假说，一种是以英国 Lesyer 为代表所提出的生长素运输渠道控制假说，该假说的提出是基于对模式植物拟南芥的研究。在这个模型里，SL 被认为是作为生长素极性运输的调节者，通过调节生长素运输载体 PIN1 蛋白的丰度来调节生长素的运输能力。在拟南芥野生型中，SL 通过蒸腾流向上运输，降低 PIN1 的表达量，抑制生长素的转运，导致芽中产生的生长素积累而抑制芽的生长；而在 SL 合成突变体中，PIN1 蛋白丰度的增加使生长素运输能力提高，芽中不会积累过多的生长素，其生长就不会受到抑制，表现出多分枝的表型。另一种是以澳大利亚学者 Beveridge 为代表，根据在豌豆中的研究而提出的腋芽发育阶段转化假说。该假说认为 SL 作为信号物质向地上部传输到芽，从而抑制芽的生长。腋芽发育至少存在三个阶段：休眠期、转化期和持续生长期，SL 在腋芽发育的起始阶段和后续过程中都发挥作用，而生长素可能在腋芽发育的相对后期阶段中发挥作用。研究发现，早期腋生分生组织的激活可能是由 SL 信号降低引起的，这一过程促使腋芽原基发育，增强了生长素产生和输出的能力。一旦开始生长，腋芽合成和运出生长素将促进腋芽维管束与主茎维管束连接，而营养物质的供给将进一步促进腋芽生长。以上这两种机制是基于不同物种进行的研究，不排除 SL 作用机制在不同物种间的差异性。

第九节　水　杨　酸

一、概　　述

水杨酸（salicylic acid，SA），又称邻羟基苯甲酸，属于一类简单的酚类化合物（图 8-26）。最早 SA 作为柳树树皮提取物的主要组分而被发现，SA 及其衍生物如阿司匹林（乙酰水杨酸）被广泛用作消炎镇痛药类。1979 年，White 等发现用阿司匹林处理后的烟草表现出对烟草花叶病毒的抗性增强，同时，SA 及其衍生物的处理还诱导病程相关蛋白（pathogenesis-related protein，PR）的表达。更多的实验证据表明，植物的这种诱导抗性是 SA 的典型生理反应，即系统获得抗性（systemic acquired resistance，SAR）。植物受到病原菌感染时，在感染部位会迅速积累高水平的 SA，SA 作为系统信号分子，运输到植物其他部位后会诱导 SAR 的产生，且这种 SAR 一旦建立就具有广谱、非特异和持久的抗病性。如果植物不能积累 SA 或 SA 合成受阻，就不能建立有效的 SAR 而表现出对病原菌更加敏感。因此，SA 是植物 SAR 激活所必需的关键因子。现已知 SA 在植物体内以游离态和水杨酸-β-葡萄糖苷两种形式存在，以水杨酸甲酯的形式释放到空气中。

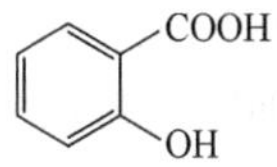

COOH
OH

图 8-26　水杨酸的结构

二、水杨酸的生物合成

植物中的 SA 来源于莽草酸合成途径中的产物分支酸，其生物合成主要有两条途径：一条通过异分支酸合酶（isochorismate synthase，ICS）催化完成，植物病原菌防御反应激活的大部分 SA 都由此通路合成，拟南芥中含有两个异分支酸合成酶基因，即 *ICS1* 和 *ICS2*，其中 *ICS1* 起主要作用；另一条途径则由苯丙氨酸氨裂合酶（PAL）调节。通过糖基化、甲基化、羟基化等反应修饰，SA 很容易转换成许多衍生物，这些修饰后的衍生物大多不具有 SA 活性。植物中贮藏形式的糖基化 SA 需要通过酶促反应转变成有活性的 SA 才能行使其生物功能。水杨酸甲酯（methyl salicylate，MeSA）也没有活性，但 MeSA 容易挥发，且易通过膜扩散。因此，SA 可能以 MeSA 的形式挥发而排出，从而降低 SA 的积累，以减少给植物细胞带来毒害作用。

三、水杨酸的信号转导途径

（一）水杨酸的受体 NPR3 和 NPR4 调节 NPR1 稳定性

作为植物防御反应激素，SA 需要与细胞中的目标分子或受体结合而诱导激活下游信号途径。病程相关非表达子 1（NPR1）是 SA 介导的防御反应的核心调控因子，*NPR3* 和 *NPR4* 是 *NPR1* 的同源基因。*NPR1* 过表达植物表现出增强的抗病性；功能缺失突变 *npr1* 的植物不能建立 SAR 反应。尽管也有研究者检测到 SA 与 NPR1 的高亲和结合活性，但关于 SA 与 NPR1 的高亲和结合还有很多问题目前无法解释，因此，NPR1 是否是 SA 受体还有待进一步证实。生化和遗传学实验证据证明 NPR3 和 NPR4 是 SA 的真正受体分子。NPR3 和 NPR4 都能够与 NPR1 相互作用，且它们之间的相互作用均受 SA 的调节：SA 能够促进

NPRI 与 NPR3 的相互作用，但干扰 NPR1 与 NPR4 的相互作用。

（二）水杨酸的信号转导途径

SA 信号通过依赖于 NPR1 和不依赖于 NPR1 的两种转导途径传递。

1. NPR1 依赖途径 SA 信号途径在很大程度上是由 SAR 核心调节蛋白 NPR1 控制的，SA 被激活后激发一系列相关基因的转录表达，启动植物防御反应。NPR1 定位在细胞核与细胞质中，并以两种形式存在于细胞中：通常状态下，即没有病原菌侵染或低浓度 SA 时，大部分 NPR1 定位于细胞质中，并通过分子间二硫键形成多聚体，少量的 NPR1 以单体形式进入细胞核并被蛋白酶复合体降解，从而阻止 NPR1 目标分子的激活；在有病原菌侵染或高浓度 SA 时，SA 与 NPR1 结合，硫氧还蛋白打开 NPR1 蛋白分子间的二硫键，导致细胞质定位的 NPR1 构象改变而使 NPR1 多聚体解体形成单体 NPR1，单体的 NPR1 被转运至细胞核中，这时，单体 NPR1 通过招募 TGA 转录因子而启动下游防御基因的表达，使植物具有了基础抗性。而随后建立有效的 SAR 还需要将进入细胞核的 NPR1 磷酸化，将其通过 NPR3 或 NPR4 介导的泛素化降解。

2. NPR1 非依赖途径 在上述依赖于 NPR1 的 SA 途径中，SA 诱导的基因表达及 SAR 的建立需要 NPR1。然而研究发现，拟南芥 SNC1（SUPPRESSOR OF NPR1-1 CONSTITUTIVE 1）和 SSI2（SUPPRESSOR OF SA INSENSITIVITY 2）均能调控 *PR1* 基因表达和 SAR 的建立，但调控过程不依赖于 NPR1。另外，拟南芥 Why1（WHIRLY 1）可被 SA 诱导表达，与 NPR1 类似，Whyl 对于植物的基础防御反应与特异抗病反应是必需的，但 SA 激活的 Whyl 不依赖于 NPR1。

四、水杨酸的生理作用

1. 生热效应 天南星科植物开花时期佛焰花序温度很高，经研究是由于雄花原基产生 SA 转运到附属物中，在附属物中它促进抗氰呼吸从而产生大量的热。在严寒条件下花序产热，保持局部较高温度有利于开花结果，此外，高温有利于花序产生具有臭味的胺类和吲哚类物质的蒸发，以吸引昆虫传粉。可见，SA 诱导的生热效应是植物对低温环境的一种适应。

2. 增强抗性 某些植物在受病毒、真菌或细菌侵染后，侵染部位的 SA 水平显著增加，同时出现坏死病斑，即过敏反应，并引起非感染部位 SA 含量的升高，从而使其对同一病原或其他病原的再侵染产生抗性。某些抗病植物在受到病原侵染后，其体内 SA 含量立即升高，进一步诱导植物产生致病相关蛋白，抵抗病原微生物，提高抗病能力。实验证明，外施 SA 于烟草，浓度越高，致病相关蛋白质产生就越多，对花叶病毒的抗性越强。

3. 其他效应 SA 途径还能与其他植物激素（包括 JA、乙烯、ABA、IAA、GA、BR 和 CTK）途径交叉互作，相互拮抗或相互促进，共同参与 SAR 反应。SA 还可抑制 ACC 转变为乙烯；诱导某些植物如浮萍开花；影响黄瓜的性别表达，抑制雌花分化，促进较低节位上分化雄花，并且显著抑制根系发育；抑制大豆的顶端生长，促进侧枝生长，增加分枝量等。

第十节 多 肽

一、多肽的发现

自 1991 年在番茄叶片中发现植物第一个多肽类的生物活性物质系统素（systemin，SYS）以来，越来越多的植物多肽类生物活性物质被分离鉴定，它们在植物生长发育及逆境应答中的作用也逐渐被阐释。例如，系统素是由 18 个氨基酸残基组成的多肽分子，是植物感受创伤的信号分子，在植物防御反应中起重要的作用；CLV3 多肽是由 96 个氨基酸残基的前体蛋白经剪切、羟基化和糖基化修饰产生，在干细胞维持和分化调控中发挥重要作用；Flg22 是来自烟草野火病菌（*Pseudomonas syringae* pv. *tabaci*）鞭毛蛋白 N 端一段具有 22 个氨基酸残基的多肽，能够引起植物抗病反应。研究发现，以上三种多肽的受体均为类受体蛋白激酶。多肽与受体在细胞表面结合后，启动下游一系列信号级联反应。植物体内可能存在诸多参与信号转导的小分子多肽，如何有效鉴定这些小分子多肽，以及寻找这些小肽相应的受体是目前研究的热点。

二、多肽的生理作用

1. CLV3 及 CLE 多肽 CLE 多肽家族成员在植物的各个部位均有表达，调控植物生长发育的多个方面。CLV3 是第一个被发现的 CLE 家族多肽成员。CLV3 和 WUS 形成一个负反馈调节环路，对于维持植物顶端分生组织干细胞的稳态具有非常重要的作用。CLV3 的感知由三组不同的类受体蛋白激酶介导，包括 CLV1、CLV2/CRN 和 RPK2。

2. TDIF 多肽 TDIF 在韧皮部细胞中表达并分泌，通过受体 TDR/PXY 促进原形成层细胞的分裂，并抑制木质部细胞的分化。2016 年，解析了 TDIF-PXY 胞外结构域复合物的晶体结构，发现 TDIF 在与受体结合时呈现“Ω”构象而非线性伸展构象。

3. PEP 多肽 能够通过其受体 PEPR1 和 PEPR2 激活和放大免疫反应，然而下游信号仍未阐明。

4. LUREs 多肽 是一类含有约 65 个氨基酸残基的半胱氨酸富集型的类防御素多肽，由助细胞合成后分泌到细胞外，能够吸引花粉管向珠孔处生长，进而实现双受精。

5. PSK 多肽 能够通过其受体 PSKR 实现促进细胞分裂等功能，然而 PSK 与受体 PSKR 的识别和激活机制仍需要阐明。近年来的研究表明，PSK 还参与植物对病原菌侵染的抗性反应，但详细的分子机制仍然未知。

6. RGF/GLV/CLEL 多肽 RGF/GLV/CLEL 参与调控根尖近端分生组织发育、根的向地性反应和侧根发生等根发育过程。然而，自 RGF/GLV/CLEL 被发现以来，其受体蛋白一直未知。

7. RALF 多肽 RALF 是一类在植物中保守的多肽激素，具有抑制细胞伸长的作用。RALF 通过其受体 FERONIA 发挥生物学功能。然而，RALF 被 FERONIA 感知后的下游事件仍未被阐明。

8. EPF 多肽 EPF 家族属于半胱氨酸富集型多肽，EPF 家族成员在气孔发育过程中发挥功能。不同的 EPF 成员能够与 ER 蛋白和 TMM 竞争性结合，进而发挥不同的调控作用。然而，TMM 如何针对不同配体调控 ER 介导不同生物效应的分子机制仍然未知。

9. IDA 多肽 调控植物侧 IDA 是调控花器官脱落的多肽，在侧根形成过程中也发挥重要作用。然而，IDA-HAE/HSL2 调控侧根发生的下游信号仍然未知。

第十一节 植物生长调节剂

早在 20 世纪 30 年代，植物激素就被用于作物生产。随后经微生物发酵和人工合成了大量的植物激素及类似物，又继续开发出类植物激素作用的化合物，植物生长调节剂（plant growth regulator）逐渐应用于提高作物产量、改良品质和增强抗逆性等多种目的。

一、植物生长调节剂分类

植物生长调节剂一般有 3 种分类方法。第一种是根据与植物激素的相似性分类，如生长素类化合物、赤霉素类化合物等；第二种是根据生产中的实际用途分类，如矮化剂、生根剂等；第三种是依据对植物茎尖的作用方式分类，这也是最广泛使用的分类方法，分为植物生长促进剂、植物生长抑制剂和植物生长延缓剂三大类。

1. 植物生长促进剂 是一类具有生长素、细胞分裂素、赤霉素类激素功能，可以促进植物茎部近顶端分生组织细胞分裂、分化和延长，有利于新器官的分化和形成化合物。其可促进植物营养器官的生长和生殖器官的发育。如生长素及其衍生物、赤霉素、细胞分裂素及其衍生物、油菜素内酯及三十烷醇、石油助长剂、壳聚糖等。其中在全球及我国使用较为广泛的有吲哚乙酸（IAA）、吲哚丁酸（IBA）、萘乙酸（NAA）、2,4-滴（2,4-D）、赤霉素（GA_3）等，其他常见的还有乙烯利（CEPA、ET）、噻苯隆（TDZ）、萘乙酸甲酯（MENA，M-1）、玉米赤霉烯酮（ZEN）、激动素（KT）、6-苄氨基腺嘌呤（6-BA）等。植物生长促进剂主要用途为打破种子休眠、促进插条生根、促进坐果、诱导单性结实、形成无籽果实、果实保鲜、疏花疏果、防止落花落果、诱导开花、促进早熟和增产等。

2. 植物生长抑制剂 是一类可以抑制植物茎部顶端分生组织细胞生长和分化的化合物。在全球和我国使用较为广泛的有青鲜素（MH）、脱落酸（ABA）等。植物生长抑制剂主要用途为促进叶片脱落、诱导种子和芽休眠、抑制种子发芽、促进侧芽生长、抑制花芽分化、抑制地上部生长而提高地下部的产量和品质。

3. 植物生长延缓剂 是抑制植物茎部近顶端分生组织细胞的分裂、伸长和生长速度，而对顶端分生组织不产生作用的化合物。但由于植物生长延缓剂作用特点是抑制赤霉素生物合成，所以其抑制作用可以被赤霉素逆转。在全球和我国使用较为广泛的有多效唑（PP_{333}）、烯效唑（S-3307D）、氯化氯胆碱（CCC）、缩节胺（PIX）、氯化胆碱（CC）、丁酰肼（B_9）等，主要用途为矮化植株、缩短茎节、防止枝条徒长、抗倒伏等，同时调节光合产物分配方向，间接促进根生长和增产，促进果实的生长和果实增产。

但上述的功能分类不是绝对的，随浓度、使用时期、使用方法和植物对象不同会有所不同。如生长素类低浓度促进生长，高浓度抑制生长，更高浓度甚至可以作为除草剂。

二、植物生长调节剂的应用

（一）调节地上部生长发育

1. 延缓叶片衰老 细胞分裂素能增强植物体内代谢的活性，吸引营养物质的运输，能有效地延缓叶片衰老；生长素和赤霉素能在一定的程度上延缓叶片的衰老。采用 HKL-4（主要成分是 80% 二乙氨基乙基己酸酯）处理乌拉尔甘草能提高叶片中叶绿素的含量、超氧化物歧化酶（SOD）、过氧化氢酶（CAT）活性，提高叶片的光化学效率，延缓叶片的衰老，因而提高甘草根产量。

2. 促进植物的伸长生长 赤霉素能促进植株的茎节伸长；细胞分裂素能促进分蘖体的生长，并加快分蘖体叶子的形态建成。研究发现，经 GA_3 处理或 GA_3 + 6-BA 的处理益母草（*Leonurus artemisia*）叶面，能显著促进益母草地上部的生长，提高单位面积产量，而 PP_{333} 处理则有抑制作用。

（二）促进根部生长发育

许多传统中药材的药用部位为地下块茎、块根等。地下器官的建成和膨大的程度主要由植株光合水平和营养物质分配所决定。研究发现，对于种苗繁殖的丹参（*Salvia miltiorrhiza*）使用 PP_{333} 可以有效控制地上部的徒长，有利于营养物质集中在地下部生长，从而提高根的产量。以 300mg/L PP_{333}（施药量为 0.1kg/L）对当归（*Angelica sinensis*）幼苗期叶面进行喷施，可以显著提高单根鲜重和干重，一年生当归根的增产率在 20.0% 以上。而以 150mg/L PP_{333}（施药量 0.1kg/m）于党参（*Codonopsis pilosula*）幼苗期进行叶面喷施，能提高党参苗叶绿素含量，抑制其茎叶生长，可以使党参的产量增加 15.0%。

泽泻（*Alisma orientalis*）的收获部位主要是地下块茎，产量由块茎的收获重量决定。S-3307D 可以调节营养物质分配，控制地上部位生长，增大地下部养分供给，促进地下根茎繁育。在川泽泻移栽 36 天时，叶面喷施 S-3307D，发现株高随施药浓度加大而降低，可减少地上部位养分的消耗，利于块茎的养分分配，从而更快地构建地下部，以 80mg/kg 和 160mg/kg 施药效果最显著。元胡（*Corydalis yanhusuo*）是以块茎入药且花期较长的药用植物，长时间开花使其消耗大量的光合产物，并对块根等营养体的生长发育具有显著的抑制作用。为协调元胡营养物质的合理分配，促进块茎生长，必须在开花前及时摘除花蕾。在盛花期前，用 1000×10^{-6} 40% CEPA 液喷施元胡，疏花效果显著；除蕾后再喷洒（0.5～1）$\times10^{-6}$ 的三十烷醇 1～2 次，能提高块茎产量 25% 以上。适宜浓度的低聚壳聚糖对黄芪进行叶面喷施能促进黄芪植物及根系的生长，并且苗和根粗壮，须根极少。

（三）对花芽分化和开花数量的影响

花芽分化是植物开花的第一步，受到内源性激素和营养物质的相互作用。花分化的时间和数量影响到结果实是否适期及大小问题，花芽分化的质量还影响结果率的高低。根据需要，可以利用植物生长调节剂促进或是抑制花芽分化，以提高产量。

由于营养生长受到生长延缓剂抑制而积累较多养分于枝条，这就促进了花芽分化，进而增加开花数量。使用溶有 6-BA 或 GA_3 的羊毛脂涂抹花芽分化前的植物茎的茎部，可以加速花芽分化速度；也可以增加双梗出现的概率。在杭白菊（*Chrysanthemum morifolium*）营养生长末期，叶面喷施 PP_{333}（100×10^{-6}、500×10^{-6}、1000×10^{-6}）可以增加分枝数，从而增加花数，产量得到明显提高，在生产中以 500×10^{-6} 浓度较适宜。用 100ppm GA_3 或 GA_3 + 6-KT 在番红花（*Crocus sativus*）球茎的休眠期内（6～7 月），浸泡球茎 8～24h，可使番红花当年产量和第二年开花球茎数得到显著增加。另外，用 BR 在番红花球茎的花、叶芽萌动期浸种球茎和在植株生长期进行叶面喷施也能对番红花起到增产作用。

在忍冬（*Lonicera japonica*）第三茬花前 20 天开始喷施 100～200mg/L PP_{333} 能有效控制忍冬枝条旺长，减少长花枝的比例，增加中短枝比例，加快花蕾的发育，从而达到增产的作用，与此同时还能提高花蕾绿原酸含量，适合在金银花生产上应用。在抽葶期对黄花菜（*Hemerocallis citrine*）花期喷施不同种类（GA_3、6-BA、NAA）和不同浓度（0、50、100、200、500mg/L）的生长调节剂，发现 200mg/L GA_3 和 500mg/L 6-BA 对黄花菜花蕾鲜重、花蕾长度和花葶着花数有促进作用，可以提高黄花菜产量。北五味子（*Schisandra chinensis*）是雌雄同株植物，雌花的数量多少是影响产量高低的重要因素，NAA、6-BA 和 CEPA 3 种植物激素对北五味子雌花均有诱导雌花作用，以 CEPA 作用效果最好。在花芽分化期每 10 天喷施 1500 倍 40% CEPA 水溶液，使雌花比例由 5.57% 提高到 63.33%。在款冬花（*Tussilago farfara*）生长发育期对其喷施 150mg/L CCC、100～150mg/L PP_{333}、100mg/L

B_9 均能增加每株的开花数目，提高款冬花产量，但 GA_3 则会降低款冬花产量。

（四）促进果实发育，提高坐果率

PP_{333} 可抑制新梢旺发，控制枝条徒长，叶节缩短，有利于形成花芽，对促进提早开花结实的效果十分显著。吲哚类的调节剂应用于瓜果类作物中，可以调节性别分化、控制雌雄花比例及促进果皮生长，减少裂果，从而增加作物的产量。应用防落素和 2,4-D 能有效防止落花，而且果实膨大生长快，可提早结实，增加产量。

叶面喷施三十烷醇、GA_3 都能明显减少补骨脂（*Psoralea corylifolia*）落花落果，提高坐果率，增加产量。生产中，在花期喷施一定浓度 NAA、硼酸或 PP_{333}，可促进花粉萌发和花粉管生长，提高泰国白豆蔻（*Amomum kravanh*）的坐果率。NAA 在 0.5mg/L 时不仅有利于花粉萌发而且有利于花粉管生长；硼酸使用量在 100～200mg 时，促进白豆蔻花粉的萌发和花粉管的生长，而 PP_{333}（800mg/L）对白豆蔻花粉萌发起抑制作用，抑制程度随质量浓度的提高而减弱。

（五）其他方面的应用

1. 调整花期 烯效唑可使百合（*Lilium brownii*）球茎花期提前。对马缨杜鹃（*Rhododendron delavayi*）喷洒 CEPA，无论在花芽发育初期还是在开花前期，均可提前始花期，推迟末花期。

2. 控制性别分化 控制植物的雌雄性别，也是增加作物产量的一种重要手段。性别通常是受遗传性所支配，但也受环境因素（营养、光、温度）的影响，植物激素也可调控植物的性别分化。促进 GA_3 和乙烯合成，而抑制 CTK 合成则可促进雄性分化；反之，促进雌性分化。IAA 及其类似物大多促进雌性发育。

苎麻（*Boehmeria nivea*）的性别分化与内源乙烯密切相关，高水平乙烯释放诱导雌性苎麻的产生，乙烯合成抑制剂 AVG 和作用抑制剂硝酸银（$AgNO_3$）则抑制苎麻雌花的形成，其中以 300mg/L AVG 处理效果最佳。

3. 提高抗逆性 植物对逆境的适应受遗传特性和体内生理状况两者制约，而后者与植物激素密切相关。逆境条件下，植物体内激素的含量和活性发生变化。植物生长延缓剂能延缓细胞生长，细胞体积减小，细胞壁增厚，代谢减慢，含糖量增高，有利于抵抗各种不良环境，提高抗逆性。

（1）抗寒：山茱萸（*Cornus officinalis*）在冬季越冬过程中容易发生枝条冻死的现象，这极大地限制了山茱萸的生长。研究表明，山茱萸苗木抗寒性能力以喷施 PP_{333} + 6-BA 最强，且以 300mg/L 浓度最好。

（2）抗高温：用 PP_{333}（50、100、150mg/L）处理小麦幼苗，小麦质膜稳定性增强，H_2O_2 和丙二醛（MDA）含量降低，SOD 和 CAT 活性增强，从而增强植株对高温的抗性，其中 150mg/L PP_{333} 效果最佳。

（3）抗旱：在较高浓度下使用 PP_{333} 造成紫叶小檗（*Berberis thunbergii*）大量开花，同时适宜浓度的 PP_{333} 还能提高紫叶小檗的抗旱性，适宜浓度范围为 1333～2667mg/L。

（4）耐盐碱：PP_{333} 可以调节离子的吸收和提高抗氧化酶活性，从而提高柑橘（*Citrus reticulata*）砧木对盐的抗性。

4. 提高水肥利用效率 用钙-赤合剂（Ca + GA）处理小麦种苗，种苗的生物活性和耐旱力在一定程度上得到提高。施用 PP_{333} 在正常供水情况下会降低苹果树叶水势，但在土壤干旱水分胁迫时，施用 PP_{333} 可显著提高叶水势和叶片相对含水量，并可明显提高叶片可溶性碳水化合物、脯氨酸及无机离子 K^+、Ca^{2+}、Mg^{2+} 的含量，能增加苹果树体叶内 SOD、过氧化物酶（POD）、CAT 的活性，降低 MAD 含量及苹果叶肉细胞膜的相对透性，从而提高苹果树的抗旱力。

5. 增加豆科作物生物固氮　几乎所有添加植物生长调节剂处理的大豆根瘤菌菌落数与对照相比均显著增加。大部分添加不同浓度 GA_3 处理的快生型大豆根瘤菌及慢生型大豆根瘤菌的菌落数均表现出显著的增加，增加生物固氮。

6. 植株化学整形　植物生长延缓剂能缩短节间，而叶片数目、节数及顶端优势保持不变，植株虽矮小但株型紧凑，形态正常。如 PP_{333} 能抑制赤霉素的生物合成，而植物的株高主要是由赤霉素调节的，因此多效唑可以用来矮化植株。

由于苦丁茶幼苗植株顶端优势强，采茶非常困难，生产上出现了广种薄收的局面。研究发现，PP_{333}、CCC、B_9 对苦丁茶都有不同程度的矮化作用，其中尤以 300mg/kg 的 PP_{333} 效果最为理想。菊花生长过旺，植株过高容易在开花时倒伏，对长势过旺的菊花要喷施 100×10^{-6}～120×10^{-6} 的 S-3307D，有控高促矮作用。

7. 简化或免除整枝　抽薹开花这一过程需要消耗大量的光合产物，导致中药材产量不高。人工去薹的方法费时费力且效率低下；而应用调节剂控制抽薹开花效率显然高得多，且能提高产量。研究表明，在当归（*Angelica sinensis*）增叶期间喷施 100mg/L 的 PP_{333}，当归的提早抽薹受到了抑制，植株茎节缩短，根重量增加，产量得到提高。用 5 种不同植物生长调节剂（CCC、PIX、GA_3、PP_{333}、MH）在莲座期处理川白芷（*Angelica dahurica*），发现除较高浓度的 GA_3（100、170mg/kg）对川白芷早起抽薹有促进作用，CCC、PIX、PP_{333}、MH 均有不同程度的抑制作用，GA_3 在较低浓度（30mg/kg）时对白芷植株生长有较好的促进作用。

8. 化学辅助收获　银杏树形高大、果实小，人工采摘困难，习惯采摘法为上树敲打果实。这样劳动强度大、效率低，且极易损伤枝叶与芽。用 400×10^{-6}～700×10^{-6} 的 CEPA 对银杏（*Ginkgo biloba*）果实进行催落，在此浓度范围内，随着浓度的增加，催落效果越好。

9. 剥皮再生技术　树木剥皮后，适当的温度、光照和适当的植物激素都有利于新皮的发育。生长素和细胞分裂素都有利于愈伤组织的形成，不利于周皮的形成；而乙烯则有利于周皮的形成。杜仲（*Eucommia ulmoides*）的树皮是一种名贵的中药材，过去一直是伐木取皮，使得资源日益匮乏。研究表明，杜仲剥皮后，在暴露表面，分别涂以适当浓度的 CEPA、2,4-D、NAA、GA_3 及 NAA + GA_3，发现用 2,4-D、GA_3 和 NAA 处理有利于木栓形成层和维管形成层的形成。

10. 利于贮藏　萘乙酸甲酯可通过挥发出的气体抑制马铃薯块贮藏期发芽，还可以延长果树的休眠期。MH 可控制马铃薯、洋葱、大蒜、萝卜发芽。如马铃薯在收获前 2～3 周，以 2000～3000mg/L MH 药液喷洒一次，可有效控制发芽，使呼吸下降，淀粉水解也可以减少，延长贮藏期。该技术也可用于药用植物的营养繁殖器官。

三、安 全 问 题

植物生长调节剂使用的安全问题可以分为产品安全和环境安全两个方面，由于生长调节剂对于药用植物中次生代谢成分有一定的影响，因此需要关注药用植物品质的安全性。

（一）药用植物产品安全问题

对于具有一定毒性的植物生长调节剂，除了在喷施时要遵守安全操作规程，其在植物产品中的降解和残留问题也应广泛关注。我国对多效唑、氯化氯胆碱、乙烯利等规定了最大残留限量（MRL，mg/kg），日本、新西兰、澳大利亚等规定了多效唑的 MRL，瑞典等国已经禁用多效唑。我国把蔬菜或水果作为一个总体规定，而国际标准和其他国家标准绝大部分的 MRL 是规定在某种具体的蔬菜或水果上。

已有的研究表明，植物生长调节剂对于根和根茎类器官中次生代谢物含量的影响存在不同情况，有的增加，有的不影响，有的减少；而多数情况下有利于叶片和地上部含量的提高；花类的研究也有提高含量的报道。研究如下：

通过盆栽实验，使用 10^{-6} mol/L GA_3 和三十烷醇单独或共同对罂粟（*Papaver somniferum*）进行叶面喷施，发现单独给予 GA_3 和三十烷醇都能促进罂粟的生长，提高吗啡的含量，两者单独给予的时候作用效果是相似的；而 GA_3 和三十烷醇共同作用促进效果最好，吗啡含量最高。

以三十烷醇以及 CCC 处理青蒿（*Artemisia annua*），发现三十烷醇在 1.0mg/L、1.5mg/L 等显著地增加青蒿素的含量；而 CCC 在 1000mg/L、1500mg/L 时也能增加青蒿素的含量。用 5μmol/L 的 GA_3 和 ABA 在穿心莲（*Andrographis paniculata*）移植 10 天、30 天、50 天时对其进行叶面喷洒，并在 20 天、40 天、60 天时采集穿心莲的根茎叶，测定穿心莲内酯的含量。发现用 ABA 和 GA_3 处理的穿心莲内酯含量比对照组提高，且随着时间的增长含量增加。

对一年生黄芩（*Scutellaria baicalensis*）展叶期用 100mg/L PIX、200mg/L GA_3 叶面喷施，每隔 8～10 天一次，共 2 次，空白对照组喷施等量清水。发现喷施 PIX 后，花果前期根中总黄酮含量无显著变化，而黄芩苷含量显著升高；黄芩素、汉黄芩素含量显著降低。枯黄期黄芩苷和总黄酮含量显著升高，而黄芩素、汉黄芩素含量无显著变化。喷施 GA_3 后，花果前期中黄芩苷、黄芩素、总黄酮含量与对照组相比变化不大，而汉黄芩素含量显著降低；枯黄期根中总黄酮含量显著降低，而黄芩苷、汉黄芩素、黄芩素含量无显著变化。

综上所述，植物生长调节剂可以整体提高或降低一类成分含量，也可以升高其中的几个成分含量，而降低另几个成分，且植物激素和生长调节剂对于植物次生代谢物的影响机制国内外尚无系统的研究。因此，当使用植物生长调节剂进行药用植物生长发育和产量调控时，一定要同时关注对药用器官中药用成分的影响，在没有研究清晰之前，应禁止使用。如经过研究明确了对次生代谢物的具体影响，则应在使用时间、使用剂量、使用方法及使用注册品种等方面严格化，即应限制使用。如果利用调节剂目标是促进药用成分的提高，也应当研究调节剂对于该植物中多类和多种成分的影响。调节剂对药用植物品质的影响应该提到安全性的高度予以足够重视。

（二）环境安全性问题

使用调节剂时，虽然施用部位大多是植物的叶片或植株，但总会有部分不可避免地进入土壤中。不同的生长调节剂在土壤中的残留时间不同，对土壤的影响也不同。

四、药用植物生产中使用植物生长调节剂的现状和对策

我国的中药材 GAP 标准中严格禁止使用植物生长调节剂，植物生长调节剂在药用植物中几乎没有注册，严格意义上也不能用，但是应该根据不同类型的情况分别对待，或者以发展的眼光看待问题。一方面，目前我国的药用植物种植生产中，以提高产量为目的的滥用调节剂问题极为突出，药材种植和生产的研究和技术人员对植物生长调节剂的性能特点等知识较为欠缺，难以对药材种植中植物生长调节剂滥用的态势提出有效的解决方法。另一方面，使用植物生长调节剂可以带来预想不到的良好效果，如在药材传统种植技术中，通过摘花打

顶的方式减少生殖生长来提高产量是很普遍的，如果使用适当的植物生长调节剂，可以减少人力，起到较好的控制效果；药用植物的种子和生殖器官休眠的打破，调节剂的作用不容忽视，我们应该通过研究，科学地将植物生长调节剂应用于中药材种植中。但是应用调节剂对于药用植物品质的影响应引起高度的重视，应禁止单纯以提高药用部位产量为目的而品质影响方面没有科学研究支持的调节剂的使用。由于大多数药用植物下游产品的药材具有成分复杂性、功效多重性，而有效成分尚未很好阐明，因此仅以个别指标成分含量提高，而没进行使用后对品质影响的综合对比为依据，也应禁止使用；对于科学研究清楚的情况，应该推动注册工作，并严格按照技术要求在使用剂量、时间和方法等方面规范使用。

我国常用植物生长调节剂的残留限量标准与 CAC 标准、欧盟标准、美国标准、日本标准和澳大利亚标准等相比明显滞后。而药用植物产品则是标准缺失状态，一些在生产中过量使用调节剂的情况需要及时研究，制定出残留标准。

案例 8-1 解析

1. 植物生长调节剂 (plant growth regulator，PGR) 是指人工合成的类似于植物激素的结构和功能、用于调节植物生长发育的有机化合物。

2. 从功能上看，植物生长调节剂除了具有膨大、催熟功能外，还具有促进生根发芽、调整花期、抑制生长、矮化植株等作用。目前，我国已取得登记的植物生长调节剂有近 40 种，主要在部分瓜果、蔬菜及棉花、小麦、水稻、玉米等作物上使用。国际上登记使用的有 100 多种，其中欧盟允许使用的有 40 多种。批准登记的植物生长调节剂都要制定安全使用技术，包括用药时期、用药剂量、使用方法、使用范围、注意事项和安全间隔期等，并在产品标签上明确标注，指导农民合理使用。此外，登记的产品都要进行一系列的残留试验，并根据残留试验等数据制定残留限量标准和合理使用准则，确保农产品的质量安全。在安全性方面，国际上至今为止从未发生因植物生长调节剂残留而引起的食品安全事件。

本 章 小 结

学习内容	学习要点
名词术语	植物激素、植物生长调节剂、植物生长物质
植物激素的种类	生长素、赤霉素、细胞分类素、脱落酸、乙烯、油菜素甾醇、茉莉素、水杨酸、独脚金内酯、多肽
植物生长调节剂的分类及应用	植物生长促进剂、植物生长抑制剂、植物生长延缓剂

目 标 检 测

一、单项选择题

1. 下列植物生长调节物质中（　　）最有可能成为植物的第六大激素。

A. JA　　B. BR　　C. SA　　D. SL

2. 诱导愈伤组织形成不定根、不定芽与（　　）的相对浓度有关。

A. IAA 和 GA　　B. ETH 和 ABA　　C. GA 和 CTK　　D. IAA 和 CTK

3. 下列物质中，除（　　）外均为天然的细胞分裂素。

A. 玉米素　　B. 异戊烯基腺嘌呤　　C. 双氢玉米素　　D. 6-苄基腺嘌呤

4. 氯化氯胆碱等一类药剂有抗 GA 的作用，统称为生长（　　）剂。

A. 对抗剂　　B. 促进剂　　C. 抑制剂　　D. 延缓剂

5. 乙烯利在（　　）条件下，分解放出乙烯。

A. pH 3.5～4.0　　B. pH 3 以下　　C. pH 4 以上　　D. pH 3.0～4.0

二、多项选择题

1. 下列哪些激素是非极性运输的（　　）。

A. CTK　　B. IAA　　C. ABA　　D. Eth　　E. GA

2. 依据对植物茎尖的作用方式分类，植物生长调节剂分为（　　）。

A. 生长促进剂　　B. 生长抑制剂　　C. 生长延缓剂　　D. 生根剂　　E. 矮化剂

3. 下列属于独脚金内酯类的天然激素有（　　）。

A. 独脚金醇　　B. 高粱内酯　　C. 列当醇　　D. 黑蒴醇　　E. GR_{24}

4. 下列属于多肽类的激素有（　　）。

A. IDA　　B. EPF　　C. RALF　　D.PSK　　E. PEP

5. 下列叙述中，有实验根据的是（　　）。

A. ABA 调节气孔开关　　B. KT 与植物休眠活动有关

C. ABA 抑制 GA 诱导的大麦糊粉层中 α-淀粉酶的合成

D. JA 与植物对病原菌的防御有关　　E. SL 抑制植物分枝和侧芽生长

三、名词解释

植物激素；植物生长调节剂；三重反应

四、简答题

1. 人工合成的生长素类物质有哪些种类？有哪些应用？

2. 植物生长调节剂在促进药用植物器官生长发育和产量的应用有哪些？

（内蒙古医科大学　岳鑫　于娟）

第九章　药用植物光形态建成

学习目标

1. 掌握：光敏色素结构、活性及反应类型。
2. 熟悉：避阴反应原理。
3. 了解：其他光受体。

案例 9-1 导入

为了提高药材种植的产量，药农往往在栽培土地上增加种植密度，在种植薏苡时，发现种植密度达到一定程度后，薏苡植株增高，叶片变小，单株产量并没有提高。

问题：为什么当密度达到一定程度后，植株会变高？

光是重要的环境因子，对植物生长和发育影响很大。光不仅提供光合作用的能量，还作为环境信号影响植物的生长发育和形态建成。通过本章的学习，将回答以下问题，光形态建成与光合作用有什么异同？光如何作为信号实现对植物生长发育的调节？植物又是如何适应不断变化的光环境而正常生长和发育的？

对植物来说光是较重要的环境因子之一。光对植物生长发育的影响主要有两个方面。光是绿色植物光合作用必需的高能反应。光同时也是植物整个生长发育过程的调节信号，如种子萌发、植物生长、叶芽与花芽的分化、开花诱导及器官衰老与脱落等。这种依赖光调节和控制的植物生长、分化及发育的过程，称为植物的光形态建成（photomorphogenesis）。光形态建成是低能反应。光只作为信号去激发光受体，推动细胞内一系列反应，最终表现为形态结构的变化。

第一节　光 敏 色 素

植物对光的应答反应主要通过不同的光受体（photoreceptor）接收和转导信号来完成的。植物在长期的进化过程中，形成了精致和完善的光受体系统，来感知环境中的光强、光质、光向和光周期等，并能响应植物体内的变化，以便引起形态建成，适应环境。目前已知高等植物中至少有 5 类光受体参与了光调节反应，它们是吸收红光和远红光的光敏色素（phytochrome，Phy）、吸收蓝光和 UV-A 的隐花色素（cryptochrome，Cry）、吸收蓝光的向光素（phototropin，PHOT）、吸收蓝光的 ZTL 家族（zeitlupe family）蛋白和吸收 UV-B 的 UV-B 受体（UVR8）。其中对光敏色素的研究较为深入广泛。

一、光敏色素的发现

光敏色素是广泛存在于植物、细菌和真菌中的一类光感受器，也是植物体内最重要的红光（波长 600～700nm）和远红光（波长 700～760nm）受体，参与调控植物生活史种子萌发、幼苗去黄化、一些质体蛋白包括光合器组成蛋白的生物合成、叶片衰老、昼夜节律、花器官的分化与发育等许多生理过程（表 9-1）。

1952 年，植物学家哈里·博思威克（Harry Borthwick）和物理化学家施特林·亨德里克斯（Sterling Hendricks）对喜光的莴苣种子发芽进行了研究。他们用不同波长的单色光照

表 9-1　高等植物中光敏色素控制的一些生理作用

种子萌发	小叶运动	光周期反应	叶片脱落
弯钩张开	膜透性改变	花诱导	块茎形成
节间延长	向光敏感性	子叶张开	性别分化
根原基起始	花色素形成	肉质化	节奏现象
叶片分化与扩大	质体形成	叶片偏上生长	单子叶植物叶片展开

射吸水后的莴苣种子，发现红光（波长为560～690nm）能够促进莴苣种子萌发，而远红光（波长为690～780nm）则抑制种子萌发。用红光和远红光交替照射种子，种子的萌发率取决于最后一次照射的光的波长（表 9-2）。Borthwick 等猜测在植物中有一种对光敏感的色素，这种色素存在着吸收红光与吸收远红光的两种可逆转换形式。但限于当时较浅的研究水平和匮乏的技术手段，对这种假设中的色素所知甚少。直到 1959 年和 Borthwick 同一课题组的巴特勒（Butler）等研制出双波长分光光度计，利用该设备成功地检测到黄化芜菁子叶和黄化玉米幼苗体内吸收红光或远红光而相互转化的一种色素。1960 年 Borthwick 和物理化学家 Hendricks 把这种吸收红光、远红光可逆转换的色素命名为光敏色素。光敏色素的发现是 20 世纪植物科学中的重要成就，是植物光形态建成研究中的一个里程碑，是植物体内最重要的、研究最为深入的一种光受体。

表 9-2　喜光莴苣种子在红光和远红光下的萌发率

照射	发芽（%）
None（dark control）	8.5
Red	98
Red + IR	54
Red + IR + Red	100
Red + IR + Red + IR	43
Red + IR + Red + IR + Red	99
Red + IR + Red + IR + Red + IR	54
Red + IR + Red + IR + Red + IR + Red	98

注：Red，红光；IR，远红光。

二、光敏色素的结构

光敏色素是易溶于水、浅蓝色的色素蛋白质，由 2 个亚基组成的二聚体，分子量为 250kDa（图 9-1）。光敏色素的每个亚基都有 2 个组成部分：生色团（chromophore）和脱辅基蛋白（apoprotein）。生色团为长链状的 4 个吡咯环，分子量为 612kDa，具有独特的吸光特性，在红光的作用下，生色团的吡咯环 D 的 C15 和 C16 之间双键翻转，由顺式转变为反式，带动脱辅基蛋白也发生构象变化。而远红光可逆转该过程。脱辅基蛋白的分子量为 125kDa，多肽链上的半胱氨酸通过硫醚键与生色团共价结合。光敏色素脱辅基蛋白不能单独吸收红光或远红光，只有多肽链与生色团共价连接形成全蛋白才能吸收光。生色团在质体中合成，是由血红素通过叶绿素合成的分支途径合成的。光敏色素被转运到胞质，通过硫醚键与胞质中脱辅基蛋白的半胱氨酸残基相接。

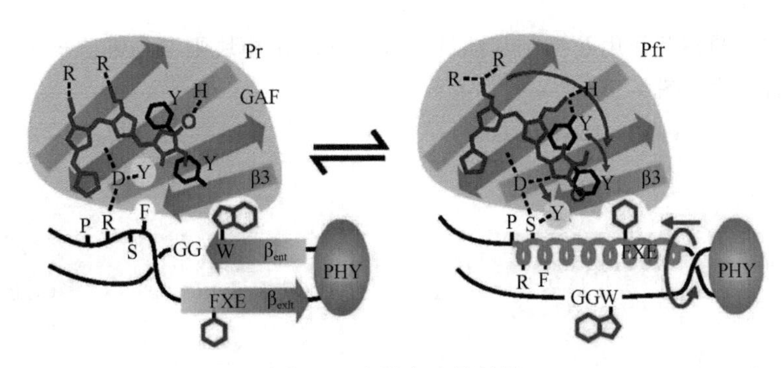

图 9-1　光敏色素的结构

三、光敏色素的种类和分布

光敏色素的种类主要取决于脱辅基多肽链（apoprotein polypeptide chain，AP），AP 由多基因家族编码。

黄化幼苗中大量存在、在黑暗中合成，见光后易分解的光敏色素称为类型Ⅰ光敏色素，也称为黄化组织光敏色素（etiolate tissue phytochrome，PhyⅠ），吸收峰在 666nm；而将光下稳定存在的、在绿色幼苗中含量很少的光敏色素称为类型Ⅱ光敏色素，也称为绿色组织光敏色素（green tissue phytochrome，PhyⅡ），吸收峰在 652nm，在黑暗和光下都可合成。在拟南芥中已发现了 6 类光敏色素，即 PhyA、PhyB、PhyD、PhyC、PhyF 和 PhyE。拟南芥 PhyA、PhyB 是编码类型Ⅰ光敏色素，而其他 4 种基因为编码类型Ⅱ光敏色素。拟南芥 PhyA 的表达受光的负调节，在光下 mRNA 合成受到抑制；其余 4 种基因表达不受光的影响。

根据光敏色素感受光波长的不同，可以将光敏色素分为远红光吸收型（Pfr）和红光吸收型（Pr）两种类型（图 9-2）。当光敏色素处于基态时，主要吸收红光（R；λ_{max}：660nm），称为 Pr 型，然后转换为一个主要吸收远红光（FR；λ_{max}：705～730nm）的状态，称为 Pfr 型。Pfr 型是有生理活性的不稳定的状态，需要通过 FR 来完成光转换回到比较稳定的 Pr，这个可逆的转换过程是光敏色素生色团异构化的结果。在黑暗条件下，植物细胞质中的 Pr 逐渐积累；一旦经光照，Pr 会进入细胞核并通过与核内的互作因子等相互作用启动一些相关基因如 COP、PIF 等的表达，进而影响植物的光形态建成。

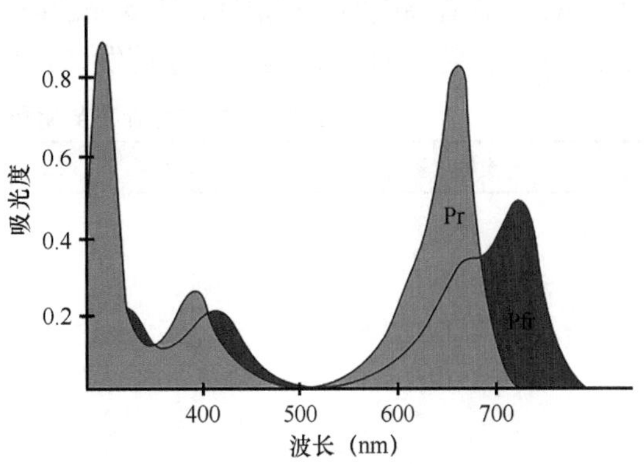

图 9-2　光敏色素 Pr 和 Pfr 的吸收光谱

Pr 型最大吸收峰在 660nm，Pfr 型最大吸收峰在 730nm

在黑暗中，光敏色素处于失活的红光吸收型（Pr），定位于细胞质中。在光下，光敏色素发生构象变化成为远红光吸收型（Pfr），并转移到细胞核中。Pfr 可自发地重新变成 Pr，此过程依赖于温度，常称为热逆转过程。光敏色素由 N 端的 N 端延伸（N-terminal extension，NTE）、感光模块及 C 端的输出模块组成。感光模块包括 PAS、GAF、PHY 三个结构域，GAF 结构域可与一个线性四吡咯环形状的生色团（phytochromobiline，PΦB）共价相连。输出模块包括两个串联的 PAS 结构域和组氨酸激酶相关结构域（histidine kinase related domain，HRKD）。感光模块负责对光信号进行感知和转导，PAS 和 GAF 结构域间的结合可能与 PIF3 的相互作用及抑制其活性有关。而输出模块则参与细胞核定位、蛋白的二聚化及 PIF3 的降解（图 9-3）。

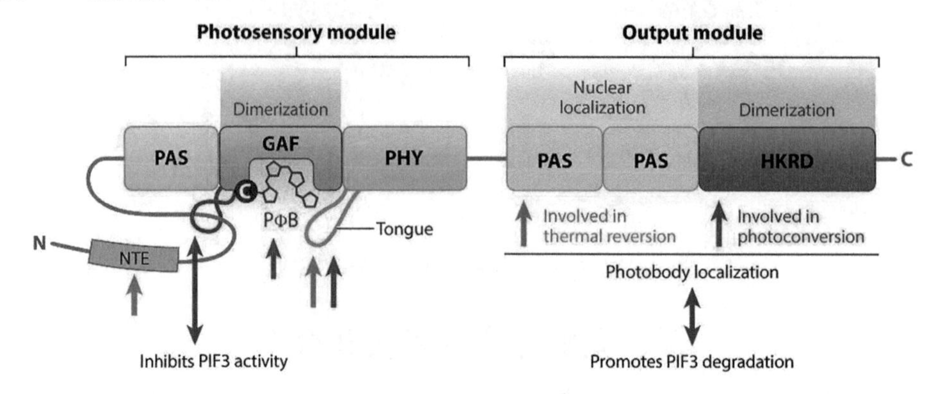

图 9-3 光敏色素的结构域示意图

高等植物中的光敏色素基因可分为两类：*PHYA* 类（*PHYA*、*PHYC*、*PHYN*、*PHYO*）和 *PHYB* 类（*PHYB*、*PHYD*、*PHYE*、*PHYP*）。在拟南芥中，前一类为光不稳定型，后一类是光稳定型。PhyA 是拟南芥中唯一的远红光受体，能够对白光、持续远红光作出应答反应。PhyA 对日照长度的反应与拟南芥提前开花现象密切相关。PhyB 负责调节短暂和持续红光照射下的大多数反应，是响应红光调节去黄化反应的最主要的光受体，控制红光对胚轴的抑制作用。PhyB 蛋白构象存在两种形式，分别是可以吸收红光的 Pr 形式和可以吸收远红光的 Pfr 形式。PhyC 能转导红光信号，控制叶片发育。PhyD 和 PhyE 在结构和功能上类似于 PhyB，具有高度的光稳定性，不受光的影响。PhyD 能调控根部发育，控制植物的避阴反应；PhyE 主要负责促进低温下种子萌发（表 9-3）。

表 9-3 光敏色素在苗期和早期营养生长期的不同作用

光敏色素	主要生理作用
PhyA	宽光谱光照条件下的种子萌发
	连续远红光照射下的幼苗黄化
	长日照条件下促进开花
PhyB	连续红光照射下种子萌发
	连续红光照射下的幼苗黄化
	避阴反应（叶柄和节间伸长）
PhyC	叶片扩大
PhyD	避阴反应（叶柄和节间伸长）
PhyE	低温下种子萌发

光敏色素在植物各个器官组织中均有分布，但在不同植物器官和不同光条件下含量差异较大。如被子植物的各个器官、蕨类植物、苔藓植物、藻类及黄化植株等。一般而言，光敏色素在分生组织如胚芽鞘、胚轴、幼叶等中含量相对较多。Phy Ⅰ在黑暗中才能合成，在黄化幼苗中含量较高。由于它在光照下不稳定，迅速被降解，因此在绿色组织中含量较低。

对光敏色素在细胞中定位的研究表明黑暗条件下 PhyA～PhyE 都位于胞质溶胶中，一旦照光，在 Pr 转变为 Pfr 的过程中，核定位序列暴露出来，Pfr 就进入细胞核内。

四、光敏色素的主要反应类型

光敏色素的主要反应方式可分为 3 种类型：极低辐照度反应（very low fluence response，VLFR）、低辐照度反应（low fluence response，LFR）和高辐照度反应（high-irradiance response，HIR）。VLFR 可被 1～100nmol/m^2 红光或远红光诱导，只有极少量的 Pr 向活化态 Pfr 转化。LFR 是典型的光敏色素诱导的红光-远红光可逆反应，所需的光能量为 1～1000μmol/m^2，而且 PhyB 是负责 R/FR 可逆的 LFR 的主要光受体。HIR 需要持续强光照（大于 10μmol/m^2），光照越强或是时间越长则反应程度越大，红光反应也不能被远红光逆转，这种反应的光受体主要是 PhyA。在植物的光周期反应中，PhyA 负责接收延长光照信号，主要调节 VLFR 和 HIR 反应；PhyB 主要参与 LFR 过程，与短日照植物的光周期密切相关。

五、光稳定平衡与避阴反应

在自然光照下，什么环境条件能引起这两种波段光的相对水平的变化呢？不同环境下，红光和远红光 FR 比例变化很大（表 9-4），这个比例可被表示为以 R660nm 为中心的 10nm 波段宽的光子通量率与 FR730nm 为中心的 10nm 波段宽的光子通量率的比值。

表 9-4　自然环境条件下重要的生态光参数

不同环境条件	光子流密度 [μmol/(m・s)]	R：FR
白天日光	1900	1.19
夕阳	26.5	0.96
月光	0.005	0.94
橡树冠层	17.7	0.13
土中深 5mm 处	8.6	0.88

Pr 和 Pfr 在小于 700nm 的各种光波下都有不同程度的吸收，在活体植物中，这两种光敏色素的成分取决于光源的光波成分，因此提出了光稳定平衡（photostationary equilibrium，Φ）的概念，或者称为光敏色素光平衡（phytochrome photo-equilibrium，PPE）、光敏色素光稳态（phytochrome photostationary state，PSS），即在一定波长下，具有生理活性的 Pfr 浓度与光敏色素的总浓度的比值，即 $\Phi = [Pfr]/([Pr]+[Pfr])$。不同波长的混合光下能得到各种 Φ 值。白芥幼苗在饱和红光（660nm）下的值是 0.8，即总光敏色素的 80% 是 Pfr，20% 是 Pr。饱和远红光（718 nm）下的值是 0.025，即总光敏色素的 2.5% 是 Pfr，97.5% 是 Pr。自然状态下，Φ 为 0.01～0.05 时就可以引起植物很显著的生理变化。这个概念主要用于解释自然环境或者受控环境中植物的避阴反应现象。

光敏色素的一个重要功能是使植物能感知其他植物的遮阴。植物受到周围植物遮阴时，茎伸长速度加快，这就是避阴反应（shade avoidance response），特别是在密植条件下阳生植物产生避阴反应显著，包括诱导茎的伸长、叶片面积减少、抑制根系发育、促进开花等生理现象。随着遮阴程度的增加，R∶FR 变小，远红光的比例越大，Pfr 转化成 Pr 越多，Pfr 与总光敏色素的比值（Pfr/Ptotal）下降。

阳生植物或避阴植物有明显的适应值，当它受到周围植物的遮阴时，可将营养分配到伸长生长更快部位以获得更多的光照。

六、光敏色素信号转导途径

光敏色素的活化到基因表达之间存在着一系列的信号转导中间体。G蛋白、cGMP、cAMP磷脂酶、三磷酸肌醇（inositol triphosphate，IP_3）、CaM及Ca^{2+}等都是光敏色素信号传递链的组分。

第二节　蓝光受体及紫外光受体

除了红光/远红光受体外，植物还有蓝光受体和紫外光受体。蓝光反应的有效波长是蓝光和近紫外光。蓝光受体也称蓝光 / 近紫外光受体。蓝光受体有隐花色素和向光素2种。藻类、真菌、蕨类和被子植物都有蓝光反应。高等植物典型的蓝光反应包括向光反应，作用为抑制茎伸长，促进花色素苷积累，促进气孔开放及调节基因的表达。而紫外光（ultraviolet light，UV）作为太阳光的固有组分，不可避免地促进或抑制植物的生长发育。其中UV-B是一种生物有效辐射。UVR8就是UV-B的光受体。

一、隐花色素

20世纪50年代末期，感受红光和远红光的光敏色素被发现后，蓝光受体的分离工作也被提上日程。类胡萝卜素、叶黄素、蝶呤等被认为可能是蓝光受体，然后又被一一证伪。约拿丹·格雷瑟尔研究隐花（cryptogamic）植物对蓝光的反应，因为蓝光受体一直在跟人类玩“隐蔽”（cryptic），格雷瑟尔一语双关，建议将其命名为“隐花色素”（cryptochrome）。

隐花色素广泛存在于动植物中。在双子叶植物、单子叶植物、蕨类、藓类和藻类中都存在。它们是最早在植物中进化的光感受器之一。多数植物中有多种隐花色素，拟南芥有三种隐花色素基因*CRY1*、*CYR2*和*CYR3*。*CRY1*负责植物对强蓝光的响应，*CRY2*参与对弱蓝光的响应，二者的功能存在冗余。*CRY3*的功能目前还知之甚少。蕨类和藓类分别有5种和至少2种隐花色素基因。

隐花色素作用光谱的特征是在近紫外光350～380nm波段有一吸收峰，在蓝光部分有三个吸收峰，通常在420nm、450nm、480nm处，呈“三指”状，这是判断一个反应是否包含隐花色素存在（蓝光反应）的标准。不同植物对蓝光效应的作用光谱稍有差异。

大部分植物中的隐花色素为黄素类蛋白，分子量为70～80kDa。具有两个可识别结构域：N端光解酶同源结构域（photolyase-homologous region，PHR）结构域，包含500个残基，非共价结合两个生色团、FAD和叶酸；隐花色素C端扩展（cryptochrome C-terminal extension，CCE）结构域，植物隐花色素CCE结构域具有特异的序列。除衣藻（*Chlamydomonas reinhardtii*）外，地钱、苔藓、蕨类、被子植物的CCE结构域都含有DAS（DQXVP-Acidic-STAESSS）（图9-4）。

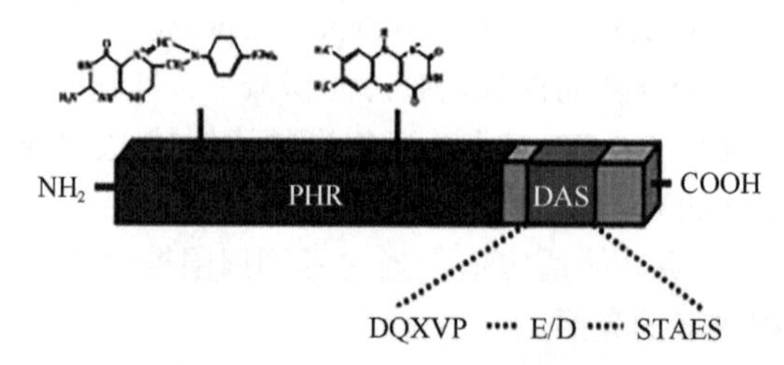

图9-4　植物隐花色素结构域示意图

一般认为蓝紫光抑制生长、促进分化、抑制黄化现象的产生，即属于隐花色素的蓝光效应。隐花色素的发色基团可能是 FAD 和蝶呤（pterins）。

二、向　光　素

向光性是受光调节的最重要的反应之一，向光性使植物弯向入射光以获得供其生长的最适光照。植物的向光性生长，在苔藓、蕨类和被子植物中普遍存在。向光素是在研究植物的向光反应中发现的，是继 Phy、Cry 之后发现的一种蓝光受体。其生色基团是黄素单核苷酸（FMN）。PHOT 端具有丝氨酸-苏氨酸激酶特性，而 N 端有两个 LOY（light，oxygen，voltage）结构域，这两个区域在蓝光刺激后负责与两个生色团 FMN 发生结合，导致构象变化，PHOT 作为蛋白激酶，依赖蓝光发生自磷酸化反应，引发蓝光信号转导。向光素主要调节植物的运动，如光反应、气孔运动、叶绿体运动等。

三、UV-B 受体

植物和真菌的许多反应都受紫外光（UV）调控。UV 又可分为 UV-C（10～280nm）、UV-B（280～315nm）、UV-A（315～400nm）。近紫外光通常指长于 300nm 的紫外光。UV-C 波长短，能量高，被臭氧层吸收，到达地面的太阳辐射中不存在。UV-B 的一部分和 UV-A 可穿过大气层到达地面。在臭氧层受到了严重破坏的情况下，致使到达地表的 UV-B 辐射不断增加。对植物的生长发育产生广泛的影响。UV-B 辐射的增加使绝大多数植物表现出植株矮化、叶面积减小、叶片增厚、植物器官生长不均匀和根冠比改变等形态学上的变化。同时影响植物的光合作用，降低其地上部株高和生物量，导致植物有效光合面积减少，光合作用及相关指标受到抑制。但是，UV-B 辐射也影响了植物次生代谢物的合成，使植物叶片中酚类化合物、烯萜类化合物和花青素等紫外吸收物质的含量增加。UV-B 影响植物的光形态建成，包括下胚轴伸长和子叶伸展、叶片的光合作用和生物节律，最明显的是影响植物体内黄酮类化合物的合成。

UVR8 是从拟南芥中分离并鉴定出的 UV-B 特异光受体，吸收 UV-B。拟南芥 UVR8 蛋白由 440 个氨基酸残基组成。分子量 47kDa，由 7 个片状的 β-螺旋纵向排列成环形结构，中空形成流水通道。目前，关于 UVR8 在植物体内的生理功能还处于起始阶段，并且主要集中在拟南芥的研究中，包括抑制下胚轴的生长、叶肉细胞和表皮细胞的伸展、表皮气孔放大、调节生物节律、提高光合速率和提高对灰霉菌的抗性，其他植物可能还有许多未知的功能。

案例 9-1 解析

当薏苡的种植密度到达一定程度后，引起植株的相互遮阴导致植株感受的光照质量发生改变，随着遮阴程度的增加，R:FR 变小，远红光的比例越大，Pfr 转化成 Pr 越多。引发植物的避阴反应。营养分配到伸长生长更快部位以获得更多的光照，所以薏苡茎加速伸长、叶片面积减少。

本章小结

学习内容	学习要点
名词术语	光形态建成、光敏色素、隐花色素、光受体
光敏色素	光敏色素的结构，类型，避阴反应

目 标 检 测

一、单项选择题

1. 在 400～800nm 的光谱中，对植物生长发育不太重要的是（　　）光区。

A. 绿　　B. 蓝　　C. 红　　D. 远红

2. 光敏色素的生理活性型是（　　）。

A. Pr　　B. Pfr　　C. X　　D. Pr-X

3. 黄化植物幼苗光敏色素含量比绿色幼苗（　　）。

A. 少　　B. 多许多　　C. 差不多　　D. 不确定

二、多项选择题

1. 下列哪些植物含有隐花色素（　　）。

A. 藻类　　B. 苔藓　　C. 蕨类　　D. 裸子植物　　E. 被子植物

2. 光敏色素的主要反应方式可分为（　　）种类型。

A. VLFR　　B. LFR　　C. HIR　　D. Pfr　　E. Pr

三、名词解释

光形态建成；避阴反应

四、简答题

1. 如何用实验证明植物的某些生理作用有光敏色素参与？

2. 如何利用避阴反应进行药材种植？

（内蒙古医科大学　张传领）

第十章 药用植物生长发育生理

学习目标

1. 掌握：植物开花生理。
2. 熟悉：植物生长发育的相关性。
3. 了解：植物细胞的生长分化、器官脱离生理。

案例 10-1 导入

在药用植物种植过程中，药农在对特定药用植物特定的生长阶段要采取一些处理措施，以收获所需要的药用部位。例如，菊花、红花等以花为主的药材品种，药农经常通过打顶来获取更多花的数量，防风、黄芪、苍术等药农要适时进行打薹、摘蕾操作，这样才能收获质量更好的药材。

问题：药农在种药过程中对不同药用植物采取不同处理措施的生理基础是什么？

在植物生命周期中个体形态建成包括生长、分化和发育过程，因此植物的生长发育是植物生命活动在外观上的体现，也是植物体内各个生理代谢活动协调的综合表现。

生长（growth）指由原生质的增加而引起植物体的体积或质量的不可逆增加，是通过细胞分裂增加细胞数目和细胞伸长增大细胞体积来实现的，表现为细胞数目、干重、原生质总量和体积的不可逆的增加，是一个量变的过程，如根、茎、叶、花、果实和种子体积扩大或质量增加。

分化（differentiation）指遗传上同质的细胞转变为形态、结构、功能及化学组分上异质的细胞，即植物差异性生长，是一个质变的过程。分化可以在细胞水平、组织水平和器官水平上表现出来，如细胞的分化、组织的分化、花芽和叶芽的分化、茎和根的分化等。

发育（development）是指个体生命周期中植物体的构造和功能从简单到复杂的变化过程，是植物的遗传信息在内外条件影响下有序表达的结果，在时间上有严格的顺序性。发育是外界因素与植物体各部分、各器官相互作用的结果，只能在整体上表现出来。例如，植物对光周期的反应，就是由叶片感受外部光信号、茎的传导、生长点的变化，才使植物由营养生长转变为开花结实的。生长、分化和发育之间关系密切，有时交叉或重叠在一起。生长是量变、是基础；分化是局部的质变；而发育包含了生长和分化，是整体的质变。

药用植物的生长发育状况直接影响着药材的产量和质量。了解药用植物的生长规律及其与外界环境条件的关系，以调节和控制药用植物的生长过程，在药材生产上具有重要意义。

第一节 植物细胞的生长与分化

植物组织、器官乃至整体的生长是以细胞的生长为基础的。细胞的生长包括细胞分裂（增加细胞数目）和细胞伸长（增大细胞体积）两个方面。当细胞体积停止增大时，通过细胞分化形成具有一定结构和功能的组织、器官。细胞的发育可分为三个时期：细胞分裂期、细胞伸长期、细胞分化期。

一、植物细胞的分裂与分化

植物的生长是指植物通过细胞分裂、分化和伸长，导致体积、重量和数量不可逆地增加的量变过程。发育是指细胞、组织、器官或植物体在生命周期中形态结构和功能上的有序变化，是质变的过程。发育是植物生长与分化的综合表现。植物体的生长是以细胞的生长为基础，即通过细胞分裂增加细胞数目，通过细胞伸长增大细胞体积，通过细胞分化形成各类细胞、组织和器官。药用植物的生长包括营养器官的生长和生殖器官的生长，存在于整个生命活动过程中。

1. 细胞的分裂 植物体靠细胞的数量增加、体积增大及分化来实现生长发育和繁殖。细胞数量的增加和繁衍后代要靠细胞分裂来实现。细胞分裂（cell division）是指活细胞增殖及其数量由一个细胞分裂为两个细胞的过程。细胞的增殖是细胞分裂的结果。植物细胞的分裂通常有三种方式：有丝分裂、无丝分裂和减数分裂。

（1）有丝分裂（mitosis）：又称间接分裂，是高等植物和多数低等植物营养细胞的分裂方式，是细胞分裂中最普遍的一种方式，通过细胞分裂使植物生长。有丝分裂所产生的两个子细胞的染色体数目与体细胞的染色体数目一致，具有与母细胞相同的遗传性，保持了细胞遗传的稳定性。植物根尖和茎尖等生长特别旺盛的部位的分生区细胞、根和茎的形成层细胞的分裂就是有丝分裂。

（2）无丝分裂（amitosis）：又称直接分裂，细胞分裂过程较简单，分裂时细胞核不出现染色体和纺锤丝等一系列复杂的变化。无丝分裂的形式多种多样，有横缢式、芽生式、碎裂式、劈裂式等。无丝分裂速度快，消耗能量小，但不能保证母细胞的遗传物质平均地分配到两个子细胞中去，从而影响了遗传的稳定性。无丝分裂在低等植物中普遍存在，在高等植物中也较为常见，尤其是生长迅速的部位，如愈伤组织、薄壁组织、生长点、胚乳、花药的绒毡层细胞、表皮、不定芽、不定根、叶柄等处可见到细胞的无丝分裂。

（3）减数分裂（meiosis）：与植物的有性生殖密切相关，只发生于植物的有性生殖产生配子的过程中。减数分裂包括两次连续进行的细胞分裂。在减数分裂中，细胞核进行染色体的复制和分裂，出现纺锤丝等，最终分裂形成 4 个子细胞，每个子细胞的染色体数只有母细胞的一半。种子植物的精子和卵细胞是由减数分裂形成。精子和卵细胞结合，使得子代的染色体与亲代的染色体相同，不仅保证了遗传的稳定性，而且还保留父母双方的遗传物质而扩大变异，增强了适应性。在栽培育种上常利用减数分裂特性进行品种间杂交，以培育新品种。

2. 细胞的伸长 在根尖和茎尖分生区的细胞具有细胞分裂能力，其中除了一部分继续保持强烈的分生能力外，大部分细胞过渡到细胞伸长（cell elongation）或扩大（expansion）阶段。这一阶段细胞形态上的特点主要是细胞体积的增大。

3. 细胞的分化（cell differentiation） 是指一种同质的细胞转变为形态结构和功能与原来细胞不相同的异质细胞的过程；它可以在细胞、组织和器官的不同水平上表现出来。例如，细胞通过分化后，形成不同组织即薄壁组织、输导组织、保护组织、机械组织和分泌组织。这些组织紧密结合形成植物的各种器官。植物的组织、器官就是植物细胞分化的结果。

二、植物细胞的全能性

植物细胞的全能性（totipotency）是指任何一个具有生命力的活细胞都含有发育成一个完整植株的全部遗传信息，在适宜的条件下，能发育成一个完整的植株。德国植物学家哈伯兰特（Haberlandt）根据细胞学说于 1902 年首先提出了细胞全能性概念。他认为，高等植物的组织和器官可以分割成单个细胞。离体细胞在生理上与发育上具有潜在的全能性，并可在试管中培育出植物。细胞全能性是植物组织培养（plant tissue culture）的理论依据。在组织培养中，外植体细胞可在培养基中进行细胞分裂，产生愈伤组织。这种已分化的细胞，又恢复到分生状态，产生无组织结构的细胞团或愈伤组织的过程称为脱分化（dedifferentiation）。愈伤组织经适当诱导培养后，又可产生分化现象，再度分化形成另一种或几种类型细胞、组织器官，称为再分化（redifferentiation）。愈伤组织通过培养可产生具有胚胎结构的细胞组织，即胚状体（embryoid）或体细胞胚。这是获得再生植株的最理想的途径，因为它具备了植物最典型的胚性结构这一特征。1922 年，克努森（Knudson）利用胚培养法获得大量兰花幼苗，解决了兰花种子发芽困难的问题。目前通过细胞培养的植物种类已达 100 多种，为产量低、需求大的次生代谢物，如人参皂苷、紫草宁、紫杉醇、黄酮等的生产提供了有益的尝试。

三、植物细胞的极性

极性（polarity）是指植物体细胞、组织和器官的形态学两端在生理上具有的异质性。极性是分化的第一步，只有在细胞中建立了极性之后，才能形成有特定特点的形态结构。极性是在受精卵中已形成，一直被保留下来的。当胚长成新植物体时，仍然明显地表现出极性。例如，受精卵的不均等分裂形成大小不等的细胞，小的发育成胚，大的发育成胚柄。可见极性是细胞不均等分裂的基础，而不均等分裂又是植物组织结构分化产生的基础。极性一旦建立以后就很难逆转，可表现在植物整体、器官、组织、细胞等各个水平上。树木的茎段在扦插时，总是形态学下端长根，形态学上端长芽，即使颠倒过来也是如此。细胞极性的建立对于多细胞生物的发育至关重要。

细胞的分裂、伸长与分化三个时期是个连续过程，不可能截然分开，没有明显的严格界限，常相互重叠。但是，在自然条件下，细胞的三个时期不可逆转，而且环境条件能够影响三个时期。例如，水分充足，可延长伸长期而推迟分化期；如果缺水，可缩短伸长期而提前分化期。在弱光高湿条件下，有利于细胞伸长而不利于细胞分化；在强光低湿条件下，不利于细胞伸长而有利于细胞分化。

第二节　植物开花生理

开花是高等植物生命周期中的一个质变过程，是植物个体发育的中心环节，是物种延续的有效方式。

一、植物发育阶段

植物的生命周期一般分为营养生长（vegetative growth）和生殖生长（reproductive growth）两个阶段。其中营养生长阶段又可再分为幼年期和成年期，而成年期又分为成年营养期和成年生殖期。幼年期与成年营养期的主要区别是后者能够形成生殖结构，即被子植物的花或裸子植物的球果。花芽分化是植物由营养生长转为生殖生长的重要标志。从一个时期过渡到另一个时期，称为相变（phase change）。多细胞生物在整个生命周期中普遍经历发育阶段的相变（图 10-1）。

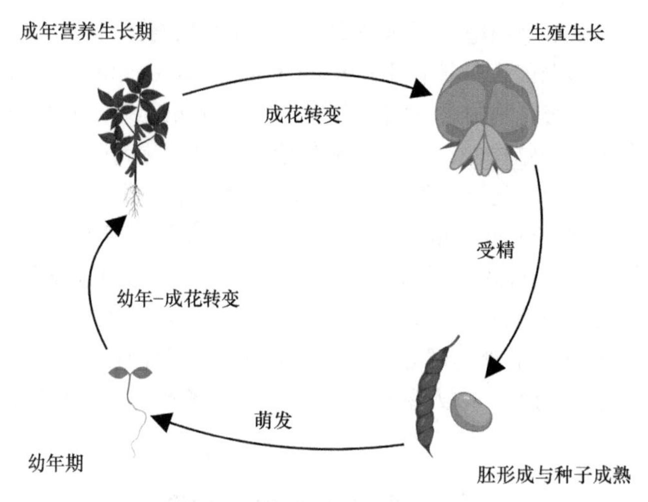

图 10-1 植物生长阶段示意图

（一）幼年期

植物的幼年期（juvenile phase）是植物具有开花能力之前的发育阶段，在此阶段，任何自然处理均不能诱导开花。高等植物幼年期的长短因植物种类不同而有很大差异。一般草本植物的幼年期较短，约几天或几周，甚至有些草本植物如日本矮牵牛、红藜等根本或几乎没有幼年期。它们在适当的环境条件下，刚发芽 2～3 天的植株就可以长出花芽。一些草本药用植物如黄芪一般幼年期是 1 年左右。大多数木本植物的幼年期较长，一般从几年到几十年不等，桑树的幼年期一般为 3 年，欧洲水青冈可达 30～40 年。农谚"桃三杏四梨五年，枣树当年就赚钱"讲的就是植物的幼年期长短。

幼年期和成年生殖期除了能否开花不同，二者的形态和生理特征也不相同。幼年期在生理特征上表现为生长速度快、呼吸强、核酸代谢和蛋白质合成快。当进入成年生殖期后，组织成熟，代谢和生理活动较弱，光合速率和呼吸速率都下降。幼年期茎的切段易发根，而成年生殖期的切段不易发根。这可能与幼年期切条内含较多生长素有关。

由于植株从幼年期转变为成年生殖期是由茎基向顶端发展，所以植株不同部位的成熟度不一样。树木的基部通常是幼年期，顶端是成年生殖期，中部则是中间型。从常春藤茎基取材扦插繁殖出的植株呈幼年期特征；如从顶端取材则长出的植株呈成年期特征；如从中部取材长出的植株是成年期和幼年期混合特征（表 10-1）。在冬季，落叶灌木顶端叶片脱落而基部叶片不脱落，这就是幼年期的特征。以基部或顶端为接穗嫁接则前者一两年后仍不开花，而后者一两年后则开花。由此可见，植株一旦成熟就非常稳定，除非经过有性生殖新进入幼年期，否则不易转变回到幼年期。植物幼年期向成年期的转换通常是单向且不可逆的，这确保了植物一旦进入成年期不易受外界环境的影响再返回幼年期。

表 10-1 洋常春藤（*Hedera helix*）幼年期和成年生殖期特征比较

比较点	幼年期	成年生殖期
叶形	五裂掌状	全缘卵形
茎叶花色素苷	有	无
茎附属结构	茎皮被短柔毛	无毛
生长习性	攀缘	直立

续表

比较点	幼年期	成年生殖期
枝条生长	无限生长	有限生长
顶芽	无顶芽	具鳞叶状顶芽
气生根	节间有气生根	节间无气生根
开花	不开花	开花

（二）成年期

植物成年期由幼年期转变而来，分为成年营养期（adult vegetative phase）和成年生殖期（adult reproductive phase）两个阶段。成年营养期具有感受环境信号及进行花芽分化能力，称为花熟状态（ripeness to flower state）或成花感受态（floral competence state）。成年生殖期是指生殖器官的形成期，也就是花、果实和种子的形成期。植物的幼年期向成年期的转变受多种因子的影响，如植株大小、植株年龄、叶片数、植物的生长环境和营养状况等。幼年期植株虽不具备感应环境信号开花的能力，但其生长好坏对以后的生长发育影响很大。

二、成 花 过 程

高等植物成花通常包括 3 个顺序过程：成花诱导（floral induction）、成花启动（floral evocation）和花的发育（floral development）。

（一）成花诱导

成花诱导指经某种信号诱导后，特异基因启动，使植物改变发育过程，进入了成花决定态（floral determined state），即将进行营养生长的顶端分生组织转向生殖生长，生长点一旦完成成花决定，其顶端生长点就获得了花发育的程序，即使将其与植株分开也不会改变。成花诱导对成花过程起关键作用。

不同植物的成花诱导过程有一定的相似性，如光照会诱导植物产生成花信号而使植物进行成花转变。在植物成花过程中，受温度、光和激素等许多因素影响。目前为止明确了高等植物的 7 条成花诱导途径，即春化途径（vernalization pathway）、温敏途径（ambient temperature pathway）、光周期途径（photoperiod pathway）、赤霉素途径（gibberellin pathway）、自主途径（autonomous pathway）、年龄途径（age pathway）和成花抑制途径（floral inhibition pathway）。有些植物在长期的进化过程中，逐渐进化出对不同温度和日照的敏感度，以便更好地适应环境。但有些植物对温度和光照要求不严，可以在一定环境变化范围内顺利完成生长发育周期。植物在各种环境条件的综合作用下，各个成花诱导途径之间互相交叉和作用。

1. 自主途径 指在外界环境条件不适合植物开花的情况下，植物体在自身营养生长达到一定阶段时能够自主开花的现象。研究者将在长日照和短日照条件下都表现晚开花的突变体称为自主途径类突变体。从拟南芥突变体中筛选到一些调控自主途径的基因，如 *FCA*（FLOWERING LOCUS CA）和 *FPA*（FLOWERING LOCUS PA）等。这些基因均可通过抑制 *FLC*（FLOWERING LOCUS C）的表达，从而促进植物成花。

2. 成花抑制途径 在拟南芥研究中，一些突变体植株表现为开花极早，营养生长缓慢，或者不经任何营养生长，在种子萌发后，在子叶表面直接生长出柱头乳突等生殖器官。目前

认为 *EMF* 基因和 *TFL1* 基因在开花调控中起抑制作用。在普通型植株中，随着植物的生长发育，EMF 对开花的抑制作用表现为逐渐降低，当这种抑制作用降低到一定程度时，植物开始从营养生长转向生殖生长。

3. 年龄途径 植物在从幼年到成年的整个生命周期中，miRNA 是一类内源性非编码小分子 RNA，通常在转录后水平负调节靶基因表达。miR-156 在植株对年龄响应中起关键作用。在植株的幼年期，miR-156 高度表达，其表达量随着植株年龄的增长而逐渐减少；而 miR-172 的表达模式与 miR-156 相反，表达量随着植株年龄增加而表现上升。过表达 miR-156 会使转基因植株表现幼态化，而过表达 miR-172 可使植株提早进入成年期。

（二）成花启动

成花启动指分生组织在形成花原基之前发生的一系列反应，以及分生组织分化成可辨认的花原基，该过程也称为花发端（floral initiation）。

植物成花启动是需要条件的。植物的成花过程是对内、外环境信号刺激的感受和植物相关基因在时间和空间上差异性表达的结果。植物的成花启动受到一系列内、外因子的调节控制。影响植物成花启动的内部因子有相关基因表达、特定的生化反应、昼夜节奏、自动调节。在某些植物中，成花启动主要由光周期和低温等外部因子诱发（图 10-2）。

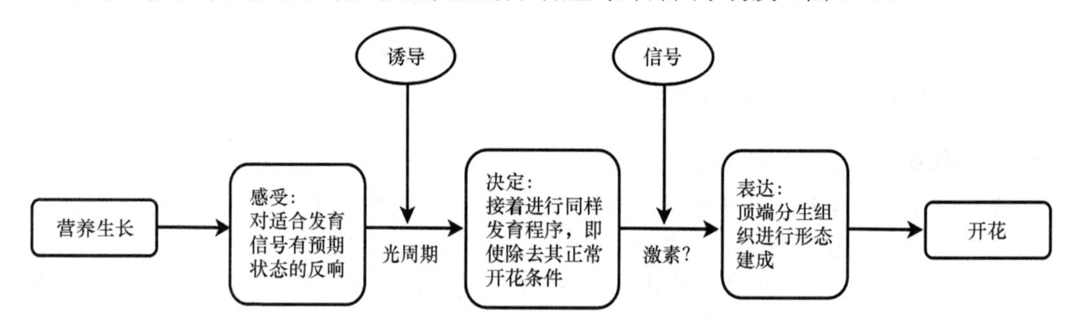

图 10-2　枝条顶端分生组织进行花形态建成

根据成花启动对环境的要求，可将植物分为如下三种类型。

（1）光周期敏感型：这类植物以成熟叶片为感应器，将外界光周期信号传递到生长点，决定是否进行生殖生长或继续保持营养生长状态。

（2）低温敏感型（春化型）：这类植物以生长点为感应器，当植物长到一定大小时，茎尖感受低温信号，决定以后是否进行生殖生长。

（3）营养积累型：这类植物对光周期和低温均不敏感，而是当营养生长到一定时期，便自动进入生殖生长状态。因此这类植物何时进行成花启动主要取决于年龄、生长量和营养水平。

（三）花的发育

花的发育指的是花器官的形成过程。花原基形成及花芽各部分形成、分化与成熟的过程，称为花发育（floral organ development）、花芽形成（flower bud formation）或花芽分化（flower bud differentiation）。在花芽形成和分化初期，茎端分生组织在形态上和生理生化方面发生显著的变化。植物在花芽分化过程中进行着性别分化（sex differentiation），主要表现为花器官构造上的差异。

第三节 植物生长的周期性和相关性

植物的整体、器官或组织在生长过程中常常遵循一定的规律，表现出特有的周期性、相关性和独立性等特点。

一、植物生长的周期性

（一）植物的生长曲线与生长大周期

植物包括细胞、组织、器官、植株以至群体在整个生长过程中，生长速率不是恒定的，一般都会表现出“慢—快—慢”的变化规律，即开始时生长缓慢，以后逐渐加快，进入快速生长期，然后生长速率又减慢以至停止。植物体或个别器官所经历的“慢—快—慢”的整个生长过程，被称为生长大周期（grand period of growth）。

如果以植物（或器官）体积对时间作图，可得到植物的生长曲线（growth curve）。生长曲线表示植物在生长周期中的生长变化趋势，典型的有限生长曲线呈S形。如果用干重、高度、表面积、细胞数或蛋白质含量等参数对时间作图，也可得到同样类型的生长曲线。如以增长量变化（生长速率）来表示，生长曲线则为一条抛物线。

了解植物的生长曲线在农业生产上具有重要的实践意义。一切促进生长或抑制生长的措施（如水分、肥料和生长调节剂的应用），必须在生长最快速率到来之前应用才能有效。

（二）植物生长的温周期性

自然条件下，温度的变化表现出日温较高、夜温较低的周期性。植物的生长按温度的昼夜周期性发生有规律的变化，称为植物生长温周期现象（thermoperiodicity of growth），或植物生长的昼夜周期性。一般来说，在夏季，植物的生长速率为白天较慢，夜晚较快；而在冬季，植物的生长速率为白天较快，夜晚较慢。

（三）植物生长的季节周期性

植物的生长在一年四季中也会发生有规律的变化，称为植物生长的季节周期性（seasonal periodism）。

二、植物生长的相关性

植物体是由多器官构成的统一体，因此，植物的生长可分解成植物各个器官的生长。植物各个器官之间的生长存在着相互依赖、相互促进的关系，这就是植物生长的相关性。植物生长的相关性主要体现在营养生长与生殖生长、地下部与地上部及顶芽与侧芽、主根与侧根3个方面。

（一）营养生长与生殖生长相关性

1. 药用植物营养生长 药用植物的整个生长发育过程的前期，只有根、茎、叶这些营养器官的生长，称为营养生长。植物的营养生长增加了营养器官的初生代谢物的产量。营养生长是为植物转向生殖生长做必要的物质准备。药用植物的营养生长，对根类、茎类、叶类药材的产量产生深刻的影响。黄芪在开花结果前生长速度最快，此时地上部的光合产物主要输送到根部积累，提高了黄芪根的产量。夏枯草在营养生长和生殖生长阶段，其根和叶的生物量分配呈现先增加后减少的趋势，等到结实期，生物量大多分配给果穗。

2. 药用植物生殖生长 植物花、果实、种子这些繁殖器官的生长，称为生殖生长。药用植物在转入生殖生长的过程中，植物在形态、生理、内源激素及初生和次生代谢物方面都发生了变化。植物进入生殖生长后，也会对其他器官的生长产生影响。例如，防风抽薹后，地上部生长旺盛，可高达 1m。但是，在防风的整个生殖生长期，根的直径并没有明显增加，导致防风根的产量降低。宽叶羌活抽薹后，其根的产量大幅度降低。但是生殖生长也并非都对营养器官的产量产生负面影响，还需要进行广泛的研究。

3. 营养生长与生殖生长的相关性 植物的营养生长和生殖生长存在着相互依赖、相互制约的关系。营养生长是生殖生长的基础和前提。生殖生长必须依赖良好的营养生长，生殖生长会消耗大量营养生长所积累下来的营养。但生殖生长也可以在一定程度上促进营养生长；营养生长和生殖生长会因为对营养物质的争夺而相互抑制。在植物不徒长的前提下，营养生长旺盛、叶面积大、光合产物多，果实和种子才能良好发育；反之，若营养生长不良，则植株矮小瘦弱，叶小色淡，花器官发育不完全，果实发育迟缓，果实小，种子少，产量低。同时营养生长对生殖生长的影响，也会因植物种类不同而有较大差异。

由于植株开花结果，同化作用的产物和无机营养同时要供应营养器官和生殖器官，从而营养生长受到一定程度的抑制。因此，过早进入生殖生长，就会抑制营养生长；受抑制的营养生长，反过来又制约生殖生长。在实际生产上摘除花蕾、花、幼果，抑制其生殖生长，可促进植株营养生长，对平衡营养生长与生殖生长关系具有重要作用。而植株的生殖生长也有利于营养生长的进行，其通过促进生长素（IAA）等激素类物质合成，刺激植株的营养生长，形成的种子能为下一代植株的营养生长提供物质基础。因为种子里面富含丰富的营养物质，所以生殖生长也并不总是对营养生长有抑制的影响，有时也能有相互促进的一面。

营养生长和生殖生长一般来讲有时序性，但是也和不同植物的生命周期存在关系，导致营养生长及生殖生长的分配策略出现差异。例如，一年生的植物开花就意味着整株植物的衰老和死亡，其营养生长到生殖生长的转变趋势不可逆。而多年生植物的生长转变则可以交替进行。其在开花后继续维持营养生长，表现为“地上部位营养生长–生殖生长–地下部位营养生长”的交替生长现象。因此，我们在控制药用植物生长时需要特殊关注这种营养循环规律。

在药材生产上，我们可以充分利用植物的营养生长和生殖生长之间的关系，采取抑制营养生长或抑制生殖生长的手段来调控药用植物的产量与质量。

摘花（摘蕾、除薹、摘花序）措施对植物的营养生长有较好的促进作用，有助于药用部位活性成分的积累，提高药材的品质。有研究表明，摘除桔梗的花蕾和花序后，发现桔梗总皂苷和多糖含量提高。适宜时期除去丹参花部，能够提高植株根部主要活性成分丹酚酸 B、丹参素的含量及单株总量。摘除黄芩的花抑制其生殖生长，使黄芩根部黄芩苷含量增加。有些植物采用“疏花（果）”后可以增加其产量和质量。当山茱萸植株存在大量的花（果）时，定时摘除发育不良的花或果，可以使树势增强，保证果实药材的质量和产量。摘除 5 年生人参植株的伞形花序最外层的 2 轮花蕾，可提高每平方米内种子的数量及根产量。有些药用植物抽薹后，根易出现木质化，失去药用价值，因此，有明显抽薹现象的药用植物，有必要及时除去其薹部。三七从第 2 年开始，每年抽薹开花时除薹有助于其质量及产量的提高。藁本出薹后，从薹的基部掐断，有助于增加根质量。当归、泽泻等以根及地下茎入药植物通过控薹措施，都能保证药材质量和产量。

（二）地上部与地下部的相关性

植物的地上部与地下部有着相互促进、相互制约的相关性。“根深叶茂”指的是地上部和地下部相互促进、协调生长的现象。一般情况下，根系生长旺盛的植物地上部枝叶也多，地上部生长良好又会促进根系生长。

地上部的生长和生理活动需要根系提供水分、矿质营养，以及根中合成的氨基酸、磷脂、核苷酸、植物激素等。在水分亏缺时，ABA在根系中快速合成并通过蒸腾液流输送到地上部，调节和控制着地上部的生理活动。地下部的代谢活动和生长则依赖于地上部供给光合产物、维生素和生长素等物质。同时，叶片也会合成一些化学信号物质传送到根系，调节着地下部的生长和生理活动。

在某些情况下，地上部和地下部也会出现相互竞争的现象，如在水分、养分供应不足的情况下，地上部与地下部由于供求关系上出现的矛盾，导致它们对水分和营养物质的竞争，使二者表现出一定的相互制约关系。通常用根冠比（root-shoot ratio，RSR）来表示两者的生长相关，即植物的地下部和地上部的质量（鲜重或干重）之比。它能反映地下部与地上部相对生长情况以及环境条件对上下部分生长的影响情况。一些环境因素会影响根冠比。土壤水分不足时对地上部的影响比对地下部的影响更大，根冠比增大；相反，土壤水分多时，给地上输送的水分相对增多，促进地上部的生长，使根冠比降低。俗话说“旱长根，水长苗”就是这个道理。增加氮素供应使根冠比变小，减少氮素供应使根冠比变大。增施磷肥使根冠比变大，减少磷肥供应使根冠比变小。

薯蓣、白芷、地黄等以收获地下器官为主的药用植物，在栽培过程中，其根冠比对产量的影响关系很大。薯蓣在生长前期，以茎叶生长为主，需要大量叶片进行光合作用，故需充足的氮肥，以促进地上部生长，根冠比较低。当进入生长中期以后，应使茎叶生长缓慢或停止，让地下根茎迅速长大，根冠比提高。到后期，则以薯蓣中的淀粉积累为主，此时若茎叶生长旺盛，会消耗大量光合产物，不利生长。因此，后期应减少氮肥供应，增加磷肥有利于光合产物运输，以促进地下根茎膨大，使根冠比达到最大值。

植株地上部的营养生长与地下部的营养生长也存在相似的依存关系。若植株地上部的营养生长被过度抑制，其生殖生长、地下部的营养生长都会受到相应的影响。例如，过度抑制党参地上部的营养生长，反而会对它们的种子、根部发育产生不利影响。植物地上营养器官与地下营养器官也存在着对抗关系，由此产生了打顶、喷施矮化剂等田间管理措施，限制地上部过旺的营养生长。这在黄芩等药用植物栽植过程中可见应用。

（三）顶芽与侧芽、主根与侧根的相关性

在植物的形态建成过程中，顶芽发育成主茎，腋芽长出侧枝，通常主茎生长快，而腋芽生长较慢。这种由于植物的顶芽生长占优势而抑制腋芽生长的现象称为顶端优势（apical dominance）。由于顶端优势的存在，决定了侧芽是否萌发生长、侧芽萌发生长的快慢及侧枝生长的角度。不同植物顶端优势强弱不同，顶端优势在植物界非常普遍，但明显程度有差异。例如，麻黄顶端优势就很强。而核桃、榆树等顶端优势就较弱。顶端优势现象在根中也存在。主根生长旺盛，使侧根生长受到抑制。一般侧根在距离主根根尖一定处斜向生长，当主根生长受到抑制时，侧根数增多；去掉主根，侧根生长速度则加快。

根据植物茎顶端优势的存在会抑制侧芽生长的特性，在药材生产中，去除植株主茎的顶端优势，则能促使植物养分用于地下营养器官及侧枝花果的生长。在栽培措施上可采用打顶（摘心）即掐去植物茎顶端生长点的措施，使花果类药材产量增加。药用菊花栽培中通过打顶能够促使菊苗分枝，提高花的产量。山楂树夏季摘心以促发二次枝、增加短壮结果母枝量。打顶单独应用于桔梗和多花黄精培育发现，处理后的植株药用部位的活性成分含量或生物量有一定的增加。

第四节 植 物 衰 老

一、概 述

生物的整个生命过程就是生物的生长、发育、成熟、衰老直至死亡的连续过程。衰老是生物生命周期的最后一个阶段，它的发生伴随着生物机体各部分功能的衰退和老化，直至死亡。植物衰老（plant senescence）是成熟的细胞、组织、器官和整个植株自然地终止生命活动的一系列衰败过程。衰老既有消极的一面也有积极的一面。对于一年生植物，在衰老死亡过程中，其器官中的营养物质降解后可转移至种子或块茎、球茎等储存器官中，以备新个体形成时再利用。种子繁殖可使种群中的个体迅速轮换，使具有优良遗传特性的个体以最快速度传播增殖，有利于保持种的优势。

二、植物衰老类型

植物的不同器官、组织有不同的衰老表现。除某些常绿木本植物外，叶片每年或几年衰老死亡。开花后花瓣首先开始凋落。果实衰老后种子延存了下来。因此，衰老是在不同时间、不同空间上不断发生的。根据植物与器官衰老和死亡的情况，一般将植物衰老分为四种类型。

1. 整体衰老 整个植物衰老，如季节性的或一年生的草本植物。

2. 地上部衰老 植物地上部的器官随着生长季节的结束而死亡，由地下器官生长而更新，如多年生草本植物与球茎类植物。

3. 叶片同步衰老 由于气象因子的胁迫导致叶片季节性衰老脱落。例如，旱生植物霸王于夏季落叶以度过干旱，北方的阔叶树于秋季落叶以度过寒冬。

4. 渐近衰老 绝大多数的多年生木本植物较老的器官和组织逐渐衰老与退化，并被新的组织与器官逐渐取代，然而随时间的推移，植株的衰老逐渐加深。

三、衰老过程中的生理变化

植物衰老首先从细胞、组织和器官的衰老开始，然后逐渐引起整株衰老。叶片作为光合作用的主要器官，是植株与外界进行物质和能量交换的重要参与者。叶片衰老的快慢则直接影响到药用植物的产量及品质。

1. 细胞超微结构的变化 在叶片衰老过程中，大部分有膜的细胞亚器官破裂。叶绿体膜相变，部分膜脂固化，叶绿体膨胀，类囊体解体；核糖体和粗面内质网减少；线粒体稍有膨胀；液泡膜破坏，释放水解酶，使细胞自溶解体；质膜透性增大，选择功能丧失。

2. 光合作用能力下降 叶绿体光能吸收能力的减弱导致叶片光合功能的衰减，银杏叶片衰老进程中叶绿体的光合能力不断降低。据研究，光合速率的下降有三个原因：气孔阻力增大；光合细胞活力下降；光呼吸速率相对增加。光合速率下降使叶片的同化物质减少。银杏叶在衰老过程中，叶绿体光合磷酸化活性逐渐降低，衰老中后期降幅较为明显。光合磷酸化活性的强弱反映了叶绿体在光照条件下合成 ATP 的能力，也代表了叶绿体光能转化特性。

3. 呼吸速率变化 呼吸作用在衰老的前、中期平稳，而在后期发生跃变，然后迅速下降。例如，离体燕麦置于暗中衰老，第二天或第三天叶片变黄，呼吸速率比开始时增加 2 倍，然后迅速下降。在离体叶片衰老时，呼吸底物也发生改变，由利用糖类物质转变为利用衰老时产生的氨基酸。在衰老过程中氧化磷酸化解偶联，ATP 合成减少，从而影响细胞的生物合成，更促进衰老。

4. 叶绿素含量下降　叶绿素参与光合作用中光能的吸收、传递及转化，叶片叶绿素处于合成代谢和降解代谢的动态改变中，通常在叶片衰老进程中叶绿素的降解速率大于合成。叶片衰老过程最明显的一个特点是叶绿素含量不断下降，外观上叶片由绿变黄，常用叶绿素含量作为叶片衰老的衡量指标之一。叶绿素的降解和膜结构的破坏可引起大量ROS和MDA的产生。

5. 蛋白质含量降低　蛋白质降解是叶片衰老的典型特征之一，且易降解的蛋白质大多为可溶性蛋白，这些蛋白质在细胞里一般以酶的形式存在，其中跟光合作用有关的RuBP羧化酶占叶片可溶性蛋白的一半左右。在离体叶片和活体叶片衰老过程中，蛋白质含量下降并早于叶绿素降解。

6. 核酸含量降低　在叶片衰老时，RNA总量下降，其中rRNA减少最明显，DNA含量也下降，但下降速率小于RNA。对菜豆叶片的研究表明，在衰老时，核酸酶活性下降，用细胞分裂素处理，使衰老延迟，但核酸酶活性并不降低，而是升高。核酸含量下降趋势与蛋白质一致。

7. 不饱和脂肪酸比例下降　随着叶片衰老，不饱和脂肪酸比例下降。

8. 内源激素的变化　叶片衰老受多种植物激素的调控。在叶片衰老过程中促进衰老的脱落酸、乙烯、茉莉酸和茉莉酸甲酯含量上升，而延缓衰老的细胞分裂素、赤霉素、植物生长素和激动素的含量下降。

9. 抗氧化系统的变化　哈曼（Harman，1955）提出，衰老过程是细胞和组织中不断进行着的自由基损伤反应的总和。叶片体内的自由基是指代谢过程中产生的O_2^-、OH^-等活性氧基团或分子，当它们在叶片内引发的氧化性损伤积累到一定程度，叶片就出现衰老。正常情况下，由于植物体内存在着活性氧清除系统，通过减少自由基的积累与清除过多的自由基来保护细胞免受伤害。叶片的抗氧化剂主要有两大类：一是抗氧化酶类，主要包括SOD、CAT、POX等；二是非酶类抗氧化剂，主要有维生素E、维生素C、谷胱甘肽（GSH）、花青素等。研究表明，植物清除自由基的能力随年龄增加而下降。自由基、活性氧对叶片的损害机制是对生物膜、呼吸链、线粒体DNA的损伤等。膜脂过氧化对类脂中不饱和脂肪酸产生的一系列自由基反应，其中间产物自由基和最终产物丙二醛都会严重地损伤生物膜，自由基还损伤线粒体呼吸链及线粒体DNA。

四、植物衰老的机制

程序性细胞死亡（programmed cell death，PCD）是多细胞生物体在内源发育信号或者外源环境信号作用下于特定时间和空间发生的细胞死亡过程。PCD与细胞增殖和细胞分化一样，是多细胞生物生长发育过程中不可缺少的一部分，是生物体自主地通过细胞死亡消除损伤、衰老与病变的细胞，维持正常生长发育及生理代谢活动的一种基本的生理机制。PCD在植物体发育过程中普遍存在，是在植物发育的特定时间、特定区域发生的细胞死亡过程，是植物细胞分化的最后阶段。同时又是植物抵御环境中生物或非生物胁迫的基本机制。蒙古黄芪根中的“枯皮”和“空心”结构均是PCD现象。表现为细胞核畸形，核仁消失及细胞内各种细胞器的降解，DNA片段化等典型的植物PCD特征。柑橘类植物果实的分泌腔和木通科植物猫儿屎（*Decaisnea insignis*）的乳汁管的超微结构均显示，这两种结构的发育均有PCD参与植物衰老的进程。

五、植物衰老的意义

衰老是生物生长发育必须经历的正常的生理过程，不应把衰老单纯地看成导致死亡的过程。从生物学意义上讲，没有衰老就没有新生命的开始。季节性或一年生植物，在整体衰老过程中，其营养体的营养物质可转移至种子或块根、块茎、球茎等延存器官中，以备新个体形成时利用，这类植物可通过延存器官度过寒冬、干旱等不利条件，使物种得以延续；对于多年生植物，叶片脱落有利于植物度过不良的环境条件，而较老的器官和组织退化，由新生的器官和组织取代，有利于植物维持较高的生命力，果实的衰老脱落有利于种子的传播。

植物衰老可能会将药用植物作为药物发现的补充来源。虽然目前研究较少，但植物衰老可能涉及次生植物代谢的重大变化，这些变化可能是养分重新分配过程中次生代谢物的重排和衰老组织中的氧化条件引起的。例如，樱桃月桂叶的衰老过程会产生新的天然产物，这些产物在绿色组织中几乎无法检测到。黄芪根中“枯皮”和“空心”的形成导致了皂苷类成分的增多，黄酮类成分种类的增加，即黄芪“枯皮”和“空心”的出现影响了根中皂苷类与黄酮类成分的配比。

第五节　植物器官的脱落

植物器官衰老的结局往往是脱落，但器官的脱落并不意味着整株植物都衰老了。植物器官（如叶片、花、果实、种子或枝条等）与母体脱离的现象称为脱落（abscission）。

一、脱落的种类

根据引起脱落的原因，可将脱落大致分为三类：由于衰老或成熟引起的脱落，称为正常脱落，如叶片和花朵的衰老脱落、果实和种子成熟后的脱落，这是正常的生理现象；因环境条件胁迫（高温、低温、干旱、水涝、盐渍、污染）和生物因素（病、虫）引起的脱落，称为胁迫脱落；因植物本身生理活动而引起的脱落，称为生理脱落，如营养生长与生殖生长的竞争、源与库不协调（尤其是库大源小）、光合产物运输受阻或分配失控均能引起生理脱落。胁迫脱落与生理脱落都属于异常脱落。在生产上异常脱落现象比较普遍。

二、离层的形成

一般说来，器官在脱落之前必须形成离层（abscission layer）。离层位于叶柄、花柄、果柄及某些枝条的基部。离层是脱落器官基部离区（abscission zone，AZ）的一部分薄壁细胞。现以叶片为例说明离层形成过程。在叶柄基部经横向分裂而形成的几层细胞，其体积小，排列紧密，有浓稠的原生质和较多的淀粉粒，核大而突出，这几层细胞就是离层。离层是器官脱落的部位，在叶片达到最大面积之前形成；而在叶片脱落之后暴露而木栓化所形成的一层组织叫保护层，使植物免受干旱和微生物的伤害。器官脱落时离层细胞先行溶解，溶解的方式有三种：一是位于两层细胞间的胞间层发生溶解，导致相邻两个细胞分离，分离后的初生细胞壁依然完整；二是胞间层与初生壁均发生溶解，只留一层很薄的纤维素壁包着原生质体；三是一层或几层细胞整个溶解，即细胞壁和原生质均溶解。前两种方式通常出现在木本植物的叶片，后一种方式则在草本植物的叶片中较为常见。绝大多数植物只有在离层形成后叶片才脱落，但也有例外。有些植物不产生离层（禾谷类），叶片照样脱落；有些植物虽有离层但叶片却不脱落；还有的植物（如烟草）既不产生离层，叶片也不脱落。由此可见，离层的形成并不是脱落的唯一原因，然而它却是绝大多数植物脱落的一个基本条件。

案例 10-1 解析

药农在种植菊花、红花等以花为主的药材品种，通过打顶来获取更多的花的数量，种植防风、黄芪、苍术等药材过程中适时打薹、摘蕾操作运用了植物营养生长与生殖生长相关性。植物的营养生长和生殖生长之间相互依赖、相互制约。摘花（摘蕾、除薹、摘花序）措施对植物的营养生长有较好的促进作用，有助于药用部位活性成分的积累，提高药材的品质。

本章小结

学习内容	学习要点
名词术语	成花诱导、生长大周期、衰老
植物细胞分裂分化	植物细胞分裂类型
植物成花阶段	成花阶段以及成花诱导途径
药用植物生长相关性	营养生长与生殖生长的相关性，地上部与地下部的相关性，顶芽与侧芽、主根与侧根的相关性

目标检测

一、单项选择题

1. 药用菊花栽培中通过打顶能够促使菊苗分枝，提高了花的产量。这是利用（　　）。

A. 顶芽与侧芽的相关性　　B. 顶芽与侧芽的相关性

C. 地上部与地下部的相关性　　D. 营养生长与生殖生长的相关性

二、多项选择题

1. 高等植物成花通常包括（　　）顺序过程。

A. 成花诱导　　B. 成花启动　　C. 花的发育　　D. 花的分化

E. 花的死亡

2. 目前为止明确了高等植物的成花诱导途径除了春化途径、温敏途径外，还有（　　）。

A. 光周期途径　　B. 赤霉素途径　　C. 自主途径　　D. 年龄途径

E. 成花抑制途径

三、名词解释

1. 程序性细胞死亡
2. 离层
3. 生长大周期

四、简答题

1. 简述植物生长的相关性。
2. 简述植物衰老的意义。

（内蒙古医科大学　张传领）

第十一章　春化作用与光周期现象

学习目标

1. 掌握：春化作用、光周期概念及原理。
2. 熟悉：春化作用类型、植物光周期类型。
3. 了解：春化和光周期的应用。

案例 11-1 导入

当归干燥根因具有补血活血、调经止痛、润肠通便等功效，广泛应用于临床。生产上通常二年生根用作药材，但我国西北主产区二年生植株 1/3 以上出现提前抽薹开花（即早薹开花）的情况，使得肉质根木质化不能入药。早薹开花导致严重减产问题一直是多年来困扰当归优质药材生产的严重问题之一。

问题：分析可以采取什么样的措施避免此类现象？

第一节　春化作用

从营养生长到生殖发育标志着植物生命周期的重大转变。许多植物物种中，分生组织从营养生长到生殖发育的转变是不可逆转的。因此，转变时机对于植物开花非常重要。可能影响开花时间的两个常见环境因素是低温和光周期。

一、概　述

（一）春化作用概念

低温诱导植物开花的过程称为春化作用（vernalization）。在温带气候中，冬季长时间的寒冷是冬季一年生和两年生植物的季节性标志。因此，成花受低温影响的植物主要是芹菜、萝卜、葱、蒜、荠菜、百合、鸢尾、天仙子等两年生植物，以及冬小麦、蒜芥等一些冬性一年生植物（winter annual）。例如，在自然条件下冬小麦等是在第一年秋季萌发，以营养体过冬，第二年夏初开花和结实。对这类植物来说，秋末冬初的低温就成为花诱导所必需的条件。冬小麦经低温处理后，即使在春季播种也能在夏初抽穗开花。

（二）春化作用的类型

植物开花对低温的需要程度有两种类型。一种是植物对低温的要求是绝对的、专性的。二年生和多年生草本植物多属于这种类型。它们在第一年只进行营养生长，形成莲座状的营养体，并以这种状态过冬，经过低温诱导，在第二年夏季抽薹开花。如果不经过一定天数的低温，就会一直保持营养生长而不开花。另一种是植物对低温的要求是相对的，如冬小麦等越冬性一年生植物，低温处理可促进它们开花，未经低温处理的植株会延迟开花。随着低温处理的时间加长，到抽穗需要的天数逐渐减少。上述植物在低温之后还需长日照才能开花。

（三）春化作用的条件

春化作用的条件包括以下几个方面。

1. 低温和持续时间　低温是春化作用的主导因素。植物在系统发育和进化的过程中，形成的对完成春化作用的低温条件和时间长短有所不同。通常春化的温度范围为0～15℃，最适春化温度是0～7℃，并需要持续一定时间。不同植物的春化温度不同。春化作用是个缓慢的量变累积过程，在低温下经历的时间越短，对开花的促进作用越弱，而在低温下经历的时间越长，植物的开花时间越短，直至达到饱和状态。

冬小麦、萝卜、油菜等冬性植物春化温度为0～5℃，春小麦为5～15℃。某些原产于较温暖地区的植物中，如橄榄，春化温度高达13℃，春化最低温度以植物组织不结冰为限度。根据原产地不同，冬小麦可分为冬性、半冬性和春性三种类型，不同类型所要求的低温范围和春化天数不同。我国小麦以北纬33°为界，33°以北的栽培品种要求温度为0～7℃，经过36～51天处理，才能通过春化作用；而33°以南的栽培品种一般要求温度为0～12℃，12～26天处理即可通过春化。一般来说，冬性越强，要求的春化温度越低，春化的天数也越长；春化效应随低温处理时间的延长而增加。在春化过程结束之前如遇高温，春化效果会削弱甚至消除的这种现象称为脱春化作用（devernalization）。典型的春化时间一般是1～3个月，在一些物种中，如芹菜，只要8天的低温就会导致开花大幅加速。幼苗在满足了低温春化需求时不会立即开花，需要在常温下生长数周才能开花。低温诱导和植物开花时间的时空差异表明植物对低温强度和时间有记忆能力。

2. 水分　春化是一种活跃代谢活动。因此，干燥的种子不能春化。实验表明，植物通过春化作用需适量的水分。一般情况下，种子含水量要在40%以上才能春化。吸涨的小麦种子可以感受低温通过春化，如将已萌动的小麦种子失水干燥，当其含水量低于40%时，再用低温处理，不能通过春化。

3. 氧气　充足的氧气也是植物通过春化作用必需的外界条件。实验证明，在真空、氮气或缺氧条件下萌发的小麦种子含水量超过40%，并给予必要的低温仍不能完成春化作用。

4. 营养物质　通过春化时必须供给足够的营养物质，否则低温处理无效。例如，小麦种子去掉胚乳，将胚培养在富含蔗糖的培养基中，在低温下可通过春化，但若培养基内缺乏蔗糖，尽管其他条件都具备，依然不能通过春化。

5. 光照　春化作用可使分生组织获得向花器官转变的能力。但获得开花能力并不能保证开花一定会发生。春化处理一般还与特殊的光周期相关联，冷处理后给予长时间的光照，或者将需要春化的植物在春化之前进行充足的光照才能开花，光照对其通过春化有促进作用，这与植物通过光合作用储备了足够的营养物质有关。

（四）植物感受低温的时期和部位

不同植物感受低温诱导的时期和部位不同。多数一年生植物在种子吸涨后即可接受春化，即种子春化，如芥菜、萝卜、莴苣、菠菜等萌动的种子在低温0～10℃处理10～30天即可通过春化阶段。而多数二年生或多年生植物只有当营养体长到一定大小时才能接受春化，即绿体春化。如芹菜、白芷、洋葱、甘蓝、月见草、胡萝卜、当归等不能在种子萌发状态下进行春化，只有在绿色幼苗长到一定大小时才能通过春化。也有一些药用植物属于种子春化和绿体春化兼具类型，菘蓝的种子或幼苗经过一定时间的低温后均能使其由营养生长转为生殖生长，提前抽薹开花，导致对板蓝根的产量和质量产生影响。植物属于哪种春化类型并不是绝对的，同一植物的不同品种也可能存在差异。

接受低温影响的部位是茎顶端的分生组织和嫩叶。具有分裂能力的细胞都可以接受春化刺激。局部冷却实验表明，在完整的植物中，茎顶端的芽尖必须进行冷处理才能发生春化。离体的茎尖也可以春化。绿体春化的植物接受低温刺激的部位是茎尖分生组织。将芹菜种在温室中，只在茎尖生长点给予 3℃低温处理（用细胶管缠绕起来，并通过冷水）的芹菜，均通过春化，在适宜光照下开花结实；如果芹菜种在低温条件下，给予茎尖 25℃的较高温度处理（细胶管中通过温水），则不能开花。

（五）春化效应的传递

植物在接受春化后如何把春化作用的刺激传导出去呢？20 世纪 30 年代，德国学者梅尔彻斯（Melchers）等利用嫁接试验研究春化效应的传递。例如，从已春化的菊花植株上剪下的枝条扦插成活后就能开花；将已春化的天仙子枝条（或一片叶）嫁接到未春化的同一品种的植株上能使后者开花。将已春化的天仙子枝条分别嫁接到烟草和矮牵牛植株上，结果这两种植物都开花。上述试验表明，春化刺激不仅可以在相同品种的植物体内传递，而且可在不同属之间传递。Melchers（1939 年）最早提出假说认为，植物经过低温处理后可能产生某种可以传递的特殊物质，并通过嫁接传导，诱导未被春化的植物开花，这种物质被命名为春化素（vernalin）。但该物质至今没有从植物体中分离出来。

也有一些实验不支持春化素的假说。如将菊花部分枝条的顶端给予局部低温处理可开花，但另一部分未被低温处理的枝条则仍保持营养生长而不开花；将菊花已春化的植株和未春化的植株嫁接，未春化植株不能开花。若将未春化的萝卜植株顶芽嫁接到已春化的萝卜植株上，则该顶芽长出的枝梢不能开花。这些实验表明，低温诱导效应不是以某种物质的形式在植物体内传递，而是通过细胞分裂由母细胞传给子细胞，而且经过多次分裂其效应并不减弱。

（六）春化作用过程中植物生理代谢

有人利用各种代谢抑制剂将春化过程划分为 3 个阶段，前期以碳水化合物的氧化和能量代谢为主，中期以核酸代谢为主，后期以蛋白质代谢为主。20 世纪初，人们就认识到植物在从营养生长转变为生殖生长的过程中，碳水化合物的分配起重要作用。许多研究表明，糖类不仅作为花发生的能量供应物质，还作为一种信号物质直接参与花发生调节过程，在植物成花中起到十分重要的作用。

通过对冬小麦低温春化处理的研究发现，经过低温春化后，冬小麦植株体内合成蛋白质的速率加快。也有发现，一些蛋白质仅在冬小麦春化植株中存在，而未春化和脱春化植株中则没有这些蛋白质，从而推测这些蛋白质的存在与春化或开花存在相关性。后来的许多研究也有类似发现。对低温处理的青花菜萌动种子的研究发现，在绿体春化过程中可溶性蛋白含量呈升高趋势。对不同叶龄的青花菜低温春化处理的研究发现，随着叶龄的增大生长点中可溶性蛋白含量呈上升趋势，而且植物完成春化的时间缩短。随着低温春化处理时间的延长，青花菜植株体内可溶性蛋白、游离氨基酸含量呈上升趋势，说明植株通过春化需要高水平的可溶性蛋白和游离氨基酸。

（七）春化作用的机制

春化作用不会改变植物内在的基因，只涉及基因的表达和调控，不具有遗传性，其产生的效应只能通过有丝分裂的方式稳定维持在当代植株中，并不能通过有性繁殖传递给后代。部分研究表明春化作用涉及基因表达和调控，低温促进开花的效应是低温影响某些特定基因表达的结果。在小麦春化过程中，低温可诱导春化基因（vernalization 1，*VRN1*）上的组蛋白磷酸化和酰基化，并促进 *VRN1* 的表达，这两种关键的蛋白修饰类型可能参与了长期冷信号的传感。对拟南芥不同生态型和突变体的研究表明，开花抑制基因（*FLC*）作为一种重要的开花抑制蛋白负调控春化作用，参与植株从营养生长向生殖生长的转化过程。它可能是春化反应的关键基因。植物对春化的敏感程度取决于 *FLC* 的表达量，*FLC* 越高，越难以通过春化，反之亦然。低温抑制 *FLC* 表达，最终使植物转向生殖生长。目前对植物春化作用的机制主要集中在拟南芥、水稻等少数模式植物，对其他多年生植物的春化分子机制较为模糊，这也是未来需要继续研究的领域。

二、春化作用的应用

（一）引种

引种是将野生植物移入人工栽培条件下种植或将一种植物从一个地区移种到另一地区。不同地区的气温条件不同，北方纬度高而温度低，南方纬度低而温度高。在南北地区之间引种时，首先要了解所引品种在成花诱导中对低温的需求，考虑引种后能否顺利通过春化作用。例如，北种南引时，因温度较高而不能完成春化过程，植株不开花（或仅有少部分开花），处于营养生长状态；南种北引时，植株很快完成低温诱导过程，会使南种过早开花，缩短营养生长期，造成产量损失。所以，引种时必须考虑引种地和种植地之间的气温差异，从而正确选择引种地区。

（二）调节播种期及加速育种

春化作用不能直接导致植物开花，但能在很大程度上促进开花的进程。将需要进行低温诱导的植物种子吸水萌动后人为进行低温处理，可以加速成花的诱导，提早开花和成熟。农民用“闷麦”处理冬小麦，使其通过春化作用，就可用冬麦春播或春季补苗。在育种工作中利用低温处理冬性植物可缩短生长发育时期，在一年中培育出多代冬性植物，加速育种进程。

（三）花期调控

在花卉栽培上，花期调控具有极高的商业价值。用低温预处理，可使秋播的一、二年生草本花卉改为春播，当年开花。园艺生产上可利用解除春化方法抑制洋葱开花，避免它在生长期抽薹开花从而获得大的鳞茎，增加产量。当归为大宗中药材，药用部位为根部。在实际生产中，当归第二年收获肉质根用作药材，留存于地中的根经越冬春化作用后，第三年抽薹开花，用于收获种子。但甘肃省岷县等主产区二年生出现 30%～50% 的植株提前抽薹开花，使得植株肉质根木质化，不能入药。可以第一年将当归块根挖出，贮藏在高温下使其不能通过春化，从而减少第二年的抽薹率，提高块根的质量，增加药用价值。

第二节　光周期现象

在一天之中，白天和黑夜的相对长度，称为光周期（photoperiod）。光周期对花诱导有着极为显著的影响。对多数植物来说，特别是一年生和二年生植物，当同一种植物生长在特定纬度的时候，每年都大约在相同的日期开花。植物在生长发育过程中，必须经过一定时间的光周期后才能开花。这种植物对白天和黑夜的相对长度的反应，称为光周期现象（photoperiodism）。

一、植物光周期的发现

将在美国南部正常开花的烟草品种（Maryland Mammoth）移至美国北部栽培时，夏季只长叶不开花，但如果在秋冬移入温室则可开花结实。美国农民想分批种植大豆，从而可以分批次收获大豆，以减轻劳动强度。但是实践发现，同一大豆品种，从5～7月每隔两周播种一次，尽管植株生长的年龄不同，但到了秋天9月份几乎同时开花。这由此说明，开花结果不是说需要生长到多长时间，而是与季节有关。这个问题又怎么解决呢？当时美国农业部研究人员Garner和Allard对此展开了十年的研究。他们从营养、不同化学成分、温度、光、湿度等方面进行了尝试，都没有找到答案。在几近要放弃该项研究时，1918年年初，他们做了剩下的日照长短因素的最后的尝试，即测量日照长短对植物生长开花的影响，他们在实验中种植一批大豆，在开花前，每天将一半的大豆搬进一个避光的小木屋里，相当于把这批植物日照缩短、黑夜增长，另一批留在外边地里作为对照，以观察昼夜长度的变化是否对植物开花有影响。结果发现，日照时间缩短后对大豆的开花影响非常大，黑屋里的实验组大豆已开花结果很久，而室外对照组大豆还没开花。最终发现日照长度是影响大豆开花的关键因素，并由此提出了植物光周期现象的概念（图11-1）。

图11-1 日照长短对大豆生长开花的影响

左侧大豆植株在短日照条件下生长，播种后100天已经完全成熟；右侧大豆植株在长日照条件下生长，播种后100天尚未开花。

二、植物光周期反应类型

1. 长日照植物（long-day plant, LDP） 要求每天日照长度大于某一临界值（临界日长，critical day length）时才能开花。如果延长光照可提早开花；而缩短日照，则延迟开花或不能分化花芽。属于这类的植物有小麦、白菜、萝卜、胡萝卜、豌豆、油菜、芹菜、山茶、杜鹃、天仙子等。温带地区初夏日照逐渐增长时开花的植物多属长日照植物。冬小麦、油菜和菠菜等在长日照诱导前，还需要完成春化作用，植株才能开花。

2. 短日照植物（short-day plant, SDP） 要求每天日照长度短于临界日长才能开花。如果适当地缩短光照可提前开花。属于这类的植物有大豆、高粱、玉米、晚稻、紫苏、苍耳、菊花、烟草、桂花、日本牵牛等。温带地区秋季日照逐渐缩短时开花的植物多属短日照植物。菊花多年生的宿根植物，也是典型的短日照植物，短日照诱导前，植株须在去年冬季完成春化作用，才能开花。菊花一般需要12h的光照，过长日照（如超过17h）条件菊花不开花，但是过短的日照如6～7h反而会延迟或阻止开花。

3. 日中性植物（day-neutral plant，DNP） 这类植物的开花不受日照长短的影响，只要其他条件适宜，在任何日照长度下均能开花，如番茄、菜豆、黄瓜、月季、向日葵、凤仙花、蒲公英等。一些日中性植物如蚕豆、甜豌豆需要低温春化才能开花。由于品种的不同，一些短日照植物培育的品种可以变为日中性植物，如某些新品种的菊花，在适合生长的正常温度范围内，在长日照或短日照条件下均能顺利开花。这种菊花称为日中性菊花。

日照长度本身是一个比较模糊的信号，因为它不能区别春秋之间的差异。植物采用不同方式来避免日长信号的模糊性。一种是通过幼年期来阻止植物在春天就对日长做出反应。另一种通过温度与光周期反应的偶联，避免日长信号的模糊性。其他植物通过区别缩短和延长白日来避免日长信号的模糊性，这类植物称为双重日长植物（dual daylength plant，DDP）。这类植物的花诱导和花器官形成要求不同日长。大叶落地生根、芦荟等成花需要长日照诱导，但完成诱导后，必须在短日照条件下才能成花，这类植物称为长短日植物（long-short-day plant，LSDP）。风铃草、瓦松等成花诱导在短日照下完成，花器官的形成要求长日照条件，这类植物称为短长日植物（short-long-day plant，SLDP）。还有一类植物，只有在某一特定范围的日照长度下才能开花，如甘蔗只有在11.5～12.5h的日照长度下才能开花，超出这个范围都抑制其开花，这类植物称为中日性植物（intermediate daylength plant，IDP）。

对光周期敏感的植物开花需要一定临界日长。临界日长是指昼夜周期中诱导短日照植物开花所必需的最长日照或诱导长日照植物开花所必需的最短日照。对长日照植物来说，日长大于临界日长才能开花。而短日照植物在其日照长度短于临界日长才能开花。不同物种其临界日长也不一样。长、短日照植物的划分不是依据植物所受光照时数的绝对值，而是依据植物开花时需要超过还是短于某个临界值。一般来说，长日照植物在比临界日长更长的条件下，日照越长，开花越早；短日照植物在比临界日长更短的条件下，日照越短，开花越早。只有通过对不同日照长度条件下植物的开花情况进行分析，才能准确地对植物进行光周期分类。

许多植物属于典型的长日照植物和短日照植物，都有明确的临界日长，称为绝对长日植物或绝对短日植物。但有一些植物的光周期反应没有明确的临界日长，在长时间不适宜的日照长度下，也能或多或少地形成一些花，称为相对长日植物或相对短日植物。

植物的临界日长有时随植株年龄和环境条件会发生变化，而且不同光周期反应类型在一定条件下可相互转化。

植物开花对日照长短的反应是植物长期系统进化适应的结果，反映了原产地的光周期变化。我国地处北半球，南方纬度低，日照时间短，因此南方多为短日照植物；在中纬度地带，夏季有长日照、秋季有短日照，加上夏秋季节温度适合植物生长发育，所以长日、短日照植物都有，长日照植物在春末夏初开花，短日照植物在秋季开花；在高纬度地区的东北，由于短日照时期温度过低，不适合植物生长，只有长日照温度适合时植物才能生长，故一般为长日照植物。

在自然条件下，昼夜总是在24h周期内交替出现。既然昼夜长度对开花重要，那么到底是夜的长度更重要，还是白天的长度更重要呢？在早期光周期的研究中，人们致力研究光期和暗期循环中，哪个阶段是开花的决定阶段。Karl Hamner和James Bonner经过大约20年的研究，在1938年，他们用实验得出的结果显示短日照植物的开花时间基本上是由暗期长度所决定。断定夜的长度对开花重要，即短日照植物对光周期的反应是通过衡量夜长来决定的。因此，与临界日长相对应的还有临界暗期（critical dark period）。临界暗期是指在昼夜周期中短日照植物能够开花所必需的最短暗期长度，或长日照植物能够开花所必需的最长暗期长度。一些研究表明，临界暗期比临界日长对开花更为重要。短日照植物实际是长夜植物（long-night plant），长日照植物实际是短夜植物（short-night plant）。

短日照植物（长夜植物），它的开花取决于暗期的长度，而不取决于光期长度。将短日照植物放在人工光照环境中，只要暗期超过临界夜长，不管光期有多长，它就开花。假如，在足以引起短日照植物开花的暗期，在接近暗期中间的时候，被一个足够强度的闪光所间断，短日照植物就不能开花，但长日照植物却开了花。这种在黑暗条件下给予短暂白光，暗期效应就失去作用，称为暗期间断（night break）。而在日照条件下给予短暂的黑暗处理并不能消除日照效应的作用。苍耳属和牵牛属中许多的短日照植物，即使是几分钟的暗期间断，也能阻止其开花。对于长日照植物和短日照植物的暗期接近中间的时候进行暗期间断最为有效。研究表明，暗期间断最有效的光是红光，且其效应可以被随后的远红光所逆转（图 11-2）。

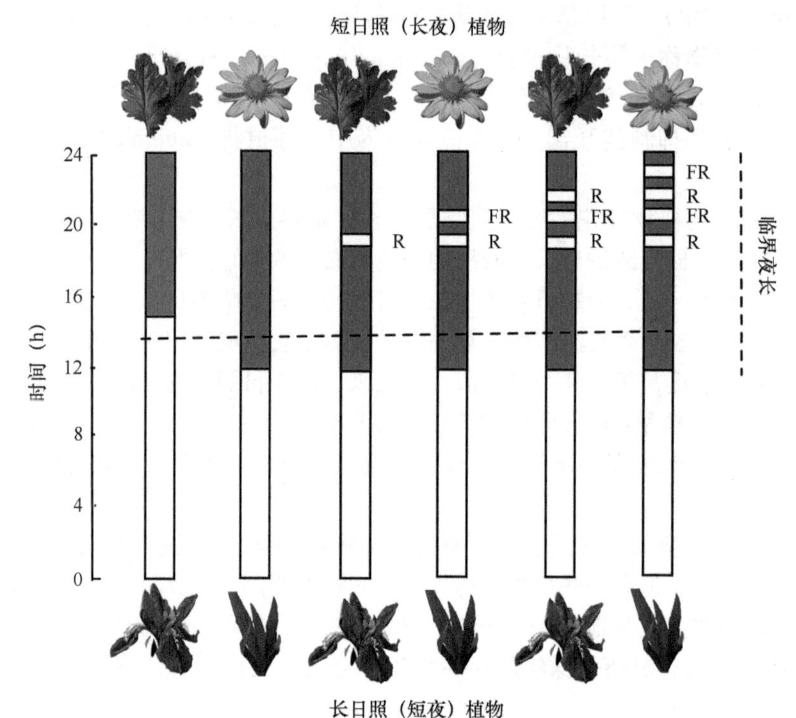

图 11-2 开花的光周期调控

三、光周期诱导

植物需要几个这样的光暗循环才能开花呢？相关研究表明，植物只要得到足够天数的适合光周期，尽管再放置于不适合的光周期条件下仍能长期保持刺激效果从而开花，这种现象叫光周期诱导（photoperiodic induction）。植物开花所需要光周期诱导的周期数随着植物种类不同而不同。苍耳、日本牵牛等只需一个光周期（1 天）的诱导处理，天仙子需要 2～3 天的光周期诱导（表 11-1）。

表 11-1 典型光周期反应类型药用植物光周期诱导

植物	临界日长（h）	最小诱导周期数（天）
短日照植物		
菊花	15	12
紫苏	14	7～9
裂叶牵牛	15～16	1
苍耳	15.5	1
长日照植物		
天仙子	10	2～3
白芥	14	1
大麦（冬性）	12	-

通常，不同植物可接受光周期诱导的年龄不同，苍耳是在具有4～5片完全展开的叶片时，大豆在10叶伸展时期，水稻在7叶期前后，红麻在6叶期。每种植物光周期诱导需要的天数随植物的年龄及环境条件，特别是温度、光强及日照的长度而定。

1. 光周期诱导的细胞和分子机制

（1）光周期变化的感知：光敏色素是植物感受光周期变化的主要受体。一般认为，光敏色素在植物成花过程中的作用，不是取决于植物体内光敏色素Pr和Pfr对含量的高低，而是取决于Pfr/Pr或光稳定平衡值的大小。短日照植物开花要求低的Pfr/Pr值，而长日照植物开花要求较高的Pfr/Pr值。

光周期诱导的细胞信号转导实验表明，钙、钙调素、光敏色素蛋白激酶、蛋白磷酸酯酶等参与光周期诱导的信号传递，但具体的途径还有待阐明。

（2）光周期诱导的基因表达：许多决定花分生组织特征的基因都受光周期诱导的调节。*CONSTANS*（*CO*）是植物响应光周期调控的重要基因，能正调控下游开花基因*SOC1*和*FT*，进而调控植物开花。对光周期如何调节这些基因表达的机制还不清楚。这也是光周期诱导领域研究的热点内容。

2. 植物感受光周期的时期和部位　长日照植物和短日照植物感受光周期刺激的部位都是叶片，而诱导开花的部位却在芽顶端生长点，那么叶中的信息（开花刺激物）必须要跨过叶柄和一段茎进行传递。通过嫁接试验可以证明这个问题。取5株苍耳植株互相嫁接在一起，如果把一株上的一个叶片放在适宜的光周期（短日照）下，即使其他植株都处于不适宜的光周期（长日照）下也都可以开花，这就证明植株间确有开花刺激物通过嫁接的愈合而传递。另外，经过短日照处理的短日照植物，还可以通过嫁接引起长日照植物开花。例如，短日照植物珈蓝菜（*Kalanchoe blossfeldiana*）可以诱导长日照植物景天（*Sedum spectabile*）在短日照条件下开花；反之亦然。长日照植物天仙子与短日照植物烟草嫁接，不论在长日照条件下或短日照条件下两者都开花。这说明两种光周期反应的植物所产生的开花刺激物能够传导并且没有什么区别。用蒸汽或麻醉剂处理叶柄或茎，可以阻止开花刺激物的运输，证明运输途径是韧皮部。这种可以从一株植物传递到另一株植物的物质，在20世纪初，由Chailakhyan（1937）提出并称作成花素（florigen）或开花素。直到十几年前，人们才在双子叶模式植物拟南芥和单子叶植物水稻中分别确认这种开花素蛋白是由*FLOWING LOCUS T*（*FT*）编码的，并通过长距离运输至茎尖完成成花转变过程。

成花素假说认为成花素是由形成茎所必需的赤霉素和形成花所必需的开花素（anthesins）两种互补的活性物质所组成。长日照植物在长日条件下和短日照植物在短日条件下都具有赤霉素和开花素，因此都能开花；长日照植物在短日条件下缺乏赤霉素，而短日照植物在长日条件下缺乏开花素，所以都不能开花；日中性植物本身具有赤霉素和开花素，所以不论在长日或短日条件下均能开花；冬性长日照植物在长日条件下虽具有开花素，但若无低温条件，即无赤霉素的形成，所以仍不能开花。赤霉素是长日照植物开花的限制因子，而开花素是短日照植物的限制因子。这个假说很好地解释了对光敏感的不同植物类型的开花机制。但是，遗憾的是至今尚未分离出所谓的开花素。

影响成花诱导的外界因素除了低温春化和光周期之外，不同的环境温度（ambient temperature）、激素（GA）也有作用，即使在正常的环境条件下、植株发育的年龄等也会影响开花的时间。目前的研究表明，花发育的各个阶段（成花决定、花原基的形成和花器官的形成及其发育）分别由开花时间控制基因、分生组织决定基因和器官决定基因（花同原异型基因）参与调控。

四、光周期现象的应用

1. 育种 不同植物材料进行杂交育种时，通过调节花期可以解决花期不遇（flowering asynchronism）问题，人为控制光周期可以有效调控植株提前或延迟开花，被广泛应用于杂交育种中。例如，一年生大刍草（*Zea luxurians*）是玉米的近缘野生种，是典型的短日照作物，在温带很难正常繁殖，与栽培玉米存在花期不遇现象，导致无法进行杂交。可以通过短日照处理大刍草幼苗诱导其提前完成由营养生长向生殖生长的转化，实现花期与普通玉米相遇，从而实现杂交育种改良温带玉米种质的目的。

通过人工光周期诱导，可以加速育种材料的繁育，缩短育种周期，在较短的时间（一年内）培育出二到多代，加速育种进程。例如，将苗期冬小麦在温室连续光照进行春化，而后一直给予长日照条件，就可使生长发育期缩短 60～80 天，一年内可繁殖 4～6 代。还可以利用我国跨经纬度大的特点进行南繁北育。水稻和玉米是短日照植物，冬季可在海南岛繁育种子；小麦是长日照植物，夏季在黑龙江、冬季在云南繁育种子，一年内可繁殖 2～3 代，加速育种进程。

2. 引种 在生产上，往往需要引种，以便获得优质高产植物。在引种时，我们应该关注植物的光周期现象。必须了解被引进品种的光周期反应类型；还必须了解被引进品种原产地与引种地生长季节日照条件的差异。在我国将短日照植物从南方引到北方，花期延迟，应引种早熟品种；而从北方引种到南方，花期提前，应引种晚熟品种。长日照植物的引种则相反，从南方引种到北方，会提早开花，应选择晚熟品种；若从北方引种到南方，会延迟开花，应选择早熟品种。同纬度地区的日照长度相同，温度差异基本不大，相互引种容易成功。

在引种时，可以根据所要收获的目的，合理利用植物的光周期现象。如以收获营养生长为主的，可采取适当措施抑制其开花。例如，利用“南麻北引”获得高品种的纤维。麻类原产南方，属短日照植物，在短日照条件下能较快开花结实。引种到北方后，因日照延长而使开花结实推迟。茎秆生长期延长，表现为植株高大、茎秆纤维变长，从而能显著增加麻的产量，提高了品质。

3. 控制花期 采用人工控制光周期的方法，可以提早或延迟花卉植物开花，在园艺上利用得比较多。菊花是短日照植物，在自然条件下秋季开花。为使其提早开花，可进行完全遮光处理，可 6～7 月开花。对长日照花卉（如杜鹃、山茶花）进行人工光照，满足长日要求，能够提早开花。

4. 光周期与药用植物的品质 光周期的研究目前大多集中在蔬菜、农作物上。一些研究结果表明，适宜的光周期影响蔬菜、农作物的生长发育及品质形成。延长光周期不仅可以促进油葵芽苗菜的蔗糖、淀粉及维生素 C 的积累。光周期为 16/8h 时可以显著促进苦荞芽菜的花青素、可溶性糖及芦丁的积累和鲜重的增加。适当增加光周期会使烟草叶片变成宽短形，有利于烟草干物质的积累。

光周期为 12h 时，更有利于杜仲愈伤组织培养；光诱导黄芩对黄酮类成分有促进作用；半夏株芽萌发期适当缩短光周期有利于其萌发，延长光周期有利于半夏块茎增加重量。适当延长光周期有利于茅苍术植株的生长，提高株高；同时可提高茅苍术的 POD 活性，光照 14h 时 POD 活性出现最高值，从而提高茅苍术的抗逆性。

案例 11-1 解析

当归为低温长日照植物，即植株由营养生长转入生殖生长必须同时满足低温春化作用和长日照。为了防止当归过早进入生殖生长，可以让其不满足低温和长日照条件。种苗避开低温春化作用，生长过程避开长日照，如可进行遮阴处理。

本章小结

学习内容	学习要点
名词术语	春化作用、光周期现象
春化作用	春化作用的条件
光周期现象	植物光周期类型，光周期诱导及与药材品质关系

目标检测

一、单项选择题

1. 在温带地区，秋季能开花的植物一般是（　　）植物。
   A. 中日　B. 长日　C. 短日　D. 以上都是
2. 下列哪项不属于植物光周期的反应类型（　　）。
   A. 短日照植物　B. 全日性植物　C. 长日照植物　D. 中日性植物
3. C_3 植物主要分布地区在（　　）地区。
   A. 热带　B. 亚热带　C. 寒带　D. 温带

二、多项选择题

1. 下列药用植物中属于短日照植物的是（　　）。
   A. 菊花　B. 苍耳　C. 紫苏　D. 天仙子　E. 蒲公英
2. 春化作用的条件包括（　　）。
   A. 低温　B. 水分　C. 氧气　D. 营养物质　E. 光照

三、名词解释

春化作用；暗期间断

四、简答题

1. 简述春化作用在药材种植上的应用。
2. 简述光周期现象在药用植物引种中的应用。

（内蒙古医科大学　张传领）

第十二章　药用植物种子生理

学习目标

1. 掌握：药用植物种子休眠、萌发等基本概念。
2. 熟悉：种子休眠类型及打破休眠的方法，种子萌发的条件，种子活力检测。
3. 了解：种子老化生理。

案例12-1导入

北乌头（*Aconitum kusnezoffii*）为毛茛科乌头属多年生草本植物。北乌头的干燥块根入药，为重要中药材。近几年野生资源的大量开采，导致野生资源越来越少。因此，进行北乌头的引种栽培迫在眉睫，但是北乌头种子萌发率较低，自然条件下从播种到出苗需要4～5个月，给北乌头引种栽培生产带来了巨大的困难。

问题：为了提高其种子的萌发率和缩短成苗时间，应该采取什么措施？

种子是植物界演化最高阶段的种子植物生活史中的一个时期，它比其他任何一个时期都更能抵抗不良的环境。从植物学的角度来说，种子既是作为延存的器官，又是作为新生命开始阶段的幼小植物体，作为物种延续的新老世代更替的桥梁，具有完善的保护结构，以停顿生长的种子休眠方式度过逆境，从而保证了种的延续和传播。种子的发育是植物个体发育的最初阶段，它的可塑性最强，对外界环境条件非常敏感。这一阶段发育的好坏，不仅影响种子本身的播种品质，同时也可能影响到下一代的生长发育，有时还能使作物的种性也发生一定程度的改变。整个过程涉及种子的发育到萌发的生理过程（图12-1）。

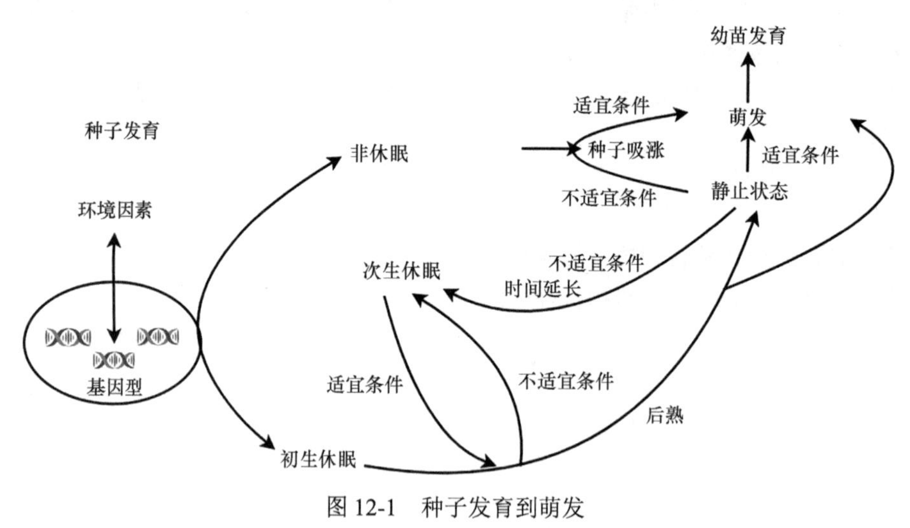

图12-1　种子发育到萌发

第一节　种子休眠

一、种子休眠的概念

目前关于种子休眠尚无一个完全统一的定义。种子休眠是一种自然现象，是指在特定的时间范围内，在适宜条件下，具备萌发能力的种子无法发芽的现象。种子休眠是植物适应性的重要组成部分，可以避免种子在不适宜的时期或者季节萌发而带来的风险，植物种子在休眠状态下可以避开不良的环境影响，对植物的生存、延续和进化起到积极的作用。在一定程度上也保障了种群的延续。药用植物种子多具有休眠现象，在中药材的生产和研究过程中，种子休眠会对中药材育种和栽培等方面带来影响。

二、种子休眠的原因、类型及解除休眠方法

（一）种子休眠的原因

引起种子休眠的原因有很多种，有种子解剖、代谢方面原因，也可能是由一种或多种因素造成。各因素间的关系也比较复杂，有时彼此间存在着密切的联系。但总体种子休眠的原因主要包括如下几种。

1. 种皮障碍 一般由于种皮不透水、不透气或种皮机械约束作用引起。有些植物的种皮太厚、太硬，阻碍种子对空气、水分的吸收，抑制种子发芽，使其处于休眠状态，如豆科、锦葵科、百合科和茄科等多种药用植物的种子的种皮非常坚韧致密，其中存在疏水性的物质，阻碍水分透入种子，造成种胚不能吸涨。有些药用植物种子的种皮能够透入水分，但由于透气性不良，限制了供给种胚的氧气，种子仍然不能萌发，而处于被迫休眠的状态。蔷薇科（如桃、李、杏等核果）、桑科的一些种子的种皮（内果皮）太坚硬，具有机械约束力，使种胚不能向外伸展，即使在氧气、水分和温度都得到满足的条件下，种子依然长期处于吸涨饱和状态，无力突破种皮，直至种皮细胞壁的胶体性质发生变化，种皮的约束力逐渐减弱后，种子才能萌发。这类种子种皮坚硬木质化或表面具有革质，往往成为限制种子萌发的机械阻力。此外，还包括果皮及果实外的附属物也能成为种子萌发的障碍，一旦种皮的限制作用解除，种子就能获得发芽的能力。

2. 种胚休眠 有些种子胚发育不完全会导致休眠；有些植物的种子胚已分化完全，但需完成生理后熟才能萌发。

3. 抑制物质阻碍 种子中存在发芽抑制物质的情况在自然界中相当普遍，抑制物质可以存在于果实的果肉、外壳和蒴果中，或者存在于种子的不同部位。这些抑制物可以是内源的，由植物种子的种皮或其他部位产生的有机酸 、生物碱等化学物质；也可以是外源的，即其他植物体产生的，如洋艾（*Artemisia absinthium*）的叶子分泌的油脂和脱落酸；或者种子自身新陈代谢过程中酶解产生的，如苦杏仁苷在苦杏仁酶的作用下水解产生的氰化氢（HCN）或含氮化合物（如酰胺）分解产生的氨。其中，内源抑制物是分布最广泛，也是最重要的抑制物质。

4. 不良环境的影响 如水分、光照、温度和土壤等生长环境条件不适宜，种子也可能处于休眠状态。不良条件的影响可以使种子产生二次休眠（secondary dormancy，也叫次生休眠或诱发休眠。二次休眠是相对于原生休眠（primary dormancy）而言，原生休眠是指种子在植株上就已经产生和存在的休眠，是先天性的。经过后熟，这些种子可在适宜的条件下萌发。二次休眠是指由于不良环境条件的影响，原来不休眠的种子发生休眠或部分休眠的种子加深休眠，即使再将种子移植到正常条件，种子仍然不能发芽。

（二）种子休眠类型及解除休眠方法

植物在长期的进化选择中形成了不同的种子休眠特性。Crocker（1916 年）根据种子不能萌发的原因，将种子休眠划分为 7 种类型。Nikolaeva（1977 年）根据休眠发生的原因建立了一套种子休眠综合分类体系。之后由 Baskin 等（2004 年）对这一分类系统进行了修改，

并将种子休眠分为 5 种类型。

1. 物理休眠（physical dormancy，PY） 一般指种子成熟后由于种皮坚硬过厚等机械阻碍或种皮透水、透气性低等降低了气体交换的速度，阻止了种子的吸涨而引起种子休眠。豆科药用植物甘草、黄芪、合欢、苦参等硬实种子，种皮坚韧致密，阻碍水分透入种子，导致它们自然萌发率低。蔷薇科的桃、杏等核果因为内果皮坚硬木质化，成为种子萌发的机械阻力。

物理休眠的解除，可采用人为损伤、机械损伤、压力、碰撞、硝酸钾或者浓硫酸腐蚀法、热处理等方法。

2. 生理休眠（physiological dormancy，PD） 指种子脱离母体后形态上已成熟，也具有完整的胚结构，但种子中存在萌发抑制物质，导致种子在适宜条件下不能萌发。这种类型在有休眠现象的种子中较为普遍，广泛存在于裸子植物和大多数被子植物的种子中，常用药用植物北乌头（*Aconitum kusnezoffii*）、防风（*Saposhnikovia divaricata*）、新疆阿魏（*Ferula sinkiangensis*）、北沙参（*Glehnia littoralis*）、五味子（*Schisandra chinensis*）等种子休眠均属于生理休眠类型。

打破 PD 类型种子休眠，关键是去除萌发抑制物，现在普遍采用层积（stratification）（低温、高温、变温）、水浸种、赤霉素处理等方法，或几种方法联合采用来解除种子休眠。有研究表明，4℃低温层积可以有效解除新疆阿魏的种子休眠。麻花秦艽（*Gentiana straminea*）的成熟种子在 4℃低温层积约 30 天，也能打破其 PD。

3. 形态休眠（morphological dormancy，MD） 该类型的植物种子成熟后没有胚或没有形成完整的胚结构，即胚未分化，或分化不完全。需在一定的条件下继续完成器官分化，逐渐发育出完整的胚结构才能萌发。伞形科、天南星科、五加科、小檗科、百合科、毛茛科、木兰科、罂粟科中的一些属的植物，其种子胚虽有分化，但未完全发育，是典型的 MD 休眠类型。龙胆科、列当科一些属的种子胚未分化，属于特殊的形态休眠。龙胆种子成熟时，其胚芽和胚根尚未分化，萌发前的种子其胚体需要进行形态后熟。MD 种子不含生理休眠，一般无须特殊处理，仅需要一段时间让胚生长至足够的体积，种子完成后熟后便能萌发。也有研究表明层积处理能有效促进种子胚结构发育完整。例如，伞形科明党参（*Changium smyrnioides*）的种子在自然温度下，需要很长的时间才能完成胚的形态后熟。而经过层积处理后，可以促进其萌发。

4. 复合休眠（PY+PD） 种子存在种皮障碍，又存在萌发抑制物，导致种子休眠，不能萌发。商陆、山楂、曼陀罗、山茱萸等药用植物种子属于该种类型。该类型休眠解除方法一般同时采用 PY 型种子处理方法和 PD 型种子处理方法。

5. 形态生理休眠（morphophysiological dormancy，MPD） 该类型植物种子既没有完整的胚结构又存在萌发抑制物，使种子不能正常萌发。这种类型的药用植物也比较多，目前已知的具有形态生理休眠的物种主要集中在伞形科、木兰科、毛茛科、五加科、天南星科和百合科等植物种子中。例如，人参、三七、刺五加、黄连、金莲花、狼毒、重楼、伊贝母等。MPD 是最为复杂的一类休眠。MPD 种子萌发前需要解除休眠的预处理时间较长。打破此类种子休眠需除去种子内的萌发抑制物，并通过适宜的条件使植物种子形成完整胚结构。现在生产上常采用变温处理、水浸、沙层积、低温处理等方法打破休眠。例如，人参（*Panax ginseng*）种子具有形态和生理双重休眠的特性，破除人参种子休眠需要经历由高温至低温的顺序过程，即先在较高的温度条件下（20～12℃）完成形态上的发育后，再经 0～5℃低温层积处理 3～4 个月的生理后熟，至次年春季才能萌发，如果得不到上述所需条件，往往延迟到第三年春季才能萌发出苗，给人参生产带来一定困难。

在以上五种休眠类型中，生理休眠是最为常见、分布最广泛的一种休眠类型。

药用植物种类繁多，生长习性又多样，种子休眠原因和萌发的条件又千差万别，因此在研究如何解除药用植物种子休眠方法上，除了经典的方法外，一些较新的处理方法也被开发和利用。例如，利用超声波、X射线、电磁场处理等也逐渐应用到实际生产中。

第二节 种子萌发

种子萌发是植物体生长发育的先决条件。就种子所处的发育状态而言，休眠（dormancy）和萌发（germination）是一种非此即彼的关系。人们常常通过观察种子是否萌发判断种子是处在休眠状态还是非休眠状态。种子是种子植物特有的延存器官，所以人们习惯于把种子萌发看成是植物进入营养生长阶段的第一步。

一、种子萌发的过程

种子萌发（seed germination）是指种子从吸水开始到胚根突破种皮的一系列生理生化变化过程。有时候萌发也指种胚恢复生长，突破种皮，胚根和胚芽转变成幼苗的过程。种子萌发是一个从异养到自养的过程，涉及一系列的生理生化和形态上的变化，并受环境条件的影响。从生理生化角度来说，萌发是种子在休眠期间暂停的代谢活动恢复，细胞重新活化，分解与合成系列途径的相继运转，推进胚细胞顺序性的分裂与分化。根据一般规律，种子萌发的过程可以分为吸涨、萌动、发芽和成苗四个阶段。

（一）吸涨作用（imbibition）

吸涨是种子萌发的起始阶段。一般成熟种子在贮藏阶段的水分在8%～14%范围内，各部分组织比较坚实紧密，细胞内含物呈凝胶状态。当种子与水分直接接触或在湿度较高的空气中时，则很快吸水而膨胀，直到细胞内部的水分达到一定的饱和度，细胞壁呈涨紧状态，种子外部的保护组织软化，才逐渐停止。

吸涨是胶体吸水体积膨大的一种物理现象，不属于生理现象。因此，种子吸涨不能作为萌发开始的标志。死亡的种子也有吸涨作用，死种子浸入水中也能够吸涨，也可以使种皮破裂，有时死种子的胚根还能突破种皮，这种现象称为“假萌动”或“假发芽”。所以鉴定种子是否具有生活力，必须依据一定的可靠标准。另外，豆科植物的一些硬实性种子，虽是生活的种子，但由于种皮不透水，而不能吸涨，因此，依据种子是否能吸涨，也不能判别种子是否有生活力，吸涨仅是萌发过程中所经过的一个最初阶段而已。

种子吸涨能力的强弱，取决于种子的化学成分和种皮的结构，因此不同植物种子的吸涨能力是不相同的。其中，高蛋白质的种子＞淀粉种子＞油料种子。活种子的吸水一般可以划分为以下三个阶段。

1. 开始阶段 依靠物理作用吸涨力吸水。

2. 滞缓期 胶体吸水达到饱和，处于吸水的停滞状态，吸水基本停止或水分增加缓慢，时间长短与种子类型、活力、周围环境条件密切相关。

3. 重新大量吸水 种子胚细胞开始分裂，伸长生长，代谢活跃，重新开始吸水。

（二）萌动（protrusion）

萌动是种子萌发的第二阶段。种子在最初吸涨的基础上，吸水一般要停滞数小时或数天。其间种子内部的代谢开始活跃，进入一个新的生理状态。种胚细胞迅速分裂和伸长。胚的体积增至一定限度，就顶破种皮而出，这就是种子的萌动。种子萌动在农业生产上俗称为“露白”。一般情况下，种子萌动时首先突破种皮的是胚根。种子萌动时，在水分供给不很充足的情况下，胚根先出，胚芽后出的现象更为明显。在水分充足但氧气不足的情况下，胚根因对缺氧条件比较敏感，氧气缺乏则胚根的生长受到抑制，而胚芽的敏感性差，所以胚芽首先突破种皮。种子从吸涨到萌动所需的时间，因植物种类而不同，如油菜与小麦的种子当水分与温度适宜时，仅需 1 天左右，即可萌动；而水稻与大豆则需经 2 天以上的时间，药用植物七叶一枝花（*Paris polyphylla*）在常温条件下的萌动需要大约 150 天。

种子开始萌动后，其生理状态与休眠期间相比有显著的变化。胚部细胞的代谢功能趋向旺盛，对外界环境条件的反应非常敏感。如遇到环境条件的急剧变化或各种理化因素的刺激，就可能引起生长发育失常或活力下降，严重的会导致死亡。在适当的范围内，给予或改变某些条件，会对整个萌发过程及幼苗的生长发育产生一定的效应。

（三）萌发（germination）

种子萌发以后，种胚细胞开始或加速分裂和分化，生长速度显著加快，当胚根、胚芽伸出种皮并发育到一定程度，就称为发芽。发芽时期，胚的新陈代谢作用极为旺盛。呼吸强度达最高限度，会产生大量的能量和代谢产物。如果氧气供应不足，易引起缺氧呼吸，放出乙醇等有害物质，使胚中毒死亡。种子如催芽不当，或播后受到不良条件的影响，常会发生这种情况。例如，大豆、花生及棉花等大粒种子，在播种后由于土质黏重、密度过大或覆土过深、雨后表土板结，种子萌动后会因氧气供应不足，呼吸受阻，生长停滞，幼苗无力顶出土面，而发生烂种和缺苗断垄等现象。健壮的种子出苗快而整齐，瘦弱的种子营养物质少，发芽时可利用的能量不足，即使播种深度适当，亦常常无力顶出土面而死亡；有时即使能出土，但因活力很弱，经不起恶劣环境的侵袭，同样容易引起死苗。

（四）成苗（seedling establishment）

种子发芽后根据其子叶出土的状况，通常将幼苗分成两种类型。子叶出土型（epigeal germination），植物在种子发芽时，下胚轴显著伸长，初期弯成拱形，顶出土面，同时将子叶拉出土面。下胚轴顶出土面后在光照诱导下，生长素分布相应变化，使下胚轴逐渐伸直，生长的胚与种皮脱离，子叶迅速展开，见光后逐渐转绿，开始光合作用，以后从两子叶间的胚芽长出真叶和主茎。90% 的双子叶植物幼苗和少量单子叶植物属于该种类型。子叶留土萌发（hypogeal germination），即植物在种子发芽时，下胚轴伸长不活跃，上胚轴（包括顶芽和顶芽以下部分）伸长快，露出土面上胚轴呈弧形拱出土后，由于向光性作用，生长素分布发生变化，上胚轴伸直，顶芽随即长出真叶而成幼苗，子叶仍留在土中与种皮不脱离，直至内部贮藏营养消耗殆尽而萎缩解体。大多数单子叶植物属于该类型。

二、种子萌发时的生理生化变化

（一）呼吸作用的变化

种子萌发是一个需能过程。干燥种子的呼吸作用处于极低水平，随着种子含水量的增加，呼吸代谢增强（图 12-2）。在萌发的种子中，主要的呼吸途径是糖酵解，连接着三羧酸循环。另外还有戊糖磷酸途径。前一途径促使萌发种子中产生 ATP，而后一途径产生碳骨架、代谢所需的还原剂及核酸等重要产物。在种子萌发过程中，线粒体还产生正常的电子传递链的功能，而在萌发之前的干种子中，无论是三羧酸循环还是电子传递链都是欠缺的。

萌发种子中存在抗氰呼吸（cyanide-resistant respiration）途径，抗氰呼吸可以缩短呼吸进程，增加呼吸速率，从而放出更多的呼吸中间产物用于提供新化合物的合成。但是抗氰呼吸的起始时间因植物种类不同而存在很大的差异。

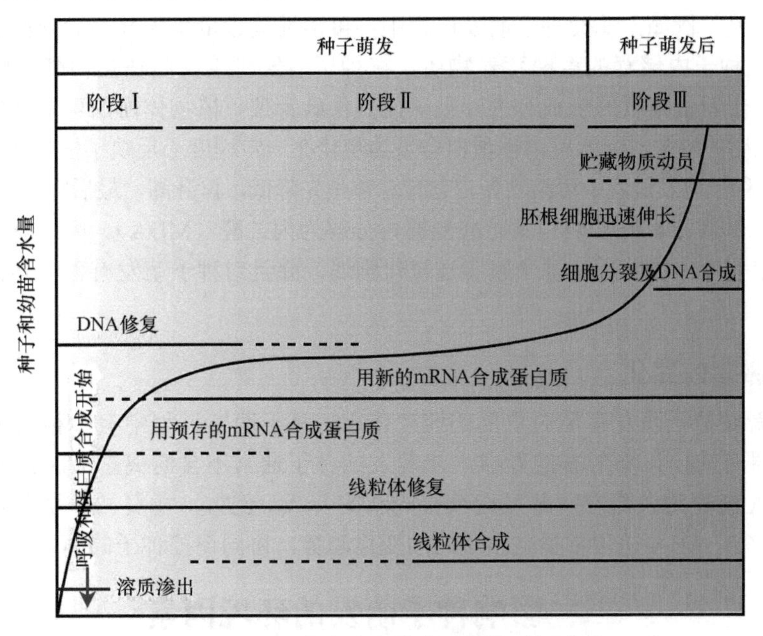

图 12-2 种子萌发期和萌发后期的时间进程

（二）贮藏物质的变化

成熟种子贮藏大量的淀粉、蛋白质和脂肪，为种子提供能量，而在种子萌发期间，它们可以通过相应的水解酶进行水解，再通过生化代谢途径进行分解，之后为种子的萌发提供能量。正常情况下，淀粉、蛋白质和脂肪会在淀粉酶、蛋白酶和酯酶的作用下水解为糖、氨基酸和脂肪酸（图 12-3）。而氨基酸和脂肪酸又可以通过脱氨基和乙醛酸循环等代谢过程产生糖代谢的中间产物，再通过糖异生转化为糖类物质，糖类物质就可以通过糖酵解和磷酸戊

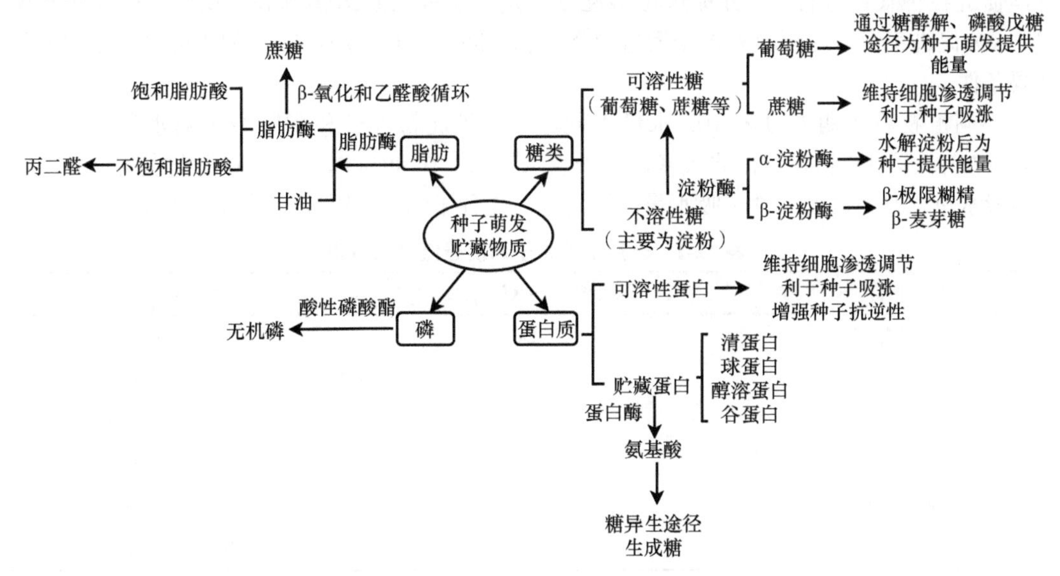

图 12-3 种子萌发过程贮藏物质分解

糖途径等，为种子的萌发提供充足的能量。

可溶性糖含量的变化代表植物体内碳水化合物的运转与代谢。种子在萌发初始阶段，可溶性糖含量呈上升趋势，表明随着种子吸水吸涨的进程，开始积累大量的小分子糖类为种子萌发提供能量。例如，龙葵种子萌发过程中，可溶性糖含量呈先升高后降低的变化趋势。

蛋白质是种子内储存的重要营养物质，在种子萌发时蛋白质在蛋白酶和肽酶下水解产生氨基酸，用于新蛋白质的合成和为呼吸氧化提供碳骨架。植物体内的可溶性蛋白大部分都为参与各种代谢的酶类，因此可溶性蛋白含量的变化在一定程度上反映了植物体的内在生理代谢变化。龙葵种子萌发过程中可溶性蛋白含量总体呈先降低，再升高，最后降低的变化趋势。

脂肪酶水解脂肪后的不饱和脂肪酸能够再分解为丙二醛（MDA）。丙二醛是膜脂过氧化产物，在一定程度上能够反映种子膜脂过氧化强弱，并且对种子萌发有害，其含量会影响种子的活力。

（三）内源激素的变化

植物激素对种子萌发有至关重要的调控作用。种子萌发过程中有多种内源激素调节幼胚的生长、器官的分化和形态的建成。未萌发的种子通常不含游离态 IAA。但种子萌发初期束缚态 IAA 转变为游离态，并且继续合成新的 IAA。例如，龙葵种子萌发时，内源激素 IAA、GA_3、ZT、ABA 的含量呈现出不同的变化趋势，协同调控种子的萌发与生长。

三、影响种子萌发的环境因素

种子萌发所需要的主要环境条件是足够的水分、充足的氧气和适宜的温度，有些种子还需要光照条件。

（一）水分

吸水是种子萌发的第一步，种子只有吸收水达到一定程度后，各种与萌发有关的生理生化作用才能逐步开始。水分在种子萌发中的作用主要有如下几点，水分能软化种皮，有利于氧气供应和胚根突破种皮；种子吸水达到一定程度时可使原生质由凝胶态转为溶胶态，促进各种代谢进行；水分促进可溶性糖、氨基酸等物质运输到胚，供胚呼吸、生长所需；水分促进束缚型内源激素转变为自由型，调节胚的生长。所以充足的水分是种子萌发的必要条件。

不同植物种子萌发过程中吸水量不同。禾谷类淀粉种子和脂肪种子吸水量较低，为 30%～70%；豆科植物含蛋白质较多，种子吸水量高，在 80% 以上。在种子萌发前的各个阶段其吸水量也是不同的。种子吸水量的测定也能为种子的浸种时间提供依据（表 12-1）。

表 12-1　药用植物种子萌发最低吸水量表

药用植物种子	萌发时的吸水量（%）	出处
棉团铁线莲	84	吴红（2018 年）
黄连木	35	赵栋（2017 年）
黄花胡椒	38	郝朝运（2017 年）
硬雀麦	53	田宏（2008 年）
膜荚黄芪	34	雷振新（2016 年）
延胡索	60	李霞（2021 年）

（二）温度

适宜的温度是种子萌发的重要因素，温度通过调节细胞膜通透性及酶活性影响种子活力及萌发。温度对种子萌发的影响有三基点现象：最低温度、最适温度和最高温度。最低温度和最高温度是种子萌发的极限温度，低于最低温度或高于最高温度，种子都不能萌发。最适温度是指种子发芽率最高、发芽时间最短的温度。

种子萌发的最适温度一般与原产地生态条件有关系。原产北方的植物，其种子萌发的温度较低，而原产南方的植物则要求温度较高。在最适温度下，虽然种子萌发最快，但由于呼吸速率高，消耗物质较多，幼苗往往生长得不健壮，抗逆性差。因此，在生产上往往控制种子萌发的温度比萌发最适温度稍低一些，才能使萌发出的幼苗更健壮。萌发的最低温度和最高温度是生产上决定播种期的主要依据。适宜的播种期一般是以土壤温度稍高于种子萌发的最低温度为宜。不同植物种子因种类和原产地等的不同，对温度的响应规律及最佳萌发温度均有差异，研究了不同温度对芸香科、蓼科、唇形科、百合科等药用植物种子萌发和休眠的影响，提出了不同种子发芽的最适温度（表 12-2）。芫荽（*Coriandrum sativum*），是喜冷凉的植物，最适生长温度为 15～20℃，气温在 25℃以上时植株生长缓慢，种子较难萌发。自然条件下，昼夜存在变温，因此变温更有利于某些种子的萌发。关于变温能促进种子萌发的机制方面，一般认为变温能促进酶的活性，有利于贮藏物质转化，促进种皮发生机械变化而利于透气和透水，从而促进萌发。温度通过影响种子内部的酶活性和物质代谢而促进或抑制萌发。温度过低，酶的活化或催化作用受到抑制；温度过高会使酶结构破坏或使酶失活，抑制种子的正常生理代谢。

表 12-2 不同药用植物种子萌发的适宜温度

高温 30℃左右	中温 20～25℃	低温 15℃左右	变温 15～30℃	早春冬季 自然变温	广适型 15～30℃
石椒草	益母草	香薷	广防风	垂花香薷	丹参
罗勒	威灵仙	牛至	连钱草	香茶菜	补骨脂
紫苏	龙牙草	夏枯草	广藿香	石见穿	桔梗
穿心莲	枸杞	南欧丹参	金线草	贯叶蓼	菘蓝
望江南	三七	何首乌	何首乌	红蓼	莨菪
薏苡	韭菜	蓼蓝	波叶大黄	万年青	石竹
连翘	化州柚	大黄	皱叶酸模	土茯苓	知母
白茅	九里香	巴天酸模	香橼	黑刺菝葜	沙参
浙江参	大叶麦冬	北柴胡	朱砂根	朱砂莲	牛膝
雁来红	虎杖	白术	木通		野百合
	茜草	土荆芥	马兜铃		黄芩
	景天	甘草	射干		藿香
	秦艽	鸡血藤	白术		胡枝子
	盾叶薯蓣	防风	曼陀罗		地肤
		荆芥	鱼腥草		贺兰山黄芪
		千里光	半夏		苘麻

（三）氧气

种子萌发是非常活跃的生命活动，需要通过旺盛呼吸作用不断地供给生长代谢所需的能量。因此，氧气是种子萌发必不可少的条件。如果种子萌发期间氧气供应不足，种子内乙醇脱氢酶诱导产生乙醇。乳酸脱氢酶诱导产生乳酸，而乙醇和乙酸对种子萌发均有害。氧气不足会抑制大多数种子的萌发。一般种子正常发芽，其周围空气中的含氧量需要在 10% 以上，尤其是含脂肪较多的种子，萌发时需要更多的氧气。不同药用植物种子萌发时需氧量不同。

（四）光照

光照不是种子萌发的必需条件。大多数的药用植物种子萌发不需要光，甚至是忌光照的，如盾叶薯蓣（*Dioscorea zingiberensis*）等，但有些光敏种子萌发时需要较弱的漫射光，如烟草、地黄、龙胆等。根据种子萌发对光照条件的响应，可将种子分为需光性、需暗性和光中性三类种子。需光种子（light seed）的萌发需要光，在暗中不能萌发或萌发率很低。嫌光种子或需暗种子（dark seed）的萌发受光的抑制，在黑暗下易萌发。在需光和嫌光种子中，需光和嫌光的程度又因品种不同而异，且与环境条件的变化及种子内部的生理状况有关。

需光种子中研究最多的是莴苣种子。在研究莴苣种子萌发时，发现种子萌发与光的波长有关。吸水充分的莴苣种子放在白光下能促进种子萌发；用波长为 660nm 的红光照射种子时，也会促进萌发；若用波长 730mn 的远红光照射种子，则抑制种子萌发；而且红光照射后，再用远红光处理，萌发也受到抑制，即红光作用被远红光所逆转。

对于需光种子来说，光是调控其萌发的主要环境因子，感知光信号的受体主要是光敏色素。也有认为无论需光、需暗还是光中性种子，其萌发或休眠均取决于种子内所建立起来的 Pfr 含量和 Pfr/(Pr+Pfr) 值。瑞香科狼毒（*Stellera chamaejasme*）种子萌发对光照条件不敏感。光照对川百合（*Lilium davidii*）种子萌发有显著促进作用；白沙蒿种子为需光种子，在光下萌发而在黑暗中受到抑制。柽柳科红砂（*Reaumuria soongarica*）种子为需暗种子，黑暗较光照更利于红砂种子的萌发。

种子能否萌发产生正常幼苗受外界生态条件诸如水分、温度、氧气、光照、土壤酸碱、土壤盐分、化学物质、埋深和生物条件的综合影响。

第三节　种子活力与寿命

一、种 子 活 力

种子活力（seed vigor）是一个衡量种子品质的重要表征参数。2003 年《国际种子检验规程》规定：种子活力是指种子在广泛环境条件下，所测定活性和有关性能的总和。种子活力是受内外因素调控的，种子的发芽率、发芽指数和活力指数等参数是衡量种子优劣的重要指标，直接影响到种子的田间出苗率，也是反映种子活力变化的最可靠和直接的指标。

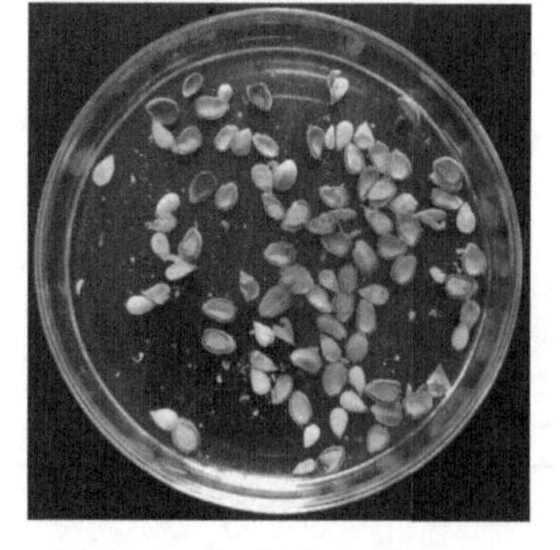

图 12-4　红花种子活力测定

常见的传统检测种子活力的方法有多种。氯化三苯基四氮唑（TTC）染色法，它主要依据种胚中呼吸脱下的氢使水溶性 TTC 还原为红色的脂溶性三苯甲腙（TTF）并附着在种胚表面而使活性种胚着色。根据染色的位置和深浅可以确定种子活力水平，一般情况下，红色越深，说明种子活力水平越高（图 12-4）。

除此之外，类似的还有红墨水（或酸性靛蓝）法、碘-碘化钾法、溴麝香草酚蓝（BTB）法等可用于种子活力的快速检测。

近年来在种子活力检测领域，研究人员发现种子活力不仅与种子的遗传特性有关，还与种子大小、颜色等物理性状密切相关，因此一些新的活力检测技术也被开发出来。机器视觉技术主要通过图像传感器获取种子图像信息后，运用图像处理技术进行分析处理，提取种子大小、颜色等信息，最终结合数据分析方法对种子活力状况进行评价。近红外光谱技术是利用波长为780～2526nm的近红外光谱来反映种子组成成分信息，从而分析种子活力的技术。种子活力的基础是种子成熟过程中贮藏物质不断积累而逐渐形成，近红外光谱区与有机分子含氢基团（OH、NH、CH）振动的合频和各级倍频的吸收区一致，因此，可利用光谱信息来反映种子组成成分信息，进而可以分析种子的活力状况。此外近些年来高光谱技术、激光散斑技术、软X射线技术、电子鼻技术等种子活力无损检测技术也有所发展。

二、种子成熟度

大量资料表明，种子成熟度与种子大小、重量、活力等密切相关。一般种子活力水平随着种子的发育而上升，到生理成熟时达最高峰。种子发芽力随着成熟度提高而增加。种子成熟度与开花顺序有密切关系，因此植株不同部位的种子成熟度也有差异。芹菜、胡萝卜等伞形花序，通常低位花种子成熟度高，种子发育好，粒大，而高位花则相反。十字花科等无限花序植物，其种子不同部位的成熟度有差别，一般为下部＞中部＞上部，其种子活力的差别与成熟度相同。

三、种子寿命与贮藏

（一）种子寿命概念

种子一旦达到生理成熟，便开始经历老化过程，生命力从旺盛状态逐渐减弱直至最后死亡，这是一个复杂的从量变到质变的连续过程。种子寿命（seed longevity）是指种子从完全成熟到丧失生活力的时间，即从采收后在一定环境条件下能保持的最长年限。它是一个群体概念，指一批种子从收获到发芽率降低到50%时所经历的天（月、年）数。发芽率降低到50%的时间又称为半活期（half-living period），从种子收获到半活期的时间称为种子的平均寿命。种子寿命的测定，是从一批种子收获开始，每隔一定时间测一次发芽率，一直到发芽率降到50%，然后计算从收获到最后一次发芽的时间，即为该批种子的平均寿命。

（二）种子寿命长短

药用植物种子的寿命主要因物种的不同而表现出差异，不同的科、属、种之间种子的寿命有明显的差异。寿命短的只有几天或几个月。山豆根为豆科槐属常绿灌木状植物越南槐（*Sophora tonkinensis*）的干燥根，是我国传统常用中药材。山豆根种子在室温下贮藏的寿命较短，一般为6个多月。而柳树（*Salix babylonica*）种子的寿命只有短短几十小时。其他如肉桂、儿茶、乌头、细辛、当归、白芷、白术、枸杞等寿命也不长。

苋科药用植物种子，如青葙子、牛膝等在常温下可保持2～3年，十字花科、唇形科和豆科药用植物种子如白芥、夏枯草、决明等可保持5年左右。大部分的种子寿命在2～3年。但是，也有寿命特别长的种子，测定出最古老的莲子（*Nelumbo nucifera*）寿命长达1300多年，萌发率高达84%。种子寿命与贮藏条件的关系极为密切，低含水量、低温度、密闭贮藏，可以延长种子寿命。

依据种子寿命的长短，可将种子分成短命种子（microbiotic seed）、中命种子（mesobiotic seed）和长命种子（macrobiotic seed）3 大类（表 12-3），短命种子的寿命一般在 3 年以内，中命种子寿命在 3～15 年，15 年以上的为长命种子。

表 12-3 药用植物种子寿命

种子寿命	代表性药用植物
短命种子	牛蒡、薏苡、龙胆、水飞蓟、小茴香、曼陀罗、桔梗、青葙、玄参、菘蓝、红花、枸杞、党参、人参、当归、紫苏、白芷、天麻、金莲花、草果、细辛、檀香、北五味子、平贝母
中命种子	大黄、桃、杏、核桃、黄柏、郁李仁、黄芪、甘草、皂角
长命种子	文冠果、王不留行、鸡冠花、金盏花

（三）种子贮藏特性

依据种子的贮藏特性不同，可分为正常型（orthodox seed）、中间型（intermediate seed）和顽拗型（recalcitrate seed）3 种类型的种子。桔梗、人参、红花和黄芩等正常型种子成熟后，其体内水分丧失的过程中代谢活动随之降低，可干燥或低温贮藏，在干燥状态下可存活相对较长的时间。高良姜、肉豆蔻、细辛和三七等顽拗型种子在成熟脱离母株时未经历干燥失水阶段（含水量达 30%～60%），仍可维持一定的代谢活动，其失水会损伤细胞膜或原生质，破坏种子内部正常的生理代谢活动，当水分损失超过种子的临界含水量（通常为 25%～40%）时，其活力和寿命将大幅度下降，含水量降至 15%～20% 时多数种子不能萌发，且对低温敏感，因而不能干燥或低温贮藏，贮藏流程较复杂，常温贮藏存放时间较短。中间型种子介于二者之间，对低温环境敏感，能忍耐一定程度的脱水，但干燥至相对低的含水量（7%～12%）时会造成种子损伤，无法在低温、低含水量条件下长期保存。种子的寿命在很大程度上受遗传因素的影响，深入研究不同物种种子的遗传特性，可有效提高种子贮藏的期限。

（四）种子储存过程中的生理生化变化

1. 有机物的变化 种子的有机物主要分为脂肪、蛋白质和糖 3 大类。当归种子在 15℃的条件下贮藏 10 个月，可溶性糖含量变化幅度较小，蛋白质含量呈下降趋势。室温储存 1～8 年的沙葱种子可溶性糖含量逐渐下降，可溶性蛋白含量呈先上升后略有下降的趋势。一般来讲，随着种子储存时间的延长，种子的有机物不断代谢消耗及相互转化，不同种子有机物的变化趋势不同，但最终有机物都呈减少趋势，减慢有机物的消耗速率可以延缓种子失活。

2. 酶活性的变化 酶参与了种子全部代谢活动，并起到了重要的催化调节作用。种子体内酶促反应受温度影响显著，温度较高时酶促反应剧烈，温度过高时酶蛋白结构被破坏而失去活力，温度较低时酶促反应缓慢，有利于种子延长寿命。大量研究显示，种子在储存过程中过氧化物和自由基不断产生与积累，质膜因膜脂过氧化而完整性降低，导致种子寿命缩短。谷胱甘肽还原酶（GR）、抗坏血酸过氧化物酶（APx）、CAT、POD 和超氧化物歧化酶（SOD）等抗氧化酶在种子贮藏过程中可以清除种子体内的自由基及过氧化物，起到抗氧化作用。北细辛、白鲜、芍药等的种子随着储存时间的延长，其 CAT、SOD 及 POD 等抗氧化酶活性逐渐下降。通过酶活性的变化可以在一定程度上反映出种子贮藏期间的生理生化变化规律。

3. 活性氧的累积 活性氧（ROS）如超氧化物、过氧化氢和羟自由基等会氧化细胞，造成膜系统损伤和蛋白质、DNA 等功能障碍，导致膜脂过氧化。例如，大多数 ROS 的前体 O_2^- 可以歧化产生 H_2O_2，而 H_2O_2 可以自由穿过细胞膜并产生具有高攻击性的 HO·，不同含水量的蒙古黄芪种子在储存 12 个月后 O_2^- 产生速率和 H_2O_2 含量均呈上升趋势。丙二醛（MDA）对细胞膜结构的损伤有很大影响，其含量过高会加剧质膜完整性的破坏，还会抑制抗氧化酶活性，降低其对自由基和过氧化物的清除能力。北细辛、黄精等的种子 MDA 含量随贮藏时间的延长而不断增加。种子在贮藏过程中还会发生阿马多里-美拉德（Amadori-Maillard，A-M）反应，该反应产物会抑制抗氧化酶和 DNA 修复酶等的活性，并通过非酶促反应糖基化修饰造成蛋白质和 DNA 功能和结构改变，最终导致蛋白质降解和染色体畸变。酮醛类、高级糖基化合物、过氧化氢和糖化蛋白等反应产物会随种子储存时间的延长而不断增加，从而种子自我修复能力和抗胁迫能力下降，导致种子寿命缩短。

四、种子老化

种子“老化”（seed aging）或“劣变”（deterioration）是指种子生存能力降低、活力丧失及萌发能力的不可逆变化，是一个种子内部及外部发生的一系列渐变的过程，也是伴随着种子贮藏时间延长而发生和发展的过程，是种子在贮藏过程中极其普遍的一种现象。

从种子外部形态观察，种子劣变会使种皮变色，光泽度降低，暗淡无光，油脂种子有“走油”现象。从生理生化角度看，种子的老化常常伴随着膜脂过氧化、可溶性糖和蛋白质降解、相关基因表达紊乱及核酸降解等一系列生理生化反应。种子内部的膜系统也会受到严重的破坏，透性不断增加；并且抗氧化酶活性降低，O^{2-} 产生速率和 H_2O_2 含量升高，有毒有害物质累积，对细胞造成的损伤加剧。

种子老化将导致种子的发芽率、活力、生活力降低，抑制种胚正常发育及幼苗生长等一系列负面特征，同时，也会影响植物生长后期的产量与品质。紫苏种子含油量高，易于发生老化劣变，在室温条件下储存，经一个高温高湿季节后其萌发率显著下降，失去种用价值。自然贮藏条件下，麻黄（*Ephedra sinica*）种子的发芽率均随贮藏时间的延长而降低；而沙葱（*Allium mongolicum*）种子的发芽率则呈现出先上升后下降的趋势，种子发芽率在贮藏 3 年时达到最大，7 年后则低于 60%。

种子老化受内部基因和外界环境因子的综合影响，影响种子耐贮性的各因子间相互影响、共同作用，机制极其复杂。寿命长的种子在贮藏中劣变速度相对较缓。

案例 12-1 解析

北乌头种子休眠属于形态生理休眠（MPD），MPD 是最为复杂的一类休眠。MPD 种子萌发前需要解除休眠的预处理所需时间较长。打破此类种子休眠需除去种子内的萌发抑制物，并通过适宜的条件使植物种子形成完整胚结构。可以在生产上尝试采用变温处理、水浸、沙层积、低温处理等方法打破北乌头种子休眠。

本章小结

学习内容	学习要点
名词术语	休眠、萌发、种子活力、种子寿命、种子老化
休眠类型	5 种休眠类型及打破休眠的方法
萌发	萌发的进程
种子活力检测	TTC 法

目 标 检 测

一、单项选择题

1. 植物种子萌发是否需要光（　　）。

A. 需要　　B. 不需要
C. 光对种子萌发没什么影响　　D. 有些需要，有些不需要

2. 下列哪种植物的种子属于顽拗型种子（　　）。

A. 桔梗　　B. 人参　　C. 黄芩　　D. 三七

3. 甘草种子休眠的主要原因是（　　）。

A. 种皮太硬　　B. 种子没完成后熟
C. 种子内含有萌发抑制物　　D. 以上都是

二、多项选择题

1. 下列哪些属于 Baskin（2004 年）划分的种子休眠类型（　　）。

A. PY　　B. PD　　C. MD　　D. PY+PD　　E. MPD

2. 快速测定种子活力的方法有（　　）。

A. 氯化三苯基四氮唑染色法　　B. 红墨水（或酸性靛蓝）法
C. 碘-碘化钾法　　D. 溴麝香草酚蓝法
E. 视觉判断法

3. 种子萌发的过程包括（　　）阶段。

A. 吸涨　　B. 萌动　　C. 发芽　　D. 成苗　　E. 吸水

三、名词解释

种子后熟；顽拗型种子

四、简答题

1. 引起种子休眠的原因有哪些？
2. 如何打破种子休眠？

（内蒙古医科大学　张传领）

第十三章　药用植物逆境生理

学习目标

1. 掌握：各种非生物胁迫和生物胁迫的基本概念；各种胁迫对药用植物的影响以及药用植物对各种胁迫的适应性。

2. 熟悉：水分、温度、盐分、光照、环境污染及生物胁迫对植物的伤害及其机制。

3. 了解：植物对复合逆境胁迫的适应性及提高药用植物各种抗性的方法。

案例 13-1 导入

生活在热带、亚热带的芭蕉树的叶子非常阔大，生长在温带地区的松树叶细长呈针形，而生长在荒漠地区的仙人掌的叶子已经变成了非常小的刺，这就是植物对逆境环境的适应性。

问题： 1. 什么是逆境？

2. 植物是如何适应逆境的？

第一节　逆境胁迫

药用植物体自身是一个开放的体系，在整个生命周期中，不断与环境进行物质、能量和信息的交换，其生活史不可避免地受到不良环境变化的影响，其变化幅度超过药用植物正常生命活动所能忍受的范围，就会对药用植物的生长发育造成显著的不利影响，甚至导致其死亡。在长期的进化及适应环境变化的过程中，植物逐渐形成了抵御外界环境的各种能力，这就是常说的抗逆性。对于药用植物来说，各种不良环境是影响药用植物资源地理分布、生长发育过程及品质形成的直接因素。适应逆境的群体可以成为一个地区的优势群落，而不能适应逆境的群体会退出相应的地区或出现适应性的变异，因此逆境胁迫也是药用植物进化的动力之一。研究药用植物在不良环境下的生命活动和对外界环境的抵抗和忍受能力，对药用植物的可持续利用与开发具有重要的意义。

一、胁　迫

自然界的药用植物并非总是生长在适宜的环境条件中，其经常会受到不良环境因素的影响，除了受到病害、虫害、草害、化感作用、人类活动等生物因素的影响，也常常受到各种不利环境因素的影响，如干旱、水涝、寒害、冻害、盐胁迫及大气、水质、环境污染等，通常将对植物生存或生长不利的各种环境因子总称为环境胁迫或逆境（environmental stress）。对药用植物的环境胁迫可分为生物胁迫（biotic stress）和非生物胁迫（abiotic stress）两类。

全球只有不足 10% 的陆地面积适合植物栽培，其他均为干旱、半干旱、盐碱土等。我国有近 48% 的陆地处于干旱半干旱地区，土地盐碱化、荒漠化形势严峻。盐碱化、荒漠化土地对植物的生长会造成一定的胁迫，当植物受到环境胁迫时，会通过产生次生代谢物来抵御外界环境的胁迫，以保证正常的生长发育，这些次生代谢物也是药用植物的主要药用成分。逆境胁迫即非生物胁迫，是环境胁迫的主要方式之一，包括干旱胁迫、高温胁迫、低温胁迫、盐碱胁迫等。目前我国药用植物的栽培研究较短，尚未形成适于栽培的优良品种。因此，近年来采用逆境胁迫模拟药用植物野生环境以提高品质的栽培模式逐渐兴起。

对药用植物来说，适当的逆境条件有利于其体内有效成分的积累，因此加强药用植物逆境生理研究，了解药用植物对逆境的反应及适应过程，深入了解不同的逆境条件对药用植物生长发育的影响及机制，可以为药用植物育种、栽培提供理论基础，对提高药用植物栽培的品质和产量有重要意义。

（一）非生物胁迫

1. 非生物胁迫的概念 非生物胁迫是自然界常见的环境因子，是由过度或不足的物理或化学条件引发的对植物生存和生长发育不利的各种非生物环境因素的总称。

2. 非生物胁迫的种类 非生物胁迫通常包括物理胁迫和化学胁迫（表 13-1）。在自然环境中，通常不是只有一种单一的胁迫，而是各种胁迫因子相互关联、互相作用的。如盐胁迫和干旱胁迫同时存在，高温和干旱常常伴随发生。非生物胁迫可导致药用植物发生形态学、生理学、生物化学和分子水平的变化，制约药用植物正常生长发育，直接影响药用植物的产量和品质。

表 13-1 胁迫的类型

非生物胁迫		生物胁迫
物理胁迫	化学胁迫	
水分（旱害、涝害）	气体污染物（SO_2、氯气、氟化物、光化学烟雾等）	竞争
温度	有机化学药品（除草剂、农药、化肥、杀虫剂等）	化感作用
低温（冷害、冻害）		
高温（热害）	无机化学药品（重金属污染等）	共生现象的缺乏
辐射	盐碱土	人类活动
红外线、紫外线		
强、弱可见光	毒素	病害（微生物）
离子辐射（α、β、γ、X 线）	土壤溶液 pH	虫害（昆虫）
机械、声、磁、电等		草害（杂草）

非生物胁迫因子之间相互交叉、互相影响，伴随着药用植物的整个生长发育周期。一般认为胁迫处理可以提高药用植物活性成分含量。目前一些研究结果也逐渐支持这种假说。例如，发现干旱处理可以提高狭叶连翘（*Phillyrea angustifolia*）中萜类化合物的合成。NaCl 和 TiO_2 的复合胁迫可以上调苦艾（*Artemisia absinthium*）中控制青蒿素合成的关键酶——氨苯二酸合酶、双键还原酶 2 的基因表达。有研究认为，植物在逆境条件下，如在受到干旱胁迫时会关闭气孔以减少蒸腾作用，紫外线胁迫会破坏光合系统，从而导致卡尔文循环中固定的 CO_2 减少，造成植物体内还原力（如 $NADPH+H^+$）积累过量，植物通过促进包括萜类等物质的合成来消耗过量的还原力。

（二）生物胁迫

1. 生物胁迫的概念 生物胁迫是由其他生物因素引起的胁迫，能够诱导药用植物产生生理甚至基因水平的变异，改变基因表达，从而逃避或忍受逆境。

2. 生物胁迫的种类 包括病害、虫害、草害、竞争、抑制、化感作用等药用植物生长所造成的压力因素。

（三）胁迫对药用植物的伤害类型

1. 原初直接伤害　非生物胁迫对药用植物产生的伤害效应首先是直接使生物膜受害，导致细胞脱水，质膜透性增大，这种伤害被称为原初直接伤害。

2. 原初间接伤害　膜系统破坏以后，位于膜上的酶代谢紊乱，各种生理活动无法正常进行，代谢失调，影响药用植物的正常发育，这种伤害被称为原初间接伤害。

3. 次生伤害　对药用植物的影响不是本身的作用，而是由此引起的其他因子造成的伤害。如盐胁迫，盐分过多，使土壤水势下降，相继会出现水分胁迫，这种伤害被称为次生伤害。

二、胁迫对药用植物生理代谢的影响

（一）植物体内水分的变化

干旱环境可直接导致水分胁迫，而低温、冰冻、高温、盐渍、病害等逆境胁迫情况可间接导致水分胁迫，引起植物脱水。植物内部的水分变化比较明显，表现为植物的吸水能力降低、蒸腾量减少。当蒸腾量大于吸水量，出现水分胁迫，植物组织的含水量降低而出现萎蔫现象。此时植物体内的水势、渗透压、压力势、相对含水量均降低，气孔部分关闭。

（二）质膜透性的变化

逆境胁迫往往会使植物细胞受到伤害，细胞质膜透性改变，各种细胞器的内膜系统均会受损，出现膜透性增加、内含物渗漏、代谢紊乱、膜系统活性降低、膜蛋白受损等现象。

（三）光合作用的变化

在任何一种逆境下，都会使植物光合作用强度呈现下降趋势。例如，在高温下，植物光合作用的下降可能与酶的变性、失活有关，也可能与脱水时气孔关闭，气体扩散阻力增加有关。低温能够通过光抑制影响光合系统，严重的低温胁迫还会导致光氧化被破坏，再者低温会降低植物体内的光合作用酶活性，从而影响光合作用。在干旱条件下，由于气孔关闭而导致的光合速率降低则更为明显。土壤盐碱化、二氧化硫大气污染等均能使植物的光合速率显著降低，同化物供应减少。

（四）呼吸作用的变化

逆境对植物呼吸作用的变化有：呼吸强度降低、呼吸强度先升高后降低和呼吸强度明显升高 3 种类型。高温、冻害、盐渍和洪涝胁迫时，会使植物的呼吸速率降低；冷害和旱害会使植物的呼吸速率先升高后降低；病害发生时，组织的呼吸强度极显著增强，这是植物细胞原生质内有关呼吸酶活性增强的表现。

（五）植物体内物质代谢的变化

1. 逆境蛋白与逆境基因　逆境条件下植物体内大量逆境基因被诱导表达，从而产生大量的逆境蛋白。逆境蛋白的产生是植物对多变环境的主动适应；逆境蛋白的种类繁多，包括蛋白和水解酶类等，如热休克蛋白（heat shock protein，HSP）、胚胎发生晚期丰富蛋白（late embryogenesis abundant protein，LEA）、低温诱导蛋白（low-temperature-induced protein）等。但在不同环境胁迫下产生的逆境蛋白存在一定共性，它们能够使植物产生抗性。

2. 抗氧化酶类 各种逆境胁迫下都会诱发氧代谢失调而导致氧化胁迫。热激等胁迫预处理使植物超氧化物歧化酶（SOD）、过氧化物酶（POD）、过氧化氢酶（CAT）、抗坏血酸过氧化物酶（APx）、谷胱甘肽还原酶（GR）等的活性明显提高，对干旱胁迫、冷胁迫、热胁迫及盐胁迫的抗性随之增强。除保护酶系统外，植物体内还有多种能与活性氧作用的抗氧化剂，如还原型谷胱甘肽（GSH）和抗坏血酸（AsA），它们的含量在逆境下也会发生变化。各种酶类活性随着逆境胁迫程度的不同而变化。如在短期干旱胁迫过程中，轻度和中度干旱时，蒙古黄芪体内 SOD、POD、CAT、APx、GR 活性增强可缓解干旱对其的损伤，但重度胁迫时，抗氧化酶类活性减弱甚至消失。

3. 渗透调节 植物处于逆境胁迫时，细胞会失水，水势升高，渗透势降低，无法继续从环境中吸水。此时细胞会主动提高溶质浓度，升高渗透势，降低水势，保持从环境中继续吸水的能力，维持细胞正常生命活动，这个过程称为渗透调节。逆境胁迫下参与渗透条件的物质通常有两类，一类是从外界环境进入细胞内的无机离子，二是细胞内合成的有机物，如游离脯氨酸（proline，Pro）、可溶性蛋白（soluble protein，SP），可溶性糖（soluble sugar，SS）都是重要的渗透调节物质。在正常条件下，植物体内 Pro 含量只是 0.2～0.6mg/g 干重，但在干旱胁迫下 Pro 含量可增加几倍到几十倍。采用基于磁共振波谱的代谢组学研究表明，蒙古黄芪在重度干旱胁迫下脯氨酸的含量较对照增加了近 60 倍。植物通过这些物质的主动积累，一方面可以维持细胞膨压的稳定，保障正常的生理生化代谢；另一方面能够继续从环境吸收水分，维持生长。

4. 活性氧自由基 逆境胁迫会使植物体内产生过多的活性氧自由基。活性氧（reactive oxygen species，ROS）是指化学反应性能比氧更活泼的含氧物质，如超氧阴离子自由基（O_2^-）、羟基自由基（–OH）、过氧化氢（H_2O_2）、单线态氧（$1O_2$）等。植物正常时细胞内活性氧的产生和清除处于动态平衡中，ROS 的活性很低，不会对植物造成伤害，但是在植物遭受逆境胁迫时，平衡被破坏，造成 ROS 的积累，ROS 的浓度超过正常水平。过量的 ROS 会加速脂质过氧化链式反应并作用于膜蛋白，使膜透性改变、膜系统遭破坏，引起细胞内生理生化变化和代谢紊乱，对植物造成伤害，甚至导致植物死亡。

5. 逆境信号分子 脱落酸（ABA）、水杨酸（SA）和茉莉酸（JA）是非生物胁迫反应的重要逆境信号分子，广泛参加作物生理过程的调控。ABA 作为一种能够提高植物抗逆能力的“非生物应激激素”，既是植物响应非生物胁迫的信号，也是引起植物体内适应性调节反应和基因表达的重要因子，参与非生物胁迫下的调控应答。在干旱、高温、低温、高盐等胁迫条件下，植物能够启动 ABA 合成系统，合成大量 ABA，促进水分吸收并减少水分运输的途径，增加共质体运输的水流，促进气孔关闭，抑制气孔开放。在低温条件下，植物体内累积的 ABA 能对低温调控基因进行调控，从而提高植物的抗寒性；在受到干旱、高温、高盐胁迫时，ABA 在遭遇水分亏缺的植物中积累，激活几种 ABA 应答基因的表达，刺激并维持根系在胁迫逆境下的发育和生长，提高根系的水分导度，影响气孔的开闭，增强植物抵抗能力。因此，ABA 被认为是植物适应逆境、启动适应性生理反应的必需因子。SA 和 JA 介导的信号传递途径与植物抗性密切相关，细胞内增加的 SA 能激活抗氧化酶系统，使冷应答基因的表达量上调，从而减少细胞膜的氧化损伤，增强植物的抗寒能力。JA 作为信号分子参与调控植物的生长发育及低温、干旱等非生物胁迫，有报道指出外源茉莉酸甲酯（methyl jasmonate，MeJA）能够诱导热休克蛋白家族转录，通过增加抗氧化剂合成、降低脂氧合酶活性从而增加植物抵御冷害能力，说明 JA 信号途径参与了植物对低温的响应与适应过程。

三、胁迫对药用植物品质形成的影响

（一）胁迫对药用植物次生代谢物合成与积累的影响

次生代谢物是药用植物在次级代谢过程中所产生的小分子化合物，是植物长期进化中对环境胁迫的适应性产物。与初级代谢一样，次级代谢同样是药用植物体内重要的生理代谢活动，且在植物适应环境中充当重要角色。适度的环境胁迫会刺激次生代谢物的积累，次生代谢物在不同药用植物体内的合成和积累是药用植物在一定环境条件下长期生存选择的结果，与产地的生态环境具有紧密的联系，从而形成“道地性”。现代研究表明，一般来说，中药材“顺境出产量，逆境出品质”。如适度的干旱胁迫可增加蒙古黄芪根中毛蕊异黄酮葡萄糖苷、芒柄花苷、毛蕊异黄酮和芒柄花素 4 种黄酮类成分和黄芪甲苷的含量；盐胁迫下可增加桔梗中总皂苷的含量；CO_2 浓度增高可使迷迭香体内单萜含量增加；遮荫处理对提高银杏幼树叶片中药用成分含量有显著的促进作用。但也有不少研究表明，环境胁迫不仅会导致道地药材产量降低，而且过分的环境胁迫会降低植物次生代谢物积累。科学利用环境胁迫因子控制植物体内次生代谢物的积累，尤其对药用植物的品质形成具有重要意义。

（二）胁迫对药用植物次生代谢物的诱导机制

药用植物在面对环境胁迫时，其次生代谢物的诱导机制可通过几个关键假说来解释。生长/分化平衡（GDB）假说认为，资源充足时植物优先生长，而在资源受限条件下，植物转向分化和次生代谢物的合成，以增强生存能力。碳素/营养平衡（CNB）假说指出，植物体内的碳（C）和氮（N）比例影响次生代谢物的类型和含量，高 C/N 比促进碳基次生代谢物的积累，而低 C/N 比则增加氮基化合物的合成。最佳防御（OD）假说强调，在胁迫环境下，植物的生长受限，此时产生次生代谢物的成本相对较低，且防御收益增加，因此植物会增加次生代谢物的产生以抵御胁迫。资源获得（RA）假说则认为，植物在恶劣环境中会积累更多的次生代谢物以适应环境，而在资源丰富的环境中，植物则倾向于快速生长。这些假说共同揭示了药用植物如何通过调整其代谢途径来响应和适应外部环境的变化。

第二节　药用植物的抗逆性与适应性

一、药用植物的抗逆性

在同等程度的逆境条件下，不同种类药用植物的受害程度不尽相同，即便是同一植物在不同的生长时期对逆境的敏感性也存在差异。因此，在逆境条件下，有些植物无法继续生存，而有些植物还能接近正常地生存下去。植物对逆境的抵抗和忍耐能力，称为植物的抗逆性（stress resistance），简称抗性。抗逆性可分为避逆性、御逆性和耐逆性三类。

避逆性（stress avoidance）是指药用植物通过各种各样的方式避开或部分避开逆境的现象，如沙漠中的药用植物在雨季生长的速度显著高于旱季，甚至有部分沙漠中的药用植物只在雨季生长发育，通过改变自身的生长发育周期避开难以维持正常生命活动的季节。

御逆性（stress resistance）是指植物自身具有一定的防御环境胁迫的能力，且在环境胁迫下各种生理过程仍保持正常状态。例如，仙人掌类植物的叶片特化成针刺状以减少蒸腾，同时通过肉质化组织的发育在体内贮藏大量水分，从而不受干旱影响。

耐逆性（stress tolerance）是指药用植物在逆境中通过生理生化的变化来阻止、降低或修复由逆境胁迫造成的损伤，使药用植物在逆境胁迫的环境中仍可以存活甚至完成生长发育周期。北方的针叶树可以在冬季忍受–70～–40℃的极端低温，而一些温泉中的细菌可以在70～90℃的水中存活。生物在极端逆境中存活甚至正常完成生长发育周期，与长期和环境相互作用有密切关系。耐逆性通常是生物体和外界环境长期相互作用的结果，与原生质的特性和生理机制有关。

生物碱是一类含氮杂环化合物，是植物体内参与胁迫损伤修复的主要物质，生物碱具有多重的药理活性，如抗炎、降血糖、保护心血管等，是药用植物的主要活性成分之一。逆境胁迫对药用植物生物碱的积累也有积极作用。有研究发现，低浓度的NaCl会显著降低半夏（*Pinellia ternate*）幼苗体内的生物碱含量，而高浓度的NaCl会显著提高其体内生物碱含量。

这几种植物的抗逆性有时并不能截然分开，同一植物可以同时表现出几种抗逆性。任何植物的抗逆性都不是突然形成的，而是通过逐步适应环境和逐步进化形成的。

二、药用植物的适应性

植物自身对逆境的适应能力，称为植物适应性（adaptability）。植物的适应性是一个复杂的生命过程，是胁迫强度、胁迫时间与植物自身的遗传潜力综合作用的结果。

（一）形态结构的适应

当植物处于干旱、低温、冰冻、盐渍、病害等逆境胁迫时，其外部形态和内部结构均会发生变化。植物会出现叶片变色、萎蔫、畸形、植株矮小甚至死亡的现象。在长期的进化过程中，植物表现出了对逆境的一定适应性。如在干旱胁迫下，植物会通过增加根长密度、垂直或水平方向的伸展及提高根冠比、增加根毛密度等来适应干旱。

（二）生理生化的适应

1. 生物膜、活性氧 逆境胁迫最明显的特征是活性氧的积累增多，活性氧作为第二信使参与新陈代谢，调控细胞生长和程序性死亡等，在植物体内处于动态平衡状态。而当植物遭遇逆境胁迫或病理变化时，大量ROS产生，如超氧自由基（$\cdot O_2^-$）、过氧化氢（H_2O_2）、氢氧根离子（OH^-）和羟基自由基（$\cdot OH$）等，引发一系列生化反应，造成细胞膜脂过氧化、蛋白质失活、DNA损伤，严重时导致细胞功能紊乱甚至凋亡。

2. 逆境蛋白 由逆境因素如干旱、水涝、高温、低温、病虫害、有毒气体和紫外线等诱导植物体内形成的新蛋白质，统称为逆境蛋白（stress proteins）。

（1）抗氧化酶（antioxidation enzyme）：植物处于逆境环境中时，活性氧会大量产生，进而引发膜质过氧化作用而使细胞膜受到损伤，影响植物生长。长久的适应演化使植物进化出高效复杂的ROS清除系统，该系统主要包括酶抗氧化防御系统和非酶抗氧化防御系统。其中抗氧化酶保护系统是植物适应逆境的重要生理机制。超氧化物歧化酶（SOD）、过氧化物酶（POD）、过氧化氢酶（CAT）是抗氧化酶系统中控制植物体内活性氧积累的最主要的酶。SOD是植物抗氧化的第一道防线，其主要功能是清除生物体内超氧离子基团，防御活性氧或其他过氧化物自由基对细胞膜的伤害。CAT和POD可以使H_2O_2歧化成水和氧分子。活性氧能及时被清除，减轻了对植物的伤害。同时还可与谷胱甘肽过氧化物酶（glutathione peroxidase，GPx）、抗坏血酸过氧化物酶（ascorbate peroxidase，APx）协同作用，发挥防御植物体内氧中毒，有效保护细胞和机体本身，增强植物在逆境胁迫下的耐受能力的功能。

（2）水通道蛋白（aquaporin，AQP）：水分的吸收和跨膜及组织间转运对于植物的生长发育至关重要。植物借助水通道或扩散通过细胞膜，其中水分子的跨膜运输主要受到AQP

的调节。AQP是一类小分子膜内在蛋白，属于膜上的主体内在蛋白家族（MIP）。AQP可以增强膜的导水率，使其对水的渗透增加10～20倍，极大地促进水分的跨膜扩散效率。植物AQP在应对各类环境胁迫的过程中具有非常重要的功能。当受到干旱、高盐和低温等非生物胁迫时，AQP的表达量都会发生明显的变化。

（3）热休克蛋白（heat shock protein，HSP）：又称热激蛋白，是一种保护性蛋白。当机体受到高温等恶劣环境袭击时，就会大量合成热休克蛋白（正常情况下也有少许存在），从而帮助每个细胞维持正常的生理活动。HSP种类很多，按照SDS电泳的表观分子量可以把植物HSP分为5类：HSP100、HSP90、HSP70、HSP60及小分子量热休克蛋白（smHSP）。HSP与很多蛋白质结合，帮助氨基酸链折叠成正确的三维结构，清除受损而无法正确折叠的氨基酸链，护送蛋白质分子寻找目标分子以免受到其他分子的干扰等。HSP不仅会保护对于基本生理过程中不可或缺的蛋白，还会分解受损蛋白，回收合成蛋白的原材料，让细胞内的生理化过程得以平稳运行。

（4）LEA蛋白：即胚胎发育晚期丰富蛋白，是一类参与植物抵御逆境胁迫的功能性蛋白，主要作用是保护遭遇逆境的植物体能够维持正常的生命代谢。首次从棉花胚胎中获得分离以来，该蛋白能够在棉花种子脱水成熟期大量积累，并保护组织细胞在种子成熟过程中免受脱水对种子造成的伤害，因此该蛋白被命名为胚胎发育晚期丰富蛋白。一些暴露于脱水、渗透压、低温等失水胁迫下的营养组织中，LEA蛋白能够在水分缺少时代替水分子，保持细胞液处于溶解状态，保护细胞膜系统免受伤害，避免细胞结构塌陷。由于LEA蛋白通常在缺水的组织或细胞中聚集，且通常含有较多的亲水性氨基酸，因此也被称为亲水素（hydrophilin）。

（5）低温诱导蛋白：是植物在温度逆境条件下诱导产生的一系列蛋白，以抗冻蛋白、脱水蛋白、热休克蛋白较多，而且低温诱导蛋白一旦在体内形成，植物体就会快速适应外界环境，表现出较强的抗逆性。

抗冻蛋白（antifreeze protein，AFP）是植物在适应低温过程中产生的抑制冰晶生长的耐寒功能蛋白之一，包括不含糖基的AFP和含糖基的AFGP，具有热滞效应、冰晶形态效应和重结晶抑制效应的蛋白质。抗冻蛋白最初是在北极鱼的血清中发现的，这种蛋白能够与冰晶结合并控制其生长，在不影响细胞质渗透压的情况下降低血液的冰点，从而使鱼类免受冰冻伤害。与鱼类抗冻蛋白相比，关于植物AFP的研究较晚，但目前已在多种植物中观察到抗冻蛋白的合成，它们的共同特点是富含甘氨酸、低芳香族氨基酸和高亲水性氨基酸，可使蛋白质保持高度的可伸缩性以保护细胞由于低温引起的脱水作用。

脱水蛋白（dehydrin，DHN）是植物在脱水、低温、冷冻、渗透胁迫、盐碱、脱落酸处理和种子成熟时积累的一个典型的植物蛋白家族，属于LEAD-11蛋白家族。最早在水分胁迫的水稻中发现，随后发现脱水蛋白广泛存在于植物细胞中。脱水蛋白富含甘氨酸，不含半胱氨酸和苏氨酸，其亲水性强、热稳定性高并且具有高度保守性，保守区域一般为K、S、Y片段，其中K片段富含赖氨酸，由15个氨基酸组成，可形成兼性的α螺旋。该结构为脱水蛋白的亲脂性提供了结构基础，所以脱水蛋白K片段的功能之一是可以与部分变性蛋白质及膜的疏水区相互作用，从而防止蛋白质和膜进一步变性。因而在低温诱导下，脱水蛋白的出现有助于提高植物在冰冻时忍受这种胁迫的能力，减少细胞冰冻失水，提高耐寒性。

（6）其他逆境蛋白：植物逆境应答蛋白还包括一类具有调控作用的蛋白，如蛋白激酶和转录因子。参与植物逆境应答过程的蛋白激酶主要有钙依赖性蛋白激酶（calcium dependent protein kinase，CDPK）、丝裂原激活蛋白激酶（mitogen-anctivation protein kinase，MAPK）和类受体蛋白激酶（receptor like kinase，RLK）。转录因子是调控基因表达的DNA结合蛋白，能与真核基因启动子区的顺式作用元件结合，激活或者抑制转录的进行。其中与植物逆境应答过程相关的转录因子有五大类，分别是bZIP类、MYB类、AP2/EREBP类、WRKY类及NAC类。

3. 渗透调节（osmotic adjustment） 是植物细胞通过主动增加溶质，降低渗透势，增强吸水和保水能力，以维持正常细胞膨压的作用。渗透调节是植物在遭受干旱、低温、高温、盐碱胁迫等多种逆境时维持体内水分平衡最有效的生理策略之一。参与非生物逆境胁迫中的渗透调节物质主要有无机离子类和有机渗透调节物质。

（1）无机离子类：为了维持根系吸水的渗透梯度，许多盐生植物积累无机离子达到与周围溶质相当甚至更高的水平。对某些植物而言，无机离子因为有明显的优点，发挥了比有机溶质更为重要的渗透调节作用。首先，无机离子大量存在于介质中，容易获得，无须浪费能量合成，较为廉价；再者，无机离子的调节作用迅速且效果显著。参与渗透调节的主要无机离子是K^+、Ca^{2+}、Na^+、Cl^-、NO_3^-、Mg^{2+}、SO_4^{2-}，不同的植物对离子的选择性有所不同。

（2）有机渗透调节物质

1）氨基酸及其衍生物：脯氨酸（proline）广泛存在于植物体内，是目前研究最多的渗透调节物质。各种逆境几乎都会刺激脯氨酸的积累，干旱胁迫时尤为明显。研究证明，脯氨酸的合成主要通过鸟氨酸和谷氨酸两条途径进行，在水分胁迫条件下，植物体主要通过吡咯琳-5-羧酸合成酶（pyrroline-5-carboxylate synthetase，P5CS），即谷氨酸途径积累脯氨酸。脯氨酸作为细胞的有效渗透调节物质，它能保持原生质与环境的渗透平衡，防止失水；另外脯氨酸与蛋白质结合能增强蛋白质的水合作用，增加蛋白质的可溶性和减少可溶性蛋白质的沉淀，从而保持了细胞膜的稳定性。

甜菜碱（betaine）是植物体内另一类理想的亲和性渗透物质。植物在逆境条件下积累甜菜碱，表明其在渗透调节过程中发挥着重要作用。甜菜碱属于季铵化合物，其在抗逆中具有渗透调节和稳定生物大分子的作用。在多种胁迫下，许多植物细胞质通过积累甜菜碱类物质维持细胞的正常膨压，其作用与脯氨酸类似，合成部位主要在叶绿体中，合成途径经胆碱由甜菜碱醛生成甜菜碱。甜菜碱比脯氨酸积累速度慢，降解也慢。

多胺（polyamines，PA）是生物体代谢过程中产生的具有较高生物活性的低分子质量脂肪族含氮化合物，主要包括腐胺（putrescine，Put）、亚精胺（spermidine，Spd）、精胺（spermine，Spm），广泛分布于动植物和微生物中。多胺类物质在植物逆境胁迫的适应性反应中起着重要的作用。

2）可溶性糖：逆境胁迫可以诱导植物体内可溶性糖发生变化，这些糖类主要有海藻糖、蔗糖和果聚糖等。它们在植物体内起渗透调节的作用，同时还可能在维持植物蛋白质稳定方面起重要作用，是植物体内的主要贮藏物质，是植物生长发育、新陈代谢的能源物质。

3）多元醇：目前逆境胁迫下多元醇类的研究多集中在甘露醇、山梨醇和芒柄醇等。多元醇因含多个羟基，亲水能力强，能有效地维持细胞的膨压，减少植株生理干旱所造成的损伤。

4. 植物激素

（1）脱落酸（abscisic acid，ABA）：长期以来，人们一直将ABA与植物生长的抑制、植物器官的衰老和脱落、种子的休眠等生理现象联系在一起。近年来，ABA的作用成为非生物胁迫响应研究中的热点。在低温、高温、干旱、盐害等多种逆境下，ABA含量都会显著增加，ABA作为一种胁迫激素或信号物质调节植物对逆境的适应性，植物交叉适应的作用物质可能是ABA。ABA可以促进气孔关闭，降低蒸腾速率，提高水的通导性；胁迫下，叶绿体膜对 ABA 通透性增加，ABA 可以增加叶绿体的热稳定性，降低高温对叶绿体超微结构的破坏。在逆境下，植物体内积累 ABA 的含量与其抗逆性呈正相关。

（2）乙烯（ethylene，ETH）：也是植物体中重要的一种植物激素。植物在多种逆境下，体内的乙烯含量会成倍增加，胁迫解除后含量又恢复正常。乙烯对植物器官（如叶片、果实）的脱落有极显著的促进作用，减少蒸腾面积，保持水分，从而克服逆境胁迫对植物带来的伤害。

（3）细胞分裂素（cytokinin，CTK）：有促进细胞分裂，诱导芽分化，抑制叶绿素降解等作用。有研究也表明，CTK 能直接或间接地清除氧自由基，减少膜脂过氧化作用，从而减轻细胞膜受逆境的损害。

（4）赤霉素（gibberellin，GA）：在抗冷性强的植物中含量低于抗冷性弱的植物，外施赤霉素也可以降低植物的抗寒性。

（三）信号转导通路与适应性

1. 蛋白激酶通路　丝裂原激活蛋白激酶（MAPK）是一类参与信号转导的重要蛋白激酶，在植物的生长发育和逆境响应中发挥着极为重要的作用。MAPK 属于 Ser/Thr 蛋白激酶，植物在响应逆境胁迫过程中通过将 MAPKKK-MAPKK-MAPK 逐级磷酸化，将外界刺激信号放大并传递，激活胁迫应答基因表达。植物中不同家族的 MAPK 基因参与不同的信号通路。钙依赖性蛋白激酶（CDPK）同样属于 Ser/Thr 类蛋白激酶，参与植物生长发育和胁迫响应过程，其激酶活性依赖于胞内自由 Ca^{2+} 浓度，是钙信号途径中进化保守的传感蛋白，同时也是 ABA 信号途径中的正调控因子。CDPK 家族成员众多，不同成员的表达模式、亚细胞定位及功能特性各不相同。类受体蛋白激酶（RLK）是植物内一类定位于细胞膜上的膜蛋白，与动物的受体蛋白激酶类似，具有典型结构特征，通常由胞外结构域感受环境刺激信号，通过跨膜结构域传递信号并激活下游信号元件。

2. ABA 信号通路　ABA 调控着与种子萌发、植物发育以及生物和非生物胁迫应答相关的关键过程，且 ABA 能够与植物防御机制相关的其他激素互作。ABA 信号通路组分有 PYR/PYL/RCAR、PP2C 和 SnRK2。默认情况下，PP2C 通过物理相互作用使 SnRK2 激酶磷酸化处于失活状态。但是有逆境刺激或发育信号时，PYR/PYL/RCAR 与 ABA 结合，形成的复合物可以与 PP2C 互作而抑制 PP2C 的活性，而 SnRK2 磷酸化被激活，从而进一步诱导 ABA 应答基因的表达。

3. 钙信号通路　在植物响应逆境胁迫时，钙是最重要的第二信使。一些信号分子如三磷酸肌醇、二酰甘油、六磷酸肌醇、cADP-核糖等可诱导胁迫条件下细胞质内 Ca^{2+} 水平的增加。逆境响应中活性氧作为细胞信号转导和调控的重要信号分子，可以通过激发 Ca^{2+} 信号的产生来应对各种逆境胁迫。不同环境胁迫刺激引发细胞内 Ca^{2+} 信号的不同途径，有的来源于细胞外 Ca^{2+} 的内流或是细胞内 Ca^{2+} 的释放。

总之，植物在受到逆境胁迫的过程中往往会形成一整套复杂的机制来抵抗胁迫的作用。感受胁迫后，植物首先通过脱落酸、乙烯等植物激素、活性氧、第二信使 Ca^{2+} 等信号分子进行信号转导，进而调控关键抗逆基因的表达，然后导致功能蛋白、酶、代谢产物等抗逆物质的大量产生或植物表型的改变，多途径共同响应胁迫的作用。从而使植物细胞适应各种逆境胁迫。

（四）抗逆基因与转录因子

1. 抗逆基因 在药用植物中有很大一部分为多年生植物，生长和发育易遭受生物和非生物逆境胁迫，严重影响药材产量和品质，随着分子生物学的发展，对药用植物抗逆基因挖掘和抗逆分子机制的解析，推动了药用植物抗逆性的研究及通过抗逆基因筛选抗逆品种。

（1）渗透调节相关基因：脯氨酸广泛存在于植物体内，是目前研究最多的渗透调节物质。对拟南芥幼苗进行盐胁迫处理，植株中 *P5CR* 基因和 *P5CS* 基因转录水平都迅速提高。从乌头叶豇豆中克隆的 *P5CS* 基因转入烟草中，发现转基因植株中脯氨酸含量比对照高出数倍，耐盐性也明显提高。在蒙古黄芪的抗旱性研究中，随着干旱胁迫的持续性增加，*P5CR* 基因转录水平持续升高。甜菜碱可以有效提高植物的耐盐性，其合成的前体为乙酰胆碱。在植物体内甜菜碱由乙酰胆碱经过胆碱单加氧酶（CMO）、甜菜碱醛脱氢酶（BADH）两步催化而成。*BADH* 基因是目前抗盐基因工程中研究较多的一个基因。

（2）功能蛋白类基因

1）水分胁迫蛋白基因：研究发现，水通道蛋白是个家族基因，如在拟南芥中得到 35 种 AQP 基因，玉米中得到 35 个，水稻中得到 33 个。水通道蛋白基因 *BnPIP1* 在烟草中的超表达使植株水分的传导能力提高，且抗旱性增强；*NtPIP1* 基因能够提高烟草在盐胁迫下的水分利用效率和生物产量；*TdPIP1* 在烟草中的过表达加快烟草根系的生长并增大叶片面积，因此提高了烟草的抗逆能力。近几年研究表明，植物 LEA 蛋白广泛参与非生物逆境胁迫，尤其是水分胁迫的生理过程中，并在植物抗逆性方面发挥重要作用。由于 LEA 蛋白具有较高的亲水性，同细胞中的可溶性糖类似，可以束缚大量的水分子，使作物在严重脱水的情况下也能维持细胞的正常代谢免受伤害。在干旱胁迫下，能诱导沙冬青（*Ammopiptanthus mongolicus*）LEA 基因 *AmLEA5* 的表达；小麦（*Triticum aestivum*L.）的一个 LEA 基因 *TaLEA4* 在干旱、高盐和高温胁迫下均有表达量上调的表现。此外，LEA 基因也参与植物的抗盐性、抗寒性、耐热性等调节中。

2）冷胁迫蛋白基因：将抗冻基因从植物中分离，并导入到抗寒性弱或不抗寒植物中，提高这些植物的抗寒性，减轻低温胁迫，是植物抗寒转基因研究的重点。冷调节蛋白（cold regulated protein）是植物在冷驯化下产生的特异性蛋白，与植物的抗冷能力密切相关。冷调节基因是一类诱导型表达基因，受低温、外源 ABA、水分胁迫等外界条件的诱导而表达。研究表明，将天山雪莲冷调节蛋白基因转入烟草中，研究发现在冷冻胁迫条件下，转 *siCOR* 基因烟草植株表现出良好的生理和生长优势，显示出了较强的抗寒特征。

（3）抗氧化酶活性蛋白基因：在植物与逆境胁迫相关的各种机制中，酶的抗氧化机制是清除活性（ROS）系统的关键部分，主要包括了作为清除 ROS 的第一道防线超氧化物歧化酶、过氧化氢酶、谷胱甘肽过氧化物酶、抗坏血酸过氧化物酶等。如 Cu/Zn-SOD 作为 SOD 家族的一种，在植物抵御 ROS 伤害过程中发挥了重要作用。如对盐碱胁迫下的白三叶草施加 γ-氨基丁酸，可激活提升 SOD 基因的转录水平，提高 SOD 表达活性，从而清除 ROS 及缓解膜质过氧化，增强其耐盐碱能力。

对药用植物来说，通过研究抗逆基因来筛选抗逆药用品种更具有实际意义。由于药用植物杂合度较高、生长周期较长、育种目标特殊等原因，导致传统育种方式周期长且效率较低。将现代分子生物技术运用到传统育种方法中，使表型和基因型有机结合，具有快速、高效、准确等特点，可显著加快具有抗逆基因新品种的选育，保障和提升中药材品质。分子标记辅助育种是一种高效、快速、准确的新品种选育方法，是未来药用植物育种的发展方向。

虽然目前药用植物的分子辅助育种已经取得了明显的进展，但是在抗逆境胁迫等药用植物分子辅助育种的研究中还需进一步深入。挖掘出更多相关抗逆基因，对加快药用植物抗逆新品种的选育、保障优质药材的生产具有重要意义。

2. 转录因子　植物抗逆基因的转录调控是植物防御反应研究中的重要领域。转录因子（transcription factor, TF）也称为反式作用因子，通过与相应基因启动子区域和增强子特异性相互作用，改变靶基因的染色体结构，调节相应基因的转录和表达。转录因子通过调控多个与植物抗逆相关的基因表达，促进抗逆基因发挥作用，改善植物的抗逆性。参与植物抗逆反应的转录因子主要包括 bZIP（碱性亮氨酸拉链）类、MYB（禽成髓细胞瘤病毒致癌基因同源物）类、AP2 /ERF（乙烯应答元件结合蛋白/因子）类、WRKY 类及 NAC 类转录因子，见表 13-2。

表 13-2　植物中主要抗逆相关的转录因子家族

基因家族	保守域结构	基因家族功能	主要研究的植物物种
bZIP	60～80 个氨基酸残基，其中包含 1 个碱性结构域和 1 个亮氨酸拉链结构	参与抗生物胁迫的反应，ABA 应答过程，JA 的生物合成，花器官的发育	拟南芥、大豆、玉米、水稻、葡萄、高粱、苹果、杨树等
MYB	1～3 个呈螺旋-转角-螺旋构象的不完全重复序列，每个都是由约 50 个氨基酸残基组成	参与抗逆过程，细胞形态的形成，次生代谢，植物生长发育，昼夜节率	金鱼草、拟南芥、陆地棉、唐松草、番茄、矮牵牛、金鱼藤、玄参科蔓柳穿鱼、毛果杨等
AP2 /ERF	58～59 个氨基酸残基，N 端有一个碱性亲水区，含有 3 个反平行的 β 折叠	参与对干旱、高盐和低温胁迫的应答，植物生长发育	拟南芥、烟草、水稻、玉米、大麦、番茄、红豆杉、鹰嘴豆、麦冬、桉树、长春花等
WRKY	60 个氨基酸残基，C 端有一个锌指结构（CX4-7CX22-23HXH/C）	参与抗逆反应，ABA、JA 应答，表皮毛发育、鞣质合成，种子休眠，体细胞胚发育	大豆、水稻、小麦、苹果、葡萄等
NAC	2 个扭曲的反平行片层，一端为 α 螺旋，另一端为短的 β 螺旋	参与抗逆过程，生长发育，细胞次生壁的形成，器官的形成	水稻、拟南芥、烟草、大豆、杨树、大麦、柑橘等

（1）bZIP 类：bZIP 类转录因子是转录因子中较大的家族之一。几乎在所有真核生物中都存在含有 bZIP 结构域的蛋白。植物在应对环境胁迫时，bZIP 类转录因子参与依赖于 ABA 的信号通路，调节下游靶基因的表达。在苎麻中，*BnbZIP2* 基因的过表达，使植株对干旱更加敏感，对盐胁迫更耐受；*OsbZIP23 /OsbZIP46*、*ZmABP9*、*TabZIP60* 等的过表达能提高水稻、玉米、小麦的抗旱能力和耐热能力。bZIP 类转录因子在非生物胁迫中除大多起着正调控作用之外，还有一些 bZIP 类转录因子起着负调控作用。

（2）MYB 类：MYB 是植物中最大的转录因子家族，一般由 DNA 结合域、转录激活域和负调节区 NRD 功能域组成，高盐、干旱、极端温度、营养缺乏、生物胁迫等逆境均可诱导 MYB 蛋白与其下游相关靶基因启动子区的顺式元件特异性结合，激活或抑制靶基因的转录表达，从而调控植物的抗逆性。MYB 类转录因子主要通过参与植物的 ABA 信号通路、调控活性氧（ROS）平衡和提高渗透胁迫抗性来响应植物的耐盐胁迫。研究表明，拟南芥 AtMYB49 可以激活下游过氧化物酶基因的表达来提高植株的耐盐能力；研究玉米时发现，ZmMYB31 通过正向调控 *CBF* 基因的表达，可增强玉米对低温的抗性。MYB 类转录因子家族还可以通过调节类黄酮合成途径中关键酶基因的表达实现对类黄酮的代谢调控，增加类黄酮类次生代谢物的含量。

（3）WRKY 类：在植物中特有的 WRKY 类转录因子最主要的结构特点是高度保守的 WRKY 结构域。WRKY 类转录因子因其具有高度保守的 60 个氨基酸构成的 WRKY 结构域而得名，该结构域的 N 端有保守的 WRKY GQK 核心序列，C 端具有 Cx4～5 Cx22～23HxH 型或 Cx7Cx23HxC 型的锌指结构，这两个结构是决定 WRKY 蛋白结合靶基因的顺势元件 W-box（TTGACT /C）亲和能力的关键因素。WRKY 类转录因子在调控植物防御反应上起着重要作用。如 WRKY 蛋白能够通过糖代谢途径参与植物的抗旱应答。水稻的 Os WRKY 11 能激活一些棉籽糖合成相关基因的表达，促进植株体内棉籽糖的积累，从而提高水稻的抗旱性。另外，WRKY 蛋白还能直接调控抗旱基因的表达，提高植物的抗旱性。小麦的 Ta WRKY 2 能够结合 *STZ* 基因和下游的抗旱耐盐基因 *RD29B* 的启动子，正调控二者的表达。

（4）NAC 类：NAC 类转录因子 N 端存在一个高度保守的 NAC 结构域，其在植物对不良环境胁迫的响应过程中具有重要的调节作用。研究发现，NAC 类转录因子参与植物对非生物逆境胁迫的抗性反应，通过依赖 ABA 或者不依赖 ABA 途径直接或者间接调控逆境应答基因的表达。在拟南芥中过表达 *TaNAC67* 基因后，发现植株对干旱、高盐和低温胁迫的耐受能力显著增强。过表达 *ANAC072/RD26* 的转基因植株对 ABA 高度敏感，且 ABA 应答基因和非生物胁迫相关基因上调表达。

（5）AP2 /ERF 类：AP2 /ERF 类转录因子存在于所有的植物中，具有 AP2 /ERF 结构域。AP2 /ERF 类转录因子可以提高植物对病原菌的抗性。胡椒中 AP2 /ERF 基因 *CaPF1* 在拟南芥中的过表达可以提高对植株丁香假单胞菌的抗性。AP2 /ERF 的亚族 DREB 类转录因子在植物适应非生物胁迫过程中发挥重要的作用。拟南芥中的一些 DREB 基因如 *DREB1A /CBF3*（*A-1*）基因过表达时能增加拟南芥对干旱、高盐和低温的耐受性；*DREB2A*（*A-2*）基因过表达可显著提高拟南芥对干旱胁迫的抗性。

三、药用植物对复合逆境胁迫的适应

随着对植物与环境相互作用探索的不断深入，人们对逆境胁迫的研究，已从关注单一胁迫发展到研究植物复合胁迫的影响。植物在生长过程中，常会遇到多种逆境环境因子的共同作用，单一胁迫对植物的影响作用并不能简单推断和代表多种复合胁迫对植物的影响作用，因此，研究植物对复合胁迫的适应性，使植物抗逆性研究进入一个崭新的阶段。对药用植物来说，作为一类特殊的植物，人们不仅关注产量，更关注其品质形成，而多种环境胁迫共同作用的复合胁迫可能在其品质的形成过程中有独特的作用。到目前为止，已有不少学者开展了复合胁迫对药用植物的影响研究。例如，高温和盐分、高温和干旱、盐分和臭氧、高温和养分胁迫、干旱和养分胁迫、盐分和 UV-B、高温和 UV-B、高强光和温度，铜、镉、锌等重金属之间的结合及病虫害等生物胁迫与非生物胁迫之间的复合胁迫等。药用植物在长期与环境适应的过程中，从生理生化、分子水平和次生代谢物积累上对复合胁迫表现出了一定的适应性。

1. 复合胁迫对药用植物的影响 复合胁迫对药用植物生长代谢的影响主要表现为 3 种作用，协同、拮抗或独立。

（1）协同作用：现代研究表明，许多复合胁迫对药用植物的伤害通常起到协同作用，这些胁迫的共同作用导致了药用植物许多生理条件的改变并造成了更严重的影响。如盐和高温胁迫同时存在时，高温胁迫的加剧导致植物蒸腾作用增强盐的吸收；高光照强度也对干旱或低温下的植物造成更大的危害，由于低温或可利用 CO_2 不足，抑制了暗反应，植物吸收的高光合能量增强了氧还原，从而产生了大量的活性氧（ROS）。UV-B 辐射与重金属复合作用一般会增加对植物的伤害程度。研究发现，UV-B 辐射与镉复合作用能显著降低单位面积产量和叶绿素含量，抑制小麦的生长。

（2）拮抗作用：也有研究表明，复合胁迫对植物的伤害小于某种单一胁迫，复合胁迫因子间相互起到拮抗作用。这就增强了植物对逆境的交叉适应。即某种非致死逆境条件，不仅可以增强植物对该种逆境的适应能力，同时可以增强对其他逆境的耐受性。尽管植物对不同胁迫的响应机制不尽相同，但植物可以通过调节渗透、调节物质、ROS 清除系统、诱导和合成逆境蛋白、植物激素等的变化增强植物的逆境交叉耐受性或适应性，不同胁迫的抗性之间存在密切联系。例如，温度逆境交叉可以提高植物的耐热（寒）性，适度的干旱胁迫提高植物对高温、盐碱性及冻害等各种胁迫的抗性，盐胁迫也可以提高植物的耐热性，紫外辐射处理可以提高植物耐寒性。水稻中紫外线 UV-B 预处理可有效提高种子和幼苗的光合效率、抗氧化机制和抗氧化酶的活性，产生 NaCl、PEG 交叉适应，当幼苗做 NaCl 预处理时，可产生 UV-B、PEG 交叉适应。也有许多非生物胁迫和生物胁迫的复合胁迫中对植物起到促进作用，如在干旱胁迫下，内生真菌直立枝顶孢 *Acremonium strictum*（AL16）可诱导苍术可溶性糖、蛋白质、脯氨酸含量及 3 种抗氧化酶活力提高；减轻脂质过氧化程度；提高根部和叶部脱落酸的含量；增加根冠比来帮助宿主应对干旱胁迫，提高植物抗逆性，促进苍术植株生长。

复合胁迫间的拮抗或协同作用并不是绝对的，UV-B 胁迫与干旱胁迫的复合作用对不同植物的生长有着不同的作用，在沙棘（*Hippophae rhamnoides*）中，UV-B 辐射在一定程度上可减轻干旱胁迫对其造成的影响；而在小麦中，二者复合处理可减弱它们各自处理对小麦生长的抑制作用。在杨树（*Populus* L.）中，UV-B 辐射则增强了中度干旱对其生长的伤害。

（3）独立作用：植物受到复合胁迫的作用时，协同胁迫的影响存在独立性，即植物一些性状的改变是在其中一种胁迫作用下发生的。如对大麦的高温和干旱复合胁迫时，干旱导致生物量、株高和穗数显著下降，但仅高温胁迫对这些性状的影响不显著；相比之下，高温胁迫显著增加了败穗数，降低了籽粒重，而干旱胁迫对这些性状未见显著影响。

以上可见，复合胁迫对植物的影响研究还没有统一的定论，与单一胁迫的本质、时间、程度、植物的种类及其之间的相互作用都有关系，还需科学工作者们进一步探索与研究。

2. 药用植物次生代谢物积累的适应　次生代谢物通常是中药材的主要药效成分，又在植物抵御胁迫时发挥着重要作用。由于次生代谢物多具有清除活性氧、调节渗透压、吸收紫外辐射等功能，复合胁迫下，植物通过诱导次生代谢物积累的方式以抵御胁迫。相对于单一胁迫，复合胁迫更有利于次生代谢物的积累。如研究表明，单一的 UV-B 辐射降低了长春碱的含量，而适度的干旱、UV-B 辐射复合胁迫使长春碱及长春新碱含量显著升高，且高于单一胁迫的作用，可能的原因是 UV-B 辐射、干旱复合胁迫改变了植物氮素分配，氮代谢过程加强，从而提高了次生代谢物生物碱的含量；在研究 UV-B 辐射和干旱对丹参生长和叶片中酚酸类成分的影响中发现，水分适宜条件下高强度 UV-B 辐射（75% T2）能最大程度促进丹参叶片中酚酸类积累。复合胁迫通过调节次生代谢途径上关键酶活性和基因表达量来调控次生代谢物生物合成，其过程涉及多种合成酶、信号分子和相互作用因子。同时也发现，次生代谢相关的合成酶本身也具有良好的抗逆活性，如活性氧清除等。

复合胁迫对植物的影响具有复杂性和特殊性，从单一胁迫处理难以推断复合胁迫对植物的影响。对药用植物来说，更具有其特殊性，不仅在于复合胁迫对药用植物的生长发育、形态建成及生理生化等方面的影响，更在于对药用植物有效成分的含量、组成及应答机制的影响探讨。今后更应关注复合胁迫对药用植物代谢产物的影响，推测代谢产物在实际生境中的功能，寻找药用植物响应复合胁迫的关键次生代谢物质及遗传调控因子、关键信号转导物质将会成为新的研究方向。对药用植物模拟原生态环境栽培和道地药材品质形成的研究具有重大帮助。

四、组学技术在药用植物抗逆性研究中的应用

药用植物响应逆境胁迫时会通过体内的生化物质调节信号转导，进一步调节其体内相关抗逆基因的表达，以适应外界不利的生长环境，这是一个由多种信号通路所调节的复杂的调控网络，单从某一方面研究都不能较为完整地探究其中机制。如何更加全面、整体地从不同层面研究药用植物所出现的基因转录、表达、翻译、修饰及生理代谢等问题是逆境胁迫中较为关注的研究方向。组学技术的出现，为这一研究提供了新的测序技术及手段，以高通量、大规模、高灵敏度为特点的数据分析统计方法开始大量应用于逆境胁迫的综合性分析。组学（omics）是基于高通量分析的系统生物学研究，通常包含基因组学（genomics）、转录组学（transcriptomics）、蛋白质组学（proteomics）、代谢组学（metabolomics）。不同组学分别从不同层面反映生物体内基因的转录、表达、翻译、修饰及生理代谢等情况。多组学的联合应用更为全面揭示药用植物的抗逆性提供了保障。

1. 转录组学 转录组是指在某一功能状态下特定细胞、组织转录出来的所有 RNA 的总和，包括 mRNA 与非编码 RNA。转录组学是指从整体水平上研究某一阶段特定细胞、组织中全部转录本的转录情况（种类、结构、功能）及其转录调控规律的科学。它作为一个整体的研究方法，改变了传统对单个基因的研究模式，把基因组学的研究推进了一个快速发展的时代。目前转录组学研究技术主要包括：表达序列标签（expressed sequence tag, EST）、基因芯片（gene chip）、cDNA-AFLP、消减杂交（subtracting hybridization）、差异显示反转录（differential display reverse transcription，DDRT）技术、基因表达系列分析（serial analysis of gene expression, SAGE）、高通量测序（high-throughput sequencing）等。从整个转录水平揭示逆境胁迫下整个基因组水平的表达情况，对增加胁迫适应和耐受相关的复杂调控网的理解、进行逆境基因组转录调控网络的构建有重大的意义。逆境胁迫会使植物通过改变自身的生理生化、分子细胞水平来顺应不利的生存环境。对不同逆境胁迫下植物的不同组织器官、不同生长发育阶段、不同环境胁迫因子响应时的差异表达的功能基因进行分析筛选，获取关键功能基因和抗性之间的联系，将有助于从转录水平上了解胁迫因子的伤害机制及植物适应逆境胁迫的机制。应用转录组学研究蒙古黄芪对不同程度干旱胁迫的响应，在不同处理和对照比中共有 6881 个差异表达基因（DEG）。结合代谢组学，分析了糖酵解、三羧酸循环、谷氨酸介导的脯氨酸合成和天冬氨酸家族代谢等重要基础代谢通路及相关基因和代谢物均受到干旱胁迫的显著影响，为阐明蒙古黄芪的抗旱性奠定了基础；对盐胁迫条件下的紫花苜蓿根系进行转录组分析，共检测到 31 907 个基因表达量发生了改变，属于 38 个转录因子家族的 199 个转录因子在盐胁迫下差异表达，应答基因数量最多的是 MYB、AP2-EREBP、bHLH、WRKY 等基因家族，推测紫花苜蓿根系对盐胁迫响应可能是多种转录因子家族共同参与的应答过程；利用 Solexa 测序技术研究高温胁迫下梭梭同化枝对高温胁迫的响应，并初步解析了差异表达蛋白的功能、代谢通路，表明梭梭同化枝应答高温胁迫时多基因、多个生物过程共同调控，基因表达量的变化可能是调控的主要方式。转录组测序技术具有通量高、覆盖范围广、精度高等特点，因其不依赖于基因组参考序列，所有生物都可以成为研究对象，已成为研究植物抗逆性的重要手段。

2. 蛋白质组学 是指系统研究蛋白质组的一门科学，研究内容不仅包括对蛋白质的定性和定量，还包括蛋白质的表达水平、修饰表达、蛋白活性和功能及蛋白质与蛋白质相互作用等，由此获得关于组织变化、细胞代谢等过程的蛋白质层面上的系统认识。当植物遭遇生物、非生物胁迫后，通过系列信号分子调节相关抗逆基因和蛋白质的表达，以调节植物细胞内关

于抗逆相关蛋白的表达，进而改变自身表观形态和生理生化水平来适应逆境。因此，挖掘重要的抗逆基因（蛋白质）对解析植物抗逆的分子机制具有重要意义。利用蛋白质组学技术手段对变化的蛋白质进行定性和定量，获得蛋白质与逆境应答之间的关系，有助于人们更全面地了解植物应答逆境胁迫反应的生理生化和分子信号应答机制。对人参叶片热应激（35℃）蛋白质组学的研究发现，人参皂苷合成途径中的异戊烯焦磷酸异构酶、羽扇豆醇合酶和糖基转移酶的表达量受热应激调节而发生变化；运用 iTRAQ 标记蛋白质组学技术对茶树响应干旱胁迫显示，在轻度干旱胁迫 5 天后叶片中 PAL、4CL、COMT 和 CAD 表达上调，促进木质素等多酚成分的合成；运用 2-DE 蛋白质组学技术发现忍冬花蕾在 UV-B 照射下 *DXR* 表达上调，促进萜类骨架生物合成；用 TMT 蛋白质组学技术分析发现，甘草（*Glycyrrhiza uralensis*）在 50mmol/LNaCl 轻度盐胁迫 50 天后，根中 *PAL*、*C4H*、*4CL*、*CHI*、*FLS*、*F3'H* 表达上调，促进了黄酮醇的合成累积。蛋白质作为基因表达的产物，能直观地反映生命活动的本质现象，能够较为全面地分析在逆境胁迫过程中药效活性成分在药用植物体内的时空积累分布特性及环境因子的调控成因，但由于蛋白质组学技术运用于药用植物的研究发展时限尚短，还存在诸多的不足，如提取技术方面有待优化；低丰度蛋白检测水平还有待加强；对药用植物的生物数据库不健全等。蛋白质组学仍需与系统生物学中的其他组学技术（代谢组学、转录组学）整合，以为今后更好地探讨药用植物的抗逆性研究。

3. 代谢组学　是指整体而全面地研究生物体所包含的代谢产物，对特定样品中尽可能多的代谢产物开展定性定量分析。药用植物代谢组学是以药用植物为研究对象，主要研究内容为药用植物的鉴别、药材质量和品质评价、有效成分等的次生代谢途径解析、优良品种选育、植物抗逆应答研究等。近年来，在植物的抗逆性研究中被广泛应用。与基因组学、转录组学及蛋白质组学不同，代谢组学反映的是细胞在特定条件下确实发生的事件，是生物体内基因与环境因素共同作用的结果，是生物体生理表型与体内生化水平的直接体现。代谢组作为连接植物体遗传与生理指标的重要基础，通过代谢组学研究逆境胁迫下代谢组的差异为揭示特定胁迫条件下代谢物的差异积累、代谢途径解析及植物体抵御逆境胁迫的调控机制提供了理论基础。根据研究目的，代谢组学分为非靶向代谢组学、靶向代谢组学和广泛靶向代谢组学。有研究利用磁共振和 LC-DAD-MS 技术研究了中药植物丹参在干旱胁迫下的代谢组变化。通过对初生和次生代谢物分析发现，干旱促使丹参酮和脯氨酸的合成加强；同时碳和氨基酸代谢发生变化，但因日照而引起的干旱促进了莽草酸介导的多酚类合成的代谢，而因空气干燥引起的干旱则抑制此途径；有研究基于非靶向 GC-MS 和靶向 UPLC-Q/TOF-MS 代谢组学技术，研究了蒙古黄芪和膜夹黄芪响应 UV-B 胁迫和干旱胁迫的生理和代谢差异。通过 GC-MS 非靶向代谢组分析，根据较多糖类化合物在两种黄芪根部组织显著增加积累的现象，得知两种黄芪在 UV-B 胁迫下都表现出了生长能量从地上组织向地下组织的转移。通过 LC-MS 靶向代谢组分析，发现蒙古黄芪中，$C_6C_3C_6$ 碳骨架化合物以 C_6C_3 化合物为代价在 UV-B 胁迫下积累更多，而膜荚黄芪中的代谢模式与此相反。代谢组学作为系统生物学的重要组成部分，揭示了不同物种间、同一物种不同组织中及同一物种同一组织在不同逆境胁迫下代谢图谱的差异。然而，代谢组学在植物逆境胁迫中的研究仍然存在一些挑战，如对于植物中不同属性的代谢物还没有统一的检测和提取方法、药用植物代谢组数据库仍需完善、已检测和能鉴定的代谢物仍很有限。因此，植物中代谢组检测方法的改进、鉴定技术的提升、多水平组学的整合及反向遗传工具的开发将为深入研究逆境胁迫下植物代谢组及解析逆境胁迫的调控机制提供有力保障。

4. 多组学联合应用　近年来，以基因组学、转录组学、蛋白质组学、代谢组学等为基础的组学技术的联合应用越来越多地运用在植物逆境胁迫的研究中，通过多组学的综合分析，对植物响应逆境胁迫机制及代谢通路中的研究有了更加充分完整的理解，明晰响应逆境的基因转录为mRNA，再翻译成为蛋白质后形成代谢物，更加精确阐释关键功能基因的表达模式及通路，为全面解析植物对逆境胁迫的响应提供了新的方法。

在对蒙古黄芪的抗旱性研究中，联合代谢组学与转录学技术，分析了糖酵解、三羧酸循环、谷氨酸介导的脯氨酸合成和天冬氨酸家族代谢等重要基础代谢通路及相关基因和代谢物在干旱胁迫过程中的变化，为全面揭示蒙古黄芪抗旱性提供了基础。对药用植物来说，多组学的联合分析是研究逆境环境下药用植物生长和品质改善机制的重要手段，有助于完整绘制药用植物中次生代谢物合成与积累途径，系统挖掘活性成分合成相关的关键酶 / 基因，从而揭示胁迫环境与药用植物品质形成之间的关系。结合转录组学、非靶向代谢组和比较蛋白质组学的多组学技术探究了盐胁迫下金银花的品质形成机制，联合绘制金银花中酚酸、黄酮及环烯醚萜类成分生物合成网络途径；应用代谢组学、转录组学和蛋白质组学技术，揭示了圆锥铁线莲叶片对高强度UV-B辐射和黑暗培养的响应机制，结合qRT-PCR和酶学活性试验等技术阐明了香豆素生物合成的关键酶和关键底物，并推测出香豆素的生物合成途径。多组学结合的研究方法可揭示植物响应逆境胁迫的分子机制，为未来培育抗逆品种提供新思路。对农作物而言更看重的是产量，而农作物的实际产量与最高纪录产量差距可达数倍甚至10～20倍，而对于药用植物而言，逆境影响的不仅是产量，还有次生代谢物，即药用植物体内活性成分的含量。因此，弄清药用植物抗逆性的机制并通过人为措施提高栽培药用植物的产品质量对药用植物栽培具有重要意义。

第三节　水分生理与药用植物的抗逆性

一、旱害与药用植物的抗旱性

干旱是药用植物常遭受的一种逆境胁迫，全球总耕地面积中干旱、半干旱土地占40%以上。由此造成的产量降低超过其他所有自然灾害的总和。我国的干旱半干旱地区的耕地面积占耕地总面积的52%以上，其生产水平高低对我国农业安全有重要意义。世界各国都对旱地农业极为重视，人们已经揭示了抗旱机制、了解大多数农作物的抗旱特性。目前我国对药用植物的干旱相关胁迫也有所研究。土壤中水分不充足的条件有利于艾叶中有机酸的积累，短期的干旱有利于黄芩中黄酮类化合物的合成与积累。干旱环境会降低苍术根茎的生长量及挥发油含量。干旱有利于提高部分药用植物的产品质量，也会引起一些药用植物产品质量下降。因此，对药用植物在干旱胁迫下的反应机制有待于进一步的研究。

（一）旱害的概念及类型

旱害（drought injury）是指土壤或大气缺失水分对药用植物造成的伤害。在一定的时间段内，当药用植物耗水量大于吸水量时，其体内就会出现水分亏缺（water deficit），药用植物体内水分过度亏缺的现象就称为干旱（drought）。依据引起药用植物体内水分亏缺的原因，可将干旱分为3种类型：

1. 生理干旱　指土壤中水分含量适中或过量的情况下，由于土壤温度过低、土壤溶液离子浓度过高或土壤中缺氧、存在对药用植物细胞有毒害作用的物质等原因，导致根系的正常生理活动受到抑制，根系不能正常吸收水分而导致药用植物受旱。

2. 大气干旱　指由于高温、强光、风速过快等原因导致大气相对湿度过低（10%～20%），在这样的大气条件下，蒸腾作用剧烈加强，药用植物失水量远大于根系的吸水量，造成药用植物体内严重失水。

3. 土壤干旱　指由于土壤中缺少可利用的水分，药用植物根系吸水困难，导致其体内水分亏缺，引起药用植物萎蔫的现象。

大气干旱和土壤干旱具有一定的相关性，持续的大气干旱会导致土壤干旱，此外干旱经常会伴随高温的发生，如干热风就是高温和大气干旱同时对药用植物造成危害的一种气象灾害。

（二）旱害胁迫对药用植物的危害

干旱条件下药用植物失水速度超过吸收速度，导致药用植物体内水分亏缺，水分平衡遭到破坏，正常生理过程受到抑制甚至死亡。萎蔫（wilting）是指药用植物受到旱害后，细胞会失去紧张度，叶片和幼茎下垂的现象。根据其是否能够恢复可分为暂时萎蔫和永久萎蔫。暂时萎蔫是指药用植物丧失部分水分，生理代谢受到部分抑制和影响。反复的暂时萎蔫可以提高原生质体的保水能力，增强药用植物的抗旱性。当水分亏缺持续发生时，会发生永久萎蔫。永久萎蔫会造成原生质严重脱水，引起代谢紊乱，如果持续过久甚至会导致植物体死亡。永久萎蔫是旱害对药用植物造成的主要伤害。

干旱对药用植物的生理危害主要有以下几个类型：

1. 对细胞膜系统透性的影响　大量研究表明，水分胁迫会导致原生质体脱水，这一过程首先遭到破坏的就是原生质体的膜系统，干旱会导致膜透性增加，原生质体内部物质外渗，多种代谢过程受到影响。葡萄叶片在干旱状态下，细胞膜透性会提高3～12倍，在恢复正常供水后，细胞组织会迅速吸水，恢复正常的生长状态。干旱程度越严重，原生质体透性恢复得越缓慢甚至会导致药用植物死亡。

2. 对生长的影响　药用植物生长依靠分生组织，分生组织都是幼嫩细胞，相较于成熟细胞对水分胁迫更敏感。因此当水分亏缺时，药用植物的生长会首先受到抑制。细胞分裂速度减慢甚至停止，细胞的伸长生长也减缓。因此，在幼苗期和生长前期受到干旱胁迫的药用植物一般都表现为植株矮小、叶片较小等特征。同时，干旱胁迫会导致药用植物体内水分重新进行分配。不同的器官或组织会按水势的高低重新分配体内的水分。幼嫩部位的水势更低，以叶片为例，幼嫩叶片可以从老叶片中夺取水分，这也会导致老叶片过早脱落。分生组织中的幼嫩细胞水势较低，在干旱胁迫发生的前期可以轻易地从其他水势较高的组织器官中吸收水分，如果干旱胁迫持续发生，则可能造成生长停止、落花落果直至枯萎死亡。

3. 对光合作用的影响　干旱胁迫会导致药用植物的光合作用强度减弱。干旱胁迫条件下光合作用减弱的主要原因有：

（1）CO_2同化受到抑制：气孔是药用植物进行气体交换、蒸腾作用的通道。药用植物缺水时，为了降低蒸腾作用强度，会引起气孔阻力增大，直至彻底关闭。气孔关闭后减少了水分的散失，有利于药用植物对干旱的抵抗，但是也限制了CO_2从气孔进入药用植物体中，因此光合作用会减弱。除少数对水分条件敏感的药用植物以外，大部分药用植物只有在中度水分胁迫以后，光合作用才会显著降低，其降低程度与气孔的开闭程度呈正相关。

（2）对CO_2同化的非气孔限制：有研究发现增加CO_2的供应量并不能显著提高干旱胁迫下光合作用效率，因此水分胁迫可能会引起光合作用途径中的一些关键途径受到抑制。如水分胁迫会导致叶绿体中的希尔反应减弱，光系统Ⅱ活力显著下降，光合电子传递和光合磷酸化过程都会受到抑制。干旱胁迫还会导致叶绿体片层膜系统受损，严重的干旱胁迫还会导致叶绿体变形和片层结构遭到严重破坏。

4. 对内源激素的影响 干旱胁迫下，药用植物内源激素的变化趋势是促进生长的激素减少，延缓或抑制生长的激素增多，从激素种类来看，ABA 含量显著提高，CTK 减少，乙烯含量也会提高，并通过这些激素的变化影响其生理代谢过程。很多研究发现，水分胁迫可显著提高 ABA 含量，但是一般只在中度水分胁迫下才开始增多。

ABA 可以促使气孔关闭，降低水分的流失速度。在干旱胁迫下，根系在缓慢脱水的情况下会大量合成 ABA，并随着水分的运输转移到药用植物的地上部，直接作用于控制气孔关闭的保卫细胞。因此，ABA 可以看作是一种由根系合成的根源信号，转导到地上部引起茎叶做出应对干旱胁迫的反应，减缓水分散失的速度。也有实验证明，ABA 可以提高根系对水分的透性，促进矿质元素离子进入木质部，有利于根系对水分和矿质元素的转运。

5. 对氮代谢的影响 干旱胁迫下药用植物体内蛋白质含量会减少，游离的氨基酸和甜菜碱等含量会增多，这是由于在原有参与正常生理代谢的蛋白质合成受阻的情况下，会合成一些新的与抗干旱胁迫有关的新蛋白和多肽。这与温度胁迫下药用植物体内的生理代谢变化相似。

干旱胁迫对药用植物氮代谢方面显著的影响就是脯氨酸的大量积累。很多药用植物在经过数小时的中度到重度的干旱胁迫后，体内的脯氨酸（Pro）含量会显著提高，可提高10～100 倍。脯氨酸是药用植物体内重要的抗干旱胁迫物质，其含量已经是药用植物干旱胁迫的重要指标。

一些禾本科和藜科药用植物在遭遇干旱胁迫后，体内会积累大量的甜菜碱（betaine），如菠菜叶片中甜菜碱含量可达 450μmol/g DW。甜菜碱也是原生质体中重要的渗透调节物质，并可以起到稳定蛋白质等生物大分子结构的作用。在干旱胁迫下，药用植物体内还会积累多胺类物质，特别是腐胺。当前研究认为多胺也是一种重要的渗透调节剂，可以参与细胞的水分平衡，也可以作为核酸酶、蛋白酶的活性抑制剂，保护原生质体免受损伤。

6. 对保护酶系统的影响 干旱胁迫对药用植物的伤害很多与膜系统有关，而膜系统遭到破坏主要与脂类过氧化有关。活性氧的积累量与药用植物体内保护酶系统的活性和抗氧化活性物质有密切关系。在干旱胁迫下，药用植物体内超氧化物歧化酶（SOD）、过氧化氢酶（CAT）、过氧化物酶（POD）的酶活性出现上升和下降两种趋势。耐旱的药用植物在适度的干旱胁迫下，体内 SOD 活性增强，其清除活性氧的能力增强，这意味着药用植物产生了一定的抗旱性。对干旱敏感的药用植物在受到胁迫时，SOD 酶活性会降低。CAT 和 POD 的活性变化趋势与 SOD 基本一致。耐旱药用植物在经历轻度、中度和重度干旱胁迫时，保护酶活性都会表现出相对稳定或缓慢升高的趋势，而在严重水分胁迫时会显著降低。对干旱敏感的药用植物在经历干旱胁迫过程中，保护酶活性一直处于下降的趋势。

二、药用植物的抗旱性策略及特征

（一）药用植物的抗旱策略

在药用植物生理研究中，我们将植物对干旱的适应能力和抵抗能力称为抗旱性。由于植物与环境长期相互适应的影响，植物对水分的需求也不相同：不能在水势低于–1.0～–0.5MPa 的环境中正常生长的药用植物称为水生药用植物；不能在水势低于–2.0MPa 的环境中正常生长的药用植物称为中生药用植物；不能在水势低于–4.0MPa 的环境中正常生长的药用植物称为旱生药用植物。大多数药用植物属于中生药用植物，在药用植物生理研究中，一般将药用植物在适度干旱条件下能够通过生理调节维持正常或接近正常的代谢水平称为抗旱性。

根据药用植物对干旱的适应和抵抗方式不同，可分为两种类型：

1. 耐旱型　耐旱型药用植物可以在一定时间的脱水环境下不受到永久性伤害，其主要形式包括耐缺水和耐干化。耐缺水是指药用植物在缺水环境中，通过改变代谢途径等方法仍能维持一定程度的代谢活动，大多数的旱生药用植物属于该种类型；耐干化是指药用植物在极端干旱的环境中，药用植物体内代谢活动几近停顿，当遇到适宜生存的环境时，迅速恢复正常的代谢活动，多数高等药用植物的种子和花粉属于该种类型。耐旱型药用植物通过这些特有的方式在干旱的自然环境中生存繁衍。

2. 避旱型　避旱型药用植物多生长在季风气候带或有明显雨季旱季划分的地区。其应对干旱的主要方式是通过缩短生长发育期避开干旱缺水的季节，或利用特殊的形态结构短时间内维持体内正常代谢所需水分。

（二）抗旱药用植物的特征

长期对干旱环境的适应，让旱生植物进化出了适应干旱环境的形态特征：①抗旱能力强的药用植物，其叶片细胞的体积/表面积比值小，有利于减少失水过多对细胞结构的损伤；②具有发达的根系，根冠比大，可以有效吸收土壤深层的水分，同时低矮的地上部可减少水分的散失速度；③茸毛多，具有发达的角质层或脂质层，植物体内输导组织发达，叶片气孔小而多，有利于在干旱环境下维持叶肉细胞的水分平衡。

（三）提高药用植物抗旱性的措施

1. 通过遗传育种手段，选育抗旱能力强的优质品种　干旱胁迫下药用植物叶片萎蔫程度、株高、茎粗、根长等形态和生长特征会有不同程度的受损。这些形态变化也是进行育种的重要依据。现有的药用植物育种技术主要有常规育种和生物技术育种。针对不同生态分布区，育种工作者要有针对性地育种，培育出高质量、高产量、抗旱能力强的新品种。常规育种手段包括选择育种、杂交育种。

2. 抗旱锻炼　长期的实践表明，在种子萌发或者幼苗期进行适度的干旱处理，有利于提高药用植物在生长发育后期的抗旱能力。例如，将吸水 24h 的种子在 20℃环境下萌发，然后风干，反复多次后再播种，其幼苗的原生质体弹性、保水性具有提高。在移栽药用植物前将幼苗取出适当萎蔫一段时间后再进行移栽可显著提高其抗旱性，这种方式又叫作“蹲苗”。这种方法可以促进根系的生长，同时抑制地上部的生长（促下控上），经过这种处理的药用植物根系发达，体内干物质积累多，叶片的保水能力也更强，抗旱性得到显著提升。

3. 合理施肥　合理施用磷肥、钾肥，降低速效氮肥的施用量可提高药用植物的抗旱性。磷可以促进有机磷化合物的合成，提高原生质体的水合度，增强其抗旱能力。钾肥可以改善药用植物的糖代谢，降低原生质体的衬质势，促进气孔开放，有利于光合作用。钙肥可以提升细胞膜的黏度和弹性，提高生物膜的稳定性，在干旱胁迫下能提高药用植物的适应能力。

4. 施用生长延缓剂和抗蒸腾剂　近年来，应用生长延缓剂如氯化氯胆碱（CCC）、多效唑等提高药用植物的抗旱性方面取得了一定的成果。生长延缓剂可以抑制茎叶的生长，提高根冠比，减少地上部的蒸腾量，延缓体内核酸和蛋白质的分解，推迟药用植物的衰老。也可通过叶面喷施高岭土、脂肪醇、塑料乳剂等抗蒸腾剂来降低药用植物叶片的蒸腾作用。黄腐酸可促进根系发育，缩小气孔开度，减少蒸腾作用。

抗蒸腾剂根据其作用方式和抑制蒸腾作用机制可分为 4 类：

（1）薄膜性物质：这类物质喷施在药用植物叶面后可以形成单分子厚度的薄膜，减缓和阻止水分的散失速度，对光合作用的影响小，主要是长链的醇类、蜡质和塑料乳剂等，其缺点就是在喷施后叶片温度会略有上升。

（2）反光剂：这类物质喷施在药用植物叶面后可以形成一层反光介质，减少太阳辐射，降低叶片温度，减少整体失水，这一类的抗蒸腾剂有高岭土、铝粉等。

（3）气孔抑制剂：这类物质喷施在药用植物叶面后直接作用于气孔的保卫细胞，刺激气孔关闭或开度减少，达到降低蒸腾作用的目的，这一类的抗蒸腾剂有 ABA、醋酸苯汞等。

（4）气孔阻塞剂：这类物质喷施在药用植物叶面后，阻塞部分开放的气孔以达到降低蒸腾效率的效果，这一类的抗蒸腾剂有脂肪醇等。

（四）药用植物抗旱过程中的渗透调节

渗透胁迫泛指原生质体与外部环境之间由于渗透势不平衡而对原生质体产生的胁迫，干旱胁迫在一定意义上可以看作是一种渗透胁迫。当原生质体的外部环境渗透势低于原生质体时，就会导致其失水，严重时可能造成原生质体膨压消失甚至死亡。

在一定的胁迫范围内，药用植物的原生质体可以通过调节自身的渗透势抵抗外部渗透胁迫的影响。渗透调节（osmotic adjustment）就是原生质体通过增加或减少胞液中的溶质来调节渗透势，以达到在受到干旱胁迫时，与原生质体外部的渗透势相平衡的目的。调节渗透势的溶质可以是从外界获取的矿质元素离子，也可以是自身大分子物质分解产生的可溶性糖、氨基酸等物质。除影响原生质体膨压外，溶质还会影响气孔开放、细胞伸长及药用植物自身生长过程中一系列的生理生化过程。

渗透调节是耐旱药用植物适应干旱胁迫的重要手段，但是这种手段的调节作用是有限的，不同的药用植物种类、同种药用植物的不同部位和不同生长发育时期，其渗透调节能力是有显著差异的。药用植物渗透调节能力是评价药用植物耐旱性的重要指标（图 13-1）。

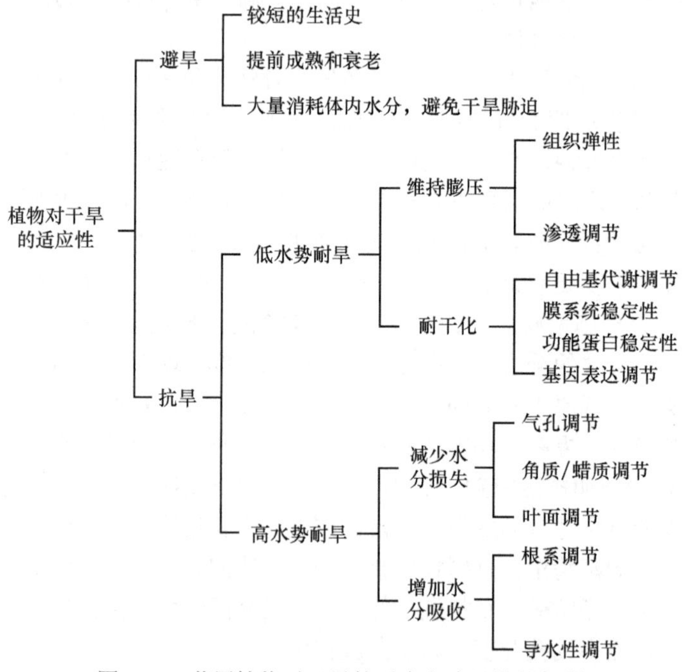

图 13-1　药用植物对干旱的适应方式及抗旱机制

三、涝害与药用植物的抗涝性

（一）涝害的概念及类型

涝害指土壤中水分过多对药用植物产生的伤害。广义上的涝害包括湿害和洪涝。其特点都是土壤中原本是气相的空间完全被土壤液相占据，这种土壤中水分处于饱和的状态就称为湿害（wet injury），当水分继续增加，造成地面积水局部或全部将药用植物淹没，这种对药用植物产生的危害称为涝害或洪涝。土壤中水分过多会阻碍 O_2 进入土壤，以致药用植物根系有氧呼吸受到抑制，并由此产生一系列的伤害，导致药用植物生长发育受到抑制，甚至造成植株死亡。淹水深度、淹水时间与药用植物受到涝害的程度有密切关系。

（二）涝害的生理机制

水分过多对一些药用植物的危害原因不在于水分本身，而在于一些间接的原因。如果可以妥善解决这些间接问题，药用植物即使在水溶液中也可以正常生长，如无土栽培手段中的营养液培养，就是将药用植物的根系完全浸泡在水中。涝害对药用植物的主要伤害就是降低了土壤的供氧能力。因此，药用植物对缺氧的适应能力决定了其抗涝能力的大小。涝害产生后会在药用植物体内产生一系列的变化，主要的变化有：

1. 乙烯含量上升　涝害会导致植物根系处于低氧环境，这会提高药用植物根系中 ACC 合成酶的活性，从而在药用植物根系中合成大量的乙烯前质体 ACC，ACC 通过输导组织运输到药用植物的地上部，ACC 接触到 O_2 后转变为乙烯，乙烯可以促进茎的伸长，直至茎的顶端露出水面，茎内的乙烯含量才会降低，生长恢复正常状态。

2. 发生代谢紊乱　当药用植物体难以获得足够的 O_2 进行呼吸作用时，为维持能量的来源，无氧呼吸作用会增强。但是无氧呼吸作用的效率远远低于有氧呼吸作用。这不仅会过度消耗原生质体内的可溶性糖，而且会产生大量的乙醇、乙醛等无氧呼吸的产物，这些物质对原生质体有毒害作用。药用植物体内的光合作用效率下降，甚至完全停止，导致其生理代谢紊乱甚至死亡。

3. 发生营养失调　当药用植物有氧呼吸作用强度下降，根系的 ATP 供应减少，会阻碍根系对矿质元素的主动吸收，土壤中的好氧微生物（如氨化细菌、硝化细菌等）也会受到抑制，影响土壤中铵离子、硝酸离子等的供应。土壤中厌氧微生物的活性显著增强，土壤 pH 下降，对药用植物体内的原生质体产生毒害作用，同时土壤溶液中 H^+ 浓度提高，这会抑制如 Fe、Zn、Mn 等金属阳离子的主动运输，造成植株营养缺乏。

涝害对药用植物的伤害主要来自缺氧引发的次生威胁。在药用植物受到涝害时，其生长会受到抑制，较正常生长植株显得矮小，叶片变黄，根尖发黑。淹水条件会使植物体内乙烯含量增加，引起叶片卷曲、脱落，根系生长缓慢等。还会导致植物体内代谢紊乱，光合速率显著下降，无氧呼吸作用加强等。

（三）药用植物对涝害反应差异

1. 物种差异　不同药用植物对涝害的反应不同，如大麦对涝害的反应比小麦敏感，豆科药用植物的叶片在淹水 1～2 日后叶片就会枯萎脱落。有研究认为乙烯在药用植物体内的部位与植物的抗涝能力有关，根系中乙烯含量更高的药用植物的抗涝性更强。

2. 品种差异　同一种药用植物的不同栽培品种，其耐涝害的程度也不同。这主要是通过人工选育造成的差异。传统大宗农作物中差距更为明显，药用植物栽培品种较少，还需进一步培育研究。

3. 发育时期差异 同一种药用植物在不同的发育时期，对涝害的忍耐能力存在很大差异。对于多数药用植物来说，生长发育前期对涝害的忍耐能力要强于后期，尤其是授粉和繁育阶段，对涝害更加敏感。这是由于一方面，在生长发育前期，根系在涝害的诱导下次生组织会发生一些变化，这些变化有利于氧气从地上部向根系运输，有助于在涝害环境中迅速恢复药用植物的正常生理代谢；另一方面，新生根系的保护酶活性更高，在涝害初期的抵抗能力更强。大多数药用植物的授粉和繁育阶段在温度较高的季节，体内生理代谢活动旺盛，短时间的涝害就可能造成其体内代谢紊乱甚至死亡。

4. 受涝时间差异 短时间的涝害对大多数药用植物而言是可以恢复正常生理活动。一些水生或者耐涝的药用植物会形成特殊的形态结构以适应土壤长期缺氧的状态。但是长期的缺氧会使土壤中一些厌氧微生物活性提高，这些厌氧微生物会把 SO_4^{2-} 还原成 H_2S，把 Fe^{3+} 还原成 Fe^{2+}，这会对药用植物根系造成危害，并降低矿质元素的吸收效率，此外一些厌氧微生物在生命活动时会产生甲烷、乙酸、丁酸等物质，这些物质对药用植物也有一定的毒害作用。

（四）药用植物的抗涝机制

不同的药用植物对涝害的适应能力是不同的，有些药用植物具有很强的抗涝能力，甚至可以在水中正常完成生长发育周期，这些药用植物都具有一些抗涝的特征，主要体现在具有忍受无氧呼吸的能力和对难以获取氧气部位进行氧气供应的特殊构造。水生药用植物都具有抗涝结构及适合在水中正常生长发育的代谢方式。

1. 生理适应 药用植物根系细胞进行无氧呼吸会积累最终产物，对原生质体没有毒害作用，通过其他的呼吸途径，代谢产物不是乙醇，而是苹果酸、芥草酸等有机酸。还有一些药用植物利用 NO_3^- 作为氧的来源，以弥补氧气供应不足的状况。

2. 形态适应 有些药用植物进化出特殊的形态结构对抗涝害。如一些药用植物的茎是中空的，可以通过茎向根系运输氧气。这种通气组织从叶片一直连通至根系，保障了在水中根系的有氧呼吸。还有一些药用植物进化出了特殊的通气组织，可以在体内贮藏光合作用释放的氧气供药用植物体自身呼吸使用。药用植物莲藕（*Nelumbo nucifera*）具有特殊的通气组织，保障根系进行有氧呼吸。一些禾本科药用植物在遭遇涝害时，会刺激体内乙烯的合成，乙烯刺激纤维素酶使其活性增强，将茎中皮层细胞的细胞壁溶解，并形成通气组织。

红树等水生植物会长出特殊的根系，这些特殊的根系露出水面，根系内部具有良好的通气系统，以保障在水面以下根系的正常代谢活动。也有部分药用植物如水藻，可以从水中吸收氧气以满足生长代谢需求。

（五）药用植物的抗涝措施

为提高药用植物的抗涝性，可以通过人工育种，培育出耐涝害的新品种。在容易发生涝害的地区采取高畦栽培，兴修水利，防止洪涝灾害的发生，及时排涝，适当施用肥料，促进药用植物尽快恢复生长。在强降水过后，及时疏通田地的排水，中耕松土，促进根系恢复有氧呼吸作用。对于经受较长时间涝害的药用植物，在清理完周边水分后，可采取遮阴处理，在根系恢复正常的生理代谢强度前，减少地上部的蒸腾作用。也可以对遭受中度以上涝害的药用植物根据其实际生长状况适当进行疏剪，同样可以减缓地上部的消耗。

药用植物遭受涝害后体质较弱，易遭受病虫害。因此，在排涝后也要加强病虫害防治，减少病虫害的侵染危害。此外，还可以外施活性氧清除剂，缓解药用植物的涝害损伤。

第四节　盐胁迫与药用植物的适应性

一、盐胁迫及其对药用植物的影响

植物由于生长在高盐生境而受到的高渗透势的影响称为盐胁迫（salt stress）。在我国内陆干旱和半干旱地区，由于气候干燥，地面水分蒸发较强，在地势低洼、排水不畅的地区或地下水位高的地区，极容易造成土壤盐分过多。在滨海地区，由于海水浸渍或者咸水灌溉，可使土壤表层的盐分升高到 1% 以上。全球约 1/4 土地发生不同程度的盐渍化。盐的种类决定土壤的性质，当土壤中的盐类主要是以碳酸钠（Na_2CO_3）和碳酸氢钠（$NaHCO_3$）为主时，此土壤称为碱土（solonetz）；当土壤中的盐类主要是以氯化钠（NaCl）和硫酸钠（Na_2SO_4）为主时，此土壤称为盐土（solonchak）。盐土和碱土常混合在一起，这种土常称为盐碱土（saline alkali soil），也是各种盐化土和碱化土的总称。

湿润条件下盐土含 Na^+ 0.5%～2%，海水含 Na^+ 3%，干旱区盐土表层含 Na^+ 达 5%～20% 或更多。一般植物在可溶性盐 0.1%～0.5% 的土壤上很难获得水分；当土壤表层含盐量超过 0.6% 时，对植物的生长是有害的，多数植物已不能生长，只有一些耐盐性强的植物才可生长。当土壤中可溶性盐含量达 1.0% 以上时，则只有一些特殊适应于盐土的植物才能生长。

碱土的主要危害是土壤的碱性能伤害植物根系，使土壤物理性质恶化，土壤结构被破坏，质地变得很坏，尤其是形成了一个极差的碱化层次，潮湿时膨胀黏重，干燥时坚硬板结，水分不能渗滤进去，根系不能透过，不易出土，即使出土后也不能很好生长。盐土对植物生长发育的不利影响，主要表现在土壤中含有过多的可溶性盐类，这些盐类降低了土壤溶液的渗透势，从而引起植物的生理干旱，进而引发对植物的伤害。

盐逆境对植物造成的直接危害首先表现为渗透胁迫，并且持续存在，紧接着表现为离子失调引起的毒害和营养元素的亏缺，最后引起的氧化胁迫导致膜透性的改变、生理生化代谢的紊乱和有毒物质的积累，进而引起植物生长发育和形态建成的改变。

（一）渗透胁迫

在盐胁迫下，植物种子的萌发会受到影响，一般分为渗透效应和离子效应。渗透效应引起溶液渗透势降低而使种子吸水受阻，从而影响种子萌发，离子效应通过盐离子（Na^+、Cl^-、SO_4^{2-} 等）直接毒害而抑制种子萌发。在药用植物桔梗的耐盐性研究中发现，高盐浓度会对种子产生渗透抑制，0.5% NaCl 即可对桔梗种子萌发起到抑制作用，发芽率、发芽势、发芽指数均降低，盐胁迫同时影响了种子萌发过程中的一些代谢反应，丙二醛含量显著增加；抗氧化酶类、淀粉酶活性降低。对于整株植物而言，若土壤中的盐分过多，则会导致土壤中的水势下降，对植物产生了渗透胁迫，使植物根系不能从土壤中吸收水分，严重时甚至造成植物组织内水分从根细胞外渗，引起植物的生理干旱，造成植物枯萎，严重时死亡。

（二）离子失调

土壤中的盐分多以离子形式存在，虽然高等植物对土壤中的离子具有选择吸收作用，但是在吸水的同时，也必定会吸收大量的盐离子。土壤中的 Na^+ 和 Cl^- 过多后，会排斥植物对其他离子的吸收，会破坏细胞的离子均衡（ion homeostasis），高浓度的 NaCl 可置换细胞

膜结合的 Ca^{2+}，膜结合的 Na^+/Ca^{2+} 增加，膜结构破坏，功能改变，细胞内的 K^+、PO_4^{3-} 和有机溶质外渗。Ca^{2+} 介导的钙调素（calmodulin，CaM）调节系统和磷酸肌醇调节系统失调，细胞代谢紊乱甚至伤害死亡。K^+ 是构成细胞渗透势的重要成分，高浓度的 Na^+ 会阻碍植物对 K^+ 的吸收，造成 K^+ 匮缺，从而抑制了 K^+ 的生理生化反应的正常进行。

（三）引起植物代谢紊乱

1. 光合作用　盐分过多使磷酸烯醇丙酮酸羧化酶（phosphoenolpyruvate carboxylase，PEPC）与核酮糖-1,5-双磷酸羧化酶（ribulose-1,5-bisphosphate carboxylase，Rubisco）活性降低，叶绿素和类胡萝卜素含量降低，气孔开度减小，气孔阻力增大，光合速率明显下降。

2. 呼吸作用　呼吸速率与逆境胁迫的强度及时间的长度密切相关。低盐促进呼吸，高盐抑制呼吸。

3. 蛋白质代谢　盐胁迫使核酸分解大于合成，从而抑制蛋白质合成，促进蛋白质分解。

4. 氧化胁迫　盐胁迫下，光合碳同化受抑制，假循环光合磷酸化增强，光合电子传递给 O_2 增多，产生大量的活性氧，过量的活性氧会启动膜质过氧化连锁反应并作用于膜蛋白，引起氧化胁迫。盐胁迫导致的氧化胁迫会使膜的透性发生改变，一方面对离子的选择性、流速、运输等产生影响；另一方面，也造成了磷和有机物的外渗，从而使得细胞的生命活动受到影响，活性氧的增加还会破坏细胞中具有膜结构细胞器的结构，如引起线粒体 DNA 的突变，造成细胞衰老，导致内质网部分膨胀、线粒体数目减少而体积膨胀、液泡膜破碎、胞质降解等。

5. 有毒物质的积累　盐胁迫下，由于植物细胞结构的损伤、活性氧的积累、生理代谢的破坏，植株体内蛋白质的合成速率降低，水解加速，造成植株体内氨基酸积累，会产生许多的有毒物质，如大量氮代谢的中间产物，包括 NH_3、异亮氨酸、鸟氨酸和精氨酸等转化成具有毒性的腐胺和尸胺，它们又可被氧化成 NH_3 和 H_2O_2，当它们达到一定浓度时，细胞会中毒死亡。

6. 气孔不能正常关闭　在高盐环境的作用下，气孔保卫细胞内的淀粉形成过程受到影响，气孔不能正常关闭，因此植物容易枯萎。

7. 植物生长发育受阻　高盐对植物最显著的影响就是抑制生长，整体表现为植物发育迟缓，组织和器官生长与分化缓慢，缩短营养生长和开花期。这是因为，盐土中含有大量的可溶性盐降低了水势，植物生长在低水势的土壤中时，植物只能增大细胞质浓度，通过额外地吸收矿质元素和合成定量的可溶性有机物，才能使植物体内水势低于外界水势，保持植物正常吸水生长。这就必然使促使植物生长的能量减少，生长受到抑制（图 13-2）。

二、药用植物对盐胁迫的适应

植物对土壤盐分胁迫的抵抗和忍耐能力称为抗盐性（salt resistance）。在长期的进化过程中，一些盐碱土植物，包括盐土植物和碱土植物，能在含盐量高的盐土或碱土里生长，盐碱土植物具有一系列生态适应特征。

（一）形态适应

植物体干而硬，叶子不发达，蒸腾表面强烈缩小，气孔下陷。在内部结构上，细胞间隙强烈缩小，栅栏组织发达。有一些盐植物枝叶具有肉质性，叶肉中有特殊的贮水细胞，使同化细胞不致因高浓度盐分而受损伤，贮水细胞的大小还能随叶子年龄和植物体内盐分绝对含量的增加而增大。

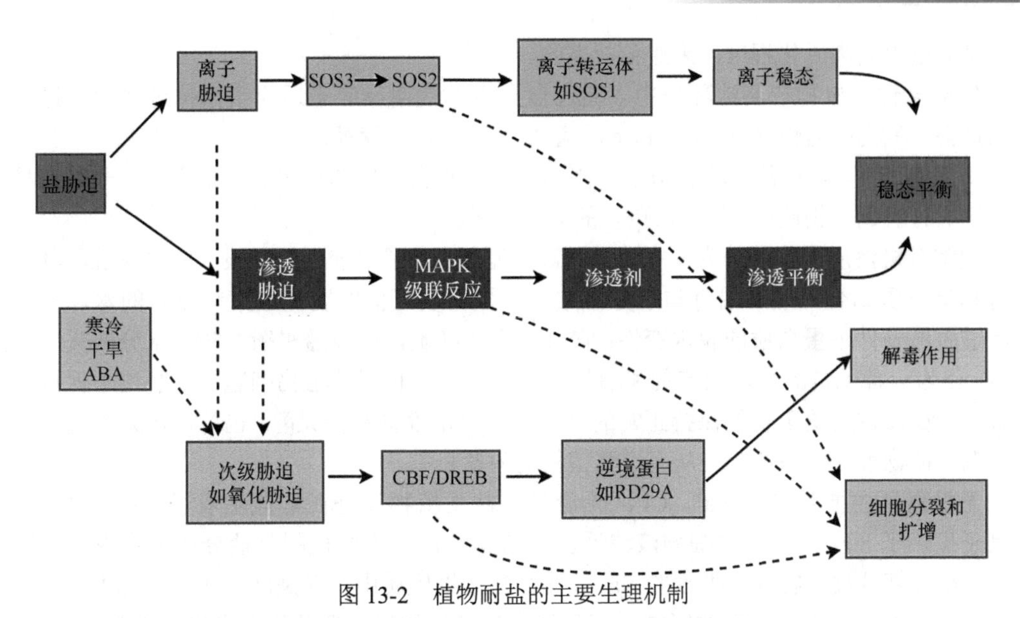

图 13-2　植物耐盐的主要生理机制

CBF：C-重复结合因子（C-repeat binding factor）；DREB：脱水应答元件结合蛋白（dehydration response element binding protein）；MAPK：丝裂原激活蛋白激酶（mitogen-activation protein kinase）；RD29A：响应干旱胁迫基因 29A（responsive to dehydration 29A）；SOS1：盐过度敏感蛋白 1（salt overly sensitive 1）；SOS2：盐过度敏感蛋白 2（salt overly sensitive 2）；SOS3：盐过度敏感蛋白 3（salt overly sensitive 3）

（二）生理适应

在生理层面，植物的适应机制主要是通过避盐和耐盐两条途径。

1. 避盐性　植物通过某些生理机制避免体内盐分过多，称为避盐性（salt avoidance）。避盐主要有以下途径：

（1）拒盐（salt exclusion）：指这类植物的细胞原生质对 Na^+ 等某些盐分的透性很小，即使在盐分很高的环境中，细胞也保持了对离子的选择吸收，只吸收很少的 Na^+ 和 Cl^-，避免高盐环境的胁迫。另外，植物根部能向土壤分泌一些物质，这些根系分泌物主要成分为有机酸和氨基酸类，它们能与土壤溶液中的某些离子起螯合或络合作用，所以在一定范围内能减少对这些离子的吸收。植物的拒盐是一个被动的过程，某些抗盐性较强的植物如长冰草（*Agropyron elongatum*）、盐地风毛菊（*Saussurea salsa*）和倒羽叶风毛菊（*Saussurea. runcinata*）等就具有这种特性。

（2）泌盐（salt secretion）：指植物将吸收的盐分主动排泄到茎叶的表面。茎叶表面有盐腺，一些植株在吸收盐分后，不留存在体内，而是通过盐腺排出体外后被雨水冲刷脱落，防止 Na^+、K^+、Cl^- 等过多离子在体内积累。如补血草（*Limonium sinense*）和大米草（*Spartina anglica*）等药用植物都有排盐作用；柽柳（*Tamarix chinensis*）生长在高盐土壤中，茎叶表面常可看到 NaCl 和 $NaSO_4$ 的结晶。

（3）稀盐（salt dilution）：指植物通过加快吸收水分或加快生长速率来稀释细胞内的盐分浓度，使得植物体内不会因盐分过高造成植物损害。通过快速生长，细胞大量吸水，扩大体积，尽管体内盐分总量增加，植物体的贮水量也在提高，体内的盐分浓度保持恒定。如肉质化的植物靠细胞内大量贮水来冲淡盐的浓度。植物吸收盐离子的同时，通过叶片或茎部不断肉质化，形成发达薄壁的组织，储存大量水分，使得进入植物体内的盐分被稀释，盐离子始终保持在较低的浓度水平。如滨藜属（*Atriplex*）、落地生根属（*Bryphyllum*）中的某些植物都是通过提高肉质化程度，来避免盐害的。

2. 耐盐性 植物在高盐环境中，通过自身生理代谢反应来适应或抵抗过多盐分进入细胞的危害，称为耐盐性（salt tolerance）。耐盐主要有以下途径：

（1）渗透调节：在盐逆境胁迫下，高等植物通常会采用两种渗透调节方式，一是在植物体内合成有机调节物质；二是积累更多的无机离子。

通常有机溶质大体可分为3类。①游离氨基酸：如脯氨酸，具有很大的水溶性，其疏水端可和蛋白质结合，亲水端可与水分子结合，蛋白质可借助脯氨酸束缚更多的水，从而防止渗透胁迫条件下蛋白质的脱水变性；它可以维持细胞内外渗透平衡，防止水分散失。②甜菜碱：作为一种无毒的渗透调节剂和酶的保护剂，它的积累使植物细胞在盐胁迫下保持膜的完整性，在渗透胁迫下仍能保持正常的功能。③可溶性糖和多元醇：也可以作为渗透调节物质，调节植物细胞的渗透势，从而增强植物的耐盐机制。

无机离子主要是K^+、Na^+、Cl^-，无论是在盐生植物还是在非盐生双子叶植物中，这3种离子提供了80%～95%的细胞液渗透压。植物耐盐的主要机制是盐分在细胞内的区室化分配，绝大部分被植物细胞吸收的Na^+并非存在于细胞质中，而是区隔化在液泡中，不但避免盐离子对细胞质中各种酶的影响，而且能作为廉价的渗透调节物质来维持正常细胞膨压，从而增强植物抵御盐逆境的能力。

（2）营养元素平衡：在正常生理状态下，植物细胞内的离子保持均衡状态，而在盐胁迫下，细胞质中过多的离子尤其是Na^+对植物细胞的代谢活动会有伤害。大多数植物在盐胁迫下，组织内的K^+含量会降低。有研究表明，一些植物可以在高Na^+环境下生存，且其体内维持很低的Na^+浓度，主要依靠的是其对K^+/Na^+强大的选择性吸收能力和限制Na^+的吸收。海滨碱蓬（*Suaeda maritima*）体内的K^+含量变化是随NaCl浓度的升高而呈升高趋势，这样既可以保持一定的K^+营养，还可以保持相对稳定的K^+/Na^+，这对植物本身生长有利。在盐胁迫的条件下，提供某些微量元素，可有效地提高植物体内抗氧化酶活性，增加渗透调节物质含量，增强植物的抗逆性。如外源硅可提高盐胁迫下甘草幼苗保护酶POD的活性，增加渗透调节物质脯氨酸含量，调控其膜脂过氧化作用而促进甘草幼苗的生长。

（3）增强抗氧化胁迫：在盐胁迫下，膜脂过氧化作用加剧，植物体内活性氧含量上升，耐盐性较强的植物体内一些超氧化物歧化酶（SOD）、过氧化物酶（POD）、过氧化氢酶（CAT）和抗坏血酸过氧化物酶（APX）等保护酶的活性也相应增加，从而防止膜脂的过氧化作用，以此来增强植物对逆境的耐受性，但也仅限于一定的胁迫范围内，当盐胁迫浓度过大时，酶活性下降，从而对植物造成伤害。

（三）耐盐的分子机制

1. 信号转导通路 在盐胁迫下，胞内Ca^{2+}浓度急剧上升，其中Ca^{2+}通道蛋白作为重要的盐信号受体，有研究表明，Ca^{2+}除了能在盐胁迫下维持植物的生长，诱导Ca^{2+}通道阻碍Na^+的吸收外，还作为一种信号分子参与盐胁迫信号转导。根据Ca^{2+}直接或间接作为第二信使参与信号级联作用，将信号转导通路分为Ⅰ型或Ⅱ型，Ⅰ型主要包括超盐敏感（SOS）途径、钙依赖性蛋白激酶（CDPK）级联反应等；Ⅱ型主要为脱落酸（ABA）信号通路、磷脂信号通路等。

（1）SOS途径：主要负责盐离子稳态的调控。植物细胞质中维持较高的K^+/Na^+比率是细胞行使功能的必要条件。在盐胁迫下，Na^+可以通过阳离子运输体进入根中的细胞质或进入根中的韧皮部。因而植物维持细胞质中K^+/Na^+平衡的策略为Na^+外排、降低/阻止Na^+进

入细胞及 Na^+ 在液泡中的区室化。在高盐环境下，植物细胞主要通过 SOS 途径将 Na^+ 排出或区域化至液泡中，以此来减轻盐害。通过对盐敏感 SOS 基因的一系列研究鉴定，生理生化、电生理及分子遗传等证据表明，SOS 途径在调控细胞乃至整个植物离子稳态上起着重要作用。模式植物拟南芥中调控盐胁迫下离子稳态的 SOS 信号通路如图 13-3 所示。细胞质膜上的 Na^+ 感受器将感受到的盐胁迫信号传到胞内，引起胞内 Ca^{2+} 浓度升高，SOS3 感知 Ca^{2+} 信号，进而激活 SOS2 激酶，活化后的 SOS2 激酶使得质膜上 Na^+/H^+ 逆向转运蛋白 SOS1 磷酸化，将 Na^+ 外排。因此，SOS1 的表达水平及由 Na^+ 转运蛋白高亲和力钾离子转运蛋白（HKT1）转运的 Na^+ 水平受到 SOS2 激酶的调控；SOS 激酶同样通过调控离子转运蛋白（NHX1）来调控 Na^+ 进出液泡，ABI1 通过 ABA 响应元件结合因子调控 NHX1 的表达（图 13-3）。

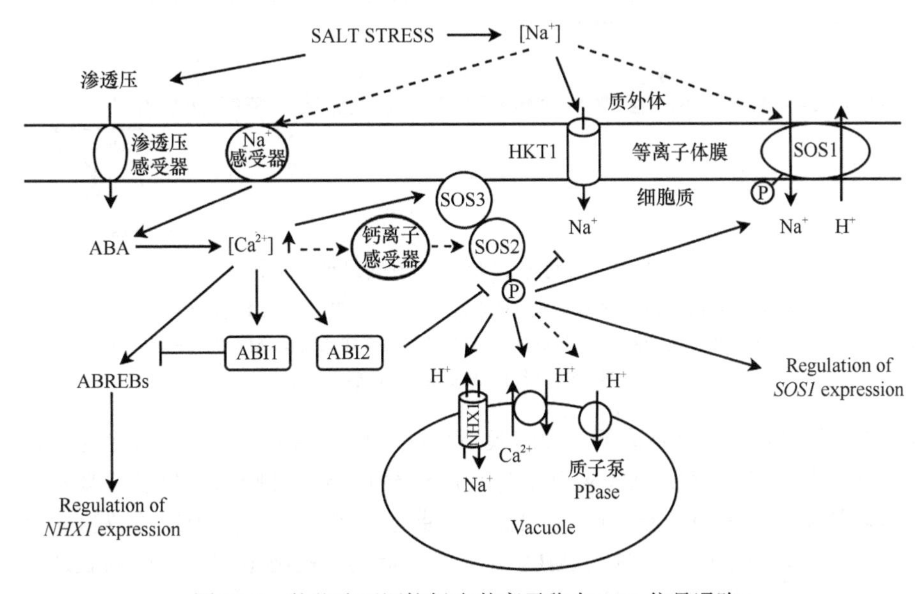

图 13-3 盐胁迫下调控拟南芥离子稳态 SOS 信号通路

ABA：脱落酸；HKT1：钾离子转运蛋白 1；ABREBs：ABA 响应原件；*NHX1*：液泡型 Na^+/H^+ 逆向运转体基因 1

（2）CDPK 级联反应：通常认为，盐胁迫下 CDPK 主要通过参与调节气孔开闭、离子通道相关基因的表达来调节植物对盐胁迫的耐受性。目前已经从很多种植物中鉴定出了 CDPK 基因，它能解码和翻译钙浓度升高信号，从而提高蛋白激酶活性并调控下游信号元件。研究表明，拟南芥质膜上的 CDPK6 过表达，能够激活胁迫响应相关基因的表达，从而增强植株的耐盐性。CDPK 还能通过诱导活性氧清除基因的表达、抑制还原性辅酶（NADPH）氧化酶的表达来调节活性氧的平衡，从而在抗氧化胁迫响应中起作用，提高植物的耐盐性。

（3）ABA 信号途径：ABA 调控盐胁迫主要有 2 条路径，一条依赖 ABA，另一条则不依赖 ABA。在依赖 ABA 的路径中，ABA 将识别到的盐胁迫信号传递给下游转录因子，包括 MYB、MYC、NAC 等，这些转录因子与下游相关基因启动子上的顺式作用元件（MYBRS、MYCRS、NACRS）相互识别，从而调控相关基因的表达以应答盐胁迫。对于不依赖 ABA 的转导途径，植物将识别到的盐胁迫信号进行以 Ca^{2+} 和干旱应答元件为中心的信号转导，从而诱导植物发生相应的生理生化变化以缓解盐伤害。通过 ABA 和 Ca^{2+} 介导的盐胁迫信号途径推测如图 13-4 所示。盐胁迫诱导 ABA 积累，激活 C-重复结合因子（CBF）的表达，又通过 C-重复/脱水响应顺式元件（DRE/CRT）反馈调节晚期胚胎丰富蛋白/冷响应（*LEA/*

COR）基因表达；盐胁迫激活钙通道，此信号通道受 CDPK 正调控，ABI1/ABI2、CaM、钙调素蛋白激酶（SCaBP5 - PKS3）负调控，调控位于下游的 MYC/MYB、bZIP 等转录因子，继而调控下游目标基因的表达，诱导植物产生抗性（图 13-4）。

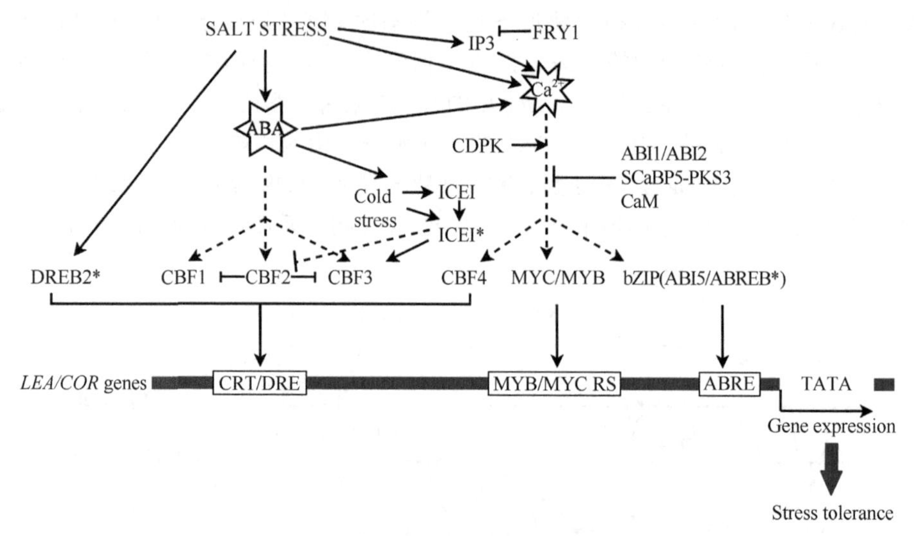

图 13-4 盐胁迫下 ABA 介导转录调控途径

CRT/DRE：C-重复/脱水响应顺式元件；*LEA/COR*：晚期胚胎丰富蛋白/冷响应基因；SCaBP5-PKS3：钙调素蛋白激酶；CaM：钙调素；CBF：C-重复结合因子；DREB2：DREB2：脱水应答元件结合蛋白 2 转录因子；MYC/MYB：转录因子；ABI1/ABI2：脱落酸不敏感蛋白 1 和脱落酸不敏感蛋白 2

（4）磷脂信号通路：盐胁迫下，细胞膜不仅能将胁迫信号由胞外传递至胞内，其本身也能作为前体参与第二信使的合成而参与磷脂信号通路，这些第二信使主要由磷脂酶 C（PLC）和磷脂酶 D（PLD）催化产生。PLC 能催化形成第二信使 IP3，触发 Ca^{2+} 的释放，这些 Ca^{2+} 信号被感受器感知后参与 ABA 调节气孔运动、盐胁迫相关基因的表达。而 PLD 则参与响应盐胁迫的蛋白激酶信号转导。

2. 耐盐相关基因

（1）功能基因

1）离子转运蛋白基因：有研究表明，环核苷酸门控离子通道（cyclic nucleotide-gated ion channel，CNGC）和非选择性阳离子通道/电压非依赖性通道（non-selective cation channel/voltage-independent channel，NSCC /VIC）是不同类型的通道蛋白，在一些植物中 CNGC 涉及 Ca^{2+} 的信号转导，而 NSCC /VIC 涉及 Na^+ 的摄入。NSCC /VIC 是根部 Na^+ 进入细胞膜的通道蛋白，当 NSCC 被抑制时，就可缓解细胞的盐胁迫。高亲和 K^+ 转运载体（high-affinity K^+ transporter，HKT）是一种与植物耐盐性密切相关的 Na^+ 或 Na^+-K^+ 转运蛋白，能将植物木质部中过多的 Na^+ 卸载到其周围薄壁细胞中，降低地上部 Na^+ 含量，并维持体内 K^+ 稳态平衡。盐敏感（*SOS*）基因是从一类超盐敏感突变体中发现的，遗传分析表明，这些突变体可分为 5 种，即 *SOS1*、*SOS2*、*SOS3*、*SOS4* 和 *SOS5*。目前筛选出的一些 *SOS* 基因家族编码重要的植物离子载体蛋白、信号转导蛋白等，它们的存在对提高植物的耐盐性有重要作用。质膜 Na^+/H^+ 逆向转运蛋白就是由 *SOS1* 编码的，该蛋白的主要功能就是将 Na^+ 排到细胞外部，从而减少细胞内 Na^+ 的积累（图 13-5）。

2）渗透调节相关基因：渗透胁迫是植物盐胁迫的主要方面，多元醇、脯氨酸、海藻糖、甜菜碱等均是植物耐盐的重要渗透调节物质，因而合成这些渗透调节物质的一些关键基因在耐盐中起到重要作用。如对 *P5CS* 基因进行研究，获得 *P5CS* 转基因烟草，其中脯氨酸的含量明显提高，与对照相比，耐盐性有提高，以及甜菜碱合成过程中的关键基因 *BADH*（甜菜碱醛脱氢酶）基因和 *gutD*。

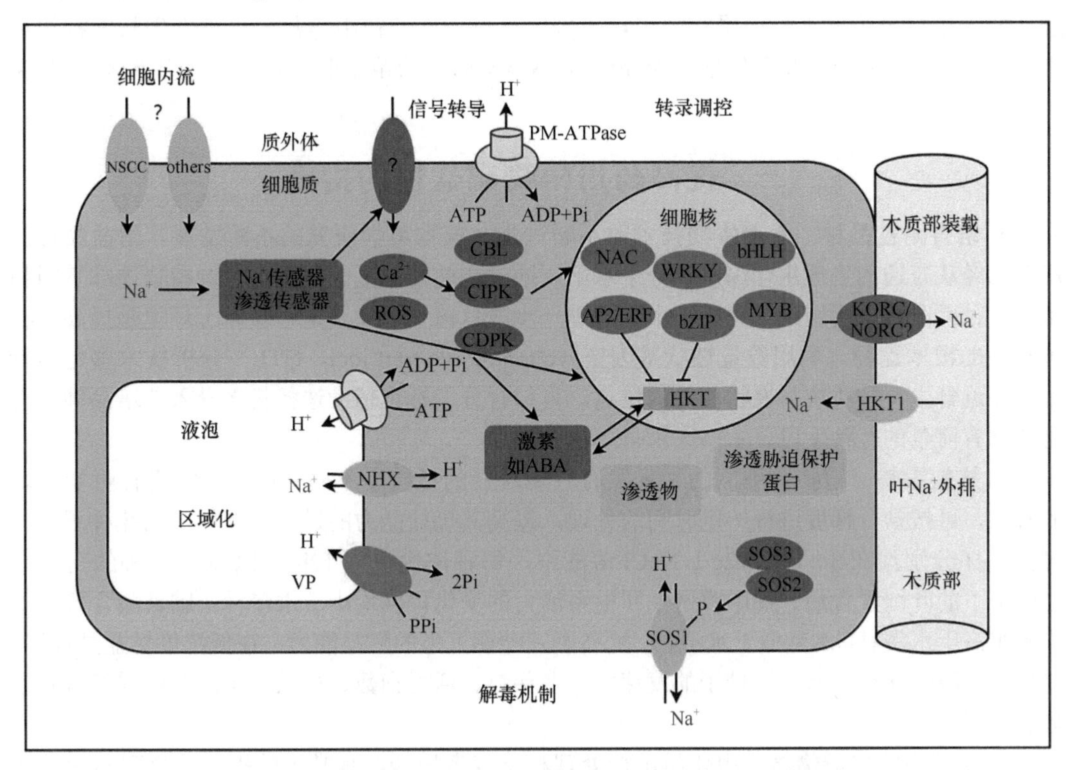

图 13-5　植物细胞 Na^+ 运输机制及响应盐逆境的重要调控网络

ABA：脱落酸；ATP：三磷酸腺苷；CBL：钙调磷酸酶 B 类蛋白；CDPK：钙依赖性蛋白激酶；CIPK：CBL 互作蛋白激酶；HKT：高亲和性 K^+ 转运蛋白；KORC：K^+ 外向整流电导；NHX：液泡膜 Na^+/H^+ 逆向转运蛋白；NORC：非选择性外向整流电导；NSCC：非选择性阳离子通道；PM：质膜；ROS：活性氧；SOS1：盐过度敏感蛋白 1；SOS2：盐过度敏感蛋白 2；SOS3：盐过度敏感蛋白 3；VP：液泡膜 H^+ 磷酸化酶；NAC、WRKY、bHLH、MYB、AP2/ERF、bZIP：位于细胞核的转录因子

3）抗氧化相关基因：包括编码活性氧清除酶如 SOD、POD、CAT、GSH 的基因，如 *NtGST /GPx* 基因编码的酶既有谷胱甘肽-S-转移酶活性，又有谷胱甘肽过氧化物酶活性，将该基因在烟草中过表达，可以增强植物的耐盐性和耐寒性。

4）通道蛋白相关基因：高盐浓度可以促使植物产生两类大分子蛋白，第一类为亲水性蛋白，如水通道蛋白（AQP）和胚胎后期发生富集蛋白（LEA）。水通道蛋白在植物水分转移过程中起重要作用，在逆境胁迫中参与液泡融合及活性氧的信号转导等。胚胎后期发生富集蛋白在种子胚胎发育后期表达丰富，且在盐胁迫等逆境下 mRNA 也大量积累。第二类为热休克蛋白。热休克蛋白最早被认为是在热胁迫后受到诱导，通过深入的研究发现它具有分子伴侣功能，受多种生物胁迫诱导。

（2）编码调节蛋白的基因：包括调控基因表达的转录因子，如 MYB 转录因子、MYC 转录因子、DREB 转录因子等，以及感受和传导胁迫信号途径中的蛋白激酶基因等。

（四）次生代谢物的积累

植物次生代谢物是许多中药的主要药效成分，是确保药材质量和药效的物质基础。盐胁迫会改变植物生物碱类、酚类、黄酮类、萜类等多种次生代谢物的积累。用不同浓度的NaCl溶液分别浇施甘草幼苗及1年生温室移栽苗，发现适度NaCl胁迫处理后，甘草根中甘草酸含量显著提高。不同生境土壤含盐量对枸杞果实多糖含量具有一定的影响，过高与过低的土壤盐分浓度下枸杞果实中积累的多糖含量均低于在中等盐分土壤上生长的枸杞果实。NaCl胁迫亦能增加长春花（*Catharanthus roseus*）幼苗中长春碱、长春质碱和文朵灵的含量。

三、提高药用植物耐盐性的措施

1. 培育耐盐品种 随着生物技术的不断进步，植物组学研究的不断发展，耐盐品种的培育已经从普通的生理生化深入到分子水平。通过构建耐盐基因载体、修饰植物内部基因和常规育种手段或采用组织培养等技术手段进一步改良植株，使其适应盐碱土环境是提高植物抗盐性的根本途径。利用数量性状基因座（quantitative trait loci，QTL）分析技术鉴定出野生种或近野生种种质抗盐性状相关的位点，再结合分子标记辅助选择将之导入栽培品种，也是非常有前景的育种手段。

2. 抗盐锻炼 植物在不同的生长发育时期对盐的抵抗力不同。在对植物进行耐盐锻炼的时候，可按盐分梯度进行一定时间的处理，提高其抗盐能力的过程。例如，棉花种子播前可按顺序分别浸在3、6及12g/L NaCl溶液中，每种浓度浸泡12h；用$CaCl_2$浸种的玉米在盐胁迫下的叶绿素含量、细胞膜透性和根系活力的变化程度均小于水浸种，脯氨酸含量、干物质重高于水浸种，水势低于水浸种，提高了三叶期玉米的耐盐能力。在低浓度钠盐处理下，夏枯草（*Prunella vulgaris*）种子的发芽率、发芽势、活力指数、根长、苗高及鲜重都得到了显著提高。

3. 使用生物化学物质 用化学试剂处理种子或者植株，是常用的提高植物耐盐性的途径。生长素不仅调控植物的生长发育，也广泛参与逆境胁迫反应。植物使用不同的策略来应对高盐土壤，植物可以调整自身的根系结构和根生长的方向来避免局部盐浓度过高的情况，如在含0.15% Na_2SO_4土壤中的小麦生长不良，但在播前用IAA浸种，可以抵消Na_2SO_4抑制小麦根系生长的作用，使小麦生长良好。此外，如外源信号分子NO也在耐盐研究中备受关注，施用一定浓度的外源NO可提高盐胁迫下药用植物桔梗种子的萌发能力，提高桔梗幼苗的耐盐性和其总皂苷的含量；硝普钠（SNP）可以缓解盐胁迫对蒺藜苜蓿（*Medicago truncatula*）种子萌发的抑制作用。

4. 改造盐碱土 可通过合理灌溉、泡田洗盐、增施有机肥、盐土种稻、种植耐盐碱作物（如田菁、沙枣、紫穗槐、向日葵、甜菜、甘草等）等方法改造盐碱土。

5. 其他途径 现报道，嫁接是提高果蔬对非生物胁迫抗性的重要手段。最近的研究报道阐述了嫁接黄瓜耐盐性提高的机制，主要是南瓜砧木通过根源过氧化氢信号增强了根系Na^+的外排能力，并促进盐胁迫早期叶片气孔关闭来适应盐胁迫。该方法今后也可在药用植物耐盐性研究中应用。

近年来对植物的耐盐性研究发展迅速，对药用植物耐盐性的研究也逐渐增多。对模式植物的盐胁迫信号转导途径的研究不断加深，对耐盐分子机制的研究也在不断深入，各种组学研究技术、基因敲除和转基因技术的应用推动了人们对耐盐性的深入研究，为准确寻找靶基因、靶蛋白提供了帮助，也为人们培育耐盐作物新品种提供了可能的路径。植物抵御逆境胁迫是个复杂的过程，同时要关注植物的生长环境，探讨植物与其他非生物、生物的相互作用，以更好地揭示植物耐盐性的机制。

第五节 药用植物低温逆境生理

温度影响药用植物体内几乎所有的生理生化反应，是药用植物完成生长发育的必要条件，也是很多药用植物地理分布的主要影响和限制因素。所有的药用植物都对应一个适合生存的温度范围，药用植物只有在这个温度范围内才能正常生长和繁育，许多药用植物的分布最高纬度常常都是由低温逆境限制的。根据低温逆境的温度和植物受害的程度，可以将低温逆境分为冷害和冻害。药用植物对低温的适应能力和抵抗能力称为抗寒性（chilling resistance）。

一、药用植物冷害逆境生理

（一）冷害的概念与症状

冷害是指0℃以上的低温对药用植物造成的危害。零上低温虽然不会出现结冰现象，但是可能会使一些喜温植物产生生理障碍，使植物生长受到抑制甚至死亡。药用植物对冷害的适应能力称为抗冷性（cold resistance）。

原产地在热带或亚热带地区的很多药用植物在0～10℃温度范围内的生长活动会受到抑制，易受到冷害，因此冷害限制了一些药用植物的种植区域。尤其是在春季种子萌发和幼苗生长阶段，容易出现低温伤害现象。药用植物在幼苗期和开花阶段如果遭遇低温冷害就会导致叶子早落、落花等现象。冷害对药用植物的伤害与低温的程度、持续时间有直接关系。药用植物的生理年龄、生理状况及其自身对温度的敏感性也与冷害的程度有关。冷害温度越低，持续时间越长，药用植物受到的伤害就越严重。

在低温的程度轻、时间短情况下，原生质的活动可能会受到一定的影响，代谢强度会降低，但是当温度恢复正常后，药用植物仍可以恢复正常的代谢活动，最终的产品质量不会受到明显影响。如果低温持续的时间变长，或在温度刚刚升高后再次遭遇低温逆境，药用植物的生理功能则可能出现衰退、生长发育延迟等现象，产品质量则会受到一定的影响。冷害常见的症状有：叶片表面产生斑点或坏死，木本药用植物则可能出现芽枯现象，并会自顶端向下枯萎。根部也可能会出现发黄、变黑现象。

在同等冷害条件下，药用植物幼嫩组织和器官受到的伤害更严重；同一植株，生殖生长期比营养生长期对冷害更敏感，受害也会更严重。依据药用植物对冷害的反应，可将冷害分为两类：一是直接伤害，指药用植物在受到低温影响一天之内出现伤斑、坏死，禾本科药用植物可能会出现顶芽干枯等现象，这种情况说明冷害已经破坏药用植物体内原生质体活性；二是间接伤害，指药用植物受到低温伤害后，植株在短时间内没有异常表现，但是几天后出现组织柔软、萎蔫等现象，这种情况说明冷害引起了药用植物体内代谢失常，造成了对植物细胞的伤害。

（二）冷害引起药用植物体内生理生化变化

1. 细胞原生质受损 冷害会导致细胞膜透性增加，细胞内可溶性物质外渗，引起植物代谢失调，严重的会导致细胞质环流变慢甚至完全停止。

2. 根系吸收能力下降 低温会导致根系生长减慢，吸收面积减少，细胞原生质黏性增加，流动性降低，呼吸减弱，导致药用植物体内矿质元素的吸收和分配均受到影响，此时地上蒸腾失水的速度会显著大于根系吸收水分的速度，药用植物体内水分平衡失调，导致植株萎蔫干枯。

3. 光合作用强度降低　冷害会导致药用植物体内叶绿素合成受阻，叶片黄化失绿，绿色组织中的淀粉水解为可溶性糖，这会促进花青素的合成，使叶片的颜色转变为紫红色。药用植物体内光合作用相关酶活性也会受到温度因素抑制，而且在热带和亚热带地区低温经常伴随有阴雨、光照不足等逆境因素，不利于光合作用，光合速率下降更多。药用植物体内有机物质积累效率降低，又进一步减弱其抗寒能力。这种长时间的阴雨湿冷天气比干冷天气对药用植物的伤害更严重。

4. 呼吸作用失调　冷害会导致药用植物呼吸代谢失调，呼吸速率先升高后降低。低温状态下会促进细胞内淀粉水解，因此在冷害初期，呼吸作用会由于底物增加而增强；但是长期的冷害会导致线粒体膜出现相变，有氧呼吸受到抑制，无氧呼吸作用增强，一方面无氧呼吸产生的 ATP 少，细胞内有机物消耗加快，另一方面细胞内会积累大量无氧呼吸产生的乙醛、乙醇等有毒物质，进一步对药用植物健康生长产生抑制作用。

5. 物质代谢失调　药用植物受到冷害后，在低温状态下，细胞内各种酶活性均受到抑制，但是水解酶类活性常常高于合成酶类活性，因此细胞内物质的分解速度会快于合成速度，表现为蛋白质、淀粉等大分子物质含量减少，可溶性氨基酸、可溶性糖等物质含量增加，此外药用植物体内应激激素或逆境激素脱落酸（ABA）等激素含量增加，小分子可溶性物质的增加可减轻冷害对药用植物的伤害。

（三）冷害机制与药用植物的抗冷性

冷害对药用植物的伤害大致可以分为两个步骤，第一步是引起膜相变，第二步是由膜相变引起的代谢紊乱，导致原生质体死亡，最终对药用植物体造成不可逆的伤害。在药用植物正常生理代谢的温度下，原生质体膜呈液晶相，保持相对的稳定性和一定的流动性，当温度降低到临界温度以下时，不耐低温的药用植物的原生质体膜会从液晶相转变为凝胶相，导致膜结构遭到破坏，出现裂缝或通道，原生质体内部物质流出，破坏正常的生理代谢活动。此外细胞代谢紊乱也会产生一些有毒的中间产物（如乙醛和乙醇等），细胞和组织长时间与这些有毒物质接触，会导致其死亡。但是膜的相变在一定程度上是具有可逆性的，只要膜系统没有遭受严重的破坏伤害，膜仍能恢复到正常的状态。

当冷害程度达到膜脂发生降解时，就会出现药用植物组织死亡的现象。如果冷害没有达到这个程度，恢复常温后，组织仍可恢复原有功能，不会出现死亡的现象。因此，Lyons 等将膜脂降解作为评价冷害程度的参考指标。

（四）提高药用植物抗冷性的措施

由上可知，药用植物原生质体膜的稳定性对其抗冷性有重要的影响。研究发现，易受冷害影响的药用植物其膜脂双分子含有较高比例的饱和脂肪酸链。对于绝大多数药用植物而言，其生物膜中饱和脂肪酸链占据比例越高，其耐冷性越差。在实践中，人们也发现了一些可以提高药用植物抗冷性的措施。

1. 低温锻炼　在药用植物幼苗期，可通过一定程度的低温处理提高药用植物对低温的抵抗能力。研究发现，经过低温锻炼的药用植物，其细胞膜上的不饱和脂肪酸含量增加，在低温环境中结构更稳定。另有研究发现，将抗冷性不同的小麦分别在 2℃和 24℃下培育，在相同的生长状态下分析麦苗根尖组织线粒体膜脂中脂肪酸成分和膜脂相变温度的关系，发现 24℃处理下亚油酸（$C_{18:2}$）含量比 2℃低温下培育麦苗含量增加了 20%，而亚麻酸（$C_{18:3}$）含量减少了 20% 左右。其脂肪酸不饱和指数（IUFA）比 2℃处理降低了 20%～30%，线粒体膜脂发生相变的温度比2℃处理的麦苗高出1.4～4.8℃。近年来进一步的研究表明，不同极性的磷脂对相同长度的脂肪酸链的相变温度也具有一定的影响，磷脂酰甘油（PG）＞磷脂酰乙醇胺（PE）＞磷脂酰胆碱（PC）。分析了近80种植物类囊体PG分子后发现，对低温不敏感的植物叶片中双饱和脂肪酸的PG占总PG的比例小于25%，而灵敏植物中这一比例为50%～60%。饱和脂肪酸占总脂肪酸的比例与植物叶片的抗冷性显著相关。

2. 化学诱导　通过施用ABA、CTK、2,4-D、油菜素内酯等植物激素可提高植物抗冷性。

3. 合理施肥　结合气象预测等手段，在低温到来之前，通过适当增施磷肥、钾肥，少施或不施速效氮肥等手段提高药用植物的抗冷性。

对于药用植物而言，在一定的范围内，低温环境对其体内活性成分的积累具有促进作用。研究发现，低温可以刺激人参皂苷积累；年均温度在2～6℃的生境可显著促进黄芩有效成分含量的积累，黄芩的药材质量在年均温度3～4℃的生境下最优；低温胁迫下黄花蒿中青蒿素含量显著升高；红豆杉中的紫杉醇、黄酮类化合物等均与生境温度呈负相关，在冬季含量更高。

二、药用植物冻害逆境生理

（一）冻害的概念与症状

1. 冻害的概念　冻害是指0℃以下的低温对药用植物的伤害。药用植物对冻害的适应能力称为抗冻性（freezing resistance）。冻害多发生在我国北方地区的早春与晚秋。霜冻危害对药用植物的危害程度同样与短时间内降温幅度、持续时间、霜冻来临与解冻的速度等因素有关。一般降温幅度大、持续时间长、降温和解冻发生速度快对药用植物的危害更严重。

引起冻害的温度范围与植物种类、器官、生长发育时期等因素有关。种子的抗冻性要强于其他器官，木本药用植物的抗冻性强于草本。

2. 冻害类型及危害　药用植物受到冻害时，其植物细胞会失去膨压，组织变软，叶片褪为褐色，其外观特征与烫伤相似，严重时会导致叶片枯萎甚至死亡。其致害机制是低温导致的组织、细胞结冰，对细胞内正常的生命活动造成不可逆的影响。

（1）胞外结冰：也称为胞间结冰。当环境温度降低时，药用植物组织内温度降低到冰点以下，细胞间隙的水分开始结冰，即胞间结冰。胞间结冰对药用植物造成的伤害：①造成原生质体脱水。由于胞间结冰造成细胞间隙的水势降低，细胞内的水分有向外部移动的趋势，如果低温逆境持续，则可能引起细胞严重脱水，造成蛋白质变性和原生质体不可逆的伤害。②机械损伤。持续的低温逆境会引起胞间的冰晶不断增大，当其体积增大到大于细胞间隙最大空间时，会对周围细胞产生机械损伤。③融冰伤害。当温度骤然回升时，冰晶迅速融化，没有生命活力的细胞壁可以迅速吸水恢复到初始的状态，但是原生质体可能会因为吸水速度慢而被撕裂造成损伤。大部分药用植物胞间结冰后经缓慢解冻仍能恢复正常的生命活动。

（2）胞内结冰：当外部环境温度继续降低，除细胞间隙水分结冰外，细胞内也会出现结冰。细胞内结冰一般先在原生质内结冰，然后在液泡内结冰。细胞内的冰晶体积小、数量多，会对原生质体内的生物膜、细胞器等造成不可逆的机械伤害。原生质体是生命活动的主要场所，其结构遭到破坏必然会导致代谢紊乱和细胞死亡。药用植物细胞一旦发生胞内结冰，药用植物很难存活。

（二）冻害机制与药用植物的抗冻性

冻害产生的机制目前有两种假说，一种是膜伤害假说，另一种是硫氢基假说。

1. 膜伤害假说 细胞膜是原生质体与外部非生命环境之间的重要屏障，具有生命活力。细胞膜系统是结冰伤害最敏感的部位，大量研究表明冰冻引起细胞的损伤主要是膜系统受到的伤害。膜的主要组成成分是脂质分子，而脂质分子的非极性程度很高，分子的内聚力很小，结冰脱水引起原生质膜收缩产生张力，膜脂层破裂，膜结构遭到破坏，细胞膜丧失选择透性，细胞内的电解质和各种有机物外渗，细胞失去生理活性。

2. 硫氢基假说 Levitt 等认为原生质在冰冻脱水时，随着原生质体收缩，蛋白质分子会相互靠近，当接近到一定程度时蛋白质分子中相邻的硫氢基（–SH）会氧化形成二硫键（–S–S–）。当解冻时，蛋白质吸水膨胀，但是二硫键不会还原成硫氢基，蛋白质中的空间结构和原有属性遭到破坏，失去原有功能，原生质体的生理代谢功能遭到破坏，导致细胞受到伤害甚至死亡。

硫氢基假说已经得到一些实验的验证。有研究发现，药用植物受到冻害后，二硫键会增多。抗冻性强的药用植物具有较强的抗–SH 氧化能力，减少了在冻害逆境下二硫键的形成。同时施加低浓度的硫醇溶液可以减少蛋白质分子上–SH 的氧化，提高药用植物的抗冻性。

（三）提高药用植物抗冻性的措施

季节的周期性变化导致药用植物在正常的生命周期中不可避免地会受到低温逆境的影响。长期的进化过程中，药用植物也出现了对寒冷逆境的适应和抵抗能力。药用植物的种类、生长发育期、生理状态等不同，其抗寒能力有很大的差异。如苜蓿最低可抵抗–12～–7℃的低温，但是在生长旺盛的夏季，在–5～0℃的环境中就会产生严重的冻害甚至会造成药用植物植株死亡。因此，即使是抗寒性很强的药用植物，在不同的生长发育期其抗寒能力也是不同的，只有经过对低温逐步的适应过程，才能获得最强的抗冻性。为提高药用植物的抗冻性，一般可以采取以下措施：

1. 抗冻锻炼 药用植物的抗冻不是固定不变的，也不是可以迅速形成的。只有经过一段时间的低温锻炼过程，才能使药用植物出现逐渐适应低温的一系列生理代谢变化，才能具备较强的抗冻能力。因此，可以在冻害天气到来之前，通过缓慢降低环境温度，使药用植物细胞提前完成适应低温的代谢变化，提高抗冻能力。经过抗冻锻炼，细胞内糖含量增加，束缚水/自由水比值增大，细胞膜上不饱和脂肪酸增多，代谢活动减弱，抗冻性增强。

2. 化学调控 大量的实验研究表明，药用植物体内的激素含量与其抗逆性具有密切关系。因此，人为地施用植物生长调节剂处理药用植物可以提高其抗冻性。其机制是通过化控剂延缓抑制药用植物生长，以提高其抗寒性。目前已有利用多效唑、生长延缓剂、氯化氯胆碱（CCC）提高药用植物抗冻性的生产应用。在自然环境中，多年生药用植物一般是通过日照时数变短诱导体内 ABA 的合成。因此，在寒潮来临前通过外源喷施的处理方式可以暂时提高药用植物的抗冻能力，同时还可以诱导多种低温蛋白对应基因的表达，促进低温蛋白合成。实践研究表明，适当浓度的 ABA 可以有效提高木本药用植物的抗冻性。

3. 农艺措施 除了筛选抗寒品种以外，还有很多的农艺措施也可以有效提高药用植物的抗冻性。如适当推迟播种时间、增施磷钾肥，厩肥和绿肥压青也可以显著提高越冬和早春的土壤温度，帮助药用植物抵御冻害。在寒潮霜冻来临前，采用熏烟、冬季灌水、盖草等方式均可有效保护药用植物、预防冻害。此外，在内蒙古中部地区，早春通过覆膜、苗床育种等手段也可以有效提高栽培药用植物的成活率，对保护春播药用植物有很好的效果。

三、药用植物对低温的适应性变化

在冬季严寒到来之前，随着日照时间的缩短和温度的逐步降低，药用植物体内会发生一系列生理生化的变化以适应低温，从而提高药用植物的抗寒能力。

需要越冬的药用植物抗寒锻炼需要经历两个阶段。第一阶段与日照时数变短有关。当日照时数变短时，药用植物体内会产生较多的ABA等生长抑制剂，使生长代谢速度降低、生长停止，或进入休眠状态。第二阶段是低温起到的作用，越冬的药用植物需要逐步适应零度以下的低温，只有先经历一段时间0℃以上的低温锻炼，再经历–5～–3℃的低温锻炼，才能显著提高其抗寒性。我国北方地区之所以在早春和晚秋易遭受冻害，就是因为在晚秋，很多植物尚未完成抗寒锻炼，抗寒能力弱；而早春温度已回升，药用植物的抗寒能力逐渐下降，如果在这两个时间段突然发生降温，药用植物就容易遭受冻害。

中高纬度地区的主要药用植物和优势药用植物有显著的越冬特征。一年生的药用植物一般以干燥种子的形式越冬，也有部分草本药用植物在冬季来临前，地上部全部死亡，以埋藏在土壤中的地下茎、根等越冬，落叶乔木、灌木在冬季来临前，脱落叶子，以休眠芽的形式越冬。

长期的进化，在药用植物体内形成了多种适应低温的生理变化：

1. 含水量降低　入秋后，随着气温和土温降低，根系吸收水分的能力下降，各个组织器官中自由水含量会显著降低，束缚水含量增加，束缚水/自由水比值升高。较高的束/自比可提高药用植物的抗寒性。

2. ABA含量增加　药用植物体内主要生长部位的脱落酸（ABA）激素含量升高，ABA含量升高会抑制细胞分裂与伸长生长，使药用植物生长部位停止生长，进入休眠状态，形成休眠芽。药用植物的抗寒性与休眠程度呈显著正相关，深度睡眠状态下，其抗寒能力显著增强。

3. 呼吸减弱　温度的降低会使药用植物体内几乎所有酶的生理活性降低，呼吸作用降低，消耗减少，药用植物细胞内糖分积累，药用植物整体的代谢强度减弱，抗寒性增强。

4. 积累保护物质　温度降低后，原生质体中多糖、蛋白质等大分子物质分解，使细胞内可溶性糖、氨基酸等含量增加。可溶性糖等物质是药用植物抵御低温的重要保护性物质，其含量增加可降低细胞液的冰点，降低原生质体的渗透势，增强其保水能力。通过对大量药用植物抗寒锻炼的研究发现，氨基酸（包括脯氨酸、精氨酸、丙氨酸等）的含量也显著增加，特别是脯氨酸的含量增加被认为是药用植物抗寒能力提高的重要指标。

5. 抗冻蛋白合成增多　1970年Weisr等研究发现，低温可以诱导植物体内某些特定基因激活。如拟南芥通过6h的4℃锻炼，会出现分子量为47 000的多肽分子，锻炼17h后会出现分子量为160 000的新蛋白。而未经低温锻炼的幼苗中未出现这些多肽和蛋白质，这说明低温锻炼期间发生了基因表达变化，转录合成了新的多肽和蛋白质分子。近年来，随着蛋白质分离、提纯和分析技术的进步，已有超过一百种低温诱导蛋白被发现和研究。

人们在两极地区生活的鱼类血液中首次发现了抗冻蛋白（antifreeze protein，AFP），这是一种可显著降低细胞间隙溶液冰点的糖蛋白。其后人们在拟南芥中也发现了冷调节蛋白（cold-regulated protein，COR）——COR6.6蛋白，在拟南芥叶绿体中提取发现的COR15蛋白可以有效防止乳酸脱氢酶因冰冻失活，其效率较蔗糖高出10^6倍，较其他蛋白也高出2～3个量级。在油菜中发现的BN28蛋白与鱼类血液中富含的丙氨酸抗冻蛋白有很多氨基酸序列是相似的。因此有研究学者认为，植物与动物的抗冻原理是相似的。现代药用植物生理研究发现，低温会促进这些抗冻蛋白的合成，抗冻蛋白可以保护细胞膜结构并维持其生理活性，有利于药用植物在低温环境中保持正常的生理活动，提高其抗寒性。

四、自然环境中低温伤害类型

1. 冷害环境 指气温在0℃以上，无结冰现象，但会引起一些喜温药用植物正常的生理代谢受到抑制，导致药用植物受伤甚至死亡。形成冷害的温度就称为冷害环境。

2. 霜环境 指气温或地表温度降低至0℃，空气中过饱和的水蒸气凝结在药用植物体表面形成白色的冰晶，称为霜或者白霜。由霜导致的药用植物受害现象称为霜害（frost injury）。一般将易受霜害的药用植物称为“敏感植物”，这类植物比“冷敏植物”所能忍受的最低温度要低，但是药用植物体内一旦形成冰晶，就开始受到霜害。在温度下降至0℃或0℃以下时，如果空气中没有足够的水蒸气形成霜，此时敏感植物仍可能遭受霜害，这种无霜仍能造成霜害的天气又称为黑霜。黑霜对药用植物的危害比白霜更严重。因为形成白霜的天气，空气中水蒸气含量较多，水蒸气可以阻拦一部分的地面有效辐射，减少地面热量的散失速度，同时水蒸气凝结时会释放出一定的凝结热，这些作用可以有效地缓解霜害，形成天气的昼夜温差；而黑霜出现的天气，空气干燥，降温的幅度更大，药用植物受到的霜害程度更严重。

3. 冻害环境 指药用植物体内降温至0℃以下，在细胞间隙结冰引发的伤害。可以扛住细胞间隙结冰和脱水而不死亡的药用植物称为“耐冻冰植物”。

4. 冻土环境 冻土现象主要发生在高纬度地区，一般可分为短时冻土（数小时/数日以至半月）、季节冻土（半月至数月）和多年冻土（又称永久冻土，指的是持续多年冻结不融的土层）。地球上多年冻土、季节冻土和短时冻土区的面积约占陆地总面积的50%，其中，多年冻土面积占陆地总面积的25%左右。季节冻土随季节变化而发生周期性的融冻，冬季土层冻结，夏季融化。在冻土环境中药用植物难以吸收到足够的水分来满足生理代谢需求，结冰的土地对药用植物而言和干旱土地是一样的。北极冰原和高山的一些药用植物可以从接近0℃的环境中吸收部分水分，维持正常的生命活动，但是热带地区的一些药用植物在10℃以下就难以吸收到足够的水分，这种现象也被称为“冬季干化”。

5. 冰雪长期覆盖环境 指在高山的雪线以上，积雪形成的特殊冻土环境，在这种特殊环境中，土壤温度高于0℃。有研究发现，在喜马拉雅山脉5000～5200m海拔高度上，雪深可达20～30m，但是在夏季，雪下20cm处的地表土壤温度可达2.5℃，这为药用植物的生存提供了可能。但是仅有1%～10%的光线可以透过20cm厚的雪层，并且雪下药用植物的CO_2和O_2交换受到很大的阻碍，其生长发育受到较大的抑制。

第六节 药用植物高温逆境生理

自然环境中，热量和能量包括主要来自太阳辐射和气流的热量输入。地球上的高温环境主要存在于热带和亚热带地区。尤其是热带荒漠、热带稀树草原（萨王纳群落）、热带雨林等气候带易发热害。这些地区的土壤表面温度可达60～70℃，甚至荒漠地区有80℃的高温纪录。温带荒漠和草原带，在夏季的正午也可能产生高温环境，气温可达50℃以上，叶面温度可达45℃以上。地球上有23%以上陆地面积的年均气温在40℃以上。

热害（heat injury）是指由高温引起的对药用植物的伤害。药用植物对高温胁迫的适应和抵抗能力称为抗热性（heat resistance）。我国西北的黄土高原地区和南方的丘陵地区易发生由太阳暴晒引起的热害。在秋季西北、华北地区易发生热干风引起的严重热害。

一、高温对药用植物的伤害

不同药用植物对高温的忍受能力是不同的。如仙人掌可以忍受60℃的高温，苜蓿的种子可以在经过30min 120℃高温后保持生命活力。对于大多数高等药用植物来说，长时间处于35℃以上的高温环境中就会受到热害，甚至会导致其死亡。高温会破坏药用植物体内的叶绿素，叶片会变为褐黄色，出现明显的水渍状烫伤斑点，乔本药用植物的树干会出现干燥裂开等现象，如果高温危害出现在生长发育季节，则会出现雄性不育、花粉活力降低、花药不散粉、受精过程障碍、子房脱落等现象。在热害中，果实的向阳面会出现局部灼伤的斑块，并在灼伤处和健康处的交界部分形成木栓，严重时甚至会导致整个果实死亡。木本药用植物的向阳面会出现干裂现象，可深至韧皮部，造成韧皮部生长不均匀，严重时甚至会出现年轮偏心生长。

高温对药用植物体的伤害是复杂多面的，但是从致害机制分析，主要分为两类，一类是直接伤害，另一类是间接伤害。

1. 直接伤害　指高温环境直接破坏原生质体结构和功能，在短期高温胁迫后就出现的热害症状，如水渍状斑块或局部组织坏死。如果高温胁迫持续发展，热害症状会迅速向非受害部位扩展。其主要原因有两个：

（1）蛋白质变性：高温会导致蛋白质空间结构中的–SH变为–S–S–脱氢，破坏蛋白质的空间结构，失去原有的生理活性。短时间的高温热害影响是可逆的，接触高温胁迫后蛋白质仍可恢复正常的空间结构和生理活性；但持续的高温热害则会对蛋白质结构产生不可逆的破坏。

（2）膜脂液化：生物膜主要由脂类和蛋白质组成，由于脂类具有较强的非极性，依靠静电力和疏水键联系在一起，而高温可以轻易打破这些化学键，使脂类从相对稳定的状态游离出来，从而破坏生物膜结构，丧失选择透性和主动吸收能力。脂类游离的最低温度与脂类的饱和程度有关，饱和脂肪酸所占比例越高，细胞膜的热稳定性越好，耐热性越强。

2. 间接伤害　高温会引起药用植物体大量失水，使细胞内正常的生理代谢受阻，植物生长发育受到抑制。高温持续时间越长或温度越高，伤害越严重。

（1）蛋白质破坏：高温下，药用植物细胞内蛋白质分解速度加快，合成受到抑制。其原因主要有三点：一是高温会促使细胞产生自溶性水解酶，该类水解酶可分解细胞中现有蛋白质；二是高温会抑制ATP合成，使蛋白质的合成受阻；三是高温会破坏核糖体与核酸的生物活性，降低蛋白质的合成能力。

（2）有毒物质积累：高温会导致叶片气孔关闭，药用植物组织内氧分压下降，细胞无氧呼吸比例升高，细胞内会积累无氧呼吸产生的有毒物质，高温会抑制细胞内氮化物的合成，积累大量游离的铵态氮，对细胞产生毒害作用。研究发现，肉质的药用植物细胞中有机酸代谢旺盛，可以减轻铵态氮的毒害作用，抗热性较其他药用植物强。

（3）代谢性饥饿：呼吸作用的最适温度一般都高于光合作用的最适温度，因此在外界温度升高时，呼吸作用强度会高于光合作用强度，物质的消耗速率大于合成速率，造成代谢性饥饿现象，持续的高温则会导致药用植物体死亡。

（4）生物活性物质合成受阻：高温会导致药用植物体内某些代谢途径受阻，药用植物生长所必需的活性物质如核苷酸、维生素、激素等不足，导致生长发育不良或引起伤害。

二、药用植物的抗热性

不同药用植物对高温的忍耐性和适应性有显著差异。原产在热带、亚热带地区的药用植物抗热能力较强，这些药用植物的成熟叶片可以短时间忍受50～55℃的高温，原产于温带和寒带地区的药用植物，如丁香等抗热能力较差，在35～40℃环境下就会出现热害症状。药用植物在长期的进化过程中，形成了形式各异的高温逆境适应能力和抵抗能力。这种能力可分为避热性、御热性、耐热性。

1. 避热性 部分药用植物在长期的进化过程中，通过调整生长发育周期，在季节气候的变化中可避开热害发生的时间。如一些在夏季成熟的药用植物，可在夏季高温天气发生前完成生长发育周期，以干燥种子等形式度过炎热的夏季，到秋季时重新开始生命周期。如蒲公英（*Taraxacum mongolicum*）在夏季来临前，叶片就会枯萎脱落，植株的生理代谢活动显著下降，甚至进入休眠，有效地避开了高温热害高发季节，待夏季过后，继续进行生长发育。

2. 御热性 在很多地区，药用植物会进化出一些特殊的御热结构，如叶片和果实的蜡质和绒毛表皮。这些特殊结构可反射太阳直射，极大减少太阳热辐射的吸收量，在高温天气时，叶片卷缩和直立现象也是减少太阳直射面积的有效措施。也有一些药用植物在高温环境下，气孔开度增大，通过增强蒸腾作用强度来降低药用植物的体温，尤其是叶面温度。C_4和CAM循环的药用植物通过特殊的C循环途径，使在高温环境中的光合作用仍大于呼吸作用，避免了死亡。饱和脂肪酸含量高也有利于药用植物在高温环境中保持生物膜系统的稳定性。

3. 耐热性 指在高温逆境出现时，药用植物可通过发生相应的生理代谢，来减少或修复高温伤害。也有一些药用植物在高温胁迫下产生还原力较强的活性物质和特异性蛋白，增强膜系统的抗氧化能力，确保细胞结构和功能保持稳定。

三、药用植物抗热机制

大量实验表明，包括动物、植物、微生物在内的几乎所有生物在内由常温突然进入高温环境时，会发生热激反应。反映到生理代谢中就是一些常温下存在的蛋白质合成受到抑制，同时一些新的蛋白质出现，这些由高温环境诱导形成的新蛋白又被称为热休克蛋白（heat shock protein，HSP）。一般认为，当外界温度高于药用植物最适生长温度10～15℃时，HSP就会迅速合成。如玉米胚轴在40℃高温下处理3h后，就会出现分子量为30 000～40 000的9种多肽和点对分子量约为70 000的2种多肽，而高温解除后，这些多肽随之消失。通常根据分子量的大小（以千道尔顿为计量单位）将热休克蛋白命名为HSP90、HSP70、HSP60等。已经发现的几十种HSP，其功能尚未完全了解。近年来发现的HSP中有很大一部分属于监护蛋白或分子伴侣（chaperone，Cpn），因此HSP90也可以写为Cpn90，其余HSP类同。根据其分子量不同，将这一类蛋白分为五个蛋白质家族：Cpn60、Cpn70、Cpn90、Cpn100和分子量较小的Cpn蛋白（其分子量在17 000～30 000），监护蛋白在原生质体内主要参与新生多肽的运输、折叠、组装及变性失活蛋白的复性和降解，属于辅助类蛋白。通过控制与底物的结合与释放协助蛋白质的组装，在蛋白质的合成过程中起到稳定中间构型的作用，其自身不参与到目标蛋白的最终结构中。

当原生质体受到热激伤害后，体内变性蛋白质的数量急剧增加，监护蛋白可与变性蛋白结合，维持其可溶性，并在Mg^{2+}和ATP的作用下复性或降解。有研究发现，Cpn60在热激条件下与二氢叶酸脱氢酶、半乳糖脱氢酶等多种酶结合成复合体，可以使这些酶的热失活温度提高10℃以上，显著提高原生质体的耐受能力。

四、药用植物对高温的适应性变化

1. 进化与地理因素　药用植物对高温的适应能力与其原产地、药用植物自身系统的复杂程度有重要关系。蓝绿藻等低等植物可以在70℃以上的高温泉水中正常生活，而高等植物很难在这种高温环境中生存下去。如上文提到的，生活在热带地区仙人掌科的一些药用植物最高也只能在50～60℃的环境中维持正常生长。

2. 生长发育因素　同一种药用植物在不同的生长发育时期对高温的抵抗能力也是不同的。药用植物休眠期对高温的抵抗能力最强，种子萌发和幼苗期的抗性较弱，随着药用植物的生长发育，其抗性逐渐增强。这是由于随着药用植物的生长发育，其根系不断生长，输导系统也不断增强完善，使得叶片可以得到充分的水分，保证在高温环境中通过蒸腾作用降低叶面温度。但是大量研究证实，大多数高等药用植物在开花受精阶段对高温极为敏感，如果在这一阶段遭受高温逆境，对其种子果实最终产量有重要影响。但是在种子果实的成熟期抗高温的能力显著增强。

3. 形态与生态因素　长期的高温环境让药用植物产生了各式各样的对高温逆境的生态适应能力。从形态上，一些药用植物产生了密生的绒毛、鳞片，一些整体呈白色、银白色，一些产生了革质叶片等特征。这些特征显著增强了药用植物体对光线的反射能力，有效降低了药用植物体温。云实亚科的一些药用植物叶片呈垂直排列的形态，并且叶缘有反射光的特征，在高温逆境中的生存能力显著增强。一些多年生的木本药用植物在树干、根茎部分形成很厚的木栓层，也起到了很好的隔热作用。

4. 生理因素　药用植物在生理上，主要会出现以下几种生理代谢特征以适应高温逆境：

（1）药用植物细胞中可溶性糖、盐等浓度提高，降低原生质体水势，增强其吸水能力。同时原生质体内水分减少，降低药用植物的代谢速率，增强了其抗热能力。

（2）长期生活在热带、亚热带地区的药用植物大多具有旺盛的蒸腾作用，蒸腾作用可以吸收大量的热，降低药用植物的体表温度。当气温持续升高，到40℃以上时或同时遭遇干旱灾害，根系吸收水分不足的极端情况下，气孔会逐渐关闭，使药用植物的抗热能力降低，易发热害。

（3）长期的进化过程中，有些药用植物具备了对红外线的高反射能力。而红外线是一种热量辐射，吸收红外线可使药用植物体温迅速上升。这些植物在夏季反射的红外线要高于冬季。

药用植物对热害胁迫的适应可以在数小时内完成。在夏季炎热的天气，下午的抗热性要强于清晨，但是抗热性接触的速度较慢，一般要数天才能恢复到正常状态，通常药用植物在气温超过35℃时才会产生抗热性。

五、提高药用植物抗热性的措施

1. 高温锻炼　将刚刚萌动的药用植物种子经过一段时间适当的高温处理后再播种，能够提高药用植物的抗热性。有研究发现，将鸭跖草属的药用植物在28℃下栽培5周，其幼苗叶片的耐高温能力相较于20℃下生长5周的幼苗叶片有显著的提升。

2. 培育耐高温新品种　相较于传统的大宗农作物，药用植物的生长速度和抗热害能力均较弱，可通过针对性的育种工作筛选耐高温的栽培品种。

3. 改进栽培措施　通过合理灌溉，增加药用植物小气候内的湿度，促进高温情况下药用植物群体的蒸腾作用，降低叶片温度；与耐热性较好的农作物套种，采取人工遮阴网遮阴，减少高温季节速效氮肥的施用等。

4. 化学制剂处理 通过喷施 $CaCl_2$、$ZnSO_4$、KH_2PO_4 来提高药用植物细胞生物膜热稳定性，降低高温伤害。

第七节 光胁迫及药用植物的适应性

一、光胁迫及对药用植物的影响

太阳的光能是地球上一切生物能量的源泉。植物的光合作用使几乎所有活的有机体与太阳能之间发生了最本质的联系。其中光照强度是影响植物生长发育的重要环境因子之一。太阳光是光合作用唯一的来源，光强对光合作用的影响最大。在光补偿点以上的一定光照强度范围内，随着光强增加，光合速率迅速升高，在光饱和点以前是光合速率上升的阶段。但当光强超过光饱和点以后，光强虽继续增加，但光合速率不再增加而是降低。将超过光饱和点的光照强度定义为强光。而将强光对植物的伤害定义为光胁迫。

强光是否会导致光胁迫，还与空气、温度、CO_2 浓度及植株的营养水平等因素有关，特别是药用植物本身的生物学特性及生长环境。在强光、高温等逆境条件下，C_4 植物比 C_3 植物有更高的生产力，C_4 植物甚至能将最强的光用于光合作用，对 CO_2 的吸收量随光照强度变化而改变；C_3 植物则很容易达到光饱和，由于强光而发生光胁迫。因此，喜光药用植物能利用强光，而喜阴药用植物在强光下容易遭受光胁迫而产生危害。光胁迫对药用植物的影响体现在以下几个方面。

（一）植物形态特征

强光抑制细胞分裂和伸长，但能促进组织和器官的分化。因此，强光抑制植物伸长，促进枝叶和根的生长。因此，通常情况下，强光会使植物的株高降低，茎的直径和干重增大，促进根系的增长。光照强度明显影响叶片的排列方式、形态构造和生理性状，会导致植物的分株数、叶片数和开花数减少，影响叶柄长度、叶片大小、叶片厚度、角质层厚度、气孔数目和叶脉数量。

（二）植物生理及发育

植物光合器官的叶绿素必须在一定光强条件下才能形成。不同的光照强度会直接影响药用植物叶片中叶绿体结构和活性的变化，改善药用植物在强光条件下对光能的利用效率。而有关叶绿素含量在光胁迫下的变化，通常认为可能与植物种类、胁迫时间的长短等有关系。研究表明，较高的辐射条件下，药用植物的叶片颜色较深，叶绿素含量相对较高。除此之外，植物的花芽分化、开花、授粉及果实发育等在强光环境下也会发生改变。充足的光照有利于植物花芽形成、开花和果实的生长成熟。通常，植物遮光后，花芽数量减少，已经形成的花芽也会由于养分供应不足而发育不良或早期死亡。若结实期遇到弱光，会引起落果或果实发育不良、种子不饱满等。

（三）生化特性

植物在处于不同的光照强度下时，可通过生化物质调节以适应新环境，主要包括4类：①光合酶，如核酮糖-1,5-二磷酸羧化酶/加氧酶（Rubisco）、1,7-二磷酸景天庚酮糖酯酶（SBPase）、3-磷酸甘油醛脱氢酶（GAPDH）、1,6-二磷酸果糖酯酶（FBPase）及一些参与暗反应的酶等；②渗透调节物质，包括游离脯氨酸、可溶性糖、可溶性蛋白等；③细胞保护酶和脂质过氧化酶，包括超氧化物歧化酶（SOD）、过氧化氢酶（CAT）、过氧化物酶（POD）、谷胱甘肽还原酶（GR）、抗坏血酸过氧化物酶（APx）和丙二醛（MDA）等；④植物内源激素，包括赤霉素（GA）、生长素（IAA）、脱落酸（ABA）等。

（四）产量和品质

光照强度、光照长短和光质都会对植物次生代谢产生影响。光强会影响果实中糖分的形成和积累，强光下，果实中糖分积累丰富，会提高药用植物产量。光照强度的变化也会促使植物体内生物碱类、酚类、黄酮类、萜类等多种次生代谢物的积累，适应逆境环境。过高或过低的光照强度均会产生负效应。遮阴导致高山红景天（*Rhodiola sachalinensis*）根中红景天苷含量降低，但增加了喜树（*Camptotheca acuminata*）叶片中喜树碱的含量。红光成分增加能提高高山红景天根中的红景天苷含量，而蓝光成分增加则可提高喜树叶片中的喜树碱含量。对某些药用植物来说，适当延长光照时间，有利于提高其药用次生代谢物的含量。如长日照可提高许多植物酚酸和萜类物质的含量。有研究比较了产于河南、山东等道地产区和江苏等非道地产区的金银花中的绿原酸和黄酮类化合物含量，发现道地产区的药用有效成分明显较高，其主要决定因素为光照时数。

二、药用植物对光胁迫的适应

（一）药用植物对强光胁迫的适应

植物对强光环境的适应对策是提高对光能的接受和转换能力，并防止或减弱强光引起物体升温和失水。光照强度强时，单位面积的光量子丰富，植物为了提高单位面积固定 CO_2 的能力，叶片会变厚变小；气孔数量会增加；叶片表现出具有较高的光饱和点。强光条件能满足植物生长对光照辐射的需求，但营养和水分就可能成为限制植物生长的主要因素。叶片以较厚的角质层反射过多的光线，栅栏组织的叶绿体沿径向细胞壁排列，以尽量减少接收过量的太阳辐射，减弱蒸腾失水。为补偿蒸腾作用造成的水分丢失，较多的生物量投入到了根部，根系发达；光过剩会造成自由基等有害物质在植物细胞中积累，降低净同化效率和速率，形成光抑制，甚至光破坏。长期生活在强光环境中的植物如沙漠植物、草原植物等，必须形成一系列的光保护系统来适应高光强，如通过叶片表面的腺毛或绒毛反射光线、通过光呼吸和抗氧化体系等耗散过剩光能保护光合机构、通过抗氧化机制降低活性氧的伤害、有过剩光能出现时减少传递光能等，避免高光的伤害。

（二）药用植物对弱光胁迫的适应

植物对弱光环境的适应对策是捕获更多的光能和降低消耗。一方面，光照强度弱时，单位面积光量子数量少，为了能够捕获更多的光量子，植物会使叶片变大。另一方面，由于进入单位面积叶片的光量子数量少，不需要更多层细胞接收，叶片内细胞层数少，叶片变薄。单位面积的呼吸消耗减少，呼吸速率和光补偿点使得植物减少根和茎的直径生长，增加标高生长以尽快摆脱光照强度不足的状况；此外，叶片数减少，叶柄伸长，避免由于自我遮阴造成的光能捕获减少。

光照强度对药用植物的影响也因植物种类的不同而表现出不同的结果，不同程度的光照对不同植物影响不同。有研究表明，光照强度为16%左右时适合三七的生长发育，当透光度大于20%时，促使了三七黑斑病和根腐病的发生和蔓延，不利于三七的生长发育；80%光强下茅苍术（*Atractylodes lancea*）生物量和挥发油含量都显著高于全光照组，而且随着光强的减弱，生物量及挥发油含量逐渐降低。当遮阴程度为 70% 时，有利于三叶青（*Tetrastigma hemsleyanum*）的生长和药效成分的积累，其产量和总黄酮含量均达到较高值，遮阴程度过高或过低都不利于生物量和总黄酮的积累。

三、UV-B 辐射对药用植物的影响

太阳光是地球能量的主要来源，其中的紫外线波长短、能量高，到达地面后会对生物体造成较大的影响。紫外线（ultraviolet ray，UV）依据其波长的不同，可以分为 3 类：UVA（320～400nm）、UVB（280～320nm）和 UVC（100～280nm）。从其对生物的效应来看，UVA 一般无杀伤力，并且很少被臭氧吸收，属于弱效应波。臭氧可以吸收 90% 左右的 UVB，但仍有约 10% 的 UVB 会到达地面，对生物产生一定的影响，属于强效应波。而对生物有灭生性辐射的超强效应波 UVC 可以完全被大气层吸收，并可引起光化学反应制造出臭氧。臭氧耗竭正在成为一个严重的问题，导致太阳能 UVB 水平的上升到达地面。对地表生物有直接损伤作用，药用植物也不例外。药用植物遭受 UVB 辐射后，其形态特征、生理特性、生化特性、次生代谢物积累方面都会发生相应改变。

（一）植物形态和生长

已有大量研究表明，UVB 辐射对植物的生长有影响，总的来说，增强的 UVB 辐射会降低主茎和分支延伸的生长速率，导致更多被压扁的植株具有更短的高度，因此 UVB 辐射对植物最明显的表现就是抑制植物的株高，植株矮化程度与 UVB 辐射处理时间成正比。同时在 UVB 辐射下，植物还会出现叶面积减小、叶片卷曲、叶片厚度增加、腋生枝条增多、叶重比减小、节间缩短等形态方面的变化。

（二）生理代谢

1. 膜系统与抗氧化物质 细胞膜系统是 UVB 辐射伤害的主要部位，UVB 辐射会使膜脂过氧化形成丙二醛。研究发现，不管是低剂量还是高剂量的 UVB 辐射都会导致体内 ROS 增加。利用抗氧化酶直接或间接地去除细胞中的活性氧（ROS），从而保证正常的代谢反应，这是改善 UVB 胁迫产生的活性氧的主要机制。在许多 UVB 辐射处理研究中发现，超氧化物歧化酶（SOD）、过氧化氢酶（CAT）、抗坏血酸过氧化物酶（APx）和谷胱甘肽过氧化物酶（GPx）活性的增加。位于叶肉细胞叶绿体中的二羟基黄酮类化合物可能在抗氧化防御系统中发挥核心作用，抑制 ROS 的生成，一旦形成就会减少 ROS，从而避免对 DNA、结构蛋白、脂质和其他细胞化合物的氧化损伤。

2. 光合作用 UVB 辐射会对植物的光合作用和光合生产力产生有害的影响。许多研究表明，在光合磷酸化过程中，光系统Ⅱ（PSⅡ）更容易受到 UVB 辐射的影响。主要表现在 PSⅡ蛋白的降解、叶绿素和类胡萝卜素的破坏、Rubisco 活性的减弱及类囊体膜的损坏、气孔功能的变化。UVB 辐射破坏这些系统，最终导致了光合作用的减少。

（三）信号通路

研究表明，UVB 信号通路大概可分为特异性和非特异性两类，特异性信号是与植物形态建成相关的，而非特异性信号大多与胁迫信号相关。在目前研究中认为 UVR8 感知 UVB 信号，之后 UVR8 和调控植物形态建成相关的响应因子 E3 泛素连接酶 COP1 相互作用来响应 UVB 辐射是植物适应和耐受 UVB 辐射的主要机制。UVB 光感受器 UVR8 存在于细胞质

和细胞核中，当没有UVB刺激时，大多数UVR8以二聚体的形式存在于细胞质中，而少量的则以二聚体或单体形式存在于细胞核中。当植物受到UVB辐射后，首先是核内UVR8二聚体解聚为单体，快速启动UVB信号的传递，随着时间的延长，细胞质内UVR8二聚体也解聚为单体，并聚集于细胞核中，启动UVB诱导的下游元件来响应持续的UVB信号，而COP1对UVR8在细胞核内的累积过程发挥着重要的作用，具体UVB信号通路模型如图13-6所示。

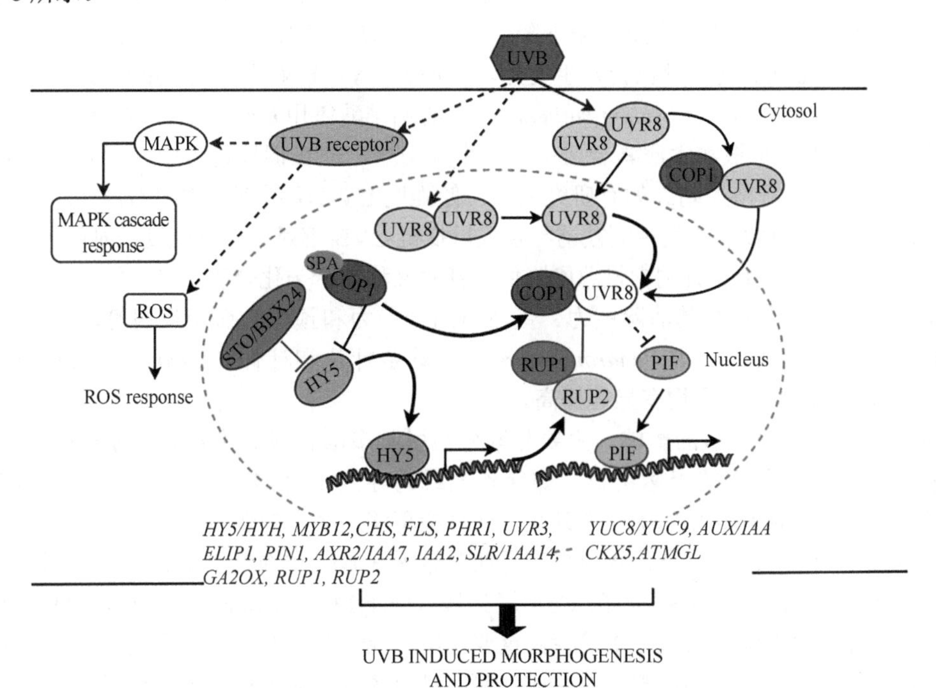

图13-6　植物响应UVB辐射的信号转导模式图

MAPK：丝裂原激活化蛋白激酶；ROS：活性氧；UVR8：紫外光UVB受体；COP1：光形态建成核心调控因子；Cytosol：细胞质；Nucleus：细胞核；SPA：光敏色素A抑制剂；HY5：转录因子；RUP1/RUP2：UVR8信号通路上的负调控蛋白；PIF：光敏色素相互作用因子

除此之外，UVR8通路与HY5和PIF也存在着相互联系。HY5是一种bZIP转录因子，是光信号通路中的一个重要元件，暗环境下，COP1可泛素化HY5，导致HY5被蛋白酶降解。UVB辐射下，HY5的转录被激活，HY5可启动自身和与其同源的HYH（HY5homolog）的转录，同时，HY5/HYH调节下游相关基因的表达，来调控植物对UVB的防御反应和UVB诱导的光形态建成过程。PIF是一类bHLH转录因子。参与调节低强度远红光/红光条件下的避阴反应，并受PHYB调控。

（四）次生代谢物积累

现已证实，在受到UVB辐射时，植物体内会积累大量的紫外线吸收物质进行自我保护，这类物质主要是类黄酮化合物和多种酚类化合物。酚类化合物是芳香族环上的氢原子被羟基或功能衍生物取代后生成的化合物，包括苯丙烷类、黄酮类、醌类和鞣质等。酚类化合物有很高的药用价值，而且在植物抵抗紫外辐射、抵抗病原伤害等方面发挥着重要作用。在高等植物中抗UVB辐射最有效的防御机制是叶片组织中多种酚类代谢物的积累。植物酚类物质，像许多苯丙素类化合物一样，能选择性地吸收光谱中的UVB区域，这使得它们非常适合在紫外线保护中发挥作用。经表皮蜡层反射后的 UVB 辐射到达表皮层，这一层中积累了大多数能吸收/屏蔽 UVB 辐射的酚类化合物，能保护其基础组织免受有害的 UVB 辐射。因此，研究紫外线与多酚合成的相互关系，可指导我们利用光质调控从植物体内“高效”获取多酚类物质。

绿原酸属简单苯丙烷类，是抗菌利胆的主要成分，在植物体内分布广且含量高。在高强度 UVB 辐射后，桑叶、长春花、祁菊、菊米、胎菊、幼菊、全菊和金银花中绿原酸含量均增加，但杜仲叶片绿原酸含量显著下降。木质素类是含多分子 C_6—C_3 结构的苯丙烷类化合物，在 UVB 辐射下其含量也会发生变化。在增补 UVB 辐射强度为 75μw/cm^2、8h/d 的条件下，沙漠灌木黑果枸杞（*Lycium ruthenicum*）的咖啡酸氧甲基转移酶（COMT）表达量明显升高，而 COMT 是植物木质素合成中的一个关键酶。但在调控过程中，紫外线的辐射剂量和辐射时间需要严格控制。如有研究表明，低强度 UVB 辐射下，铁皮石斛（*Dendrobium officinale*）叶片中有较多的类黄酮被诱导合成以抵抗 UVB 辐射，而高强度长时间的 UVB 辐射下，铁皮石斛叶片中类黄酮含量急剧降低。鞣质又称单宁类化合物，是一类结构较复杂的多元酚化合物，具有自由基清除能力、蛋白质结合能力和预防心血管疾病等药用及保健价值。研究发现，黄檗（*Phellodendron amurense*）幼苗叶片和杜仲（*Eucommia ulmoides*）叶片在 UVB 辐射后单宁含量均有显著提高。

紫外辐射对多酚含量的影响，主要是紫外线引起多酚合成底物及合成途径中关键酶活性的提高及相关酶基因的表达所致。如紫外光或诱导因子会诱导（葡糖-6-磷酸，6-PDH）脱氢酶和戊糖磷酸途径氧化酶的活性升高，而且莽草酸途径中的酶基因在转录水平上的表达也随之提升。如研究表明紫外线辐射提高了西芹悬浮细胞酚类物质合成的底物相关酶的基因表达量，如 6-PDH、DAHPS、乙酰 CoA 氧化酶（acetyl CoA oxidase，ACO）、PAL、CHS。紫外线辐射在植物多酚合成调控中发挥着重要作用，控制多酚合成途径中关键酶基因的表达和转录因子的功能，从而调控多酚的合成。然而目前多酚合成途径还不是很明晰，对合成途径中关键酶基因家族了解不透彻，关键酶活性测定方法相对缺乏，因此紫外线辐射对多酚合成途径的调控机制需进一步明确，为高多酚类植物品种的选育和高多酚类植物的栽培技术调控措施提供新的途径。

除对酚类化合物的影响外，UVB 辐射对药用植物萜类化合物、含氮化合物都有一定的影响。如类胡萝卜素是由 8 个异戊二烯单元构成的四萜类化合物，在 UVB 辐射下，夏枯草（*Prunella vulgaris*）幼苗中类胡萝卜素含量显著增加。铁皮石斛（*Dendrobium officinale*）叶片在 UVB 照射初期类胡萝卜素含量有所提高，随着辐射时间的延长，高强度 UVB 辐射下类胡萝卜素含量急剧降低。UVB 辐射能增加次生代谢物的含量，但也会影响植物的产量。有研究表明，UVB 可显著增加南方红豆杉针叶内次生代谢物紫杉醇含量，但会影响紫杉醇生长从而无法达到提高紫杉醇产量的目的，喷施外源 NO 供体硝普钠（SNP），再通过 UVB 胁迫处理，紫杉醇植株可通过调节抗氧化酶类的活性，缓解 UVB 胁迫所导致的氧化损伤，进而提高紫杉醇产量。生物碱是一类重要的天然含氮化合物，是许多药用植物的有效成分。目前关于 UVB 辐射对生物碱合成的影响也做了大量研究，如研究表明，轻、中度 UVB 辐射不利于半夏（*Pinellia ternata*）块茎中总生物碱的积累；高强度 UVB 辐射可诱导总生物碱含量增加，但生长受到抑制；短期补充 UVB 辐射能增强喜树（*Camptotheca acuminata*）幼苗中喜树碱和羟喜树碱含量，并且在 UVB 辐射条件下，与喜树碱合成相关的色氨酸合成酶和色氨酸脱羧酶的活性呈现不同的变化趋势。

由此可见，UVB 辐射能调控药用植物次生代谢物的合成，进一步研究 UVB 辐射意义深远。UVB辐射仅仅是其中的一个单一的胁迫因子，如何将UVB辐射和其他影响因子联合作用，如UVB辐射和氮供应增加的协同效应、UVB辐射和干旱胁迫的复合作用、UVB辐射和黑暗培养、UVB辐射和其他生物因子等的联合处理。探索人工调控多个环境因子的协同作用，既能保证药用植物次生代谢物的增加，又可有效缓解或抑制高强度UVB辐射对药用植物的伤害，以达到药用植物高产优质的目的。

第八节　环境污染及药用植物的抗性

随着现代工业和城市化发展，厂矿、居民区、交通工具等排放的废渣、废气和废水越来越多，而且扩散范围越来越大，同时中药农业生产中施用大量农药、化肥等化学物质，引起残留的有害物质增加。当这些有害物质的量远远超过生态系统的自然净化能力时，就造成环境污染。环境污染不仅直接危害人类的健康与安全，而且严重影响植物生长发育、大幅降低植物的产量和品质。环境污染可分为大气污染、水体污染和土壤污染。

一、大气污染及对药用植物的伤害

（一）大气污染物

大气污染（atmosphere pollution）是指有害物质进入大气，对生物和生态环境造成危害的现象。大气中的有害物质称为大气污染物（atmospheric pollutant）。大气污染物的来源主要有自然源和人为源两大类。自然源如火山爆发喷出大量的粉尘、二氧化硫气体等，森林火灾产生大量二氧化硫、碳氢化合物和热辐射等。这种污染危害范围有限，具有时限性和不可预见性，人力无法准确控制。人为污染主要包括汽车尾气的排放、工业和居民生活的排气污染，污染物主要有二氧化硫（SO_2）、氟化氢（HF）、臭氧（O_3）、氯气（$C1_2$）、氮氧化物（N_xO_y）、粉尘和带有金属元素的气体。有机物燃烧时，一部分未被燃烧完的碳氢化合物如乙烯、乙炔、丙烯等对某些敏感植物也可产生毒害作用，O_3、NO_2、N_2O等也是对植物有毒的物质；其他如CO、CO_2超过一定浓度对植物也有毒害作用。农村大面积焚烧秸秆产生的烟雾也是大气污染源。这些污染具有持续时间长、危害范围广、可控制等特点，是世界上的主要污染。

（二）大气污染物对植物的影响

大气污染物在空气中达到一定的含量且此状况持续一段时间后，不同的植物就表现出不同程度的伤害特性。大气污染危害植物的程度不仅与植物的类型、发育阶段及其他环境条件有关，也与有害气体的种类、浓度和持续时间有关。有些植物对污染物很敏感，其叶片在不同种类的较低浓度污染物作用下短时间内就表现出不同特点的伤害症状。不同类型的植物在同种污染物作用下的伤害浓度阈值也不同。

1. 大气污染对植物的伤害方式

（1）急性伤害：指在较高浓度的有害气体短时间（几个小时、几十分钟或更短）的作用下所发生的组织坏死。叶组织受害时最初呈灰绿色，然后质膜与细胞壁解体，细胞内含物进入细胞间隙，转变为暗绿色的油浸或水渍斑，质地变软继而枯萎脱落，严重时全株死亡。

（2）慢性伤害：指低浓度的污染物在长时期内对植物形成的危害。叶绿素合成逐步被破坏，使叶片失绿、变小，生长受抑制，组织畸形或加速衰老的伤害症状。

（3）隐性伤害：指更低浓度的污染物在长时期内对植物生长发育的影响。一般从植株外部看不出明显的症状，生长发育基本正常，只造成生理障碍、代谢异常，导致作物产量及品质下降。

2. 生理生化特性影响 大气污染侵害后，植物的生长、代谢、繁殖会受到影响。实际上，在植物伤害症状出现之前大气污染物对光合或呼吸作用及其他代谢过程已发生作用，如 O_3 和 SO_2 使细胞膜的脂类过氧化，导致细胞膜的透性增加。

（1）对植物细胞膜通透性的影响：如当植物受到 SO_2 胁迫时，最初受害的部位就是植物细胞的细胞膜，膜通透性变化分为可逆与不可逆两种。前者是一种刺激性伤害，一定时间内可恢复，后者则是致死性伤害。在低浓度时，气体浓度增加对膜透性的影响不大，但当气体浓度增大到一定值时，质膜透性随气体浓度的增加而显著增加。

（2）对植物气孔的影响：气孔是植物通过叶片的呼吸通道，大气污染物进入植物的主要途径是气孔。大气污染物最起始是通过叶片上的气孔进入植物叶组织，是植物叶片受害的最初途径，所以一切有利于气孔开放的条件，均易使植物受害。气孔同样也是植物抗逆反应的第一道防线，适当的逆境条件会使气孔关闭，植物就可能免受伤害。不管是急性或慢性伤害，低浓度 SO_2 可促使植物的气孔关闭，导致气孔开度减小，SO_2 浓度越高，气孔关闭越快。

（3）对光合作用的影响：在污染的大气环境中，植物的光合系统会遭受有害气体的破坏，降低植物的光合能力，导致植物的净光合速率降低。在植物细胞内，光合系统在代谢过程中会产生一些亚稳定状态的离子及过氧化物，这些物质处于中间状态，能够与大气中的 SO_2、NO_2 及 Cl_2 发生氧化还原反应，使得光合系统的代谢链部分断裂，从而造成植物的净光合速率降低，光合能力减弱。有研究表明，在二氧化硫污染严重的地区，植物光合色素的含量出现明显下降，局部叶片出现枯黄、脱落，色素氧化降解严重。

3. 次生代谢物积累的影响 环境污染可导致植物次生代谢物的组成和含量发生变化，如酚类等化合物对各种形式的污染物均有不同反应，较适合于污染的早期检测。在重金属及 SO_2 污染下，受污染程度最重的毛枝桦中低分子量酚的含量最高，总酚含量比对照区高 20%。

（三）主要大气污染物

1. 二氧化硫 SO_2 是我国当前主要的大气污染物，排放量大，对植物的危害也比较大。SO_2 可通过气孔进入植物叶片细胞后快速溶于细胞中，在细胞内释放出氢离子（H^+）、亚硫酸氢根离子（HSO_3^-）和亚硫酸离子（SO_3^{2-}），这三种离子会伤害细胞，直接破坏蛋白质的结构，使酶失活，从而对细胞产生直接或间接的伤害。也可与其他大气污染物进行化学反应，生成各种硫酸盐，这些成分随雨水共同降落成为“酸雨”，能够导致土壤和水系的酸化，干扰植物的代谢，对生态系统有很大的破坏作用，从而间接地危害人类健康。

近年来也有研究表明，低浓度的 SO_2 对植物有一定的有益效果，它能够作为气体信号分子参与植物多种代谢途径，能够刺激抗氧化酶（SOD、POD、APx 等）基因的转录表达及活性的提高，表明 SO_2 在调节机体的生理活动方面具有重要的作用，可能成为继 NO、CO 和 H_2S 后的第 4 种信号分子。SO_2 处理玉米幼苗后，抗性玉米自交系 SOD 活性显著上升，而敏感性自交系 SOD 活性增加不大；适当浓度的外源 SO_2 可以提高紫苏种子的发芽率、发芽势及发芽指数、抗氧化酶类及渗透调节物质含量，表明一定浓度的 SO_2 气体信号分子在紫苏种子萌发中起到了促进作用，也可以提高其抗氧化胁迫能力。

2. 氟化物 有氟化氢、四氟化硅、硅氟酸及氟气等，其中排放量最大、毒性最强的是氟化氢。当氟化氢的浓度为 1～5μg /L 时，较长时间接触可使植物受害。氟化氢被植物叶子吸收以后，由于卤素的特异活泼性，叶绿素会受到伤害，光合作用长时间地受到抑制，或使某些酶钝化，失去活性。叶子中若有胶状物硅酸存在，则由于硅氟结合，形成难溶性的硅氟化合物，这些化合物都会积累在受害部位。植物受到氟化物气体危害时，出现的症状与 SO_2 受害的症状相似，叶尖、叶缘出现伤斑，受害组织与正常组织之间常形成明显界线，未成熟叶片易受损害，枝梢常枯死。

3. 光化学烟雾（photochemical smog） 又称氧化型烟雾，是几种大气污染物的总称。包括臭氧、氮氧化物及过氧乙酰硝酸酯（peroxyacetyl nitrate, PAN）。光化学烟雾危害植物的症状是：叶片背面变为银白色或古铜色，叶片正面受害部分与正常部分之间有明显横带。

（1）臭氧：是强氧化剂，是光化学烟雾的主要成分。当大气中的 O_3 浓度为 0.1mg/L 且延续 2～3h，一些敏感植物就会出现伤害症状。通常出现于成熟叶片上，伤斑零星分布于全叶，可表现如下：①呈红棕色、紫红色或褐色；②叶表面变白，严重时扩展到叶背；③叶两面坏死，呈白色或橘红色；④褪绿，有黄斑。随后逐渐出现叶卷曲、叶缘和叶尖干枯而脱落。O_3 可以使葡萄糖氧化，含糖较多的植物对它的抵抗力较小。

（2）氮氧化物：主要以 NO_2 为主。少量的 NO_2 被叶片吸收后可被植物利用，但当空气中的 NO_2 浓度达到 2～3mg/L 时，植物就会受到伤害，植物会出现不规则的深褐色伤斑。NO_2 通过植物叶片气孔进入叶片后快速积累 NO_2^-，而后者的转化对于 NADPH 的竞争降低了碳同化速率，从而降低了光合效率，致使活性氧不断产生，ROS 累积过多，与植物组织中几乎全部生物大分子进行反应，导致膜脂过氧化、蛋白质与核酸的氧化修饰及细胞膜的破坏等，致使植物受到伤害，甚至死亡。

（3）过氧乙酰硝酸酯：PAN 毒性很强。当空气中 PAN 含量为 20μg/L 时就会伤害植物。PAN 通过气孔进入叶子，使之收缩、失水，然后充以空气，这种损害可以贯穿整个叶子。通常幼叶对 PAN 较为敏感，受害的幼叶生长缓慢，叶面积小，呈畸形。如果植物不先暴露于光下，PAN 一般不会造成损害。

4. 氯气 化学活泼性远不如氟，主要以氯气单质形态存在于大气中。氯气进入植物组织后产生的次氯酸是较强的氧化剂，由于其具有强氧化性，会使叶绿素分解，在急性中毒症状时，表现为部分组织坏死。氯气对植物的毒性不及氯化氢强烈，但较二氧化硫强 2～4 倍。氯气危害植物的症状是：叶尖黄白化，渐及全叶，伤斑不规则，边缘不清晰，呈褐色；妨碍同化作用，乃至坏死，所有植物均可受害。

5. 二氧化碳 全球气候变化导致 CO_2 增加，高浓度的 CO_2 可以通过植物光合作用形成碳水化合物，从而间接地对植物次生代谢等生理过程产生影响。

（1）CO_2 浓度增加会使植物的光合作用增强，有利于光合碳同化速率的增加，尤其是对 C_3 植物更明显。研究表明，C_4 植物在 CO_2 倍增后净光合速率只增加 4%，而 C_3 植物则提高 66%。CO_2 浓度增加也会引起植物内非结构碳水化合物过剩，促进酚类、萜类、鞣质等次生代谢物的合成。有实验证明，CO_2 浓度增加会使薄荷叶片挥发性物质如单萜和倍半萜烯的总含量升高。

（2）高浓度 CO_2 影响土壤微生物的群落与活性，其中以对与植物营养吸收关系极为密切的菌根的影响最为重要。观察显示，菌根对根系的侵染率在高浓度 CO_2 条件下与低浓度 CO_2 持平或稍有增加，但因根系总量增加，单株植物的菌根侵染率随之加大。

（四）药用植物对大气污染的改善作用

1. 吸收环境中的污染物 植物叶片吸收大气中有毒物质的数量是很巨大的，以叶片硫积累量增值为例，其增值大小，可能代表了该种植物吸收二氧化硫能力的强弱。像女贞、合欢、夹竹桃、樟树等药用植物的吸收量就比较大，净化效果明显。

药用植物除能吸收大气中的二氧化硫外，还能吸收如氯气、氟化氢、氮氧化物等其他有害气体，其吸收原理与二氧化硫的吸收基本相似。松柏类植物抗污染能力最强。马尾松，俗称丛树，分泌的松脂被氧化后放出低浓度臭氧，可改善空气。柏树能吸收大气中的二氧化硫和氯气等有害气体，适合种植于制药厂、炼油厂、塑料厂、化纤厂等区域内。柏木枝叶有芳香味，能分泌挥发性抑菌和杀菌物质，可杀死或抑制空气中的病菌。侧柏，对二氧化硫、氯气、氟化氢等有较强抗性，具有杀菌吸毒滞尘的功能，其枝叶能分泌一种杀菌物质，可杀死结核杆菌、痢疾杆菌等病原微生物。龙柏，能抵抗氟化氢、二氧化氮、氯气、氯化氢等有毒气体，吸收能力好、抗性强，在氯气源附近能正常生长，距氟污染源 50m 处仍状态较佳，无明显受害症状。

2. 监测环境污染 除了采用化学分析或仪器分析进行测定外，可利用某些植物对某一污染特别敏感的特性来监控当地的污染程度。如紫花苜蓿和芝麻在 12μg/L SO_2 浓度下暴露 1h 就有可见症状出现；唐菖蒲是一种对 HF 非常敏感的植物，可用来监测大气中 HF 浓度的变化。种植指示植物监测环境污染的情况不仅简便易行、易于推广，而且还有一定的观赏价值和经济价值。

二、水体污染及对药用植物的伤害

（一）水体污染物概述

随着工农业生产的发展和城镇人口的集中，含有各种污染物质的工业质水和生产污水大量排水体，此外，大气污染物、矿山残渣、残留的化肥和农药等随雨水淋浴，使水体受到污染，超过水自净能力，水质变劣，称为水体污染（water body pollution）。水体污染物（water body pollutant）主要包括金属污染物、有机污染物等，如重金属、洗涤剂（主要成分为烷基苯磺酸钠）、氰化物、有机酸、含氮化合物、漂白粉、酚类、油脂、染料、过量氮肥、浮游物质及甲醛等。城市下水道中一些病毒的污水也会污染植物。一般来说，环境污染中的五毒是指酚、氰、汞、铬、砷。它们对植物危害的质量浓度分别为酚 50mg/L、氰 50mg/L、汞 0.4mg/L、铬 5～20mg/L、砷 4mg/L。

（二）主要水体污染物

1. 有机污染物

（1）石油类：这类污染通常发生在一些大型的石化工厂附近的水环境中，一些汽车和轮船的洗涤水排放到水环境中或在水环境中出现漏油或者运输事故等，通常情况下都是一些原油或者汽油、柴油等。在水体环境中造成的污染物主要成分为各种饱和及不饱和的烃类。

（2）酚类：含酚废水是当今世界上危害比较大、污染范围比较广的工业废水之一，是环境中水污染的重要来源。酚类化合物包括一元酚、二元酚和多元酚，低含量酚可轻度抑制植物生长，使叶色变黄；高浓度酚会使植物生长受到严重抑制，基部叶片呈橘黄色，叶片失水、内卷，逐渐腐烂死亡。

2. 无机污染物

（1）非金属污染物

1）氰化物：这种污染通常是由于一些电镀工业、冶金工业生产及煤气制造和一些苯类及农药的生产等造成的，常见的有氰化钠、氰化钾、氰化氢等。氰化物对植物最大的伤害是抑制呼吸作用，高浓度的氰化物影响作物的产量。

2）砷类：这类污染的来源一般都是由于水体接触含有较高浓度的砷的土壤，或者是染料及药品生产厂、农药生产厂等将其废料向水中排放所导致的，通常以三氧化二砷、五氧化二砷、砷酸盐及亚砷酸盐等形式存在。砷类化合物形成的水体污染也具有很高的毒性。

（2）金属污染物：这类污染的主要来源是有色冶金的废水排放及医药生产的废水排放等，常见有汞、铜、铅、锌、铬等。汞进入水环境中形成的水体污染物是有剧毒的，可使植物的光合作用下降，叶片黄化，根系发育不良、植株变矮；铅含量过高会抑制根伸长生长，引起根尖结构破坏；水环境中锌化合物的毒性会随着温度、溶解度及硬度的变化而不同；高浓度的铬不仅直接对植株产生毒害作用，而且间接影响其他元素的吸收。

（三）水体污染的预防和改善

1. 超累积植物的筛选与培育　寻找和开发生物量大、富集污染物能力强的超富集植物，是植物修复技术的首要任务。超积累植物具有较强的吸收能力、根系向茎叶转移能力、叶片解毒和固定能力，可从长期处于高污染的环境中寻找耐受型植物和具有超富积能力的植物。通过育种或转基因技术将超富集性状转移到生长速度快、适应环境强的植物中，如可利用药用植物对水体污染进行改善。

在工业高速发展的今天，含有重金属离子的废水的产生与扩布越来越严重。重金属已成为严重且常见的污染物之一。各种重金属如汞、铬、铅、铝、硒、铜、锌、镍等，其中一些是植物必需的微量元素，但在水体和土壤中含量太高时会对植物造成严重的伤害。与有机物不同，重金属不能被微生物所降解，只有通过生物的吸收并移除得以从环境中清理掉。植物具有生物量大且易于后处理的长处，因此利用植物对重金属污染位点进行修复，是解决重金属污染的有利选择。植物对重金属污染位点的去除修复有三种方式：植物挥发、植物固定和植物吸收。在凤眼莲对重金属吸收和富集特征的研究中，通过试验得到，与挺水植物相比，凤眼莲富集重金属的能力更好，其根系部分重金属含量最高。以 As 为例，凤眼莲根部砷（As）含量为 10 310mg/kg，由此遴选出凤眼莲为水生植物中 As 富集型植物。菖蒲类植物对重金属也有一定的吸附作用。它们通过生理系统吸收水体环境中的重金属污染物或降低重金属污染物的毒性，从而减弱水体毒性，修复水体。菖蒲类根部富集系数大于茎叶且沉水植物大于漂浮与挺水植物。常见的可修复水污染的挺水药用植物还有泽泻、鸢尾、千屈菜、莲花等。

2. 利用现代生物技术　利用现代生物技术获得具有超级修复能力的植物。如可利用限速酶加速现在已知的植物降解机制的开发利用；也可通过转入外部基因获得全新降解途径，将外部基因导入植物细胞染色体组中，从而获得具有目标特征的植物，如植物对多种污染物具有更高的抗逆性、富集能力和降解能力。

3. 与微生物修复技术联合应用　将水生植物与微生物相结合组成修复系统，充分发挥水生植物和微生物的作用，可以提高系统的修复能力。如用鸢尾与固定化菌剂对河道污水进行净化试验，结果表明，鸢尾与固定化菌剂对氨氮具有稳定的去除作用，同时鸢尾与固定化菌剂表现为一定的协同作用，从而达到修复的作用。

三、土壤污染及对药用植物的伤害

（一）土壤污染

土壤污染（soil pollution）是指土壤中积累的有毒、有害物质超出土壤的自净能力，导致土壤的生态平衡遭到破坏，土壤微生物的活动受到抑制和破坏，进而危害作物生长和人畜健康。

（二）土壤污染对药用植物的危害

1. 改变土壤理化性质 土壤污染会影响土壤 pH、改变土壤结构，从而影响土壤微生物活动和植物生长发育。酸碱性是土壤的重要化学性质，是土壤在形成过程中受气候、植被、母质等因素综合作用所产生的属性，深刻影响着土壤肥力状况，同时也影响植物生长。土壤 pH 通过改变土壤养分的有效性来影响植物的生长发育。我国土壤酸碱度大部分为 pH4.5～8.5，呈现“东南酸西北碱”（南酸北碱）的规律。土壤 pH3.5～8.5 是大多数维管束植物的生长范围，但生理最适范围要比此范围窄得多，pH＜3 或＞9 时，大多数维管束植物便不能生存。土壤 pH 为 6～7 时，土壤养分最利于植物生长，此时土壤肥力（养分）较佳，若土壤酸性过强，会使植物原生质变质，并影响酶的吸收，也易造成土壤部分营养元素短缺，如钾、钙、镁、磷等，植物缺钾时其植株生长矮小，叶片呈现褐斑；此外，土壤酸碱度还能通过改变其环境中的生物而影响植物生长，如影响细菌等微生物的活动。

2. 重金属污染土壤对植物生长的影响 重金属是植物生长的非必需元素，大部分元素不利于植物生长。土壤中某些重金属离子，当含量超过其土壤自净作用时，必将对植物生长发育及代谢产生作用。土壤污染严重的重金属有汞、镉、铅、铬等元素。重金属使植物的形态和生理生化过程发生改变，可损坏植物细胞膜的通透性，使其通透性增加，导致细胞内酶的失调，引起植株生长不良，甚至死亡；也能使植物光合作用受阻，导致植物呼吸作用紊乱，致使植物无法正常生长，还可危害植物细胞的遗传，使其基因发生改变。

3. 农药污染土壤对植物生长的影响 农药残留已成为土壤污染的首要问题。这些农药长期聚集在土壤里面，年复一年，在土壤里面形成不易分解的残毒，从而破坏了以土壤为基础的生物链，这些土壤不再适合植物生长，渐渐失去了原有的功能。植物在接触某些农药后，其生理、生化代谢功能受到干扰，正常的生长发育过程受到影响，如叶片或果实出现斑点、黄化、失绿、卷叶、落叶、落果及枯萎等。药用植物种植过程中，如果过量使用高残毒农药，就会导致中药材中农药残留过高，不仅引起产地土壤环境严重污染，而且还会影响药材质量和人身安全，无法保证中药饮片和中成药制剂的质量。

4. 盐类、放射性元素污染土壤对植物生长的影响 在土壤中，当土壤溶液的浓度提高时，盐离子的毒害作用也随之增加，盐含量过高导致许多植物种子萌发困难，幼苗无法正常生长或长到一定阶段就出现死亡，仅有部分耐盐植物能生存，久而久之，在盐碱地段就形成了部分特有的耐盐植物。对于放射性元素而言，它对所有生物生长都是有害的。大气核试验、核电站放射性废物流出、核原料开采和加工、含放射性核素化肥农用、含放射性核素煤燃烧等人为因素均会导致大片的土地遭受放射性核素的污染。植物在被污染土壤中难以生长，即使生长，通过从土壤里面吸收放射性元素，必然会导致其生理、形态畸形，在遗传变异的过程中改变了某些植物的优良性状，造成物种多样性的损失。

（三）主要土壤污染物

1. 农药污染 农药对土壤的污染程度是由农药残留的多少来决定的。土壤农药有的来源于直接向土壤施撒，有的来源于向田间植物喷洒农药后落到土壤表面。据统计，田间喷洒的农药，绝大部分落到地表，最后溶入到土壤中，而直接落在植物表面上的比例较少。即使是落在植物体的表面也不能全部分解或挥发掉，在植物体的表面经过一段时间的停留，又随着植物的死亡枯萎最后回落到土壤中。散落在土壤中的农药在各种作用下形成导致土壤污染的有机物。

不同农药在土壤中的稳定性不同，有的在短时间内很容易分解，有的即使很长时间也仍然保存在土壤里。例如，农药滴滴涕（双对氯苯基三氯乙烷）在10年后才能被分解，六六六（六氯环己烷）可能需要更长的时间才能分解。同一种农药对不同土壤的污染程度不同。沙质土对农药的吸附作用较弱，土壤中易被植物吸收的农药比例就较大，农药也就容易在药用植物体中富集，影响中药材的质量。土壤中有机质含量较多的情况下，土壤中有机质可以吸附大量流失在土壤中的农药，间接减弱药用植物对土壤中农药的吸收程度。

2. 化肥污染　化肥对药用植物的种植生产有很大的促进作用，但不合理地使用将会起到相反的效果。过量施用化肥会使土壤结构遭到破坏，导致土壤板结、空隙变小。氮肥在天气好的条件下，很容易被氧化转化为硝态氮，经雨水等冲刷后流向土壤深处而污染土壤。氮肥在反硝化的作用下，又会形成氮气等释放到大气中，导致大气污染。

3. 重金属污染　在化学工业、重工业生产过程中，排放到大气中的有害元素会对环境产生影响。另外，煤、石油等燃料中含有的重金属元素会随着烟尘一起排放到大气中，造成大面积的污染。土壤中的重金属不能被微生物分解，而是富集于药用植物体内，将某些重金属转化为毒性更强的金属有机物。如汞、铅、砷、铜等在土壤的残留期长，一定范围内对药用植物本身无大的危害，但可被药用植物吸收并逐渐积累，人畜食用后也会在体内积累而使蛋白质变性，引起慢性中毒。土壤重金属污染危害范围广，短期可影响中药产业的健康发展，长期会破坏自然生态环境。目前已有学者提出可选择合理、科学的超富集植物来修复土壤中重金属的污染，提高土壤环境的安全性，保持土壤的健康与肥力。重金属离子镉可促进长春花细胞合成阿玛碱，并促进阿玛碱向培养基质中释放。

4. 废弃物污染　工业的废弃物就是通常指的“三废”，即废水、废气、废渣，其多含有大量的二氧化硫、氯、汞、氟化物、镉、铅、砷、铜、锌等。随着工业化的迅速发展，工业排出的“三废”对环境的污染越来越严重，直接污染大气、土壤和水。其结果将是在药用植物的体内富集几倍以上的重金属和有害物质，给人类健康带来极大的危害。

生活垃圾种类从破碎的玻璃、废纸、烂菜叶到家畜粪便、污水等。这些垃圾有些含有植物生长需要的营养物质，但如将未经过处理的垃圾用作肥料，会使土壤的物理结构发生很大而且不适合植物生长的变化，使植物生长受到限制和影响，导致药材品质下降，产量降低。农用塑料薄膜、一次性餐具等塑料制品最终也都进入土壤，塑料制品造成的“白色污染”是近年来突出的环境问题之一。

（四）土壤污染的预防与综合治理

土壤的污染源主要是工业的“三废”排放、化肥和农药不规范不科学使用、不同类型污物污水的使用和排灌等。对药用植物而言，可从以下几个方面来预防和综合治理。

1. 合理使用农药　在药用植物生产中，尽量减少化学农药的使用，提倡生物防治。必要时一定要合理使用化学农药，不仅要控制化学农药的用量、使用范围、喷施次数和喷施时间，提高喷洒技术，还要改进农药剂型，严格限制剧毒、高残留农药的使用，重视低毒、低残留农药的开发与生产。

2. 科学使用化肥　提倡使用农家肥，减少化肥的使用，提高有机质含量，增强土壤对重金属和农药的吸附能力。对不合格的化肥严禁使用，对氮、磷、钾和微生物肥料等要科学地配合使用。严格控制有毒化肥的使用范围和用量。对灌溉水等要长期、定时、定点进行检测，预防重金属和有毒物质对土壤的污染。

3. 改变耕作制度 会引起土壤环境条件的变化，可消除某些污染物的毒害。如水旱轮作是减轻和消除农药污染的有效措施。

4. 改良土壤结构 对于轻度污染的土壤，采取深翻土或换无污染的客土的方法；对于污染严重的土壤，可采取铲除表土或换客土的方法。

5. 生物修复 是当今时代最有前途的环境修复技术，因其高效、不带来二次污染而引起人们的高度重视，其中微生物降解和植物修复是生物修复的热点。利用微生物降解菌剂降解农药残留，利用超积累植物吸收土壤中的重金属在中药资源研究中已有报道。

6. 施用化学改良剂 使用化学改良剂可使土壤重金属转为难溶性物质，减少植物对它们的吸收。酸性土壤施用石灰，可提高土壤 pH，使镉、锌、铜、汞等形成氢氧化物沉淀，从而降低它们在土壤中的浓度，减少对植物的危害。对于硝态氮积累过多并已流入地下水体的土壤，一则大幅减少氮肥施用量，二则施用脲酶抑制剂、硝化抑制剂等化学抑制剂以控制硝酸盐和亚硝酸盐的大量累积。

第九节 药用植物生物逆境生理

药用植物的一生中除会遭遇水分、温度、盐分等环境逆境胁迫外，还经常会受到各种生物逆境胁迫。常见的有病害、虫害和化感作用。

生物逆境也是药用植物逆境生理重要的组成部分。生物逆境研究的主要内容是致病生物与宿主植物之间的相互作用，这一过程会降低药用植物的产量或品质，甚至引起宿主药用植物死亡。

一、药用植物抗病性

引起药用植物病害的致病生物种类繁多，主要有真菌、细菌、病毒、线虫、寄生植物等。80% 的栽培药用植物病害是由寄生真菌引起的。

（一）病原物的致病机制

病原物对寄主的侵染过程首先是病原物与寄主的易染部位密切接触。长期的进化过程使病原物也进化出一套特殊的侵染药用植物的方法，如许多病原物通过药用植物的气孔、皮孔、外伤口进入药用植物体内，也有一些病原物通过机械压力或产生降解药用植物表皮和皮层的酶来直接穿透药用植物表层。病毒还可以借助昆虫的口器进入药用植物体内。病原体侵染药用植物体后，就会与药用植物相互作用，这种相互作用具有特异性，特定的病原物只有进入特定的药用植物中才会致病。

病原物对寄主药用植物的主要致病方式：产生各种水解酶，使寄主的原生质体结构和功能遭到破坏；产生破坏寄主原生质体细胞膜和正常生理代谢的毒素；产生阻塞寄主输导组织的物质，阻碍寄主药用植物的物质运输；产生破坏寄主药用植物产生抗菌物质的酶，致使寄主的抗病能力减弱；利用寄主原生质体内的核酸和蛋白质的合成系统生产自身的蛋白质和核酸；产生植物激素破坏寄主药用植物体内正常的激素平衡，影响其正常的生理代谢过程。

（二）药用植物抗病机制

药用植物对致病生物侵袭的抵抗与忍耐能力称为抗病性，即阻止病原物入侵和被入侵后阻止病原物繁殖的能力。根据寄主药用植物对病原物的反应，可以将药用植物分为四种类型。

1. 感病型　寄主药用植物受到病原物入侵后就产生病害，使其正常的生长发育受到阻碍，导致部分组织和器官死亡甚至整个植株死亡，对最终的产品质量造成影响。

2. 耐病型　寄主药用植物对病原物的入侵较为敏感，侵染后会出现发病的症状，但是对其最终产品质量造成的影响不大。

3. 抗病型　病原物入侵寄主药用植物后，会触发寄主的自我保护机制，病原物的致害部位被限制，不能扩展到寄主的其他部位，寄主发病的症状较轻，对产品质量影响轻微。

4. 免疫型　寄主药用植物会对病原物的入侵表现出强烈的排斥，或阻断其入侵过程，即使在有利于病原物入侵的环境中也会保护寄主，使其免遭感染或发生病害。

这些划分是相对的，同一种药用植物对某些病原物来说可能是感病型，对另外一些病原物则可能是抗病型，这与病原物与寄主药用植物的亲和程度有密切关系，对病原物表现出不亲和性（incompatibility）互作的寄主药用植物是免疫和抗病的，对病原物表现出亲和性（compatibility）互作的寄主药用植物则是感病的。

病原物入侵药用植物体后，药用植物会通过各种机制进行防卫。包括：

（1）形成防卫结构：药用植物在病原物的入侵部位形成一些病原物不能水解的化合物，主要是β-1,3-葡聚糖（胼胝体）、木质素及富含羟脯氨酸的糖蛋白等，强化感染部位的木质化和细胞壁的特异化加厚，阻碍病原物进一步深入药用植物体内，病原物在药用植物体内难以持续地获得营养物质而饿死。

（2）发生超敏反应：超敏反应（hypersensitive reaction，HR）是指寄主药用植物在病原物入侵后，在入侵部位周围的少数细胞迅速发生程序性死亡的现象，产生枯斑，阻碍病原物进一步感染寄主，这些程序性死亡的枯斑中产生的多种抗病的酚类物质，可快速杀死入侵的病原物。超敏反应发生的速度很快，一般在病原物入侵药用植物体10～90min，寄主细胞就开始发生程序性死亡。

（3）产生抑制物质：药用植物遭受病原物入侵后，会产生植保素（phytoalexin）对抗病原物。植保素是指药用植物遭受病原物入侵后产生的一类分子量较小、对病原物有毒害作用的化合物，其产生速度与寄主药用植物的抗病能力有关。植保素只出现在遭到入侵的局部区域，与程序性细胞死亡相似，植保素将入侵的病原物包围起来，阻碍其进一步入侵。植保素并不是针对病原物的特异性合成产物，重金属盐、紫外损伤等也会诱导其合成。抗病药用植物比感病药用植物可以更快速地积累植保素，因此对病原物的入侵抵抗能力更强。迄今为止，已经在17种植物中发现了200余种植保素，包括酚类植保素（绿原酸、香豆素等）、异黄酮类植保素（豌豆素、大豆素和菜豆素等）及萜类植保素。一些药用植物在遭到病原物入侵后会合成一种或多种新的蛋白质，这些蛋白质统称为病程相关蛋白（pathogenesis related protein，PR）。这种蛋白质的分子量较小，常具有水解酶的活性，主要定位于细胞间隙，这种蛋白质同样是基因特异性表达的结果，在药用植物体内的合成与超敏反应等局部诱导性抗性的产生有密切关系。研究发现，很多病程相关蛋白质具有几丁质酶、β-1,3-葡聚糖酶活性，可以显著抑制病原物真菌的孢子萌发，降解病原物的细胞壁。

（4）活性氧含量增加：当药用植物遭受病原物入侵后会产生大量的活性氧。活性氧对病原物有直接的伤害作用，同时还能促进细胞壁特异化加厚和结构蛋白的聚合，形成防卫屏障。活性氧还可以诱导部分植保素的合成。

（三）药用植物与病原物互作的分子机制

药用植物的抗病性与其他性状相比具有一定的特殊性，其不仅与药用植物自身的基因型有关，还与病原物的基因型有关。药用植物与病原物互作的遗传基础共同构成了药用植物抗病性的遗传基础。大多数药用植物和病原物的相互作用符合基因对基因假说（gene-for-gene hypothesis）。只有存在药用植物的抗病基因（disease resistant gene，*R*）和病原物表达互补的显性无毒基因（avirulence gene，*Avr*）时，才会表现出抗病性（图 13-7）。药用植物抗病基因或病原物显性无毒基因发生突变或丢失会导致药用植物感病。

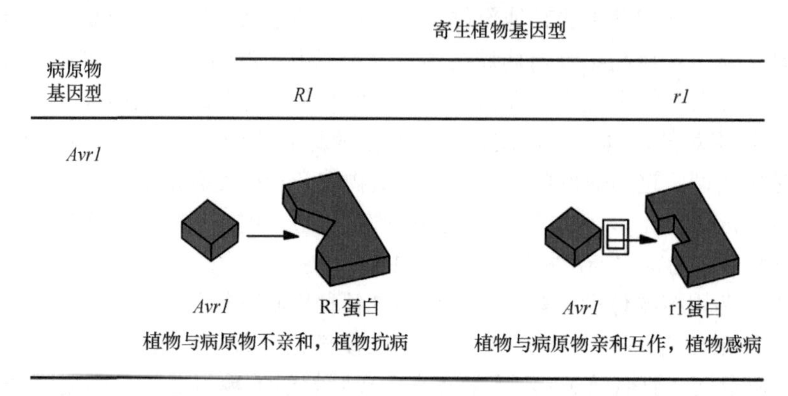

图 13-7　植物与病原物亲和互作，药用植物感病的基因对基因假说模型

病原物自身的 *Avr* 基因表达，药用植物体内的 R 蛋白与 *Avr* 表达蛋白进行识别，产生抗病性。这一现象也验证了激发子-受体学说（elicitor-receptor model）。这一学说中将诱导寄主药用植物防卫反应的一些生物来源称为激发子，寄主药用植物被入侵后，原生质体上与激发子发生互作的称为受体。激发子作为可以引起药用植物防卫反应的特异性生化信号，可以快速、高度专一地诱导药用植物体内特定基因表达，受体则起到了识别和转导病原信号的作用。目前的研究认为超敏反应是一种激发子-受体假说的前期反应，表现为 H_2O_2 等自由基活性氧分子大量积累，信号分子累积，诱导原生质体膜上的识别蛋白发生变性，进一步导致原生质体内的 K^+ 外流和 Ca^{2+} 内流，程序性细胞死亡。超敏反应发生后，药用植物体内又会发生一系列的信号转导，引发系统性的针对病原物的广谱抗性，即系统获得抗性（systematic acquired resistance，SAR），SAR 会诱导药用植物体内水杨酸含量增加及大量与抗病性有关的基因特异性表达（图 13-8）。

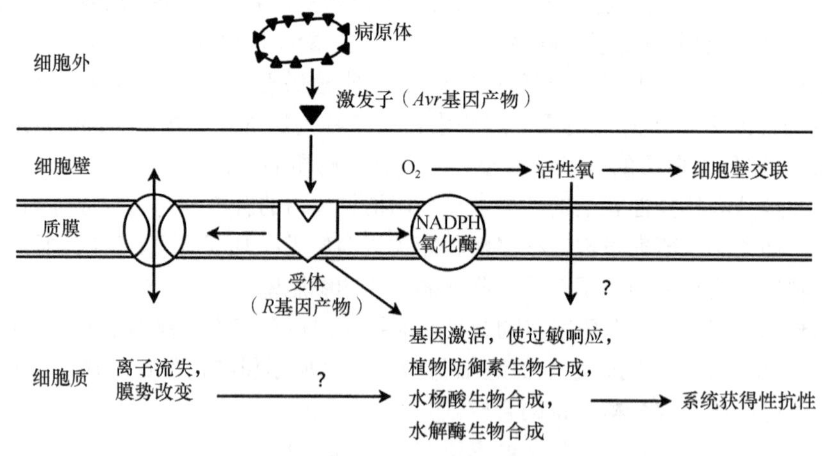

图 13-8　药用植物的抗病基因（*R*）和病原物无毒基因（*Avr*）相互作用

（四）病原物对药用植物的危害

1. 水分平衡失调　水分失衡是病原物侵入药用植物体内后首先表现出的症状。其主要原因有三点：①病原物会破坏药用植物根系，导致其吸水能力下降；②病原物会破坏药用植物体内原生质体结构，导致蒸腾失水加快；③病原物侵染后，宿主会产生大量的树胶、黏液类物质，导致木质部堵塞，水分运输阻力增大。

2. 呼吸作用提高　宿主药用植物的呼吸速率会显著提高，其主要原因有：①病原物侵入后，会利用药用植物体内现有的有机物进行呼吸作用；②病原物侵入会破坏原生质体的原有结构，导致呼吸相关的酶与反应底物直接接触，呼吸作用增强；③病原物呼吸作用的加入，会释放大量的热，提高侵入部位的温度，进一步促进呼吸作用。

3. 光合作用受阻　病原物会破坏药用植物体内的叶绿体结构，植物细胞中叶绿体含量下降，光合作用相关酶活性下降，导致光合作用速率降低。

4. 激素发生变化　研究发现，当病原物入侵到药用植物体内，侵入组织中某些激素浓度会显著升高，如生长素和赤霉素等。

5. 同化物运输受阻　当病原物入侵后，同化物会更多地向侵染部位转运，影响药用植物的产量。

（五）提高药用植物抗病性的措施

（1）通过遗传育种技术手段，选育优良抗病品种。

（2）合理施肥，在病害高发季节增施磷肥、钾肥。

（3）在低洼地区适当开沟排渍，提高土壤透气性。

（4）通过修整地上部，保障田间透风状况，降低药用植物小环境温度。

（5）施用水杨酸、乙烯利等植物生长调节剂，诱导抗病基因表达。

二、药用植物抗虫性

同一种药用植物的不同品种对害虫侵害的抵抗能力和适应方式也是不同的。各式各样的药用植物进化出了不同机制来避免、阻碍昆虫的侵害，药用植物忍受虫害的能力称为抗虫性（insect resistance）。

（一）药用植物抗虫类型

根据药用植物抗虫的方式不同，可以将其分为两大类型。

1. 生态抗虫　指通过改变药用植物的外界环境条件达到抑制昆虫侵害药用植物的目的。主要手段是通过早播或迟播避开昆虫危害药用植物的关键物候期。

2. 遗传抗虫　指药用植物通过遗传的形式将抵抗虫害的能力遗传给子代，主要包括药用植物的抗虫性、耐虫性和拒虫性。抗虫性是指药用植物产出对昆虫有害的代谢产物，以抑制昆虫在侵害药用植物后的生存、发育和繁殖，甚至直接将害虫毒死。耐虫性是指药用植物通过迅速的再生能力，迅速恢复被害虫啃食部分的生理代谢功能。拒虫性是指药用植物通过进化出的形态结构或生理生化作用，让害虫难以对其产生侵害。

（二）药用植物抗虫机制

药用植物是否被害虫侵害取决于两个方面：一是药用植物是否有吸引害虫栖息、取食、繁殖的理化特征；二是药用植物能否为害虫提供生长繁殖所需的营养物质。前者对药用植物是否有拒虫性有重要的影响，后者是药用植物抗虫性的重要因素。

1. 抗虫性药用植物的解剖形态特征 主要通过物理的方式干扰害虫对寄主药用植物的选择、取食，以及其自身的交配和产卵。木本药用植物的树皮是害虫幼虫活动取食的理想场所。树皮内部的韧皮部含有丰富的营养物质，厚厚的树皮又为幼虫提供了天然的保护。很多药用植物含有大量的萜类、酚类、鞣质和生物碱等次生代谢物，这些物质可以产生特殊的味道，避免或减缓害虫对其侵害的程度。如番茄碱、茄碱等生物碱对幼虫取食具有阻碍作用。棉花叶、蕾、铃外部的蜜腺有利于害虫产卵，而无蜜腺的棉花可以减少害虫 40% 以上的产卵量，表现出显著的抗虫性。

2. 抗虫性药用植物的生理生化特征 一些害虫有偏嗜的特点，当药用植物体内缺乏其偏嗜的物质时，就可以产生抗虫的表现。更多的抗虫性表现在具有腺体毛分泌物、次生代谢物对害虫产生毒害作用，在害虫食用后引起慢性中毒甚至死亡。除虫菊花中的除虫菊酯对害虫有高效的毒害效果，这是一种混合萜类物质。银杏叶片中也会产生羟内酯和醛类以保护其免受虫害。

为了抵抗虫害，一些药用植物进化出了类似抵抗病原物的机制。在遭遇虫害后，这些药用植物体内会产生一系列的信号转导，并将信号转导至整个植株，产生系统的抗虫性。研究发现：18-氨基酸多肽在很多药用植物中起到了系统素（systemin）的作用，当药用植物被害虫取食后，这种多肽就会从被取食和损伤的部位释放出来，通过韧皮部运输到没有受到损伤的叶片，而这种多肽会诱导激活抗性反应的蛋白酶抑制剂等的基因进行表达。药用植物的蛋白酶抑制剂是一类分子量较小的多肽或蛋白质，可以与蛋白酶的活性部位结合，抑制酶的催化活性或阻止酶原物质转化为活性酶。害虫的取食会迅速激活受损部位的蛋白酶抑制剂的合成，干扰害虫的消化系统，阻碍害虫对取食药用植物的消化吸收，抑制其生长发育甚至导致害虫死亡。这类药用植物在没有受到损伤时含有的蛋白酶抑制剂含量很低，一旦受到害虫的咬食则会迅速诱导合成这种物质。

三、药用植物的化感作用

化感作用（allelopathy）是指药用植物在其生长发育过程中，通过释放次生代谢物改善周围的微环境，迫使同一生境中药用植物之间出现相互排斥（相克）或促进（相生）的自然现象。药用植物化感物质主要是酚类、萜类等次生代谢物，分布于药用植物的根、茎、叶、花、果实和种子中，一般分子量较小、结构简单、生物活性强。

化感作用的机制：通过释放化感物质影响周边药用植物的细胞分裂、伸长和根尖微结构等；影响原生质体膜的透性；影响矿质元素的吸收；抑制光合作用；改变膜质或有机酸的代谢途径；刺激或抑制某些酶的活性；导致木质部分子木栓化或堵塞等。

药用植物之间的化感作用是普遍存在的，但目前人们对化感作用的研究相对较少，且多数集中在排斥方面，在化感作用对药用植物的促进生长方面缺乏研究。在实际生产中，根茎类药材的化感作用较为明显，菘蓝（*Isatis indigotica*）、地黄（*Rehmannia glutinosa*）、半夏（*Pinellia ternata*）有明显的连作障碍现象。这种连作障碍现象就是同类药用植物化感作用的一个典型例子。

未来也可以利用化感作用研究制造出生物杀虫剂、抑菌剂、除草剂和生物肥料等，减少化学药剂的使用。

案例13-1解析

1. 逆境通常指对植物生存或生长不利的各种环境因子。

2. 植物在逆境下，通常会通过各种各样的方式来适应逆境，如通过避逆、御逆和耐逆的形式。植物感受到逆境信号之后，植物形态会发生一些改变来适应逆境，还会激活一些抗逆相关基因，进而调节一些重要信号转导通路，同时一些生理生化指标及次生代谢物会发生变化来共同适应逆境环境。

本章小结

学习内容	学习要点
名词术语	避逆性，御逆性，耐逆性，水分胁迫，温度胁迫，盐胁迫、大气污染，生物胁迫
水分胁迫	水分胁迫对药用植物的影响及药用植物对其的适应性
温度胁迫	高温、低温对药用植物的影响及药用植物对其的适应性
盐胁迫	盐胁迫对药用植物的影响及药用植物对其的适应性
光胁迫	强光、弱光、UVB 胁迫对药用植物的影响及药用植物对其的适应性
环境污染	大气污染、水污染、土壤污染对药用植物的影响
生物胁迫	病害、虫害等生物胁迫对药用植物的影响及药用植物对其的适应性

目标检测

一、单项选择题

1. 沙漠中的短命植物在雨季迅速完成生活史，是植物哪种抗逆性的体现（　　）。
   A. 避逆性　B. 耐逆性　C. 生理适应性　D. 交叉适应性
2. 逆境下，植物体内主要的渗透调节物质有（　　）。
   A. 脱落酸　B. 可溶性糖
   C. 低温诱导蛋白　D. 超氧化物歧化酶
3. 下列哪个因素不属于非生物胁迫（　　）。
   A. 干旱　B. 离子辐射　C. 化感作用　D. 重金属污染
4. 在逆境条件下药用植物体内的脱落酸含量会（　　）。
   A. 增多　B. 减少　C . 基本不发生变化　D. 有时升高有时降低
5. 药用植物遭遇干旱胁迫时，光合速率会（　　）。
   A. 上升　B. 下降　C. 基本不发生变化　D. 有时升高有时降低
6. 药用植物在高温胁迫下，可以通过蒸腾作用散失水分降低体温，这是由于（　　）。
   A. 水具有高比热容　B. 水具有高汽化热容
   C. 水具有高表面张力　D. 水是药用植物的重要组成成分
7. 一般药用植物光合作用最适温度是（　　）。
   A. 10℃　B. 40℃　C. 25℃　D. 0℃

二、多项选择题

1. 提高植物抗性的方法有哪些（　　）。
   A. 选用抗性品种　B. 抗性锻炼　C. 使用化学试剂处理种子
   D. 使用生长延缓剂　E. 幼苗期施用氮肥

2. 下列哪些物质属于常见渗透调节物质（　　）。

A. 可溶性糖　　B. 脯氨酸　　C. 甜菜碱　　D. 淀粉　　E. 尿素

3. 植物受到盐胁迫时会发生危害，下列哪些选项属于盐胁迫的危害（　　）。

A. 植物生长发育受阻　　B. 渗透胁迫　　C. 质膜伤害

D. 离子失调　　E. 植物生长发育不受影响

三、名词解释

避逆性、御逆性和耐逆性；逆境；逆境生理；热休克蛋白

四、简答题

1. 结合实际谈谈逆境胁迫对药用植物品质形成方面的前景和应用。
2. 简述提高药用植物抗高温逆境的措施。
3. 逆境胁迫研究对药用植物栽培的影响及意义有哪些？

（内蒙古医科大学　贾鑫、曹阳）

第十四章 药用植物设施栽培系统与物质调控

学习目标

1. 掌握：设施栽培与植物工厂的基本概念。
2. 熟悉：中药材植物工厂种植技术与物质调控研究的主要内容和任务。
3. 了解：药用植物设施栽培的发展简史及药用植物植物工厂的发展必要性。

案例14-1导入

霍山石斛（*Dendronbium huoshanense*）为兰科石斛属多年生草本植物。野生资源生长在悬崖峭壁崖石缝隙间和山地林中树干上，因资源日渐稀少，被列为二级濒危药用植物。近年来，随着市场需求量的不断增加，人工种植成了药材资源的主体，但由于种植和管理水平差异造成的质量一致性差、农残和重金属含量超标一直是个不解的难题。为了寻找高产优质中药材生产途径，探讨药用植物植物工厂生产模式，利用植物工厂光环境可控的优势，采用光强、光周期、紫外光调控手段，成功实现了加速生长、提高产量和药效成分含量的目的。

问题： 1. LED植物光源有哪些特点？

2. 简述中药材质量一致性的重要性。

第一节 药用植物种植现状与设施栽培系统

一、药用植物种植现状

1. 种植现状 新中国成立后，党和政府非常重视中医中药的发展，1958年国务院《关于发展中药材生产问题的指示》提出，发展药材生产，注意保护野生药材，并且根据可能条件逐步进行人工栽培；实行就地生产就地供应的办法；各地在引种外地品种的时候，由于土壤、气候对中药材的品质有影响，必须经过试验以后，再逐步推广，达到自给。多年来各地普遍栽培药用植物，出现了许多新的药材产区。国家中医药管理局、各级药材公司均有相应的机构，领导和组织各地药材生产和科研工作。吉林、北京、四川、浙江、广西、云南、海南等地先后成立了代表不同气候类型的药用植物引种栽培专门研究机构及基地，许多省市的中药研究所设有栽培研究室。许多医药院校开设药用植物栽培学课程，各地先后出版了药用植物栽培相关的书籍，这些出版物在指导各地进行引种试种和药材生产中发挥了积极作用。据统计，随着中医药广泛应用和原材料需求的不断上升，新产区生产的药材占栽培药材总量的一半以上。

2. 存在问题 当前我国药用植物开发利用还存在着诸多问题，阻碍了我国药用植物的保护和进一步开发利用，这些问题主要表现在：①过度采挖，保护力度不够，导致资源量不断减少，有些物种已濒临灭绝；②中药材种植过程中，为防治病虫害的发生而采取的农药应用，造成了中药材原料农残超标问题严重；③由于传统中药材多为一家一户种植，不仅地域分散，而且种植技术参差不齐，导致药材原料质量均一性差；④传统中药材缺乏质量标准，急需增加药用植物基础科研、教育和从业人员。对野生药用植物品种资源的收集研究工作，特别是对珍稀濒危药用植物的品种收集和保存工作相对滞后；⑤对一些未列入国家、地方标准，但又在民间应用广泛的“准药材”，特别是少数民族地区长期入药的植物，需要进行药理药效充分挖掘、整理，适当丰富中药材库品种类型，让中医药发挥更大的作用。

二、设施农业栽培系统

设施农业，是在环境相对可控条件下，采用工程技术手段，进行动植物高效生产的一种现代农业方式。设施农业涵盖设施种植、设施养殖和设施食用菌等。在国际的称谓上，欧洲、日本等通常使用“设施农业”这一概念，美国等通常使用“可控环境农业”一词。2012年，我国设施农业面积已占世界总面积85%以上，其中95%以上是利用聚烯烃温室大棚膜覆盖的日光温室和春秋大棚。近年来，我国设施农业发展迅速，已经成为世界上最大面积保护地种植国家，而且种植技术水平越来越接近或超过世界先进水平。我国人均耕地面积仅有世界人均面积的40%，要解决粮食和蔬菜安全问题，发展高产设施农业栽培被认为是最有效的手段。

设施农业是采用人工技术手段，改变自然光温条件，创造优化动植物生长的环境因子，使之能够全天候生产的设施工程。设施农业是个新的生产技术体系，它的核心设施就是环境安全型温室。关键技术是能够最大限度地利用太阳能，做到寒冷季节高透明高保温；夏季能够降温防苔；良好的防尘抗污功能等。根据不同的种养品种需要设计成不同设施类型，同时选择适宜的品种和相应的栽培技术。

（一）连栋温室及塑料大棚种植

以福建金线莲和霍山石斛为例，传统设施栽培系统主要包括连栋温室、冬暖式大棚、春秋棚和林下小拱棚栽培等。这些栽培方式中，植物光源为太阳光，光强是通过树叶遮挡或安装遮阳网来实现，温度多采用加装保温层来保温，而没有加温和保湿系统。长期以来，由于传统种植多为一家一户的小规模栽培，场地分散，种植和管理技术参差不齐，所以产品质量不一（图14-1）。

塑料大棚种植金线莲

连栋温室种植金线莲

塑料大棚种植米斛

连栋温室种植米斛

图14-1 连栋温室及塑料大棚种植

（二）室内种植系统

植物是地球上唯一能够把光能量转化为物质的生物。植物依靠光作为驱动力进行光合作用，把光能转变为可贮藏的化学能，同时释放氧气，是地球上一切生命的基础。起初的室内种植系统是连栋温室的升级版，它把人工光（白光）引入了植物生长领域，且实现了植物的多层种植，提高了土地利用率，同时充分利用温度、湿度等可以人为控制的特点，调控植物的生长速度，并实现不受或很少受外界条件干扰的周年连续生产模式（图 14-2）。

图 14-2　室内种植系统

初级的植物生长灯是采用全光谱的荧光灯，人工光源替代了太阳光，满足了植物对光的需求，但这类种植环境控制要求比较粗放，洁净度、温湿度、CO_2 浓度都没有特殊要求，属于植物工厂的初级阶段。

第二节　LED 光在农业上的应用及植物工厂种植系统

一、LED 人工光源在农业上的应用

发光二极管（light emitting diode，LED），是一种半导体组件，多用作指示灯、显示发光二极管板等。LED 被称为第四代照明光源或绿色光源，具有节能、环保、寿命长、体积小等特点，广泛应用于照明和农业生产等领域。

（一）国内外发展现状

光是植物生长发育过程中不可或缺的环境条件，一方面为植物的光合作用提供能量，为植物的代谢提供物质基础；另一方面，光也作为一种重要的信号因子，调节植物的代谢和生长发育。研究发现，植物对光的需求并不是全色系的，有些光是植物不能利用的，只有部分波段光是植物必需的，且植物对各种波段光的需求量也不同。当植物处于自然环境中时，

太阳光是大自然赋予的无偿能源，植物对光的需求只是从太阳光中按需索取，不用考虑能源的浪费和成本问题，通常情况下植物可利用的太阳光仅占其中的少部分，包括部分可见光、紫外和远红外辐射，其余能量以热量的形式被散发到环境中。而人工光源是由电能转换来的，当人工光源被利用到植物生产过程中时，就要考虑节约能源和降低成本的问题。

人工光在植物生长中的利用初期，一般以白炽灯、高压钠灯、荧光灯作为植物生长的光源，由于其高耗能、高散热和低效率等原因而逐渐被淘汰。LED 光源是以 LED 为发光体的光源，LED 灯泡无论在结构上还是在发光原理上，都与传统的白炽灯有着本质的不同，它是由数层很薄的半导体材料制成，一层带过量的电子，另一层因缺乏电子而形成带正电的"空穴"，当有电流通过时，电子和空穴相互结合并释放出能量，从而辐射出光芒。相比于早期的照明灯具，其性能有了很大的提升，并且因其在寿命、体积、能量转换效率、安全可靠和环境友好等方面的优点，现已逐渐替代荧光灯成为人工光型植物工厂的理想光源。同时 LED 因其发出的光线几乎不含红外光谱，散热较少，是一种典型的冷光源，通电发光后，灯体温度比周围的环境温度略高，因而短距离内也不会对植物生长造成伤害，为多层垂直塔式种植提供了可能，大大提高了空间和土地利用效率。红光和蓝紫光是植物需求量较大的光，不仅可以基本满足植物生长发育的需求，同时也是植物生长所必不可少的光质。

人工光源的照射效果除了取决于光合光子通量密度（PPFD）外，还取决于不同光源的光谱组成。在可见光光谱（380～760nm）中，植物吸收的光能占生理辐射光能的60%～65%。波长 610～720nm 的红、橙光对植物生长发育最为重要。红、橙光会显著地促进植物的生长发育，使植物体内积累更多的干物质，促进营养器官的形态建成和贮藏器官的迅速膨大，同时使植物较早地转入生殖生长。其次是波长为 400～510nm 的蓝、紫光辐射，植物吸收这部分波长的光能占生理辐射光能的 8% 左右。蓝、紫光则会延长植物的营养生长，抑制其生殖生长，从而晚开花晚结果。

（二）LED 光源应用于植物生产的意义

1. LED 光照是现代农业模式的标志 目前 LED 已经应用于许多植物的栽培和光合生理研究，如光生物反应器用于藻类植物的培养与研究、叶绿素合成研究、光形态发生和建成及光合作用过程研究等。LED 人工光源也被广泛应用于太阳光和人工光并用的综合型植物工厂种苗繁育。通常情况下，LED 作为补充光源，以两种形式较为常见，一是垂直于叶片进行照射的点式光源；二是分布于植株之间，进行侧面补光的带式光源，因其有着可根据植物种类、生长阶段及气候条件而调节光质、光强和光周期，同时又便于安装，占地面积小，安装位置灵活等优势，逐步发展为植物补光的主流。

目前，LED 正在以其独有的节能高效的优势成为世界各国的重点发展技术，尤其是在当今能源短缺的时代。我国虽然在此领域起步较晚，但发展迅速，目前已跻身世界先进行列，随着 LED 照明技术的进一步发展，其能耗和生产成本都会有所下降，在植物工厂方面的应用也会更加广阔。

农业生产方式经历了从露地栽培向设施栽培和无土栽培模式的重大变革。植物工厂化栽培模式基于无土栽培最新发展，是现代农业发展的高级阶段。随着 LED 照明技术在农业领域的广泛应用，植物工厂化栽培模式彻底摆脱了自然条件的束缚，实现了按计划的周期连续生产，是现代农业模式的标志。

2. LED 光照促进农业向绿色环保转变 设施农业种植的最大优势是实施不受季节影响，在北方地区，冬季特别是春节前后这个时间白天光照时间较短，一般在 7～10h，阴雨或雾霾天光照更弱。温室内的光照状况要比露地差得多，一般仅为露地的30%～70%，温室内补光灯的应用是当前大棚种植过程中的有效光源调节手段，而LED技术相比于荧光技术具有光转化效率高、散热少等优点，对能源利用和环境保护都有重要的意义，成为补光光源的首选。

3. LED植物生长灯　传统的温室人工补光光源主要有荧光灯、高压钠灯、低压钠灯、金属卤化物灯等，这些光源的突出缺点是能耗大、光转换效率低、运行费用高，能耗费用占全部运行成本的50%～60%。LED光谱能够根据植物的需要选择使用单色光或者几种单色光适宜配比复合使用，生物效能高达80%～90%，具有发光效率高、能耗低、寿命长等优势，正逐渐被广泛应用到高端设施种植领域。

植物工厂作为设施农业的高级发展阶段，是在设施内通过环境控制实现植物周期连续生产，由计算机对植物生长发育过程的温度、湿度、光照、CO_2浓度及营养液等环境条件进行自动控制，不受或很少受自然条件的制约。目前，植物工厂有两种主要模式：一种是以温室为主体，太阳光和人工补光技术相结合的“太阳光-人工光并用型”植物工厂；另一种是完全封闭的，完全依赖人工光源的“全人工光型”植物工厂。基于LED光源较高的光电转换效率、节能、寿命长等优势，被推为植物工厂应用较理想的光源。

二、全人工光型植物工厂种植系统

（一）植物工厂的概念

植物工厂是一个涉及生命科学、生物技术、设施园艺、环境控制、自动化及人工智能等多个学科的交叉领域，该领域的核心技术包括LED照明、营养液循环调控、栽培采收、智能装备及环境智能控制技术等。植物工厂依照不同的分类方式，有多种类型，如可根据建设规模、生产的植物类型、研究对象和内容等进行分类，目前比较习惯的分类方法是依照植物生长过程中的光能利用方式来进行分类，可分为三种类型：全人工光型、自然光型及人工光与自然光共用型。其中，全人工光利用型植物工厂又称为封闭式植物工厂，也是狭义的植物工厂（下面简称为“植物工厂”）。

例如，“全人工光型”植物工厂可以让生产从自然生态束缚中脱离出来，鉴于其温度、湿度、CO_2、光照、植物营养等可以进行精准控制的优势，能实现药用植物的标准化种植，还可以通过环境调控提高药材的产量与品质，同时中药材的工厂化种植，容易实现种植、管理标准化，大大提高药材的质量一致性。

（二）植物工厂专用LED灯具研发

目前，已经开发出了烟草、拟南芥、水稻等模式植物专用的生长灯（图14-3），此外还有用于霍山石斛和金线莲等药用植物生长专用的照明灯具。相比于传统的荧光灯，为植物“量身定制”光配方，且结合了LED自身的光源效率优势，更加节能，低热量辐射，能够近距离地贴近植物，节约空间。

三、植物工厂技术在药用植物生产中的应用

以金线莲（图14-4）为例，说明药用植物在植物工厂中的生产流程。金线莲（*Anoectochilus roxburghii*）又名金线兰，为兰科开唇兰属植物。全草入药，其味平、甘，有保肝护肝、清热凉血、祛风利湿、解毒、止痛、镇咳等功效，用于咯血、支气管炎、肾炎、

膀胱炎、糖尿病、血尿、风湿性关节炎、肿瘤等病症。其对生态环境要求严格，加之自然生境遭受严重破坏，以及民间的过度采挖，使野生金线莲资源日渐稀少。

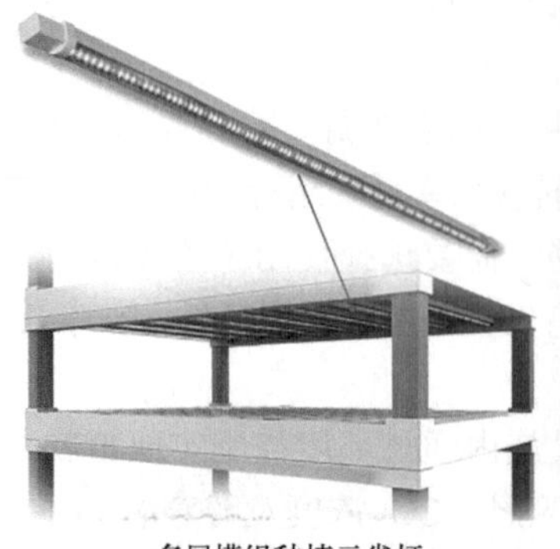

多层模组种植云雀灯

高秆植物株间补光灯

小功率药用植物种植灯

大功率药用植物顶端补光灯

图 14-3 植物工厂专用 LED 灯

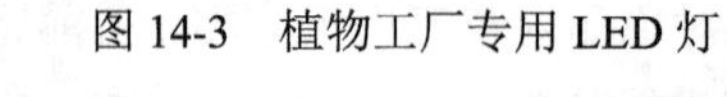

金线莲鲜品

金线莲干品

图 14-4 金线莲药材

（一）金线莲组培苗的生产（组培环节）

金线莲开花结实率特别低，种子繁殖不仅效率低，而且品种分化严重，不利于保留优良品种原有的品质特性。植物组培是根据植物细胞具有全能性理论发展起来的一项无性繁殖的技术。植物的组培是指从植物体分离出符合需要的组织、器官或细胞，原生质体等（统称外植体），在无菌条件下接种在含有各种营养物质及植物激素的培养基上进行培养以获得再生的完整植株或生产具有经济价值的其他产品的技术。金线莲组培苗繁殖流程：

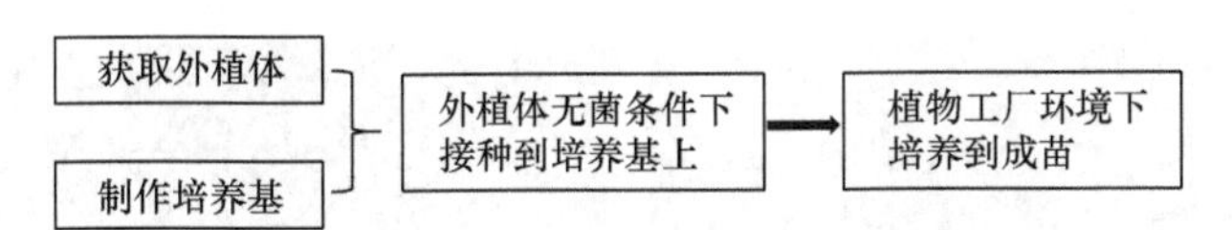

挑选生长健壮、无病虫害、具有福建金线莲典型特征的金线莲植株，去掉叶子和根，将整株茎切成4～5段，每段包含一个茎节，消毒处理后在无菌环境下（超净工作台）接种到制作好的培养基上，在培养间设定条件下培养5个月左右，组培苗株高度到达组培瓶缩口处，即可取出移栽到人工复合土种植，进入土培环节（图14-5）。

组培苗接种室

新接种的金线莲茎段

组培苗培养车间

金线莲组培成苗

图14-5　金线莲组培苗的生产

（二）金线莲植物工厂种植（土培环节）

植物工厂种植金线莲，充分利用了环境可控、洁净无污染的优势，同时采用了小型容器分隔封闭栽培的方式，采用LED灯提供光源，多层种植，每个栽培盒填装一定量的养分充足人工基质土，按照水分需求调配基质土的含水量，水分在这个相对封闭的空间内循环利用，能够满足金线莲整个生长发育过程的需要，栽培盒配置接通CO_2气站管，生长条件实现温度、湿度最优和CO_2浓度的提升，为植物光合作用提供更多的底物，达到光合作用速率最大化，从而获得更高的金线莲产量。

植物工厂金线莲避免了病虫害的发生，杜绝了农药的使用，配合高品质人工复合土的应用，药材可达到无农残、无重金属污染的有机农产品质量要求。植物工厂金线莲一般种植5个月左右即可收获，产量和品质优于大棚种植的金线莲（图14-6）。

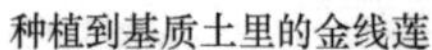
种植到基质土里的金线莲

植物工厂金线莲种植车间

植物工厂种植金线莲成株

图 14-6　植物工厂种植金线莲

第三节　药用植物植物工厂物质调控

一、光照强度对药用植物生长与次生代谢的影响

在植物工厂中通过设置不同梯度的光强水平，研究光强对药用植物生长及活性成分合成与积累的影响，为药用植物产量和品质提供生产指导。

例如，金线莲的植物工厂栽培过程中，可以选择培养 4 个月生长健壮、长势基本一致的组培瓶苗，移栽到植物工厂封闭式种植系统中进行光照强度单因素实验（图 14-7）。可以设置 4 个光照强度处理，分别为 T1（CK），50～60μmol/(m^2 · s)；T2，80～100μmol/(m^2 · s)；T3，100～150μmol/(m^2 · s)；T4，150～200μmol/(m^2 · s)，光照周期为 12h /d，重复 4 次。环境温度 22～26℃，湿度 55%～65%。在实验处理 120 天时，收获并取样调查不同处理金线莲植株生长参数，包括株高、茎粗、叶片数、叶面积，同时测定实验样品的金线莲苷、多糖、黄酮含量等。

图 14-7　植物工厂金线莲封闭式种植系统

（1）光强对金线莲生长参数的影响：随着光照强度的增加，株高出现先升高后降低的趋势，茎粗显著增大，叶片数无明显变化，叶面积有提升（表 14-1）。

表 14-1　不同光强处理下金线莲生长参数比较

处理	株高（cm）	茎粗（mm）	叶片数	叶面积（cm^2）
T1（CK）	12.14±0.16c	2.10±0.007c	5.31±0.28b	25.31±0.28b
T2	15.58±0.13a	2.32±0.002b	6.62±0.68ab	27.62±0.68a
T3	13.83±0.24b	2.57±0.017a	7.13±0.17a	28.13±0.17a
T4	12.73±0.08c	2.64±0.007a	7.16±0.62a	26.16±0.62ab

注：数值后不同字母标记表示为处理间差异显著，相同字母表示差异不显著（$P\leqslant 0.05$）。

（2）光强对金线莲产量及鲜干比的影响：光照强度的升高显著提高了鲜重、干重产量，鲜干比也有明显的降低，其中干重产量升高更为明显。但是也并不是光强越高越好，单株产量在 T3 达到高峰，随着光强再升高，产量有下降趋势，表现为 T4 产量略低于 T3，所以，光强对金线莲生产的最佳范围为：100～150μmol/(m^2・s)（表 14-2）。

表 14-2　不同光强对金线莲产量及鲜干比的影响

处理	单株鲜重（g）	单株干重（g）	鲜干比
T1（CK）	2.94±0.16b	0.250±0.007c	11.76±0.19a
T2	3.28±0.13b	0.282±0.002b	11.63±0.28a
T3	3.83±0.24a	0.351±0.017a	10.91±0.17b
T4	3.73±0.08a	0.347±0.007a	10.75±0.12b

注：数值后不同字母标记表示为处理间差异显著，相同字母表示差异不显著（$P\leqslant 0.05$）。

（3）光强对金线莲中活性成分合成积累的影响：不同光照强度对金线莲的活性成分（总黄酮、芦丁、水仙苷）的含量有显著影响。随着光强的增加，总黄酮、水仙苷含量呈现先增加后下降的趋势，T3 处理时，总黄酮、芦丁、水仙苷分别为 2.83%、0.091%、0.138%，在 T4 中的金线莲总黄酮、水仙苷、芦丁含量均高于对照。金线莲是弱光需植物，过强的光照会对其生长和次生代谢产生抑制作用，所以说植物工厂条件下光强的设置对金线莲生产至关重要（表 14-3）。

表 14-3　不同光强对金线莲活性成分含量的影响　（单位：%）

处理	总黄酮	芦丁	水仙苷
T1（CK）	2.14±0.16a	0.081±0.003b	0.135±0.005a
T2	2.58±0.13b	0.082±0.002ab	0.142±0.003a
T3	2.83±0.24b	0.091±0.007a	0.138±0.017a
T4	2.73±0.08b	0.095±0.005a	0.147±0.001a

注：数值后不同字母标记表示为处理间差异显著，相同字母表示差异不显著（$P\leqslant 0.05$）。

综上，光强调控对金线莲的生长参数、产量和活性成分含量均有显著影响。不同的光照强度对金线莲的株高、茎粗及叶面积影响显著，对叶片数影响不大；适当增加光照强度能显著提高金线莲的产量，促进次生代谢物合成与积累，对金线莲的产量和品质有明显的提升作用；光强调控有一定的阈值，过高过低都不利于金线莲的生长和活性物质合成与积累，在一定阈值范围内，适当提高光照强度对金线莲生产有促进作用。

二、CO_2 浓度升高对药用植物产量与品质的调控

二氧化碳（CO_2），作为植物光合作用的底物，其浓度变化会对植物生长和干物质积累产生显著的影响。升高 CO_2 浓度能促进植物的枝、茎和节间的生长，增加生物量和产量，具有"施肥效应"；CO_2 浓度升高还能促进植物的光合作用，增加了根质量分数和干物质含量，并且能提高植物的生产力。环境中 CO_2 浓度的升高可直接增加植物胞间二氧化碳浓度，提高叶片净光合速率，促进碳水化合物合成，从而增大植物叶面积，加速植物生长。

例如，将种植 1 个月生长健壮的封闭式金线莲种植盒与 CO_2 输送管相连，通过调节流量分别向种植盒内补充不同量的 CO_2，盒内 CO_2 浓度每天上午 10：30～11：00 用 CO_2 测定仪测定，可设置 3 个浓度处理（400、800、1200ppm），以不进行 CO_2 干预的材料为对照（CK）。然后每 1 个月取一次样（以种植盒为单位）做生长参数调查，具体包括：株高、根长、叶片数、茎粗、鲜重、干重。在种植后的第 120 天全部收获，进行鲜重、干重、鲜干比及活性物质含量的测定。

（1）不同浓度 CO_2 对金线莲生长参数的影响：结果表明，CO_2 浓度的升高显著提高了株高、茎粗和叶面积，并且在 400～800ppm 是一个效果明显期，3 项参数均较对照有显著升高；800～1200ppm 期间，虽然 CO_2 浓度上升也会引起株高、茎粗和叶面积的升高，但都未达到显著水平，也就是说 CO_2 浓度达到一定的阈值，再增加时效果不明显。另外，本实验中，叶片数在各处理间未见显著差异（表 14-4）。

表 14-4　CO_2 浓度对金线莲生长参数的影响

CO_2 浓度（ppm）	株高（cm）	茎粗（mm）	叶片数	叶面积（cm^2）
CK	11.06±0.55b	2.8±0.04b	5.77±0.22a	25.36±1.23b
400	11.82±0.61b	2.9±0.03b	5.98±0.15a	25.52±1.35b
800	13.71±0.72a	3.4±0.03a	6.08±0.20a	28.77±1.78a
1200	13.43±0.95a	3.6±0.06a	6.17±0.29a	29.37±1.92a

注：数值后不同字母标记表示为处理间差异显著，相同字母表示差异不显著（$P \leqslant 0.05$）。

（2）不同浓度 CO_2 对金线莲产量及鲜干比的影响：当 CO_2 浓度为 1200ppm 时，金线莲的单株鲜重、单株干重均显著高于其他处理，分别为 3.37g、0.36g；与对照组相比，各处理干重分别增产 3.57%、21.43%、28.57%。同时，随着 CO_2 浓度的升高，鲜干比呈下降趋势。这说明 CO_2 浓度的升高，提升了干物质的积累量，减少了植株的含水量，最终提高产品的有效产量（表 14-5）。

表 14-5　CO_2 浓度对福建尖叶金线莲产量的影响

CO_2 浓度（ppm）	单株鲜重（g）	单株干重（g）	鲜干比	干重增产（%）
CK	2.36±0.22b	0.28±0.04b	11.06±0.55b	—
400	2.52±0.15b	0.29±0.03b	11.82±0.61b	3.57
800	3.28±0.20a	0.34±0.03a	9.71±0.72a	21.43
1200	3.37±0.29a	0.36±0.06a	9.43±0.95a	28.57

注：数值后不同字母标记表示为处理间差异显著，相同字母表示差异不显著（$P \leqslant 0.05$）。

（3）不同浓度 CO_2 对金线莲主要活性成分的影响：植物工厂种植环境中，适当提升 CO_2

浓度，不仅可以显著提升金线莲的产量，还可有效促进植株的次生代谢过程，有利于活性成分的合成与积累，表现为金线莲苷、多糖、总黄酮的含量出现了显著提高（表 14-6）。

表 14-6　CO_2 浓度对福建尖叶金线莲产量的影响

CO_2 浓度（ppm）	多糖含量（%）	总黄酮（%）	金线莲苷（%）	芦丁（%）
CK	13.56±0.22b	2.36±0.22b	17.68±1.14b	0.028±0.04b
400	15.12±0.15b	2.52±0.15b	18.29±1.03b	0.031±0.03b
800	17.36±0.20a	3.28±0.20a	20.54±1.53a	0.035±0.03a
1200	17.37±0.29a	3.37±0.29a	21.36±1.16a	0.032±0.06a

注：数值后不同字母标记表示为处理间差异显著，相同字母表示差异不显著（$P \leqslant 0.05$）。

总之，植物工厂相对封闭的种植环境，为 CO_2 浓度调控提供了可能，CO_2 浓度升高显著促进了金线莲的产量和品质。为中药材生产和资源保障提供了可供选择的有效手段。

三、光周期对药用植物生长及活性成分合成调控

霍山石斛（*Dendronbium huoshanense*）（图 14-8），兰科石斛属多年生草本植物。野生资源大多生长在云雾缭绕的悬崖峭壁崖石缝隙间和山地林中树干上，资源日渐稀少，被列为二级濒危植物。霍山石斛正式收载于 2020 年版《中华人民共和国药典》。

生长在崖石缝隙间的霍山石斛

霍山石斛的新鲜茎条

霍山石斛枫斗

图 14-8　霍山石斛

霍山石斛在实际生产中生长缓慢、生产周期长、产量低；缺乏种植、管理标准和产品质量标准；小规模种植品种来源和技术都难以控制，导致不同药农生产的药材品质差异大，即药材质量均一性差；生长过程中由于受到病虫害的影响，以及盲目地追求高产量，大量使用农药化肥而导致农残、重金属离子含量超标。

植物工厂作为环境可控的农业种植形式，更加适合于生产霍山石斛这类具有高附加值且对生长环境要求严苛的植物，实现高产与优质共存，同时通过规模化、标准化生产模式提高药材的质量均一性。

以霍山石斛为例，说明 LED 光周期对产量与品质的影响。在植物工厂霍山石斛种植车间内可调节光周期进行生产。将培养 4 个月且大小相对一致的霍山石斛组培苗，用清水洗净后，放入 1000 倍多菌灵稀释液中浸泡 5min，晾至根部发白，移栽于填满松鳞（小块儿干燥松树皮）的定植盘（规格为 75cm×25cm×15cm）中，以 5～6 株为一丛，每定植盘种植密度为：丛数×行数 = 7×4，然后浇透水，分别放置到用遮光布隔开的种植架上，暗培养 2 天后，通过设定不同开灯时间，进行光周期实验（图 14-9）。

在生产前可进行预实验找出最优光周期。实验设计 6 个光周期，依次为 L/D（光照/黑

暗）CK，12h/12h；T1，14h/10h；T2，16h/8h；T3，18h/6h；T4，6h/6h/6h/6h；T5，8h/4h/8h/4h。除光周期可变因素外，其余培养条件为温度（25±2）℃，空间湿度70%～80%，环境CO_2浓度为400～450ppm，LED植物生长灯作为光源，光强60～70μmol/(m^2·s)，日常水肥管理为2天浇一次水，7天施一次肥。松树树皮作为栽培基质，高磷水溶性肥料叶面喷施。每个处理均为24个种植盘（即24次重复），4个种植盘用作生长过程中取样用，其余用作最后收获计产。在实验过程中测量光合速率、叶绿素荧光参数、霍山石斛茎长、茎粗、叶面积、茎干物质积累速率及产量、多糖、总黄酮含量。最终发现不同光周期对霍山石斛的生长和品质产生不同的影响。

霍山石斛组培瓶苗　　　　遮光布隔开独立的空间

图14-9　霍山石斛光周期处理实验

（1）不同光周期对霍山石斛形态建成的影响：霍山石斛生长210天后，光周期T3，18h/6h处理（图14-10A）下霍山石斛茎高大于其他处理，而光周期T2，16h/8h（图14-10B）条件下霍山石斛茎粗达到最大；连续光照处理下霍山石斛茎高和茎粗均显著大于间断光照（T4和T5）（图14-10）。

图14-10　不同光周期处理条件下霍山石斛

A. T3；B. T2；C. T1；D. CK；E. T5；F. T4

（2）不同光周期处理下霍山石斛的净光合速率：通过对不同光周期的石斛净光合能力的测定，由于均采用复合光照射，各处理间，霍山石斛净光合能力差异不显著，但都呈现了一种共同的趋势，前期光合能力较弱，随着老叶的逐步脱落和新叶的伸长，其净光合能力的增长呈现 S 形曲线，并在移栽 6 个月后，净光合达到最大（表 14-7）。

表 14-7　不同光周期处理下霍山石斛的净光合速率

光周期处理	5.15	6.15	7.15	8.15	9.15
CK	1.2874a	1.5206a	1.5116a	2.2207a	2.4934a
T1	1.2636a	1.5606a	1.5285a	2.2274a	2.5139a
T2	1.3069a	1.6122a	1.5520a	2.3183a	2.5036a
T3	1.3243a	1.6376a	1.5616a	2.4089a	2.5378a
T4	1.2402a	1.4932a	1.4846a	2.0794a	2.3752a
T5	1.2460a	1.4660a	1.4812a	2.1053a	2.4752a

注：数值后不同字母标记表示为处理间差异显著，相同字母表示差异不显著（$P \leq 0.05$）。

（3）不同光周期下霍山石斛的叶绿素荧光参数变化：从实验结果（图 14-11）可以看出，光周期 T2 和 T3 下，霍山石斛的实际光合能力及 ETR 显著高于其他处理，尤其是高于两个间断光照处理（T4，T5），正是由于光合能力较强，所以，这两个处理下霍山石斛的产量较高。同时这两个处理的非光化学猝灭系数较低，说明这个光周期更加适于霍山石斛的生长。且 ETR 较高，说明光能更多地转化为光合作用合成的有机物中的化学能。

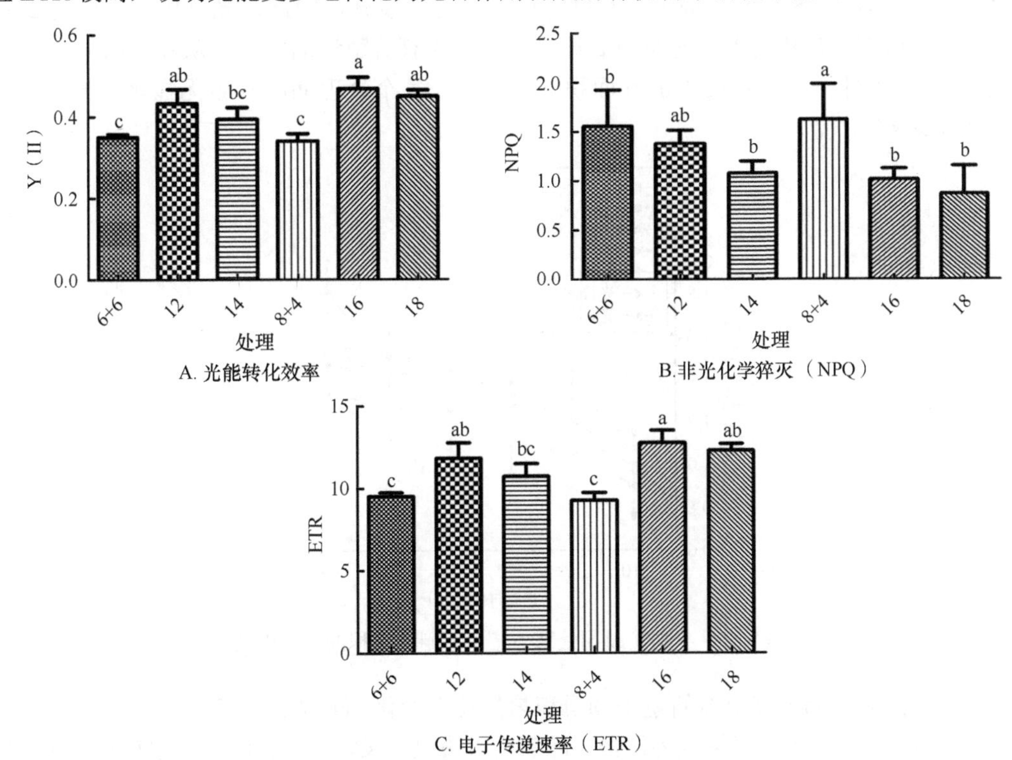

A. 光能转化效率

B.非光化学猝灭（NPQ）

C. 电子传递速率（ETR）

图 14-11　不同光周期下霍山石斛的叶绿素荧光参数变化

不同字母标记表示为处理间差异显著，相同字母表示差异不显著（$P \leq 0.05$）

（4）不同光周期处理下霍山石斛茎生长速率的动态变化：连续光照处理下霍山石斛茎粗

显著大于不连续光照处理下霍山石斛茎粗，其中光周期 T3 条件下霍山石斛茎粗达到最大。在植株生长 180 天之前，光周期 T2 处理下霍山石斛茎高大于其他处理，在 180 天后，光周期 T3 处理下霍山石斛茎高大于其他处理；180 天后连续光照处理下霍山石斛茎高大于不连续光照霍山石斛茎高（图 14-12）。

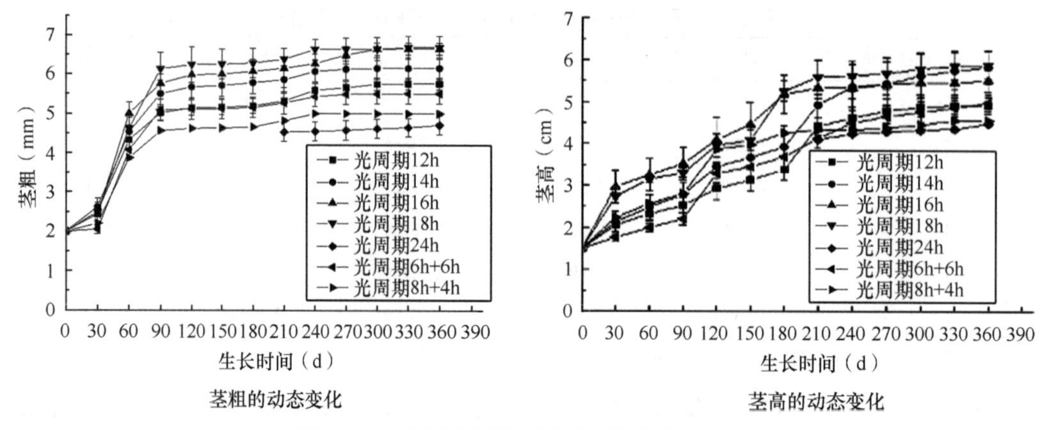

图 14-12 不同光周期下霍山石斛茎生长速率

（5）不同光周期下霍山石斛叶面积的动态变化：叶片是植物进行光合作用的主要器官，叶面积的大小与干物质的积累也就是产量有着密不可分的关系，霍山石斛叶片数量较少，一般每个茎条上有 3～5 片叶，最上一片叶一般尚未完全展开，因此，光合作用主要为 2～4 片叶，因此这部分叶片的大小与霍山石斛的最终产量有着密切的关系。从图 14-13 中可得，在光周期 T3 条件下，有着最大的叶面积。因此，在各个处理间叶片数无显著差异的情况下，有着最高的产量。

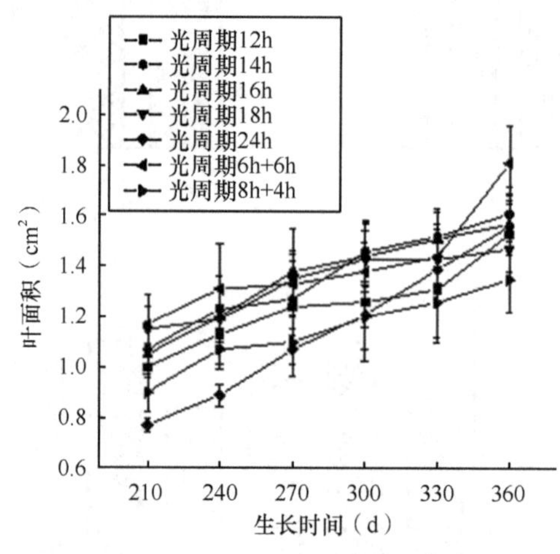

图 14-13 不同光周期处理下霍山石斛叶面积的动态变化

（6）不同光周期下霍山石斛茎干物质积累的动态变化：同时结合产量和生长数据来看，霍山石斛移栽后前五个月生长较为缓慢，随后进入快速生长阶段，此时，采用较长的光周期（连续光照）有利于其进行营养生长因而能够获得较高产量（图 14-14）。

霍山石斛整个生长发育期中，生长速度都较为缓慢。实验中，移栽后前 8 个月主要以植株形态建成为主，茎长、茎粗增长较快，茎含水量较高，而后面 4 个月茎长、茎粗增加速度大大放缓，而干物质积累迅速增加，表现为干重快速增加。不同光周期处理对霍山石斛形态建成和干物质积累具有重要的作用，适当延长光照时间能有效促进其生长速率和有效产量，但光周期也不是越长越好，本实验中，植物工厂条件下生长1年的霍山石斛茎鲜重、干重产量皆以光周期T3最佳。

（7）不同光周期下霍山石斛单位面积有效产量及优品率的比较：光周期T3下两个品质等级的霍山石斛产品都取得了最大产量。产量主体为茎长2～5cm的部分，约占总重量的70%，这部分重量各个处理间差异不大（图14-15）。

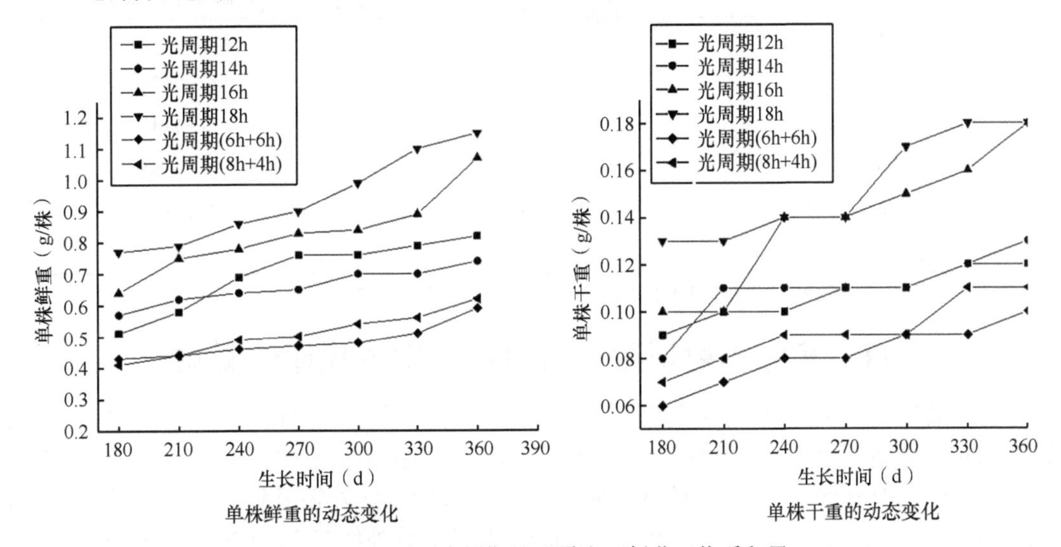

图14-14　不同光周期处理霍山石斛茎干物质积累

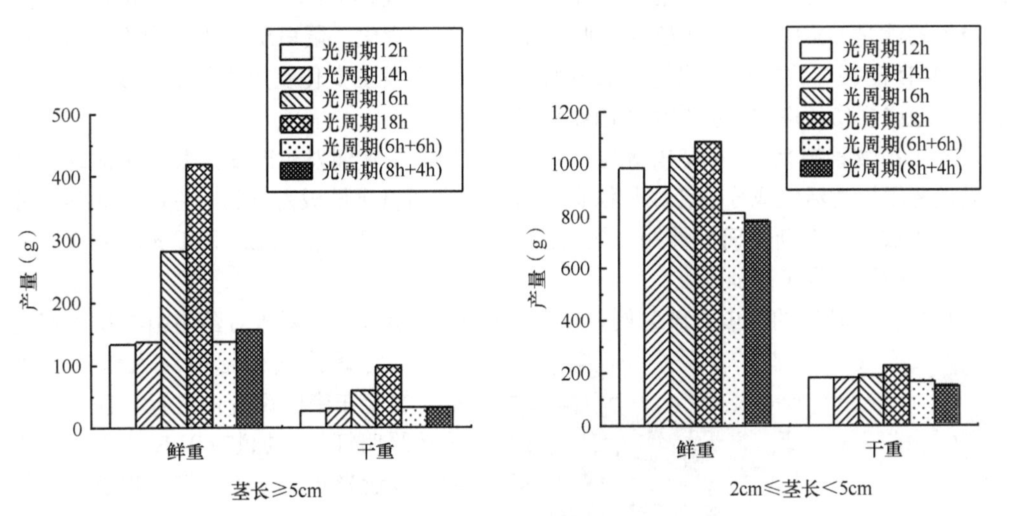

图14-15　不同光周期处理霍山石斛茎产量

每个处理随机抽取2盘，统计茎长大于2cm的部分，结果表明，茎条数量比较接近，但鲜干重均以18h/6h处理最高，由此可见，光周期18h/6h条件下，单个茎条干物质积累更高。茎长2～5cm的部分占比较大，可成为提升优品率的关键。

（8）不同光周期对霍山石斛多糖和总黄酮含量的影响：不同光周期处理对霍山石斛多糖和总黄酮合成与积累产生显著影响。其中，光周期18h/6h、16h/8h处理中，多糖和总黄酮含量均较高。间断性光照（8h/4h/8h/4h 和 6h/6h/6h/6h）处理中多糖含量明显提高，而总黄酮含量显著下降，这说明间断性光照促进了多糖的合成与积累，但对总黄酮的积累不利。综合多方面因素，在以产量为主的实际生产过程中，随 18h/6h 和 16h/8h 处理都对多糖和总黄酮的积累有利，但考虑到节约能源和降低成本的因素，推荐采用 16h/8h 光周期处理（表 14-8）。

表 14-8　不同光周期处理霍山石斛多糖与总黄酮含量

光周期处理	多糖（%）	总黄酮（%）
T1	40.93±0.01b	0.22±0.01bc
T4	52.04±0.23a	0.17±0.005e
T5	50.15±0.32a	0.19±0.01cd
T3	40.58±0.1b	0.25±0.005a
T2	36.98±1.37c	0.23±0.02ab
CK	32.07±0.87d	0.19±0.001d

注：数值后不同字母标记表示为处理间差异显著，相同字母表示差异不显著（$P \leq 0.05$）。

四、紫外辐射刺激对药用植物次生代谢的影响

紫外辐射是一种非照明用的辐射源，其波长范围为 10～400nm，由于只有波长大于 200nm 的紫外辐射才能在空气中传播，所以人们通常讨论的紫外辐射效应及其应用，只涉及 200～400nm 范围内的紫外辐射。科学家们把紫外辐射划分为近紫外光 UV-A（315～400nm）、远紫外光 UV-B（280～315nm）和超短紫外线 UV-C（200～280nm）。紫外光作为一种非生物胁迫因子会对植物的生长发育产生重要影响。研究表明，对植物生长发育影响最大的就是 UV-B，表现在植物的形态和生理代谢变化，蛋白质和遗传物质方面。在形态上，UV-B 能够导致植物组织的失水萎缩，叶片颜色发生变化及生物量的减少；生理上也会对植物造成损伤，造成植物次生代谢物量增加。

对药用植物种植来说，UV-B 增强能促使植物的次生代谢发生改变，其产生的逆境环境可以促进药用植物活性成分的合成与积累，这对提高药材质量极为有利，生产中如何充分利用这一资源成为一个新的研究课题。植物工厂优越的种植环境及 LED 人工光源的应用为紫外辐射调控应用提供了可能。

以植物工厂种植的霍山石斛为例，说明紫外辐射（UV-B）刺激对药用植物次生代谢的影响。考虑到紫外辐射对人体的有害因素，实验在密闭铁箱内进行。铁箱顶部除正常照明灯外，加装 UV-B 灯管，铁箱内壁罩以遮光布，防止对箱外相邻植株的影响（图 14-16）。

图 14-16　霍山石斛的紫外辐射处理

为了不影响植株的前期生长，达到提高药材活性成分的目的，紫外辐射实验安排在霍山石斛收获前 45 天进行。实验设 4 个处理：CK（正常组，不照紫外光）；T1，紫外照射时间为 30s/d；T2，紫外照射时间为 3min/d；T3，紫外照射时间

为 7min/d。每个处理包含 8 盘霍山石斛植株，连续照射 30 天和 45 天后，各取 4 盘，测定各项指标，每个处理重复 6 次。常规管理，培养条件为温度（25±1）℃，LED 灯光照明光强 60～70μmol/(m^2·s)，照光 16h/d，日常水肥管理为每天浇一次水，每 7 天施一次肥。实验进程中测定光合色素含量、过氧化物酶（POD）活性、鲜干比、总黄酮、多糖。

（1）紫外辐射对霍山石斛光合色素含量的影响：紫外辐射 30 天时，随着紫外辐射时间的延长，霍山石斛叶片叶绿素含量呈现下降趋势，处理组的叶绿素含量显著低于对照；而类胡萝卜素含量呈现先上升再下降的趋势，在 T2 处理时达到最高；紫外辐射 45 天时，霍山石斛叶片叶绿素含量、类胡萝卜素含量的变化规律与处理 30 天的一致。说明紫外辐射对植株叶片造成了一定程度的伤害，导致叶绿素含量下降。类胡萝卜素是一种抗氧化物质，其含量升高说明植物在受到伤害时，会产生自我保护功能，合成更多的类胡萝卜素来抵御外界伤害，但其自我修复能力是有限的，超过一定的范围，其防御功能也会显著下降（图 14-17）。

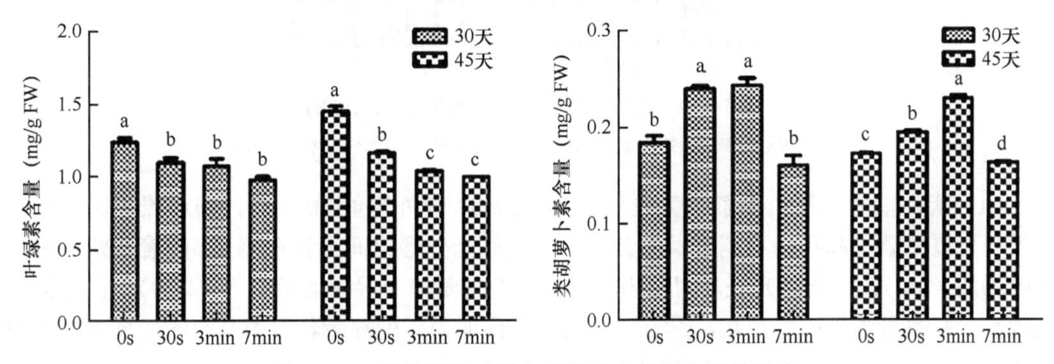

图 14-17　紫外辐射对霍山石斛光合色素含量的影响

不同字母标记表示为处理间差异显著，相同字母表示差异不显著（$P \leqslant 0.05$）

（2）紫外辐射对霍山石斛抗氧化酶的影响：紫外辐射胁迫，都会造成植物体内大量的活性氧积累，虽然活性氧的大量产生破坏了植物正常的生理活动，但是也起到了传递信号的作用，可调控下游基因的表达，合成部分激素和次生代谢物质。紫外辐射对霍山石斛叶片中过氧化物酶（POD）活性影响显著。在紫外光处理 30 天、45 天时，随着紫外辐射时间的延长，霍山石斛叶片中 POD 含量呈现先上升后下降趋势，均在 T2 处理（3min/d）达到最高，与其他处理存在显著差异。上述变化趋势说明紫外辐射（UV-B）对植株生长造成了一定程度的逆境伤害，活性氧自由基含量上升，植物处于自身保护，调动体内的自由基清理系统，清除多余的自由基，具体表现为抗氧化酶活性的升高，但这种自我修复具有一定的局限性，过长时间的紫外光照射可能已经导致了不可修复性伤害，突破了植物的自我修复能力，这样产生植株代谢紊乱，表现为抗氧化酶活性显著下降（图 14-18）。

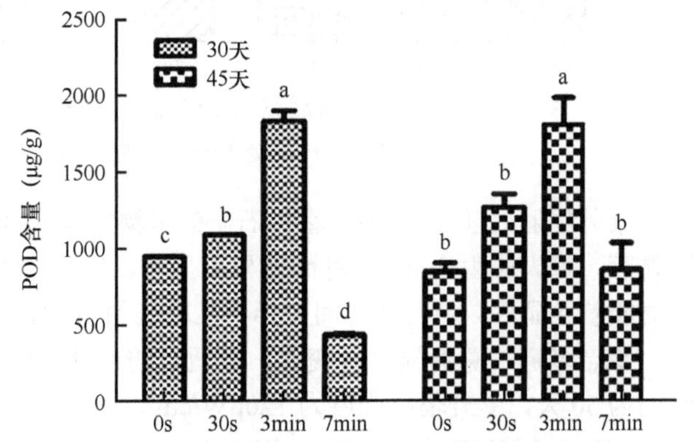

图 14-18　紫外辐射对霍山石斛抗氧化酶的影响

不同字母标记表示为处理间差异显著，相同字母表示差异不显著（$P \leqslant 0.05$）

（3）紫外辐射对霍山石斛鲜干比的影响：紫外辐射30天时，紫外光处理对霍山石斛鲜干比的影响不显著；而处理45天时，对霍山石斛进行适当的紫外辐射可以提高干物质的重量，显著降低鲜干比（图14-19）。

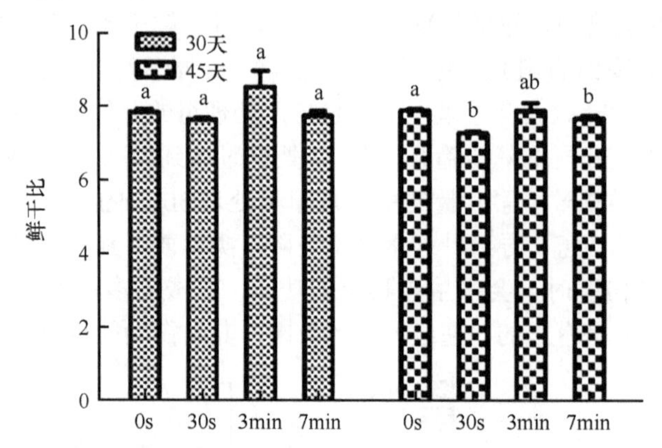

图14-19 紫外辐射对霍山石斛鲜干比的影响

不同字母标记表示为处理间差异显著，相同字母表示差异不显著（$P \leqslant 0.05$）

（4）紫外辐射对霍山石斛总黄酮和多糖的影响：紫外辐射30天时，与对照相比，紫外光处理可以显著提高霍山石斛总黄酮含量，但紫外光处理组间不存在差异；随着紫外辐射天数的增加（45天），紫外光处理对霍山石斛总黄酮含量没有显著影响（图14-20）。黄酮类物质因其含有数量不等的酚羟基，具有一定的抗氧化能力，能够减轻自由基和活性氧对植物的损伤。

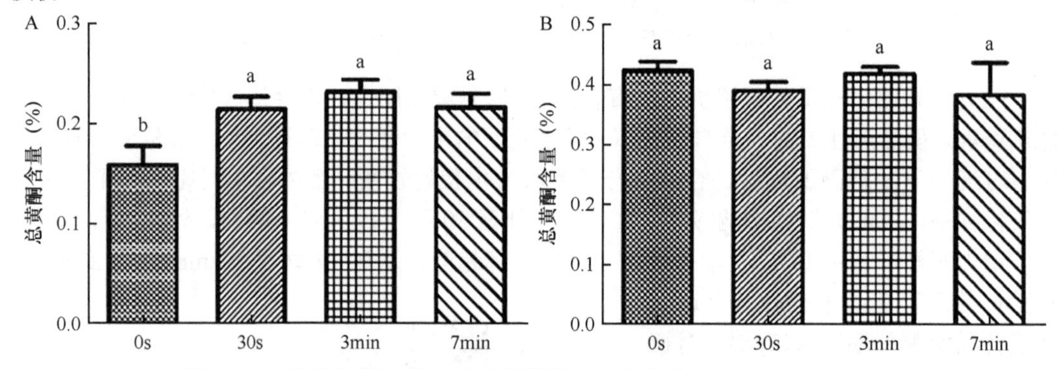

图14-20 紫外辐射对霍山石斛总黄酮含量的影响（A.30天；B.45天）

不同字母标记表示为处理间差异显著，相同字母表示差异不显著（$P \leqslant 0.05$）

紫外辐射处理30天后，霍山石斛的多糖含量均有所下降，其中每天照射30s和7min下降显著，每天照射3min与对比差异不显著。紫外辐射处理45天后，3min和7min相比30s与对照差异显著，但两者之间差异不显著（图14-21）。

综合多糖与总黄酮含量变化，最适宜的紫外光处理为每天进行3min的紫外照射，照射时间为30天，紫外辐射强度为120μW/cm^2。

植物工厂是相对封闭的设施空间内，通过高精度控制植物生长的温度、湿度、光照、CO_2浓度及营养液等环境条件，避开自然条件的限制，实现植物周年连续生产的高效农业系统。LED光源替代了太阳光成为植物生产的高效光源，并实现了植物的多层种植和空间CO_2浓度的随意调控，可以有效兼顾中药材生产苛刻条件的模拟，也可以提供药用植物生长的最优环境条件，而且规模化、标准化生产和管理流程，提高了中药材质量的一致性，为制定中药材质量标准和促进中医药发展起到积极的作用。

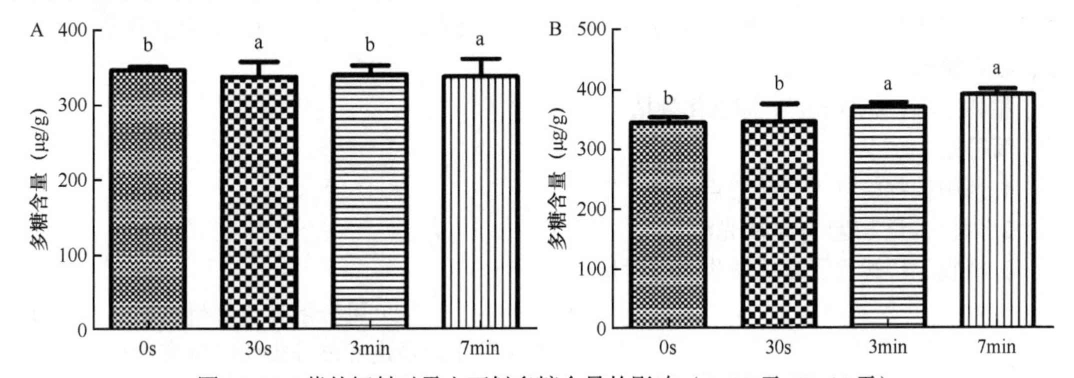

图 14-21　紫外辐射对霍山石斛多糖含量的影响（A. 30 天；B. 45 天）

不同字母标记表示为处理间差异显著，相同字母表示差异不显著（$P\leqslant 0.05$）

植物工厂作为现代设施农业发展的高级阶段，具备高技术、精装备、可控制的植物生长环境特点，不仅可以通过多层种植实现空间的高效利用，还可以通过 LED 光源、温度、湿度、CO_2 浓度、营养液等植物生长条件的优化，让中药材生产摆脱地域限制和自然条件环境干扰，实现周年连续生产和质量保证。这种生产方式，成功避开了冰雹、旱涝等自然灾害的影响，既可以实现中药材生产的高产稳产，又利于实现标准化生产。

案例 14-1 解析

1. LED 发出的光线几乎不含有红外光谱，散热较少，是一种典型的冷光源，通电发光后，灯体温度比周围的环境温度略高，短距离内也不会对植物生长造成伤害。LED 光谱能够根据植物的需要选择使用单色光或者几种单色光经适宜配比后复合使用。

2. 随着中药在国际市场的广泛应用，其独特的多靶点和整体治疗理念越来越受到青睐。但由于中药材产地分散，类同品、代用品不断，加之生长环境、采收期、加工炮制方法不同等因素，造成其内在质量即其所含化学成分及临床疗效的差异。有效成分不明，作用机制不清，质量的可控性不够等因素严重制约了中药国际化和现代化的步伐，因此，中药材质量一致性对于保证中药产品的安全、有效和质量可控具有重要意义。

本章小结

学习内容	学习要点
名词术语	植物工厂、设施栽培、物质调控
药用植物种植	露地种植，大棚种植，仿野生种植，植物工厂种植
植物工厂特点	LED 人工光源，设施栽培，环境条件智能化控制
中药材设施栽培的研究内容	高产优质，质量一致性，标准化种植与管理，智能化控制

目标检测

一、单项选择题

冷光源发射的光中几乎不含（　　）。

A. 红光　　B . 蓝光　　C. 白光　　D. 红外光

二、多项选择题

下列属于冷光源的是（　　）。

A. LED 灯　　B. 白炽灯　　C. 卤素灯　　D. 萤火虫发光

三、名词解释

植物工厂；LED 光源；标准化种植

四、简答题

1. 药用植物植物工厂的特点是什么？
2. 为什么说 LED 灯是冷光源？
3. 植物工厂运用了哪些植物生理学原理？

（中国科学院植物研究所　郑延海）

注：本章图片由福建省中科生物股份有限公司提供。

参考文献

陈慧泽, 牛靖蓉, 韩榕. 2021. 植物紫外光 B 受体 UVR8 的信号转导途径 [J]. 植物生理学报, 57(6): 1179-1188.

初梦圆, 于延冲. 2019. 影响植物叶片衰老因素的研究进展 [J]. 生命科学, 31(2): 178-184.

谷小红, 郭宝林, 田景, 等. 2017. 植物生长调节剂在药用植物生长发育和栽培中的应用 [J]. 中国现代中药, 19(2): 295-305, 310.

华晓雨, 陶爽, 孙盛楠, 等. 2017. 植物次生代谢产物-酚类化合物的研究进展 [J]. 生物技术通报, 33(12): 22-29.

黄璐琦, 王康才. 2012. 药用植物生理生态学 [M]. 9 版. 北京: 中国中医药出版社.

姜孝成, 周诗琪. 2021. 种子活力或抗老化能力的分子机制研究进展 [J]. 生命科学研究, 25(5): 406-416.

黎家, 李传友. 2019. 新中国成立 70 年来植物激素研究进展 [J]. 中国科学: 生命科学, 49 (10): 1227-1281.

李合生, 王学奎. 2019. 现代植物生理学 [M]. 4 版. 北京: 高等教育出版社.

李柯, 李四菊, 周庄煜, 等. 2019. 干旱胁迫对荆芥腺毛与气孔密度及腺毛分泌物的影响 [J]. 中国中药杂志, 44(21): 4573-4580.

栗孟飞, 康天兰, 晋玲, 等. 2020. 当归抽薹开花及其调控途径研究进展 [J]. 中草药, 51(22): 5894-5899.

苗永美, 童元, 方达, 等. 2020. 稀土镧对铁皮石斛不定芽诱导、植株生长及次生代谢产物合成的影响 [J]. 植物研究, 40(6): 839-845.

秦振娴, 廖登群, 张晨阳, 等. 2020. 柔毛淫羊藿生长期氮磷钾元素的吸收动态及施肥效果 [J]. 中国现代中药, 22(5): 729-734, 740.

孙大业, 崔素绢, 孙颖. 2010. 细胞信号转导 [M]. 4 版. 北京: 科学出版社.

王富刚, 张静, 张雄. 2017. 光敏色素与植物的光形态建成 [J]. 基因组学与应用生物学, 36(8): 3167-3171.

王三根, 苍晶. 2020. 植物生理生化 [M]. 3 版. 北京: 中国农业出版社.

王小菁. 2019. 植物生理学 [M]. 8 版. 北京: 高等教育出版社.

武维华. 2018. 植物生理学 [M]. 3 版. 北京: 科学出版社.

项嘉伟, 孙志蓉, 张子龙. 2022. 生长抑制措施对中药材质量与产量调控效应的研究进展 [J]. 中国现代中药, 24(6): 1127-1133.

杨楠, 曹亚从, 魏兵强, 等. 2022. 单双子叶植物种子萌发和休眠的研究进展 [J]. 植物遗传资源学报, 23(5): 1249-1257.

张海鸣, 彭娟, 聂颖兰, 等. 2021. 硅肥、微生物菌剂与有机肥对川芎生长、土壤和药材中镉含量及药材质量的影响 [J]. 时珍国医国药, 32(12): 3002-3004.

张艳, 张剑, 葛海霞. 2019. 黄连中苄基异喹啉类生物碱的生源途径及其合成生物学的应用进展 [J]. 药物生物技术, 26(2): 165-171.

张照宇, 王清芸, 石雷, 等. 2021. 丁香属次生代谢产物及其与系统演化和地理环境的关联 [J]. 植物学报, 56(4): 470-479.

郑炳松, 朱诚, 金松恒. 2011. 高级植物生理学 [M]. 杭州: 浙江大学出版社.

周文冠, 孟永杰, 陈锋, 等. 2017. 植物种子寿命的生理及分子机制研究进展 [J]. 西北植物学报, 37(2): 408-418.

邹琳, 周洁, 王晓, 等. 2015. 药用植物次生代谢信号转导研究进展 [J]. 中国现代中药, 7(17): 747-752.

Lincoln Taiz, Eduardo Zeiger. 植物生理学 [M]. 5 版. 宋纯鹏, 王学路, 周云, 等译. 北京: 科学出版社.

Cheng M C, Kathare P K, Paik I, et al. 2021. Phytochrome signaling networks[J]. Annu Rev Plant Biol, 72: 217-244.

Kochhar S L, Gujral S K. 2020. Plant Physiology: Theory and Applications[M]. Cambridge: Cambridge University Press.

Nuccio M L, Wu J, Mowers R, et al. 2015. Expression of trehalose-6-phosphate phosphatase in maize ears improves yield in well-watered and drought conditions[J]. Nat Biotechnol, 33(8): 862-869.